U0946664

中国国家标准汇编

2006年修订-1

中国标准出版社　编

中国标准出版社
北　京

图书在版编目（CIP）数据

中国国家标准汇编：2006年修订.1/中国标准出版社编.—北京：中国标准出版社，2007

ISBN 978-7-5066-4594-2

Ⅰ.中…　Ⅱ.中…　Ⅲ.国家标准-汇编-中国-2006　Ⅳ.T-652.1

中国版本图书馆CIP数据核字（2007）第102630号

中国标准出版社出版发行
北京复兴门外三里河北街16号
邮政编码:100045
网址 www.spc.net.cn
电话:68523946　68517548
中国标准出版社秦皇岛印刷厂印刷
各地新华书店经销

*

开本 880×1230 1/16　印张 40　字数 1 183 千字
2007年8月第一版　2007年8月第一次印刷

*

定价 180.00 元

出 版 说 明

1.《中国国家标准汇编》是一部大型综合性国家标准全集，自1983年起，按国家标准顺序号以精装本、平装本两种装帧形式陆续分册汇编出版。《汇编》在一定程度上反映了我国建国以来标准化事业发展的基本情况和主要成就，是各级标准化管理机构，工矿企事业单位，农林牧副渔系统，科研、设计、教学等部门必不可少的工具书。

2. 由于标准的动态性，每年有相当数量的国家标准被修订，这些国家标准的修订信息无法在已出版的《汇编》中得到反映。为此，自1995年起，新增出版在上一年度被修订的国家标准的汇编本。

3. 修订的国家标准汇编本的正书名、版本形式、装帧形式与《中国国家标准汇编》相同，视篇幅分设若干册，但不占总的分册号，仅在封面和书脊上注明"2006年修订-1，-2，-3……"等字样，作为对《中国国家标准汇编》的补充。读者配套购买则可收齐前一年新制定和修订的全部国家标准。

4. 修订的国家标准汇编本的各分册中的标准，仍按顺序号由小到大排列(不连续)；如有遗漏的，均在当年最后一分册中补齐。

5. 2006年度发布的修订国家标准分27册出版。本分册为"2006年修订-1"，收入新修订的国家标准53项。

中国标准出版社

2007年6月

目　　录

ICS 17.040.20
J 04

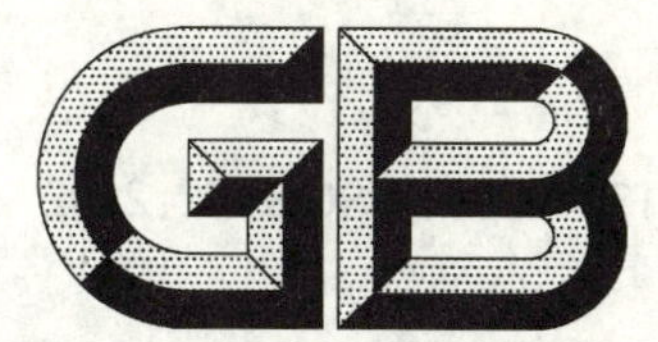

中华人民共和国国家标准

GB/T 131—2006/ISO 1302:2002
代替 GB/T 131—1993

产品几何技术规范(GPS) 技术产品文件中表面结构的表示法

Geometrical Product Specifications (GPS)— Indication of Surface texture in technical Product documentation

(ISO 1302:2002,IDT)

2006-07-19 发布　　　　2007-02-01 实施

中华人民共和国国家质量监督检验检疫总局
中国国家标准化管理委员会　发布

前言

本标准等同采用ISO 1302:2002《产品几何技术规范(GPS)　技术产品文件中表面结构的表示法》(英文版)。

为便于使用,本标准作下列编辑性修改:

——删除了国际标准的前言和导言;

——将一些适用于国际标准的表述改为适用于我国标准的表述,如:国际标准的标注示例中的 *Ra*　0.3和 *Rz*　0.9等,改为 *Ra*　0.2和 *Rz*　0.8等。

本标准遵循1996和1997年以来发布的(GPS)表面结构系列标准制订。

本标准代替GB/T 131—1993《机械制图　表面粗糙度符号、代号及其注法》。

本标准与20世纪80年代的国家标准相比,技术内容上有很大变化。如标准中的某些标注示例已全部重新解释。

本标准的附录A是规范性附录,附录B、附录C、附录D、附录E、附录F、附录G、附录H、附录I和附录J是资料性附录。

本标准由全国产品尺寸和几何技术规范标准化技术委员会归口。

本标准起草单位:机械科学研究院中机生产力促进中心、中国计量科学研究院、时代集团公司、江苏技术师范学院。

本标准主要起草人:王欣玲、高思田、王忠滨、强毅、王槐德、杨东拜、陈景玉。

产品几何技术规范(GPS)
技术产品文件中表面结构的表示法

1 范围

本标准规定了技术产品文件中表面结构的表示法，技术产品文件包括图样、说明书、合同、报告等。同时给出了表面结构标注用图形符号和标注方法。

本标准适用于对表面结构有要求时的表示法。表示法涉及到下面的参数：

a) 轮廓参数，与 GB/T 3505 标准相关的参数有：

——*R* 轮廓(粗糙度参数)；

——*W* 轮廓(波纹度参数)；

——*P* 轮廓(原始轮廓参数)。

b) 图形参数，与 GB/T 18618 标准相关的参数有：

——粗糙度图形；

——波纹度图形。

c) 与 GB/T 18778.2 和 GB/T 18778.3 相关的支承率曲线参数。

本标准不适用于对表面缺陷(如孔、划痕等)的标注方法，如对表面缺陷有要求时，参见 GB/T 15757。

2 规范性引用文件

下列文件中的条款通过本标准的引用而成为本标准的条款。凡是注日期的引用文件，其随后所有的修改单(不包括勘误的内容)或修订版均不适用于本标准，然而，鼓励根据本标准达成协议的各方研究是否可使用这些文件的最新版本。凡是不注日期的引用文件，其最新版本适用于本标准。

GB/T 1182—1996 形状和位置公差 通则、定义、符号和图样表示法(eqv ISO 1101:1996)

GB/T 3505—2000 产品几何量技术规范(GPS) 表面结构 轮廓法 表面结构的术语、定义及参数(eqv ISO 4287:2000)

GB/T 4458.4—2003 机械制图 尺寸注法

GB/T 6062—2002 产品几何量技术规范(GPS) 表面结构 轮廓法 接触(触针)式仪器的标称特性(eqv ISO 3274:1996)

GB/T 10610—1998 产品几何量技术规范(GPS) 表面结构 轮廓法 评定表面结构的规则和方法(eqv ISO 4288:1996)

GB/T 13361—1992 技术制图 通用术语(neq ISO 10209-1:1992)

GB/T 14691.4—2005 技术产品文件 字体 第4部分：拉丁字母表的区别标识与特殊标识(ISO 3098-2:2000,IDT)

GB/T 15757—2002 产品几何量技术规范(GPS) 表面缺陷 术语、定义及参数(eqv ISO 8785:1998)

GB/T 18618—2002 产品几何量技术规范(GPS) 表面结构 轮廓法 图形参数(eqv ISO 12085:1996)

GB/T 18777—2002 产品几何量技术规范(GPS) 表面结构 轮廓法 相位修正滤波器的计量

特性(eqv ISO 11562:1996)

GB/T 18778.1—2002 产品几何量技术规范(GPS) 表面结构 轮廓法 具有复合加工特征的表面 第1部分:滤波和一般测量条件(eqv ISO 13565-1:1996)

GB/T 18778.2—2003 产品几何量技术规范(GPS) 表面结构 轮廓法 具有复合加工特征的表面 第2部分:用线性化的支承率曲线表征高度特性(IDT ISO 13565-2:1996)

GB/T 18778.3—2006 产品几何技术规范(GPS) 表面结构 轮廓法 具有复合加工特征的表面 第3部分:用概率支承率曲线表征的高度特性(idt ISO 13565-3:1998)

GB/T 18780.1—2002 产品几何量技术规范(GPS) 几何要素 第1部分:基本术语和定义(eqv ISO 14660-1:1998)

ISO 81714-1:1999 技术产品文件 图形符号设计 第1部分:基本规则

3 术语和定义

GB/T 6062、GB/T 3505、GB/T 10610、GB/T 13361、GB/T 18777、GB/T 18618、GB/T 18778.2、GB/T 18778.3、GB/T 18780.1 中确立的术语和定义适用于本标准。

3.1

基本图形符号 basic graphical symbol

对表面结构有要求的图形符号,简称基本符号(见图1)。

3.2

扩展图形符号 expanded graphical symbol

对表面结构有指定要求(去除材料或不去除材料)的图形符号,简称扩展符号(见图2和图3)。

3.3

完整图形符号 complete graphical symbol

对基本图形符号或扩展图形符号扩充后的图形符号,简称完整符号,用于对表面结构有补充要求的标注,见图4。

3.4

表面(结构)参数 surface(texture) parameter

表示表面微观几何特性的参数。

注:表面结构参数见附录E。

3.5

(表面)参数代号 (surface) parameter symbol

表示表面结构参数类型的代号。

注:参数代号由字母和数字组成(如 Ra,Ra max,Wz,$Wz1$ max,AR,Rpk,Rpq)。

4 标注表面结构的图形符号

4.1 概述

在技术产品文件中对表面结构的要求可用几种不同的图形符号表示。每种符号都有特定含义。4.2、4.3中的图形符号应附加对表面结构的补充要求,其形式有数字、图形符号和文本(见第5章~第8章)。在特殊情况下,图形符号可以在技术图样中单独使用以表达特殊意义。

4.2 基本图形符号

基本图形符号由两条不等长的与标注表面成60°夹角的直线构成,如图1所示。图1所示的基本图形符号仅用于简化代号标注(图23、图26)没有补充说明时不能单独使用。

如果基本图形符号与补充的或辅助的说明一起使用(见5章),则不需要进一步说明为了获得指定的表面是否应去除材料(见4.3.1)或不去除材料(见4.3.2)。

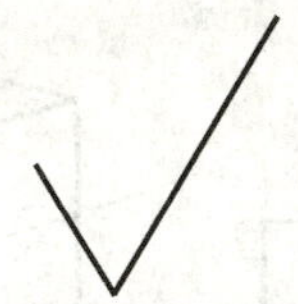

图1 表面结构的基本图形符号

4.3 扩展图形符号

4.3.1 要求去除材料的图形符号

在基本图形符号上加一短横，表示指定表面是用去除材料的方法获得，如通过机械加工获得的表面（见图2）。

图2 表示去除材料的扩展图形符号

4.3.2 不允许去除材料的图形符号

在基本图形符号上加一个圆圈，表示指定表面是用不去除材料方法获得，如图3所示。

图3 表示不去除材料的扩展图形符号

4.4 完整图形符号

当要求标注表面结构特征的补充信息时，应在如图1～图3所示的图形符号的长边上加一横线（见图4）。

在报告和合同的文本中用文字表达图4符号时，用APA表示图4a)，MRR表示图4b)，NMR表示图4c)。

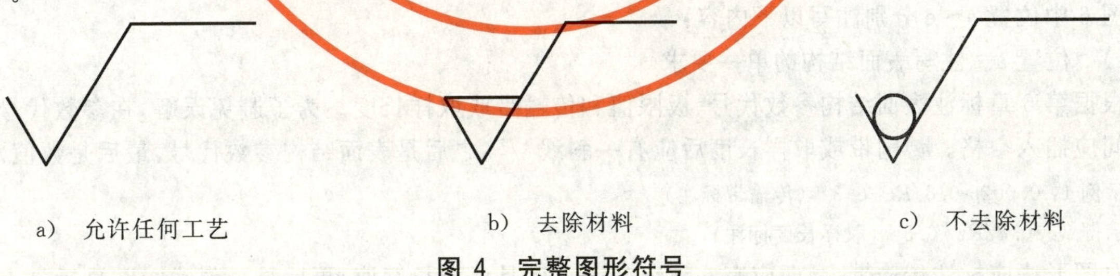

a) 允许任何工艺　　b) 去除材料　　c) 不去除材料

图4 完整图形符号

4.5 工件轮廓各表面的图形符号

当在图样某个视图上构成封闭轮廓的各表面有相同的表面结构要求时，应在图4的完整图形符号上加一圆圈，标注在图样中工件的封闭轮廓线上，如图5所示。如果标注会引起歧义时，各表面应分别标注。

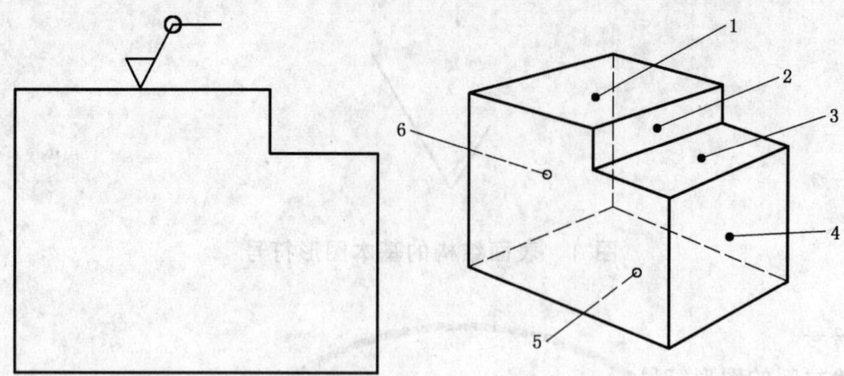

注：图示的表面结构符号是指对图形中封闭轮廓的六个面的共同要求(不包括前后面)。

图 5 对周边各面有相同的表面结构要求的注法

5 表面结构完整图形符号的组成

5.1 概述

为了明确表面结构要求，除了标注表面结构参数和数值外，必要时应标注补充要求，补充要求包括传输带、取样长度、加工工艺、表面纹理及方向、加工余量等。为了保证表面的功能特征，应对表面结构参数规定不同要求。参见附录 D。

5.2 表面结构补充要求的注写位置

在完整符号中，对表面结构的单一要求和补充要求应注写在图 6 所示的指定位置。

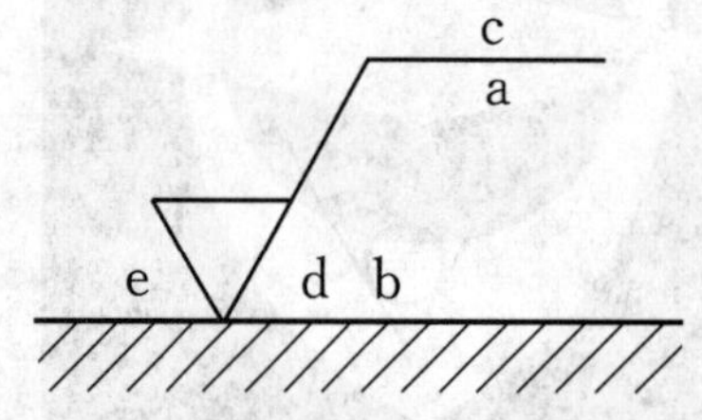

图 6 补充要求的注写位置(a～e)

表面结构补充要求包括：

——表面结构参数代号；

——数值；

——传输带/取样长度。

图 6 中位置 a～e 分别注写以下内容：

a) 位置 a 注写表面结构的单一要求

根据第 6 章标注表面结构参数代号、极限值和传输带或取样长度。为了避免误解，在参数代号和极限值间应插入空格。传输带或取样长度后应有一斜线“/”，之后是表面结构参数代号，最后是数值。

示例 1：0.0025-0.8/*Rz* 6.3 (传输带标注)。

示例 2：-0.8/*Rz* 6.3 (取样长度标注)。

对图形法应标注传输带，后面应有一斜线“/”，之后是评定长度值，再后是一斜线“/”，最后是表面结构参数代号及其数值。

示例 3：0.008-0.5/16/*R* 10。

注：传输带是两个定义的滤波器之间的波长范围，见 GB/T 6062 和 GB/T 18777；对于图形法，是在两个定义极限值之间的波长范围(见 GB/T 18618)。

b) 位置 a 和 b 注写两个或多个表面结构要求

在位置 a 注写第一个表面结构要求，方法同 a)。在位置 b 注写第二个表面结构要求。如果要注写第三个或更多个表面结构要求，图形符号应在垂直方向扩大，以空出足够的空间。扩大图形符号时，a 和 b 的位置随之上移(见 C.5)。

c) 位置 c 注写加工方法

注写加工方法、表面处理、涂层或其他加工工艺要求等。如车、磨、镀等加工表面(见第 7 章)。

d) 位置 d 注写表面纹理和方向

注写所要求的表面纹理和纹理的方向，如“＝”、“X”、“M”(见第 8 章)。

e) 位置 e 注写加工余量

注写所要求的加工余量，以毫米为单位给出数值(见第 9 章)。

6 表面结构参数的标注

6.1 概述

给出表面结构要求时，应标注其参数代号和相应数值，并包括要求解释的以下四项重要信息：

——三种轮廓(*R*、*W*、*P*)中的一种；

——轮廓特征；

——满足评定长度要求的取样长度的个数；

——要求的极限值。

标注三类表面结构参数时应使用完整符号。参数定义见 GB/T 3505、GB/T 18618、GB/T 18778.2、GB/T 18778.3，表面结构参数类型见表 1。

表 1 表面结构参数类型一览表

	参数							
	轮廓			图形参数		支承率曲线		
						线性	概率	
	R	*W*	*P*	*R*	*W*	*R*	*R*	*P*
代号	见 E.2	见 E.2	见 E.2	见 E.3	见 E.3	见 E.4.2	见 E.4.3	见 E.4.3
评定长度	见 F.2	见 F.2	见 F.2	见 F.3	见 F.3	见 F.4	见 F.4	见 F.4
公差带	见 6.4							
传输带	见 G.2	见 G.2	见 G.2	见 G.3	见 G.3	见 G.4	见 G.4	见 G.4

6.2 参数代号的标注

见附录 E。如果附录 E 中标注参数代号后无“max”，这表明引用了给定极限的默认定义或默认解释(16%规则，见 GB/T 10610—1998 中 5.2)。否则应用最大规则解释其给定极限(GB/T 10610—1998 中 5.3)。

6.3 评定长度(*ln*)的标注

6.3.1 概述

若所标注参数代号后没有“max”(如附录 F)，这表明采用的是有关标准中默认的评定长度。

若不存在默认的评定长度时，参数代号中应标注取样长度的个数。

6.3.2 轮廓参数(GB/T 3505)

——*R* 轮廓

见 F.2。如果评定长度内的取样长度个数不等于 5(默认值，见 GB/T 10610—1998 的 4.4)，应在相应参数代号后标注其个数。

示例：*Rp*3、*Rv*3、*Rz*3、*Rc*3、*Rt*3、*Ra*3、……*RSm*3、……(要求评定长度为 3 个取样长度)。

——*W* 轮廓

见 F.2。取样长度个数应在相应波纹度参数代号后标注。

示例：*Wz*5 或 *Wa*3。

——*P* 轮廓

见 F.2。*P* 参数的取样长度等于评定长度(见 GB/T 3505—2000 的 3.1.9)，并且评定长度等于测量长度。因此，在参数代号中无需标注取样长度个数。

6.3.3 图形参数(GB/T 18618)

见 F.3。如果评定长度与默认数 16 mm 不同，应将其数值标注在两斜线“/”中间。

示例：0.008-0.5/12/*R* 10。

注：评定长度的概念及其在图形参数中的意义与其他表面结构参数不同，不存在取样长度的概念。因此，在图形参数的参数代号中，无需标注取样长度个数。

6.3.4 基于支承率曲线的参数(GB/T 18778.2 和 GB/T 18778.3)

——*R* 轮廓

见 F.4。如果评定长度内的取样长度个数不等于 5(默认值)(见 GB/T 18778.1—2002 的 7)，应在相应参数代号后标注其个数。

示例：*Rk*8、*Rpk*8、*Rvk*8、*Rpq*8、*Rvq*8、*Rmq*8(要求评定长度为 8 个取样长度)。

根据 GB/T 18778.2 和 GB/T 18618 定义的 *R* 轮廓基于线性支承率曲线的参数(如参数 *Rke*、*Rpke*、*Rvke* 等)，应根据 6.3.3 标注评定长度。

——*P* 轮廓

见 F.4。*P* 参数的取样长度等于评定长度，并且评定长度等于测量长度(见 GB/T 3505—2000 的 3.1.9)，因此，在参数代号中无需标注取样长度个数。

6.4 极限值判断规则的标注

6.4.1 概述

表面结构要求中给定极限值的判断规则有两种(分别见 GB/T 10610—1998 的 5.2 和 5.3)：

a) 16%规则；

b) 最大规则。

16%规则是所有表面结构要求标注的默认规则。当应用于附录 E 中的某个参数代号时(见图 7)，16%规则即用于该参数代号代表的表面结构要求。如果最大规则应用于表面结构要求，则参数代号中应加上“max”(见图 8)。最大规则不适用于图形参数。

MRR *Ra* 0.8；*Rz*1 3.2

a) 在文本中

Ra 0.8
*Rz*1 3.2

b) 在图样上

图 7 当应用 16%规则(默认传输带)时参数的标注

MRR *Ra*max 0.8；*Rz*1max 3.2

a) 在文本中

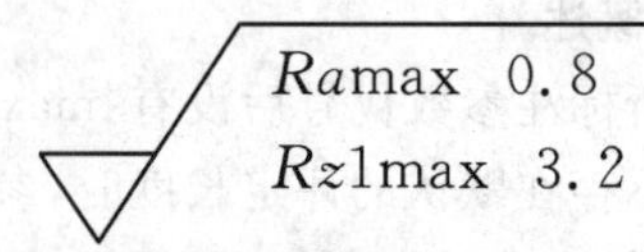

b) 在图样上

图 8 当应用最大规则(默认传输带)时参数的注法

6.4.2 轮廓参数(GB/T 3505)

16%规则和最大规则均适用于 GB/T 3505 中定义的轮廓参数。

6.4.3 **图形参数(GB/T 18618)**

图形参数只采用16%规则(见GB/T 18618—2002的5.4)。

6.4.4 **基于支承率曲线的参数(GB/T 18778.2和GB/T 18778.3)**

16%规则和最大规则均适用于GB/T 18778.2和GB/T 18778.3中定义的与支承率曲线相关的参数。

6.5 传输带和取样长度的标注

6.5.1 概述

当参数代号中没有标注传输带时(如图7、图8),表面结构要求采用默认的传输带(默认传输带定义见附录G)。

如果表面结构参数没有定义默认传输带、默认的短波滤波器或默认的取样长度(长波滤波器),则表面结构标注应该指定传输带,即短波滤波器或长波滤波器,以保证表面结构明确的要求。传输带应标注在参数代号的前面,并用斜线"/"隔开。

传输带标注包括滤波器截止波长(mm),短波滤波器在前,长波滤波器在后,并用连字号"-"隔开(图9)。

MRR 0.0025-0.8/*Rz* 3.2

a) 在文本中

0.0025-0.8/*Rz* 3.2

b) 在图样上

图9 与表面结构要求相关的传输带的注法

在某些情况下,在传输带中只标注两个滤波器中的一个。如果存在第二个滤波器,使用默认的截止波长值。如果只标注一个滤波器,应保留连字号"-"来区分是短波滤波器还是长波滤波器。

示例1:0.008- 短波滤波器标注。

示例2:-0.25 长波滤波器标注。

6.5.2 轮廓参数(GB/T 3505)

——*R*轮廓

见G.2。如果标注传输带,可能只需要标注长波滤波器λc(如-0.8)。短波滤波器λs值由GB/T 6062—2002的4.4表1中给定。

如果要求控制用于粗糙度参数的传输带内的短波滤波器和长波滤波器,二者应与参数代号一起标注。

示例:0.008-0.8

——*W*轮廓

见G.2。波纹度应标注传输带,即给出两个截止波长。传输带可根据GB/T 10610规定的表面粗糙度默认的同一表面的截止波长值λc确定,传输带可表示为λc-$n \times \lambda c$,n的值由设计者选择(见图10)。

MRR λc-12×λc/*Wz* 125

a) 在文本中

λc-12×λc/*Wz* 125

b) 在图样上

图10 基于表面粗糙度默认的截止波长值λc的波纹度传输带注法

——*P*轮廓

见G.2。应标注短波滤波器的截止波长值λs。

在默认情况下,*P*参数没有任何长波滤波器(取样长度)。如果对工件功能有要求,对*P*参数可以标注长波滤波器(取样长度)。

示例:-25/*Pz* 225

6.5.3 图形参数(GB/T 18618)

——粗糙度轮廓

见 G.3。如果相应的组合(λs、A)取自 GB/T 18618—2002 的表 1,就不必标注评定长度值,但仍应标出两条斜线。如果不标注短波长度界限值,默认值是 $\lambda s = 0.008$ mm。

——波纹度轮廓

见 G.3。短波长度界限 A 和长波长度界限 B 应该一起标注。如果相应的组合(A、B)取自 GB/T 18618—2002 的表 1,就不必标注评定长度值,但仍应标出两条斜线。如果不标注短波长度界限值,默认值是 $A = 0.5$ mm,$B = 2.5$ mm。

6.5.4 基于支承率曲线的参数(GB/T 18778.2 和 GB/T 18778.3)

——R 轮廓

见 G.4。只有一对默认的和一对非默认的标准化值。

——P 轮廓

见 G.4。如果根据 GB/T 18778.3 标注 P 参数,短波滤波器 λs 应与参数代号一起标注,以保证明确的要求。默认情况下,P 参数没有任何长波滤波器(取样长度)。如果对工件功能有要求,应对 P 参数标注长波滤波器(取样长度)。

6.6 单向极限或双向极限的标注

6.6.1 概述

标注单向或双向极限以表示对表面结构的明确要求。偏差与参数代号应一起标注,参数值和传输带的定义见 6.2、6.3、6.4 和 6.5。

6.6.2 表面结构参数的单向极限

当只标注参数代号、参数值和传输带时,它们应默认为参数的上限值(16%规则或最大化规则的极限值);当参数代号、参数值和传输带作为参数的单向下限值(16%规则或最大化规则的极限值)标注时,参数代号前应加 L。

示例:L *Ra* 0.32

6.6.3 表面参数的双向极限

在完整符号中表示双向极限时应标注极限代号,上限值在上方用 U 表示,下极限在下方用 L 表示,上下极限值为 16%规则或最大化规则的极限值(见图 11)。如果同一参数具有双向极限要求,在不引起歧义的情况下,可以不加 U、L。

上下极限值可以用不同的参数代号和传输带表达。

MRR U *Rz* 0.8; L *Ra* 0.2

a) 在文本中

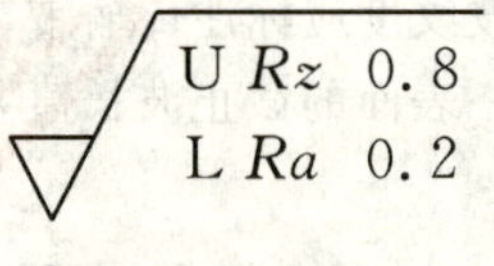

U *Rz* 0.8
L *Ra* 0.2

b) 在图样上

图 11 双向极限的注法

7 加工方法或相关信息的注法

轮廓曲线的特征对实际表面的表面结构参数值影响很大。标注的参数代号、参数值和传输带只作为表面结构要求,有时不一定能够完全准确地表示表面功能。加工工艺在很大程度上决定了轮廓曲线的特征,因此,一般应注明加工工艺。加工工艺用文字按图 12 和图 13 所示方式在完整符号中注明。图 13 表示的是镀覆的示例,使用了 GB/T 13911 中规定的符号。

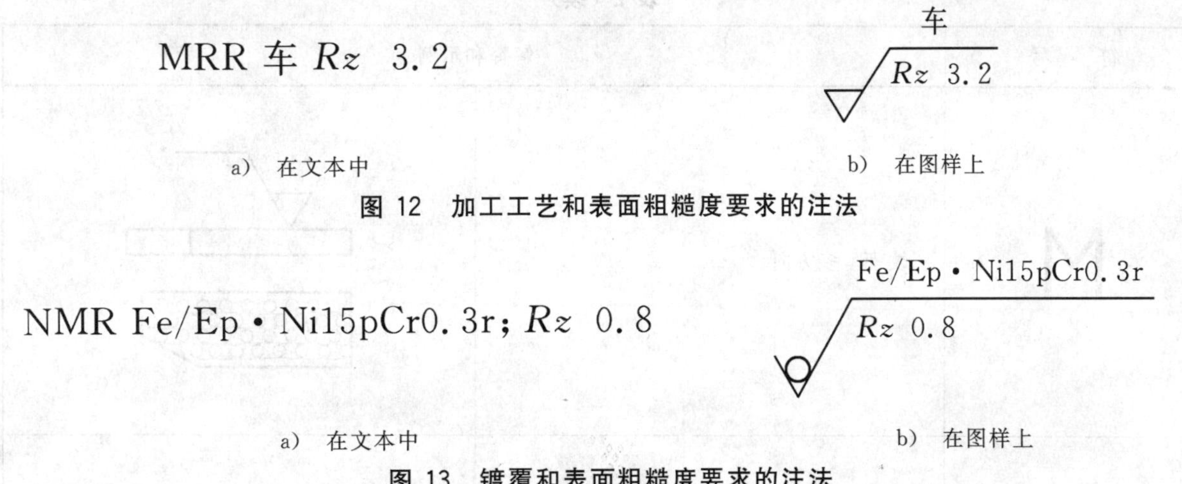

图 12 加工工艺和表面粗糙度要求的注法

图 13 镀覆和表面粗糙度要求的注法

8 表面纹理的注法

表面纹理及其方向用表 2 中规定的符号按照图 14 标注在完整符号中。采用定义的符号标注表面纹理(如图 14 中的垂直符号)不适用于文本标注。

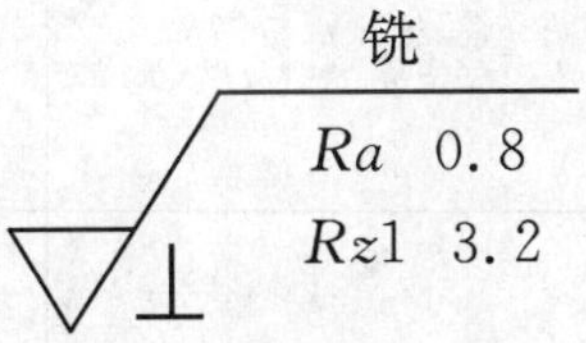

铣

Ra 0.8

$Rz1$ 3.2

⊥

图 14 垂直于视图所在投影面的表面纹理方向的注法

注：纹理方向是指表面纹理的主要方向，通常由加工工艺决定。

表 2 中的符号包括了表面结构所要求的与图样平面相应的纹理及其方向。

表 2 表面纹理的标注

符　号	解释和示例	
=	纹理平行于视图所在的投影面	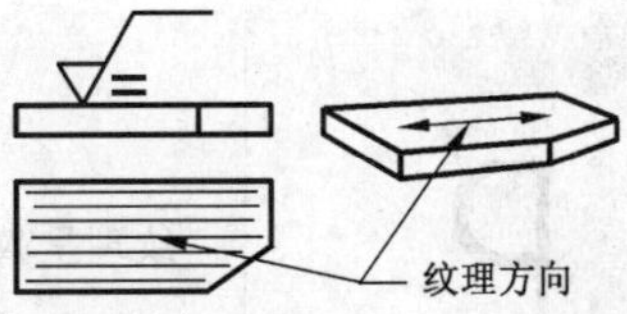 纹理方向
⊥	纹理垂直于视图所在的投影面	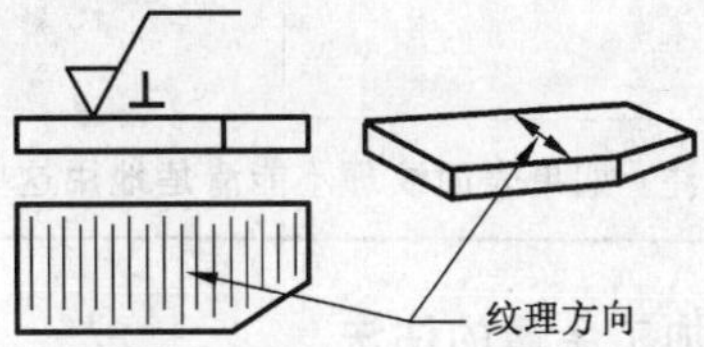 纹理方向
×	纹理呈两斜向交叉且与视图所在的投影面相交	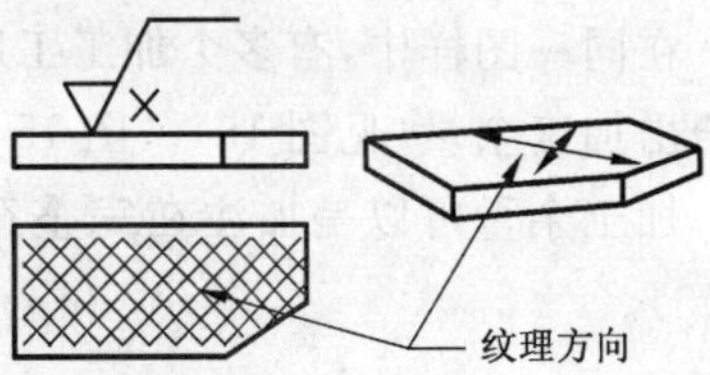 纹理方向

表 2（续）

符　号	解释和示例	
M	纹理呈多方向	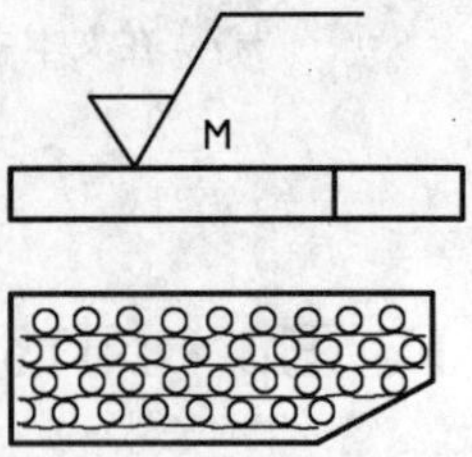
C	纹理呈近似同心圆且圆心与表面中心相关	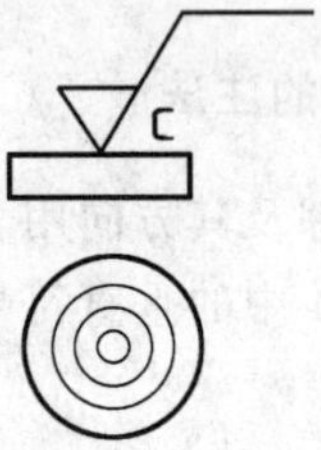
R	纹理呈近似放射状且与表面圆心相关	
P	纹理呈微粒、凸起，无方向	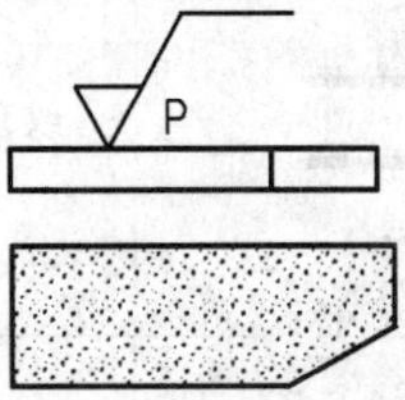
注：如果表面纹理不能清楚地用这些符号表示，必要时，可以在图样上加注说明。		

9　加工余量的注法

在同一图样中，有多个加工工序的表面可标注加工余量，例如，在表示完工零件形状的铸锻件图样中给出加工余量(见图 15)。图 15 中给出加工余量的这种方式不使用于文本。

加工余量可以是加注在完整符号上的唯一要求。加工余量也可以同表面结构要求一起标注(见图 15)。

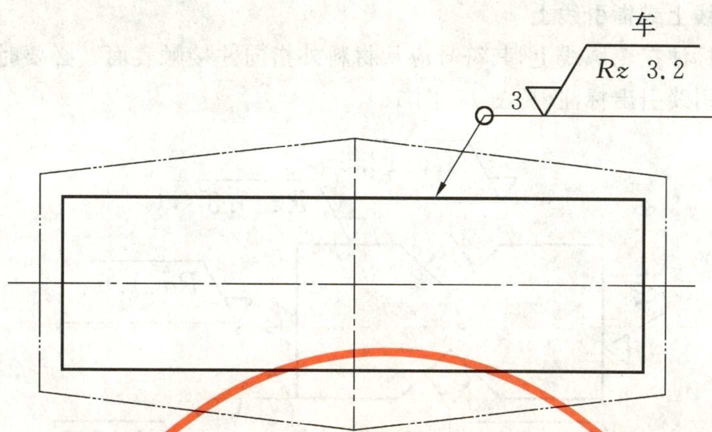

图 15 在表示完工零件的图样中给出加工余量的注法
（所有表面均有 3 mm 加工余量）

10 表面结构要求及数值标注方法的总结

技术图样上标注的表面结构要求由图 1～图 5 中至少一个符号和相关的要求按第 5 章～第 9 章中的规定进行标注。

独立使用图形符号作为表面结构要求只有在下列情况时才有意义：

——根据 11.3 进行简化标注时；

——当图 1 表示的基本符号使用在加工工艺的图样中；

——对于后者，解释如下：

不管是通过不去除材料的方法或其他方法获得的特定表面，判断其合格与否，其状态由最后一道加工工序确定，并根据 GB/T 18779.1—2002 判定一个特定的表面是否符合表面结构要求。此外，应考虑本标准的解释规则和相关的标准规定。

11 表面结构要求在图样和其他技术产品文件中的注法

11.1 概述

表面结构要求对每一表面一般只标注一次，并尽可能注在相应的尺寸及其公差的同一视图上。除非另有说明，所标注的表面结构要求是对完工零件表面的要求（见附录 C）。

11.2 表面结构符号、代号的标注位置与方向

11.2.1 概述

总的原则是根据 GB/T 4458.4 的规定，使表面结构的注写和读取方向与尺寸的注写和读取方向一致（见图 16）。

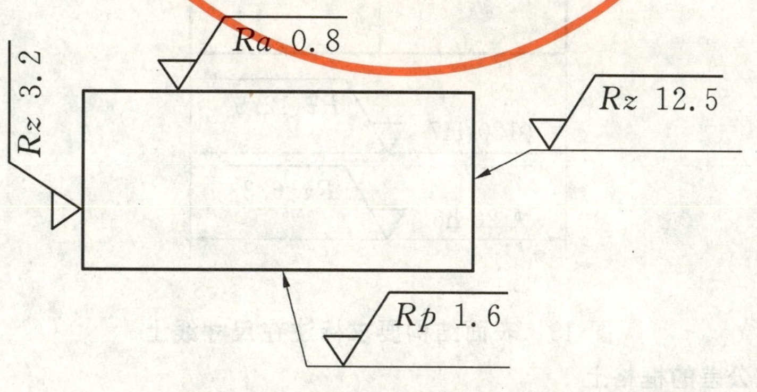

图 16 表面结构要求的注写方向

11.2.2 标注在轮廓线上或指引线上

表面结构要求可标注在轮廓线上，其符号应从材料外指向并接触表面。必要时，表面结构符号也可用带箭头或黑点的指引线引出标注(见图 17、图 18)。

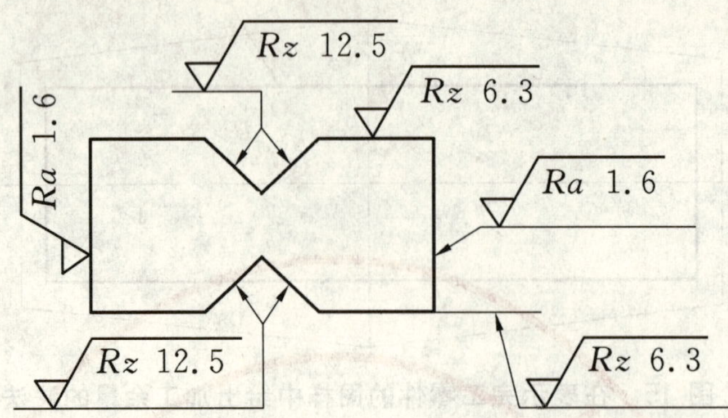

图 17 表面结构要求在轮廓线上的标注

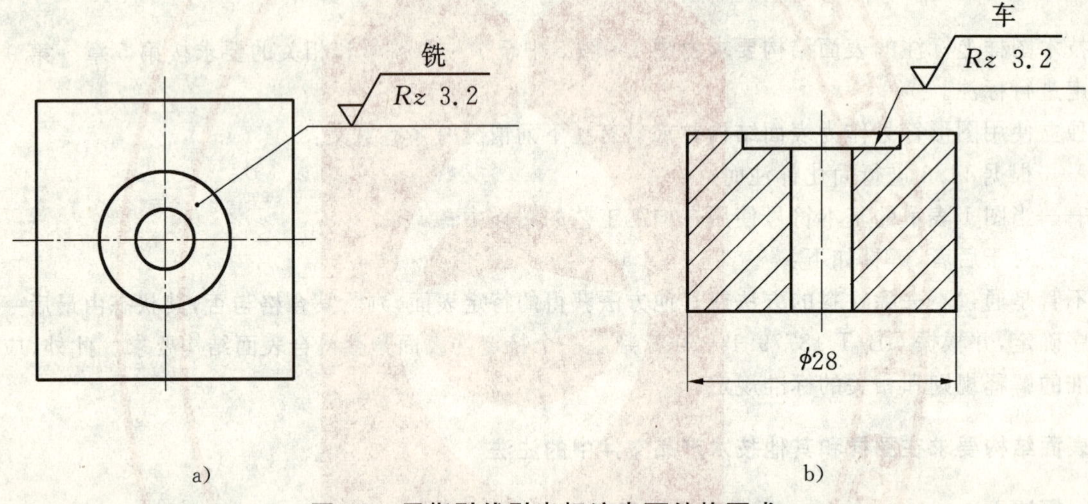

图 18 用指引线引出标注表面结构要求

11.2.3 标注在特征尺寸的尺寸线上

在不致引起误解时，表面结构要求可以标注在给定的尺寸线上(见图 19)。

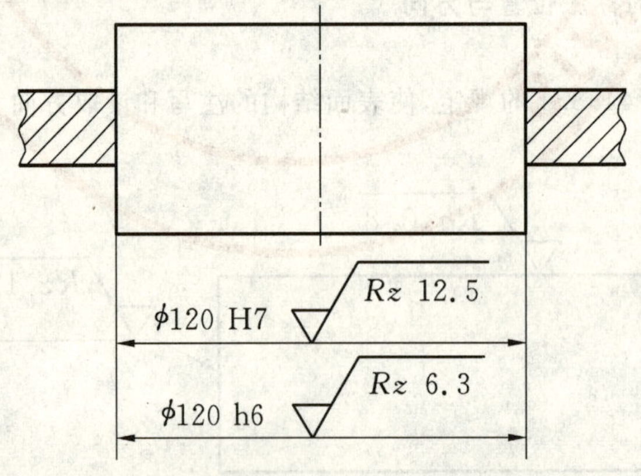

图 19 表面结构要求标注在尺寸线上

11.2.4 标注在形位公差的框格上

表面结构要求可标注在形位公差框格的上方，如图 20a)和 b)。

图 20　表面结构要求标注在形位公差框格的上方

11.2.5　标注在延长线上

表面结构要求可以直接标注在延长线上，或用带箭头的指引线引出标注(见图 17 和图 21)。

11.2.6　标注在圆柱和棱柱表面上

圆柱和棱柱表面的表面结构要求只标注一次(见图 21)。如果每个棱柱表面有不同的表面结构要求，则应分别单独标注(见图 22)。

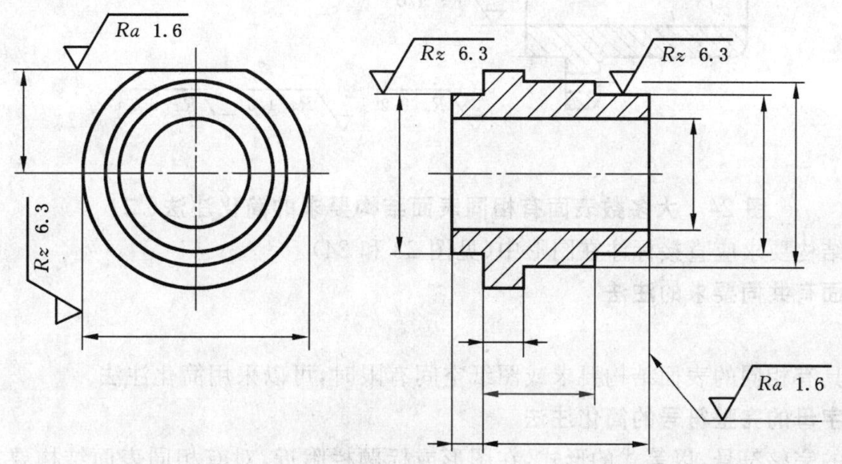

图 21　表面结构要求标注在圆柱特征的延长线上

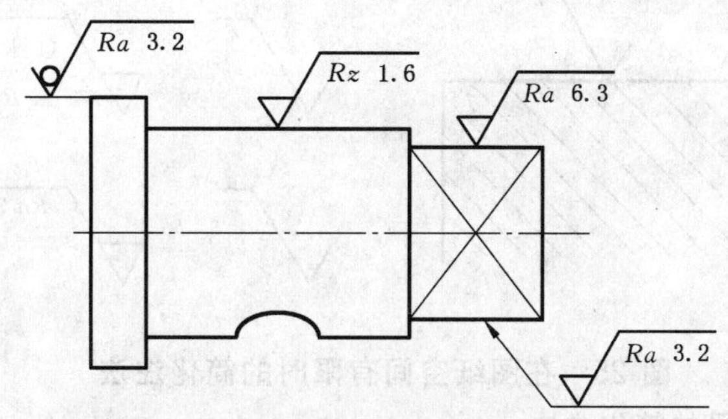

图 22　圆柱和棱柱的表面结构要求的注法

11.3　表面结构要求的简化注法

11.3.1　有相同表面结构要求的简化注法

如果在工件的多数(包括全部)表面有相同的表面结构要求，则其表面结构要求可统一标注在图样的标题栏附近。此时(除全部表面有相同要求的情况外)，表面结构要求的符号后面应有：

——在圆括号内给出无任何其他标注的基本符号(见图 23)；

——在圆括号内给出不同的表面结构要求(见图 24)。

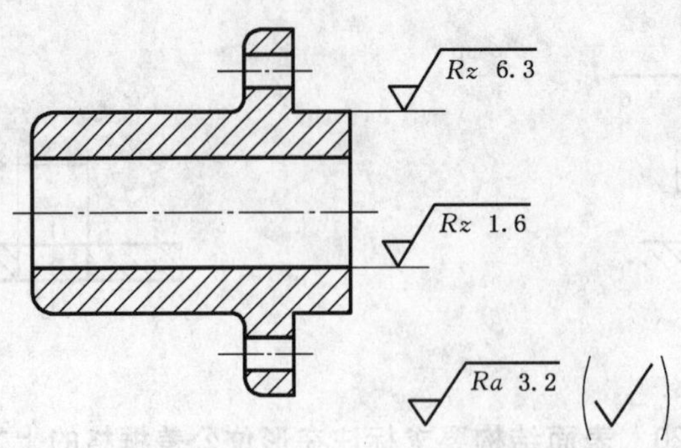

图 23　大多数表面有相同表面结构要求的简化注法(一)

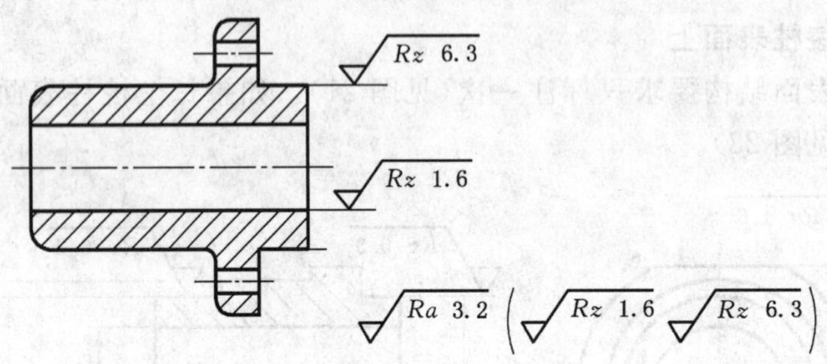

图 24　大多数表面有相同表面结构要求的简化注法(二)

不同的表面结构要求应直接标注在图形中(见图 23 和 24)。

11.3.2　多个表面有共同要求的注法

11.3.2.1　概述

当多个表面具有相同的表面结构要求或图纸空间有限时,可以采用简化注法。

11.3.2.2　用带字母的完整符号的简化注法

可用带字母的完整符号,以等式的形式,在图形或标题栏附近,对有相同表面结构要求的表面进行简化标注(见图 25)。

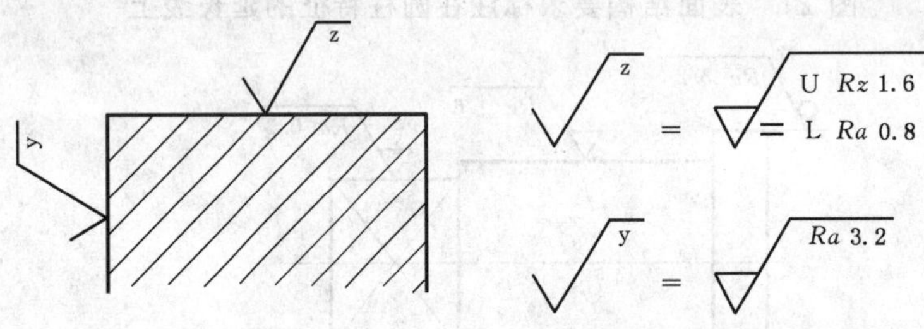

图 25　在图纸空间有限时的简化注法

11.3.2.3　只用表面结构符号的简化注法

可用图 1、图 2 和图 3 的表面结构符号,以等式的形式给出对多个表面共同的表面结构要求(见图 26～图 28)。

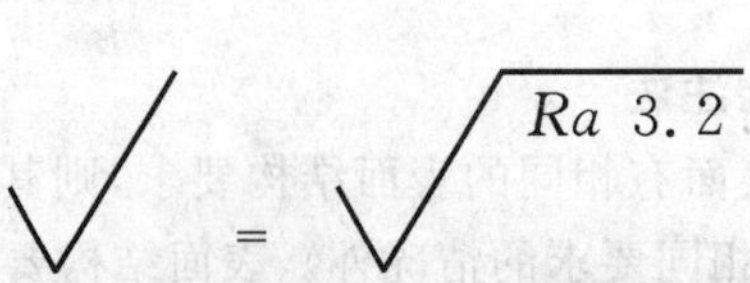

$$\sqrt{\ } = \sqrt{Ra\ 3.2}$$

图 26　未指定工艺方法的多个表面结构要求的简化注法

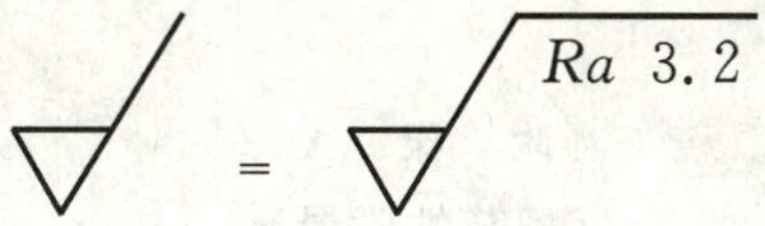

图 27　要求去除材料的多个表面结构要求的简化注法

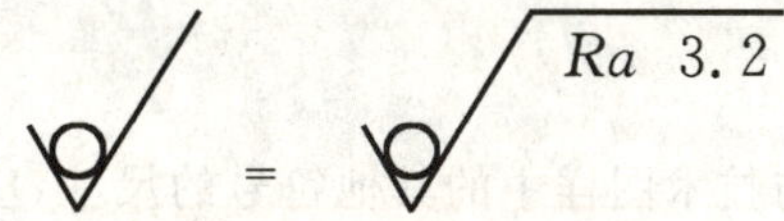

图 28　不允许去除材料的多个表面结构要求的简化注法

11.4　两种或多种工艺获得的同一表面的注法

由几种不同的工艺方法获得的同一表面，当需要明确每种工艺方法的表面结构要求时，可按图 29、C.8 进行标注。

图 29　同时给出镀覆前后的表面结构要求的注法

附 录 A
（规范性附录）
图形符号的比例和尺寸

A.1 一般要求

为了协调本标准中的符号尺寸与技术图样中的其他符号的尺寸，应采用 ISO 81714-1:1999 中给出的规则。

A.2 比例

应根据图 A.1～A.3 画出基本图形符号和附加部分(见第 4 章)。图 A.2c)～g)中的符号形状与 GB/T 14691(B 型，直体)中相应的大写字母相同，尺寸见 A.3。图 A.1b)符号的水平线长度取决于其上下所标注内容的长度。

图 A.3 中在“a”、“b”、“d”和“e”区域中的所有字母高应该等于 h。

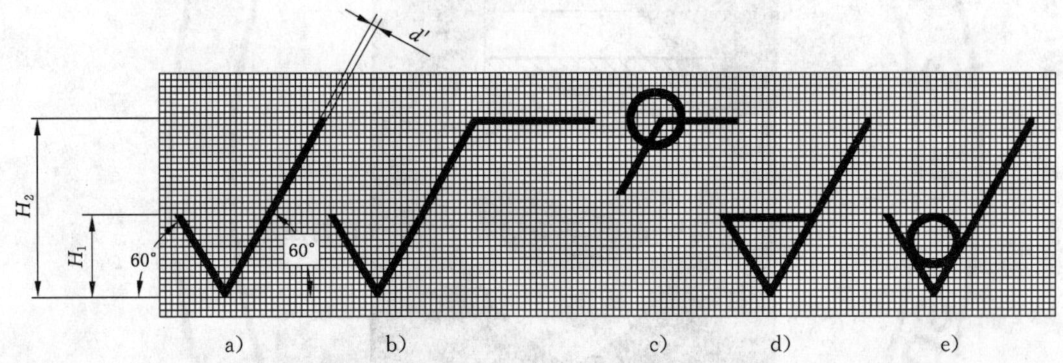

图 A.1

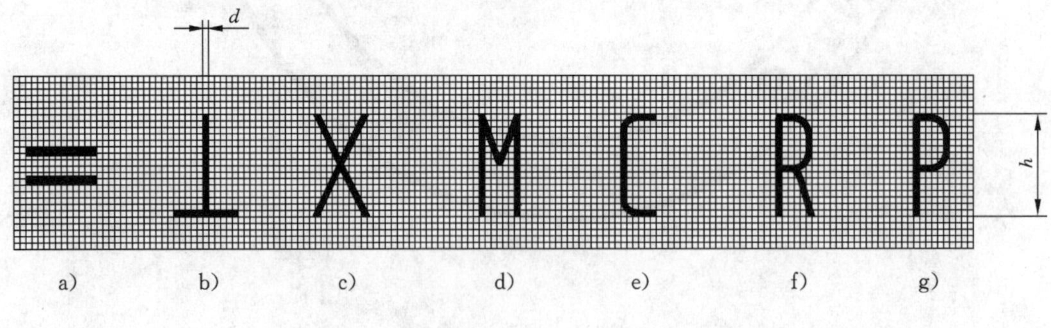

图 A.2

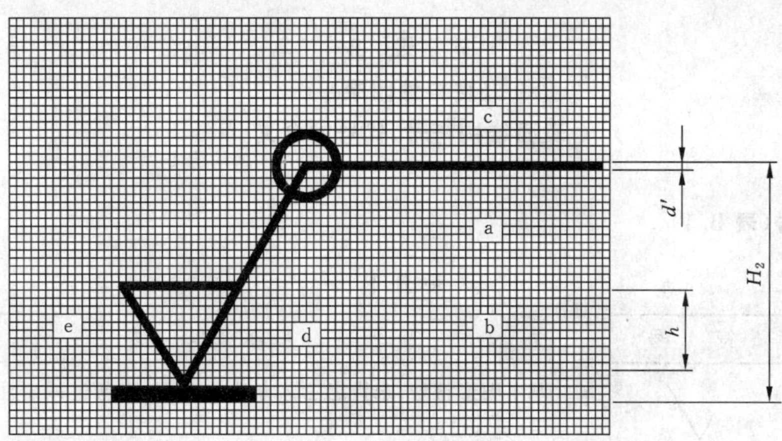

注：在位置“a”～“e”处注写表面结构要求(见图 7～图 15)。

图 A.3

在图 A.3 区域 c 中的字体可以是大写字母、小写字母或汉字，这个区域的高度可以大于 h，以便能够写出小写字母的尾部。

A.3 尺寸

图形符号和附加标注的尺寸见表 A.1。

表 A.1 尺寸

单位为毫米

数字和字母高度 h(见 GB/T 14690)	2.5	3.5	5	7	10	14	20
符号线宽 d' 字母线宽 d	0.25	0.35	0.5	0.7	1	1.4	2
高度 H_1	3.5	5	7	10	14	20	28
高度 H_2(最小值)[a]	7.5	10.5	15	21	30	42	60
[a] H_2 取决于标注内容。							

附 录 B
（资料性附录）
表面结构符号、代号的含义

B.1 表面结构符号(表 B.1)

表 B.1

No	符　号	含　义
B.1.1		基本图形符号，未指定工艺方法的表面，当通过一个注释解释时可单独使用(见 4.2)
B.1.2		扩展图形符号，用去除材料方法获得的表面；仅当其含义是“被加工表面”时可单独使用
B.1.3		扩展图形符号，不去除材料的表面，也可用于表示保持上道工序形成的表面，不管这种状况是通过去除材料或不去除材料形成的

B.2 表面结构代号(表 B.2)

表 B.2

No	符　号	含义/解释
B.2.1	*Rz* 0.4	表示不允许去除材料，单向上限值，默认传输带，*R* 轮廓，粗糙度的最大高度 0.4 μm，评定长度为 5 个取样长度(默认)，“16%规则”(默认)
B.2.2	*Rz* max 0.2	表示去除材料，单向上限值，默认传输带，*R* 轮廓，粗糙度最大高度的最大值 0.2 μm，评定长度为 5 个取样长度(默认)，“最大规则”
B.2.3	0.008-0.8/*Ra* 3.2	表示去除材料，单向上限值，传输带 0.008-0.8 mm，*R* 轮廓，算术平均偏差 3.2 μm，评定长度为 5 个取样长度(默认)，“16%规则”(默认)
B.2.4	-0.8/*Ra*3 3.2	表示去除材料，单向上限值，传输带：根据 GB/T 6062，取样长度 0.8 μm(*λs* 默认 0.002 5 mm)，*R* 轮廓，算术平均偏差 3.2 μm，评定长度包含 3 个取样长度，“16%规则”(默认)
B.2.5	U *Ra* max 3.2 L *Ra* 0.8	表示不允许去除材料，双向极限值，两极限值均使用默认传输带，*R* 轮廓，上限值：算术平均偏差 3.2 μm，评定长度为 5 个取样长度(默认)，“最大规则”，下限值：算术平均偏差 0.8 μm，评定长度为 5 个取样长度(默认)，“16%规则”(默认)
B.2.6	0.8-25/*Wz*3 10	表示去除材料，单向上限值，传输带 0.8-25 mm，*W* 轮廓，波纹度最大高度 10 μm，评定长度包含 3 个取样长度，“16%规则”(默认)

表 B.2(续)

No	符　号	含义/解释
B.2.7	0.008-/*Pt* max 25	表示去除材料,单向上限值,传输带 λs=0.008 mm,无长波滤波器,*P* 轮廓,轮廓总高 25 μm,评定长度等于工件长度(默认),"最大规则"
B.2.8	0.0025-0.1//*Rx* 0.2	表示任意加工方法,单向上限值,传输带 λs=0.002 5 mm,*A*=0.1 mm,评定长度 3.2 mm(默认),粗糙度图形参数,粗糙度图形最大深度 0.2 μm,"16%规则"(默认)
B.2.9	/10/*R* 10	表示不允许去除材料,单向上限值,传输带 λs=0.008 mm(默认),*A*=0.5 mm(默认),评定长度 10 mm,粗糙度图形参数,粗糙度图形平均深度 10 μm,"16%规则"(默认)
B.2.10	*W* 1	表示去除材料,单向上限值,传输带 *A*=0.5 mm(默认),*B*=2.5 mm(默认),评定长度 16 mm(默认),波纹度图形参数,波纹度图形平均深度 1 mm,"16%规则"(默认)
B.2.11	−0.3/6/*AR* 0.09	表示任意加工方法,单向上限值,传输带 λs=0.008 mm(默认),*A*=0.3 mm(默认),评定长度 6 mm,粗糙度图形参数,粗糙度图形平均间距 0.09 mm,"16%规则"(默认)
注:这里给出的表面结构参数,传输带/取样长度和参数值以及所选择的符号仅作为示例。		

B.3　带有补充注释的符号(表 B.3)

表 B.3 的标注可以与表 B.2 中相应图形符号一起使用。

表 B.3

No	符　号	含　义
B.3.1	铣	加工方法:铣削(见 5.2)
B.3.2	M	表面纹理:纹理呈多方向(见第 8 章)
B.3.3		对投影视图上封闭的轮廓线所表示的各表面有相同的表面结构要求(见 4.5)
B.3.1	3	加工余量 3 mm(见 5.2)
注:这里给出的加工方法,表面纹理和加工余量仅作为示例。		

B.4 简化符号(表 B.4)

表 B.4

No	符号	含义
B.4.1	√	符号及所加字母的含义由图样中的标注说明(见 11.3.1 和 11.3.2.2)
B.4.2	√y √z	

附 录 C
（资料性附录）
表面结构要求的标注示例

表面结构要求的标注示例见表 C.1。

表 C.1

No	要　　求	示　　例
C.1	表面粗糙度： —双向极限值； —上限值 *Ra*=50 μm； —下限值 *Ra*=6.3 μm； —均为“16%规则”(默认)； —两个传输带均为 0.008-4 mm； —默认的评定长度 5×4 mm=20 mm； —表面纹理呈近似同心圆且圆心与表面中心相关； —加工方法：铣。 注：因为不会引起争议，不必加 U 和 L	铣 0.008-4/*Ra* 50 C　0.008-4/*Ra* 6.3
C.2	除一个表面以外，所有表面的粗糙度为： —单向上限值； —*Rz*=6.3 μm； —“16%规则”(默认)； —默认传输带； —默认评定长度(5×λc)； —表面纹理没有要求； —去除材料的工艺 不同要求的表面的表面粗糙度为： —单向上限值； —*Ra*=0.8 μm； —“16%规则”(默认)； —默认传输带； —默认评定长度(5×λc)； —表面纹理没有要求； —去除材料的工艺	*Ra* 0.8 *Rz* 6.3 (√)
C.3	表面粗糙度： —两个单向上限值： 1) *Ra*=1.6 μm a) “16%规则”(默认)(GB/T 10610)； b) 默认传输带(GB/T 10610 和 GB/T 6062)； c) 默认评定长度(5×λc)(GB/T 10610)； 2) *Rz* max=6.3 μm a) 最大规则； b) 传输带-2.5 μm(GB/T 6062)； c) 评定长度默认(5×2.5 mm)； —表面纹理垂直于视图的投影面； —加工方法：磨削	磨 *Ra* 1.6 ⊥　-2.5/*Rz* max 6.3

表 C.1（续）

No	要　　求	示　　例
C.4	表面粗糙度： —单向上限值； —Rz=0.8 μm； —“16%规则”(默认)(GB/T 10610)； —默认传输带(GB/T 10610 和 GB/T 6062)； —默认评定长度(5×λc)(GB/T 10610)； —表面纹理没有要求； —表面处理：铜件，镀镍/铬； —表面要求对封闭轮廓的所有表面有效	Cu/Ep・Ni5bCr0.3r Rz 0.8
C.5	表面粗糙度： —单向上限值和一个双向极限值： 1）单向 Ra=1.6 μm a）“16%规则”(默认)(GB/T 10610)； b）传输带-0.8 mm(λs 根据 GB/T 6062 确定)； c）评定长度 5×0.8=4 mm(GB/T 10610)； 2）双向 Rz a）上限值 Rz=12.5 μm； b）下限值 Rz=3.2 μm； c）“16%规则”(默认)； d）上下极限传输带均为-2.5 mm (λs 根据 GB/T 6062 确定)； e）上下极限评定长度均为 5×2.5=12.5 mm (即使不会引起争议，也可以标注 U 和 L 符号)。 —表面处理：钢件，镀镍/铬	Fe/Ep・Ni10bCr0.3r -0.8/Ra 1.6 U -2.5/Rz 12.5 L -2.5/Rz 3.2
C.6	表面结构和尺寸可以标注在同一尺寸线上： 键槽侧壁的表面粗糙度： ——一个单向上限值； —Ra=6.3 μm； —“16%规则”(默认)(GB/T 10610)； —默认评定长度(5×λc)(GB/T 6062)； —默认传输带(GB/T 10610 和 GB/T 6062)； —表面纹理没有要求； —去除材料的工艺。 倒角的表面粗糙度： ——一个单向上限值； —Ra=3.2 μm； —“16%规则”(默认)(GB/T 10610)； —默认评定长度 5×λc(GB/T 6062)； —默认传输带(GB/T 10610 和 GB/T 6062)； —表面纹理没有要求； —去除材料的工艺	C2 A A—A Ra 3.2 Ra 6.3 A

表 C.1（续）

No	要　　求	示　　例
C.7	表面结构和尺寸可以标注为： ——一起标注在延长线上，或 —分别标注在轮廓线和尺寸界线上。 示例中的三个表面粗糙度要求为： —单向上限值； —分别是：*Ra*=1.6 μm，*Ra*=6.3 μm，*Rz*=12.5 μm； —“16%规则”（默认）（GB/T 10610）； —默认评定长度 5×*λc*（GB/T 6062）； —默认传输带（GB/T 10610 和 GB/T 6062）； —表面纹理没有要求； —去除材料的工艺	*Ra* 1.6 *Ra* 6.3 *Rz* 12.5 R3 ϕ40
C.8	表面结构、尺寸和表面处理的标注： 示例是三个连续的加工工序。 第一道工序： —单向上限值； —*Rz*=1.6 μm； —“16%规则”（默认）（GB/T 10610）； —默认评定长度（5×*λc*）（GB/T 6062）； —默认传输带（GB/T 10610 和 GB/T 6062）； —表面纹理没有要求； —去除材料的工艺。 第二道工序： —镀铬，无其他表面结构要求。 第三道工序： ——一个单向上限值，仅对长为 50 mm 的圆柱表面有效； —*Rz*=6.3 μm； —“16%规则”（默认）（GB/T 10610）； —默认评定长度（5×*λc*）（GB/T 6062）； —默认传输带（GB/T 10610 和 GB/T 6062）； —表面纹理没有要求； —磨削加工工艺	Fe/Ep·Cr50 磨 *Rz* 6.3 *Rz* 1.6 50 ϕ29 h7

附　录　D
（资料性附录）
控制表面功能的最少标注

表面结构要求通过几个不同的控制元素建立，它们可以是图样中标注的一部分或在其他文件中给出的文本标注，这些元素见图 D.1。

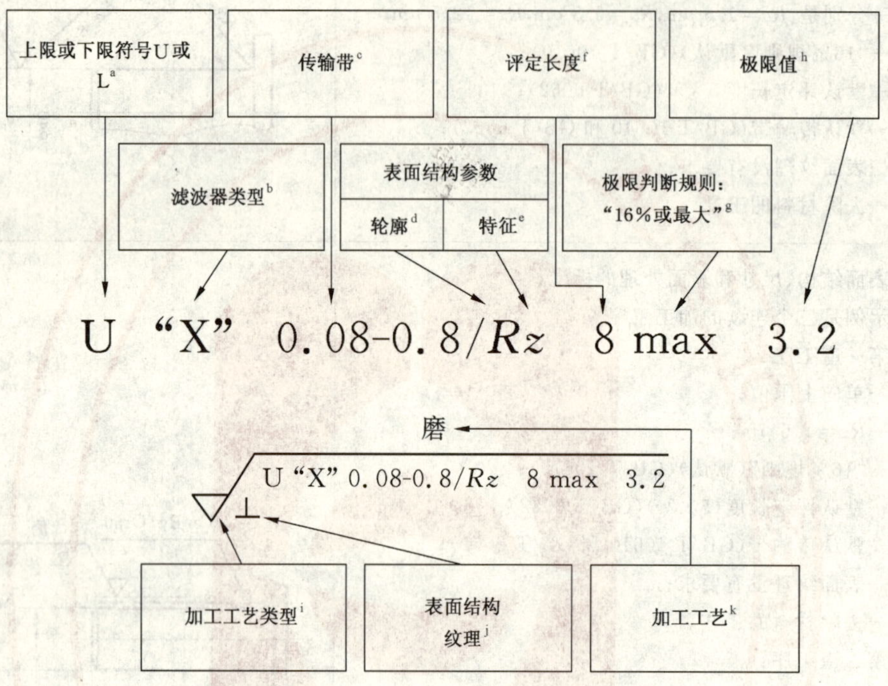

[a] 上限或下限符号 U 或 L，详见 6.6。

[b] 滤波器类型"X"。标准滤波器是高斯滤波器(GB/T 18777)。以前的标准滤波器是 2RC 滤波器。将来也可能对其他的滤波器进行标准化。在转换期间，在图样上标注滤波器类型对某些公司比较方便。滤波器类型可以标注为"高斯滤波器"或"2RC"。滤波器名称并没有标准化，但这里所建议的标注名称是明确的，无争议的。

[c] 传输带标注为短波或长波滤波器，详见 6.5。

[d] 轮廓(R、W 或 P)，详见 6.2。

[e] 特征/参数，详见 6.2。

[f] 评定长度包含若干取样长度，详见 6.3。当使用图形参数时，评定长度标注在表面结构参数代号前两个斜线之间见 6.3.3。

[g] 极限判断规则("16%规则"或"最大化规则")，详见 6.4。

[h] 以微米为单位的极限值。

[i] 加工工艺类型，详见 4.3 和 4.4。

[j] 表面结构纹理，详见第 8 章。

[k] 加工工艺，详见第 7 章。

图 D.1　技术产品文件中表面结构要求标注的控制元素

经验证明，所有这些元素对于表面结构要求和表面功能之间形成明确关系是必要的。只有在很少的情况下，当不会导致歧义时，其中的一些元素才可以省略。而多数元素对于设置仪器的测量条件(图 D.1中 b、c、d、e、f)是必要的，其余元素对于明确评价测量结果并与所要求的极限进行比较也是必要的。

在某些情况下，标注多个表面结构参数是必要的，这些参数可能是轮廓或特征，或两者都有，目的是在图样要求和表面功能之间建立明确的关系。

并不是所有的表面结构参数和表面功能之间都存在一种普遍适用的关系。某些参数与表面类型或表面功能或同时与两者存在很强的相关性。通常存在两个主要参数组用于如下的两个主要类型表面。

——单工序表面

经过一道加工工序得到的表面(如车削,铣,刨或喷涂)。用于这些表面的参数在 GB/T 3505 和 GB/T 18618 中定义。在某些情况下,GB/T 18778.2 中定义的参数可用于单工序表面。用于单工序表面的参数不适用于双工序表面。

——双工序表面

经过两道加工工序得到的表面,两道工序得到的表面纹理都部分存在并且对表面功能都有影响(如部分重叠的磨削表面,超精加工或镗磨)。这些表面的参数在 GB/T 18778.2 和 GB/T 18778.3 中定义。

表面结构参数和表面功能之间关系的密切程度以及何种参数适合于控制一个特定的表面功能,可根据文献和经验确定。

为了简化表面结构要求的标注,同时能够明确表达图样标注及表面功能之间的关系,定义了一系列的默认值,例如,极限值判断规则、传输带和评定长度。有了默认定义便可更加简化表面结构标注(如 *Ra* 1.6 和 *Rz* 6.3),但这只是指无歧义部分。适合于所有参数的默认定义原则目前尚未确定。

每个标准都包含默认定义的信息。如果默认定义不存在,全部的信息都应该标注在图样的表面结构要求中。

当表面结构参数存在默认定义时,标注有如下的两种可能性。

a) 使用全部默认定义(标准中给出),在图样中只用一个简化注法。

b) 在图样中标注所有可能的要求和细节,详细的要求根据表面结构要求和表面功能之间已知的客观关系确定。

a)项的优点在于能减少标注并且节约图样空间,但它不能保证按照标准的默认定义作出的选择适合于具体的表面功能控制任务。

b)项的情况通常应用于对工件功能重要的表面,即表面结构对功能是关键的。

选择 GB/T 10610 中定义的默认传输带时需特别注意。选择默认传输带的规则对测量表面参数值也许有很大的影响。根据 GB/T 10610 的规则,表面的细微变化也许导致测量参数值达 50%的变化。这种情况下,如果表面结构对工件功能有重要作用,则必须在图形符号中标注出传输带。这时绝不能使用默认滤波器。

加工工艺以及某些情况下的表面纹理对表面功能和图样中的表面结构要求之间的关系有非常重要的作用。对相同的表面功能,两种不同的加工工艺常有它们自己的“表面结构尺度”。当采用两种不同的加工工艺时,为了得到相同的表面功能,表面的测量参数值的差异可能会超过 100%。

对两个或多个表面结构参数值作比较时,只有在这些值有相同的测量条件时才有意义,相同的测量条件是指传输带、评定长度和加工工艺等相同。

附 录 E
（资料性附录）
表面结构参数代号

E.1 概述

三个主要的表面结构参数组已经标准化并与完整符号一起使用。在 GB/T 3505、GB/T 18618、GB/T 18778.2 和 GB/T 18778.3 中可以找到这些参数的定义。它们的参数代号见表 E.1～表 E.9。

E.2 根据 GB/T 3505 中定义的轮廓参数

表 E.1、表 E.2 和表 E.3 给出了 GB/T 3505 中定义的表面结构参数代号。GB/T 3505 中定义的轮廓参数是针对三种表面轮廓的（*R*、*W* 和 *P* 轮廓）。轮廓参数是使用 GB/T 18618 中高斯滤波器定义的。

表 E.1 根据 GB/T 3505 标准中定义的 *R* 轮廓参数代号

	高度参数									间距参数	混合参数	曲线和相关参数		
	峰谷值					平均值								
R 轮廓参数（粗糙度参数）	*Rp*	*Rv*	*Rz*	*Rc*	*Rt*	*Ra*	*Rq*	*Rsk*	*Rku*	*RSm*	*R*Δ*q*	*Rmr*(*c*)	*R*δ*c*	*Rmr*

表 E.2 根据 GB/T 3505 中定义的 *W* 轮廓参数代号

	高度参数									间距参数	混合参数	曲线和相关参数		
	峰谷值					平均值								
W 轮廓参数（波纹度参数）	*Wp*	*Wv*	*Wz*	*Wc*	*Wt*	*Wa*	*Wq*	*Wsk*	*Wku*	*WSm*	*W*Δ*q*	*Wmr*(*c*)	*W*δ*c*	*Wmr*

表 E.3 根据 GB/T 3505 中定义的 *P* 轮廓参数代号

	高度参数									间距参数	混合参数	曲线和相关参数		
	峰谷值					平均值								
P 轮廓参数（原始轮廓参数）	*Pp*	*Pv*	*Pz*	*Pc*	*Pt*	*Pa*	*Pq*	*Psk*	*Pku*	*PSm*	*P*Δ*q*	*Pmr*(*c*)	*P*δ*c*	*Pmr*

E.3 根据 GB/T 18618 中的图形参数

表 E.4 和表 E.5 给出了 GB/T 18618 中定义的表面结构参数代号。GB/T 18618 中定义的参数仅适用于粗糙度和波纹度轮廓。

注：注意 GB/T 18618 中定义的 *R* 和 *W* 轮廓是根据图形参数滤波方法定义的，而不是采用 GB/T 3505、GB/T 18778.2和 GB/T 18778.3 中定义的参数体系中所使用的滤波方法。

表 E.4　根据 GB/T 18618 中定义的粗糙度轮廓图形参数

	参　　数			
粗糙度轮廓 （粗糙度图形参数）	*R*	*Rx*	*AR*	—

表 E.5　根据 GB/T 18618 中定义的波纹度轮廓图形参数

	参　　数			
波纹度轮廓 （波纹度图形参数）	*W*	*Wx*	*AW*	*Wte*

E.4　基于 GB/T 18778.2、GB/T 18778.3 和 GB/T 18618 支承率曲线的参数

E.4.1　概述

两个不同的参数体系与支承率曲线相关：

a)　基于线性支承率曲线的参数；

b)　基于概率支承率曲线的参数。

E.4.2　基于线性支承率曲线的参数

表 E.6 和表 E.7 给出了与线性支承率曲线相关的参数代号，这些参数通过两个不同的滤波方法，即 GB/T 18778.1 和 GB/T 18618 仅针对 *R* 轮廓定义。

表 E.6　基于 GB/T 18778.1 和 GB/T 18778.2 线性支承率曲线的 *R* 轮廓参数

	参　　数				
根据 GB/T 18778.2 的粗糙度轮廓参数 （滤波器根据 GB/T 18778.1 选择）	*Rk*	*Rpk*	*Rvk*	*Mr*1	*Mr*2

表 E.7　基于 GB/T 18778.2 和 GB/T 18618 线性支承率曲线的 *R* 轮廓参数

	参　　数				
根据 GB/T 18778.2 的粗糙度轮廓参数 （滤波器根据 GB/T 18618）	*Rke*	*Rpke*	*Rvke*	*Mr*1*e*	*Mr*2*e*
注：所加的“*e*”表示已经根据 GB/T 18618 进行了滤波。					

E.4.3　基于概率支承率曲线的参数

表 E.8 和表 E.9 给出了根据 GB/T 18778.3 给出的与概率支承率曲线相关的参数代号。这些参数针对 *R* 轮廓和 *P* 轮廓定义。

表 E.8　基于 GB/T 18778.3 概率支承率曲线的 *R* 轮廓代号

	参　　数		
粗糙度轮廓 （滤波器根据 GB/T 18778.1）	*Rpq*	*Rvq*	*Rmq*

表 E.9　基于 GB/T 18778.3 概率支承率曲线的 *P* 轮廓代号

	参　　数		
原始轮廓滤波 λs	*Ppq*	*Pvq*	*Pmq*

附 录 F
（资料性附录）
评定长度 *ln*

F.1 概述

评定长度是在评定图样上表面结构要求时所必须的一段长度。部分参数是基于取样长度定义的；另一部分参数是基于评定长度定义的（见 GB/T 3505、GB/T 18618、GB/T 18778.2 和GB/T 18778.3）。当参数基于取样长度定义时，在评定长度内取样长度的个数是非常重要的。取样长度见附录 G。

F.2 根据 GB/T 3505 定义的轮廓参数

GB/T 3505 所定义的轮廓参数的默认评定长度在 GB/T 10610 中定义。

——*R* 轮廓：粗糙度参数默认评定长度在 GB/T 10610—1998 的 4.4 和第 7 章中定义。默认评定长度 *ln*，由 5 个取样长度 *lr* 构成：$ln=5\times lr$。

这表示表 E.1 中列出的参数代号的含义为一个评定长度等于 5 个取样长度。

——*W* 轮廓：波纹度参数目前不存在标准默认评定长度。

——*P* 轮廓：原始轮廓参数默认评定长度在 GB/T 10610—1998 的 4.4 中定义为测量长度。

F.3 根据 GB/T 18618 定义的图形参数

在 GB/T 18618—2002 的 5.2 中给出的图形参数默认评定长度是（$A=0.5$ mm 和 $B=2.5$ mm）16 mm。评定长度与传输带极限值相联系（见 G.3）。

F.4 根据 GB/T 18778.2 和 GB/T 18778.3 定义的支承率曲线参数

——*R* 轮廓：与支承率曲线相关的 *R* 轮廓参数默认评定长度在 GB/T 18778.1—2002 第 7 章中定义为 5 个取样长度：$ln=5\times lr$。

这表示表 E.6 和 E.8 中列出的参数代号的含义为一个评定长度等于 5 个取样长度。

——*P* 轮廓：原始轮廓参数默认评定长度在 GB/T 10610—1998 的 4.4 中定义为测量长度。

附　录　G
（资料性附录）
传输带和取样长度

G.1　概述

一般而言，表面结构定义在传输带中，传输带的波长范围在两个定义的滤波器（见 GB/T 6062）之间或图形法（GB/T 18618）的两个极限值之间。这意味着传输带即是评定时的波长范围。传输带被一个截止短波的滤波器（短波滤波器）和另一个截止长波的滤波器（长波滤波器）所限制。滤波器由截止波长值表示。滤波器和传输带特性在 GB/T 18777 中定义。图形法极限和组合算法在 GB/T 18618 中定义（见 G.3）。

注：长波滤波器的截止波长值也就是取样长度。

G.2　根据 GB/T 3505 定义的轮廓参数

GB/T 3505 定义的轮廓参数默认取样长度在 GB/T 10610 中定义。

——*R* 轮廓：*R* 轮廓传输带的截止波长值代号是 λs（短波滤坡器）和 λc（长波滤波器），λc 表示取样长度。

粗糙度参数默认传输带由 GB/T 10610—1998 第 7 章和 GB/T 6062—2002 的 4.4 共同定义。GB/T 10610定义默认长波滤波器 λc，而 GB/T 6062 定义与 λc 相关的默认短波滤波器 λs。

——*W* 轮廓：*W* 轮廓传输带的截止波长值代号是 λc（短波滤波器）和 λf（长波滤波器），λf 表示取样长度。

W 轮廓传输带没有定义默认值，也没有定义 λc 和 λf 的比率。

——*P* 轮廓：*P* 轮廓传输带的截止波长值代号是 λs（短波滤波器），长波滤波器无规定代号。

P 轮廓短波滤波器的截止波长值 λs 没有定义默认值。

G.3　根据 GB/T 18618 定义的图形参数

图形参数短波滤波器的截止波长值 λs 的默认值为评定长度值（见 GB/T 18618—2002 的 5.2）。

G.3.1　粗糙度轮廓

评定粗糙度参数传输带的极限值是

——λs，短波波长（见 GB/T 6062 和 GB/T 18618）；

——极限值 *A*，长波波长（见 GB/T 18618）。

G.3.2　波纹度轮廓

评定波纹度参数的传输带的极限值是

——极限值 *A*，短波波长（见 GB/T 18618）；

——极限值 *B*，长波波长（见 GB/T 18618）。

G.4　基于 GB/T 18778.2 和 GB/T 18778.3 的线性支承率曲线参数

——*R* 轮廓：*R* 轮廓传输带的截止波长值代号是 λs（短波滤波器）和根据 GB/T 18778.1 定义的 λc（长波滤波器）。

根据 GB/T 18778.1，*R* 轮廓仅使用两个不同的取样长度（长波滤波器），默认传输带定义的截止波长值 λc=0.8 mm（长波滤波器）和 λs=0.002 5 mm（短波滤波器）。当不标注传输带时，这个传输带就用于与支承率曲线相关的 *R* 参数。

GB/T 18778.1 中给出的第二个标准传输带(特殊定义)是 0.008 mm～2.5 mm,这是在GB/T 6062 中定义的一个标准传输带。

——P 轮廓:根据 GB/T 18778.1 定义的 P 轮廓传输带的截止波长值代号是 λs(短波滤波器)。

P 参数默认情况下没有长波滤波器。

P 轮廓短波滤波器的截止波长值 λs 没有定义默认值。

附 录 H
（资料性附录）
本标准的重要性

本标准的修订是为与1997年以来发布的表面结构的国家标准一致。

新版本的表面结构标准中规范性引用文件是GB/T 6062、GB/T 3505、GB/T 19067.1、GB/T 19067.2、GB/T 18777、GB/T 18618、GB/T 19600、GB/T 18778.1、GB/T 18778.2和GB/T 18778.3。

本标准不适用表面缺陷，表面缺陷国家标准是GB/T 15757。

1997年以来发布的新版本表面结构标准相比20世纪80年代的标准内容变化很大。这些变化的重要性和影响如下：

——重新定义了表面结构测量仪器（GB/T 6062）；带导头的仪器不再是标准仪器。表面结构参数的"真值"由绝对测量仪器确定。

——采用了不同的滤波特征（GB/T 18777，数字相位修正高斯滤波器）定义了新的滤波器。原来的2RC模拟滤波器不再是标准滤波器。

——除已有的*R*轮廓或粗糙度轮廓外，还定义了两个新的表面结构轮廓[*W*轮廓（波纹度轮廓）和*P*轮廓（原始轮廓）]。三个表面结构轮廓构成几乎所有表面结构参数的基础，如*Ra*，*Wa*和*Pa*，见附录E，GB/T 3505和GB/T 18778.3。

——表面结构（三种轮廓）现在通过一个传输带定义（短波和长波滤波器），而不是仅通过一个"截止滤波器"（长波滤波器）来定义，见附录G、GB/T 6062和GB/T 18777。

——表面结构参数标注的写法已经改变。参数代号现在为大小写斜体（如*Ra*和*Rz*），下角标如R_a和R_z不再使用。

——几乎所有的表面结构代号和参数名称已经改变（GB/T 3505）。原来的表面粗糙度参数R_z（十点高度）已经不再被认可为标准代号。新的*Rz*为原R_y的定义，原R_y的符号不再使用。

——已经定义并标准化了三组（类）新的表面结构参数（GB/T 18618、GB/T 18778.2和GB/T 18778.3）。这些新的参数部分具有自己的滤波系统（GB/T 18618和GB/T 18778.1）。

——与以前具有默认定义的参数（R_a、R_y和R_z）相比，现在具有默认定义的参数数量已大为增加，默认定义包括极限判断规则、滤波和评定长度，见GB/T 10610、GB/T 18618和GB/T 18778.1。而所有的*W*参数和*P*参数都没有默认定义。

原来的标准与1997年以来发布的新版本相比变化很大，若根据新标准评定旧图样中的表面要求可能会有问题。企业需要决定如何将旧图样从旧标准向新标准过渡。旧图样仍可以按旧版本GB/T 131解释。

最重要的一个变化是采用高斯滤波器代替了2RC滤波器。高斯滤波器在实际中应用了很多年，对于绝大多数的表面，这两种滤波器所导致的测量值的差异小于5%～10%。然而在某些极特殊的情况下，与2RC滤波器相比，高斯滤波器的测量值可能会小37%以上。

绝大多数情况下，尤其是用于光滑表面时，使用传输带（而不是只使用截止波长值）会导致测量值的微弱减小。传输带的优点是测量不确定度大为减少、测头半径的影响和不同仪器的差别大为降低。

附　录　I
（资料性附录）
标准的演变

I.1　表面结构要求图样标注的演变

表面结构要求图样标注从 GB/T 131 演变到现在，已是第三版，如表 I.1 所示。

GB/T 131 中表面结构符号的详细解释在其他表面结构标准中，而不在 GB/T 131 中。不同的 GB/T 131版本所涉及到的国家标准为：

——GB/T 131—2006，第三版，参照 1996 年和 1997 年发布的 ISO 表面结构标准；

——GB/T 131—1993，第二版，参照 1992 年发布的 ISO 表面粗糙度标准；

——GB/T 131—1983 和相关标准 GB/T 1031—1983，不包含解释符号的详细信息（见表 I.1 中的脚标 c 和 d）。

如果正确使用不同版本 GB/T 131 中的标注规则，就不会误解表面结构要求的详细规则和含义。

使用 GB/T 131—1983 的代号标注的图样不能满足 1992 年以来发布的表面粗糙度国家标准的要求。

使用 GB/T 131—1993 年的代号标注的图样不能满足 1997 年以来发布的表面结构国家标准的要求。

I.2　位置"x"和"a"

应避免在新图样中"x"位置（见图 I.1）标注表面结构要求和在"a"位置上（在原来的版本 GB/T 131 中给出）标注相关取样长度，并且表面结构要求总是包括参数代号和说明极限的数值。

注：原来在"x"位置上有足够的空间用于标注：

——单独给出的极限数值，这意味着是 *Ra* 参数的极限值（根据 GB/T 131 的 1983，1993 的版本）。或者：

——任何表面结构参数代号和给出的极限数值（根据 GB/T 131—1993）。

表 I.1　表面结构要求的图形标注的演变

	GB/T 131 的版本			
	1983（第一版）[a]	1993（第二版）[b]	2006（第三版）[c]	说明主要问题的示例
a	1.6	1.6　1.6	*Ra* 1.6	*Ra* 只采用"16%规则"
b	R_y 3.2	R_y 3.2　R_y 3.2	*Rz* 3.2	除了 *Ra*"16%规则"的参数
c	—d	1.6max	*Ra*max 1.6	"最大规则"
d	1.6　0.8	1.6　0.8	−0.8/*Ra* 1.6	*Ra* 加取样长度

表 I.1（续）

	GB/T 131 的版本			
	1983(第一版)[a]	1993(第二版)[b]	2006(第三版)[c]	说明主要问题的示例
e	—[d]	—[d]	0.025−0.8/Ra 1.6	传输带
f	R_y 3.2 0.8	R_y 3.2 0.8	−0.8/Rz 6.3	除 Ra 外其他参数及取样长度
g	1.6 R_y 6.3	1.6 R_y 6.3	Ra 1.6 Rz 6.3	Ra 及其他参数
h	—[d]	R_y 3.2	$Rz3$ 6.3	评定长度中的取样长度个数如果不是 5
j	—[d]	—[d]	L Ra 1.6	下限值
k	3.2 1.6	3.2 1.6	U Ra 3.2 L Ra 1.6	上、下限值

a 既没有定义默认值也没有其他的细节，尤其是
——无默认评定长度；
——无默认取样长度；
——无“16%规则”或“最大规则”。

b 在 GB/T 3505—1983 和 GB/T 10610—1989 中定义的默认值和规则仅用于参数 R_a,R_y 和 R_z(十点高度)。此外，GB/T 131—1993 中存在着参数代号书写不一致问题，标准正文要求参数代号第二个字母标注为下标，但在所有的图表中，第二个字母都是小写，而当时所有的其他表面结构标准都使用下标。

c 新的 Rz 为原 R_y 的定义，原 R_y 的符号不再使用。

d 表示没有该项。

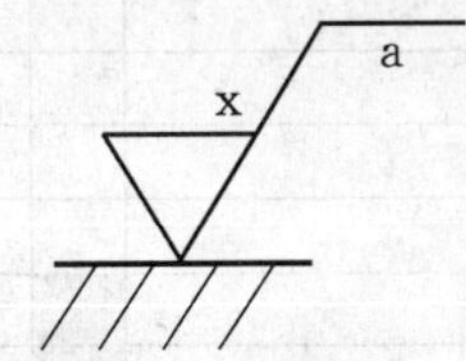

图 I.1 “x”和“a”的位置

附　录　J
（资料性附录）
在 GPS 矩阵模式中的位置

J.1　概述

GPS 矩阵模式的详细说明见 GB/Z 20308—2006（总体规划）

J.2　本标准的信息及使用

本标准通过在技术图样和文本中的明确规范提供了控制表面结构的工具。

本标准为表面结构标准链中相关标准提供了所需的表面结构标注规则。本标准便于设计者明确地标注出对表面结构的具体要求，又便于正确理解、实现及检验给定的表面结构要求。

本标准也帮助设计者正确使用其他新的 GPS 表面结构标准。

本标准给出了表面结构标准化的演变过程。表面结构标准变化的信息非常重要，自从GB/T 131—1993 发布以来，所有的其他表面结构标准都已更新并发布实施，这些标准发生了巨大变化，引入了全新的概念，在许多方面改变了表面结构表征的涵义。

J.3　在 GPS 矩阵模式中的位置

本标准是一项 GPS 通用标准，它影响 GPS 通用标准链中第 1 个环节，即在总的产品几何技术规范体系中的粗糙度轮廓、波纹度轮廓和原始轮廓部分（见图 J.1）。

GPS综合标准

GPS 基础标准

GPS通用标准						
链环号	1	2	3	4	5	6
尺寸						
距离						
半径						
角度						
与基准无关的线形状						
与基准相关的线形状						
与基准无关的面形状						
与基准相关的面形状						
方向						
位置						
圆跳动						
全跳动						
基准						
粗糙度轮廓						
波纹度轮廓						
原始轮廓						
表面缺陷						
棱边						

图 J.1

参 考 文 献

[1] ISO 1456:(待出版),金属沉积法镀层 镍加铬和铜加镍加铬电沉积镀层
[2] GB/T 19067.1—2003 产品几何量技术规范(GPS) 表面结构 轮廓方法 测量标准 第1部分:实物测量标准(ISO 5436-1:2000,IDT)
[3] GB/T 19067.2—2004 产品几何量技术规范(GPS) 表面结构 轮廓方法 测量标准 第2部分:软件测量标准(ISO 5436-2:2001,IDT)
[4] GB/T 19600—2004 产品几何量技术规范(GPS) 表面结构 轮廓方法 接触式(触针式)仪器的校准(ISO 12179:2000,IDT)
[5] GB/Z 20308—2006 产品几何技术规范(GPS) 总体规划(ISO/TR 14638:1995,MOD)

ICS 79.040
B 68

中华人民共和国国家标准

GB/T 143—2006
代替 GB/T 143.1—1995,GB/T 143.2—1995,GB/T 4813—1995

锯切用原木

Ripping logs

2006-07-12 发布　　2006-12-01 实施

中华人民共和国国家质量监督检验检疫总局
中国国家标准化管理委员会　发布

前　言

本标准是在 GB/T 143.1—1995《锯切用原木树种、主要用途》、GB/T 143.2—1995《针叶树锯切用原木尺寸、公差、分等》和 GB/T 4813—1995《阔叶树锯切用原木尺寸、公差、分等》的基础上，根据锯切用原木的产品特征及其检验的技术要求，将有关锯切用原木标准整合而修订的，使本标准更加合理和适用。

本标准修订的主要内容为：

——根据生产、经销现状与检验习惯，同时与 GB/T 155《原木检验》的相关规定相协调，心材腐朽的检量由腐朽面积与检尺径断面面积比修改为腐朽直径与检尺径比，且将一等材大头心腐限度由原来的腐朽直径不得超过检尺径的 10%降为 15%。

——为节约木材资源，防止人为损伤原木，将原标准中三等材的外伤缺陷不限，修改为径向深度不得超过检尺径的 60%。

——增加了环裂、弧裂的限制。

——由于 GB/T 155《原木检验》中有关虫眼计算起点变化，将原标准中针叶二等材限度由原来的虫眼最多的 1 m 范围内的个数不得超过 20 个修改为 25 个。

本标准自实施之日起，同时代替 GB/T 143.1—1995、GB/T 143.2—1995、GB/T 4813—1995。

本标准的附录 A 为资料性附录。

本标准由国家林业局提出。

本标准由中国木材标准化技术委员会归口。

本标准起草单位：黑龙江生态工程职业学院。

本标准主要起草人：齐向东、张志文、徐庆福、朴世一、王桂荣、李永喜、王春祥、王亚杰。

本标准由中国木材标准化技术委员会负责解释。

本标准所代替标准的历次版本发布情况为：

——GB 143—1958；

——GB 143.1—1984，GB 143.2—1984，GB 143.3—1984；

——GB 4813.1—1984，GB 4813.2—1984，GB 4813.3—1984；

——GB/T 143.1—1995；

——GB/T 143.2—1995；

——GB/T 4813—1995。

锯 切 用 原 木

1 范围

本标准规定了锯切用原木常用树种及其主要用途、尺寸、材质指标、检验方法等技术要求。

本标准适用于全国木材生产、加工、经销等行业。

2 规范性引用文件

下列文件中的条款通过本标准的引用而成为本标准的条款。凡是注日期的引用文件，其随后所有的修改单(不包括勘误的内容)或修订版均不适用于本标准，然而，鼓励根据本标准达成协议的各方研究是否可使用这些文件的最新版本。凡是不注日期的引用文件，其最新版本适用于本标准。

GB/T 144—2003 原木检验(ISO 4475:1989,MOD)

GB/T 155—2006 原木缺陷(ISO 4473:1988,ISO 4474:1989,ISO 4475:1989,MOD)

GB 4814—1984 原木材积表

GB/T 17659.1—1999 原木锯材批量检查抽样、判定方法 第1部分:原木批量检查抽样、判定方法

LY/T 1511—2000 原木产品 标志 号印

3 技术要求

3.1 树种及主要用途

3.1.1 树种

针阔叶树种。

3.1.2 常用树种的主要用途

见附录A。

3.2 尺寸

3.2.1 检尺长

针叶 2 m～8 m，阔叶 2 m～6 m，按 0.2 m 进级。长级公差：允许$^{+6}_{-2}$cm。

3.2.2 检尺径

东北、内蒙古、新疆产区自 18 cm 以上，其他产区自 14 cm 以上，按 2 cm 进级。

3.3 材质指标

锯切用原木各分为三个等级，各等级的材质指标见表1。

表1 锯切用原木材质指标

缺陷名称	检量方法	树种	允许限度		
			一等	二等	三等
活节(仅计针叶，阔叶不限)、死节	节子直径不得超过检尺径的	针叶	15%	40%	不限
		阔叶	20%		
	任意材长 1 m 范围内的个数不得超过	针叶	5个	10个	不限
		阔叶	2个	4个	
漏节	全材长范围内的个数不得超过	针阔	不允许	1个	2个

表 1(续)

缺陷名称	检 量 方 法	树种	允许限度		
			一等	二等	三等
边材腐朽	腐朽厚度不得超过检尺径的	针阔	不允许	10%	20%
心材腐朽	腐朽直径不得超过检尺径的	针阔	小头不允许，大头 15%	40%	60%
虫眼	虫眼最多的 1 m 范围内的个数不得超过	针叶	不允许	25 个	不限
		阔叶		5 个	
纵裂、外夹皮	长度不得超过检尺长的	针阔	阔叶、杉木 20%，其他针叶 10%	40%	不限
环裂、弧裂	环裂最大半径(或弧裂拱高)不得超过检尺径的	针阔	20%	40%	不限
弯曲	最大弯曲拱高不得超过内曲水平长的	针阔	1.5%	3%	6%
扭转纹	小头 1 m 长范围内的纹理倾斜高度不得超过检尺径的	针阔	20%	50%	不限
偏枯	径向深度不得超过检尺径的	针阔	20%	40%	不限
外伤	径向深度不得超过检尺径的	针阔	20%	40%	60%
风折木	检尺长范围内的个数不得超过	针叶	不允许	2 个	不限
注：本表未列缺陷不予计算。					

4 检验方法

4.1 尺寸检量、材质评定

按 GB/T 144—2003 有关规定执行。

4.2 原木缺陷

按 GB/T 155—2006 有关规定执行。

4.3 材积计算

按 GB 4814—1984 有关规定执行。

4.4 抽样方法

按 GB/T 17659.1—1999 有关规定执行。

4.5 原木标志

按 LY/T 1511—2000 有关规定执行。

附 录 A
（资料性附录）
常用树种的主要用途

A.1 针叶树种主要用途

A.1.1 落叶松:建筑、纺织机械部件、机台木、木枕、船舶、车辆维修。

A.1.2 樟子松:建筑、罐道木、家具、模具、船舶、车辆维修。

A.1.3 马尾松:建筑、造纸、火柴、木枕、车辆维修。

A.1.4 海南五针松、广东松:建筑、体育器具、家具、模具、罐道木、船舶、车辆维修。

A.1.5 红松、华山松:建筑、乐器、家具、模具、工艺美术、罐道木、船舶、车辆维修、纺织机械部件、桥梁木枕。

A.1.6 云南松、思茅松、高山松:建筑、木枕、罐道木、机台木、家具、船舶、车辆维修。

A.1.7 鸡毛松:建筑、家具、铅笔、船舶维修、车辆维修。

A.1.8 云杉:建筑、乐器、罐道木、跳板、木枕、车辆维修、家具。

A.1.9 冷杉、铁杉:建筑、木枕、车辆维修、家具。

A.1.10 杉木、柳杉、水杉:建筑、船舶、跳板、家具。

A.1.11 柏木:装饰、工艺美术、雕刻制品、模具、家具。

A.2 阔叶树种主要用途

A.2.1 樟木、楠木:高级装饰、家具、工艺雕刻。

A.2.2 黄檀:高级装饰、家具、纺织木梭、体育器具。

A.2.3 檫木:船舶维修、建筑、装饰、家具、文教用具。

A.2.4 麻栎、柞木:船舶维修、体育器具、装饰、家具、纺织机械部件、木枕、机台木。

A.2.5 红锥、栲木、槠木:纺织机械部件、船舶维修、体育器具、木枕、机台木、高级装饰、家具、模具、包装。

A.2.6 荷木:文教用具、家具、体育器具、乐器。

A.2.7 水曲柳:高级装饰、家具、体育器具。

A.2.8 核桃楸、黄波罗:高级装饰、家具、体育器具、家具。

A.2.9 榆木、榉木:装饰、家具、木枕、机台木。

A.2.10 红青冈、白青冈:纺织木梭、体育器具、机台木、文教用具。

A.2.11 槭木(色木):纺织木梭、乐器、家具、体育器具、文教用具。

A.2.12 栗木:纺织机械部件、家具、船舶、车辆维修。

A.2.13 山枣、桉木:船舶、车辆维修、家具、文教用具。

A.2.14 椴木:铅笔、火柴、工艺雕刻。

A.2.15 拟赤杨:火柴、铅笔、包装。

A.2.16 枫香:家具、木枕、包装。

A.2.17 枫杨:火柴、包装、木枕。

A.2.18 杨木:火柴、民用建筑。

A.2.19 桦木:家具、木枕、机台木、文教用具。

A.2.20 泡桐:装饰、乐器、体育器具、家具。

注：以上未列树种及主要用途由各省(区)林业主管部门另行规定。

参 考 文 献

[1] GB/T 143.1—1995　锯切用原木树种、主要用途

[2] GB/T 143.2—1995　针叶树锯切用原木尺寸、公差、分等

[3] GB/T 4813—1995　阔叶树锯切用原木尺寸、公差、分等

[4] GB/T 144—2003　原木检验

[5] GB/T 155—1995　原木缺陷

[6] GB/T 4812—1995　特级原木

ICS 79.040
B 68

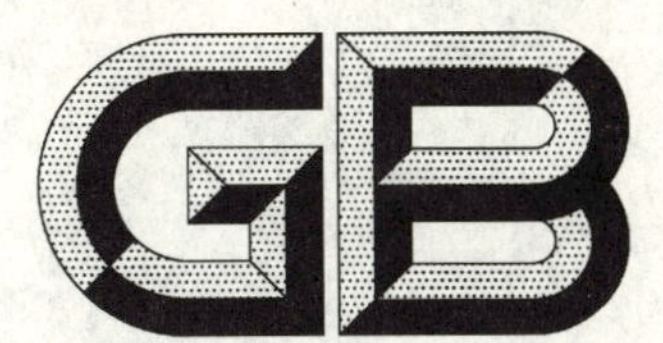

中华人民共和国国家标准

GB/T 155—2006
代替 GB/T 155—1995

原木缺陷

Defects in logs

(ISO 4473:1988,Coniferous and broadleaves tree sawlogs—Visible defects—classification;ISO 4474:1989, Coniferous and broadleaves tree sawlogs—Visible defects—Terms and definitions;ISO 4475:1989, Coniferous and broadleaves tree sawlogs—Visible defects—Measurement,MOD)

2006-07-12 发布　　2006-12-01 实施

中华人民共和国国家质量监督检验检疫总局
中国国家标准化管理委员会　发布

前　言

本标准缺陷分类修改采用 ISO 4473:1988《针叶树和阔叶树锯材用原木——可见缺陷——分类》(英文版),缺陷术语和定义修改采用 ISO 4474:1989《针叶树和阔叶树锯材用原木——可见缺陷——术语和定义》(英文版),检验和计算方法修改采用 ISO 4474:1989《针叶树和阔叶树锯材用原木——可见缺陷——检验》(英文版)。

本标准根据 ISO 4473:1988、ISO 4474:1989 和 ISO 4475:1989 重新起草,在附录 A 中列出了本标准章条编号与 ISO 4473:1988、ISO 4474:1989、ISO 4475:1989 章条编号的对照一览表。

考虑到我国国情,在采用 ISO 4473:1988、ISO 4474:1989、ISO 4475:1989 时,本标准作了一些修改。有关技术差异已编入正文并在它们所涉及的条款的页边空白处用垂直单线标示。

在附录 B 中给出了这些技术性差异及其原因的一览表,以供参考。

为了便于使用,本标准还对 ISO 4473:1988、ISO 4474:1989、ISO 4475:1989 作了下列编辑性修改:

a) 将三个标准编排在一个标准内,代替了 ISO 4473:1988、ISO 4474:1989 和ISO 4475:1989;

b) 删除了 ISO 4473:1988、ISO 4474:1989 和 ISO 4475:1989 的前言;

c) 本标准的图和计算公式,采用了我国标准的编排方式,即图和公式列在条文的后面;

d) 增加了汉语拼音索引。

本标准代替 GB/T 155—1995《原木缺陷》。

本标准与 GB/T 155—1995 相比主要变化如下:

——对范围重新作了规定;

——本标准中缺陷分类:按 ISO 4473:1988 分为六大类(GB/T 155—1995 中为八大类),并对其顺序进行了调整;

——本标准对部分术语作了调整。节子:删除了散生节、轮生节、簇生节、圆形节、椭圆节;裂纹:删除了端裂、侧面裂;木材结构缺陷:删除了髓心材、脆心材、树脂囊、乱纹,将偏枯、夹皮列入其中;由真菌造成的缺陷(GB/T 155—1995 称为变色):删除了化学变色,将 GB/T 155—1995 中的腐朽列入其中;伤害(GB/T 155—1995 称为损伤):删除了树脂漏;

——检验计算公式:删除了边腐、心腐、伪心材、内含边材、机械损伤等计算公式;增加了树包、大兜、凹兜、内夹皮等计算公式;

——删除了 GB/T 155—1995 中附录 C“缺陷对材质的影响”(参考件)。

本标准的附录 A、附录 B 是资料性附录。

本标准由国家林业局提出。

本标准由中国木材标准化技术委员会归口。

本标准起草单位:黑龙江省木材采运研究所、中国木材标准化技术委员会、黑龙江省朗乡林业局。

本标准主要起草人:刘滨凡、李晓琴、刘玉敏、祝彦杰、黄登民、刘长奇、金明铁、曹秀芳。

本标准所代替标准的历次版本发布情况为:

——GB/T 155.1~155.3—1984;

——GB/T 4823.1~4823.3—1984;

——GB/T 155—1995。

引　　言

《原木缺陷》国家标准在我国已实施了10年，它在我国的原木生产中起到了重要的指导作用，为了适应我国加入WTO的要求，促进国际贸易和交流，使我国原木缺陷标准逐步地与国际标准相一致，有必要对原标准进行修订。本次修订减少了原标准中的一些缺陷，使缺陷的种类更加明确，有利于标准的应用。

采用国际标准是消除技术性贸易壁垒的重要基础之一。为了发展对外贸易，尽量采用国际标准，并且尽快废止与国际标准有冲突的国家标准是十分重要的。但由于我国的国情或技术问题，完全采用国际标准有一定困难，所以本标准修改采用了国际标准，这将有助于我国同世界各国、各地区间的贸易与交流。

本标准与相应国际标准的差异已清楚地标明，能随时提醒我们，这些差异是否仍有存在的必要，为以后的修订作为参考。

原 木 缺 陷

1 范围

本标准规定了针叶树和阔叶树锯材用原木可见缺陷的分类、定义、检验和计算方法。

本标准适用于针叶树和阔叶树原木，原条亦应参照执行。

2 规范性引用文件

下列文件中的条款通过本标准的引用而成为本标准的条款。凡是注日期的引用文件，其随后所有的修改单(不包括勘误的内容)或修订版均不适用于本标准，然而，鼓励根据本标准达成协议的各方研究是否可使用这些文件的最新版本。凡是不注日期的引用文件，其最新版本适用于本标准。

GB/T 11917 制材工艺术语

GB/T 15787 原木检验术语

3 术语和定义

下列术语和定义适用于本标准。

3.1

可见缺陷 visible defects

从原木材身用肉眼可以看到的影响木材质量和使用价值或降低强度、耐久性的各种缺点。

4 分类

原木可见缺陷根据产生的原因分为六大类 。

各类别、种类和细目详见表 1 。

表 1 原木缺陷的分类

类 别	种类	细 目	
5.1 节子	5.1.1 表面节	5.1.1.1 健全节	
		5.1.1.2 腐朽节	
	5.1.2 隐生节		
	5.1.3 活节		
	5.1.4 死节		
	5.1.5 漏节		
5.2 裂纹	5.2.1 端裂	5.2.1.1 径裂	5.2.1.1.1 单径裂
			5.2.1.1.2 复径裂(星裂)
		5.2.1.2 环裂	
	5.2.2 纵裂	5.2.2.1 冻裂和震击裂	
		5.2.2.2 干裂	
		5.2.2.3 浅裂	
		5.2.2.4 深裂	
		5.2.2.5 贯通裂	
		5.2.2.6 炸裂	

表 1（续）

类　别	种类	细　目	
5.3 干形缺陷	5.3.1 弯曲	5.3.1.1 单向弯曲	
		5.3.1.2 多向弯曲	
	5.3.2 树包		
	5.3.3 根部肥大	5.3.3.1 大兜	
		5.3.3.2 凹兜	
	5.3.4 椭圆体		
	5.3.5 尖削		
5.4 木材结构缺陷	5.4.1 扭转纹		
	5.4.2 应力木	5.4.2.1 应压木	
		5.4.2.2 应拉木	
	5.4.3 双心或多心木		
	5.4.4 偏心材		
	5.4.5 偏枯		
	5.4.6 夹皮	5.4.6.1 内夹皮	
		5.4.6.2 外夹皮	
	5.4.7 树瘤		
	5.4.8 伪心材(只限阔叶)		
	5.4.9 内含边材		
5.5 由真菌造成的缺陷	5.5.1 心材色变及条斑		
	5.5.2 边材变色	5.5.2.1 青变	
		5.5.2.2 边材色斑	
	5.5.3 窒息木(只限阔叶)		
	5.5.4 腐朽	5.5.4.1 边材腐朽	
		5.5.4.2 心材腐朽	
	5.5.5 空洞		
5.6 伤害	5.6.1 昆虫伤害(虫眼)	5.6.1.1 表层虫眼	
		5.6.1.2 浅层虫眼	
		5.6.1.3 深层虫眼	5.6.1.3.1 小虫眼
			5.6.1.3.2 大虫眼
	5.6.2 寄生植物引起的伤害		
	5.6.3 鸟眼		
	5.6.4 夹杂异物		
	5.6.5 烧伤		
	5.6.6 机械损伤	5.6.6.1 树皮剥伤	
		5.6.6.2 树号	
		5.6.6.3 刀伤	
		5.6.6.4 锯伤	
		5.6.6.5 撕裂	
		5.6.6.6 剪断	
		5.6.6.7 抽心	
		5.6.6.8 锯口偏斜	
		5.6.6.9 风折木	

5 缺陷的定义

5.1

节子 knot

包含在树干或主枝木质部中的枝条部分。

5.1.1

表面节 flush knot

暴露在原木表面上的节子。按照木材的状况分为健全节和腐朽节。

5.1.1.1

健全节 sound knot

节子的材质完好，无腐朽现象。

5.1.1.2

腐朽节 rotten knot

节子本身已腐朽，但未透入树干内部，其周围木材完好。

5.1.2

隐生节 overgrown protruding knot

没有暴露在原木表面的节子，可通过过渡生长的迹象来发现表面隆起，或由损伤引起的色斑（见图1）。

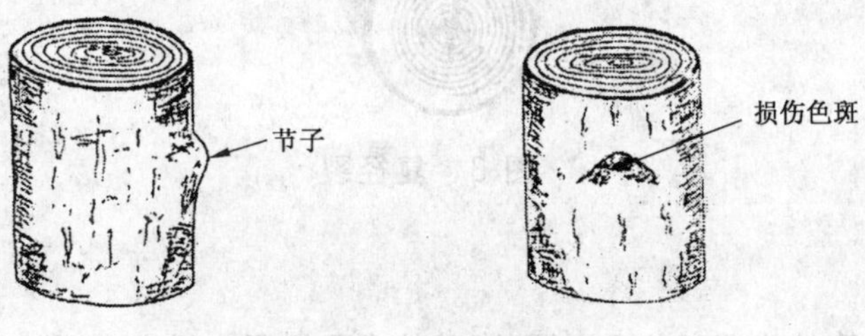

图1 隐生节

5.1.3

活节 live knot；intergrown knot

节子年轮与周围木材紧密连生，质地坚硬，构造正常，由树木的活枝条形成的节子。

5.1.4

死节 dead knot；encased knot

节子年轮与周围木材脱离或部分脱离，由树木的枯死枝条所形成的节子。

5.1.5

漏节 seriously decayed knot

节子不仅本身已腐朽，而且深入树干内部，引起内部材质腐朽。因此，漏节常成为树干内部腐朽的外部特征。

5.2

裂纹 shake

木材纤维沿纹理方向发生分离所形成的裂隙。按裂纹在原木上的位置分为端裂和纵裂。

5.2.1

端裂 end shake

在原木一个或两个端面上发生的开裂。端裂可分为径裂和环裂。

5.2.1.1

径裂 heart shake

从髓心沿半径方向的开裂。径裂又分为单径裂和复径裂(星裂)。

5.2.1.1.1

单径裂 simple heart shake

在原木端面内出现的沿同一直径或半径的一条或两条裂隙(见图2)。

图2 单径裂

5.2.1.1.2

复径裂(星裂) compound(star) heart shake

在原木端面出现的若干条裂隙从髓心向各方辐射呈星状的开裂(见图3)。

图3 复径裂

5.2.1.2

环裂 ring shake

沿年轮方向的端裂,裂纹为圆弧状或圆周状,其特点是沿圆木纵向有明显的裂隙(见图4)。

图4 环裂

5.2.2

纵裂 side shake

在原木的材身或材身与端面同时出现的裂纹。纵裂按形成方式分为冻裂(震击裂)和干裂。按穿透原木的深度分为浅裂、深裂和贯通裂、炸裂。

5.2.2.1

冻裂和震击裂 frost crack and shake caused by lighting

由于低温或雷击引起的径向纵裂,其特点是沿原木纵向有明显裂隙,冻裂的木质部和树皮常出现梳状翻卷(见图5)。

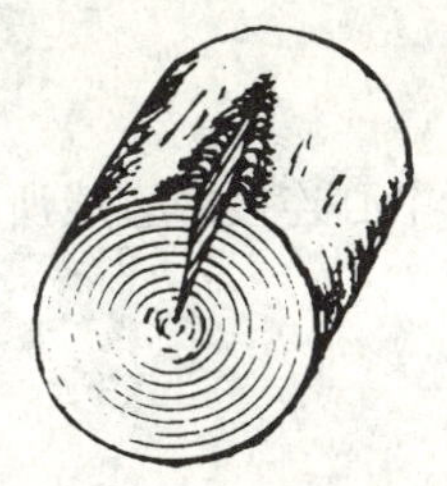

图 5　冻裂和震击裂

5.2.2.2

干裂　drying shake

原木在干燥过程中，端面和材身由于干燥不均出现在原木表面的径向开裂。干裂分浅裂和深裂(见图 6)。

图 6　干裂

5.2.2.3

浅裂　shallow shake

a)　原木端面直径小于或等于 70 cm，纵裂深度小于相应原木端面直径 1/10 的裂纹；

b)　原木直径大于 70 cm，纵裂深度小于或等于 7 cm 的裂纹。

5.2.2.4

深裂　deep shake

a)　原木直径小于或等于 70 cm，纵裂深度大于相应原木端面直径 1/10 的裂纹；

b)　原木直径大于 70 cm，纵裂深度大于 7 cm 的裂纹。

5.2.2.5

贯通裂　through shake

贯通在端面上的开裂(见图 7)。

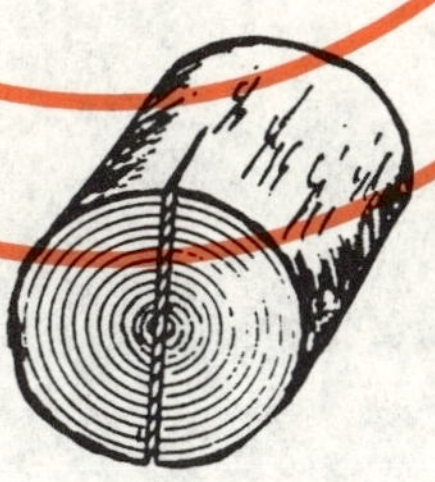

图 7　贯通裂

5.2.2.6

炸裂　popping

因应力作用原木断面径向开裂成三块或三块以上，其中有三条裂口的宽度均等于或大于 10 mm。

5.3

干形缺陷　defects of trunk shape

5.3.1

弯曲　curvature

由于树干变形使原木纵轴偏离两端面中心连接的直线所产生的缺陷。按形状分为单向弯曲和多向弯曲。

5.3.1.1

单向弯曲　simple curvature

在一个平面内产生的弯曲(见图8)。

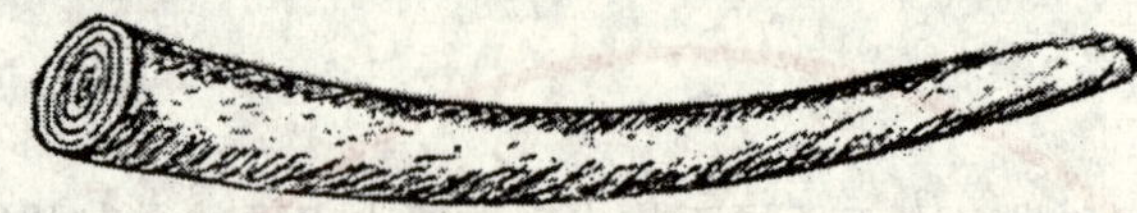

图8　单向弯曲

5.3.1.2

多向弯曲　compound curvature

在一个或多个平面内产生两个或多个弯曲(见图9)。

图9　多向弯曲

5.3.2

树包　knob

树干局部明显凸起,木纤维卷曲增厚。

5.3.3

根部肥大　root swelling;buttress

树干基部直径方向上明显增大。按照树干基部的形状分为大兜和凹兜。

5.3.3.1

大兜　round root swelling

原木根部横断面呈规则圆形或椭圆形肥大。

5.3.3.2

凹兜　veined root swelling

原木根部横断面呈不规则星形肥大。

5.3.4

椭圆体　ovality

原木横断面的长径与短径有明显不同。

5.3.5

尖削　tapering

因原木两端直径相差悬殊,其粗度从大头至小头逐渐减小的程度。

5.4

木材结构缺陷　defects of wood structure

5.4.1

扭转纹　slope of grain

原木材身木纤维排列与树干纵轴方向不一致,形成的呈螺旋状纹理。

5.4.2

应力木　reaction wood

在倾斜或弯曲的树干、树枝部分因拉伸或压缩所形成的一种非正常结构和性质特征的木材。针叶树材的应力木称为应压木，阔叶树材的应力木称为应拉木。

5.4.2.1

应压木　compression wood

针叶树材在倾斜或弯曲树干、枝条的下方受压部位所形成的一种应力木，在其断面上，受压部位的年轮明显加宽。

5.4.2.2

应拉木　tension wood

阔叶树材在倾斜或弯曲树干、枝条的上方受拉部位所形成的一种应力木。在其断面上，受拉部位的年轮明显加宽。

5.4.3

双心或多心木　double or multiple pith

原木的一端有两个或多个髓心并伴随独立的年轮系统，而外部被一个共同的年轮系统所包围，其特点是横截面多呈椭圆形(见图10)。

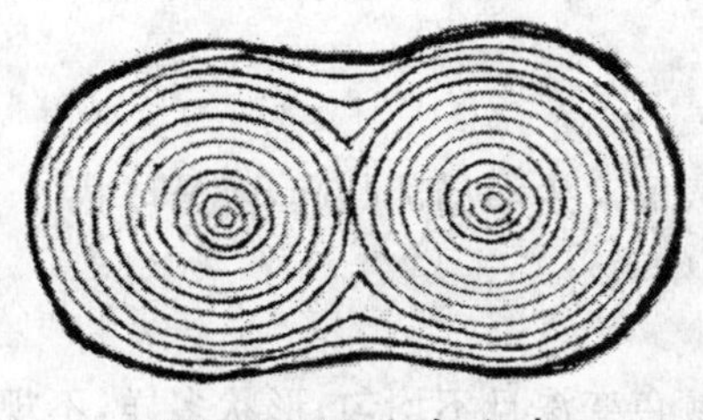

图10　双心多心木

5.4.4

偏心材　removed pith

树木的髓心明显偏离树干的中轴。

5.4.5

偏枯　scar

树木在生长过程中，树干局部受创伤或烧伤后，因表层木质枯死裸露而形成。通常沿树干纵向伸展，并径向凹进去。偏枯常伴有树脂漏、变色或腐朽(见图11)。

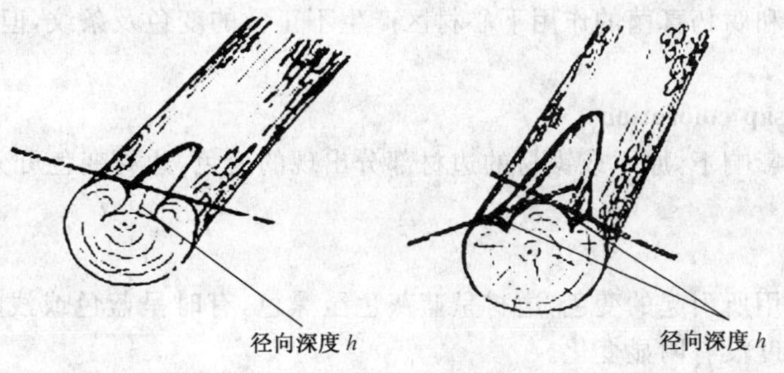

图11　偏枯

5.4.6

夹皮　inbark

树木受伤后继续生长，将受伤部分的树皮和纤维全部或部分包入树干而形成的，伴有径向或条状的凹陷。夹皮可分为内夹皮和外夹皮(见图12)。

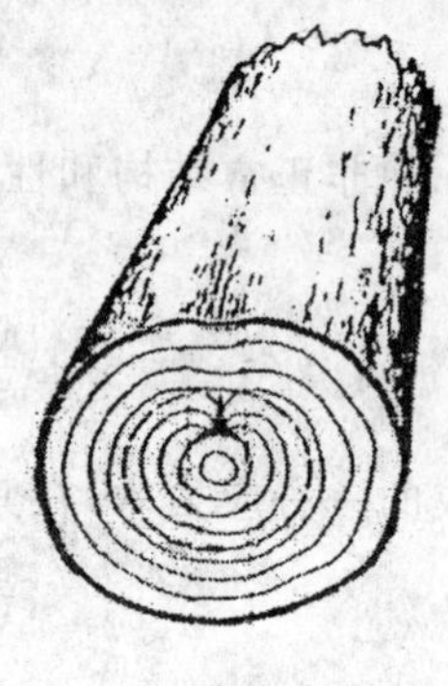

a) 内夹皮

b) 外夹皮

图 12 夹皮

5.4.6.1

内夹皮 closed inbark

夹皮部分已被生长木质所包含，仅在原木端面可见的夹皮(见图 12a))。

5.4.6.2

外夹皮 opened inbark

在原木材身或在原木材身和端面同时可见的夹皮(见图 12b))。

5.4.7

树瘤 cancer

因真菌或细菌的作用，在活树表面产生的局部凸起，多呈球状。

5.4.8

伪心材 false heartwood

因某种外部因素的影响，心材颜色变深且不均匀，形状多样，不规则，主要有圆形、星形、铲状等。常见于心材结构不规则的阔叶树。

5.4.9

内含边材 heart sapwood

心材中几个相邻的年轮具有与边材外观和性质接近的木材。

5.5

真菌造成的缺陷 defects caused by fungi

5.5.1

心材变色及条斑 fungal heartwood stains and streaks

活立木在变色真菌和腐朽真菌的作用下心材区产生不正常的变色及条纹，但硬度并不降低。

5.5.2

边材变色 fungal sap coloration

在木材变色真菌的影响下，原木或锯材的边材部分出现的变色，边材变色可分为青变和边材色斑。

5.5.2.1

青变 blue stain

边材因青变菌的作用所引起的变色，边材呈蓝灰色至黑色，有时呈蓝色或浅绿色，对针叶树和某些阔叶树其木材性质和密度没有明显变化。

5.5.2.2

边材色斑 coloured sap stain

原木边材出现的桔、黄、粉红、浅紫和褐色等颜色。

5.5.3

窒息木 suffocated wood

阔叶伐倒木的边材出现灰棕色的变色，色泽或深或浅，有时由于真菌的存在而使木材的性质有所变差。

5.5.4

腐朽　rot

木材由于木腐菌的侵入分解，使细胞壁受到破坏，木材色泽异常，结构及物理、力学、化学性质等发生变化，最后使木材变得松软易碎。按形成原因分为边材腐朽和心材腐朽。

5.5.4.1

边材腐朽　sap rot

边材部分的腐朽，其特点是边材呈不正常的黄棕色或粉棕色，多发生在过熟林被采伐的针叶树，而对阔叶树边材变色则像大理石的花纹。边材腐朽可能深入到心材。

5.5.4.2

心材腐朽　heartwood rot

腐朽产生在活立木的心材部分（包括弧状、环状等形态腐朽），多数心材腐朽在树木伐倒后，不会继续发展。

5.5.5

空洞　hollow

由于木腐菌的作用，木材内部组织完全被破坏而出现空心。

5.6

伤害　damage

5.6.1

昆虫伤害（虫眼）　damage caused by insects（insect-holes）

昆虫蛀蚀木材而留下的沟槽和孔洞。按照侵入木材的深度分为表层、浅层和深层伤害。

5.6.1.1

表层虫眼　surface insect-hole

昆虫蛀蚀的虫眼木材上的径向深度小于 3 mm。

5.6.1.2

浅层虫眼　shallow insect-hole

昆虫蛀蚀的虫眼在木材上的径向深度小于 15 mm。

5.6.1.3

深层虫眼　deep insect-hole

昆虫蛀蚀的虫眼在木材上的径向深度大于或等于 15 mm 。按深层虫眼直径的大小又分为小虫眼和大虫眼。

5.6.1.3.1

小虫眼　small insect-hole

深层虫眼的直径小于 3 mm。

5.6.1.3.2

大虫眼　large insect-hole

深层虫眼的直径大于或等于 3 mm。

5.6.2

寄生植物引起的伤害　damage caused by parasitic plants

原木表层由于寄生植物的作用形成的凹陷或凸起（寄生、附生植物等）。

5.6.3

鸟眼　bird-holes

原木因鸟类啄食所形成的孔洞。

5.6.4

夹杂异物　alien inclusion

木材的内部侵入非木质的外界物体(石头、电线、钉子、金属碎片等)形成局部隆起或呈现皱褶或孔洞等损伤。

5.6.5

烧伤　char

原木表层被火烧焦所造成的损伤。

5.6.6

机械损伤　mechanical damage

在调查、采伐、运输、归楞、造材等再加工过程中,原木因各种工具或机械造成的损伤。

5.6.6.1

树皮剥伤　bark shelling

通常由于意外的机械损伤使原木表层的树皮被剥落。

5.6.6.2

树号　blaze

由于调查砍号而引起的树干伤害,伤口出现变色并伴有树脂溢出。

5.6.6.3

刀伤　incision

因刀斧等砍在树木表面所造成原木的局部损伤。

5.6.6.4

锯伤　saw-cut

因使用锯或绞盘机等工具造成的原木表面局部损伤。

5.6.6.5

撕裂　off-chip

因外力作用引起的从一端沿树干出现材身穿透的裂隙。

5.6.6.6

剪断　shear

由于切割工具的作用,造成在接近端面部分木材与材身断离。

5.6.6.7

抽心　extraction

树木伐倒时,根干未锯透的部分产生抽拔或撕裂所造成的损伤(见图 13)。

图 13　抽心

5.6.6.8

锯口偏斜　deviation of saw kerf

圆木截断面与轴心线不垂直而形成的偏斜。

5.6.6.9

风折木　wind-breakage

树木在生长过程中,受强风气候因素的影响,使其部分纤维折断后,又继续生长而愈合所形成。因其外观类似竹节,故又称为竹节木。

6 检验和计算方法

6.1 节子的检验

6.1.1 表面节(健全、腐朽节)的检验

应检测节子的最小直径(见图 14,尺寸 a)。节子愈合组织不包括在节子尺寸中。

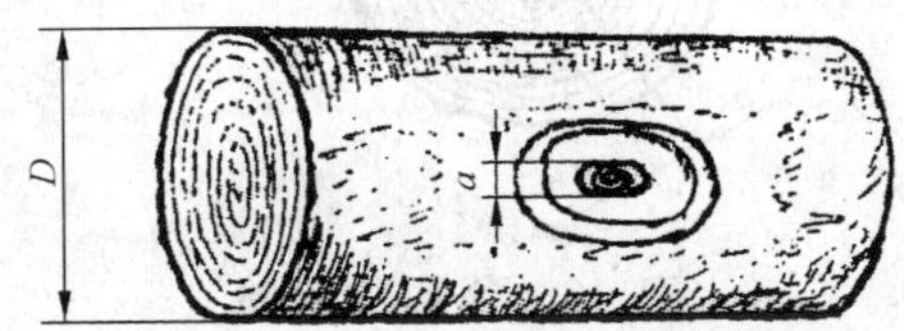

图 14 表面节的检验

计算按式(1):

$$k = \frac{a}{D} \times 100\% \qquad (1)$$

式中:

k——节径比率,%;

a——节子直径,单位为厘米(cm)(量至毫米);

D——检尺径,单位为厘米(cm)。

6.1.2 隐生节不检测,但它的存在应注明。

6.1.3 针叶树的活节应检测颜色较深、质地较硬部分的直径。

6.1.4 阔叶树活节断面上的腐朽或空洞,按死节计算。将腐朽或空洞部分调整成圆形,量其直径作为死节最小直径。

6.1.5 漏节不论其直径大小,均应查定在全材长范围内的个数,在检尺长范围内的漏节,还应计算其节子直径。

6.2 裂纹的检验

6.2.1 端裂(径裂和环裂)的检验

单径裂可用裂纹的宽度 a_1 或它与原木的直径的比表示[见图 15a)]。复径裂应检测最大裂纹的宽度 a_2、长度及数目[见图形 15b)]。环裂应检测断面最大一处的环裂(指开裂自半环以上的)半径 r 或弧裂(指开裂不足一半的)拱高 a_3 再与检尺径相比,所检量的尺寸以厘米计算[见图 15c)]。

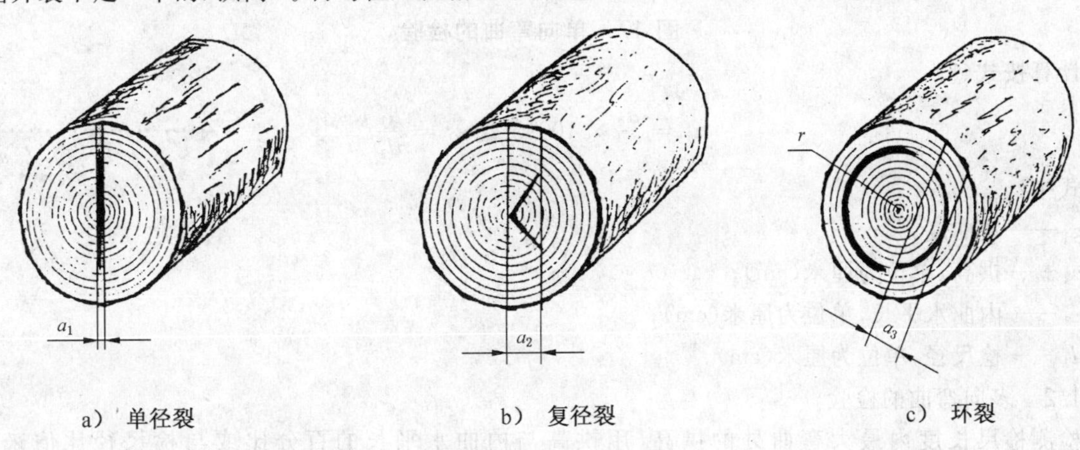

a) 单径裂　　b) 复径裂　　c) 环裂

图 15 端裂的检验

6.2.2 纵裂(冻裂、震击裂、干裂、浅裂、深裂、贯通裂、炸裂)的检验

应检测端面裂纹深度和沿材身方向的长度,用深度与检尺径的比值来表示,也可用长度(材身方向)

与检尺长的比值来表示。只允许使用所检测的一种参数(见图 16,尺寸 b 和 c)。

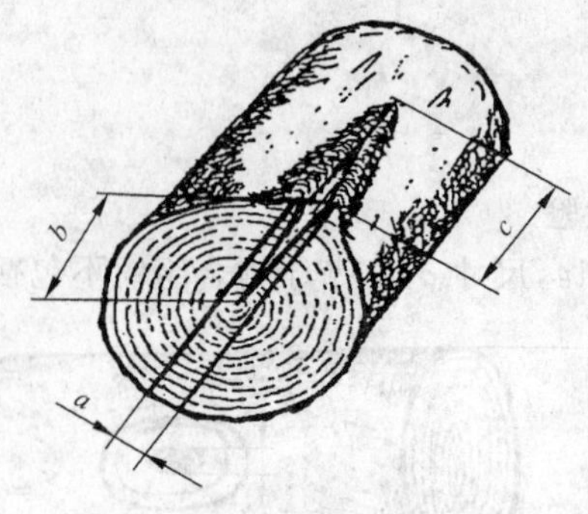

图 16　纵裂的检验

计算按式(2):

$$e=\frac{b}{D} \text{ 或 } e=\frac{c}{L} \qquad \cdots\cdots(2)$$

式中:

e——裂纹的比值;

b——裂纹深度,单位为厘米(cm)(量至毫米);

D——检尺径,单位为厘米(cm);

c——裂纹的长度,单位为厘米(cm)(量至毫米);

L——检尺长,单位为厘米(cm)。

6.3　干形缺陷的检验

6.3.1　弯曲的检验

6.3.1.1　单向弯曲的检验

检测最大弯曲处在全长度偏离直线的拱高,用拱高与内曲水平长的百分比或拱高与检尺径的比来表示(见图 17)。

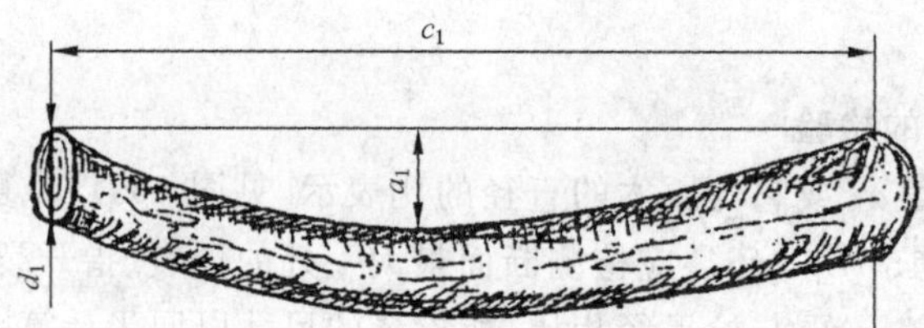

图 17　单向弯曲的检验

计算按式(3):

$$z_1=\frac{a_1}{c_1}\times 100\% \text{ 或 } z_1=\frac{a_1}{d_1} \qquad \cdots\cdots(3)$$

式中:

z_1——弯曲度,%;

a_1——拱高,单位为厘米(cm);

c_1——内曲水平长,单位为厘米(cm);

d_1——检尺径,单位为厘米(cm)。

6.3.1.2　多向弯曲的检验

检测检尺长度内最大弯曲处的拱高,用拱高与内曲水平长的百分比或与检尺径比值来表示(见图 18)。

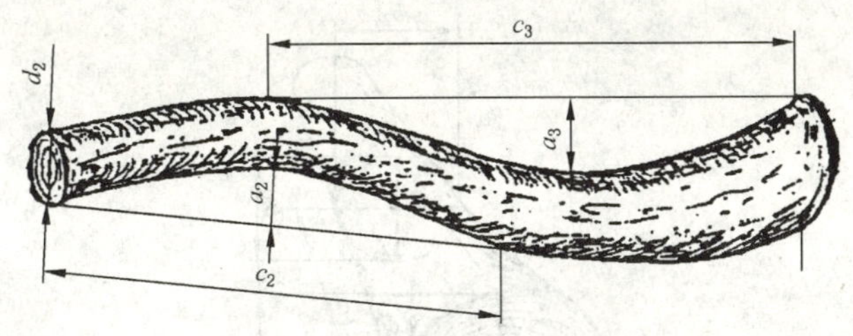

图 18　多向弯曲的检验

计算按式(4)：

$$z_2 = \frac{a_3}{c_3} \times 100\% \text{ 或 } z_2 = \frac{a_3}{d_2} \quad \cdots\cdots (4)$$

式中：

z_2——弯曲度，%；

a_3——拱高，单位为厘米(cm)；

c_3——内曲水平长，单位为厘米(cm)；

d_2——检尺径，单位为厘米(cm)。

6.3.1.3　检测大兜材单向弯曲和多向弯曲时，根部下端 1 m 内的肥大部分让去。

6.3.2　树包检验

检测树包的长度和高度，用检测的高度、长度表示或用树包的长度和高度与原木的长度和检尺径的比值表示(见图 19，尺寸 a、b 或 z_1、z_2)。

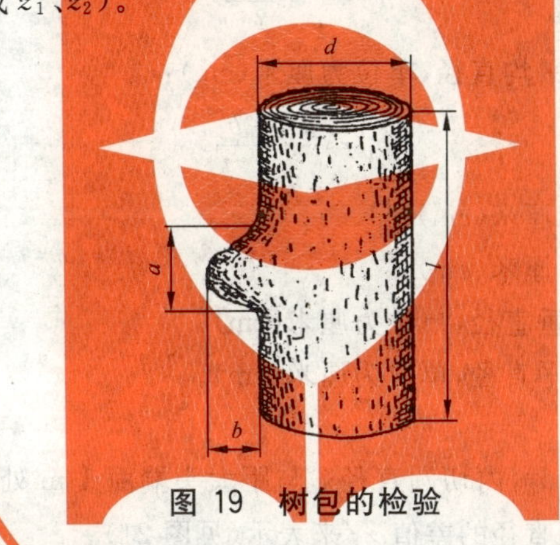

图 19　树包的检验

计算按式(5)：

$$z_1 = \frac{a}{l} \text{ 或 } z_2 = \frac{b}{d} \quad \cdots\cdots (5)$$

式中：

z_1——树包占长度的比值；

z_2——树包占直径的比值；

a——树包的长度，单位为厘米(cm)；

l——原木长度，单位为厘米(cm)；

b——树包的高度，单位为厘米(cm)；

d——检尺径，单位为厘米(cm)。

6.3.3　根部肥大(板根)

6.3.3.1　大兜的检验

应检测计算粗端的平均直径 a_1 和距粗端 1 m 处断面的平均直径 b_1。用 a_1 与 b_1 的差值 z_1 或 a_1 与 b_1 比值的百分率 z_2 表示(见图 20)。

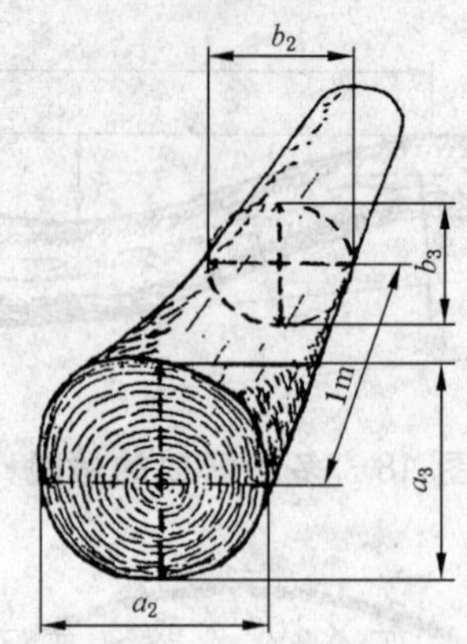

图 20 大兜的检验

计算按式(6)：

$$z_1 = a_1 - b_1 \text{ 或 } z_2 = \frac{a_1}{b_1} \times 100\% \qquad \cdots\cdots(6)$$

式中：

z_1——粗端的平均直径 a_1 与距粗端 1 m 处断面的平均直径 b_1 的差值，单位为厘米(cm)；

z_2——粗端的平均直径 a_1 与距粗端 1 m 处断面的平均直径 b_1 的比值的百分率，%；

a_1——粗端的平均直径，单位为厘米(cm)：

$$a_1 = \frac{a_2 + a_3}{2}$$

b_1——距粗端 1 m 处断面的平均直径，单位为厘米(cm)：

$$b_1 = \frac{b_2 + b_3}{2}$$

a_2——粗端铅垂直径，单位为厘米(cm)；

a_3——粗端水平直径，单位为厘米(cm)；

b_2——距粗端 1 m 处断面铅垂直径，单位为厘米(cm)；

b_3——距粗端 1 m 处断面水平直径，单位为厘米(cm)。

6.3.3.2 凹兜的检验

应检测大头端面外切圆直径 a_2，内切圆直径 c 与距大头端面 1 m 处的外切圆直径 b_2。用大头内、外切圆直径的差值 z_4 或两外切圆直径的差值 z_3 来表示(见图 21)。

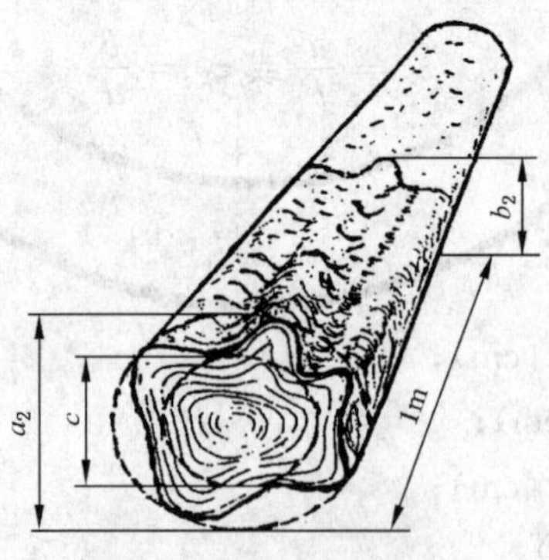

图 21 凹兜的检验

计算按式(7)、式(8)：

$$z_3 = a_2 - b_2 \qquad \cdots\cdots(7)$$

$$z_4 = a_2 - c \qquad \cdots\cdots(8)$$

式中：

z_3——两外切圆直径的差值，单位为厘米(cm)；

z_4——大头内、外切圆直径的差值，单位为厘米(cm)；

a_2——大头端面外切圆直径，单位为厘米(cm)；

b_2——距大头端面 1 m 处的外切圆直径，单位为厘米(cm)；

c——内切圆直径，单位为厘米(cm)。

6.3.4 椭圆体的检验

应检测原木相应端面的长径与短径。用长径与短径的差值或长径与短径的比值来表示。

6.3.5 尖削的检验

应检测大头直径和检尺径，以其差值占检尺长的百分比表示(见图 22)。

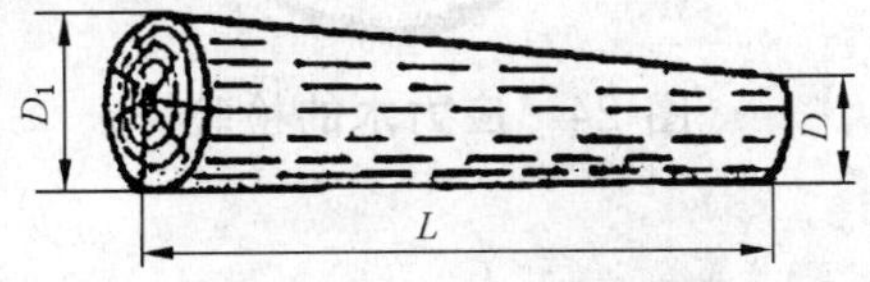

图 22 尖削度的检验

计算按式(9)：

$$T = \frac{D_1 - D}{L} \times 100\% \quad \cdots\cdots(9)$$

式中：

T——尖削度，%；

D_1——大头直径，单位为厘米(cm)；

D——检尺径，单位为厘米(cm)；

L——检尺长，单位为厘米(cm)。

6.4 木材结构缺陷的检验

6.4.1 扭转纹的检验

在小头或任意 1 m 范围内或扣除大头 1 m 以外的任意材长 1 m 范围内检量扭转纹起点至终点的倾斜高度(在小头断面表现为弦长)或弧长与检尺径或圆周长相比，以百分率表示(见图 23)。

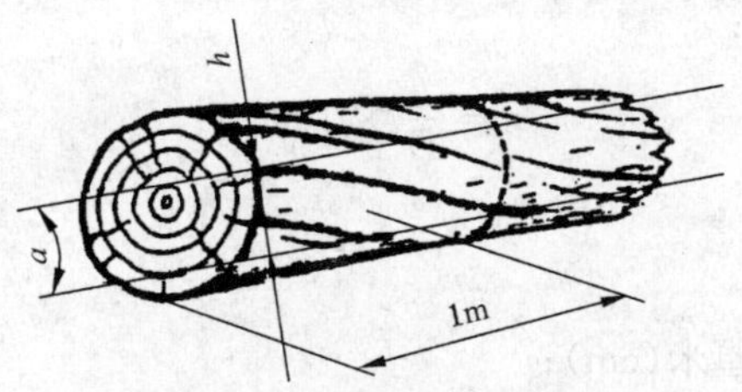

图 23 扭转纹的检验

计算按式(10)、式(11)：

$$z_1 = \frac{h}{D} \times 100\% \quad \cdots\cdots(10)$$

$$z_2 = \frac{a}{\pi D} \times 100\% \quad \cdots\cdots(11)$$

式中：

z_1、z_2——扭转程度，%；

h——扭转纹的倾斜高度，单位为厘米(cm)；

a——扭转纹的倾斜弧长，单位为厘米(cm)；

D——检尺径，单位为厘米(cm)；

πD——圆周长,单位为厘米(cm)。

6.4.2 **应力木的检验**

一般不加限制。特种用材或高级用材可检量缺陷部位的宽度、长度或面积,与所在断面的相应尺寸或面积相比,以百分率计;或检量断面几何中心与髓心间的直线距离,与断面长径或平均径或检尺径相比,以百分率计(见图 24)。

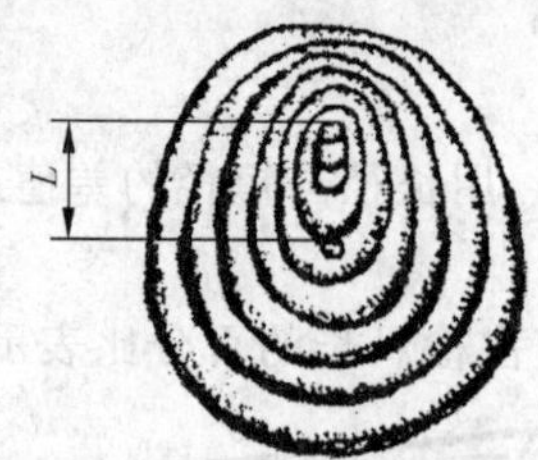

图 24 应力木的检验

计算按式(12):

$$R = \frac{L}{D} \times 100\% \quad \cdots\cdots\cdots\cdots(12)$$

式中:

R——应力木的偏心程度或偏心率,%;

L——原木断面几何中心与髓心间的直线距离,单位为厘米(cm);

D——检尺径,单位为厘米(cm)。

6.4.3 **双心或多心木**

不检测,但它的存在应予以注明。

6.4.4 **偏心材的检验**

应检测髓心距原木端面几何中心的最大偏距,用最大偏距或最大偏距与相应端面直径的百分比表示。

6.4.5 **偏枯的检验**

检测其径向深度,与检尺径相比,以百分率计;或检测偏枯的宽度和长度,与相应尺寸相比,以百分率计(见图 11)。

偏枯深度比率计算按式(13):

$$s = \frac{h}{D} \times 100\% \quad \cdots\cdots\cdots\cdots(13)$$

式中:

s——偏枯深度比率,%;

h——偏枯径向深度,单位为厘米(cm);

D——检尺径,单位为厘米(cm)。

6.4.6 **夹皮的检验**

6.4.6.1 **内夹皮的检验**

应检测内夹皮的最大厚度 a_1,用最大厚度或最大厚度与检尺径 D 的比值表示[见图 25a)]。

内夹皮计算按式(14):

$$z_1 = a_1 \text{ 或 } z_1 = \frac{a_1}{D} \quad \cdots\cdots\cdots\cdots(14)$$

式中:

z_1——内夹皮最大厚度或最大厚度与检尺径的比值;

a_1——内夹皮最大厚度,单位为厘米(cm);

D——检尺径,单位为厘米(cm)。

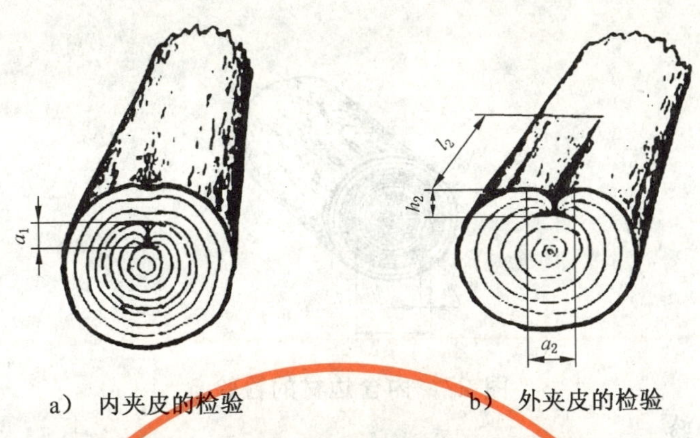

a） 内夹皮的检验　　　　b） 外夹皮的检验

图 25　夹皮的检验

6.4.6.2　**外夹皮的检验**

应检测外夹皮的长度、宽度和深度。用宽度、深度与检尺径的比或用长度与检尺长的比来表示[见图 25b)]。外夹皮计算按式(15)、式(16)、式(17)：

$$z_2 = \frac{a_2}{D} \qquad \cdots\cdots(15)$$

$$z_3 = \frac{h_2}{D} \qquad \cdots\cdots(16)$$

$$z_4 = \frac{l_2}{L} \qquad \cdots\cdots(17)$$

式中：

z_2——外夹皮宽度与检尺径的比值；

z_3——外夹皮深度与检尺径的比值；

z_4——外夹皮长度与检尺长的比值；

a_2——外夹皮的宽度，单位为厘米(cm)；

h_2——外夹皮的深度，单位为厘米(cm)；

l_1——外夹皮的长度，单位为厘米(cm)；

D——检尺径，单位为厘米(cm)；

L——检尺长，单位为厘米(cm)。

6.4.7　**树瘤的检验**

外表完好的，一般不加限制，但如有空洞或腐朽或引起树干内部腐朽时，则按死节或漏节计算。

6.4.8　**伪心材的检验**

应检测伪心材部分的外接圆直径 a，用该直径或该直径与所在端面直径 d 的百分比表示(见图 26)。

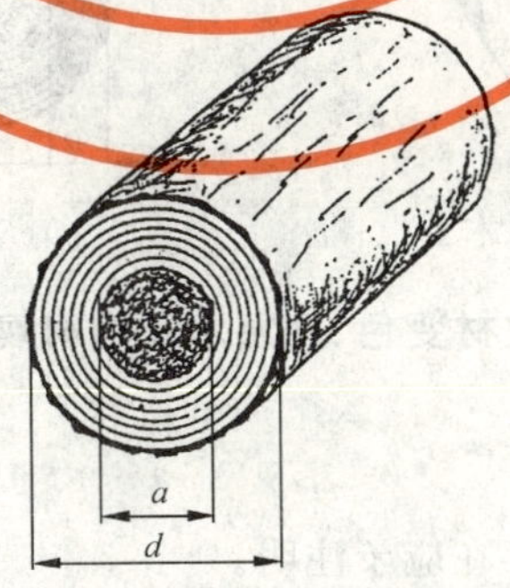

图 26　伪心材的检验

6.4.9　**内含边材的检验**

检测内含边材年轮(生长轮)环带部分的宽度，用该宽度或该宽度与检尺径的百分比表示(见图 27，

尺寸 d 、a)。

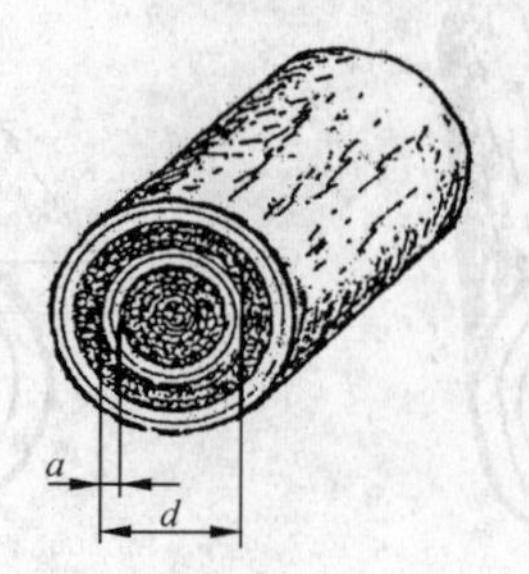

图 27　内含边材的检验

6.5　真菌引起的缺陷检验

6.5.1　心材变色和条斑、心材腐朽、空洞的检验

应检测缺陷所影响的面积,用该面积与端面面积的百分比来表示。也可检测将缺陷包围在内的外切圆的直径,用该外切圆的直径与端面直径的百分比表示。在同一断面内有多块各种形状(弧状、环状、空心等)的分散腐朽,均合并相加,调整成圆形量其腐朽直径与检尺径相比(见图 28)。

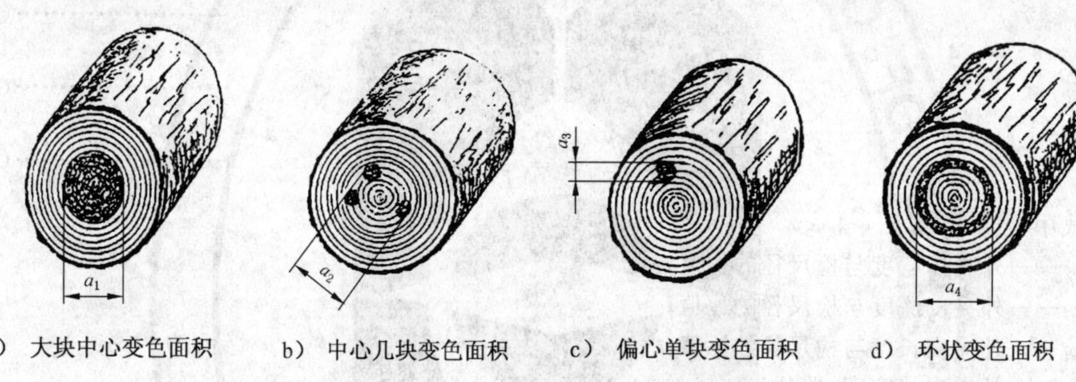

a)　大块中心变色面积　　b)　中心几块变色面积　　c)　偏心单块变色面积　　d)　环状变色面积

图 28　心材变色及条斑、心材腐烂和空洞的检验

6.5.2　边材变色、窒息木和边材腐朽的检验

应检测缺陷的面积或距材身的距离(a_1、a_2)。用距离或缺陷面积占所在断面面积的百分比表示(见图 29,尺寸 a_1、a_2)。对剥皮原木还应检测缺陷所影响的长度(见图 29,尺寸 c)。

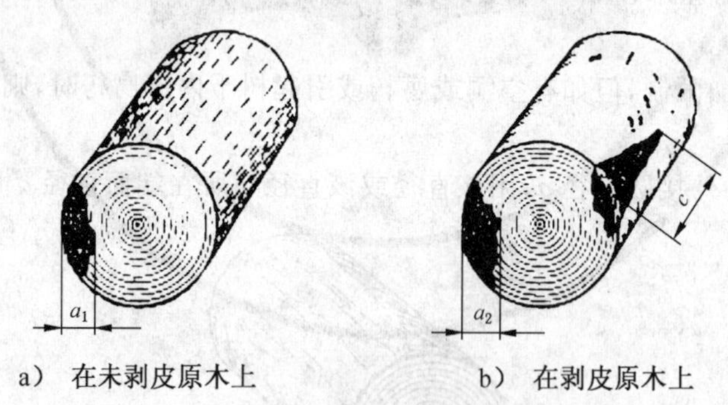

a)　在未剥皮原木上　　b)　在剥皮原木上

图 29　边材变色、窒息木和边材腐朽的检验

6.6　伤害的检验

6.6.1　由昆虫导致的伤害的检验

6.6.1.1　表面虫眼不必检验,但它的存在应予注明。

6.6.1.2　浅层虫眼和深层虫眼的检验

应检测虫眼的大小和深度,记录检尺范围内虫眼最多部位 1m 范围内的个数和全材长的虫眼个数。大块虫眼时按影响的长度计算。

6.6.2　由寄生植物和鸟类造成的损伤

不检测，但它的存在及所影响的面积应予以注明。

6.6.3　异物侵入伤害

不必检验，但它的存在应予以注明。

6.6.4　烧伤的检验

烧伤应检测所影响区域的长度、宽度和深度，用宽度、深度和长度或面积表示，也可采取深度或宽度与检尺径、长度与检尺长、端面烧伤面积与端面面积的百分比来表示（见图 30，尺寸 a、b、c）。

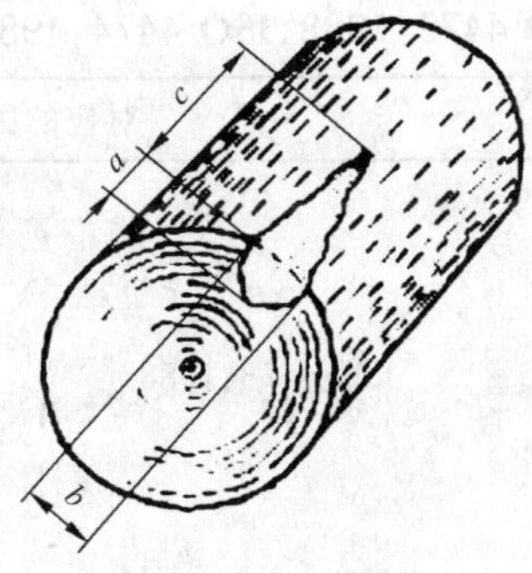

图 30　烧伤的检验

6.6.5　机械损伤的检验

6.6.5.1　树皮刮伤的检验

应检测刮伤所影响区域的宽度和长度，用长度或宽度与检尺径或长度与检尺长的百分比来表示。

6.6.5.2　树号的检验

应检测树号的长度、宽度和深度，可用宽度、深度和长度或用长度与检尺长度、宽度或深度与直径的百分比表示。

6.6.5.3　刀伤和锯伤的检验

应检测刀伤和锯伤的深度，可用深度或深度与直径的百分比表示。

6.6.5.4　撕裂、剪断和抽心的检验

应检测缺陷的长度、宽度和深度，可用长度、宽度、深度表示，或用长度与检尺长、宽度或深度与检尺径的百分比表示。

6.6.5.5　锯口偏斜的检验

锯口偏斜应检测大小两端断面之间相距最短处和最长处，取直检量，其差用厘米表示。

6.6.5.6　风折木的检验

按是否允许存在或查定个数，按允许个数计算。

附 录 A
（资料性附录）
本标准与 ISO 4473:1988、ISO 4474:1989、ISO 4475:1989 章条编号对照

表 A.1 给出了本标准章条编号与 ISO 4473:1988、ISO 4474:1989、ISO 4475:1989 章条编号对照一览表。

表 A.1 本标准章条编号与 ISO 4473:1988、ISO 4474:1989、ISO 4475:1989 章条编号对照

本标准章条编号	对应的国际标准章条编号	
4	ISO 4473:1988	2
5.1		表 1
5.2		表 2
5.3		表 3
5.4		表 4
5.5		表 5
5.6		表 6
5.1	ISO 4474:1989	1
5.1.1		1.1
5.1.1.1		1.1.1
5.1.1.2		1.1.3
5.1.2		1.2
5.2		2
5.2.1		2.1
5.2.1.1		2.1.1
5.2.1.1.1		2.1.1.1
5.2.1.1.2		2.1.1.2
5.2.1.2		2.1.2
5.2.2		2.2
5.2.2.1		2.2.1
5.2.2.2		2.2.2
5.2.2.3		2.2.3
5.2.2.4		2.2.4
5.2.2.5		2.2.5
5.3		3
5.3.1		3.1
5.3.1.1		3.1.1
5.3.1.2		3.1.2
5.3.2		3.2
5.3.3		3.3
5.3.3.1		3.3.1
5.3.3.2		3.3.2
5.3.4		3.4
5.3.5		3.5
5.4		4
5.4.1		4.1
5.4.2		4.2
5.4.3		4.3

表 A.1（续）

本标准章条编号	对应的国际标准章条编号	
5.4.4	ISO 4474:1989	4.4
5.4.5		4.5
5.4.6		4.6
5.4.6.1		4.6.2
5.4.6.2		4.6.1
5.4.7		4.7
5.4.8		4.8
5.4.9		4.9
5.5		5
5.5.1		5.1
5.5.2		5.2
5.5.2.1		5.2.1
5.5.2.2		5.2.2
5.5.3		5.3
5.5.4		5.4
5.5.4.1		5.4.1
5.5.4.2		5.4.2
5.5.5		5.5
5.6		6
5.6.1		6.1
5.6.1.1		6.1.1
5.6.1.2		6.1.2
5.6.1.3		6.1.3
5.6.1.3.1		6.1.3.1
5.6.1.3.2		6.1.3.2
5.6.2		6.2
5.6.3		6.3
5.6.4		6.4
5.6.5		6.5
5.6.6		6.6
5.6.6.1		6.6.1
5.6.6.2		6.6.2
5.6.6.3		6.6.3
5.6.6.4		6.6.4
5.6.6.5		6.6.5
5.6.6.6		6.6.6
5.6.6.7		6.6.7
6.1	ISO 4475:1989	1
6.1.1		1.1
6.1.2		1.2
6.2		2
6.2.1		2.1
6.2.2		2.2
6.3		3
6.3.1		3.1
6.3.1.1		3.1.1
6.3.1.2		3.1.2 的前部分

表 A.1（续）

本标准章条编号	对应的国际标准章条编号	
6.3.1.3	ISO 4475:1989	3.1.2 的后部分
6.3.2		3.2
6.3.3		3.3
6.3.3.1		3.3.1
6.3.3.2		3.3.2
6.3.4		3.4
6.3.5		3.5
6.4		4
6.4.1		4.1
6.4.2		4.2
6.4.3		4.3
6.4.4		4.4
6.4.5		4.5
6.4.6		4.6
6.4.6.2		4.6
6.4.7		4.7
6.4.8		4.8
6.4.9		4.9
6.5		5
6.5.1		5.1
6.5.2		5.2
6.6		6
6.6.1.1		6.1.1
6.6.1.2		6.1.2
6.6.2		6.2
6.6.3		6.3
6.6.4		6.4
6.6.5		6.5
6.6.5.1		6.5.1
6.6.5.2		6.5.2
6.6.5.3		6.5.3
6.6.5.4		6.5.4

附 录 B
（资料性附录）
本标准与 ISO 4473：1988、ISO 4474：1989、ISO 4475：1989 技术性差异及其原因

表 B.1 给出了本标准与 ISO 4473：1988、ISO 4474：1989、ISO 4475：1989 的技术性差异及其原因的一览表。

表 B.1 本标准与 ISO 4473：1988、ISO 4474：1989、ISO 4475：1989 技术差异及其原因

本标准的章条编号	技术差异	原因
5.1.3	增加“活节”	生产中需要
5.1.4	增加“死节”	生产中需要
5.1.5	增加“漏节”	因对材质影响较大，适应我国生产实际
5.2.2.6	增加“炸裂”	在生产实际中出现较多，且对材质影响明显
5.4.2.1	增加“应压木”	为针叶树的应力木
5.4.2.2	增加“应拉木”	为阔叶树的应拉木
5.4.5	图 11(偏枯)国际标准原文中图示不清，故采用我国偏枯图形	便于识别图形
5.6.6.8	增加“锯口偏斜”	在造材中因各种原因产生偏斜，影响原木质量
5.6.6.9	增加“风折木”	对检验更加有利
6.1.3 6.1.4 6.1.5	增加“活节、死节、漏节”的检验	适应生产需要
6.2.2	增加了计算公式	适应生产需要
6.3.5	增加了尖削的检验公式	适应生产需要
6.4.1	删除未剥皮扭转纹的检验	因不适合我国生产实际
6.4.1	增加了剥皮扭转纹的检验计算公式	为了检验方便
6.4.2	增加了应力木的检验	为了检验方便
6.4.5	增加了偏枯的检验公式	为了使用方便
6.4.6.1	增加了内夹皮的检验	为了检验方便
6.4.7	增加了树瘤的检验	为了使用方便
6.6.5.5	增加锯口偏斜的检验	分类和术语中增加了
6.6.5.6	增加风折木的检验	分类和术语中增加了

汉语拼音索引

英文索引

A

B

C

D

E

F

ICS 71.060.40
G 11

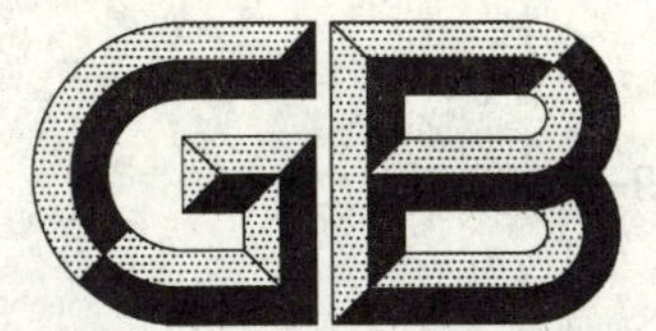

中华人民共和国国家标准

GB 209—2006
代替 GB 209—1993

工业用氢氧化钠

Sodium hydroxide for industrial use

2006-03-14 发布　　2006-12-01 实施

中华人民共和国国家质量监督检验检疫总局
中国国家标准化管理委员会　发布

前　言

本标准的8.1、8.3、8.4和第9章为强制性的，其余为推荐性的。

本标准代替GB 209—1993《工业用氢氧化钠》。

本标准与GB 209—1993相比主要变化如下：

——调整了范围(1993年版的第1章，本版的第1章)；

——增加了“符号”(见第3章)；

——增加了氢氧化钠型号规格(1993年版的3.2、3.3，本版的4.2、4.3)；

——调整了检验项目(1993年版的3.2、3.3，本版的4.2、4.3)；

——增加和调整了部分指标，同时删除了水银法指标(1993年版的3.2、3.3，本版的4.2、4.3)；

——增加了批次规定(见5.1)；

——删除了Ca、Mg总含量和汞含量检验方法(1993年版的4.6、4.7)；

——增加了型式检验周期和特殊情况下应进行型式检验的规定(见7.3)；

——不规定样品保留期(1993年版的5.7)；

——增加了袋装固体氢氧化钠采样、标志、包装、运输和贮存要求(见5.3、8.1、8.2.2、8.3、8.4)。

请注意本标准的某些内容有可能涉及专利。本标准的发布机构不应承担识别这些专利的责任。

本标准由中国石油和化学工业协会提出。

本标准由全国化学标准化技术委员会氯碱分会(SAC/TC63/SC6)归口。

本标准委托全国化学标准化技术委员会氯碱分会(SAC/TC63/SC6)负责解释。

本标准起草单位：锦西化工研究院、锡林郭勒苏尼特碱业有限公司、天津大沽化工有限责任公司、青岛海晶化工集团有限公司、中国石化齐鲁股份有限公司氯碱厂、自贡鸿鹤化工股份有限公司。

本标准主要起草人：陈沛云、李富荣、马文元、谌绍铜、段万山、翟怀吉、金岚。

本标准1963年首次发布，1984年第一次修订，1993年第二次修订。

工 业 用 氢 氧 化 钠

1 范围

本标准规定了工业用氢氧化钠的要求、采样、试验方法、检验规则及标志、包装、运输和贮存、安全。

本标准适用于工业用氢氧化钠产品。

2 规范性引用文件

下列文件中的条款通过本标准的引用而成为本标准的条款。凡是注日期的引用文件，其随后所有的修改单(不包括勘误的内容)或修订版均不适用于本标准，然而，鼓励根据本标准达成协议的各方研究是否可使用这些文件的最新版本。凡是不注日期的引用文件，其最新版本适用于本标准。

GB 190 危险货物包装标志

GB/T 191 包装储运图示标志(GB/T 191—2000,eqv ISO 780:1997)

GB/T 1250 极限数值的表示方法和判定方法

GB/T 4348.1 工业用氢氧化钠中氢氧化钠和碳酸钠含量的测定

GB/T 4348.2 工业用氢氧化钠 氯化钠含量的测定 汞量法(GB/T 4348.2—2002,eqv ISO 981:1973)

GB/T 4348.3 工业用氢氧化钠 铁含量的测定 1,10-菲啰啉分光光度法(GB/T 4348.3—2002,eqv ISO 983:1974)

GB/T 6678 化工产品采样总则(GB/T 6678—1986,neq ASTM E 300—1983)

GB/T 6679 固体化工产品采样通则(GB/T 6679—1986,neq ISO/DIS 8213:1986)

GB/T 6680 液体化工产品采样通则(GB/T 6680—1986,neq BS 5309:1976)

GB/T 7698 工业用氢氧化钠中碳酸盐含量的测定 滴定法(GB/T 7698—1987,eqv ISO 3196:1975)

GB/T 11213.2 化纤用氢氧化钠中氯化钠含量的测定 分光光度法(GB/T 11213.2—1989,idt ISO 3197:1975)

GB/T 15915 包装容器 固碱钢桶

3 符号

下列符号适用于本标准。

CT——通常指苛化法生产的氢氧化钠，但不限于此工艺。

DT——通常指隔膜法生产的氢氧化钠，但不限于此工艺。

IT——通常指离子交换膜法生产的氢氧化钠，但不限于此工艺。

IL——液体氢氧化钠。

IS——固体氢氧化钠。

4 要求

4.1 外观：固体(包括片状、粒状、块状等)氢氧化钠主体为白色，有光泽，允许微带颜色。

液体氢氧化钠为稠状液体。

4.2 固体(包括片状、粒状、块状等)氢氧化钠应符合表1给出的指标要求。

4.3 液体氢氧化钠应符合表2给出的指标要求。

表 1　固体 NaOH 指标

%

项目	型号规格														
	IS—IT						IS—DT						IS—CT		
	Ⅰ			Ⅱ			Ⅰ			Ⅱ			Ⅰ		
	优等品	一等品	合格品	优等品	一等品	合格品	优等品	一等品	合格品	优等品	一等品	合格品	优等品	一等品	合格品
氢氧化钠(以 NaOH 计)的质量分数	≥99.0	≥98.5	≥98.0	72.0±2.0			≥96.0		≥95.0	72.0±2.0			≥97.0		≥94.0
碳酸钠(以 Na_2CO_3 计)的质量分数 ≤	0.5	0.8	1.0	0.3	0.5	0.8	1.2	1.3	1.6	0.4	0.8	1.0	1.5	1.7	2.5
氯化钠(以 NaCl 计)的质量分数 ≤	0.03	0.05	0.08	0.02	0.05	0.08	2.5	2.7	3.0	2.0	2.5	2.8	1.1	1.2	3.5
三氧化二铁(以 Fe_2O_3 计)的质量分数 ≤	0.005	0.008	0.01	0.005	0.008	0.01	0.008	0.01	0.02	0.008	0.01	0.02	0.008	0.01	0.01

表 2　液体 NaOH 指标

%

项目	型号规格													
	IL—IT						IL—DT					IL—CT		
	Ⅰ			Ⅱ			Ⅰ			Ⅱ		Ⅰ		
	优等品	一等品	合格品	优等品	一等品	合格品	优等品	一等品	合格品	一等品	合格品	优等品	一等品	合格品
氢氧化钠(以 NaOH 计)的质量分数 ≥	45.0			30.0			42.0			30.0		45.0		42.0
碳酸钠(以 Na_2CO_3 计)的质量分数 ≤	0.2	0.4	0.6	0.1	0.2	0.4	0.3	0.4	0.6	0.3	0.5	1.0	1.2	1.6
氯化钠(以 NaCl 计)的质量分数 ≤	0.02	0.03	0.05	0.005	0.008	0.01	1.6	1.8	2.0	4.6	5.0	0.7	0.8	1.0
三氧化二铁(以 Fe_2O_3 计)的质量分数 ≤	0.002	0.003	0.005	0.000 6	0.000 8	0.001	0.003	0.006	0.01	0.005	0.008	0.01	0.02	0.03

4.4 对于电解后直接作为商品的液体氢氧化钠的质量指标应与表2中IL—IT—Ⅱ所列的质量指标成相同比例;对于其他规格(电解液蒸发后所生产的液体氢氧化钠)的质量指标应与表2中IL—IT—Ⅰ所列的质量指标成相同比例。

4.5 对于其他规格的液体氢氧化钠质量指标应与表2中IL—DT—Ⅰ所列的质量指标成相同比例。

4.6 对于其他规格的液体氢氧化钠应与表2中IL—CT—Ⅰ所列的质量指标成相同比例。

5 采样

5.1 产品按批检验。铁桶包装的固体氢氧化钠产品以每锅包装量为一批。袋装的片状、粒状、块状等固体氢氧化钠产品以每天或每一生产周期生产量为一批。液体氢氧化钠产品以贮槽或槽车所盛量为一批。用户以每次收到的同规格同批次的氢氧化钠产品为一批。

5.2 铁桶包装的固体氢氧化钠产品按单批总桶数的5%随机抽样,小批量时不得少于3桶,顺桶竖接口处剖开桶皮,将氢氧化钠劈开,自上、中、下三处迅速采取有代表性的样品,装于清洁、干燥的聚乙烯瓶或具塞的广口瓶中,密封。样品量约500 g。

生产企业可在包装前采取有代表性的熔融氢氧化钠为实验室样品,进行检验。

5.3 袋装的固体氢氧化钠产品按GB/T 6678中规定的采样单元数随机抽样,拆开包装袋,宜用GB/T 6679中规定的适宜的采样器和方式迅速采取有代表性的样品,将采取的样品混匀,装于清洁、干燥的聚乙烯瓶或具塞的广口瓶中,密封。样品量约500 g。

生产企业可在包装线上采取有代表性的氢氧化钠为实验室样品,进行检验。

5.4 液体氢氧化钠产品宜用GB/T 6680中规定的适宜的采样器自槽车或贮槽的上、中、下三处采取等量的有代表性的样品,将采取的样品混匀,装于清洁、干燥的聚乙烯瓶或具塞的广口瓶中,密封。样品量约500 mL。

生产企业可在充分混匀的成品贮槽采样口采取有代表性的氢氧化钠为实验室样品,进行检验。

5.5 样品瓶上应贴上标签并注明:生产企业名称、产品名称、型号规格、批号或生产日期、采样日期及采样人等。

6 试验方法

6.1 外观

目视观察。

6.2 氢氧化钠含量的测定

氢氧化钠含量的测定按GB/T 4348.1规定的方法。

6.3 碳酸钠含量的测定

碳酸钠含量的测定按GB/T 4348.1或GB/T 7698规定的方法,其中GB/T 7698为仲裁法。

6.4 氯化钠含量的测定

氯化钠含量的测定依据其含量不同按GB/T 4348.2或GB/T 11213.2规定的方法。

6.5 三氧化二铁含量的测定

三氧化二铁含量的测定按GB/T 4348.3规定的方法。

7 检验规则

7.1 本标准中产品质量指标合格判定,采用GB/T 1250中"修约值比较法"。

7.2 本标准产品型号规格等级判定宜为:该产品氢氧化钠的质量分数为X%,符合GB 209—2006中×型号—×规格—×等级(成比例折算)指标要求。

7.3 本标准规定的检验项目全部为型式检验项目,其中IS—IT、IL—IT型的氢氧化钠、氯化钠为型式检验项目中的出厂检验项目,其余为型式检验项目中的抽检项目。IS—DT、IS—CT、IL—DT和IL—

CT 型的氢氧化钠、碳酸钠、氯化钠为型式检验项目中的出厂检验项目,其余为型式检验项目中的抽检项目。如有下述情况:停产后复产、生产工艺有较大改变(如材料、工艺条件等)、合同规定等,应进行型式检验。在正常生产情况下,每月至少进行一次型式检验。

7.4 出厂的氢氧化钠产品应由生产企业的质量监督检验部门进行检验,并附有质量证明书,内容包括:生产企业名称、产品名称、型号规格、质量指标、等级、批号或生产日期、执行标准号。未满足本标准要求的工业用氢氧化钠产品不得声明符合本标准。

7.5 用户有权按本标准规定对收到的氢氧化钠产品进行检验,验证其质量是否符合本标准要求。

7.6 检验结果如有一项指标不符合本标准要求,应重新加倍在包装单元中采取有代表性的样品进行复检。复检结果中仍有一项指标不符合本标准要求,则该批产品为不合格品。

8 标志、包装、运输和贮存

8.1 标志

出厂的氢氧化钠产品的外包装上应有明显牢固的标志,内容包括:生产企业名称、地址、产品名称、商标、执行标准号、型号规格、批号或生产日期、净质量和生产许可证编号及 GB 190 中规定的"腐蚀品"标志。固体氢氧化钠产品还应有 GB/T 191 中规定的"怕雨"标志。

8.2 包装

8.2.1 铁桶包装的固体氢氧化钠产品按 GB/T 15915 规定执行。每桶净质量为(200±2)kg。

8.2.2 袋装的片状、粒状、块状等固体氢氧化钠产品,内袋宜用聚乙烯、聚丙烯薄膜袋,外袋宜用聚乙烯、聚丙烯编织袋(或复膜袋)或牛皮纸袋。每袋净质量为(25.0±0.25)kg。也可按相关规定采用其他包装形式。包装袋及封口应保证产品在正常贮运中不污染、不泄漏、不破损。

8.2.3 液体氢氧化钠产品用专用槽车或贮槽装运,包装容器不得污染产品。

8.3 运输

运输过程中防止撞击。袋装氢氧化钠产品避免包装损坏、受潮、污染。不可与酸性物品混装运输。

8.4 贮存

固体(包括片状、粒状和块状等)氢氧化钠产品应贮存于干燥、清洁的仓库内。液体氢氧化钠产品应用贮槽贮存。防止碰撞及与酸性物品接触。

9 安全

氢氧化钠产品具有强腐蚀性,使用者有责任采取适当的安全和健康措施,接触人员应配带防护眼镜和胶皮手套等劳动保护用具。

ICS 77.080.20
H 40

中华人民共和国国家标准

GB/T 222—2006
部分代替 GB/T 222—1984

钢的成品化学成分允许偏差

Permissible tolerances for chemical composition of steel products

2006-02-05 发布 2006-08-01 实施

中华人民共和国国家质量监督检验检疫总局
中国国家标准化管理委员会
发布

前　言

本标准是以 GB/T 222—1984《钢的化学分析用试样取样法及成品化学成分允许偏差》中成品化学成分允许偏差的相关部分为基础修订而成。

本标准代替 GB/T 222—1984 标准中"钢的成品化学成分允许偏差"的相关部分,有关"钢的化学分析用试样取样法"将另外制定单独标准。

本标准与 GB/T 222—1984 标准中成品化学成分允许偏差的主要变化如下：

——表 1 的适用范围由普通碳素钢和低合金钢改为非合金钢和低合金钢；表 2 的适用范围改为合金钢(1984 年版的 6.1,本版的 5.1)；

——明确表 1、表 2 中的偏差值适用于横截面积不大于 65 000 mm^2 的钢材(本版的 5.1)；

——增加成品分析代替熔炼分析的规定(本版的 5.4)；

——调整了表 1、表 2 中碳、锰等元素的偏差数值,增加了铝、钴、氮、钙等元素的规定。

本标准由原国家冶金工业局提出。

本标准由全国钢标准化技术委员会归口。

本标准起草单位:冶金工业信息标准研究院。

本标准主要起草人:伍千思、栾燕、刘宝石、戴强。

本标准于 1984 年 8 月首次发布。

钢的成品化学成分允许偏差

1 范围

本标准规定了非合金钢(沸腾钢除外)、低合金钢、合金钢的成品钢材(包括钢坯)的化学成分相对于规定熔炼化学成分界限值的允许偏差,并给出了相关术语的定义。

本标准适用于钢的产品标准、技术规范对成品化学成分允许偏差的规定。

2 术语和定义

下列术语和定义适用于本标准。

2.1

熔炼分析 heat (or cast/ladle) analysis

熔炼分析是指在钢液浇铸过程中采取样锭,然后进一步制成试样并对其进行的化学分析。分析结果表示同一炉(罐)钢液的平均化学成分。

2.2

成品分析 product analysis

成品分析是指在经过加工的成品钢材(包括钢坯)上采取试样,然后对其进行的化学分析。成品分析主要用于验证化学成分,又称验证分析。由于钢液在结晶过程中产生元素的不均匀性分布(偏析),成品分析的成分值有时与熔炼分析的成分值不同。

2.3

成品化学成分允许偏差 permissible tolerances for product analysis

成品化学成分允许偏差是指熔炼分析的成分值虽在标准规定的范围内,但由于钢中元素偏析,成品分析的成分值可能超出标准规定的成分界限值。对超出界限值的大小规定一个允许的数值,就是成品化学成分允许偏差。

3 成品分析用试样取样及制样方法

测定钢的成品化学成分用的试样取样和制样应按相应的现行国家标准、行业标准规定的方法或供需双方协商规定的其他方法进行。

4 化学分析方法

4.1 钢的化学分析按相应的现行国家标准、行业标准规定的方法或能保证标准规定准确度的其他方法进行。

4.2 仲裁分析应按相应的国家标准或行业标准规定的方法进行。

5 成品化学成分允许偏差

5.1 成品化学成分允许偏差值如表 1、表 2、表 3 所示。表 1 适用于非合金钢和低合金钢,表 2 适用于合金钢(不包括不锈钢、耐热钢),表 3 适用于不锈钢和耐热钢。表 1、表 2 中的偏差值适用于横截面积不大于 65 000 mm^2 的钢材(或钢坯),大于该横截面积的钢材(或钢坯)的化学成分允许偏差值可适当加大,其具体数值由供需双方协商确定。

5.1.1 产品标准中规定的残余元素不适用于表 1、表 2、表 3 中规定的成品化学成分允许偏差。

5.1.2 如果对成品化学成分的某种或某几种元素的允许偏差与表1、表2或表3的规定有不同要求(缩小或加大)时,由供需双方协商确定。

5.2 产品标准在规定成品化学成分允许偏差时,应写明本标准号及5.1条所述表号。一种钢的成品化学成分允许偏差,只能使用一个表,不能两个表同时混用。

5.3 成品分析所得的值,不能超过标准规定化学成分界限值的上限加上偏差,或不能超过标准规定化学成分界限值的下限减下偏差。同一熔炼号的成品分析,同一元素只允许有单项偏差,不能同时出现上偏差和下偏差。

举例:优质碳素结构钢20号钢,其熔炼化学成分的碳含量,标准规定界限值为:上限0.23%,下限0.17%,在作成品钢材化学分析时,假如有一熔炼号的钢材出现碳含量为0.25%,说明超出标准规定上限值0.02%,按本标准表1规定,钢材的碳含量是合格的;假如另一熔炼号的钢材出现碳含量为0.15%。说明超出标准规定下限值0.02%,按本标准表1规定,钢材的碳含量也是合格的。

5.4 因故未能取得熔炼分析试样,或因熔炼分析试样不正确而得不到熔炼成分的可靠结果,可采用成品分析来代替熔炼分析,此时成品分析的成分值应符合熔炼成分的规定,不得采用本标准表1、表2或表3中规定的成品成分允许偏差。

表1 非合金钢和低合金钢成品化学成分允许偏差

单位为质量分数

元素	规定化学成分上限值	允许偏差	
		上偏差	下偏差
C	≤0.25	0.02	0.02
	>0.25~0.55	0.03	0.03
	>0.55	0.04	0.04
Mn	≤0.80	0.03	0.03
	>0.80~1.70	0.06	0.06
Si	≤0.37	0.03	0.03
	>0.37	0.05	0.05
S	≤0.050	0.005	—
	>0.05~0.35	0.02	0.01
P	≤0.060	0.005	—
	>0.06~0.15	0.01	0.01
V	≤0.20	0.02	0.01
Ti	≤0.20	0.02	0.01
Nb	0.015~0.060	0.005	0.005
Cu	≤0.55	0.05	0.05
Cr	≤1.50	0.05	0.05
Ni	≤1.00	0.05	0.05
Pb	0.15~0.35	0.03	0.03
Al	≥0.015	0.003	0.003
N	0.010~0.020	0.005	0.005
Ca	0.002~0.006	0.002	0.000 5

表 2　合金钢成品化学成分允许偏差

单位为质量分数

元　素	规定化学成分上限值	允许偏差	
		上偏差	下偏差
C	≤0.30	0.01	0.01
	>0.30～0.75	0.02	0.02
	>0.75	0.03	0.03
Mn	≤1.00	0.03	0.03
	>1.00～2.00	0.04	0.04
	>2.00～3.00	0.05	0.05
	>3.00	0.10	0.10
Si	≤0.37	0.02	0.02
	>0.37～1.50	0.04	0.04
	>1.50	0.05	0.05
Ni	≤1.00	0.03	0.03
	>1.00～2.00	0.05	0.05
	>2.00～5.00	0.07	0.07
	>5.00	0.10	0.10
Cr	≤0.90	0.03	0.03
	>0.90～2.10	0.05	0.05
	>2.10～5.00	0.10	0.10
	>5.00	0.15	0.15
Mo	≤0.30	0.01	0.01
	>0.30～0.60	0.02	0.02
	>0.60～1.40	0.03	0.03
	>1.40～6.00	0.05	0.05
	>6.00	0.10	0.10
V	≤0.10	0.01	—
	>0.10～0.90	0.03	0.03
	>0.90	0.05	0.05
W	≤1.00	0.04	0.04
	>1.00～4.00	0.08	0.08
	>4.00～10.00	0.10	0.10
	>10.00	0.20	0.20
Al	≤0.10	0.01	—
	>0.10～0.70	0.03	0.03
	>0.70～1.50	0.05	0.05
	>1.50	0.10	0.10

表 2（续） 单位为质量分数

元　素	规定化学成分上限值	允　许　偏　差	
		上　偏　差	下　偏　差
Cu	≤1.00	0.03	0.03
	>1.00	0.05	0.05
Ti	≤0.20	0.02	—
B	0.000 5～0.005	0.000 5	0.000 1
Co	≤4.00	0.10	0.10
	>4.00	0.15	0.15
Pb	0.15～0.35	0.03	0.03
Nb	0.20～0.35	0.02	0.01
S	≤0.050	0.005	—
P	≤0.050	0.005	—

表 3　不锈钢和耐热钢成品化学成分允许偏差 单位为质量分数

元　素	规定化学成分上限值	允　许　偏　差	
		上　偏　差	下　偏　差
C	≤0.010	0.002	0.002
	>0.010～0.030	0.005	0.005
	>0.030～0.20	0.01	0.01
	>0.20～0.60	0.02	0.02
	>0.60～1.20	0.03	0.03
Mn	≤1.00	0.03	0.03
	>1.00～3.00	0.04	0.04
	>3.00～6.00	0.05	0.05
	>6.00～10.00	0.06	0.06
	>10.00～15.00	0.10	0.10
	>15.00～20.00	0.15	0.15
P	≤0.040	0.005	—
	>0.040～0.20	0.01	0.01
S	≤0.040	0.005	—
	>0.040～0.20	0.010	0.01
	>0.20～0.50	0.02	0.02
Si	≤1.00	0.05	0.05
	>1.00	0.10	0.10
Cr	>3.00～10.00	0.10	0.10
	>10.00～15.00	0.15	0.15
	>15.00～20.00	0.20	0.20
	>20.00～30.00	0.25	0.25

表 3（续）　　　　单位为质量分数

元　素	规定化学成分上限值	允　许　偏　差	
		上　偏　差	下　偏　差
Ni	≤1.00	0.03	0.03
	>1.00～5.00	0.07	0.07
	>5.00～10.00	0.10	0.10
	>10.00～20.00	0.15	0.15
	>20.00～30.00	0.20	0.20
	>30.00～40.00	0.25	0.25
	>40.00	0.30	0.30
Mo	>0.20～0.60	0.03	0.03
	>0.60～2.00	0.05	0.05
	>2.00～7.00	0.10	0.10
	>7.00～15.00	0.15	0.15
	>15.00	0.20	0.20
Ti	≤1.00	0.05	0.05
	>1.00～3.00	0.07	0.07
	>3.00	0.10	0.10
Co	>0.05～0.50	0.01	0.01
	>0.50～2.00	0.02	0.02
	>2.00～5.00	0.05	0.05
	>5.00～10.00	0.10	0.10
	>10.00～15.00	0.15	0.15
	>15.00～22.00	0.20	0.20
	>22.00～30.00	0.25	0.25
Nb+Ta	≤1.50	0.05	0.05
	>1.50～5.00	0.10	0.10
	>5.00	0.15	0.15
Ta	≤0.10	0.02	0.02
Cu	≤0.50	0.03	0.03
	>0.50～1.00	0.05	0.05
	>1.00～3.00	0.10	0.10
	>3.00～5.00	0.15	0.15
	>5.00～10.00	0.20	0.20
Al	≤0.15	0.01	0.005
	>0.15～0.50	0.05	0.05
	>0.05～2.00	0.10	0.10

表 3（续）

单位为质量分数

元　素	规定化学成分上限值	允　许　偏　差	
		上　偏　差	下　偏　差
Al	>2.00～5.00	0.20	0.20
	>5.00～10.00	0.35	0.35
N	≤0.02	0.005	0.005
	>0.02～0.19	0.01	0.01
	>0.19～0.25	0.02	0.02
	>0.25～0.35	0.03	0.03
	>0.35	0.04	0.04
W	≤1.00	0.03	0.03
	>1.00～2.00	0.05	0.05
	>2.00～5.00	0.07	0.07
	>5.00～10.00	0.10	0.010
	>10.00～20.00	0.15	0. 15
V	≤0.50	0.03	0.03
	>0.50～≤1.50	0.05	0.05
	>1.50	0.07	0.07
Se	全部	0.03	0.03

ICS 77.040.99
H 24

中华人民共和国国家标准

GB/T 225—2006/ISO 642:1999
代替 GB/T 225—1988

钢　淬透性的末端淬火试验方法（Jominy 试验）

Steel—Hardenability test by end quenching (Jominy test)

(ISO 642:1999,IDT)

2006-11-01 发布　　2007-02-01 实施

中华人民共和国国家质量监督检验检疫总局
中国国家标准化管理委员会　发布

前言

本标准等同采用 ISO 642:1999《钢　淬透性的末端淬火试验方法(Jominy 试验)》。

为了便于使用,本标准对 ISO 642:1999 作了下列编辑性修改:

a) "本国际标准"一词改为"本标准";

b) 用小数点"."代替作为小数点的逗号",";

c) 引用标准中的国际标准采用相应的国家标准代替;

d) 删除了 ISO 642:1999 中的"前言"和"参考文献";

e) 重新绘制了图 1。

本标准代替 GB/T 225—1988《钢的淬透性末端淬火试验方法》。

本标准与 GB/T 225—1988 的主要区别如下:

a) 标准的名称由《钢的淬透性末端淬火试验方法》修改为《钢　淬透性的末端淬火试验方法(Jominy 试验)》;

b) 增加了"前言";

c) 试样在加热温度下的保温时间由(30±5) min 修改为(30^{+5}_{0}) min(见第 4 章);

d) 冷却水的温度由 10℃～30℃修改为(20±5)℃(见第 4 章);

e) 无试样放置时水射流的高度由(65±5) mm 修改为(65±10) mm(见第 4 章);

f) 机加工取样的样坯尺寸由 30 mm 改为($25^{+0.5}_{0}$) mm,样坯轴线距产品表面的距离由(20±5) mm 改为(20^{+5}_{0}) mm(1988 年版的 5.1.2b,本版的 5.1);

g) 取样方法由按试料尺寸规定不同的取样方法修改为锻轧加工和机加工两种方法,删除了原标准 5.1.5 和 5.1.6 条,并增加了对连铸产品的取样规定(见 5.1);

h) 正火温度下的保温时间 30 min～60 min 修改为(30^{+5}_{0}) min(1988 年版的 5.2.3,本版的 5.3)。

i) 图 2 中取消对试样的圆周面和端面上粗糙度的具体要求(见图 2);

j) 取消压痕点交错排列的规定,增加压痕点位置精度±0.10 mm 的规定(1988 年版的 8.3.1b,本版的 8.4.1.2);

k) 自回火检验用酸液改为一种(1988 年版的 8.1.3,本版的 8.2);

l) 原附录 A 调整为附录 B,新增资料性附录 A、附录 C。

本标准的附录 A、附录 B 和附录 C 均为资料性附录。

本标准由中国钢铁工业协会提出。

本标准由全国钢标准化技术委员会归口。

本标准起草单位:宝山钢铁股份有限公司特殊钢分公司、冶金工业信息标准研究院、北京首钢特殊钢有限公司、钢铁研究总院。

本标准主要起草人:李晓冬、栾燕、俞信霞、王桂民、孙时秋。

本标准所代替标准的历次版本发布情况为:GB/T 225—1963,GB/T 225—1988。

钢　淬透性的末端淬火试验方法(Jominy 试验)

1　范围

本标准规定用末端淬火试验方法(Jominy 试验)测定钢的淬透性,试验时采用直径为 25 mm,长为 100 mm 的试样。

注:通过协商,对某一规定的应用范围,可采用已认可的数学模型(见附录 C)进行 Jominy 曲线计算来替代本标准中所叙述的末端淬火试验。如对结果有异议,应进行末端淬火试验。

2　规范性引用文件

下列文件中的条款通过本标准的引用而成为本标准的条款。凡是注日期的引用文件,其随后所有的修改单(不包括勘误的内容)或修订版均不适用于本标准,然而,鼓励根据本标准达成协议的各方研究是否可使用这些文件的最新版本。凡是不注日期的引用文件,其最新版本适用于本标准。

GB/T 230.1　金属洛氏硬度试验　第 1 部分:试验方法(A、B、C、D、E、F、G、H、K、N、T 标尺)[GB/T 230.1—2004,ISO 6508-1:1999,Metallic materials—Rockwell hardness test—Part 1:Test method(scales A、B、C、D、E、F、G、K、N、T),MOD]

GB/T 230.2　金属洛氏硬度试验　第 2 部分:硬度计(A、B、C、D、E、F、G、H、K、N、T 标尺)的检验与校准[GB/T 230.2—2002,ISO 6508-2:1999,Metallic materials—Rockwell hardness test—Part 2:Verification and calibration of testing machines(scales A、B、C、D、E、F、G、K、N、T),MOD]

GB/T 230.3　金属洛氏硬度试验　第 3 部分:标准硬度块(A、B、C、D、E、F、G、H、K、N、T 标尺)的标定[GB/T 230.3—2002,ISO 6508-3:1999,Metallic materials—Rockwell hardness test—Part 3:Calibration of refernce blocks(scales A、B、C、D、E、F、G、K、N、T),MOD]

GB/T 4340.1　金属维氏硬度试验　第 1 部分:试验方法(GB/T 4340.1—1999,eqv ISO 6507-1:1997)

3　方法

试验由以下步骤组成:

a)　将一圆柱形试样加热至奥氏体区内某一规定的温度,并按规定保温一定时间;

b)　在规定的条件下对其端面喷水淬火;

c)　在试样纵向磨制平面上规定位置测量硬度,根据钢的硬度值变化确定其淬透性。

4　符号和说明(表 1)

表 1

符　号	说　明	数　值
L	试样总长度	(100±0.5) mm
D	试样直径	($25^{+0.5}_{0}$) mm
t	试样在加热温度下的保温时间	(30^{+5}_{0}) min
t_m	试样从炉中取出到开始淬火的最大间隔时间	5 s
T	冷却水温度	(20±5)℃

表 1（续）

符　　号	说　　明	数　　值
a	垂直供水管内径	(12.5±0.5) mm
h	无试样放置时水射流的高度	(65±10) mm
l	从喷水管口到试样下端面的距离	(12.5±0.5) mm
e	测定硬度用平面的磨削深度	(0.4～0.5) mm
d	从淬火端面到硬度测量点的距离，以 mm 表示	
J××-d	在距离 d 处的 Jominy 淬透性指数，以洛氏硬度 HRC-mm 表示	
JHV××-d	在距离 d 处的 Jominy 淬透性指数，以维氏硬度 HV30-mm 表示	

5　试样及其制备

5.1　取样

如产品标准和协议无具体要求时，可按如下方法从产品中取样而不考虑产品的厚度（或直径）：

——用热轧或锻造制成直径为 30 mm～32 mm 的样坯；

——也可用机械加工的方法制成直径为($25^{+0.5}_{0}$) mm 的样坯[1)]，其轴线与产品表面的距离应为(20^{+5}_{0}) mm（如图 1 所示）。

单位为毫米

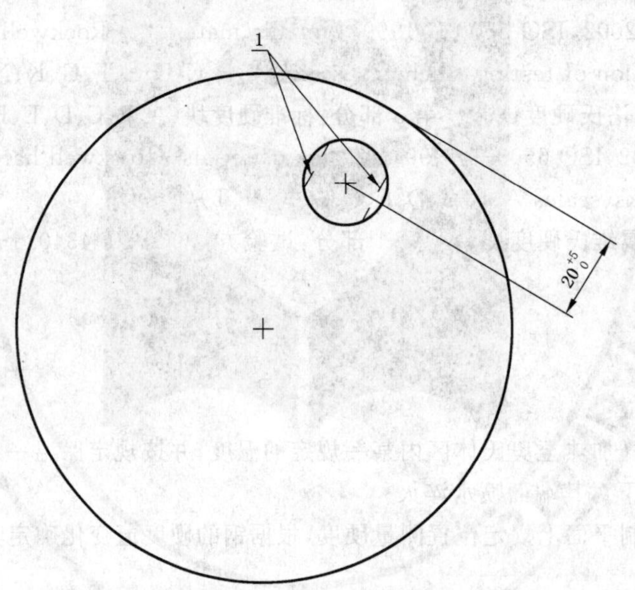

1——试验平面。

图 1　机加工制取样坯和测试平面示意图

当从连铸产品中取样时，建议取样前的压缩比至少不小于 8∶1。

在样坯机械加工前的所有成形过程中，产品各个面上的变形应尽可能均匀。

在单独浇注标准试料时，变形前的原始横截面至少是所要求的 30 mm～32 mm 样坯直径的 3 倍。

经特殊协议，可用一种适当的浇铸工艺制备试料，并在铸造状态下进行试验。

试样二个磨制平面的轴线应在距产品表面大致相同的距离处（如图 1 所示）。为此，应对样坯做标记以便可以清楚地辨别出其在圆棒上的位置。

1)　样坯尺寸不包括非淬火端。

5.2 尺寸

5.2.1 样坯用机械加工方法,制成直径 25 mm,长 100 mm 的圆棒。

5.2.2 样坯非淬火端带有凸缘或凹槽(以使淬火时,用恰当的支座将试样迅速地对中和定位),其直径为 30 mm～32 mm 或 25 mm(如图 2 所示)。

单位为毫米

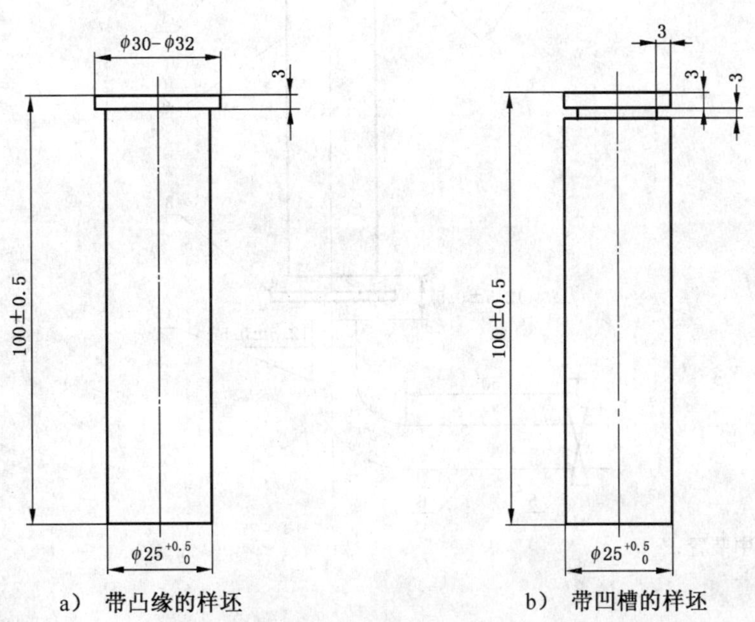

a) 带凸缘的样坯　　b) 带凹槽的样坯

图 2 样坯的尺寸

5.2.3 必要时,应对样坯做标记(在非淬火端上)以使其相对于原试料的位置易于辨别。

5.3 样坯的正火

除非另有协议,样坯在机加工和淬火前应按产品标准规定温度范围的平均温度进行正火。如产品标准未规定正火温度,则正火温度应按特定协议或由检测部门进行选择。在正火温度下的保温时间应为(30^{+5}_{0}) min。

热处理应保证精加工后的试样不得有脱碳痕迹。

5.4 机加工

试样的圆柱形表面应用精车加工;试样的淬火端面应进行适当的精细加工,最好用精细研磨的方法,并应去除毛刺(如图 2 所示)。

6 设备

该设备由一组用于试样淬火的装置组成。

6.1 淬火装置是一组能喷射水流至试样淬火端面的装置。这可以通过诸如一个快速开关阀门和一个调节水流速度的装置,或一个可以使水流被迅速释放或切断的圆盘等来实现(如图 3 所示)。在用快速开关阀门的情况下,阀门后面供水管的水平长度至少应为 50 mm,以保证无紊流的水流。

6.2 喷水管口与试样支座之间的相对位置,应使喷水管口至试样淬火端面的距离为(12.5±0.5) mm(如图 3 所示)。

6.3 试样支座应使试样在喷水管口上方准确对中,并在淬火时保持位置不变。在将试样置于该位置时,试样支座应保持干燥;在试样安放到支座过程中直至实际端淬操作之前,应防止水溅到试样上。

6.4 支座上未放置试样时,喷水管口上方的水射流高度应为(65±10) mm(如图 4 所示)。

管中的水温应为(20±5)℃。

在进行比较试验的情况下,应以相同的水温进行试验。

6.5 在整个加热和淬火过程中应防止风吹到试样上。

单位为毫米

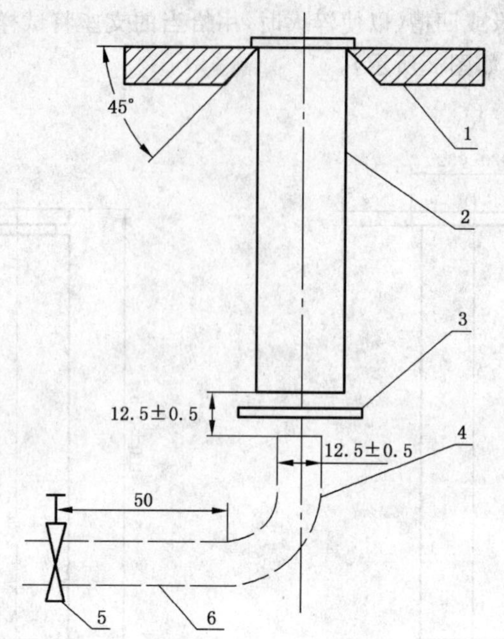

1——试样定位对中装置；
2——试样位置；
3——圆盘；
4——喷水管口；
5——快速开关阀门；
6——供水管。

图 3 淬火装置示意图

单位为毫米

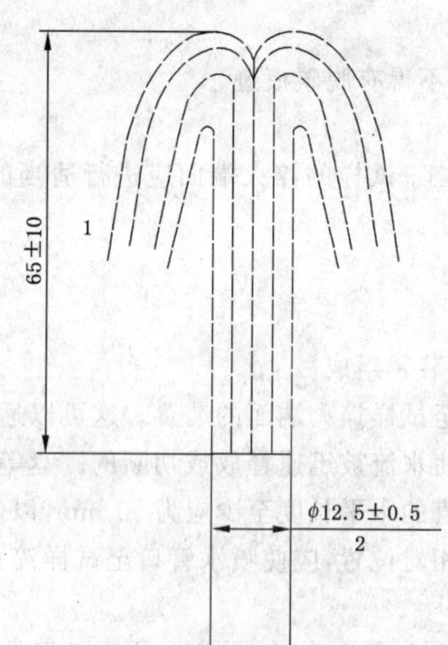

1——水射流自由高度；
2——喷水管口的直径。

图 4 喷水管端部

7 试样的加热和淬火

7.1 加热

7.1.1 试样应均匀加热至相关产品标准或特殊协议中规定的温度，加热时间应不少于 20 min，随后在规定的温度保温(30^{+5}_{0}) min。对于一些特殊型号的热处理炉，加热时间长短可以根据以往试样心部达到所规定温度所需的最短时间的经验来确定。例如：可以采用在试样顶部沿其轴线钻孔放热电偶的方法来测定温度。

7.1.2 应采取预防措施将试样的脱碳或渗碳减小到最小，避免形成明显的氧化皮。

7.2 淬火

7.2.1 将试样从炉中取出至开始喷水之间的时间应不超过 5 s。

在将试样从炉中取出并在保持支座上定位期间，只能用钳子夹住非淬火端的凸缘处或凹槽处。

7.2.2 喷水时间至少为 10 min，此后可将试样浸入冷水中完全冷却。

8 淬火后硬度的测定和准备

8.1 在平行于试样轴线方向上磨制出两个相互平行的平面，用于测量硬度。当采用机加工制取试样时，硬度测试用的两个平面应处于与试料表面相同的距离处(如图 1 所示)。磨削深度应为 0.4 mm～0.5 mm。磨制硬度测试平面时，应采用能供充足冷却液的细砂轮进行加工，以防止任何可能的加热而引起试样组织发生变化。

8.2 可用以下方法检查因磨削而引起的软化：将试样浸入体积分数为 5% 的硝酸水溶液中直至其全部变黑。所获得的颜色应该是均匀的。

如果有任何色斑的话，说明存在软点，此时应在呈 90°角的表面磨制新的硬度测试平面，并将它们进行如前所述的浸蚀，以确保合格的测试平面。在这种情况下，应在第 2 组平面上进行硬度测量，并在检测报告中记录下来。

8.3 应采取措施以保证在测试硬度期间试样和支座之间良好的刚性固定。

硬度计上试样的移动装置应能准确对准硬度测试平面的中心线，并使压痕位置精度在±0.1 mm 以内。按 GB/T 230.1、GB/T 230.2、GB/T 230.3 测量的硬度压痕点应沿平面的中心线分布。

8.3.1 经特殊协议，可用 GB/T 4340.1 的维氏硬度 HV30 测量结果来代替 HRC 硬度测试。

8.3.2 应保证在第一个平面上的硬度压痕的凸起边缘不会影响第二个平面的测试。

8.4 硬度测试点可用如下两种方法之一确定：

a) 绘制表示硬度变化的曲线(见 8.4.1)；

b) 测量一个或多个规定点的硬度值(见 8.4.2)。

8.4.1 绘制表示硬度变化的曲线

8.4.1.1 通常测量离开淬火端面 1.5 mm、3 mm、5 mm、7 mm、9 mm、11 mm、13 mm、15 mm 前 8 个测量点和以后间距为 5 mm 的硬度值(如图 5 所示)。

8.4.1.2 测量低淬透性钢硬度时，第一个测量点应在距淬火端面 1.0 mm 处；从淬火端面至 11 mm 的距离内的其他各测量点以 1 mm 为间距。最后 5 个测量点距淬火端面的距离应分别 13 mm、15 mm、20 mm、25 mm 和 30 mm。

注：应当说明，8.4.1.1 和 8.4.1.2 中所给出的硬度压痕之间的距离不一定总是符合 GB/T 230 中所述的最小距离的规定。但对本标准来说，这样获得的硬度值通常被认为是足够精确的。

8.4.2 测量规定点上的硬度值

可测量位于距淬火端规定距离的一个或多个点上硬度值，这些点可以包括或不包括 8.4.1.1 和 8.4.1.2 中规定的第一个测量点。

单位为毫米

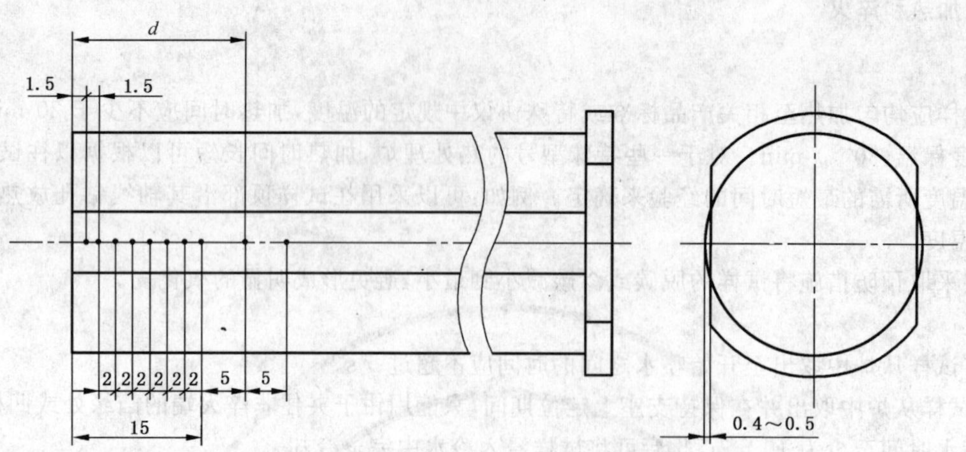

图5　硬度测量用试样的制备及硬度测量点的位置

9　试验结果表示

9.1　任一点的硬度值

距淬火端面任一规定距离 d 的硬度值应为按 8.1 规定的两个测试平面相同距离上的测量结果的平均值，该值应按 0.5 HRC 或 10 HV 修约。

9.2　绘制硬度曲线

横坐标为距离 d，纵坐标为相应的硬度值。建议使用如下标尺：

——在横坐标上，10 mm 相当于 5 mm 距离，对低淬透性钢来说 10 mm 相当于 1 mm 的距离；

——在纵坐标上，10 mm 相当于 5 HRC 或 50 HV。

注：当用计算机辅助装置绘制 Jominy 曲线时，计算机程序将自动调整轴的标尺。

9.3　某一牌号钢淬透性特性的表示方法

采用下列方法之一：

a)　绘制硬度曲线；

b)　报告三个点上的硬度值，一个点距淬火端 1.5 mm(对低淬透性钢为 1 mm)，其他两个点由特殊协议确定；

c)　报告两个点上的硬度值，这两个点的距离由特定协议确定；

d)　报告距淬火端规定距离的一个点上的硬度值；

e)　制作硬度-距离值表。

9.4　测量结果的表示

测量结果可以用下列形式来表示：

$$J\times\times\text{-}d$$

其中：××表示硬度值，或为 HRC，或为 HV30；

d 表示从测量点至淬火端面的距离，单位为毫米。

示例：

J35-15 表示距淬火端 15 mm 处硬度值为 35 HRC(如图 6 所示)；

JHV450-10 表示距淬火端 10 mm 处硬度值为 450 HV30。

注：也可以用代码 Jd ＝××，见附录 A.2.4。

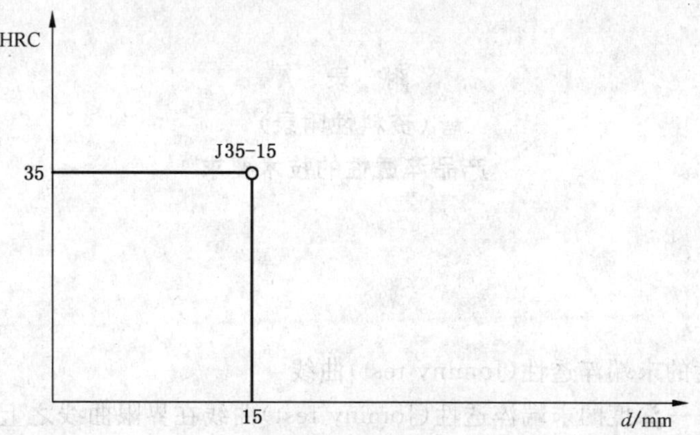

图6 距离 d 为 15 mm 的硬度值

10 试验报告

试验报告应包括下列内容：

a） 本标准编号，即 GB/T 225；

b） 牌号；

c） 炉号；

d） 化学成分；

e） 取样方法；

f） 热处理工艺；

g） 采用的硬度试验方法；

h） 试验结果。

注：当进行试验结果比较时，建议注意水温。

附 录 A
（资料性附录）
产品淬透性的技术要求

A.1 方法

采用下列方法之一：

a) 规定硬度深度的末端淬透性(Jominy test)曲线：
   1) 钢硬度——深度的末端淬透性(Jominy test)曲线在界限曲线之上；或者
   2) 钢硬度——深度的末端淬透性(Jominy test)曲线在界限曲线之下；
   3) 钢的末端淬透性(Jominy 试验)曲线在上、下限曲线之间(如图 A.1 所示)。

b) 规定末端淬透性(Jominy test)曲线上的特定点(其可能是)：
   ——上限；或
   ——下限；或
   ——上下限之间的一个范围：
      i) 对于某一给定的硬度值：表明其距淬火端的距离；或者
      ii) 对于某一给定的距淬火端距离，表明其硬度值。

A.2 规定淬透性

也可以按下列方法规定淬透性：

A.2.1 J45-6/18 表示在距淬火端 6 mm～18 mm 之间某些点的硬度值达到 45 HRC(如图 A.2 所示)。

A.2.2 J35/48-15 表示在距淬火端 15 mm 处的硬度值在 35 HRC～48 HRC 之间(如图 A.3 所示)。

A.2.3 JHV340/490-15 表示在距淬火端 15 mm 处的维氏硬度在 340HV～490HV 之间。

A.2.4 在一些国家，采用下列表示方法：

J15＝35/45 表示在距淬火端 15 mm 处的 HRC 值在 35～45 之间。

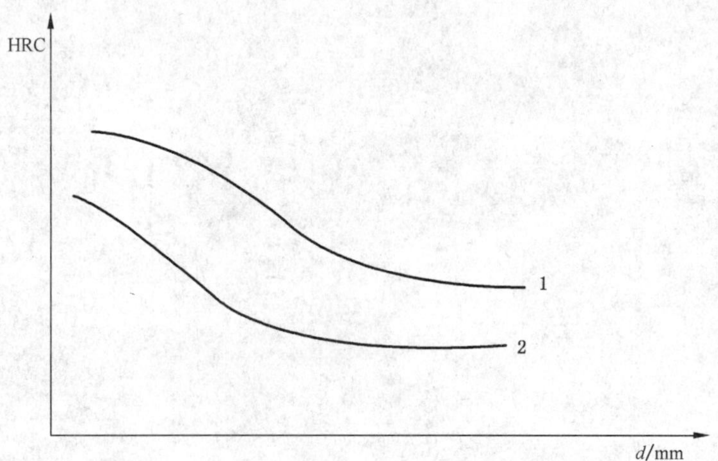

1——上限；
2——下限。

图 A.1 两条界限曲线组成的淬透性的技术要求

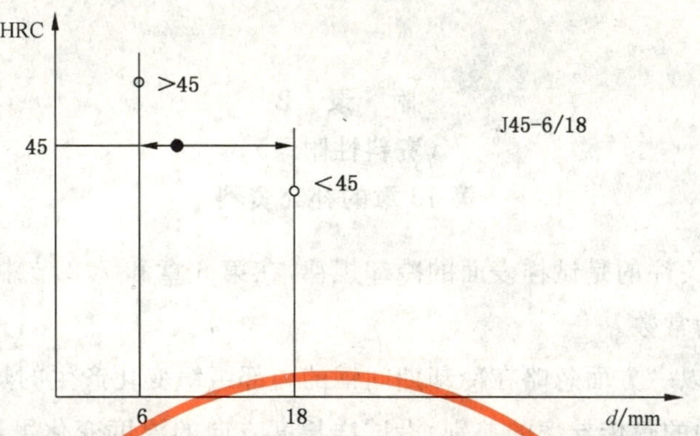

图 A.2 对两个距离极限位置之间的一个给定的硬度规定的淬透性技术要求

图 A.3 对一个给定的距离上由硬度范围规定的淬透性技术要求

附　录　B
（资料性附录）
第 10 章的补充资料

在很多情况下，值得关注的是试样表面的冷却规律，在第 6 章和 7.2 节中规定的淬火条件下，试样端部的冷却速度可以视为常数。

根据这个事实，既可以一方面忽略在冷却期间钢的内部组织变化产生的热，另一方面也可以忽略相对于标准试样的不同钢种的热传导率的差别，沿试样长度方向的温度变化可以用不同的方法表示。下面给出了一些例子供参考。

a)　图 B.1 为一组表示比值 θ/θ_A 作为时间函数的曲线

其中：

θ_A——为奥氏体化温度；

θ——位于距淬火端某些距离的表面上各点的温度。

b)　图 B.2 为以每秒钟的摄氏温度表示约在 700 ℃下端淬试样表面上各点的冷却速度变化与其距淬火端距离的函数关系。

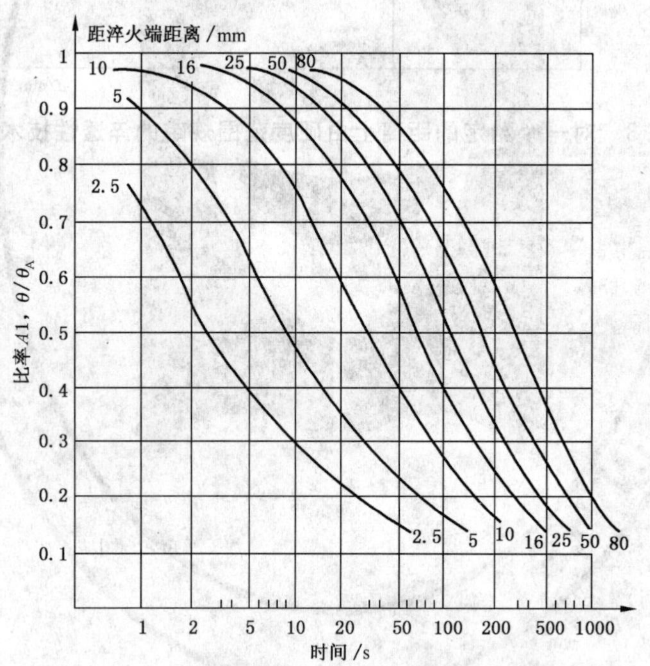

图 B.1　一组表示 θ/θ_A 比值作为时间函数的曲线

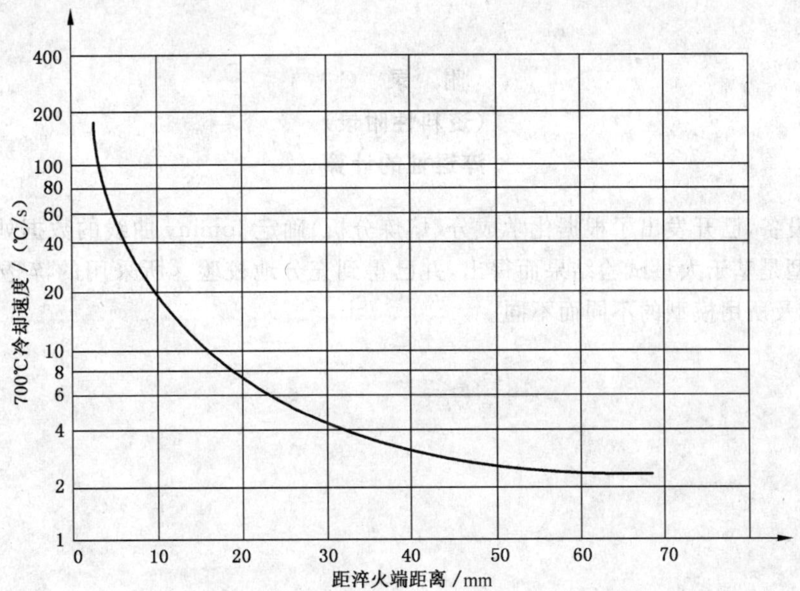

图 B.2 以每秒钟的摄氏温度表示约在700℃下端淬试样表面上各点的冷却速度变化与其距淬火端距离的函数关系

附 录 C
（资料性附录）
淬透性的计算

利用计算机设备，已开发出了根据化学成分（熔炼分析）确定Jominy曲线的数据处理计算模型。

这些计算模型是基于大量试验结果而得出，并已得到充分地校验。所采用的淬透性计算公式因钢的品种、公式由来及所用模型的不同而不同。

ICS 21.100.20
J 11

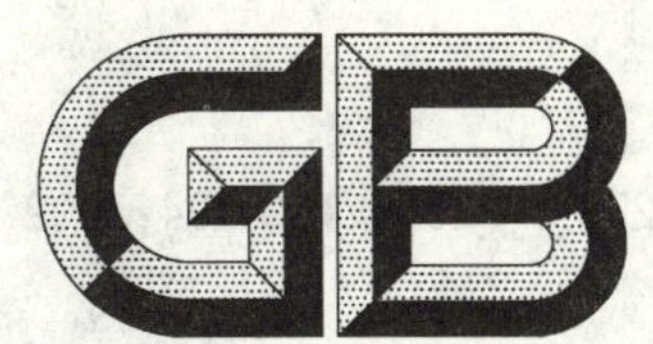

中华人民共和国国家标准

GB/T 273.2—2006/ISO 104:2002
代替 GB/T 273.2—1998

滚动轴承 推力轴承 外形尺寸总方案

Rolling bearings—Thrust bearings—Boundary dimensions, general plan

(ISO 104:2002, IDT)

2006-01-09 发布 2006-08-01 实施

中华人民共和国国家质量监督检验检疫总局
中国国家标准化管理委员会 发布

前言

GB/T 273 分为 3 个部分：

——第 1 部分：滚动轴承　圆锥滚子轴承　外形尺寸总方案；

——第 2 部分：滚动轴承　推力轴承　外形尺寸总方案；

——第 3 部分：滚动轴承　向心轴承　外形尺寸总方案。

本部分为 GB/T 273 的第 2 部分。

本部分等同采用 ISO 104:2002《滚动轴承　推力轴承　外形尺寸总方案》。

本部分代替 GB/T 273.2—1998《滚动轴承　推力轴承　外形尺寸总方案》。

本部分等同翻译 ISO 104:2002。为便于使用，本部分作了下列编辑性修改：

——"本国际标准"一词改为"本部分"；

——用小数点"."代替作为小数点的逗号","；

——删除了国际标准的前言。

本部分与 GB/T 273.2—1998 相比，主要变化如下：

——删除了 ISO 前言(1998 年版的 ISO 前言)；

——增加了 3 项、删除了 1 项引用标准(1998 年版和本版的第 2 章)；

——增加了"术语和定义"(见第 3 章)；

——调整了符号的编排顺序，更改了单向轴承轴圈公称外径、轴承座圈公称内径、双向轴承中圈公称外径的符号、修改了轴圈(单向轴承)和座圈背面倒角尺寸、中圈端面倒角尺寸的符号(见第 4 章)；

——增加了"总则"(见 5.1)；

——增加了参考文献(见参考文献)。

本部分的附录 A 为资料性附录。

本部分由中国机械工业联合会提出。

本部分由全国滚动轴承标准化技术委员会(SAC/TC 98)归口。

本部分起草单位：洛阳轴承研究所。

本部分主要起草人：马素青。

本部分所代替标准的历次版本发布情况为：

——GB 273.2—1964、GB 273.2—1981、GB 273.2—1987、GB/T 273.2—1998。

滚动轴承 推力轴承 外形尺寸总方案

1 范围

GB/T 273的本部分规定了单向和双向平底推力轴承的主要外形尺寸。此外，本部分还规定了尺寸系列为11、12、13、14、22、23和24轴承的座圈最小内径和轴圈最大外径。

本部分还规定了单向推力轴承外形尺寸总方案的延伸规则，参见附录A。

2 规范性引用文件

下列文件中的条款通过GB/T 273的本部分的引用而成为本部分的条款。凡是注日期的引用文件，其随后所有的修改单(不包括勘误的内容)或修订版均不适用于本部分，然而，鼓励根据本部分达成协议的各方研究是否可使用这些文件的最新版本。凡是不注日期的引用文件，其最新版本适用于本部分。

GB/T 274—2000 滚动轴承 倒角尺寸最大值(idt ISO 582:1995)

GB/T 6930—2002 滚动轴承 词汇(ISO 5593:1997,IDT)

ISO 1132-1:2000 滚动轴承 公差 第1部分:术语和定义

ISO 15241:2001 滚动轴承 参数符号

3 术语和定义

GB/T 6930—2002、ISO 1132-1:2000和ISO 15241:2001中确立的术语和定义适用于本部分。

4 符号

B——中圈高度；

D——座圈外径；

D_1——座圈内径；

D_{1smin}——座圈最小单一内径；

d——单向轴承轴圈内径；

d_1——单向轴承轴圈外径；

d_{1smax}——轴圈最大单一外径；

d_2——双向轴承中圈内径；

d_3——双向轴承中圈外径；

d_{3smax}——中圈最大单一外径；

r——轴圈(单向轴承)和座圈背面倒角尺寸；

r_{smin}——轴圈(单向轴承)和座圈背面最小单一倒角尺寸；

r_1——中圈端面倒角尺寸；

r_{1smin}——中圈端面最小单一倒角尺寸；

T——单向轴承高度；

T_1——双向轴承高度。

5 外形尺寸

5.1 总则

除另有说明外，图1和图2中所示符号及表1～表9中所给数值均表示公称尺寸。

对应于表1～表9中 r_{smin} 和 r_{1smin} 尺寸的最大单一倒角尺寸规定在GB/T 274—2000中。

倒角表面的确切形状不予规定，但是在轴向平面内其轮廓不应超出与垫圈背面和内孔或外圆柱表面相切的半径为 r_{smin} 的假想圆弧，同时也不应超出与垫圈端面和圆柱孔表面相切的半径为 r_{1smin} 的假想圆弧。

倒角尺寸 r 和 r_1 仅适用于图1和图2所注明的倒角，其他倒角未规定尺寸，但不应为尖角。

5.2 单向推力轴承

图1所示的尺寸见表1～表6。

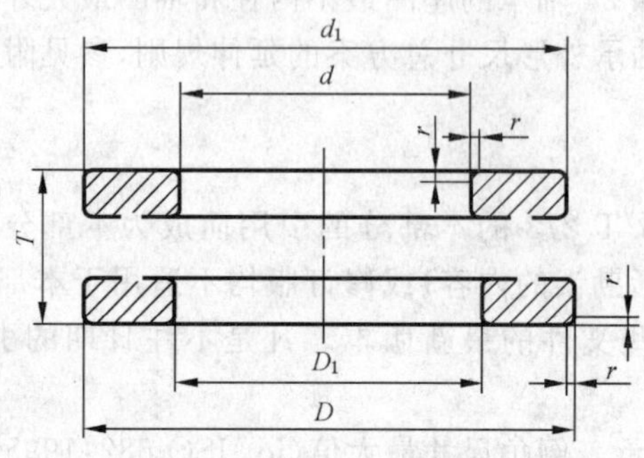

图1 单向推力轴承

5.3 双向推力轴承

图2所示的尺寸见表7～表9。

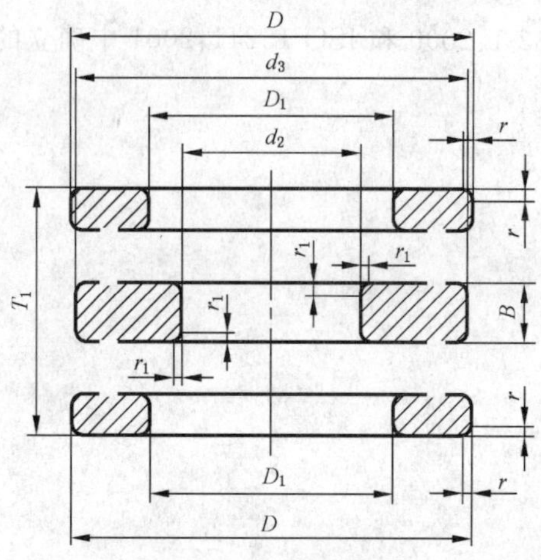

图2 双向推力轴承

表1 单向推力轴承—直径系列0

单位为毫米

d	D	r_{smin}	尺寸系列 70	尺寸系列 90	尺寸系列 10	d	D	r_{smin}	尺寸系列 70	尺寸系列 90	尺寸系列 10
			T	T	T				T	T	T
4	12	0.3	4	—	6	15	26	0.3	5	—	7
6	16	0.3	5	—	7	17	28	0.3	5	—	7
8	18	0.3	5	—	7	20	32	0.3	6	—	8
10	20	0.3	5	—	7	25	37	0.3	6	—	8
12	22	0.3	5	—	7	30	42	0.3	6	—	8

表 1(续)

单位为毫米

d	D	r_{smin}	尺寸系列			d	D	r_{smin}	尺寸系列		
			70	90	10				70	90	10
			T						T		
35	47	0.3	6	—	8	440	480	1	18	24	30
40	52	0.3	6	—	9						
45	60	0.3	7	—	10	460	500	1	18	24	30
50	65	0.3	7	—	10	480	520	1	18	24	30
55	70	0.3	7	—	10	500	540	1	18	24	30
						530	580	1.1	23	30	38
60	75	0.3	7	—	10	560	610	1.1	23	30	38
65	80	0.3	7	—	10						
70	85	0.3	7	—	10	600	650	1.1	23	30	38
75	90	0.3	7	—	10	630	680	1.1	23	30	38
80	95	0.3	7	—	10	670	730	1.5	27	36	45
						710	780	1.5	32	42	53
85	100	0.3	7	—	10	750	820	1.5	32	42	53
90	105	0.3	7	—	10						
100	120	0.6	9	—	14	800	870	1.5	32	42	53
110	130	0.6	9	—	14	850	920	1.5	32	42	53
120	140	0.6	9	—	14	900	980	2	36	48	63
						950	1 030	2	36	48	63
130	150	0.6	9	—	14	1 000	1 090	2.1	41	54	70
140	160	0.6	9	—	14						
150	170	0.6	9	—	14	1 060	1 150	2.1	41	54	70
160	180	0.6	9	—	14	1 120	1 220	2.1	45	60	80
170	190	0.6	9	—	14	1 180	1 280	2.1	45	60	80
						1 250	1 360	3	50	67	85
180	200	0.6	9	—	14	1 320	1 440	3	—	—	95
190	215	1	11	—	17						
200	225	1	11	—	17	1 400	1 520	3	—	—	95
220	250	1	14	—	22	1 500	1 630	4	—	—	105
240	270	1	14	—	22	1 600	1 730	4	—	—	105
						1 700	1 840	4	—	—	112
260	290	1	14	—	22	1 800	1 950	4	—	—	120
280	310	1	14	—	22						
300	340	1	18	24	30	1 900	2 060	5	—	—	130
320	360	1	18	24	30	2 000	2 160	5	—	—	130
340	380	1	18	24	30	2 120	2 300	5	—	—	140
						2 240	2 430	5	—	—	150
360	400	1	18	24	30	2 360	2 550	5	—	—	150
380	420	1	18	24	30						
400	440	1	18	24	30	2 500	2 700	5	—	—	160
420	460	1	18	24	30						

表 2　单向推力轴承—直径系列 1　　单位为毫米

d	D	r_{smin}	尺寸系列					d	D	r_{smin}	尺寸系列				
			71	91	11						71	91	11		
			T			d_{1smax}	D_{1smin}				T			d_{1smax}	D_{1smin}
10	24	0.3	6	—	9	24	11	360	440	2	36	48	65	436	364
12	26	0.3	6	—	9	26	13	380	460	2	36	48	65	456	384
15	28	0.3	6	—	9	28	16	400	480	2	36	48	65	476	404
17	30	0.3	6	—	9	30	18								
20	35	0.3	7	—	10	35	21	420	500	2	36	48	65	495	424
								440	540	2.1	45	60	80	535	444
25	42	0.6	8	—	11	42	26	460	560	2.1	45	60	80	555	464
30	47	0.6	8	—	11	47	32	480	580	2.1	45	60	80	575	484
35	52	0.6	8	—	12	52	37	500	600	2.1	45	60	80	595	504
40	60	0.6	9	—	13	60	42								
45	65	0.6	9	—	14	65	47	530	640	3	50	67	85	635	534
								560	670	3	50	67	85	665	564
50	70	0.6	9	—	14	70	52	600	710	3	50	67	85	705	604
55	78	0.6	10	—	16	78	57	630	750	3	54	73	95	745	634
60	85	1	11	—	17	85	62	670	800	4	58	78	105	795	674
65	90	1	11	—	18	90	67								
70	95	1	11	—	18	95	72	710	850	4	63	85	112	845	714
								750	900	4	67	90	120	895	755
75	100	1	11	—	19	100	77	800	950	4	67	90	120	945	805
80	105	1	11	—	19	105	82	850	1 000	4	67	90	120	995	855
85	110	1	11	—	19	110	87	900	1 060	5	73	95	130	1 055	905
90	120	1	14	—	22	120	92								
100	135	1	16	21	25	135	102	950	1 120	5	78	103	135	1 115	955
								1 000	1 180	5	82	109	140	1 175	1 005
110	145	1	16	21	25	145	112	1 060	1 250	5	85	115	150	1 245	1 065
120	155	1	16	21	25	155	122	1 120	1 320	5	90	122	160	1 315	1 125
130	170	1	18	24	30	170	132	1 180	1 400	6	100	132	175	1 395	1 185
140	180	1	18	24	31	178	142								
150	190	1	18	24	31	188	152	1 250	1 460	6	—	—	175	1 455	1 255
								1 320	1 540	6	—	—	175	1 535	1 325
160	200	1	18	24	31	198	162	1 400	1 630	6	—	—	180	1 620	1 410
170	215	1.1	20	27	34	213	172	1 500	1 750	6	—	—	195	1 740	1 510
180	225	1.1	20	27	34	222	183	1 600	1 850	6	—	—	195	1 840	1 610
190	240	1.1	23	30	37	237	193								
200	250	1.1	23	30	37	247	203	1 700	1 970	7.5	—	—	212	1 960	1 710
								1 800	2 080	7.5	—	—	220	2 070	1 810
220	270	1.1	23	30	37	267	223	1 900	2 180	7.5	—	—	220	2 170	1 910
240	300	1.5	27	36	45	297	243	2 000	2 300	7.5	—	—	236	2 290	2 010
260	320	1.5	27	36	45	317	263	2 120	2 430	7.5	—	—	243	2 420	2 130
280	350	1.5	32	42	53	347	283								
300	380	2	36	48	62	376	304	2 240	2 570	9.5	—	—	258	2 560	2 250
								2 360	2 700	9.5	—	—	265	2 690	2 370
320	400	2	36	48	63	396	324	2 500	2 850	9.5	—	—	272	2 840	2 510
340	420	2	36	48	64	416	344								

表 3 单向推力轴承—直径系列 2

单位为毫米

d	D	r_{smin}	尺寸系列					d	D	r_{smin}	尺寸系列				
			72	92	12						72	92	12		
			T			d_{1smax}	D_{1smin}				T			d_{1smax}	D_{1smin}
4	16	0.3	6	—	8	16	4	260	360	2.1	45	60	79	355	264
6	20	0.3	6	—	9	20	6	280	380	2.1	45	60	80	375	284
8	22	0.3	6	—	9	22	8	300	420	3	54	73	95	415	304
10	26	0.6	7	—	11	26	12	320	440	3	54	73	95	435	325
12	28	0.6	7	—	11	28	14	340	460	3	54	73	96	455	345
15	32	0.6	8	—	12	32	17	360	500	4	63	85	110	495	365
17	35	0.6	8	—	12	35	19	380	520	4	63	85	112	515	385
20	40	0.6	9	—	14	40	22	400	540	4	63	85	112	535	405
25	47	0.6	10	—	15	47	27	420	580	5	73	95	130	575	425
30	52	0.6	10	—	16	52	32	440	600	5	73	95	130	595	445
35	62	1	12	—	18	62	37	460	620	5	73	95	130	615	465
40	68	1	13	—	19	68	42	480	650	5	78	103	135	645	485
45	73	1	13	—	20	73	47	500	670	5	78	103	135	665	505
50	78	1	13	—	22	78	52	530	710	5	82	109	140	705	535
55	90	1	16	21	25	90	57	560	750	5	85	115	150	745	565
60	95	1	16	21	26	95	62	600	800	5	90	122	160	795	605
65	100	1	16	21	27	100	67	630	850	6	100	132	175	845	635
70	105	1	16	21	27	105	72	670	900	6	103	140	180	895	675
75	110	1	16	21	27	110	77	710	950	6	109	145	190	945	715
80	115	1	16	21	28	115	82	750	1 000	6	112	150	195	995	755
85	125	1	18	24	31	125	88	800	1 060	7.5	118	155	205	1 055	805
90	135	1.1	20	27	35	135	93	850	1 120	7.5	122	160	212	1 115	855
100	150	1.1	23	30	38	150	103	900	1 180	7.5	125	170	220	1 175	905
110	160	1.1	23	30	38	160	113	950	1 250	7.5	136	180	236	1 245	955
120	170	1.1	23	30	39	170	123	1 000	1 320	9.5	145	190	250	1 315	1 005
130	190	1.5	27	36	45	187	133	1 060	1 400	9.5	155	206	265	1 395	1 065
140	200	1.5	27	36	46	197	143	1 120	1 460	9.5	—	206	—	—	—
150	215	1.5	29	39	50	212	153	1 180	1 520	9.5	—	206	—	—	—
160	225	1.5	29	39	51	222	163	1 250	1 610	9.5	—	216	—	—	—
170	240	1.5	32	42	55	237	173	1 320	1 700	9.5	—	228	—	—	—
180	250	1.5	32	42	56	247	183	1 400	1 790	12	—	234	—	—	—
190	270	2	36	48	62	267	194	1 500	1 920	12	—	252	—	—	—
200	280	2	36	48	62	277	204	1 600	2 040	15	—	264	—	—	—
220	300	2	36	48	63	297	224	1 700	2 160	15	—	276	—	—	—
240	340	2.1	45	60	78	335	244	1 800	2 280	15	—	288	—	—	—

表 4 单向推力轴承—直径系列 3

单位为毫米

d	D	r_{smin}	尺寸系列 73	尺寸系列 93	尺寸系列 13			d	D	r_{smin}	尺寸系列 73	尺寸系列 93	尺寸系列 13		
			T			d_{1smax}	D_{1smin}				T			d_{1smax}	D_{1smin}
4	20	0.6	7	—	11	20	4	260	420	5	73	95	130	415	265
6	24	0.6	8	—	12	24	6	280	440	5	73	95	130	435	285
8	26	0.6	8	—	12	26	8	300	480	5	82	109	140	475	305
10	30	0.6	9	—	14	30	10	320	500	5	82	109	140	495	325
12	32	0.6	9	—	14	32	12	340	540	5	90	122	160	535	345
15	37	0.6	10	—	15	37	15	360	560	5	90	122	160	555	365
17	40	0.6	10	—	16	40	19	380	600	6	100	132	175	595	385
20	47	1	12	—	18	47	22	400	620	6	100	132	175	615	405
25	52	1	12	—	18	52	27	420	650	6	103	140	180	645	425
30	60	1	14	—	21	60	32	440	680	6	109	145	190	675	445
35	68	1	15	—	24	68	37	460	710	6	112	150	195	705	465
40	78	1	17	22	26	78	42	480	730	6	112	150	195	725	485
45	85	1	18	24	28	85	47	500	750	6	112	150	195	745	505
50	95	1.1	20	27	31	95	52	530	800	7.5	122	160	212	795	535
55	105	1.1	23	30	35	105	57	560	850	7.5	132	175	224	845	565
60	110	1.1	23	30	35	110	62	600	900	7.5	136	180	236	895	605
65	115	1.1	23	30	36	115	67	630	950	9.5	145	190	250	945	635
70	125	1.1	25	34	40	125	72	670	1 000	9.5	150	200	258	995	675
75	135	1.5	27	36	44	135	77	710	1 060	9.5	160	212	272	1 055	715
80	140	1.5	27	36	44	140	82	750	1 120	9.5	165	224	290	1 115	755
85	150	1.5	29	39	49	150	88	800	1 180	9.5	170	230	300	1 175	805
90	155	1.5	29	39	50	155	93	850	1 250	12	180	243	315	1 245	855
100	170	1.5	32	42	55	170	103	900	1 320	12	190	250	335	1 315	905
110	190	2	36	48	63	187	113	950	1 400	12	200	272	355	1 395	955
120	210	2.1	41	54	70	205	123	1 000	1 460	12	—	276	—	—	—
130	225	2.1	42	58	75	220	134	1 060	1 540	15	—	288	—	—	—
140	240	2.1	45	60	80	235	144	1 120	1 630	15	—	306	—	—	—
150	250	2.1	45	60	80	245	154	1 180	1 710	15	—	318	—	—	—
160	270	3	50	67	87	265	164	1 250	1 800	19	—	330	—	—	—
170	280	3	50	67	87	275	174	1 320	1 900	19	—	348	—	—	—
180	300	3	54	73	95	295	184	1 400	2 000	19	—	360	—	—	—
190	320	4	58	78	105	315	195	1 500	2 140	19	—	384	—	—	—
200	340	4	63	85	110	335	205	1 600	2 270	19	—	402	—	—	—
220	360	4	63	85	112	355	225								
240	380	4	63	85	112	375	245								

表 5 单向推力轴承—直径系列 4

单位为毫米

d	D	r_{smin}	尺寸系列					d	D	r_{smin}	尺寸系列				
			74	94	14						74	94	14		
			T			d_{1smax}	D_{1smin}				T			d_{1smax}	D_{1smin}
25	60	1	16	21	24	60	27	300	540	6	109	145	190	535	305
30	70	1	18	24	28	70	32	320	580	7.5	118	155	205	575	325
35	80	1.1	20	27	32	80	37	340	620	7.5	125	170	220	615	345
40	90	1.1	23	30	36	90	42	360	640	7.5	125	170	220	635	365
45	100	1.1	25	34	39	100	47	380	670	7.5	132	175	224	665	385
50	110	1.5	27	36	43	110	52	400	710	7.5	140	185	243	705	405
55	120	1.5	29	39	48	120	57	420	730	7.5	140	185	243	725	425
60	130	1.5	32	42	51	130	62	440	780	9.5	155	206	265	775	445
65	140	2	34	45	56	140	68	460	800	9.5	155	206	265	795	465
70	150	2	36	48	60	150	73	480	850	9.5	165	224	290	845	485
75	160	2	38	51	65	160	78	500	870	9.5	165	224	290	865	505
80	170	2.1	41	54	68	170	83	530	920	9.5	175	236	308	915	535
85	180	2.1	42	58	72	177	88	560	980	12	190	250	335	975	565
90	190	2.1	45	60	77	187	93	600	1 030	12	195	258	335	1 025	605
100	210	3	50	67	85	205	103	630	1 090	12	206	280	365	1 085	635
110	230	3	54	73	95	225	113	670	1 150	15	218	290	375	1 145	675
120	250	4	58	78	102	245	123	710	1 220	15	230	308	400	1 215	715
130	270	4	63	85	110	265	134	750	1 280	15	236	315	412	1 275	755
140	280	4	63	85	112	275	144	800	1 360	15	250	335	438	1 355	805
150	300	4	67	90	120	295	154	850	1 440	15	—	354	—	—	—
160	320	5	73	95	130	315	164	900	1 520	15	—	372	—	—	—
170	340	5	78	103	135	335	174	950	1 600	15	—	390	—	—	—
180	360	5	82	109	140	355	184	1 000	1 670	15	—	402	—	—	—
190	380	5	85	115	150	375	195	1 060	1 770	15	—	426	—	—	—
200	400	5	90	122	155	395	205	1 120	1 860	15	—	444	—	—	—
220	420	6	90	122	160	415	225	1 180	1 950	19	—	462	—	—	—
240	440	6	90	122	160	435	245	1 250	2 050	19	—	480	—	—	—
260	480	6	100	132	175	475	265	1 320	2 160	19	—	505	—	—	—
280	520	6	109	145	190	515	285	1 400	2 280	19	—	530	—	—	—

表 6　单向推力轴承—直径系列 5

单位为毫米

d	D	r_{smin}	尺寸系列 95 T	d	D	r_{smin}	尺寸系列 95 T
17	52	1	21	180	420	6	145
20	60	1	24	190	440	6	150
25	73	1.1	29	200	460	7.5	155
30	85	1.1	34	220	500	7.5	170
35	100	1.1	39	240	540	7.5	180
40	110	1.5	42	260	580	9.5	190
45	120	2	45	280	620	9.5	206
50	135	2	51	300	670	9.5	224
55	150	2.1	58	320	710	9.5	236
60	160	2.1	60	340	750	12	243
65	170	2.1	63	360	780	12	250
70	180	3	67	380	820	12	265
75	190	3	69	400	850	12	272
80	200	3	73	420	900	15	290
85	215	4	78	440	950	15	308
90	225	4	82	460	980	15	315
100	250	4	90	480	1000	15	315
110	270	5	90	500	1060	15	335
120	300	5	109	530	1090	15	335
130	320	5	115	560	1150	15	355
140	340	5	122	600	1220	15	375
150	360	6	125	630	1280	15	388
160	380	6	132	670	1320	15	388
170	400	6	140	710	1400	15	412

表 7　双向推力轴承—直径系列 2—尺寸系列 22

单位为毫米

d_2	d[a]	D	r_{smin}	r_{1smin}	T_1	B	d_{3smax}	D_{1smin}
10	15	32	0.6	0.3	22	5	32	17
15	20	40	0.6	0.3	26	6	40	22
20	25	47	0.6	0.3	28	7	47	27
25	30	52	0.6	0.3	29	7	52	32
30	35	62	1	0.3	34	8	62	37
30	40	68	1	0.6	36	9	68	42
35	45	73	1	0.6	37	9	73	47
40	50	78	1	0.6	39	9	78	52
45	55	90	1	0.6	45	10	90	57
50	60	95	1	0.6	46	10	95	62

表 7(续)

单位为毫米

d_2	d[a]	D	r_{smin}	r_{1smin}	T_1	B	d_{3smax}	D_{1smin}
55	65	100	1	0.6	47	10	100	67
55	70	105	1	1	47	10	105	72
60	75	110	1	1	47	10	110	77
65	80	115	1	1	48	10	115	82
70	85	125	1	1	55	12	125	88
75	90	135	1.1	1	62	14	135	93
85	100	150	1.1	1	67	15	150	103
95	110	160	1.1	1	67	15	160	113
100	120	170	1.1	1.1	68	15	170	123
110	130	190	1.5	1.1	80	18	189.5	133
120	140	200	1.5	1.1	81	18	199.5	143
130	150	215	1.5	1.1	89	20	214.5	153
140	160	225	1.5	1.1	90	20	224.5	163
150	170	240	1.5	1.1	97	21	239.5	173
150	180	250	1.5	2	98	21	249	183
160	190	270	2	2	109	24	269	194
170	200	280	2	2	109	24	279	204
190	220	300	2	2	110	24	299	224

[a] d 为表 3 中相应直径系列 2 单向轴承的轴圈内径。

表 8　双向推力轴承—直径系列 3—尺寸系列 23

单位为毫米

d_2	d[a]	D	r_{smin}	r_{1smin}	T_1	B	d_{3smax}	D_{1smin}
20	25	52	1	0.3	34	8	52	27
25	30	60	1	0.3	38	9	60	32
30	35	68	1	0.3	44	10	68	37
30	40	78	1	0.6	49	12	78	42
35	45	85	1	0.6	52	12	85	47
40	50	95	1.1	0.6	58	14	95	52
45	55	105	1.1	0.6	64	15	105	57
50	60	110	1.1	0.6	64	15	110	62
55	65	115	1.1	0.6	65	15	115	67
55	70	125	1.1	1	72	16	125	72
60	75	135	1.5	1	79	18	135	77
65	80	140	1.5	1	79	18	140	82
70	85	150	1.5	1	87	19	150	88
75	90	155	1.5	1	88	19	155	93
85	100	170	1.5	1	97	21	170	103
95	110	190	2	1	110	24	189.5	113
100	120	210	2.1	1.1	123	27	209.5	123
110	130	225	2.1	1.1	130	30	224	134

表 8(续)

单位为毫米

d_2	d[a]	D	r_{smin}	r_{1smin}	T_1	B	d_{3smax}	D_{1smin}
120	140	240	2.1	1.1	140	31	239	144
130	150	250	2.1	1.1	140	31	249	154
140	160	270	3	1.1	153	33	269	164
150	170	280	3	1.1	153	33	279	174
150	180	300	3	2	165	37	299	184
160	190	320	4	2	183	40	319	195
170	200	340	4	2	192	42	339	205

a d 为表 4 中相应直径系列 3 单向轴承的轴圈内径。

表 9 双向推力轴承—直径系列 4—尺寸系列 24

单位为毫米

d_2	d[a]	D	r_{smin}	r_{1smin}	T_1	B	d_{3smax}	D_{1smin}
15	25	60	1	0.6	45	11	60	27
20	30	70	1	0.6	52	12	70	32
25	35	80	1.1	0.6	59	14	80	37
30	40	90	1.1	0.6	65	15	90	42
35	45	100	1.1	0.6	72	17	100	47
40	50	110	1.5	0.6	78	18	110	52
45	55	120	1.5	0.6	87	20	120	57
50	60	130	1.5	0.6	93	21	130	62
50	65	140	2	1	101	23	140	68
55	70	150	2	1	107	24	150	73
60	75	160	2	1	115	26	160	78
65	80	170	2.1	1	120	27	170	83
65	85	180	2.1	1.1	128	29	179.5	88
70	90	190	2.1	1.1	135	30	189.5	93
80	100	210	3	1.1	150	33	209.5	103
90	110	230	3	1.1	166	37	229	113
95	120	250	4	1.5	177	40	249	123
100	130	270	4	2	192	42	269	134
110	140	280	4	2	196	44	279	144
120	150	300	4	2	209	46	299	154
130	160	320	5	2	226	50	319	164
135	170	340	5	2.1	236	50	339	174
140	180	360	5	3	245	52	359	184

a d 为表 5 中相应直径系列 4 单向轴承的轴圈内径。

附 录 A
（资料性附录）
单向推力轴承外形尺寸总方案的延伸规则

A.1 总则

对于本部分未规定数值的任何新尺寸，应遵循以下规则进行计算。然而，外径和高度值的计算公式不应作为最终确定外形尺寸值的唯一依据。因为，为了保持本部分的连续性，以获得合适的轴承比例和采用优先尺寸，计算出的外形尺寸应适当加以修正。

因此，任何新尺寸都应取得全国滚动轴承标准化技术委员会的认可。

A.2 内径

轴圈内径 d，在 d 大于 500 mm 时，从 GB/T 321—1980 的 R40 优先数系中选取。

A.3 外径

座圈外径 D 按下式计算，单位为毫米：

$$D = d + f_D d^{0.8}$$

式中，f_D 系数按表 A.1 选取。

表 A.1 f_D 值

直径系列	0	1	2	3	4	5
f_D	0.36	0.72	1.2	1.84	2.68	3.8

算得的值，如和标准中已有的外径尺寸接近，应优先按标准选取；新的外径尺寸应按表 A.2 进行圆整。

表 A.2 D 的圆整

D/mm		圆整到最接近值
超过	到	
—	3	0.5 mm
3	80	1 mm
80	230	5 mm
230	—	10 mm

A.4 轴承高度

轴承高度 T 按下式计算，单位为毫米：

$$T = f_T \frac{D-d}{2}$$

式中，f_T 系数按表 A.3 选取。

表 A.3 f_T 值

高度系列	7	9	1
f_T	0.9	1.2	1.6

新的高度尺寸值应按表 A.4 进行圆整。

表 A.4 **T 的圆整**

T/mm		圆整到最接近值
超过	到	
—	3	0.1 mm
3	4	0.5 mm
4	500	1 mm
500	—	5 mm

A.5 最小单一倒角尺寸

最小单一倒角尺寸 r_{smin} 应从 GB/T 274—2000 所列的 r_{smin} 值中选取，原则上其数值应是最接近于但不应大于轴承高度 T 的 7% 和截面 $\frac{D-d}{2}$ 宽度的 7% 两值中的较小者。

参 考 文 献

[1] GB/T 321—1980 优先数和优先数系.

ICS 67.180.10
X 31

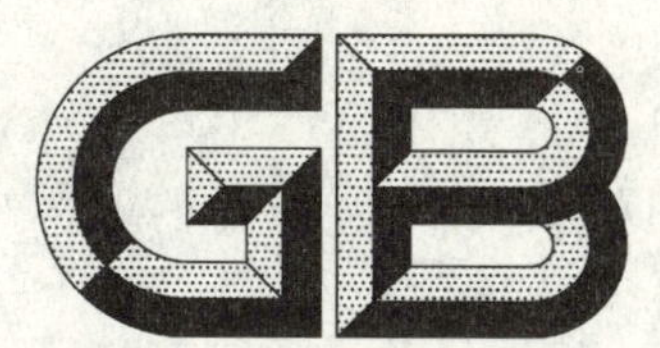

中华人民共和国国家标准

GB 317—2006
代替 GB 317—1998

白砂糖

White granulated sugar

(Codex Stan 212—1999,NEQ)

2006-03-31 发布 2006-10-01 实施

中华人民共和国国家质量监督检验检疫总局
中国国家标准化管理委员会 发布

前言

本标准的第3章、6.1和6.2是强制性条款，其余为推荐性条款。

本标准与国际食品法典委员会(CAC)Codex Stan 212—1999《国际糖品法典标准》(Codex standard for sugar)的一致性程度为非等效。

本标准代替GB 317—1998《白砂糖》。

本标准与GB 317—1998相比主要变化如下：

——在卫生要求中基本按GB 13104—2005《食糖卫生标准》增减项目和修订指标：增加酵母菌和霉菌项目，删除铜项目；除二氧化硫(SO_2)外，卫生要求所有项目直接引用GB 13104—2005相应项目指标，二氧化硫(SO_2)则按级别分别制定等同或严于GB 13104—2005的指标。

——在理化要求中，对以下项目作了修订：精制白砂糖的电导灰分、干燥失重、混浊度和不溶于水杂质；优级白砂糖的还原糖分、电导灰分、色值、混浊度和不溶于水杂质；一级白砂糖的色值、混浊度、不溶于水杂质；二级白砂糖的还原糖分、电导灰分、干燥失重、色值、混浊度和不溶于水杂质。

——改变了混浊度的计算和表示方法，其单位由“度”改为“毫衰减单位”(MAU)。

——在标签中增加了“推荐标注保质期”的内容。

本标准由中国轻工业联合会提出。

本标准由全国食品工业标准化技术委员会制糖分技术委员会归口。

本标准起草单位：广州甘蔗糖业研究所、洋浦南华糖业集团、广西贵糖(集团)股份有限公司、东糖集团有限公司、广西凤糖生化集团股份有限公司、云南瑞丽糖业集团有限公司、云南永德糖业集团有限责任公司、广东健力宝集团有限公司、箭牌糖类(上海)有限公司、上海精密仪器有限公司、福建糖业股份有限公司、郑州商品交易所、全国甘蔗糖业标准化中心、国家轻工业甘蔗糖业质量监督检测中心。

本标准主要起草人：梁达奉、郭剑雄、冯小华、杨万善、李锦生、杨家驹、耿怀建、李世平、潘之泓、杨爱华、邱忠成、王乃贵、谭公赞。

本标准所代替标准的历次版本发布情况为：

——GB 317—1998；

——GB 317.1—1991、GB/T 317.2—1991；

——GB 317—1984。

白 砂 糖

1 范围

本标准规定了白砂糖的技术要求、试验方法、检验规则和标签、包装、运输和贮存的要求。

本标准适用于以甘蔗或甜菜为直接或间接原料生产的白砂糖。

2 规范性引用文件

下列文件中的条款通过本标准的引用而成为本标准的条款。凡是注日期的引用文件,其随后所有的修改单(不包括勘误的内容)或修订版均不适用于本标准,然而,鼓励根据本标准达成协议的各方研究是否可使用这些文件的最新版本。凡是不注日期的引用文件,其最新版本适用于本标准。

GB/T 4789(所有部分) 食品卫生微生物学检验

GB/T 5009.55 食糖卫生标准的分析方法

GB 13104 食糖卫生标准

GB 7718 预包装食品标签通则

定量包装商品计量监督管理办法(国家质量监督检验检疫总局[2005]第75号令)

3 技术要求

3.1 级别

白砂糖分为精制、优级、一级和二级共四个级别。

3.2 感官要求

3.2.1 晶粒均匀,粒度在下列某一范围内应不少于80%:

——粗粒:0.80 mm~2.50 mm;

——大粒:0.63 mm~1.60 mm;

——中粒:0.45 mm~1.25 mm;

——小粒:0.28 mm~0.80 mm;

——细粒:0.14 mm~0.45 mm。

3.2.2 晶粒或其水溶液味甜、无异味。

3.2.3 干燥松散、洁白、有光泽,无明显黑点。

3.3 理化要求

白砂糖的各项理化指标见表1。

表1 白砂糖的各项理化指标

项 目		指 标			
		精 制	优 级	一 级	二 级
蔗糖分/(%)	≥	99.8	99.7	99.6	99.5
还原糖分/(%)	≤	0.03	0.04	0.10	0.15
电导灰分/(%)	≤	0.02	0.04	0.10	0.13

表 1(续)

项目		指标			
		精制	优级	一级	二级
干燥失重/(%)	≤	0.05	0.06	0.07	0.10
色值/IU	≤	25	60	150	240
混浊度/MAU	≤	30	80	160	220
不溶于水杂质/(mg/kg)	≤	10	20	40	60

3.4 卫生要求

3.4.1 二氧化硫

白砂糖的二氧化硫指标见表 2。

表 2 白砂糖的二氧化硫指标

项目		指标			
		精制	优级	一级	二级
二氧化硫(以 SO_2 计)/(mg/kg)	≤	6	15	30	30

3.4.2 其他指标

白砂糖的砷、铅、菌落总数、大肠菌群、致病菌、酵母菌、霉菌、螨等项目的指标应符合 GB 13104 的要求。

4 试验方法

4.1 卫生要求中的二氧化硫、砷、铅按 GB/T 5009.55 的方法进行测定；菌落总数、大肠菌群、致病菌、酵母菌和霉菌按 GB/T 4789 的方法进行测定，其余各项目按本章相应方法进行测定。除另有说明外，在分析中仅使用蒸馏水或去离子水或纯度相当的水；检验方法中所使用的砝码、定量玻璃仪器及测定仪器等均须按国家有关规定及规程进行校正。

4.2 粒度的测定

4.2.1 方法提要

用一套试验筛将糖样品在一定的条件下进行筛选，将各个筛中截留的糖样品称量，求得留在筛网上糖样品的百分数对筛孔的关系。

4.2.2 仪器、设备

4.2.2.1 试验筛：筛孔 0.14 mm～2.50 mm 一套，直径 200 mm。

4.2.2.2 震筛机：振动频率：3 000 次/ min，6 000 次/ min；振幅选择：0 mm～3 mm 连续调节；振动方式：连续振动。

4.2.2.3 天平：感量 0.1 g。

4.2.3 步骤

4.2.3.1 取样

样品按四分法进行二次分离，使二次分出的样品数量能满足筛分检验之用。

4.2.3.2 筛分

称取白砂糖样品 100.0 g，将经过选择并称量的筛子，按筛孔尺寸由小至大自下而上叠装好，然后，将样品放入最上层的筛中，用盖盖好，将套筛装于震筛机上，振动 10 min，其振动频率和振幅以不磨损糖晶体为准。待振动完全停止后，将筛取下，称出每一个筛子及截留样品质量，准确到 0.1 g。

4.2.3.3 计算及结果表示

计算出粒度上下限相对应孔径的两层筛之间所截留样品的质量分数，结果以孔径上下限及其质量分数表示，计算结果取整数。

4.3 蔗糖分的测定

4.3.1 术语

国际糖度标尺 international sugar scale

规定量纯蔗糖溶液[在标准大气压状态下，在空气中用黄铜砝码称取纯蔗糖 26.000 0 g(在真空中为26.016 0 g)，在 20.00℃时溶成体积为 100.000 mL]，用λ=546.227 1 nm 波长的光(真空[198] Hg 的绿色偏振光)，在温度为 20.00℃时，用 200.00 mm 观测管，所测得的光学旋光度，规定为糖度标尺的 100 度点。

100 度点被指定为 100°Z(国际糖度)，并且标尺在 0°Z 和 100°Z 之间进行线性分度。与 100°Z 相当的旋光值为：

$$\alpha_{546.227\,1\ \mathrm{nm}}^{20.00℃}=40.777°\pm0.001°$$

实际旋光测定，也允许在波长 540 nm～633 nm 的范围内，以固定 100 度点。在黄色钠光波长下，100°Z 相当的旋光值为：

$$\alpha_{589.440\,0\ \mathrm{nm}}^{20.00℃}=34.626°\pm0.001°$$

在氦/氖(He/Ne)激光波长下，100°Z 相当的旋光值为：

$$\alpha_{632.991\,4\ \mathrm{nm}}^{20.00℃}=29.751°\pm0.001°$$

4.3.2 方法提要

在规定条件下采用以国际糖度标尺刻制读数为 100°Z 的检糖计，测定规定量糖样品的水溶液的旋光度。

4.3.3 仪器、设备

4.3.3.1 检糖计

检糖计应是根据国际糖度标尺，按糖度(°Z)刻度的，测量范围能够从－30°Z～＋120°Z，并用标准石英管加以校准，可选三种形式：

a) 装有可调整分析器即检偏器的检糖计(圆盘式旋光计)，采用单色光源(波长在 540 nm～590 nm之间)，通常采用绿色的汞光或黄色的钠光。

b) 石英楔检糖计：

1) 配有单色光源的(波长在 540 nm～590 nm 之间)；

2) 配有白炽灯作为光源的，而用适当的滤色器分离出有效波长为 587 nm 的光。

c) 装有法拉第线圈作为补偿器的检糖计，采用单色光源(波长在 540 nm～590 nm 之间)。

注：旧糖度°S 刻度的检糖计仍然可以使用，但读数°S 须乘上一个系数 0.999 71 转换为°Z。

4.3.3.2 容量瓶

容量：(100.00±0.02) mL，应分别用(20.0±0.1)℃的水称量加以校正。容量瓶的容量在(100.00±0.01) mL范围内，不必更正便可使用；超出此范围应采用与 100.00 mL 相应的校正数加以更正，方可使用。

4.3.3.3 旋光观测管

长度：(200.00±0.02) mm，须由法定的计量机构出具合格证明，或者用具有该项证明的观测管来进行比较检验。

4.3.3.4 分析天平

感量 0.1 mg。

4.3.4 试剂

蒸馏水：不含旋光物质。

4.3.5 检糖计的校准

检糖计要用经法定的计量机构检定合格的标准石英管校准。

4.3.5.1 石英管旋光度的温度校正

使用检糖计(没有石英楔补偿器的)读取石英管读数时的温度应测定,并记录到0.2℃,测定旋光度时环境及糖液的温度尽可能接近20℃,应在15℃~25℃的范围内。如果这个温度与20℃相差大于±0.2℃,则采用式(1)进行标准石英管旋光度的温度校正。

$$\alpha_t = \alpha_{20}[1 + 1.44 \times 10^{-4}(t - 20)] \quad \cdots\cdots(1)$$

式中:

α_t——t℃时,标准石英管的旋光值,单位为国际糖度(°Z);

α_{20}——20℃时,标准石英管的旋光值,单位为国际糖度(°Z);

t——读数时石英管的温度,单位为摄氏度(℃)。

4.3.5.2 不同波长下石英管读数(°Z)的换算系数

石英管的糖度读数在不同波长下以绿色汞光(波长546 nm)为基准,除以表3中相应系数进行换算。

表3 不同波长下石英管糖度读数换算系数表

光 源	波 长/nm	换算系数
白炽光经滤光	587	1.001 809
黄色钠光	589	1.001 898
氦/氖激光	633	1.003 172

4.3.6 溶液的配制

称取样品26.000 g于干洁的小烧杯中,加蒸馏水40 mL~50 mL,使其完全溶解。移入100 mL的容量瓶中,用少量蒸馏水冲洗烧杯及玻璃棒不少于3次,每次倒入洗水后,摇匀瓶内溶液,加蒸馏水至容量瓶标线附近。至少放置10 min使达到室温,然后加蒸馏水至容量瓶标线下约1 mm处。有气泡时,可用乙醚或乙醇消除。加蒸馏水至标线,充分摇匀。

如发现溶液混浊,用滤纸过滤,漏斗上须加盖表面皿,将最初10 mL滤液弃去,收集以后的滤液50 mL~60 mL。

4.3.7 旋光度的测定

用待测的溶液将旋光观测管至少冲洗2次,装满观测管,注意观测管内不能夹带空气泡。将旋光观测管置于检糖计中,目测检糖计测定5次,读数至0.05°Z;如用自动检糖计,在测定前,应有足够的时间使仪器达到稳定。

测定旋光读数后,立即测定观测管内溶液的温度,并记录至0.1℃。

4.3.8 计算及结果表示

测定旋光度时环境及糖液的温度尽可能接近20℃,应在15℃~25℃的范围内。如果旋光度不是在20.0℃±0.2℃时测定的,则应校正到20.0℃。

白砂糖样品的蔗糖分P按式(2)或式(3)计算,数值以%表示,计算结果取到一位小数。

采用石英楔补偿器的检糖计:

$$P = P_t[1 + 0.000\,32(t - 20)] \quad \cdots\cdots(2)$$

没有石英楔补偿器的检糖计:

$$P = P_t[1 + 0.000\,19(t - 20)] \quad \cdots\cdots(3)$$

式中:

P——蔗糖分,%;

P_t——观测旋光度读数,单位为国际糖度(°Z);

t——观测 P_t 时糖液温度,单位为摄氏度(℃)。

4.3.9 允许误差

两次测定值之差不应超过其平均值的 0.05%。

4.4 还原糖分的测定

4.4.1 方法提要

本方法是基于碱性铜盐溶液中金属盐类的还原作用,用碘量法测定奥氏试剂与糖液作用生成的氧化亚铜,从而确定样品中的还原糖分。

本方法各项试验条件(包括试液量、奥氏试剂量、煮沸时间、碘液耗用量及碘的反应时间等)都应严格按标准规定执行。

4.4.2 仪器、设备

4.4.2.1 锥形烧瓶:容量 300 mL。

4.4.2.2 滴定管:50 mL,刻度刻至 0.1 mL。

4.4.3 试剂

4.4.3.1 奥氏试剂:分别称取硫酸铜($CuSO_4 \cdot 5H_2O$)5.0 g,酒石酸钾钠($C_4H_4O_6KNa \cdot 4H_2O$)300 g 及无水碳酸钠(Na_2CO_3)10.0 g,磷酸氢二钠($Na_2HPO_4 \cdot 12H_2O$)50.0 g(或无水磷酸氢二钠 19.8 g),溶于 900 mL 蒸馏水中,如有必要可将其微微加热。待完全溶解后,放入沸水浴中,加热杀菌2 h,然后冷却至室温,稀释至1 000 mL,用细孔砂芯玻璃漏斗或硅藻土或活性炭过滤,贮于棕色试剂瓶中。

4.4.3.2 硫代硫酸钠贮备溶液:取硫代硫酸钠($Na_2S_2O_3 \cdot 5H_2O$)20 g 及无水碳酸钠(Na_2CO_3)0.1 g(或 1 mol/L 氢氧化钠溶液 1 mL),用经煮沸灭菌蒸馏水溶解,定容至 500 mL,保存于棕色试剂瓶中,放置 8 d~14 d 后过滤备用。

4.4.3.3 硫代硫酸钠标准滴定溶液[$c(Na_2S_2O_3) = 0.032\ 3$ mol/L]:吸取硫代硫酸钠贮备溶液 100 mL,移入容量瓶中并用经煮沸灭菌的蒸馏水稀释至 500 mL,该试剂用基准重铬酸钾($K_2Cr_2CO_7$)标定,并校正其浓度。

4.4.3.4 碘溶液[$c(\frac{1}{2}I_2) = 0.032\ 3$ mol/L]:称取碘化钾(无碘)约 10 g,先溶解于数毫升水中,另称取纯碘 2.050 g,溶于碘化钾溶液,将溶液全部移入 500 mL 容量瓶中并加水至标线,标定,贮存于具有玻璃塞密封的棕色瓶内。

4.4.3.5 淀粉指示剂:称取可溶性淀粉 1.0 g,加 10 mL 水,搅拌下注入 200 mL 沸水中,再微沸 2 min,冷却,溶液于使用前制备。

4.4.3.6 冰乙酸。

4.4.3.7 盐酸溶液[$c(HCl)=1$ mol/L]。

4.4.4 步骤

4.4.4.1 测定

称取白砂糖样品 10.00 g,用 50 mL 蒸馏水溶解于 300 mL 锥形烧瓶(4.4.2.1)中,糖液含转化糖不超过20 mg,然后加入 50 mL 奥氏试剂(4.4.3.1),充分混合,用小烧杯盖上,在电炉上加热,使在 4 min~5 min内沸腾,并继续准确地煮沸 5 min(煮沸开始的时间,不是从瓶底发生气泡时算起,而是从液面上冒出大量的气泡时算起)。取出,置于冷水中冷却至室温(不要摇动)。取出,加入冰乙酸(4.4.3.6)1 mL,在不断摇动下,加入准确计量的碘溶液(4.4.3.4),视还原的铜量而加入 5 mL~30 mL,其数量以确保过量为准,用量杯沿锥形瓶壁加入 1 mol/L 的盐酸溶液(4.4.3.7)15 mL,立即盖上小烧杯,放置约 2 min,不时地摇动溶液,然后用硫代硫酸钠标准滴定溶液(4.4.3.3)滴定过量的碘,滴定至溶液呈黄绿色时,加入淀粉指示剂 2 mL~3 mL,继续滴定至蓝色褪尽为止。

4.4.4.2 计算及结果表示

白砂糖样品的还原糖分 R 按式(4)计算，数值以%表示，计算结果取到两位小数。

$$R=(A-B-I)\times\frac{0.001}{10}\times100 \quad\cdots\cdots(4)$$

式中：

R——还原糖分，%；

A——加入碘液的体积，单位为毫升(mL)；

B——滴定耗用硫代硫酸钠标准滴定溶液的体积，单位为毫升(mL)；

I——10 g 蔗糖还原作用的校正值(见表4)。

表 4 以碘液实耗用量(即 A－B)求毫克转化糖的校正值

碘液/mL	1	2	3	4	5	6	7	8	9	10	11
校正值	1.11	1.16	1.22	1.28	1.33	1.39	1.44	1.50	1.55	1.60	1.65
碘液/mL	12	13	14	15	16	17	18	19	20	21	22
校正值	1.69	1.72	1.76	1.79	1.82	1.85	1.88	1.90	1.92	1.94	1.95

4.4.4.3 允许误差

两次测定值之差不应超过其平均值的15%。

4.5 电导灰分的测定

4.5.1 方法提要

电导率反映离子化水溶性盐类的浓度。测定已知糖液的电导率，然后应用转换系数可算出电导灰分。

本方法所用糖液的浓度为 31.3 g/100 mL。

4.5.2 仪器、设备

电导率仪：应符合以下规格。

频率：低周，约 140 Hz。

测量范围：0 μS/ cm～300 μS/ cm。

测量误差：不应大于满量程的 0.5%，刻度单位：μS/ cm。

4.5.3 试剂

4.5.3.1 蒸馏水或去离子水：精制白砂糖必须用电导率低于 2 μS/ cm 的重蒸馏水(蒸馏过两次)或去离子水。对于其他级别白砂糖允许用电导率低于 15 μS/ cm 的蒸馏水。

4.5.3.2 0.01 mol/L 氯化钾溶液：取分析纯等级的氯化钾，加热至 500℃，脱水 30 min，冷却，称取 0.745 5 g，溶解于 1 000 mL 容量瓶中，并加水至标线。

4.5.3.3 0.002 5 mol/L 氯化钾溶液：吸取 0.01 mol/L 氯化钾溶液 50 mL 于 200 mL 容量瓶内，加水稀释至标线。此溶液在 20℃时的电导率为 328 μS/ cm。

4.5.4 步骤

4.5.4.1 测定

称取白砂糖 31.3 g±0.1 g 于干洁烧杯中，加蒸馏水溶解并移入 100 mL 容量瓶中，用蒸馏水多次冲洗烧杯及玻璃棒，洗水一并移入容量瓶中，加蒸馏水至标线，摇匀，先用样液冲洗测定电导率用的电导电极及干洁小烧杯 2 次～3 次，然后倒入样液，用电导率仪测定样液电导率，记录读数及读数时的样液温度。

电导池常数应用 0.002 5 mol/L 氯化钾溶液校核计量。

4.5.4.2 计算及结果表示

白砂糖样品的电导灰分 C 按式(5)计算，数值以%表示，计算结果取到两位小数。

$$C = 6 \times 10^{-4}(C_1 - 0.35C_2) \qquad \cdots\cdots(5)$$

式中：

C——电导灰分，%；

C_1——31.3 g/100 mL 糖液在 20.0℃时的电导率，单位为微西每厘米（μS/ cm）；

C_2——溶糖用蒸馏水在 20.0℃时的电导率，单位为微西每厘米（μS/ cm）。

4.5.4.3 温度校正

测定电导率的标准温度为 20.0℃，若不在 20.0 ℃则按式（6）校正，但测量温度一般不要超过 20.0℃±5.0℃。至于溶糖用蒸馏水电导率的温度校正，因影响甚微可忽略不计。

$$C_{20.0℃} = \frac{C_t}{1 + 0.026(t - 20)} \qquad \cdots\cdots(6)$$

式中：

C_t——在 t ℃时糖液的电导率，单位为微西每厘米（μS/ cm）；

t——测定糖液电导率时糖液的温度，单位为摄氏度（℃）。

4.5.4.4 允许误差

两次测定值之差不应超过其平均值的 10%。

4.6 干燥失重的测定

测定方法分为 a、b 两种方法：a 法为仲裁法，b 法为常规法。

4.6.1 方法提要

采用常压烘箱干燥技术，烘干后，在同一条件下冷却。

4.6.2 仪器、设备

4.6.2.1 干燥箱：测定过程中，离称量瓶上面（2.5±0.5）cm 处的温度要保持在（105±1）℃［或（130±1）℃］。

4.6.2.2 带温度计干燥器。

4.6.2.3 扁型称量瓶：直径为 6 cm～10 cm，深度为 2 cm～3 cm。

4.6.3 步骤

4.6.3.1 测定

将干燥箱预热至 105℃（a 法）或 130℃（b 法）。将已打开盖的干洁空称量瓶及其盖子一同放入干燥箱中，干燥 30 min，然后将称量瓶盖上盖子，从干燥箱中取出，放入干燥器中冷却至室温。将称量瓶称量并尽快称取样品 20 g～30 g（a 法）或 9.5 g～10.5 g（b 法）（准确至±0.1 mg），样品在称量瓶中要摊平，然后将盛有样品已开盖的称量瓶及其盖子一同放入预热至 105℃（a 法）或 130℃（b 法）的干燥箱中，准确地干燥 3 h（a 法）或 18 min（b 法），将称量瓶盖上盖子，从干燥箱中取出，放入干燥器中冷却至室温，称量（准确至±0.1 mg）。

不必干燥到恒重。但必须确保在测定的任何阶段，都不能有砂糖的有形损失，盛皿均须用干洁的坩埚夹夹拿。

4.6.3.2 计算及结果表示

白砂糖样品的干燥失重 D 按式（7）计算，数值以%表示，计算结果取到两位小数。

$$D = \frac{m_2 - m_3}{m_2 - m_1} \times 100 \qquad \cdots\cdots(7)$$

式中：

D——干燥失重，%；

m_2——称量瓶及干燥前样品的质量，单位为克（g）；

m_3——称量瓶及干燥后样品的质量，单位为克（g）；

m_1——称量瓶的质量，单位为克（g）。

4.6.3.3 允许误差

两次测定值之差不应超过其平均值的15%。

4.7 色值的测定

4.7.1 方法提要

以pH(7.00±0.02)缓冲溶液溶解白砂糖样品，经滤膜过滤后，在420 nm波长条件下测量溶液的吸光系数，将吸光系数的数值乘以1 000，即为国际糖品统一分析委员会(ICUMSA)色值，结果定为ICUMSA单位(IU)。

4.7.2 仪器、设备

4.7.2.1 分光光度计应符合下列规格。测量范围：透过率0%～100%。波长误差：在420 nm处波长误差不大于±1 nm。

4.7.2.2 比色皿：厚度应选择使仪器透光度读数在20%～80%之间，配套使用的同一光径比色皿间的透光度之差不大于0.2%(在440 nm波长下，用含铬量30 μg/ mL的重铬酸钾标准溶液进行检定)。

4.7.2.3 阿贝折射仪：折射率测量范围1.300～1.700。折射率最小分度值：0.000 5。蔗糖质量分数锤度(°Bx)0～95，最小分度值：0.2。

4.7.2.4 pH(酸度)计：分度值或最小显示值0.02。

4.7.2.5 滤膜过滤器：滤膜应当厚薄均匀，膜面上分布着对称、均匀、穿透性强的微孔，孔径为0.45 μm，孔隙度达80%，孔道呈线性状而互不干扰，滤膜与直径150 mm的糖品过滤器配套使用。

4.7.3 试剂

4.7.3.1 0.1 mol/L盐酸溶液：用吸量管吸取浓盐酸(比重为1.19)8.4 mL于预先放有适量蒸馏水的1 000 mL容量瓶中，然后稀释至刻度。

4.7.3.2 三乙醇胺-盐酸缓冲溶液：称取三乙醇胺[$(HOCH_2CH_2)_3N$]14.92 g，用蒸馏水溶解并定容于1 000 mL容量瓶中，然后移入2 000 mL烧杯内，加入0.1 mol/L盐酸溶液约800 mL，搅拌均匀并继续用0.1 mol/L盐酸调到pH(7.00±0.02)[用酸度计(4.7.2.4)的电极浸于此溶液中测量pH值]。贮于棕色玻璃瓶中。

4.7.4 步骤

4.7.4.1 测定

称取白砂糖样品100.0 g于200 mL烧杯中，加入三乙醇胺-盐酸缓冲溶液(4.7.3.2)135 mL，搅拌至完全溶解。倒入已预先铺好0.45 μm孔径微孔膜的过滤器(4.7.2.5)中，在真空下抽滤，弃去最初50 mL左右的滤液，收集滤液应不少于50 mL，用折射仪(4.7.2.3)测定滤液的折光锤度，然后用比色皿(4.7.2.2)装盛糖液，在分光光度计(4.7.2.1)上用420 nm波长测定其吸光度，并用经过过滤的三乙醇胺-盐酸缓冲溶液调零。

4.7.4.2 计算及结果表示

白砂糖样品的色值C按式(8)计算，计算结果取整数。

$$C = \frac{A}{b \times c} \times 1\,000 \qquad \cdots\cdots(8)$$

式中：

C——色值，单位为国际糖色值单位(IU)；

A——在420 nm波长测得样液的吸光度；

b——比色皿厚度，单位为厘米(cm)；

c——样液浓度(由改正到20℃的折光锤度乘上一系数0.986 2，然后查表5求得)，单位为克每毫升(g/ mL)。

表 5　蔗糖溶液折光锤度与每毫升含蔗糖克数(在空气中)对照表

折光锤度/°Bx	浓度/(g/mL)	折光锤度/°Bx	浓度/(g/mL)	折光锤度/°Bx	浓度/(g/mL)	折光锤度/°Bx	浓度/(g/mL)
40.0	0.470 2	41.3	0.488 2	42.6	0.506 5	43.9	0.524 9
40.1	0.471 5	41.4	0.489 6	42.7	0.507 9	44.0	0.526 3
40.2	0.472 9	41.5	0.491 0	42.8	0.509 3	44.1	0.527 8
40.3	0.474 3	41.6	0.492 4	42.9	0.510 7	44.2	0.529 2
40.4	0.475 7	41.7	0.493 8	43.0	0.512 1	44.3	0.530 6
40.5	0.477 1	41.8	0.495 2	43.1	0.513 5	44.4	0.532 1
40.6	0.478 5	41.9	0.496 6	43.2	0.515 0	44.5	0.533 5
40.7	0.479 9	42.0	0.498 0	43.3	0.516 4	44.6	0.534 9
40.8	0.481 2	42.1	0.499 4	43.4	0.517 8	44.7	0.536 4
40.9	0.482 6	42.2	0.500 8	43.5	0.519 2	44.8	0.537 8
41.0	0.484 0	42.3	0.502 2	43.6	0.520 6	44.9	0.539 2
41.1	0.485 4	42.4	0.503 6	43.7	0.522 1		
41.2	0.486 8	42.5	0.505 1	43.8	0.523 5		

4.7.4.3　允许误差

两次测定值之差不应超过其平均值的 4%。

4.8　混浊度的测定

4.8.1　方法提要

当单色光透过含有悬浮粒子(混浊)的溶液时,由于悬浮粒子引起光的散射,单色光强度产生衰减,以光的衰减程度减去颜色的影响表示溶液的混浊度。

4.8.2　仪器、设备

同 4.7.2。

4.8.3　步骤

4.8.3.1　测定

取待测色值的未过滤糖液,在与测定色值相同条件下(420 nm 波长),测其吸光度,并按式(9)计算其衰减指数 D。

$$D = \frac{A}{b \times c} \times 1\,000 \qquad \cdots\cdots(9)$$

式中:

D——衰减指数,单位为毫衰减单位(MAU);

A——在 420 nm 波长测得未过滤的样液吸光度;

b——比色皿厚度,单位为厘米(cm);

c——样液浓度(由改正到 20℃的折光锤度乘上一系数 0.986 2,然后查表 5 求得),单位为克每毫升(g/ mL)。

4.8.3.2　计算及结果表示

白砂糖样品的混浊度按式(10)计算,计算结果取整数。

$$M = D - C \qquad \cdots\cdots(10)$$

式中:

M——混浊度,单位为毫衰减单位(MAU);

D——过滤前溶液衰减指数，单位为毫衰减单位(MAU)；

C——微孔膜过滤后糖液色值指数，单位为毫衰减单位(MAU)。

注：色值指数即国际糖色值。

4.8.3.3 允许误差

两次测定值之差不应超过其平均值的10%。

4.9 不溶于水杂质的测定

4.9.1 方法提要

用过滤孔径40 μm的坩埚式玻璃过滤器，上面铺一层约5 mm厚经稀盐酸溶液洗涤并以水冲洗干净的玻璃纤维(或与滤板相配合的紧密绒布或毛布)，将糖液减压抽滤，再用蒸馏水进行减压过滤洗涤滤渣，然后干燥至恒重。

4.9.2 仪器、设备

4.9.2.1 坩埚式玻璃过滤器：孔径40 μm。

4.9.2.2 干燥箱。

4.9.2.3 带温度计干燥器。

4.9.2.4 分析天平：感量0.1 mg。

4.9.3 试剂

4.9.3.1 1% α-萘酚乙醇溶液：称取α-萘酚1 g，用95%乙醇溶解至100 mL。

4.9.3.2 浓硫酸：含硫酸95%～98%。

4.9.4 步骤

4.9.4.1 测定

称取样品500.0 g于1 000 mL烧杯中(精制白砂糖则称取1 000.0 g于2 000 mL烧杯中)，加入不超过40℃的蒸馏水，搅拌至完全溶解，倾入干燥至恒重的玻璃过滤器(4.9.2.1)中进行减压过滤。用水充分洗涤滤渣，用α-萘酚乙醇溶液(4.9.3.1)检查，至洗涤液不含糖分为止，将过滤器连同滤渣置于125℃～130℃的干燥箱(4.9.2.2)中干燥后，取出置于干燥器(4.9.2.3)中，冷却至室温，进行首次称量。烘干约30 min，冷却称量一次，直到相继两次质量之差不超过0.001 g，可认为达到恒重，记录其质量。

微糖检验方法：取洗涤液2 mL于试管中，加入1% α-萘酚乙醇溶液(4.9.3.1)数滴，再沿管壁缓缓加入浓硫酸(4.9.3.2)2 mL。蔗糖在浓硫酸存在下与酚类起极强的呈色反应，在水与酸的界面出现紫色环，说明有蔗糖存在，若为黄绿色环说明无蔗糖存在。

4.9.4.2 计算及结果表示

每千克白砂糖样品所含不溶于水杂质的质量F按式(11)计算，计算结果取到整数。

$$F=\frac{m_2-m_1}{m_0}\times 10^6 \qquad \cdots\cdots(11)$$

式中：

F——每千克白砂糖样品所含不溶于水杂质的质量，单位为毫克每千克(mg/kg)；

m_2——干燥过滤器连同介质与不溶于水杂质的质量，单位为克(g)；

m_1——干燥过滤器连同过滤介质质量，单位为克(g)；

m_0——所称取白砂糖样品质量，单位为克(g)。

4.9.4.3 允许误差

两次测定值之差不应超过其平均值的15%。

4.10 螨的检验

4.10.1 方法提要

白砂糖中螨的检验采用漂浮法。将白砂糖溶解于蒸馏水中，镜检糖液表面的漂浮物，以确定是否有螨及螨的数目。

4.10.2 仪器、设备

4.10.2.1 显微镜。

4.10.2.2 放大镜。

4.10.2.3 玻片。

4.10.2.4 三角瓶(1 000 mL)。

4.10.3 步骤

4.10.3.1 称取白砂糖样品 250 g,放入1 000 mL三角瓶中,加入不高于 35℃的蒸馏水并不断搅拌,使其完全溶解,补充蒸馏水至瓶口处,以不使水溢出为止。

4.10.3.2 用洁净的玻片盖在瓶口上,使玻片与液面接触,静置 15 min,取下镜检。这一操作重复若干次,以镜检所有的漂浮物。

4.10.3.3 检出螨的数目即为 250 g 白砂糖中的总螨数。

5 检验规则

5.1 型式检验

5.1.1 取样方法:每分离一罐糖膏为一个编号,在称量包装时,连续采集样品约 3 kg,放在带盖的容器中,混匀后为编号样品,该样品除供编号分析之用外,另取 0.5 kg 放在带盖的容器中,积累 24 h 后为日集合样品。

取日集合样品 1.5 kg,用双层食品级塑料袋密封包装,或磨砂口玻璃瓶盛装,标明产品编号、级别、生产日期、样品基数、检验结果及检验员,于通风干燥的环境中留存,供工厂自检及质量监督检验之用。经供、收双方认可,可作为仲裁检验留样,一次抽检或仲裁检验结果,对先后出厂的同一编号糖有效。

5.1.2 生产厂在保证产品质量稳定的前提下,每编号样品可按生产的实际情况进行项目的抽检,日集合样品检验理化要求的全部项目;检验结果若有一项或一项以上不符合该级别要求的,则按实达级别处理,达不到二级白砂糖指标的按不合格品处理。

5.1.3 有下列情况之一时,进行技术要求全部项目的检验,检验结果作为对产品质量的全面考核:

a) 生产期开始或洗机后恢复生产时;

b) 正常生产的前期、中期、后期;

c) 交收检验出现不合格批时;

d) 质量监督机构提出检验要求时。

5.2 交收检验

5.2.1 每一次交货的白砂糖为一个交收批,每批白砂糖必须附有生产厂的产品合格证,收货方凭合格证收货,交收双方均有权提出在现场抽检或抽样封存。日后若有质量争议,符合贮存条件保管的封存样品作为仲裁检验样品,由法定质量仲裁检验机构出具的检验结果为该批白砂糖仲裁检验结果。

5.2.2 白砂糖的每个交收批为一个检验批。

5.2.3 抽样规则

5.2.3.1 白砂糖抽样以堆为单位,从糖堆的四个侧面及上面共五个面抽样。上面抽中心一个点;每个侧面在其中一条对角线上按如下规定均匀抽取若干点:300 t 以下(含 300 t)为三个点;300 t 以上每增加 100 t 增加一个点,也即 300 t 以下(含 300 t)的糖堆每堆抽 13 个点,300 t 以上的堆抽取的点数按式(12)计算。

$$n = 4 \times \frac{m}{100} + 1 \qquad \cdots\cdots(12)$$

式中:

n——抽样点数,取整数;

m——样品质量,单位为吨(t),$\frac{m}{100}$取整数。

5.2.3.2 每点抽取白砂糖样品 150 g，每堆各点抽样混匀后作为该堆样品，若每批有多个糖堆，则各糖堆的抽样混匀后作为该批样品。

5.2.3.3 抽样器、盛装容器应干净无菌。

5.2.4 交收检验项目至少为理化要求的全部项目，需增加项目时，在供、收双方的书面合同中明确，并应写明国家认可的质量检测机构为仲裁检验机构。

6 标签、包装、运输和贮存

6.1 标签

6.1.1 预包装白砂糖标签应符合 GB 7718 的规定，须有下列内容：

a) 产品名称；

b) 级别；

c) 净含量(千克或克)；

d) 制造包装或经销单位依法登记注册的名称和地址；

e) 产品标准号；

f) 生产日期。

6.1.2 推荐在白砂糖标签上标注保质期，保质期由生产企业或包装单位自行确定。

6.2 包装

6.2.1 包装袋

白砂糖须用符合卫生标准的包装袋包装，大包装应有牢固的外包装袋(如编织袋等)。

6.2.2 包装计量

50 kg 包装的白砂糖单件净含量的负偏差不得超过 100 g，批量平均偏差应大于或者等于零。其他规格包装按《定量包装商品计量监督管理办法》执行。

6.3 运输和贮存

6.3.1 每批糖出厂时，由生产厂附产品合格证、运输与保管条件说明书各一份。

6.3.2 运糖工具和糖仓必须清洁、干燥、严禁白砂糖与有害、有毒、有异味和其他易污染物品混运、混贮，用船运载和仓贮时糖堆下面应有垫层，以防受潮。

6.3.3 糖包应堆放在距离墙壁、暖气管或水泥柱 1 m 以外，糖堆高度以确保安全为原则。根据先入仓先出仓的原则，依次调拨运出。

6.3.4 糖仓内保持干燥，避免高温。

ICS 71.060.30
G 11

中华人民共和国国家标准

GB 320—2006
代替 GB 320—1993

工业用合成盐酸

Synthetic hydrochloric acid for industrial use

2006-03-14 发布 2006-12-01 实施

中华人民共和国国家质量监督检验检疫总局
中国国家标准化管理委员会 发布

前言

本标准表 1 的部分指标、7.1、7.3、7.4 和第 8 章为强制性的，其余为推荐性的。

本标准对应于美国 ASTM E 1146:1997《盐酸技术条件》(英文版)，与 ASTM E 1146:1997 的一致性程度为非等效。

本标准代替 GB 320—1993《工业用合成盐酸》。

本标准与 GB 320—1993 相比主要变化如下：

——调整了部分指标(1993 年版的 3.2;本版的 3.2)；

——修改了塑料桶或陶瓷坛包装的工业用合成盐酸采样(1993 年版的 5.3;本版的 4.3)；

——不规定样品保留期(1993 年版的 5.5)；

——增加了型式检验周期和特殊情况下应进行型式检验的规定(见 6.2)；

——调整了出厂检验项目和抽检项目(1993 版的 3.2;本版的 6.2)；

——修改了标志要求(1993 年版的 6.2;本版的 7.1)。

请注意本标准的某些内容有可能涉及专利。本标准的发布机构不应承担识别这些专利的责任。

本标准由中国石油和化学工业协会提出。

本标准由全国化学标准化技术委员会氯碱分会(SAC/TC63/SC6)归口。

本标准起草单位：锦西化工研究院、青岛海晶化工集团有限公司。

本标准主要起草人：陈沛云、朗需霞、李富荣、徐立新、胡立明。

本标准 1964 年首次发布，1983 年第一次修订，1993 年第二次修订。

工业用合成盐酸

1 范围

本标准规定了工业用合成盐酸的要求、采样、试验方法、检验规则及标志、包装、运输和贮存、安全。

本标准适用于由氯气和氢气合成的氯化氢气体,用水吸收制得的工业用合成盐酸。

2 规范性引用文件

下列文件中的条款通过本标准的引用而成为本标准的条款。凡是注日期的引用文件,其随后所有的修改单(不包括勘误的内容)或修订版均不适用于本标准,然而,鼓励根据本标准达成协议的各方研究是否可使用这些文件的最新版本。凡是不注日期的引用文件,其最新版本适用于本标准。

GB 190 危险货物包装标志

GB/T 191 包装储运图示标志(GB/T 191—2000,eqv ISO 780:1997)

GB/T 601 化学试剂 标准滴定溶液的制备

GB/T 602 化学试剂 杂质测定用标准溶液的制备(GB/T 602—2002,ISO 6353-1:1982,NEQ)

GB/T 603 化学试剂 试验方法中所用制剂及制品的制备(GB/T 603—2002,ISO 6353-1:1982,NEQ)

GB/T 1250 极限数值的表示方法和判定方法

GB/T 6678 化工产品采样总则(GB/T 6678—1986,neq ASTM E 300:1983)

GB/T 6680 液体化工产品采样通则(GB/T 6680—1986,neq BS 5309:1976)

GB/T 6682 分析实验室用水规格和试验方法(GB/T 6682—1992,eqv ISO 3696:1987)

3 要求

3.1 外观:工业用合成盐酸为无色或浅黄色透明液体。

3.2 工业用合成盐酸应符合表1给出的指标要求。

表1 指标

%

项 目	优等品	一等品	合格品
总酸度(以 HCl 计)的质量分数 ≥	31.0		
铁(以 Fe 计)的质量分数 ≤	0.002	0.008	0.01
灼烧残渣的质量分数 ≤	0.05	0.10	0.15
游离氯(以 Cl 计)的质量分数 ≤	0.004	0.008	0.01
砷的质量分数 ≤	0.000 1		
硫酸盐(以 SO_4^{2-} 计)的质量分数 ≤	0.005	0.03	—
注:砷指标强制。			

4 采样

4.1 产品按批检验。生产企业以每一成品槽或每一生产周期生产的工业用合成盐酸为一批。用户以每次收到的同一批次的工业用合成盐酸为一批。

4.2　工业用合成盐酸从槽车或贮槽中采样时，宜用 GB/T 6680 中规定的适宜的耐酸采样器自上、中、下三处采取等量的有代表性样品。

生产企业可将槽车或贮槽内的工业用合成盐酸混匀后于采样口采取有代表性样品，进行检测。

4.3　工业用合成盐酸从塑料桶或陶瓷坛中采样时，按 GB/T 6678 中规定的采样单元数随机抽样，拆开包装，宜采用 GB/T 6680 中规定的适宜的耐酸采样器自上、中、下三处采取等量的有代表性样品。

4.4　将采取的样品混匀，装于清洁、干燥的塑料瓶或具磨口塞的玻璃瓶中，密封。样品量不少于 500 mL。样品瓶上应贴上标签并注明：生产企业名称、产品名称、批号或生产日期、采样日期及采样人等。

5　试验方法

除非另有说明，在分析中仅使用确认为分析纯试剂和 GB/T 6682 中规定的三级水或相当纯度的水。

试验中所需标准溶液、制剂及制品，在没有其他规定时，均按 GB/T 601、GB/T 602、GB/T 603 规定制备。

5.1　外观

目视观察。

5.2　总酸度的测定　滴定法

5.2.1　原理

试料溶液以溴甲酚绿为指示液，用氢氧化钠标准滴定溶液滴定至溶液由黄色变为蓝色为终点。反应式如下：

$$H^+ + OH^- \longrightarrow H_2O$$

5.2.2　试剂

5.2.2.1　氢氧化钠标准滴定溶液：$c(NaOH)=1$ mol/L。

5.2.2.2　溴甲酚绿指示液：1 g/L。

5.2.3　仪器

一般的实验室仪器和以下仪器。

5.2.3.1　锥形瓶，100 mL(具磨口塞)。

5.2.3.2　滴定管，50 mL，有 0.1 mL 分度值。

5.2.4　分析步骤

5.2.4.1　试料

量取约 3 mL 实验室样品，置于内装约 15 mL 水并已称量(精确到 0.000 1 g)的锥形瓶(5.2.3.1)中，混匀并称量(精确到 0.000 1 g)。

5.2.4.2　测定

向试料(5.2.4.1)中加(2～3)滴溴甲酚绿指示液(5.2.2.2)，用氢氧化钠标准滴定溶液(5.2.2.1)滴定至溶液由黄色变为蓝色为终点。

5.2.5　结果计算

总酸度以氯化氢(HCl)的质量分数 w_1 计，数值以%表示，按式(1)计算：

$$w_1 = \frac{(V/1\,000)cM}{m_0} \times 100 = \frac{VcM}{10m_0} \qquad \cdots\cdots(1)$$

式中：

V——氢氧化钠标准滴定溶液的体积的数值，单位为毫升(mL)；

c——氢氧化钠标准滴定溶液浓度的准确数值，单位为摩尔每升(mol/L)；

m_0——试料的质量的数值，单位为克(g)；

M——氯化氢的摩尔质量的数值,单位为克每摩尔(g/mol)(M=36.461)。

5.2.6 允许差

平行测定结果之差的绝对值不大于0.2%。

取平行测定结果的算术平均值为报告结果。

5.3 铁含量的测定 1,10-菲啰啉分光光度法

5.3.1 原理

用盐酸羟胺将试料中Fe^{3+}还原成Fe^{2+},在pH为4.5缓冲溶液体系中,Fe^{2+}与1,10-菲啰啉反应生成橙红色络合物,用分光光度计测定吸光度。反应式如下:

$$4Fe^{3+} + 2NH_2OH \longrightarrow 4Fe^{2+} + N_2O + 4H^+ + H_2O$$

$$Fe^{2+} + 3C_{12}H_8N_2 \longrightarrow [Fe(C_{12}H_8N_2)_3]^{2+}$$

5.3.2 试剂

5.3.2.1 盐酸溶液:1+10。

5.3.2.2 氨水溶液:1+1。

5.3.2.3 盐酸羟胺溶液:100 g/L。

称取10.0 g盐酸羟胺,溶于水,用水稀释至100 mL。

5.3.2.4 乙酸-乙酸钠缓冲溶液:pH值为4.5。

5.3.2.5 铁标准溶液:0.1 g/L。

5.3.2.6 铁标准溶液:0.01 g/L。

准确量取铁标准溶液(5.3.2.5),用水稀释10倍。该溶液使用前配制。

5.3.2.7 1,10-菲啰啉溶液:2 g/L。

该溶液应避光保存,仅使用无色溶液。

5.3.3 仪器

一般的实验室仪器和分光光度计。

5.3.4 分析步骤

5.3.4.1 标准曲线绘制

5.3.4.1.1 按表2量取铁标准溶液(5.3.2.6)分别置于6个50 mL容量瓶中。

表 2

铁标准溶液(5.3.2.6)体积 / mL	对应的铁质量 /μg
0	0
2.0	20
4.0	40
6.0	60
8.0	80
10.0	100

5.3.4.1.2 向每个容量瓶中加入10 mL盐酸溶液(5.3.2.1),加水至约20 mL,用氨水(5.3.2.2)调至溶液pH值为2~3,然后加入1 mL盐酸羟胺溶液(5.3.2.3)、5 mL乙酸-乙酸钠缓冲溶液(5.3.2.4)和2 mL 1,10-菲啰啉溶液(5.3.2.7),用水稀释至刻度,摇匀。静置15 min。

5.3.4.1.3 用适宜的比色皿,在波长510 nm处,用空白溶液调整分光光度计零点,测定溶液吸光度。

5.3.4.1.4 以铁含量(μg)为横坐标,与其对应的吸光度为纵坐标绘制标准曲线。

5.3.4.2 试样溶液制备

量取约8.6 mL实验室样品,称量(精确到0.01 g),置于内装约50 mL水的100 mL容量瓶中,用水

稀释至刻度，摇匀。

5.3.4.3 试料

量取 10.00 mL 试样溶液(5.3.4.2)置于 50 mL 容量瓶中。

5.3.4.4 空白试验

不加试料，加 10 mL 盐酸溶液(5.3.2.1)，采用与测定试料完全相同的分析步骤、试剂和用量进行空白试验。

5.3.4.5 测定

5.3.4.5.1 向试料(5.3.4.3)中加水至约 20 mL，用氨水(5.3.2.2)调至溶液 pH 为 2～3，然后加 1 mL 盐酸羟胺溶液(5.3.2.3)、5 mL 乙酸-乙酸钠缓冲溶液(5.3.2.4)和 2 mL 1,10-菲啰啉溶液(5.3.2.7)，用水稀释至刻度，摇匀。静置 15 min。

5.3.4.5.2 用适宜的比色皿，在波长 510 nm 处，用空白溶液调整分光光度计零点，测定溶液吸光度。

5.3.5 结果计算

铁含量以铁(Fe)的质量分数 w_2 计，数值以%表示，按式(2)计算：

$$w_2 = \frac{m_2 \times 10^{-6}}{m_1 \times 10/100} \times 100 = \frac{m_2 \times 10^{-3}}{m_1} \quad \cdots\cdots(2)$$

式中：

m_1——试样质量的数值，单位为克(g)；

m_2——由标准曲线上查得的试料中铁质量的数值，单位为微克(μg)。

5.3.6 允许差

平行测定结果之差的绝对值不大于 0.000 5%。

取平行测定结果的算术平均值为报告结果。

5.4 灼烧残渣的测定 重量法

5.4.1 原理

蒸发一份称好的试料，用硫酸处理，使盐类转变为硫酸盐，在(800±50)℃下灼烧后，称量。

5.4.2 试剂

硫酸。

5.4.3 仪器

一般的实验室仪器和以下仪器。

5.4.3.1 瓷坩埚，100 mL。

5.4.3.2 高温炉，可控温度(800±50)℃。

5.4.4 分析步骤

5.4.4.1 试料

将瓷坩埚(5.4.3.1)在(800±50)℃下灼烧 15 min，冷却，置于干燥器内冷却至室温，称量(精确到 0.000 1g)。用此瓷坩埚称取约 50g 实验室样品(精确到 0.01 g)。

5.4.4.2 测定

小心加热盛有试料(5.4.4.1)的瓷坩埚(在砂浴上)，蒸发掉大部分试料(最后体积约 5 mL～10 mL)，冷却至室温，加 1 mL 硫酸(5.4.2)加热至干，然后将瓷坩埚放入高温炉(5.4.3.2)中，炉温控制(800±50)℃，灼烧 15 min。取出瓷坩埚，冷却，置于干燥器内冷却至室温，称量(精确到 0.000 1 g)。

5.4.5 结果计算

灼烧残渣以残渣的质量分数 w_3 计，数值以%表示，按式(3)计算：

$$w_3 = \frac{m_4}{m_3} \times 100 \quad \cdots\cdots(3)$$

式中：

m_3——试料的质量的数值，单位为克(g)；

m_4——灼烧残渣的质量的数值，单位为克(g)。

5.4.6 **允许差**

平行测定结果的绝对值之差不大于 0.005%。

取平行测定结果的算术平均值为报告结果。

5.5 游离氯含量的测定 滴定法

5.5.1 **原理**

试料溶液加入碘化钾溶液,析出碘,以淀粉为指示液,用硫代硫酸钠标准滴定溶液滴定游离出来的碘。反应式如下:

$$2I^- - 2e \longrightarrow I_2$$

$$I_2 + 2S_2O_3^{2-} \longrightarrow S_4O_6^{2-} + 2I^-$$

5.5.2 **试剂**

5.5.2.1 碘化钾溶液:150 g/L。

称取 15.0 g 碘化钾,溶于水,用水稀释至 100 mL。

5.5.2.2 硫代硫酸钠标准滴定溶液:$c(Na_2S_2O_3)=0.1$ mol/L。

5.5.2.3 淀粉指示液:10 g/L。

本溶液只能保留两周。

5.5.3 **仪器**

一般的实验室仪器和以下仪器。

5.5.3.1 锥形瓶,500 mL(具磨口塞)。

5.5.3.2 微量滴定管。

5.5.4 **分析步骤**

5.5.4.1 **试料**

量取实验室样品约 50 mL,置于内装约 100 mL 水并已称量(精确到 0.01 g)的锥形瓶(5.5.3.1)中,冷却至室温,称量(精确到 0.01 g)。

5.5.4.2 **测定**

向试料(5.5.4.1)中加 10 mL 碘化钾溶液(5.5.2.1),塞紧瓶塞摇动,在暗处静置 2 min。加 1 mL 淀粉指示液(5.5.2.3),用硫代硫酸钠标准滴定溶液(5.5.2.2)滴定至溶液蓝色消失为终点。

5.5.5 **结果计算**

游离氯以氯(Cl)的质量分数 w_4 计,数值以%表示,按式(4)计算。

$$w_4 = \frac{V/1\,000cM}{m_5} \times 100 = \frac{VcM}{10m_5} \qquad \cdots\cdots (4)$$

式中:

V——硫代硫酸钠标准滴定溶液的体积的数值,单位为毫升(mL);

c——硫代硫酸钠标准滴定溶液浓度的准确数值,单位为摩尔每升(mol/L);

m_5——试料的质量的数值,单位为克(g);

M——氯的摩尔质量的数值,单位为克每摩尔(g/mol)(M=35.453)。

5.5.6 **允许差**

平行测定结果之差的绝对值不大于 0.001%。

取平行测定结果的算术平均值为报告结果。

5.6 砷含量的测定 二乙基二硫代氨基甲酸银分光光度法(仲裁法)

5.6.1 **原理**

在酸性介质中,用碘化钾与氯化亚锡将 As^{5+} 还原为 As^{3+},加锌粒与酸作用,产生新生态氢,使 As^{3+} 进一步还原为砷化氢,被二乙基二硫代氨基甲酸银[Ag(DDTC)]吡啶溶液吸收,生成紫红色胶体溶液,用分光光度计测定吸光度。反应式如下:

$$AsH_3 + 6Ag(DDTC) = 6Ag\downarrow + 3H(DDTC) + As(DDTC)_3$$

5.6.2 **试剂和材料**

所用试剂均不含砷。

5.6.2.1 盐酸。

5.6.2.2 三氧化二砷。

危险——三氧化二砷为剧毒品。

5.6.2.3 锌粒:粒径(0.5～1) mm。

5.6.2.4 碘化钾溶液:150 g/L。

称取 15.0g 碘化钾,溶于水,用水稀释至 100 mL。

5.6.2.5 氯化亚锡盐酸溶液:400 g/L。

称取 40.0 g 二水氯化亚锡($SnCl_2 \cdot 2H_2O$),溶于 25 mL 水和 75 mL 盐酸(5.6.2.1)混合溶液中。

5.6.2.6 砷标准溶液:0.1 g/L。

5.6.2.7 砷标准溶液:2.5 m g/L。

准确量取砷标准溶液(5.6.2.6),用水稀释 40 倍。该溶液使用前配制。

5.6.2.8 二乙基二硫代氨基甲酸银吡啶溶液:5 g/L。

称取 1.0 g 二乙基二硫代氨基甲酸银,溶于吡啶中,用吡啶稀释至 200 mL。该溶液保存在密闭棕色玻璃瓶中。有效期两周。

5.6.2.9 乙酸铅棉花。

5.6.3 **仪器**

所有玻璃仪器应谨慎地用热的浓硫酸洗涤,再用水冲洗、干燥。

一般的实验室仪器和以下仪器。

5.6.3.1 定砷器(见图 1)。

单位为毫米

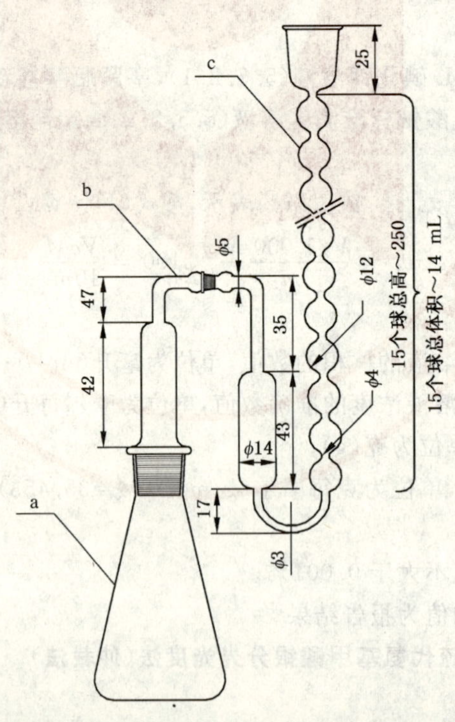

图 1 定砷器

5.6.3.2 分光光度计。

5.6.4 分析步骤

警告：试验应在通风橱内进行。

5.6.4.1 标准曲线绘制

每更换一批锌粒或新配制一次二乙基二硫代氨基甲酸银吡啶溶液，应重新绘制标准曲线。

5.6.4.1.1 按表 3 量取砷标准溶液(5.6.2.7)，分别置于 6 个 100 mL 锥形瓶(图 1 中 a)中。

表 3

砷标准溶液(5.6.2.7)/ mL	对应砷质量/μg
0.0	0
1.0	2.5
2.0	5
4.0	10
6.0	15
8.0	20

5.6.4.1.2 向每个锥形瓶中加入 10 mL 盐酸(5.6.2.1)，加水至约 40 mL。

5.6.4.1.3 量取 5 mL 二乙基二硫代氨基甲酸银吡啶溶液(5.6.2.8)置于吸收管(图 1 中 c)中，并将吸收管(5.6.3.1c)与事先放入乙酸铅棉花(5.6.2.9)的连接管(图 1 中 b)连接好。

5.6.4.1.4 向每个锥形瓶中依次加入 3 mL 碘化钾溶液(5.6.2.4)和 2 mL 氯化亚锡盐酸溶液(5.6.2.5)，混匀后，静置 15 min。再加 5 g 锌粒(5.6.2.3)，按图(见图 1)迅速连接好仪器，反应 45 min。

5.6.4.1.5 用适宜的比色皿，在波长 540 nm 处，以空白溶液调整分光光度计零点，测定溶液吸光度。

5.6.4.1.6 以砷含量(μg)为横坐标，与其对应的吸光度为纵坐标绘制标准曲线。

5.6.4.2 试料

量取 10 mL 实验室样品，称量(精确到 0.01 g，如果样品中砷含量太低，可加大取样量，再加热蒸发至约 10 mL)，移至 100 mL 锥形瓶(5.6.3.1a)中，加水至约 40 mL。

5.6.4.3 空白试验

不加试料，加 10 mL 盐酸(5.6.2.1)，加水至约 40 mL，采用与测定试料完全相同的分析步骤、试剂和用量进行空白试验。

5.6.4.4 测定

按 5.6.4.1.3～5.6.4.1.5 规定进行。

5.6.5 结果计算

砷含量以砷(As)的质量分数 w_5 计，数值以%表示，按式(5)计算：

$$w_5 = \frac{m_7 \times 10^{-6}}{m_6} \times 100 = \frac{m_7}{m_6} \times 10^{-4} \quad \cdots\cdots\cdots (5)$$

式中：

m_6——试料的质量的数值，单位为克(g)；

m_7——由标准曲线上查得的试料中砷的质量的数值，单位为微克(μg)。

5.6.6 允许差

平行测定结果之差的绝对值不大于 0.000 05%。

取平行测定结果的算术平均值为报告结果。

5.7 砷含量的测定 砷斑法

5.7.1 原理

在酸性溶液中，用碘化钾和氯化亚锡将 As^{5+} 还原为 As^{3+}，加锌粒与酸作用，产生新生态氢，使

As^{3+}进一步还原为砷化氢，砷化氢气体与溴化汞试纸作用时，产生棕黄色的汞砷化物，与标准色斑比较。

5.7.2 **试剂和材料**

所用试剂均不含砷。

5.7.2.1 盐酸。

5.7.2.2 锌粒：粒径(0.5～1) mm。

5.7.2.3 碘化钾溶液：150 g/L。

称取 15.0 碘化钾，溶于水，用水稀释至 100 mL。

5.7.2.4 氯化亚锡盐酸溶液：400 g/L。

称取 40.0 g 二水氯化亚锡($SnCl_2 \cdot 2H_2O$)，溶于 25 mL 水和 75 mL 盐酸(5.6.2.1)混合溶液中。

5.7.2.5 砷标准溶液：0.1 g/L。

5.7.2.6 砷标准溶液：1 mg/L。

准确量取砷标准溶液(5.7.2.5)，用水稀释 100 倍。该溶液使用前配制。

5.7.2.7 乙酸铅棉花。

5.7.2.8 溴化汞试纸。

5.7.3 **仪器**

一般的实验室仪器和定砷器(见图 2)。

单位为毫米

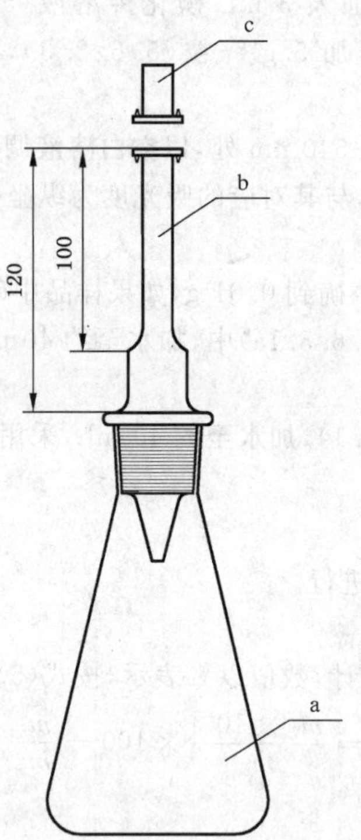

a——100 mL 锥形瓶；
b——吸收管；
c——吸收管帽。

图 2 定砷器

5.7.4 **分析步骤**

5.7.4.1 **试料**

称取约 2 g 实验室样品(精确到 0.01 g)，移至 100 mL 锥形瓶中。

5.7.4.2 测定

向试料(5.7.4.1)中加 23 mL 水、4 mL 盐酸(5.7.2.1)、5 mL 碘化钾溶液(5.7.2.3)和 5 mL 氯化亚锡溶液(5.7.2.4)。室温下静置 10 min。再加 2 g 锌粒(5.7.2.2),立即按图(见图 2)将已装好乙酸铅棉花(5.7.2.7)和溴化汞试纸(5.7.2.8)的检定管连接好,于室温下在暗处放置(1～2)h。

溴化汞试纸所呈颜色浅于或等于标准色斑为合格,深于标准色斑为不合格。

5.7.4.3 标准色斑制备

每次测定应同时制备标准色斑。

加 2 g 盐酸(5.7.2.1)(精确到 0.01 g)和 2.0 mL 砷标准溶液(5.7.2.6)于 100 mL 锥形瓶中,以下按 5.7.4.2 规定进行。

5.8 硫酸盐含量的测定 比浊法

5.8.1 原理

将试料蒸发至干,用盐酸溶液溶解残渣,用甘油-乙醇混合液做稳定剂,加入氯化钡制得悬浮液,用分光光度计测定悬浮液吸光度。

5.8.2 试剂

5.8.2.1 二水氯化钡。

5.8.2.2 甘油-乙醇混合液:1+2。

5.8.2.3 盐酸溶液:1 mol/L。

5.8.2.4 硫酸盐标准溶液:0.1 g/L。

5.8.3 仪器

一般的实验室仪器和分光光度计。

5.8.4 分析步骤

5.8.4.1 标准曲线绘制

5.8.4.1.1 按表 4 量取硫酸盐标准溶液(5.8.2.4)分别置于 7 个 50 mL 的容量瓶中。

表 4

硫酸盐标准溶液(5.8.2.4)/ mL	对应的硫酸盐质量/mg
0	0
2.5	0.25
5.0	0.50
7.5	0.75
10.0	1.00
15.0	1.50
20.0	2.00

5.8.4.1.2 向每个容量瓶中分别加入 3 mL 盐酸溶液(5.8.2.3)和 5 mL 甘油-乙醇混合液(5.8.2.2),用水稀释至刻度,摇匀。

5.8.4.1.3 将容量瓶中的溶液小心移入盛有 0.3 g 二水氯化钡(5.8.2.1)的干燥烧杯中,以每秒两转的速度摇动 2 min。在室温下,静置 10 min。

5.8.4.1.4 用适宜的比色皿,在波长 450 nm 处,用空白溶液调整分光光度计零点,测定溶液吸光度。

5.8.4.1.5 以硫酸盐含量(mg)为横坐标,对应的吸光度为纵坐标绘制标准曲线。

5.8.4.2 试料

称取约 20 g 实验室样品(精确到 0.01 g),置于蒸发皿中,在沸水浴上蒸发至干,冷却至室温,加入 3 mL盐酸溶液(5.8.2.3)溶解残留物,全部移入 50 mL 容量瓶中,加 5 mL 甘油-乙醇混合液(5.8.2.2),

用水稀释至刻度,摇匀。

5.8.4.3 空白试验

不加试料,采用与测定试料完全相同的分析步骤、试剂和用量进行空白试验。

5.8.4.4 测定

5.8.4.4.1 将试料(5.8.4.2)小心移入盛有 0.3 g 二水氯化钡(5.8.2.1)的干燥烧杯中,以每秒两转的速度摇动 2 min。在室温下,静置 10 min。

5.8.4.4.2 用适宜的比色皿,在波长 450 nm 处,用空白溶液调整分光光度计零点,测定溶液吸光度。

5.8.5 结果计算

硫酸盐含量以硫酸盐(SO_4^{2-})的质量分数 w_6 计,数值以%表示,按式(6)计算:

$$w_6 = \frac{m_9 \times 10^{-3}}{m_8} \times 100 = \frac{m_9}{10 m_8} \quad \cdots\cdots(6)$$

式中:

m_8——试料的质量的数值,单位为克(g);

m_9——由标准曲线上查得的试料中硫酸盐的质量的数值,单位为毫克(mg)。

5.8.6 允许差

平行测定结果之差的绝对值不大于 0.001%。

取平行测定结果的算术平均值为报告结果。

6 检验规则

6.1 本标准中工业用合成盐酸质量指标合格判断,采用 GB/T 1250 中"修约值比较法"。

6.2 本标准规定的检验项目全部为型式检验项目,其中总酸度、铁为出厂检验项目,其余为型式检验项目中的抽检项目。如有下述情况:停产后复产、生产工艺有较大改变(如材料、工艺条件等)、合同规定等,应进行型式检验。在正常生产情况下,每月至少进行一次型式检验。

6.3 出厂的工业用合成盐酸应由生产企业的质量监督检验部门进行检验,并附有质量证明书,内容包括:生产企业名称、产品名称、质量指标、等级、批号或生产日期、执行标准号。未满足本标准要求的工业用合成盐酸不得声明符合本标准。

6.4 用户有权按本标准规定对收到的工业用合成盐酸进行检验,验证其质量是否符合本标准要求。

6.5 如果检验结果有一项指标不符合本标准要求,应重新加倍在包装单元中采取有代表性的样品进行复检。复检结果中仍有一项指标不符合本标准要求,则该批产品为不合格品。

7 标志、包装、运输和贮存

7.1 标志

出厂的工业用合成盐酸外包装上应有明显牢固的标志,内容包括:生产企业名称、地址、产品名称、商标、执行标准号、生产许可证编号及 GB 190 中规定的"腐蚀品"标志。塑料桶或陶瓷坛包装的工业用合成盐酸外包装上除上述规定外还应有:批号或生产日期、净质量及 GB/T 191 中规定的"向上"标志。

7.2 包装

工业用合成盐酸用塑料桶或陶瓷坛包装时,其注料口应盖好。陶瓷坛密封,装入木箱中,箱口应高于注料口至少 20 mm。

工业用合成盐酸用专用槽车或贮槽包装应加密封盖。

7.3 运输

工业用合成盐酸运输时,应防止碰撞而泄漏。不应与碱性物品混运。

7.4 贮存

工业用合成盐酸不应与碱性物品混贮。

8 安全

工业用合成盐酸产品具有强腐蚀性，使用者有责任采取适当的安全和健康措施，接触人员应佩戴防护眼镜、耐酸手套等防护用品。

ICS 71.060.30
G 11

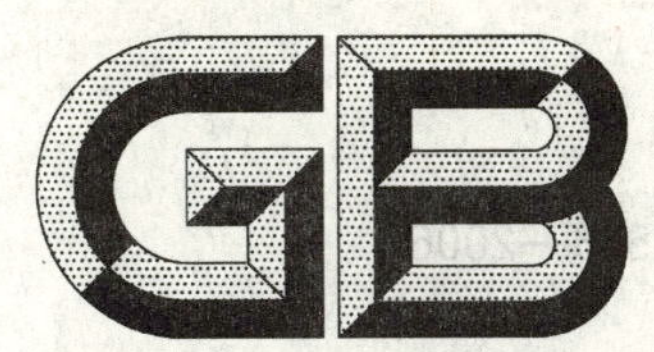

中华人民共和国国家标准

GB/T 538—2006
代替 GB/T 538—1990

工业硼酸

Boric acid for industrial use

2006-09-01 发布 　　　　2007-02-01 实施

中华人民共和国国家质量监督检验检疫总局
中国国家标准化管理委员会 　发布

前　言

本标准修改采用俄罗斯标准 ГОСТ 18704:1978(第三次修改自 1992 年 1 月 1 日起)《硼酸技术条件》(俄文版)。

本标准根据俄罗斯标准 ГОСТ 18704:1978(第三次修改自 1992 年 1 月 1 日起)《硼酸技术条件》(俄文版)重新起草。

在采用俄罗斯标准 ГОСТ 18704:1978(第三次修改自 1992 年 1 月 1 日起)《硼酸技术条件》(俄文版)时,本标准做了一些修改,有关技术性差异及结构性差异已编入正文中,并在它们涉及的条款的页边空白处用垂直单线标识。附录 A、附录 B 给出了这些技术性差异和结构性差异及原因的一览表以供参考。

本标准代替 GB/T 538—1990《工业硼酸》。

本标准与 GB/T 538—1990 的主要技术差异如下:

——优等品的氯化物含量和铁含量的指标作了适当调整(1990 年版 3.2,本版第 4 章)。

本标准的附录 A 和附录 B 为资料性附录。

本标准由中国石油和化学工业协会提出。

本标准由全国化学标准化技术委员会无机化工分会(SAC/TC 63/SCl)归口。

本标准主要起草单位:成都市蜀阳硼业有限公司、天津出入境检验检疫局、天津化工研究设计院。

本标准主要起草人:高淑兰、刘绍从、李德泉、王彦。

本标准所代替标准的历次发布情况为:

——GB/T 538—1965、GB/T 538—1982、GB/T 538—1990。

工 业 硼 酸

1 范围

本标准规定了工业硼酸的技术要求、试验方法、检验规则以及标志和标签、包装、运输和贮存。

本标准适用于工业硼酸。该产品主要用于玻璃、搪瓷、化工和建材等工业。

分子式：H_3BO_3

相对分子质量：61.83（按 2001 年国际相对原子质量）

2 规范性引用文件

下列文件中的条款通过本标准的引用而成为本标准的条款。凡是注日期的引用文件，其随后所有的修改单（不包括勘误的内容）或修订版本均不适用于本标准，然而，鼓励根据本标准达成协议的各方研究是否可使用这些文件的最新版本。凡是不注日期的引用文件，其最新版本适用于本标准。

GB/T 191—2000 包装储运图示标志（eqv ISO 780:1997）

GB/T 1250 极限数值的表示方法和判定方法

GB/T 6678 化工产品采样总则

GB/T 12684—2006 工业硼化物 分析方法

3 外观

工业硼酸应为白色粉末状结晶或三斜轴面的鳞片状带光泽结晶。

4 技术要求

工业硼酸应符合表 1 要求。

表 1 要求

质量分数/%

项目		指标		
		优等品	一等品	合格品
硼酸（H_3BO_3）		99.6～100.8	99.4～100.8	≥99.0
水不溶物	≤	0.010	0.040	0.060
硫酸盐（以 SO_4 计）	≤	0.10	0.20	0.30
氯化物（以 Cl 计）	≤	0.010	0.050	0.10
铁（Fe）	≤	0.001 0	0.001 5	0.002 0
氨（NH_3）[a]	≤	0.30	0.50	0.70
重金属（以 Pb 计）	≤	0.001 0	—	—

a 为碳氨法产品控制指标。

5 试验方法

5.1 硼酸含量的测定

按 GB/T 12684—2006 中 4.1 规定的方法进行测定。

5.2　水不溶物含量的测定

按 GB/T 12684—2006 中 4.2 规定的方法进行测定。

5.3　硫酸盐含量的测定

按 GB/T 12684—2006 中 4.3 规定的方法进行测定。

5.4　氯化物含量的测定

按 GB/T 12684—2006 中 4.4 规定的方法进行测定。

5.5　铁含量的测定

按 GB/T 12684—2006 中 4.5 规定的方法进行测定。

5.6　氨含量的测定

按 GB/T 12684—2006 中 4.6 规定的方法进行测定。

5.7　重金属含量的测定

按 GB/T 12684—2006 中 4.7 规定的方法进行测定。

6　检验规则

6.1　本标准要求中的所有指标项目均为出厂检验项目，应逐批检验。

6.2　生产厂用相同材料，基本相同的生产条件，连续生产或同一班组生产的同一级别的硼酸为一批。每批产品不超过 10 t。

6.3　按照 GB/T 6678 的规定确定采样单元数。采样时，将采样器自包装袋的上方斜插入至料层深度的四分之三处采样。将所采的样品混匀，用四分法缩分至约 500 g，分装入两个干燥、清洁的广口瓶、聚乙烯瓶或聚乙烯袋中，密封。粘贴标签，注明：生产厂名、产品名称、等级、批号、采样日期，采样者姓名。一瓶(或袋)用于检验，另一瓶(或袋)保存备查，保存时间由生产厂根据实际情况确定。

6.4　工业硼酸应由生产厂的质量监督检验部门按本标准的规定进行检验。生产厂应保证所有出厂的工业硼酸都符合本标准的要求。

6.5　检验结果中如有一项指标不符合本标准要求时，应重新自两倍量的包装袋中采样进行复验，复验结果即使只有一项指标不符合本标准要求，则整批产品为不合格。

6.6　采用 GB/T 1250 规定的修约值比较法判断检验结果是否符合标准。

7　标志和标签

7.1　工业硼酸包装袋上要有牢固清晰的标志，内容包括：生产厂名、厂址、产品名称、商标、等级、净含量、批号或生产日期、本标准编号及 GB/T 191—2000 中规定的“怕雨”及“怕晒”标志。

7.2　每批出厂的工业硼酸都应附有质量证明书，内容包括：生产厂名、厂址、产品名称、商标、等级、净含量、批号或生产日期、产品质量符合本标准的证明和本标准编号。

8　包装、运输和贮存

8.1　工业硼酸采用双层包装，内袋为：聚乙烯塑料膜袋，用维尼龙绳或其他质量相当的绳扎紧，或用与其相当的其他方式封口。外袋为：塑料编制袋，或采用覆膜塑料编织袋、防潮复合纸袋单层包装，用维尼龙绳线或其他质量相当的线缝口，缝线整齐，针距均匀，无漏缝或跳线现象。如需特殊包装，供需双方另行协商。每袋净含量 25 kg 或 50 kg。

8.2　工业硼酸在运输过程中应防潮、防雨、防晒，并不得与酸性、易燃物、氧化剂和食品、饲料类货物混运。

8.3　工业硼酸应贮存于阴凉、干燥的库房中、不得与氧化剂、强碱及碱金属同贮。

附 录 A
（资料性附录）
本标准与俄罗斯标准主要技术性差异及其原因

表A.1给出了本标准与俄罗斯标准主要技术性差异及其原因。

表A.1 本标准与俄罗斯标准技术性差异及其原因一览表

本标准的章条编号	技术性差异	原 因
1	俄罗斯标准的适用范围分类在附录中给出，除本标准列出的以外，还有医药类。	中国医药类另有标准
3.1	俄罗斯标准外观规定为：松散的白色小颗粒结晶粉末，我国则为：白色粉末状结晶或三斜轴面的鳞片状带光泽结晶。	国内产品的实际状况
3.2	本标准分为优等品、一等品和合格品三个等级，列有氨含量指标。	1）俄罗斯标准的适用范围除本标准列出的以外，还有医药类； 2）由于两国的矿质不同。
	俄罗斯标准分为光学玻璃制造、A和Б，列有：钙、砷和磷酸盐含量；此外，光学玻璃制造列有：乙醇处理下不挥发残渣含量、粒度和染色杂质含量。	
4	本标准所用试验方法以引用系列标准方式给出。	

附　录　B
（资料性附录）
本标准与俄罗斯标准结构性差异及其原因

表B.1给出了本标准与俄罗斯标准结构性差异及其原因。

表B.1　本标准与俄罗斯标准结构性差异及其原因一览表

本标准章条编号	俄罗斯标准章条编号
1	附录
3	1.3
4	2.3～2.8
5.3	2.1

ICS 71.040.30
G 60

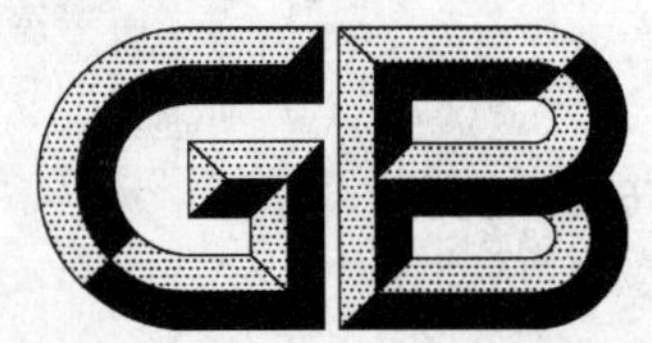

中华人民共和国国家标准

GB/T 605—2006
代替 GB/T 605—1988

化 学 试 剂
色度测定通用方法

Chemical reagent—
General method for the measurement of colour

(ISO 6353-1:1982, Reagents for chemical analysis—
Part 1: General test methods, NEQ)

2006-11-03 发布 2007-06-01 实施

中华人民共和国国家质量监督检验检疫总局
中国国家标准化管理委员会 发布

前言

本标准与 ISO 6353-1:1982《化学分析试剂　第 1 部分:通用试验方法》的一致性程度为非等效。

本标准代替 GB/T 605—1988《化学试剂　色度测定通用方法》,与 GB/T 605—1988 相比主要变化如下:

——调整了 500 黑曾单位铂-钴标准溶液的配置体积和保存期(1988 年版 5.1;本版的 6.1.4.2);

——调整了配制 500 黑曾单位铂-钴标准溶液中所用六水合氯化钴(氯化钴)含量测定方法及氯铂酸钾含量测定中硫酸溶液的质量分数(1988 年版的附录 A;本版的附录 A);

——取消了附录 B(1988 年版)。

本标准的附录 A 为规范性附录。

本标准由中国石油和化学工业协会提出。

本标准由全国化学标准化技术委员会化学试剂分会(SAC/TC 63/SC 3)归口。

本标准起草单位:国药集团化学试剂有限公司。

本标准主要起草人:陈浩云、陈红。

本标准于 1965 年首次发布,于 1977 年第一次修订、1988 年第二次修订。

化 学 试 剂
色度测定通用方法

1 范围

本标准规定了以铂-钴标准溶液为标准色，用目视比色法测定色度的通用方法。

本标准适用于色调接近铂-钴标准溶液的、澄清透明、浅色液体试剂色度的测定。利用本标准测定色度时，检测下限为4黑曾单位。

本标准不适用于易炭化物质的测定。

2 规范性引用文件

下列文件中的条款通过本标准的引用而成为本标准的条款。凡是注日期的引用文件，其随后所有的修改单(不包括勘误的内容)或修订版均不适用于本标准，然而，鼓励根据本标准达成协议的各方研究是否可使用这些文件的最新版本。凡是不注日期的引用文件，其最新版本适用于本标准。

GB/T 601 化学试剂 标准滴定溶液的制备

GB/T 603 化学试剂 试验方法中所用制剂及制品的制备(GB/T 603—2002，ISO 6353-1:1982，NEQ)

GB/T 6682 分析实验室用水规格和试验方法(GB/T 6682—1992，eqv ISO 3696:1987)

GB/T 9721 化学试剂 分子吸收分光光度法通则(紫外和可见光部分)

3 术语和定义

下列术语和定义适用于本标准。

黑曾单位 Hazen units

每升含有1 mg以氯铂酸(H_2PtCl_6)形式存在的铂和2 mg六水合氯化钴($CoCl_2 \cdot 6H_2O$)的铂-钴溶液的色度。

4 方法原理

按一定的比例将氯铂酸钾、六水合氯化钴和盐酸配成水溶液(铂-钴标准溶液)，所得溶液的色调与待测样品的色调在多数情况下是相近的，用目视法比较样品与铂-钴标准溶液，可得出样品的色度。

5 仪器

5.1 一般实验室仪器。

5.2 比色管的容积50 mL或100 mL，刻线高度不得小于100 mm，平底。一套比色管的玻璃颜色和刻线高度应相同。

5.3 分光光度计应符合GB/T 9721的规定。

6 测定

6.1 试剂

6.1.1 标准滴定溶液按GB/T 601的规定制备。

6.1.2 制剂及制品按GB/T 603的规定制备。

6.1.3 实验用水应符合 GB/T 6682 中三级水规格。

6.1.4 500 黑曾单位铂-钴标准溶液。

6.1.4.1 六水合氯化钴和氯铂酸钾含量的测定

六水合氯化钴和氯铂酸钾的含量按附录 A 测定。

6.1.4.2 500 黑曾单位铂-钴标准溶液的制备

称取 1.000 g 六水合氯化钴、1.245 g 氯铂酸钾(按 6.1.4.1 测得的结果对称取的量进行相应的修正),置于烧杯中,用 100 mL 盐酸和适量水溶解,移至 1 000 mL 容量瓶中,用水稀释至刻度,摇匀。

用 1 cm 吸收池、以水作参比用分光光度计按表 1 规定的波长测定溶液的吸光度。其值应在表 1 所列范围之内。

表 1 500 黑曾单位铂-钴标准溶液吸光度允许范围

波长/nm	吸 光 度
430	0.110～0.120
455	0.130～0.145
480	0.105～0.120
510	0.055～0.065

500 黑曾单位铂-钴标准溶液置于具塞棕色瓶中,避光保存,有效期为 1 年。

6.1.4.3 稀铂-钴标准溶液的制备

配制 100 mL 所需黑曾单位的铂-钴标准溶液应量取 500 黑曾单位铂-钴标准溶液的体积(V),数值以"mL"表示,按式(1)计算:

$$V = \frac{N \times 100}{500} \qquad \cdots\cdots(1)$$

式中:

N——欲配制的稀铂-钴标准溶液的黑曾单位数。

稀铂-钴标准溶液应在使用前配制。

6.2 测定方法

将待测样品注入比色管中,在白色背景下,沿比色管轴线方向用目测法与规定黑曾单位的同体积铂-钴标准溶液比较。

附 录 A
（规范性附录）
六水合氯化钴、氯铂酸钾含量的测定方法

A.1 六水合氯化钴($CoCl_2 \cdot 6H_2O$)含量的测定

称取0.4 g样品，精确至0.000 1 g。溶于50 mL水中，用乙二胺四乙酸二钠标准滴定溶液[c(EDTA)=0.05 mol/L]滴定至终点前约1 mL时，加10 mL氨-氯化铵缓冲溶液甲(pH≈10)及0.2 g紫脲酸铵指示剂，继续滴定至溶液呈紫红色。

六水合氯化钴的质量分数w_1，数值以"%"表示，按式(A.1)计算：

$$w_1 = \frac{V \times c \times M}{m \times 1\,000} \times 100 \qquad \text{(A.1)}$$

式中：

V——乙二胺四乙酸二钠标准滴定溶液体积的数值，单位为毫升(mL)；

c——乙二胺四乙酸二钠标准滴定溶液浓度的准确数值，单位为摩尔每升(mol/L)；

M——六水合氯化钴的摩尔质量的数值，单位为克每摩尔(g/mol)[$M(CoCl_2 \cdot 6H_2O)=237.9$]；

m——样品质量的数值，单位为克(g)。

A.2 氯铂酸钾含量的测定

称取0.5 g样品，精确至0.000 1 g。用170 mL硫酸溶液(40%)加热溶解，加2 g甲酸钠，于电炉上煮沸至反应完全、上层溶液澄清(可不断补充水，保持溶液体积不变)。冷却，加130 mL水，搅匀，用慢速定量滤纸过滤，用热盐酸溶液[c(HCl)=0.1 mol/L]洗涤至滤液无硫酸盐反应[用氯化钡溶液(100 g/L)检验溶液时应无混浊现象]。将沉淀置于已在800℃恒量的坩埚中，再于800℃灼烧至恒量。

氯铂酸钾的质量分数w_2，数值以"%"表示，按式(A.2)计算：

$$w_2 = \frac{m_1 \times 2.491}{m} \times 100 \qquad \text{(A.2)}$$

式中：

m_1——沉淀质量的数值，单位为克(g)；

m——样品质量的数值，单位为克(g)。

ICS 71.040.30
G 60

中华人民共和国国家标准

GB/T 609—2006
代替 GB/T 609—1988

化学试剂　总氮量测定通用方法

Chemical reagent—General method for the determination of total nitrogen

(ISO 6353-1:1982, Reagents for chemical analysis—
Part 1: General test methods, NEQ)

2006-11-03 发布　　2007-06-01 实施

中华人民共和国国家质量监督检验检疫总局
中国国家标准化管理委员会　发布

前　言

本标准与 ISO 6353-1:1982《化学分析试剂　第 1 部分:通用试验方法》的一致性程度为非等效。

本标准与前版标准在技术内容上没有差异,按 GB/T 1.1—2000 的要求,仅是做了一些编辑性修改。

本标准自实施之日起,代替 GB/T 609—1988《化学试剂　总氮量测定通用方法》。

本标准由中国石油和化学工业协会提出。

本标准由全国化学标准化技术委员会化学试剂分会(SAC/TC 63/SC 3)归口。

本标准起草单位:南京化学试剂有限公司。

本标准主要起草人:高伟越、梅宝宁、王浩。

本标准于 1965 年首次发布,于 1977 年第一次修订、1988 年第二次修订。

化学试剂 总氮量测定通用方法

1 范围

本标准规定了将无机氮化合物转变为铵盐并用纳氏试剂目视比色测定的通用方法。

本标准适用于化学试剂中微量无机氮化合物(包括硝酸盐、亚硝酸盐及铵盐)总量的测定。检测范围为0.05 μg/mL～0.8 μg/mL(以N计)。

2 规范性引用文件

下列文件中的条款通过本标准的引用而成为本标准的条款。凡是注日期的引用文件,其随后所有的修改单(不包括勘误的内容)或修订版均不适用于本标准,然而,鼓励根据本标准达成协议的各方研究是否使用这些文件的最新版本。凡是不注日期的引用文件,其最新版本适用于本标准。

GB/T 602 化学试剂 杂质测定用标准溶液的制备(GB/T 602—2002,ISO 6353-1:1982,NEQ)

GB/T 603 化学试剂 试验方法中所用制剂及制品的制备(GB/T 603—2002,ISO 6353-1:1982,NEQ)

GB/T 6682 分析实验室用水规格和试验方法(GB/T 6682—1992,eqv ISO 3696:1987)

3 方法原理

在碱性溶液中,定氮合金可将样品中的硝酸盐、亚硝酸盐还原为氨或铵。将氨从碱性溶液中蒸出后,可用纳氏试剂比色法测定总氮量。

4 试剂

本标准中所有标准溶液、制剂及制品,均按GB/T 602、GB/T 603的规定制备,实验用水应符合GB/T 6682中二级水的规格。

5 仪器

5.1 一般实验室仪器。

5.2 凯氏定氮瓶:250 mL。

5.3 冷凝管:长200 mm。

5.4 凯氏仪:由凯氏定氮瓶和蒸馏装置组成。

6 测定

按产品标准的规定取样并制备样品溶液,稀释至140 mL,置于凯氏仪中。加5 mL氢氧化钠溶液(320 g/L)、1.0 g定氮合金,静置1 h。加热蒸馏出约75 mL,用盛有5 mL质量分数为0.5%硫酸溶液的100 mL比色管接收。加3 mL氢氧化钠溶液(320 g/L)、2 mL纳氏试剂,稀释至100 mL,摇匀。溶液所呈黄色与标准比色溶液比较。

标准比色溶液的制备是取规定量的氮(N)标准溶液,稀释至140 mL,与同体积样品溶液同时同样处理。

ICS 71.040.30
G 60

中华人民共和国国家标准

GB/T 611—2006
代替 GB/T 611—1988

化学试剂　密度测定通用方法

Chemical reagent—General method for the determination of density

(ISO 6353-1:1982,Reagents for chemical analysis—
Part 1:General test methods,NEQ)

2006-11-03 发布　　2007-06-01 实施

中华人民共和国国家质量监督检验检疫总局
中国国家标准化管理委员会　发布

前　言

本标准与 ISO 6353-1：1982《化学分析试剂　第一部分：通用试验方法》的一致性程度为非等效。

本标准代替 GB/T 611—1988《化学试剂　密度测定通用方法》，与 GB/T 611—1988 相比主要变化如下：

——增加了规范性引用文件（本版的第 2 章）；

——增加了密度瓶的种类，调整了密度瓶的容量（1988 年版的 5.1.2.2；本版的 4.2.2.2）。

本标准由中国石油和化学工业协会提出。

本标准由全国化学标准化技术委员会化学试剂分会（SAC/TC 63/SC 3）归口。

本标准起草单位：国药集团化学试剂有限公司。

本标准主要起草人：陈浩云、陈红。

本标准于 1965 年首次发布，于 1977 年第一次修订、1988 年第二次修订。

化学试剂　密度测定通用方法

1　范围

本标准规定了用密度瓶法及韦氏天平法测定液体化学试剂密度的通用方法。

本标准适用于液体化学试剂密度的测定。

2　规范性引用文件

下列文件中的条款通过本标准的引用而成为本标准的条款。凡是注日期的引用文件，其随后所有的修改单(不包括勘误的内容)或修订版均不适用于本标准，然而，鼓励根据本标准达成协议的各方研究是否可使用这些文件的最新版本。凡是不注日期的引用文件，其最新版本适用于本标准。

GB/T 6682　分析实验室用水规格和试验方法(GB/T 6682—1992，eqv ISO 3696:1987)

JJG 130　工作用玻璃液体温度计

JJG 171　液体相对密度天平

3　术语和定义

下列术语和定义适用于本标准。

密度　density

20℃时单位体积物质的质量。

4　试验方法

4.1　一般规定

实验用水应符合 GB/T 6682 中三级水规格。

4.2　密度瓶法

4.2.1　方法原理

在 20℃时，分别测定充满同一密度瓶的水及样品的质量，由水的质量可确定密度瓶的容积即样品的体积，根据样品的质量及体积即可计算其密度。

4.2.2　仪器

4.2.2.1　分析天平的感量为 0.1 mg。

4.2.2.2　密度瓶(见图 1)的容量为 25 mL～50 mL。

4.2.2.3　温度计应符合 JJG 130 的规定，并选用分度值为 0.2℃的全浸式水银温度计。

4.2.2.4　恒温水浴的温度可控制在 20.0℃±0.1℃。

4.2.3　测定

4.2.3.1　将密度瓶洗净并干燥，带温度计(或瓶塞)及侧孔罩称量，然后取下温度计(或瓶塞)及侧孔罩，用新煮沸并冷却至 15℃左右的水充满密度瓶，不得带入气泡，插入温度计(或瓶塞)，将密度瓶置于 20.0℃±0.1℃的恒温水浴中，至密度瓶中液体温度达到 20℃，并使侧管中的液面与侧管管口齐平，立即盖上侧孔罩，取出密度瓶，用滤纸擦干其外壁上的水，立即称量。

4.2.3.2　用样品代替水重复 4.2.3.1 的操作。

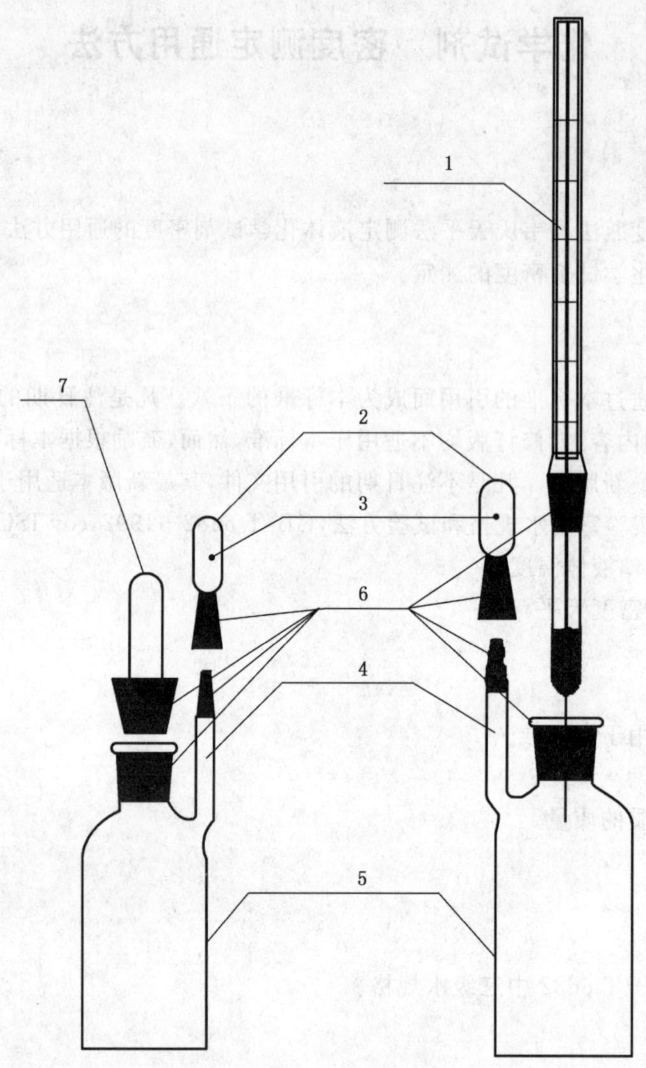

1——温度计；

2——侧孔罩；

3——侧孔；

4——侧管；

5——密度瓶主体；

6——玻璃磨口；

7——瓶塞。

图 1 密度瓶

4.2.4 结果计算

样品的密度 ρ，数值以"g/mL"表示，按式(1)计算：

$$\rho = \frac{m_1 + A}{m_2 + A} \times \rho_0 \qquad \cdots\cdots(1)$$

式中：

m_1——充满密度瓶所需样品的表观质量，单位为克(g)；

m_2——充满密度瓶所需水的表观质量，单位为克(g)；

ρ_0——20℃时水的密度为 0.998 20 g/ mL；

A——空气浮力校正值。

空气浮力校正值 A，按式(2)计算：

$$A = \rho_a \times \frac{m_2}{\rho_0 - \rho_a} \quad \cdots\cdots(2)$$

式中：

ρ_a——干燥空气在 20℃，1 013.25 hPa 时的密度约为 0.001 2 g/mL；

m_2——同式(1)；

ρ_0——同式(1)。

4.3 韦氏天平法

4.3.1 方法原理

在 20℃时，分别测定浮锤在水及样品中的浮力。由于浮锤所排开的水的体积与所排开的样品的体积相同，所以，根据水的密度及浮锤在水与样品中的浮力即可计算出样品的密度。

4.3.2 仪器

4.3.2.1 韦氏分析天平(见图 2)应符合 JJG 171 的规定。

4.3.2.2 量筒内温度计应符合 JJG 130 的规定，并选用分度值为 0.1℃的全浸式水银温度计。

4.3.2.3 恒温水浴同 4.2.2.4。

1——指针；
2——横梁；
3——刀口；
4——骑码；
5——小钩；
6——调节器；
7——支架；
8——调整螺丝；
9——细铂丝；
10——浮锤；
11——玻璃筒。

图 2 韦氏天平装置

4.3.3 测定

4.3.3.1 将浮锤用细铂丝悬于天平横梁末端，并调整底座上的螺丝，使横梁与支架的指针尖相互对正。

4.3.3.2 将浮锤全部浸入盛有经煮沸并冷却至 20℃左右水的玻璃筒中，不得带入气泡，玻璃筒置于恒温水浴中，恒温至 20.0℃±0.1℃，调整天平骑码使指针重新对正，记录读数。

4.3.3.3 将浮锤取出，使其完全干燥，在相同温度下，用样品代替水重复4.3.3.2的操作。

4.3.4 结果计算

样品的密度 ρ，数值以“g/mL”表示，按式(3)计算：

$$\rho = \frac{m_2}{m_1} \times 0.998\,2 \qquad \cdots\cdots(3)$$

式中：

m_2——浮锤浸于样品中时骑码的读数；

m_1——浮锤浸于水中时骑码的读数。

ICS 71.040.30
G 60

中华人民共和国国家标准

GB/T 614—2006
代替 GB/T 614—1988

化学试剂
折光率测定通用方法

Chemical reagent—
General method for the determination of refractive index

(ISO 6353-1:1982,Reagents for chemical analysis—
Part 1:General test methods,NEQ)

2006-11-03 发布　　2007-06-01 实施

中华人民共和国国家质量监督检验检疫总局
中国国家标准化管理委员会　发布

前　言

本标准与 ISO 6353-1:1982《化学分析试剂　第 1 部分:通用试验方法》的一致性程度为非等效。

本标准代替 GB/T 614—1988《化学试剂　折光率测定通用方法》,与 GB/T 614—1988 相比主要变化如下:

——增加了规范性引用文件(本版的第 2 章);

——将试剂及仪器调整为仪器(1988 年版的第 5 章、第 6 章;本版的第 5 章);

——将操作步骤改为测定,并完善了测定方法(1988 年版的第 7 章;本版的第 6 章)。

本标准由中国石油和化学工业协会提出。

本标准由全国化学标准化技术委员会化学试剂分会(SAC/TC 63/SC 3)归口。

本标准起草单位:国药集团化学试剂有限公司。

本标准主要起草人:陈浩云、陈红。

本标准于 1965 年首次发布,于 1977 年第一次修订、1988 年第二次修订。

化学试剂
折光率测定通用方法

1 范围

本标准规定了用阿贝型折射仪测定液体有机试剂折光率的通用方法。

本标准适用于浅色、透明、折光率范围在1.300 0～1.700 0的液体有机试剂的测定。

2 规范性引用文件

下列文件中的条款通过本标准的引用而成为本标准的条款。凡是注日期的引用文件，其随后所有的修改单（不包括勘误的内容）或修订版均不适用于本标准，然而，鼓励根据本标准达成协议的各方研究是否可使用这些文件的最新版本。凡是不注日期的引用文件，其最新版本适用于本标准。

GB/T 6682　分析实验室用水规格和试验方法（GB/T 6682—1992，eqv ISO 3696:1987）

JJG 625　阿贝折射仪

3 术语和定义

下列术语和定义适用于本标准。

折光率　refractive index

在钠光谱D线、20℃的条件下，空气中的光速与被测物中的光速的比值或光自空气通过被测物时的入射角的正弦与折射角的正弦的比值。

4 方法原理

当光从折光率为n的被测物质进入折光率为N的棱镜时，入射角为i，折射角为r，则：

$$\frac{\sin i}{\sin r}=\frac{N}{n} \qquad (1)$$

在阿贝折射仪中，入射角$i=90°$，代入式(1)得：

$$\frac{1}{\sin r}=\frac{N}{n}$$

$$n=N\cdot\sin r \qquad (2)$$

棱镜的折光率N为已知值，则通过测量折射角r即可求出被测物质的折光率n。

5 仪器

5.1　阿贝折射仪应符合JJG 625的规定。

5.2　恒温水浴及循环泵应能向棱镜提供温度为(20.0±0.1)℃的循环水。

6 测定

6.1　将恒温水浴与棱镜连接，调节恒温水浴温度，使棱镜温度保持在(20.0±0.1)℃。

6.2　用GB/T 6682中规定的二级水或工作样块校正阿贝折射仪。二级水的折光率$n_D^{20}=1.333\ 0$，工作样块的折光率及仪器校正方法见说明书。

6.3　测定前须清洗棱镜表面，可用乙醇、乙醚或乙醇和乙醚的混合液清洗，再用镜头纸或医药棉将溶剂吸干。

6.4 用滴管向棱镜表面滴加数滴20℃左右的样品，立即闭合棱镜并旋紧，应使样品均匀、无气泡并充满视场，待棱镜温度计读数恢复到(20.0±0.1)℃。

6.5 调节反光镜使视场明亮。旋转读数手轮，使视场中出现明暗界线，同时旋转色散棱镜(阿米西棱镜)手轮，使界线处所呈彩色完全消失，再旋转读数手轮，使明暗界线在十字线中心，观察读数镜视场右边所指示的刻度值，即为所测折光率值。

6.6 读出折光率值，估读至小数点后第四位。

ICS 71.040.30
G 60

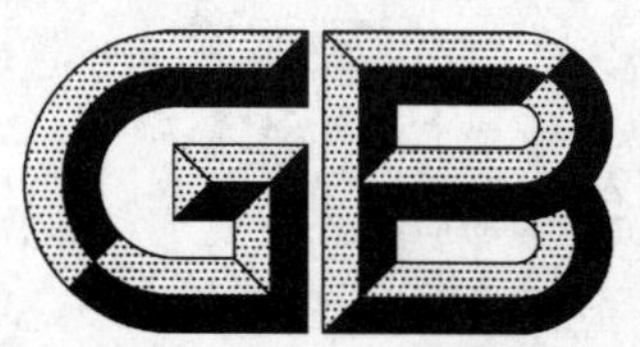

中华人民共和国国家标准

GB/T 615—2006
代替 GB/T 615—1988

化学试剂 沸程测定通用方法

Chemical reagent—
General method for the determination of distillation range

(ISO 6353-1:1982,Reagents for chemical analysis—
Part 1:General test methods,NEQ)

2006-11-03 发布　　2007-06-01 实施

中华人民共和国国家质量监督检验检疫总局
中国国家标准化管理委员会　发布

前　言

本标准与 ISO 6353-1:1982《化学分析试剂　第 1 部分:通用试验方法》的一致性程度为非等效。

本标准代替 GB/T 615—1988《化学试剂　沸程测定通用方法》,与 GB/T 615—1988 相比主要变化如下:

——增加了规范性引用文件(本版的第 2 章);

——测量温度计改用全浸式水银温度计(1988 年版的 4.2;本版的附录 A.2);

——增加了气压计的要求(本版的 5.2)。

本标准的附录 A、附录 B 为规范性附录,附录 C 为资料性附录。

本标准由中国石油和化学工业协会提出。

本标准由全国化学标准化技术委员会化学试剂分会(SAC/TC 63/SC 3)归口。

本标准起草单位:国药集团化学试剂有限公司。

本标准主要起草人:陈浩云、陈红。

本标准于 1965 年首次发布,于 1977 年第一次修订、1988 年第二次修订。

化 学 试 剂
沸程测定通用方法

1 范围

本标准规定了用蒸馏法测定液体有机试剂沸程的通用方法。

本标准适用于沸点在30℃～300℃范围内，并且在蒸馏过程中化学性能稳定的液体有机试剂沸程的测定。

2 规范性引用文件

下列文件中的条款通过本标准的引用而成为本标准的条款。凡是注日期的引用文件，其随后所有的修改单(不包括勘误的内容)或修订版均不适用于本标准，然而，鼓励根据本标准达成协议的各方研究是否可使用这些文件的最新版本。凡是不注日期的引用文件，其最新版本适用于本标准。

JJG 130 工作用玻璃液体温度计

JJG 272 空盒气压表和空盒气压计

3 术语和定义

下列术语和定义适用于本标准。

沸程 distillation range

标准状况下(1 013.25 hPa，0℃)，在产品标准规定的温度范围内的馏出物体积。

4 方法原理

用蒸馏的方法测定已知温度范围的馏出体积。

5 仪器

5.1 蒸馏仪器

蒸馏仪器装置见图1，各部件应遵照附录A的规定。

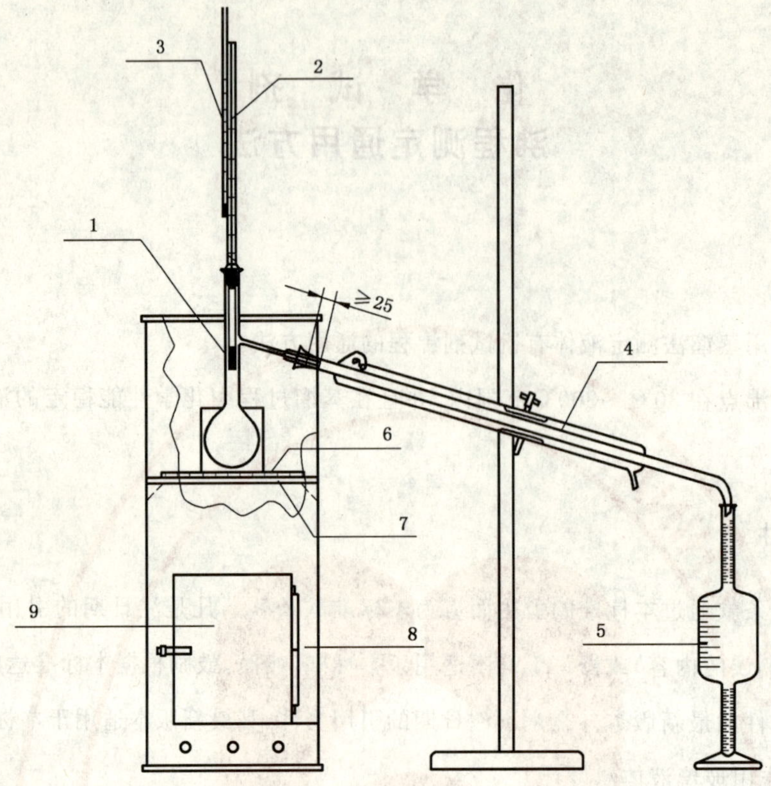

1——支管蒸馏瓶；
2——测量温度计；
3——辅助温度计；
4——冷凝器；
5——接收器；
6——隔热板；
7——隔热板架；
8——蒸馏瓶外罩；
9——热源。

图1 蒸馏仪器装置示意图

测量温度计水银球上端与支管蒸馏瓶的瓶颈和支管接合部的下沿保持水平。将辅助温度计附在测量温度计上，使其水银球在测量温度计露出胶塞外的水银柱中部。

隔热板放置在隔热板架上，使两个孔基本同心。支管蒸馏瓶置于隔热板的孔上。

5.2 气压计

气压计应符合 JJG 272 的规定。

6 测定

6.1 计算

6.1.1 气压的校正

6.1.1.1 温度校正

0℃时气压值等于测定时室温的气压计读数减去气压计读数的校正值。气压计读数的校正值见附录 B 中表 B.1。

6.1.1.2 纬度校正

将 0℃时气压值加上纬度校正值。纬度校正值见附录 B 中表 B.2。

6.1.2 气压对沸程的校正

观测气压下的沸程温度 t_p，数值以"℃"表示，按式(1)计算：

$$t_p = t_0 - \Delta t_p \quad\quad (1)$$

式中：

t_0——产品标准中所规定的沸程温度，单位为摄氏度(℃)；

Δt_p——沸点随气压的变化值，单位为摄氏度(℃)。

沸点随气压的变化值 Δt_p，数值以"℃"表示，按式(2)计算：

$$\Delta t_p = K(1\ 013.25 - p) \quad\quad (2)$$

式中：

K——沸点随气压的变化率(见附录B中表B.3)，单位为摄氏度每百帕(℃/hPa)；

p——经6.1.1.2纬度校正后的气压值，单位为百帕(hPa)。

6.1.3 测量温度计读数的校正

在与测定样品同样的条件下进行蒸馏(按6.2的规定)，温度计露出塞外部分的水银柱度数的校正值 Δt，数值以"℃"表示，按式(3)计算：

$$\Delta t = 0.000\ 16(t_p - t_a)(t_p - t_b) \quad\quad (3)$$

式中：

t_p——观测气压下的沸程温度，单位为摄氏度(℃)；

t_a——露出塞外部分的水银柱的平均温度(该温度由辅助温度计测得)，单位为摄氏度(℃)；

t_b——胶塞上沿处水银柱读数，单位为摄氏度(℃)。

6.1.4 观测沸程温度的计算

观测沸程温度 t，数值以"℃"表示，按式(4)计算：

$$t = t_0 - \Delta t_p - \Delta t \quad\quad (4)$$

式中：

t_0——同式(1)；

Δt_p——同式(2)；

Δt——同式(3)。

沸程温度校正示例参见附录C。

6.2 蒸馏

注意：蒸馏应在通风橱内进行。

用接收器量取100 mL±1 mL样品。若样品的沸程温度范围下限低于80℃，则应在5℃～10℃的温度下量取样品及测量馏出液体积(将接收器距顶端25 mm处以下浸入5℃～10℃的水浴中)；若样品的沸程温度范围下限高于80℃，则在常温下量取样品及测量馏出液体积；上述测量均采用水冷。若样品的沸程温度范围上限高于150℃，则应采用空气冷凝，在常温下量取样品及测量馏出液体积。

将样品全部转移至蒸馏瓶中，不得使之流入支管，向蒸馏瓶中加入几粒清洁、干燥的沸石，装好温度计，将接收器(不必经过干燥)置于冷凝管下端，使冷凝管口进入接收器部分不少于25 mm，也不低于100 mL刻度线，接收器口塞以棉塞。并确保向冷凝管稳定地提供冷却水。

调节蒸馏速度，对沸程温度低于100℃的样品，应使自加热起至第一滴冷凝液滴入接收器的时间为5 min～10 min；对于沸程温度高于100℃的样品，上述时间应控制在10 min～15 min，然后将蒸馏速度控制在3 mL/min～4 mL/min。

记录观测沸程温度范围内的馏出物体积。

附 录 A
（规范性附录）
蒸馏仪器装置中各部件的要求

A.1 支管蒸馏瓶

支管蒸馏瓶用硼硅酸盐玻璃制成，有效容量为 100 mL，见图 A.1。

单位为毫米

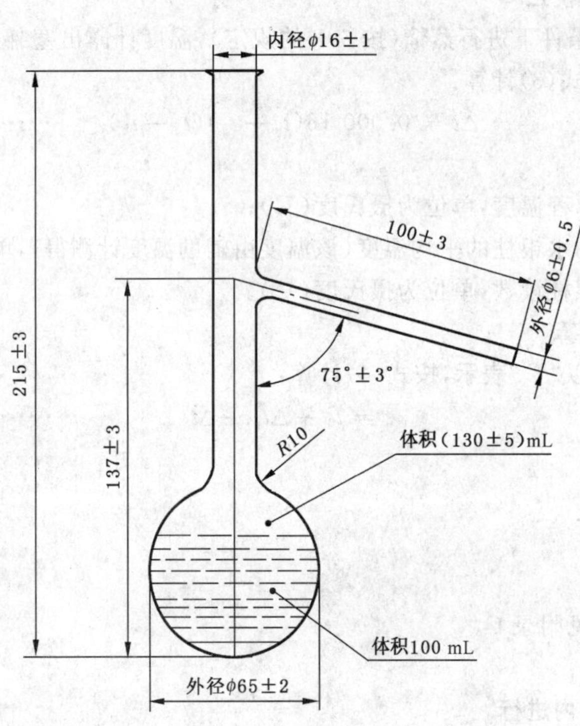

图 A.1 支管蒸馏瓶

A.2 测量温度计和辅助温度计

测量温度计应符合 JJG 130 的规定，并选用分度值为 0.1℃的全浸式水银温度计，示值范围适合于所测样品的沸程温度，用辅助温度计对测量温度计在蒸馏过程中露出塞外部分的水银柱进行校正。

辅助温度计的温度范围为 0℃～50℃，分度值为 1℃。

A.3 冷凝器

冷凝器用硼硅酸盐玻璃制成，水冷凝器见图 A.2，空气冷凝器不设冷凝水套管。

单位为毫米

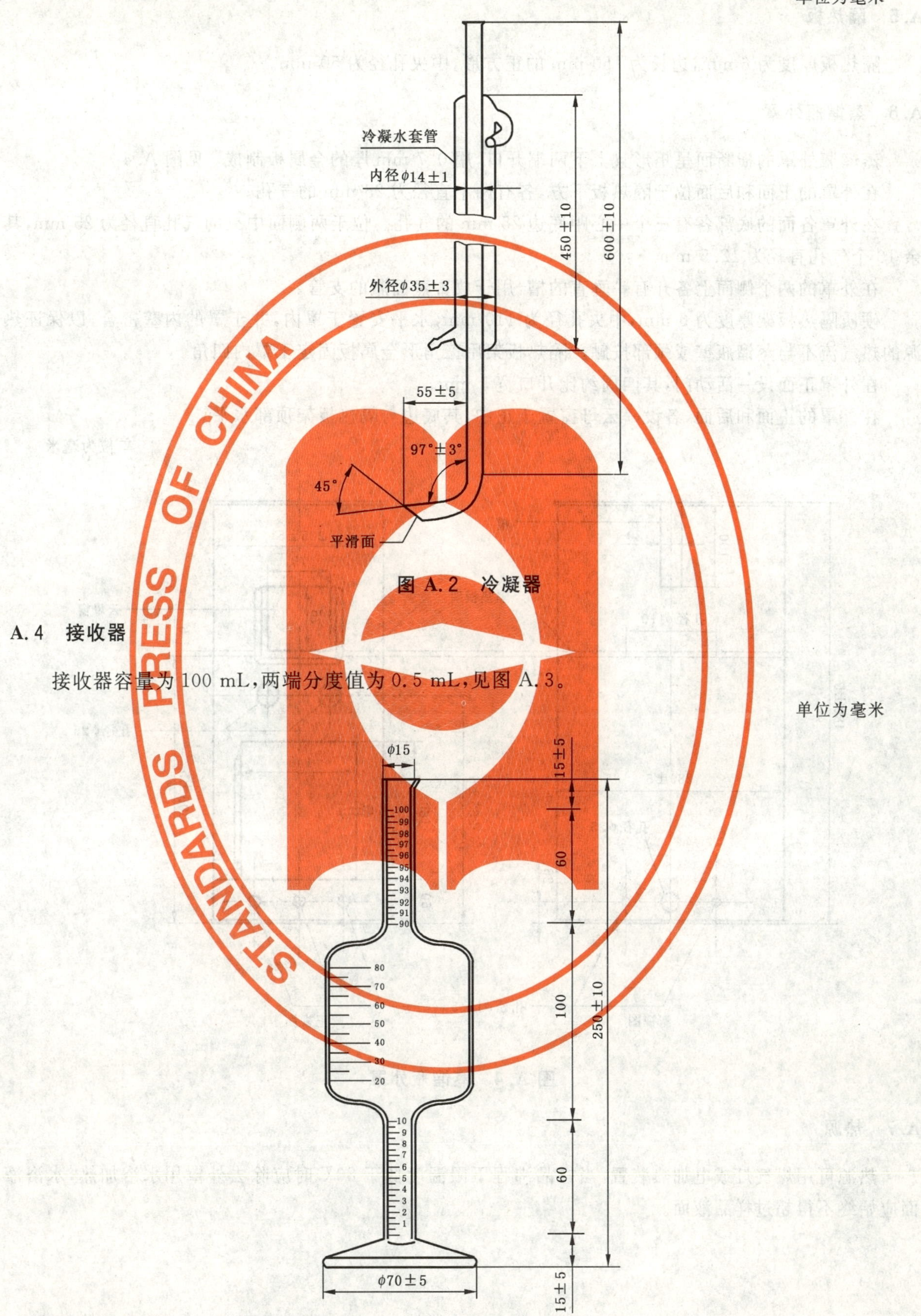

图 A.2 冷凝器

A.4 接收器

接收器容量为 100 mL,两端分度值为 0.5 mL,见图 A.3。

单位为毫米

图 A.3 接收器

A.5 隔热板

隔热板厚度为 6 mm，边长为 150 mm 的正方形，中央孔径为 50 mm。

A.6 蒸馏瓶外罩

蒸馏瓶外罩的横断面呈矩形且上下两端开口，用 0.7 mm 厚的金属板制成，见图 A.4。

在外罩的正面和后面位于隔热板下方，各有两个直径为 25 mm 的气孔。

在外罩各面的底部各有三个中心距底边 25 mm 的气孔。位于两侧面中央的气孔直径为 25 mm，其余 10 个气孔直径为 12.5 mm。

在外罩的两个侧面上各开有一垂直的槽，用于放置蒸馏瓶的支管。

硬质隔热板架厚度为 6 mm，中央孔径为 110 mm，水平安置于罩内，并于罩的内壁密合，以保证热源的热气流不与蒸馏瓶壁或颈部按触。隔热板架用三角形金属板固定于罩内四角。

在外罩正面设一活动门，其四周约比开口宽 5 mm。

在外罩的正面和后面，各设一云母窗置于正中，其底边与隔热板架顶部水平。

单位为毫米

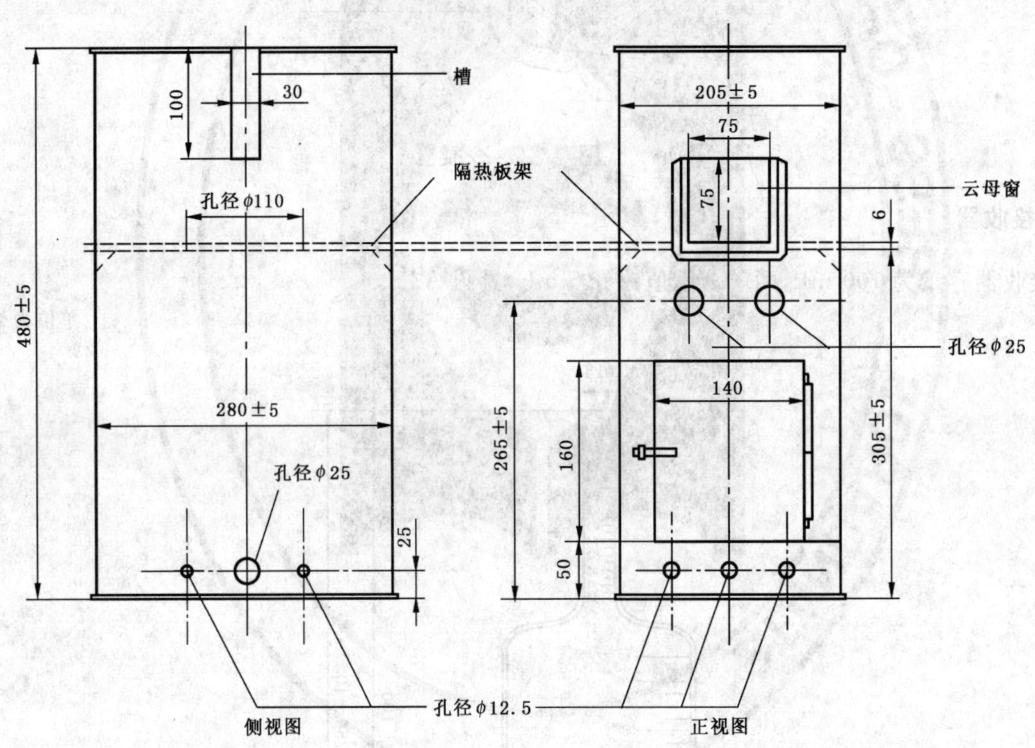

图 A.4 蒸馏瓶外罩

A.7 热源

热源可用煤气灯或电加热装置，当样品沸程下限温度低于 80℃时应除去外罩用水浴加热，水浴液面应始终不得超过样品液面。

附 录 B
（规范性附录）
气压计读数、纬度、沸程温度随气压变化的校正值

B.1 表 B.1 给出了气压计读数校正值。

表 B.1 气压计读数的校正值

室温/℃	气压表或气压计读数/hPa							
	925	950	975	1 000	1 025	1 050	1 075	1 100
10	1.51	1.55	1.59	1.63	1.67	1.71	1.75	1.79
11	1.66	1.70	1.75	1.79	1.84	1.88	1.93	1.97
12	1.81	1.86	1.90	1.95	2.00	2.05	2.10	2.15
13	1.96	2.01	2.06	2.12	2.17	2.22	2.28	2.33
14	2.11	2.16	2.22	2.28	2.34	2.39	2.45	2.51
15	2.26	2.32	2.38	2.44	2.50	2.56	2.63	2.69
16	2.41	2.47	2.54	2.60	2.67	2.73	2.80	2.87
17	2.56	2.63	2.70	2.77	2.83	2.90	2.97	3.04
18	2.71	2.78	2.85	2.93	3.00	3.07	3.15	3.22
19	2.86	2.93	3.01	3.09	3.17	3.25	3.32	3.40
20	3.01	3.09	3.17	3.25	3.33	3.42	3.50	3.58
21	3.16	3.24	3.33	3.41	3.50	3.59	3.67	3.76
22	3.31	3.40	3.49	3.58	3.67	3.76	3.85	3.94
23	3.46	3.55	3.65	3.74	3.83	3.93	4.02	4.12
24	3.61	3.71	3.81	3.90	4.00	4.10	4.20	4.29
25	3.76	3.86	3.96	4.06	4.17	4.27	4.37	4.47
26	3.91	4.01	4.12	4.23	4.33	4.44	4.55	4.66
27	4.06	4.17	4.28	4.39	4.50	4.61	4.72	4.83
28	4.21	4.32	4.44	4.55	4.66	4.78	4.89	5.01
29	4.36	4.47	4.59	4.71	4.83	4.95	5.07	5.19
30	4.51	4.63	4.75	4.87	5.00	5.12	5.24	5.37
31	4.66	4.79	4.91	5.04	5.16	5.29	5.41	5.54
32	4.81	4.94	5.07	5.20	5.33	5.46	5.59	5.72
33	4.96	5.09	5.23	5.36	5.49	5.63	5.76	5.90
34	5.11	5.25	5.38	5.52	5.66	5.80	5.94	6.07
35	5.26	5.40	5.54	5.68	5.82	5.97	6.11	6.25

B.2 表 B.2 给出了纬度校正值。

表 B.2 纬度校正值

纬度	气压计读数/hPa							
	925	950	975	1 000	1 025	1 050	1 075	1 100
0	−2.48	−2.55	−2.62	−2.69	−2.76	−2.83	−2.90	−2.97
5	−2.44	−2.51	−2.57	−2.64	−2.71	−2.77	−2.84	−2.91
10	−2.35	−2.41	−2.47	−2.53	−2.59	−2.65	−2.71	−2.77
15	−2.16	−2.22	−2.28	−2.34	−2.39	−2.45	−2.51	−2.57
20	−1.92	−1.97	−2.02	−2.07	−2.12	−2.17	−2.23	−2.28
25	−1.61	−1.66	−1.70	− 1.75	−1.79	−1.84	−1.89	−1.94
30	−1.27	−1.30	−1.33	−1.37	−1.40	−1.44	−1.48	−1.52
35	−0.89	−0.91	−0.93	−0.95	−0.97	−0.99	−1.02	−1.05
40	−0.48	−0.49	−0.50	−0.51	−0.52	−0.53	−0.54	−0.55
45	−0.05	−0.05	−0.05	−0.05	−0.05	−0.05	−0.05	−0.05
50	+0.37	+0.39	+0.40	+0.41	+0.43	+0.44	+0.45	+0.46
55	+0.79	+0.81	+0.83	+0.86	+0.88	+0.91	+0.93	+0.95
60	+1.17	+1.20	+1.24	+1.27	+1.30	+1.33	+1.36	+1.39
65	+1.52	+1.56	+1.60	+1.65	+1.69	+1.73	+1.77	+1.81
70	+1.83	+1.87	+1.92	+1.97	+2.02	+2.07	+2.12	+2.17

B.3 表 B.3 给出了沸程温度随气压变化的校正值。

表 B.3 沸程温度随气压变化的校正值

标准中规定的沸程温度/℃	气压相差 1 hPa 的校正值/℃
10～30	0.026
30～50	0.029
50～70	0.030
90～100	0.032
110～130	0.034
130～150	0.035
150～170	0.038
170～190	0.039
190～210	0.041
210～230	0.043
230～250	0.044
250～270	0.047
270～290	0.048
290～310	0.050
310～330	0.052
330～350	0.053
350～370	0.056
370～390	0.057
390～410	0.059
390～410	0.061

附 录 C
（资料性附录）
沸程温度校正示例

C.1 测定数据

已知样品的沸程温度(t_0)：137℃～140℃；

室温：25℃；

气压(室温下的气压)：999.92 hPa；

测量处纬度：30°；

辅助温度计读数(t_a)：35.0℃；

胶塞上沿处温度计水银柱读数(t_b)：109.0℃。

C.2 计算

C.2.1 气压计读数的校正

C.2.1.1 温度校正

$$999.92-4.06=995.86(\text{hPa})$$

C.2.1.2 纬度校正

$$995.86+(-1.37)=994.49(\text{hPa})$$

C.2.2 气压对沸程的校正

按6.1.2中式(2)求出沸点随气压的变化值Δt_p，然后按6.1.2中式(1)计算在观测气压下的沸程温度t_p：

$$\Delta t_p=0.035(1\,013.25-994.49)=0.66(℃)$$

$$137℃: t_p=137-0.66=136.34(℃)$$

$$140℃: t_p=140-0.66=139.34(℃)$$

C.2.3 测量温度计读数校正

按6.1.3中式(3)求出测量温度计校正值：

$$136.34℃: \Delta t=0.000\,16(136.34-35.0)(136.34-109.0)=0.44(℃)$$

$$139.34℃: \Delta t=0.000\,16(139.34-35.0)(139.34-109.0)=0.51(℃)$$

C.2.4 观测沸程温度的计算

按6.1.4中式(4)求出观测沸程温度：

$$137℃: t=137-0.66-0.44=135.90(℃)$$

$$140℃: t=140-0.66-0.51=138.83(℃)$$

观测沸程温度为：135.9℃～138.8℃。

ICS 71.040.30
G 60

中华人民共和国国家标准

GB/T 616—2006
代替 GB/T 616—1988

化 学 试 剂
沸点测定通用方法

Chemical reagent—
General method for the determination of boiling point

2006-11-03 发布 2007-06-01 实施

中华人民共和国国家质量监督检验检疫总局
中国国家标准化管理委员会 发布

前言

本标准代替 GB/T 616—1988《化学试剂　沸点测定通用方法》，与 GB/T 616—1988 相比主要变化如下：

——增加了规范性引用文件（本版的第 2 章）；

——完善了方法原理（1988 年版第 2 章；本版的第 3 章）；

——测量温度计改用全浸式水银温度计（1988 年版的 3.4；本版的 4.1.4）；

——加热介质由硫酸改为硅油（1988 年版的 4.1；本版的 4.1）；

——增加了气压计的要求（本版的 4.2）；

——完善了沸点校正的计算（1988 年版 4.3、4.4；本版的第 6 章）。

本标准由中国石油和化学工业协会提出。

本标准由全国化学标准化技术委员会化学试剂分会（SAC/TC 63/SC 3）归口。

本标准起草单位：国药集团化学试剂有限公司。

本标准主要起草人：陈浩云、陈红。

本标准于 1965 年首次发布，于 1977 年第一次修订、1988 年第二次修订。

化 学 试 剂
沸点测定通用方法

1 范围

本标准规定了液体有机试剂沸点测定的通用方法。

本标准适用于受热易分解、氧化的液体有机试剂的沸点测定。

2 规范性引用文件

下列文件中的条款通过本标准的引用而成为本标准的条款。凡是注日期的引用文件，其随后所有的修改单(不包括勘误的内容)或修订版均不适用于本标准，然而，鼓励根据本标准达成协议的各方研究是否可使用这些文件的最新版本。凡是不注日期的引用文件，其最新版本适用于本标准。

GB/T 615—2006 化学试剂 沸程测定通用方法(ISO 6353-1:1982,NEQ)

JJG 130 工作用玻璃液体温度计

JJG 272 空盒气压表和空盒气压计

3 方法原理

当液体温度升高时，其蒸气压随之增加，当液体的蒸气压与大气压相等时，开始沸腾。在标准状态下(1 013.25 hPa,0℃)液体的沸腾温度即为该液体的沸点。

4 仪器

4.1 沸点测定装置

沸点测定装置见图1。

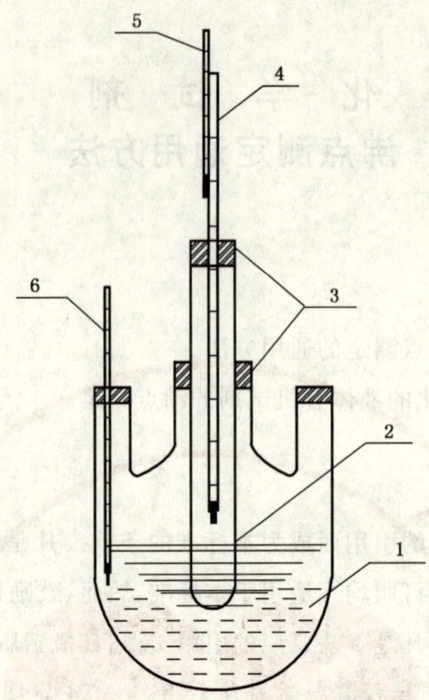

1——三口圆底烧瓶；

2——试管；

3——胶塞；

4——测量温度计；

5——辅助温度计；

6——温度计。

图 1 沸点测定装置示意图

三口圆底烧瓶、试管及测量温度计以胶塞连接，测量温度计下端与试管液面相距 20 mm。将辅助温度计附在测量温度计上，使其水银球在测量温度计露出胶塞外的水银柱中部。烧瓶中注入约为其体积二分之一的硅油。

4.1.1 三口圆底烧瓶

三口圆底烧瓶的有效容积为 500 mL。

4.1.2 试管

试管长 190 mm～200 mm，距试管口约 15 mm 处有一直径为 2 mm 的侧孔。

4.1.3 胶塞

胶塞的外侧具有出气槽。

4.1.4 测量温度计和辅助温度计

测量温度计应符合 JJG 130 的规定，并选用分度值为 0.1℃ 的全浸式水银温度计，示值范围适合于所测样品的沸点温度，用辅助温度计对测量温度计在蒸馏过程中露出塞外部分的水银柱进行校正。

辅助温度计的温度范围为 0℃～50℃，分度值为 1℃。

4.2 气压计

气压计应符合 JJG 272 的规定。

5 测定

量取适量样品，注入试管中，其液面略低于烧瓶中硅油的液面。加热，当温度上升到某一定值并在相当时间内保持不变时，此温度即为待测样品的沸点。同时记录室温及气压。

6 计算

6.1 气压的校正

6.1.1 温度校正

按 GB/T 615—2006 中 6.1.1.1 的规定校正。

6.1.2 纬度校正

按 GB/T 615—2006 中 6.1.1.2 的规定校正。

6.2 沸点随气压的变化值

沸点随气压的变化值 Δt_p，数值以“℃”表示，按 GB/T 615—2006 中 6.1.2 式(2)计算。

6.3 测量温度计读数的校正

温度计露出塞外部分的水银柱度数的校正值 Δt，数值以“℃”表示，按式(1)计算：

$$\Delta t = 0.000\,16(t_p - t_a)(t_p - t_b) \qquad \cdots\cdots(1)$$

式中：

t_p——观测气压下的沸点温度，单位为摄氏度(℃)；

t_a——露出塞外部分的水银柱的平均温度(该温度由辅助温度计测得)，单位为摄氏度(℃)；

t_b——胶塞上沿处水银柱读数，单位为摄氏度(℃)。

6.4 沸点

沸点 t，数值以“℃”表示，按式(2)计算：

$$t = t_p + \Delta t_p + \Delta t \qquad \cdots\cdots(2)$$

式中：

t_p——同式(1)；

Δt_p——沸点随气压的变化值，单位为摄氏度(℃)；

Δt——温度计露出塞外部分的水银柱度数的校正值，单位为摄氏度(℃)。

ICS 71.040.30
G 60

中华人民共和国国家标准

GB/T 617—2006
代替 GB/T 617—1988

化学试剂 熔点范围测定通用方法

Chemical reagent—General method for the determination of melting range

(ISO 6353-1:1982, Reagents for chemical analysis—Part 1: General test methods, NEQ)

2006-11-03 发布 2007-06-01 实施

中华人民共和国国家质量监督检验检疫总局
中国国家标准化管理委员会 发布

前 言

本标准与 ISO 6353-1:1982《化学分析试剂　第 1 部分:通用试验方法》的一致性程度为非等效。

本标准代替 GB/T 617—1988《化学试剂　熔点范围测定通用方法》,与 GB/T 617—1988 相比主要变化如下:

——增加了规范性引用文件(本版的第 2 章);

——修改并完善了仪器中的部分内容(1988 年版的 4.3、4.4;本版的 4.1.2.2、4.1.2.3);

——增加了测定前对样品干燥的规定(本版的 4.1.3.1);

——增加了用熔点仪测定熔点的方法(本版的 4.2)。

本标准由中国石油和化学工业协会提出。

本标准由全国化学标准化技术委员会化学试剂分会(SAC/TC 63/SC 3)归口。

本标准起草单位:天津化学试剂有限公司。

本标准参加起草单位:宜兴市第二化学试剂厂。

本标准主要起草人:王菁、孙连喜、王菊仙。

本标准于 1965 年首次发布,于 1977 年第一次修订、1988 年第二次修订。

化学试剂
熔点范围测定通用方法

1 范围

本标准规定了用毛细管法测定有机试剂熔点的通用方法。

本标准适用于结晶或粉末状的有机试剂熔点的测定。

2 规范性引用文件

下列文件中的条款通过本标准的引用而成为本标准的条款。凡是注日期的引用文件，其随后所有的修改单(不包括勘误的内容)或修订版均不适用于本标准，然而，鼓励根据本标准达成协议的各方研究是否可使用这些文件的最新版本。凡是不注日期的引用文件，其最新版本适用于本标准。

JJG 130 工作用玻璃液体温度计

JJG 701 毛细管法熔点测定仪

3 术语和定义

下列术语和定义适用于本标准。

熔点范围 melting range

用毛细管法测定的从该物质开始熔化至全部熔化时的温度范围。

4 试验方法

4.1 目视法

4.1.1 方法原理

以加热的方式，使熔点管中的样品从低于其初熔时的温度逐渐升至高于其终熔时的温度，通过目视观察初熔及终熔的温度，以确定样品的熔点范围。

4.1.2 仪器

4.1.2.1 熔点范围测定装置

熔点范围测定装置见图1。

单位为毫米

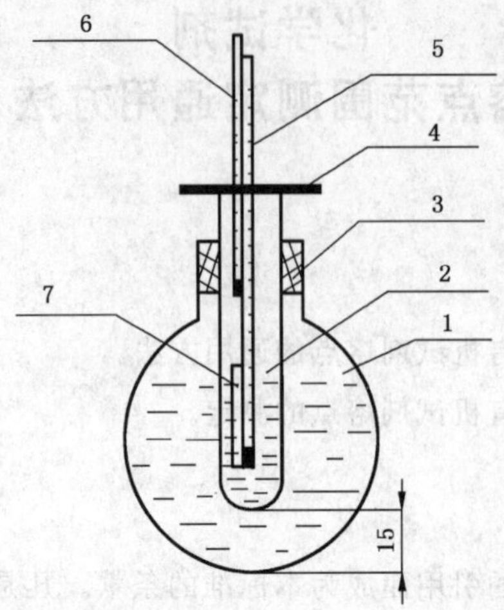

1——圆底烧瓶；
2——试管；
3——胶塞；
4——支架；
5——测量温度计；
6——辅助温度计；
7——熔点管。

图1　熔点范围测定装置示意图

4.1.2.1.1　圆底烧瓶

圆底烧瓶的容积约为250 mL，球部直径约为80 mm，颈长20 mm～30 mm，口径约为30 mm。

4.1.2.1.2　试管

试管长为100 mm～110 mm，其直径为20 mm。

4.1.2.1.3　胶塞

胶塞外侧应具有出气槽。

4.1.2.1.4　支架

支架直径22 mm～24 mm，其内孔大小应与所用温度计匹配。测量温度计由支架固定。

4.1.2.1.5　测量温度计和辅助温度计

测量温度计应符合JJG 130的规定，并选用分度值为0.1℃的全浸式水银温度计，示值范围适合于所测样品的熔点范围，用辅助温度计对测量温度计在蒸馏过程中露出液面部分的水银柱进行校正。

辅助温度计分度值为1℃，并具有适当的量程。

4.1.2.1.6　熔点管

用中性硬质玻璃制成的毛细管，一端熔封，内径0.9 mm～1.1 mm，壁厚0.10 mm～0.15 mm，长度以安装后上端高于传热液体液面为准(约100 mm)。

4.1.2.2　加热装置

应选用可控制温度的加热装置。

4.1.2.3　传热液体

应选用沸点高于被测物终熔温度，而且性能稳定、清澈透明、黏度较小的液体作为传热液体。终熔温度在150℃以下的可采用甘油或液体石蜡；终熔温度在300℃以下的可采用硅油。试管内与烧瓶内传热液的种类与高度应保持一致。

4.1.3　测定

4.1.3.1　将样品研成细密的粉末，按产品标准的规定将样品进行干燥。干燥后的样品装入清洁、干燥的熔点管中，取一长约 800 mm 的干燥玻璃管，直立于玻璃板上，将装有样品的熔点管在其中投落数次，直至熔点管内样品紧缩至约 3 mm 高。易分解、易脱水的样品，应将熔点管另一端熔封。

4.1.3.2 先将传热液体的温度缓缓升至比样品所规定的熔点范围的初熔温度低 10℃，此时将装有样品的熔点管附着于测量温度计上，使熔点管样品端与水银球的中部处于同一水平，测量温度计通过支架悬垂于试管中(可用固定辅助温度计的小胶圈悬架在支架上)其水银球应位于传热液体的中部。使升温速率稳定保持在 1.0℃/min±0.1℃/min。遇易分解、易脱水的样品，则升温速率应保持在 3℃/min。

4.1.3.3 当样品出现局部熔化，呈现微小液滴时的温度即为初熔温度，样品完全熔化时的温度即为终熔温度。记录初熔温度及终熔温度。

4.1.4 结果计算

4.1.4.1 测量温度计读数校正值

测量温度计露出液面部分水银柱度数的校正值 Δt，数值以“℃”表示，按式(1)计算：

$$\Delta t = 0.000\,16(t_1 - t_a)(t_1 - t_b) \qquad \cdots\cdots(1)$$

式中：

t_1——测量温度计读数，单位为摄氏度(℃)；

t_a——露出液面部分的水银柱的平均温度(该温度由辅助温度计测得)，单位为摄氏度(℃)；

t_b——液面处的水银柱读数，单位为摄氏度(℃)。

4.1.4.2 熔点范围的计算

熔点范围 t，数值以“℃”表示，按式(2)计算：

$$t = t_1 + \Delta t \qquad \cdots\cdots(2)$$

式中：

Δt——测量温度计露出液面部分的水银柱度数的校正值，单位为摄氏度(℃)；

t_1——测量温度计读数，单位为摄氏度(℃)。

4.2 仪器法

4.2.1 方法原理

加热毛细管中的样品，观察其相变过程或相变时透光率的变化以确定熔点。

4.2.2 仪器

4.2.2.1 熔点管同 4.1.2.1.5。

4.2.2.2 熔点仪应符合 JJG 701 的规定，并达到 0.2 级的要求。

4.2.3 测定

4.2.3.1 样品前处理同 4.1.3.1。

4.2.3.2 按仪器说明书进行操作。结果由熔点测定仪直接读出。

ICS 71.040.30
G 60

中华人民共和国国家标准

GB/T 618—2006
代替 GB/T 618—1988

化学试剂 结晶点测定通用方法

Chemical reagent—
General method for the determination of crystallizing point

(ISO 6353-1:1982,Reagents for chemical analysis—
Part 1:General test methods,NEQ)

2006-11-03 发布　　　　2007-06-01 实施

中华人民共和国国家质量监督检验检疫总局
中国国家标准化管理委员会　发布

前　言

本标准与 ISO 6353-1：1982《化学分析试剂　第 1 部分：通用试验方法》的一致性程度为非等效。

本标准代替 GB/T 618—1988《化学试剂　结晶点测定通用方法》，与 GB/T 618—1988 相比主要变化如下：

——增加了规范性引用文件(本版的第 2 章)；

——完善了样品结晶点的测定方法(1988 年版的第 5 章；本版的第 6 章)；

——取消了附录 A(1988 年版)。

本标准由中国石油和化学工业协会提出。

本标准由全国化学标准化技术委员会化学试剂分会(SAC/TC 63/SC 3)归口。

本标准起草单位：天津化学试剂有限公司。

本标准参加起草单位：宜兴市第二化学试剂厂。

本标准主要起草人：孙连喜、王菁、陆正辉。

本标准于 1965 年首次发布，于 1977 年第一次修订、1988 年第二次修订。

化学试剂
结晶点测定通用方法

1 范围

本标准规定了用双套管法测定结晶点的通用方法。

本标准适用于结晶点在−7℃～70℃范围内的有机试剂结晶点的测定。

2 规范性引用文件

下列文件中的条款通过本标准的引用而成为本标准的条款。凡是注日期的引用文件，其随后所有的修改单(不包括勘误的内容)或修订版均不适用于本标准，然而，鼓励根据本标准达成协议的各方研究是否使用这些文件的最新版本。凡是不注日期的引用文件，其最新版本适用于本标准。

JJG 130　工作用玻璃液体温度计

3 术语和定义

下列术语和定义适用于本标准。

结晶点　crystallizing point

液体在冷却过程中由液态转变为固态时的相变温度。

4 方法原理

冷却液态样品，当液体中有结晶(固体)生成时，体系中固体、液体共存，两相成平衡，温度保持不变。在规定的实验条件下，观察液态样品在结晶过程中温度的变化，就可测出其结晶点。

5 仪器

5.1 结晶点测定装置

结晶点测定装置见图1。

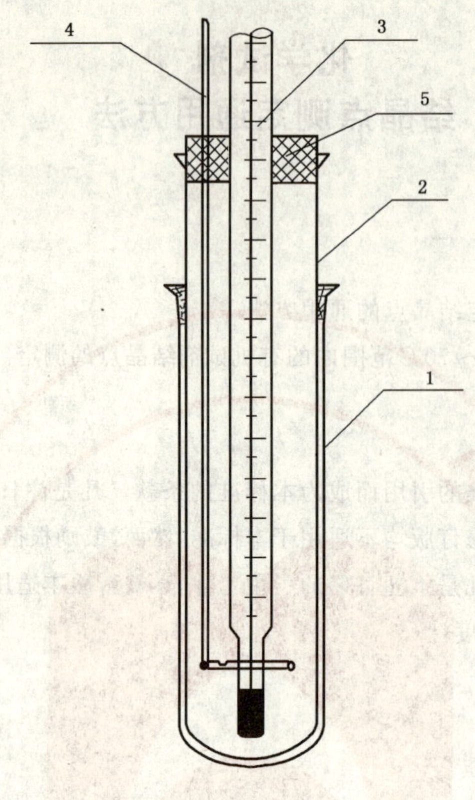

1——套管；

2——结晶管；

3——测量温度计；

4——搅拌器；

5——胶塞。

图1　结晶点测定装置示意图

5.1.1　套管

套管内径约28 mm，长约120 mm，壁厚2 mm。

5.1.2　结晶管

结晶管的外径约25 mm，长约150 mm。

5.1.3　测量温度计

测量温度计应符合JJG 130的规定，并选用分度值为0.1℃的全浸式水银温度计，示值范围适合于所测样品的结晶点。

5.1.4　搅拌器

搅拌器是用玻璃或不锈钢绕成直径约20 mm的环。

5.2　冷却浴

冷却浴由盛有合适的冷却液（水、冰水或冰盐水）的烧杯和普通温度计组成。

5.3　热浴

热浴由合适的烧杯、普通温度计及可控温的加热器组成。

6　测定

固体样品应在温度超过其熔点的热浴内将其熔化，并加热至高于结晶点约10℃。将样品倒入干燥的结晶管中，高度约为60 mm，插入搅拌器装好测量温度计，使水银球至管底的距离约为15 mm，勿使测量温度计接触管壁。装好套管，套管底部与结晶管底部的距离约为2 mm，将结晶管连同套管一起置于温度低于样品结晶点5℃～7℃的冷却浴中，当样品冷却至低于结晶点3℃～5℃时开始搅拌并观察温度。出现结晶时，停止搅拌，这时温度突然上升，至最高温度后停留一段时间不变，读取此温度，即为样品的结晶点。

若样品没有过冷现象，在温度下降过程中，结晶的析出温度出现一段时间的恒定，此恒定温度即为样品的结晶点。

若样品在一般冷却条件下不易结晶，可另取少量样品，在较低温度下使之结晶，取少许作为晶种加入样品中，即可测出其结晶点。

ICS 71.040.30
G 62

中华人民共和国国家标准

GB/T 622—2006
代替 GB/T 622—1989

化学试剂 盐酸

Chemical reagent—Hydrochloric acid

(ISO 6353-2:1983,Reagents for chemical analysis—Part 2:Specifications—First series,NEQ)

2006-11-03 发布　　　　2007-06-01 实施

中华人民共和国国家质量监督检验检疫总局
中国国家标准化管理委员会　发布

前　言

本标准与 ISO 6353-2:1983《化学分析试剂　第 2 部分:规格　第 1 系列》中 R13“盐酸”的一致性程度为非等效。

本标准代替 GB/T 622—1989《化学试剂　盐酸》,与 GB/T 622—1989 相比,主要变化如下:

——外观改为色度(1989 年版的 3.2、4.2;本版的第 4 章、5.3);

——灼烧残渣、硫酸盐、铁、砷改用化学试剂通用方法测定(1989 年版的 4.3.1、4.3.3、4.3.5、4.3.7;本版的 5.4、5.6、5.8、5.10)。

本标准由中国石油和化学工业协会提出。

本标准由全国化学标准化技术委员会化学试剂分会(SAC/TC 63/SC 3)归口。

本标准起草单位:广东西陇化工有限公司。

本标准主要起草人:佘肙娇、袁爱国。

本标准于 1965 年首次发布,于 1977 年第一次修订、1989 年第二次修订。

化学试剂
盐　酸

警告：本标准规定的一些试验过程可能导致危险情况，使用者有责任采取适当的安全和健康措施。

分子式：HCl

相对分子质量：36.46（根据2003年国际相对原子质量）

1　范围

本标准规定了化学试剂　盐酸的性状、规格、试验、检验规则和包装及标志。

本标准适用于化学试剂　盐酸的检验。

2　规范性引用文件

下列文件中的条款通过本标准的引用而成为本标准的条款。凡是注日期的引用文件，其随后所有的修改单（不包括勘误的内容）或修订版均不适用于本标准，然而，鼓励根据本标准达成协议的各方研究是否可使用这些文件的最新版本。凡是不注日期的引用文件，其最新版本适用于本标准。

GB/T 601　化学试剂　标准滴定溶液的制备

GB/T 602　化学试剂　杂质测定用标准溶液的制备（GB/T 602—2002，ISO 6353-1：1982，NEQ）

GB/T 603　化学试剂　试验方法中所用制剂及制品的制备（GB/T 603—2002，ISO 6353-1：1982，NEQ）

GB/T 605　化学试剂　色度测定通用方法（GB/T 605—2006，ISO 6353-1：1982，NEQ）

GB/T 610.1—1988　化学试剂　砷测定通用方法（砷斑法）

GB/T 6682　分析实验室用水规格和试验方法（GB/T 6682—1992，eqv ISO 3696：1987）

GB/T 9723—1988　化学试剂　火焰原子吸收光谱法通则

GB/T 9728　化学试剂　硫酸盐测定通用方法（GB/T 9728—1988，eqv ISO 6353-1：1982）

GB/T 9739　化学试剂　铁测定通用方法（GB/T 9739—2006，ISO 6353-1：1982，NEQ）

GB/T 9741—1988　化学试剂　灼烧残渣测定通用方法（eqv ISO 6353-1：1982）

GB 15258　化学品安全标签编写规定

GB 15346　化学试剂　包装及标志

HG/T 3921　化学试剂　采样及验收规则

3　性状

本试剂为无色透明的氯化氢水溶液，在空气中发烟，有刺激臭味，其密度为1.18 g/mL。

4　规格

盐酸的规格见表1。

表 1

名　　称	优级纯	分析纯	化学纯
HCl, w/%	36.0～38.0	36.0～38.0	36.0～38.0
色度/黑曾单位	≤5	≤10	≤10
灼烧残渣（以硫酸盐计），w/%	≤0.000 5	≤0.000 5	≤0.002
游离氯(Cl)，w/%	≤0.000 05	≤0.000 1	≤0.000 2
硫酸盐(SO_4)，w/%	≤0.000 1	≤0.000 2	≤0.000 5
亚硫酸盐(SO_3)，w/%	≤0.000 1	≤0.000 2	≤0.001
铁(Fe)，w/%	≤0.000 01	≤0.000 05	≤0.000 1
铜(Cu)，w/%	≤0.000 01	≤0.000 01	≤0.000 1
砷(As)，w/%	≤0.000 003	≤0.000 005	≤0.000 01
锡(Sn)，w/%	≤0.000 1	≤0.000 2	≤0.000 5
铅(Pb)，w/%	≤0.000 02	≤0.000 02	≤0.000 05

5　试验

5.1　一般规定

本章中除另有规定外，所用标准滴定溶液、标准溶液、制剂及制品，均按 GB/T 601、GB/T 602、GB/T 603的规定制备，实验用水应符合 GB/T 6682 中三级水规格，样品均按精确至 0.1 mL 量取，所用溶液以“%”表示的均为质量分数。

5.2　含量

将 15 mL 水注入具塞轻体锥形瓶中，称量，加 3 mL 样品，立即盖好瓶塞轻轻摇动、冷却、再称量，两次称量均须称准至 0.000 1 g，加 20 mL 水，加 2 滴甲基红指示液（1 g/L），用氢氧化钠标准滴定溶液[c(NaOH)＝1 mol/L]滴定至溶液呈黄色。

盐酸的质量分数 w 数值以“%”表示，按式(1)计算：

$$w=\frac{V\times c\times M}{m\times 1\ 000}\times 100 \qquad (1)$$

式中：

V——氢氧化钠标准滴定溶液体积的数值，单位为毫升(mL)；

c——氢氧化钠标准滴定溶液浓度的准确数值，单位为摩尔每升(mol/L)；

M——盐酸的摩尔质量的数值，单位为克每摩尔(g/mol)[M(HCl)＝36.46]；

m——样品质量的数值，单位为克(g)。

5.3　色度

量取 50 mL 样品，注入 50 mL 比色管中，沿比色管直径对光观察，与同体积水比较，应透明无机械杂质。在白色背景下，沿比色管轴线方向观察，样品颜色不得深于 GB/T 605 规定的下列色度标准：

优级纯……………………………………5 黑曾单位；

分析纯、化学纯…………………………10 黑曾单位。

5.4　灼烧残渣

量取 170 mL(200 g)[化学纯量取 85 mL(100 g)]样品，置于已在 650℃±50℃恒量的石英皿中，按

GB/T 9741—1988 中 4.2 的规定测定。结果按 GB/T 9741—1988 中第 5 章的规定计算。

5.5　游离氯

5.5.1　制剂的制备

5.5.1.1　邻联甲苯胺溶液

称取 0.1 g 邻联甲苯胺,加 3 mL 盐酸及少量水溶解,稀释至 100 mL。

5.5.1.2　无游离氯的盐酸

盐酸按 5.5.2 方法操作,如无色即认为无游离氯。

5.5.2　测定方法

量取 8.5 mL(10 g)样品,加 25 mL 水及 1 mL 邻联甲苯胺溶液,溶液所呈黄色不得深于标准比色溶液。

标准比色溶液的制备是取含下列数量的氯标准溶液:

优级纯……………………………………………0.005 mg Cl;
分析纯……………………………………………0.010 mg Cl;
化学纯……………………………………………0.020 mg Cl。

加 8.5 mL(10 g)无游离氯的盐酸,与样品同时同样处理。

5.6　硫酸盐

量取 8.5 mL(10 g)样品,加 0.2 mL 无水碳酸钠溶液(50 g/L),在水浴上蒸干。残渣溶于 15 mL 水中,加 0.5 mL 盐酸溶液(20%)后,按 GB/T 9728 的规定测定。溶液所呈浊度不得大于标准比浊溶液。

标准比浊溶液的制备是取 0.2 mL 无水碳酸钠溶液(50 g/L)及含下列数量的硫酸盐标准溶液:

优级纯……………………………………………0.01 mg SO_4;
分析纯……………………………………………0.02 mg SO_4;
化学纯……………………………………………0.05 mg SO_4。

稀释至 15 mL,与同体积试液同时同样处理。

5.7　亚硫酸盐

5.7.1　碘-碘化钾溶液的制备

称取 1 g 碘化钾,溶于 50 mL 无氧的水中,加入下列数量的碘标准滴定溶液$\left[c\left(\frac{1}{2}I_2\right)=0.01\ mol/L\right]$:

优级纯……………………………………………0.09 mL;
分析纯……………………………………………0.18 mL;
化学纯……………………………………………0.90 mL。

加 1 mL 淀粉指示液(10 g/L),摇匀。

5.7.2　测定方法

量取 30 mL(35 g)样品,用无氧的水稀释至 50 mL,加到碘-碘化钾溶液中,摇匀,溶液所呈蓝色不得褪尽。

5.8　铁

量取 17 mL(20 g)样品,加 2 滴硫酸,在水浴上蒸发至近干。残渣溶于 15 mL 水,用氨水将试液 pH 值调至 2 后,按 GB/T 9739 的规定测定。溶液所呈红色不得深于标准比色溶液。

标准比色溶液的制备是取含下列数量的铁标准溶液:

优级纯……………………………………………0.002 mg Fe;
分析纯……………………………………………0.010 mg Fe;
化学纯……………………………………………0.020 mg Fe。

加 2 滴硫酸及 15 mL 水,与同体积试液同时同样处理。

5.9 铜

按 GB/T 9723—1988 的规定测定。

5.9.1 仪器条件

光源：铜空心阴极灯；

波长：324.7 nm；

火焰：乙炔-空气。

5.9.2 测定方法

量取 42.5 mL(50 g)样品，置于石英蒸发皿中，在水封蒸发器内，蒸发至近干，加 1 mL 盐酸溶液(15%)及适量水溶解残渣，稀释至 10 mL。按 GB/T 9723—1988 中 6.2.1 的规定测定。

5.10 砷

量取 34 mL(40 g)样品，加 4 mL 硝酸和 5 mL 硫酸，在水浴上蒸至近干，加热至硫酸蒸气开始逸出，冷却，在搅拌下小心地加 25 mL 水，再于水浴上蒸至近干，加热至硫酸蒸气开始逸出。加水稀释及蒸发操作重复两次，冷却。残渣溶于 70 mL 水后，按 GB/T 610.1—1988 的规定测定。溴化汞试纸所呈棕黄色不得深于标准比色试纸。

标准比色试纸的制备是取含下列数量的砷标准溶液：

优级纯……………………………………………0.001 2 mg As；

分析纯……………………………………………0.002 0 mg As；

化学纯……………………………………………0.004 0 mg As。

稀释至 70 mL，与同体积试液同时同样处理。

5.11 锡

量取 1.7 mL(2 g)样品，加 3 滴硫酸及 1 滴硝酸，在水浴上蒸至近干，加 10 mL 水及 0.25 mL“30%过氧化氢”，于 40℃～50℃水浴中放置 5 min，加 0.5 mL 饱和脲溶液，用氨水溶液(10%)将溶液 pH 值调至 6～7，加 0.4 mL 盐酸溶液(20%)及 0.4 mL 苯基荧光酮溶液(0.1 g/L)，摇匀，放置 45 min，溶液所呈红色不得深于标准比色溶液。

标准比色溶液的制备是取含下列数量的锡标准溶液：

优级纯……………………………………………0.002 mg Sn；

分析纯……………………………………………0.004 mg Sn；

化学纯……………………………………………0.010 mg Sn。

与样品同时同样处理。

5.12 铅

按 GB/T 9723—1988 的规定测定。

5.12.1 仪器条件

光源：铅空心阴极灯；

波长：283.3 nm；

火焰：乙炔-空气。

5.12.2 测定方法

量取 59.5 mL(70 g)样品，置于石英蒸发皿中，在水封蒸发器内蒸发至近干，加 1 mL 盐酸溶液(15%)及适量水溶解残渣，稀释至 10 mL。按 GB/T 9723—1988 中 6.2.1 的规定测定。

6 检验规则

按 HG/T 3921 的规定进行采样及验收。

7 包装及标志

按 GB 15346 的规定进行包装、贮存与运输，并给出标志，其中：

包装单位：第 4、5 类；

内包装形式：NB-20、NB-21、NB-24；

隔离材料：GC-2、GC-3、GC-4、GC-5；

外包装形式：WB-1；

标签：符合 GB 15258 的规定，注明“腐蚀性物品”。

ICS 71.040.30
G 62

中华人民共和国国家标准

GB/T 626—2006
代替 GB/T 626—1989

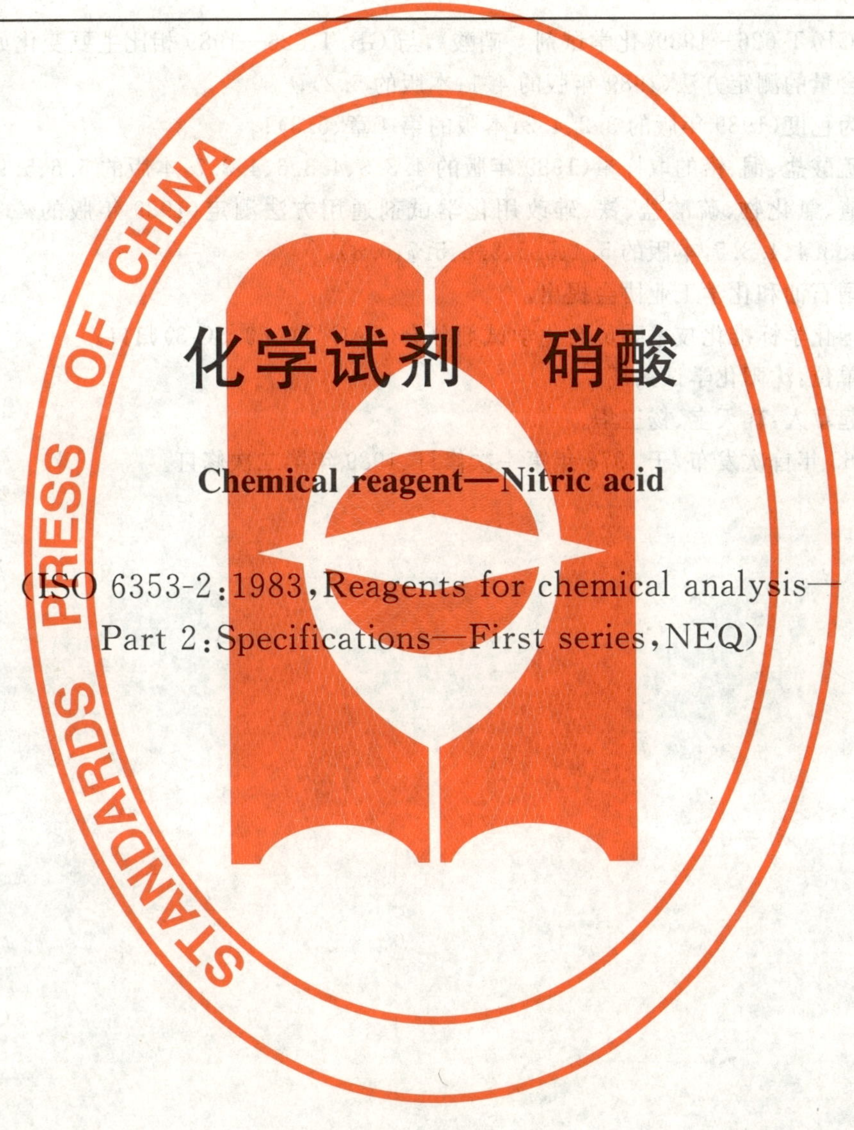

化学试剂 硝酸

Chemical reagent—Nitric acid

(ISO 6353-2:1983, Reagents for chemical analysis—Part 2:Specifications—First series, NEQ)

2006-11-03 发布 2007-06-01 实施

中华人民共和国国家质量监督检验检疫总局
中国国家标准化管理委员会 发布

前言

本标准与ISO 6353-2:1983《化学分析试剂　第2部分:规格　第1系列》中R19“硝酸”的一致性程度为非等效。

本标准代替GB/T 626—1989《化学试剂　硝酸》,与GB/T 626—1989相比主要变化如下:

——改进了含量的测定方法(1989年版的4.1;本版的5.2);

——外观改为色度(1989年版的3.2、4.2;本版的第4章、5.3);

——调整了硫酸盐、铜、铅的取样量(1989年版的4.3.3、4.3.6、4.3.7,本版的5.6、5.9、5.10);

——灼烧残渣、氯化物、硫酸盐、铁、砷改用化学试剂通用方法测定(1989年版的4.3.1、4.3.2、4.3.3、4.3.4、4.3.5,本版的5.4、5.5、5.6、5.7、5.8)。

本标准由中国石油和化学工业协会提出。

本标准由全国化学标准化技术委员会化学试剂分会(SAC/TC 63/SC 3)归口。

本标准起草单位:沈阳化学试剂厂。

本标准主要起草人:鞠天宝、杨玉华。

本标准于1965年首次发布,于1978年第一次修订、1989年第二次修订。

化学试剂　硝酸

警告:本标准规定的一些试验过程可能导致危险情况,使用者有责任采取适当的安全和健康措施。

分子式:HNO_3

相对分子质量:63.01(根据2003年国际相对原子质量)

1　范围

本标准规定了化学试剂硝酸的性状、规格、试验、检验规则和包装及标志。

本标准适用于化学试剂硝酸的检验。

2　规范性引用文件

下列文件中的条款通过本标准的引用而成为本标准的条款。凡是注日期的引用文件,其随后所有的修改单(不包括勘误的内容)或修订版均不适用于本标准,然而,鼓励根据本标准达成协议的各方研究是否可使用这些文件的最新版本。凡是不注日期的引用文件,其最新版本适用于本标准。

GB/T 601　化学试剂　标准滴定溶液的制备

GB/T 602　化学试剂　杂质测定用标准溶液的制备(GB/T 602—2002,ISO 6353-1:1982,NEQ)

GB/T 603　化学试剂　试验方法中所用制剂及制品的制备(GB/T 603—2002,ISO 6353-1:1982,NEQ)

GB/T 605　化学试剂　色度测定通用方法(GB/T 605—2006,ISO 6353-1:1982,NEQ)

GB/T 610.2—1988　化学试剂　砷测定通用方法(二乙基二硫代氨基甲酸银法)(eqv ISO 6353-1:1982)

GB/T 6682　分析实验室用水规格和试验方法(GB/T 6682—1992,eqv ISO 3696:1987)

GB/T 9723—1988　化学试剂　火焰原子吸收光谱法通则

GB/T 9728　化学试剂　硫酸盐测定通用方法(GB/T 9728—1988,eqv ISO 6353-1:1982)

GB/T 9729　化学试剂　氯化物测定通用方法(GB/T 9729—1988,eqv ISO 6353-1:1982)

GB/T 9739　化学试剂　铁测定通用方法(GB/T 9739—2006,ISO 6353-1:1982,NEQ)

GB/T 9741—1988　化学试剂　灼烧残渣测定通用方法(eqv ISO 6353-1:1982)

GB 15258　化学品安全标签编写规定

GB 15346　化学试剂　包装及标志

HG/T 3921　化学试剂　采样及验收规则

3　性状

本试剂为无色或淡黄色透明液体,易分解,其密度为1.4 g/mL。

4　规格

硝酸的规格见表1。

表 1

名　称	优级纯	分析纯	化学纯
HNO_3，w/%	65.0～68.0	65.0～68.0	65.0～68.0
色度/黑曾单位	≤20	≤20	≤25
灼烧残渣(以硫酸盐计)，w/%	≤0.000 5	≤0.001	≤0.002
氯化物(Cl)，w/%	≤0.000 05	≤0.000 05	≤0.000 2
硫酸盐(SO_4)，w/%	≤0.000 1	≤0.000 2	≤0.001
铁(Fe)，w/%	≤0.000 02	≤0.000 03	≤0.000 1
砷(As)，w/%	≤0.000 001	≤0.000 001	≤0.000 005
铜(Cu)，w/%	≤0.000 005	≤0.000 01	≤0.000 05
铅(Pb)，w/%	≤0.000 005	≤0.000 01	≤0.000 05

5　试验

5.1　一般规定

本章中除另有规定外，所用标准滴定溶液，杂质测定用标准溶液，制剂及制品，均按 GB/T 601、GB/T 602、GB/T 603 的规定制备，实验用水应符合 GB/T 6682 中三级水规格，样品均按精确至 0.1 mL 量取，所用溶液以“%”表示的均为质量分数。

5.2　含量

将 15 mL 水注入具塞轻体锥形瓶中，称量，加 2.4 mL(约 3.4 g)样品，立即盖好瓶塞轻轻摇动，冷却，再称量。两次称量须称准至 0.000 1 g。加 2 滴甲基红指示液(1 g/L)，用氢氧化钠标准滴定溶液[c(NaOH)=1 mol/L]滴定至溶液呈黄色。

硝酸的质量分数“w”数值以“%”表示，按式(1)计算：

$$w=\frac{V\times c\times M}{m\times 1\,000}\times 100 \qquad \cdots\cdots(1)$$

式中：

V——氢氧化钠标准滴定溶液体积的数值，单位为毫升(mL)；

c——氢氧化钠标准滴定溶液浓度的准确数值，单位摩尔每升(mol/L)；

M——硝酸的摩尔质量的数值，单位为克每摩尔(g/mol)[$M(HNO_3)$=63.01]；

m——样品质量的数值，单位为克(g)。

5.3　色度

量取 50 mL 样品，注入 50 mL 比色管中，沿比色管直径对光观察，与同体积水比较，应透明无机械杂质。在白色背景下，沿比色管轴线方向观察，样品颜色不得深于 GB/T 605 规定的下列色度标准：

优级纯、分析纯 ………………………… 20 黑曾单位；

化学纯……………………………………25 黑曾单位。

5.4　灼烧残渣

量取 72 mL(100 g)[优级纯量取 143 mL(200 g)]样品，置于已在 650℃±50℃恒重的石英皿中，按 GB/T 9741—1988 中 4.2 的规定测定。结果按 GB/T 9741—1988 中第 5 章的规定计算。

5.5　氯化物

5.5.1　试验溶液 A 的制备

量取 143 mL(200 g)样品，注入石英皿中，加 0.1 g 无水碳酸钠，在水浴上蒸发至干，用热水溶解残渣,稀释至 40 mL。

5.5.2 测定方法

量取 4 mL 试验溶液 A(5.5.1),稀释至 20 mL,按 GB/T 9729 的规定测定,溶液所呈浊度不得大于标准比浊溶液。

标准比浊溶液的制备是取含下列数量的氯化物标准溶液:

优级纯、分析纯 ………………………… 0.01 mg Cl;

化学纯………………………………… 0.04 mg Cl。

稀释至 20 mL,与同体积试液同时同样处理。

5.6 硫酸盐

量取 4 mL(化学纯取 2 mL)试验溶液 A(5.5.1),稀释至 10 mL,加 0.5 mL 盐酸溶液(20%)酸化后,按 GB/T 9728 的规定测定,溶液所呈浊度不得大于标准比浊溶液。

标准比浊溶液的制备是取含下列数量的硫酸盐标准溶液:

优级纯…………………………………………0.02 mg SO_4;

分析纯…………………………………………0.04 mg SO_4;

化学纯…………………………………………0.10 mg SO_4。

稀释至 10 mL,与同体积试液同时同样处理。

5.7 铁

量取 10 mL(化学纯取 4 mL)试验溶液 A(5.5.1),稀释至 15 mL,用盐酸溶液(15%)将溶液的 pH 值调至 2 后。按 GB/T 9739 的规定测定,溶液所呈红色不得深于标准比色溶液。

标准比色溶液的制备是取含下列数量的铁标准溶液:

优级纯…………………………………………0.010 mg Fe;

分析纯…………………………………………0.015 mg Fe;

化学纯…………………………………………0.020 mg Fe。

稀释至 15 mL,与同体积试液同时同样处理。

5.8 砷

量取 20 mL 试验溶液 A(5.5.1),注入定砷瓶中,按 GB/T 610.2—1988 的规定测定,溶液所呈紫红色不得深于标准比色溶液。

标准比色溶液的制备是取含下列数量的砷标准溶液:

优级纯、分析纯 ………………………… 0.001 mg As;

化学纯………………………………… 0.005 mg As。

稀释至 20 mL,与同体积试液同时同样处理。

5.9 铜

按 GB/T 9723—1988 的规定测定。

5.9.1 仪器条件

光源:铜空心阴极灯;

波长:324.7 nm;

火焰:乙炔-空气。

5.9.2 测定方法

量取 70 mL(100 g)样品,注入石英皿中,加 0.1 g 无水碳酸钠,在水浴上蒸发至干,用热水溶解残渣,稀释至 10 mL。按 GB/T 9723—1988 中 6.2.1 的规定测定。

5.10 铅

按 GB/T 9723—1988 的规定测定。

5.10.1 仪器条件

光源：铅空心阴极灯；

波长：283.3 nm；

火焰：乙炔-空气。

5.10.2 测定方法

同 5.9.2。

6 检验规则

按 HG/T 3921 的规定进行采样及验收。

7 包装及标志

按 GB 15346 的规定进行包装、贮存与运输，并给出标志，其中：

包装单位：第 4、5 类；

内包装形式：NB-17、NB-24（包装时应包避光纸）、NBY-17、NBY-24；

隔离材料：GC-3、GC-4、GC-5；

外包装形式：WB-1；

标签：符合 GB 15258 的规定，注明“腐蚀性物品”和“氧化剂”。

ICS 71.040.30
G 62

中华人民共和国国家标准

GB/T 637—2006
代替 GB/T 637—1988

化学试剂 五水合硫代硫酸钠 （硫代硫酸钠）

Chemical reagent—Sodium thiosulfate pentahydrate

(ISO 6353-2:1983, Reagents for chemical analysis—
Part 2:Specifications—First series, NEQ)

2006-11-03 发布　　2007-06-01 实施

中华人民共和国国家质量监督检验检疫总局
中国国家标准化管理委员会　发布

前　言

本标准与 ISO 6353-2:1983《化学分析试剂　第 2 部分:规格　第 1 系列》中 R36“五水合硫代硫酸钠”的一致性程度为非等效。

本标准代替 GB/T 637—1988《化学试剂　硫代硫酸钠》,与 GB/T 637—1988 相比主要变化如下:

——标准名称“硫代硫酸钠”改为“五水合硫代硫酸钠(硫代硫酸钠)”;

——pH 值、水不溶物、氯化物、总氮量改用化学试剂通用方法测定(1988 年版的 4.2、4.3.2、4.3.3、4.3.6;本版的 5.4、5.6、5.7、5.10);

——调整了总氮量测定中硫酸溶液的质量分数(1988 年版的 4.3.6;本版的 5.10)。

本标准由中国石油和化学工业协会提出。

本标准由全国化学标准化技术委员会化学试剂分会(SAC/TC 63/SC 3)归口。

本标准起草单位:西安化学试剂厂。

本标准主要起草人:刘建军、郑妮、卫文红。

本标准于 1965 年首次发布,于 1977 年第一次修订、1988 年第二次修订。

化学试剂
五水合硫代硫酸钠
(硫代硫酸钠)

分子式：$Na_2S_2O_3 \cdot 5H_2O$

相对分子质量：248.18(根据2003年国际相对原子质量)

1 范围

本标准规定了化学试剂五水合硫代硫酸钠的规格、试验、检验规则和包装及标志。

本标准适用于化学试剂五水合硫代硫酸钠的检验。

2 规范性引用文件

下列文件中的条款通过本标准的引用而成为本标准的条款。凡是注日期的引用文件，其随后所有的修改单(不包括勘误的内容)或修订版均不适用于本标准，然而，鼓励根据本标准达成协议的各方研究是否可使用这些文件的最新版本。凡是不注日期的引用文件，其最新版本适用于本标准。

GB/T 601 化学试剂 标准滴定溶液的制备

GB/T 602 化学试剂 杂质测定用标准溶液的制备(GB/T 602—2002,ISO 6353-1:1982,NEQ)

GB/T 603 化学试剂 试验方法中所用制剂及制品的制备(GB/T 603—2002,ISO 6353-1:1982,NEQ)

GB/T 609 化学试剂 总氮量测定通用方法(GB/T 609—2006,ISO 6353-1:1982,NEQ)

GB/T 6682 分析实验室用水规格和试验方法(GB/T 6682—1992,eqv ISO 3696:1987)

GB/T 9723—1988 化学试剂 火焰原子吸收光谱法通则

GB/T 9724 化学试剂 pH值测定通则(GB/T 9724—1988,eqv ISO 6353-1:1982)

GB/T 9729 化学试剂 氯化物测定通用方法(GB/T 9729—1988,eqv ISO 6353-1:1982)

GB/T 9738 化学试剂 水不溶物测定通用方法(GB/T 9738—1988,eqv ISO 6353-1:1982)

GB 15346 化学试剂 包装及标志

HG/T 3484 化学试剂 标准玻璃乳浊液和澄清度标准

HG/T 3921 化学试剂 采样及验收规则

3 性状

本试剂为无色结晶。溶于水，不溶于乙醇。

4 规格

五水合硫代硫酸钠的规格见表1。

表1

名称	优级纯	分析纯	化学纯
$Na_2S_2O_3 \cdot 5H_2O$,w/%	≥99.5	≥99.0	≥98.5
pH值(50 g/L,25℃)	6.0～7.5	6.0～7.5	6.0～7.5
澄清度试验/号	≤2	≤3	≤5

表 1（续）

名　　称	优 级 纯	分 析 纯	化 学 纯
水不溶物，w/%	≤0.002	≤0.005	≤0.01
氯化物(Cl)，w/%	≤0.02	≤0.02	—
硫酸盐及亚硫酸盐(以 SO_4 计)，w/%	≤0.04	≤0.05	≤0.1
硫化物(S)，w/%	≤0.000 1	≤0.000 25	≤0.000 5
总氮量(N)，w/%	≤0.002	≤0.005	—
钾(K)，w/%	≤0.001	—	—
镁(Mg)，w/%	≤0.001	≤0.001	—
钙(Ca)，w/%	≤0.003	≤0.003	≤0.005
铁(Fe)，w/%	≤0.000 5	≤0.000 5	≤0.001
重金属(以 Pb 计)，w/%	≤0.000 5	≤0.000 5	≤0.001

5 试验

5.1 警告

本试验方法中使用的部分试剂具有毒性或腐蚀性，一些试验过程可能导致危险情况，操作者应采取适当的安全和健康措施。

5.2 一般规定

本章中除另有规定外，所用标准滴定溶液、标准溶液、制剂及制品，均按 GB/T 601、GB/T 602、GB/T 603 的规定制备，实验用水应符合 GB/T 6682 中三级水规格，样品均按精确至 0.01 g 称量，所用溶液以“%”表示的均为质量分数。

5.3 含量

称取 1 g 样品，精确至 0.000 1 g。溶于 70 mL 无二氧化碳的水中，用碘标准滴定溶液[$c(1/2I_2)$ = 0.1 mol/L]滴定近终点时，加 3 mL 淀粉指示液(10 g/L)，继续滴定至溶液呈蓝色。

五水合硫代硫酸钠的质量分数 w，数值以“%”表示，按式(1)计算：

$$w = \frac{V \times c \times M}{m \times 1\,000} \times 100 \qquad \cdots\cdots(1)$$

式中：

V——碘标准滴定溶液体积的数值，单位为毫升(mL)；

c——碘标准滴定溶液浓度的准确数值，单位为摩尔每升(mol/L)；

M——五水合硫代硫酸钠摩尔质量的数值，单位为克每摩尔(g/mol)[$M(Na_2S_2O_3 \cdot 5H_2O)$=248.18]；

m——样品质量的数值，单位为克(g)。

5.4 pH 值

按 GB/T 9724 的规定测定。

5.5 澄清度试验

称取 25 g 样品，溶于 100 mL 无二氧化碳的水中，在 10 min 内其浊度不得大于 HG/T 3484 规定的下列澄清度标准：

优级纯 ………………………………………… 2 号；

分析纯 ………………………………………… 3 号；

化学纯 ………………………………………… 5 号。

5.6 水不溶物

称取 50 g 样品，溶于 150 mL 无二氧化碳的水中，按 GB/T 9738 的规定测定。

5.7 氯化物

称取 0.2 g 样品，溶于 5 mL 水中，加 1 mL 氨水溶液(10%)，滴加 2 mL“30%过氧化氢”，摇匀，在水浴上蒸干，残渣溶于 20 mL 水，按 GB/T 9729 的规定测定。溶液所呈浊度不得大于标准比浊溶液。

标准比浊溶液的制备是取含 0.04 mg 氯化物(Cl)的标准溶液，稀释至 20 mL，与同体积试液同时同样处理。

5.8 硫酸盐及亚硫酸盐

称取 0.5 g 样品，溶于 50 mL 水。取 10 mL，滴加碘标准滴定溶液[$c(1/2I_2)=0.1$ mol/L]至溶液呈浅黄色，加 0.5 mL 盐酸溶液(20%)。

将 0.25 mL 硫酸钾乙醇溶液(0.2 g/L)与 1 mL 氯化钡溶液(250 g/L)混合(晶种液)，准确放置 1 min。加入上述已酸化的试液，稀释至 25 mL，摇匀，放置 5 min。加 1 滴硫代硫酸钠标准滴定溶液[$c(Na_2S_2O_3)=0.1$ mol/L]，溶液所呈浊度不得大于标准比浊溶液。

标准比浊溶液的制备是取含下列数量的硫酸盐标准溶液：

优级纯 ………………………………………… 0.04 mg SO_4；

分析纯 ………………………………………… 0.05 mg SO_4；

化学纯 ………………………………………… 0.10 mg SO_4。

稀释至 10 mL，与同体积样品溶液同时同样处理。

5.9 硫化物

称取 2 g 样品，溶于 20 mL 水中，加 0.3 mL 乙酸铅(碱溶液)，摇匀，放置 2 min。溶液所呈暗色不得深于标准比色溶液。

标准比色溶液的制备是取含下列数量的硫化物标准溶液：

优级纯 ………………………………………… 0.002 mg S；

分析纯 ………………………………………… 0.005 mg S；

化学纯 ………………………………………… 0.010 mg S。

与样品同时同样处理。

5.10 总氮量

称取 1.5 g 样品，溶于 10 mL 水中，加 6.5 mL 硫酸溶液(40%)，煮沸 5 min，冷却，过滤，稀释至 30 mL。取 20 mL，用无氨的氢氧化钠溶液(320 g/L)中和，稀释至 140 mL，按 GB/T 609 的规定测定。溶液所呈黄色不得深于标准比色溶液。

标准比色溶液的制备是取含下列数量的氮标准溶液：

优级纯 ………………………………………… 0.02 mg N；

分析纯 ………………………………………… 0.05 mg N。

稀释至 140 mL，与同体积试液同时同样处理。

5.11 钾

按 GB/T 9723—1988 的规定测定。

5.11.1 仪器条件

光源：钾空心阴极灯；

波长：766.5 nm；

火焰：乙炔-空气。

5.11.2 测定方法

称取 10 g 样品,溶于水,稀释至 100 mL。取 10 mL,共 4 份。按 GB/T 9723—1988 中 6.2.2 的规定测定。

5.12 镁

按 GB/T 9723 的规定测定。

5.12.1 仪器条件

光源:镁空心阴极灯;

波长:285.2 nm;

火焰:乙炔-空气。

5.12.2 测定方法

同 5.11.2。

5.13 钙

称取 0.5 g 样品,溶于 50 mL 水中。取 10 mL,加 10 mL"乙醇(95%)"、0.5 mL 混合碱及 1 mL 乙二醛缩双邻氨基酚乙醇溶液(2 g/L),放置 5 min。加 5 mL 三氯甲烷萃取(温度不超过 30℃),立即比色。有机层所呈红色不得深于标准比色溶液。

标准比色溶液的制备是取含下列数量的钙标准溶液:

优级纯、分析纯 ………………………………… 0.003 mg Ca;

化学纯 ………………………………………… 0.005 mg Ca。

稀释至 10 mL,与同体积样品溶液同时同样处理。

5.14 铁

称取 1 g 样品,溶于 15 mL 水中,加 0.5 mL 盐酸溶液(15%),加 1 mL 抗坏血酸溶液(20 g/L),5 mL乙酸-乙酸钠缓冲溶液(pH≈4.5),加 1 mL 1,10-菲啰啉溶液(2 g/L),摇匀,加 1.0 g 碘化钾,用 5 mL三氯甲烷萃取,有机层所呈红色不得深于标准比色溶液。

标准比色溶液的制备是取含下列数量的铁标准溶液:

优级纯、分析纯 ………………………………… 0.005 mg Fe;

化学纯 ………………………………………… 0.010 mg Fe。

与样品同时同样处理。

5.15 重金属

称取 5 g 样品,溶于 10 mL 水中,加 5 mL 氨水,滴加 5 mL"30%过氧化氢",在水浴上蒸干,加 5 mL"30%过氧化氢",再蒸干。加 3 mL 盐酸溶液(10%),蒸干。加 5 mL 水,再蒸干。残渣溶于水,用氨水溶液(10%)将溶液 pH 值调至 4,稀释至 50 mL。取 30 mL,加 0.2 mL 乙酸溶液(30%),加 10 mL 新制备的饱和硫化氢水,摇匀,放置 10 min。溶液所呈暗色不得深于标准比色溶液。

标准比色溶液的制备是取剩余的 10 mL 试液及含下列数量的铅标准溶液:

优级纯、分析纯 ……………………………… 0.01 mg Pb;

化学纯 ……………………………………… 0.02 mg Pb。

稀释至 30 mL,与同体积试液同时同样处理。

6 检验规则

按 HG/T 3921 的规定进行采样及验收。

7 包装及标志

按 GB 15346 的规定进行包装、贮存与运输，并给出标志，其中：

包装单位：第 4 类；

内包装形式：NB-4、NBY-4、NB-5、NBY-5、NB-7、NB-8、NB-10、NB-11、NB-13、NB-15；

隔离材料：GC-2、GC-3、GC-4；

外包装形式：WB-1、WB-2、WB-3。

ICS 71.040.30
G 62

中华人民共和国国家标准

GB/T 658—2006
代替 GB/T 658—1988

化学试剂 氯化铵

Chemical reagent—Ammonium chloride

(ISO 6353-2:1983, Reagents for chemical analysis—
Part 2: Specifications—First series, NEQ)

2006-11-03 发布 2007-06-01 实施

中华人民共和国国家质量监督检验检疫总局
中国国家标准化管理委员会 发布

前　言

本标准与 ISO 6353-2:1983《化学分析试剂　第 2 部分:规格　第 1 系列》中 R5“氯化铵”的一致性程度为非等效。

本标准代替 GB/T 658—1988《化学试剂　氯化铵》,与 GB/T 658—1988 相比,主要变化如下:

——调整灼烧残渣的取样量(1988 年版的 4.3.3;本版的 5.7);

——铜、铅测定方法由阳极溶出伏安法改为火焰原子吸收光谱法(1988 年版的 4.3.12、4.3.14;本版的 5.16、5.18);

——pH、水不溶物、灼烧残渣、硫酸盐、磷酸盐、铁改用化学试剂通用方法测定(1988 年版的 4.2、4.3.2、4.3.3、4.3.4、4.3.5、4.3.10;本版的 5.4、5.6、5.7、5.8、5.9、5.14)。

本标准由中国石油和化学工业协会提出。

本标准由全国化学标准化技术委员会化学试剂分会(SAC/TC 63/SC 3)归口。

本标准起草单位:广东光华化学厂有限公司。

本标准主要起草人:陈汉昭、张志斌、李道潘。

本标准于 1969 年首次发布,于 1977 年第一次修订、1988 年第二次修订。

化学试剂　氯化铵

分子式：NH_4Cl

相对分子质量：53.49(根据2003年国际相对原子质量)

1　范围

本标准规定了化学试剂氯化铵的性状、规格、试验、检验规则和包装及标志。

本标准适用于化学试剂氯化铵的检验。

2　规范性引用文件

下列文件中的条款通过本标准的引用而成为本标准的条款。凡是注日期的引用文件，其随后所有的修改单(不包括勘误的内容)或修订版均不适用于本标准，然而，鼓励根据本标准达成协议的各方研究是否可使用这些文件的最新版本。凡是不注日期的引用文件，其最新版本适用于本标准。

GB/T 601　化学试剂　标准滴定溶液的制备

GB/T 602　化学试剂　杂质测定用标准溶液的制备(GB/T 602—2002,ISO 6353-1:1982,NEQ)

GB/T 603　化学试剂　试验方法中所用制剂及制品的制备(GB/T 603—2002,ISO 6353-1:1982,NEQ)

GB/T 6682　分析实验室用水规格和试验方法(GB/T 6682—1992,eqv ISO 3696:1987)

GB/T 9723—1988　化学试剂　火焰原子吸收光谱法通则

GB/T 9724　化学试剂　pH值测定通则(GB/T 9724—1988,eqv ISO 6353-1:1982)

GB/T 9727　化学试剂　磷酸盐测定通用方法(GB/T 9727—1988,eqv ISO 6353-1:1982)

GB/T 9728　化学试剂　硫酸盐测定通用方法(GB/T 9728—1988,eqv ISO 6353-1:1982)

GB/T 9738　化学试剂　水不溶物测定通用方法(GB/T 9738—1988,eqv ISO 6353-1:1982)

GB/T 9739　化学试剂　铁测定通用方法(GB/T 9739—2006,ISO 6353-1:1982,NEQ)

GB/T 9741—1988　化学试剂　灼烧残渣测定通用方法(eqv ISO 6353-1:1982)

GB 15346　化学试剂　包装及标志

HG/T 3484　化学试剂　标准玻璃乳浊液和澄清度标准

HG/T 3921　化学试剂　采样及验收规则

3　性状

本试剂为白色结晶粉末，易溶于水及乙醇。

4　规格

氯化铵的规格见表1。

表1

名　称	优级纯	分析纯	化学纯
NH_4Cl,w/%	≥99.8	≥99.5	≥98.5
pH值(50 g/L,25℃)	4.5～5.5	4.5～5.5	4.5～5.5
澄清度试验/号	≤2	≤3	≤5

表 1(续)

名　称	优 级 纯	分 析 纯	化 学 纯
水不溶物，w/%	≤0.002	≤0.005	≤0.01
灼烧残渣(以硫酸盐计)，w/%	≤0.005	≤0.02	≤0.05
硫酸盐(SO_4)，w/%	≤0.002	≤0.005	≤0.005
磷酸盐(PO_4)，w/%	≤0.000 2	≤0.000 5	≤0.001
钠(Na)，w/%	≤0.005	≤0.005	—
镁(Mg)，w/%	≤0.000 5	≤0.001	≤0.002
钾(K)，w/%	≤0.005	≤0.005	—
钙(Ca)，w/%	≤0.000 5	≤0.001	≤0.002
铁(Fe)，w/%	≤0.000 2	≤0.000 5	≤0.001
镍(Ni)，w/%	≤0.000 1	—	—
铜(Cu)，w/%	≤0.000 2	—	—
锌(Zn)，w/%	≤0.000 2	—	—
铅(Pb)，w/%	≤0.000 1	—	—

5　试验

5.1　警告

本试验方法中使用的部分试剂具有毒性或腐蚀性，一些试验过程可能导致危险情况，操作者应采取适当的安全和健康措施。

5.2　一般规定

本章中除另有规定外，所用标准滴定溶液、标准溶液、制剂及制品，均按 GB/T 601、GB/T 602、GB/T 603 的规定制备，实验用水应符合 GB/T 6682 中三级水规格。样品称量均精确至 0.01 g，所用溶液以"%"表示的均为质量分数。

5.3　含量

称取 0.16 g 样品，精确至 0.000 1 g。溶于 70 mL 水中，加 10 mL 淀粉指示液(10 g/L)，用硝酸银标准溶液[$c(AgNO_3)=0.1$ mol/L]避光滴定，近终点时加 3 滴荧光素指示液(5 g/L)，继续滴定至乳液呈粉红色。

氯化铵的质量分数 w，数值以"%"表示，按式(1)计算：

$$w=\frac{V\times c\times M}{m\times 1\,000}\times 100 \qquad \cdots\cdots(1)$$

式中：

V——硝酸银标准滴定溶液体积的数值，单位为毫升(mL)；

c——硝酸银标准滴定溶液浓度的准确数值，单位为摩尔每升(mol/L)；

M——氯化铵的摩尔质量的数值，单位为克每摩尔(g/mol)[$M(NH_4Cl)=53.49$]；

m——样品质量的数值，单位为克(g)。

5.4　pH 值

按 GB/T 9724 的规定测定。

5.5　澄清度试验

称取 25 g 样品，溶于 100 mL 水中，其浊度不得大于 HG/T 3484 规定的下列澄清度标准：

优级纯 ………………………………………………… 2号；

分析纯 ………………………………………………… 3号；

化学纯 ………………………………………………… 5号。

5.6 水不溶物

称取 50 g 样品，溶于 200 mL 沸水中，按 GB/T 9738 的规定测定。

5.7 灼烧残渣

称取 10 g(优级纯取 20 g)样品，按 GB/T 9741—1988 中 4.1 的规定测定。结果按 GB/T 9741—1988 中第 5 章计算。

5.8 硫酸盐

称取 1 g 样品，溶于 20 mL 水中，加 0.5 mL 盐酸溶液(20%)后，按 GB/T 9728 的规定测定。溶液所呈浊度不得大于标准比浊溶液。

标准比浊溶液的制备是取含下列数量硫酸盐标准溶液：

优级纯 ………………………………………… 0.02 mg SO_4；

分析纯、化学纯 ………………………………… 0.05 mg SO_4。

与样品同时同样处理。

5.9 磷酸盐

称取 2 g 样品，溶于 10 mL 水，按 GB/T 9727 的规定测定。溶液所呈蓝色不得深于标准比色溶液。

标准比色溶液的制备是取含下列数量的磷酸盐标准溶液：

优级纯 ………………………………………… 0.004 mg PO_4；

分析纯 ………………………………………… 0.010 mg PO_4；

化学纯 ………………………………………… 0.020 mg PO_4。

与样品同时同样处理。

5.10 钠

按 GB/T 9723—1988 的规定测定，其中：

5.10.1 仪器条件

光源：钠空心阴极灯；

波长：589.0 nm；

火焰：乙炔-空气。

5.10.2 测定方法

称取 1 g 样品，溶于水，稀释至 100 mL。取 20 mL，共 4 份。按 GB/T 9723—1988 中 6.2.2 的规定测定。

5.11 镁

按 GB/T 9723—1988 的规定测定，其中：

5.11.1 仪器条件

光源：镁空心阴极灯；

波长：285.2 nm；

火焰：乙炔-空气。

5.11.2 测定方法

称取 5 g 样品，溶于水，稀释至 100 mL。取 20 mL，共 4 份。按 GB/T 9723—1988 中 6.2.2 的规定测定。

5.12 钾

按 GB/T 9723—1988 的规定测定，其中：

5.12.1 **仪器条件**

光源：钾空心阴极灯；

波长：766.5 nm；

火焰：乙炔-空气。

5.12.2 **测定方法**

同 5.10.2。

5.13 **钙**

称取 0.5 g(优级纯取 1 克)样品，置于坩埚中，于 500℃缓缓加热除去铵盐，溶于水，稀释至 10 mL，加 10 mL“乙醇(95%)”、0.5 mL 混合碱及 1 mL 乙二醛缩双邻氨基酚乙醇溶液(2 g/L)，摇匀，放置 5 min。用 5 mL 三氯甲烷萃取(温度不超过 30℃)，立即比色。有机层所呈红色不得深于标准比色溶液。

标准比色溶液的制备是取含下列数量钙标准溶液：

优级纯、分析纯 ………………………………… 0.005 mg Ca；

化学纯 ………………………………………… 0.010 mg Ca。

稀释至 10 mL，与同体积试液同时同样处理。

5.14 **铁**

称取 2 g 样品，溶于 15 mL 水中，用盐酸溶液(15%)调节溶液的 pH 值至 2 后，按 GB/T 9739 的规定测定。溶液所呈红色不得深于标准比色溶液。

标准比色溶液的制备是取含下列数量的铁标准溶液：

优级纯 ………………………………………… 0.004 mg Fe；

分析纯 ………………………………………… 0.010 mg Fe；

化学纯 ………………………………………… 0.020 mg Fe。

与样品同时同样处理。

5.15 **镍**

称取 4 g 样品，溶于水，稀释至 20 mL。取 15 mL，加 3 mL 氨水及 2 mL 过硫酸铵溶液(50 g/L)，摇匀，加 1.5 mL 二甲基乙二醛肟乙醇溶液(10 g/L)，稀释至 25 mL，摇匀，放置 20 min。溶液所呈红色不得深于标准比色溶液。

标准比色溶液的制备是取剩余的 5 mL 样品溶液，加含 0.002 mg 镍(Ni)标准溶液，稀释至 15 mL，与同体积试液同时同样处理。

5.16 **铜**

按 GB/T 9723—1988 的规定测定，其中：

5.16.1 **仪器条件**

光源：铜空心阴极灯；

波长：324.7 nm；

火焰：乙炔-空气。

5.16.2 **测定方法**

称取 40 g 样品，溶于水，稀释至 200 mL。取 50 mL，共 4 份，置于分液漏斗中，1 份不加标准，另 3 份分别加入成比例的铜标准溶液，加入 1 mL 吡咯烷二硫代氨基甲酸铵溶液(10 g/L)，摇匀，放置 5 min，加 10 mL 4-甲基-2-戊酮，振摇 1 min，静置分层，弃去水相，于有机相中加入 10 mL 硝酸溶液(5%)，振摇 3 min，静置分层，收集水相于 10 mL 容量瓶中，稀释至刻度，摇匀。按 GB/T 9723—1988 中 6.2.2 的规定测定。

5.17 **锌**

按 GB/T 9723—1988 的规定测定，其中：

5.17.1 仪器条件

光源:锌空心阴极灯;

波长:213.9 nm;

火焰:乙炔-空气。

5.17.2 测定方法

称取 20 g 样品,溶于水,稀释至 100 mL。取 20 mL,共 4 份。按 GB/T 9723—1988 中 6.2.2 的规定测定。

5.18 铅

按 GB/T 9723—1988 的规定测定,其中:

5.18.1 仪器条件

光源:铅空心阴极灯;

波长:283.3 nm;

火焰:乙炔-空气。

5.18.2 测定方法

称取 40 g 样品,溶于水,稀释至 200 mL。取 50 mL,共 4 份,置于分液漏斗中,1 份不加标准,另 3 份分别加入成比例的铅标准溶液,加入 1 mL 吡咯烷二硫代氨基甲酸铵溶液(10 g/L),摇匀,放置 5 min,加 10 mL 4-甲基-2-戊酮,振摇 1 min,静置分层,弃去水相,于有机相中加入 10 mL 硝酸溶液(5%),振摇 3 min,静置分层,收集水相于 10 mL 容量瓶中,稀释至刻度,摇匀。按 GB/T 9723—1988 中 6.2.2 的规定测定。

6 检验规则

按 HG/T 3921 的规定进行采样及验收。

7 包装及标志

按 GB 15346 的规定进行包装、贮存与运输,并给出标志,其中:

包装单位:第 4 类。

内包装形式:NB-4,NBY-4,NB-5,NBY-5,NB-7,NB-8,NB-10,NB-11,NB-13,NB-15。

隔离材料:GC-2,GC-3,GC-4。

外包装形式:WB-1,WB-2,WB-3。

ICS 71.040.30
G 62

中华人民共和国国家标准

GB/T 672—2006
代替 GB/T 672—1988

化学试剂
六水合氯化镁(氯化镁)

Chemical reagent—
Magnesium chloride hexahydrate

(ISO 6353-2:1983, Reagents for Chemical analysis—
Part 2:Specifications—First series, NEQ)

2006-11-03 发布 2007-06-01 实施

中华人民共和国国家质量监督检验检疫总局
中国国家标准化管理委员会 发布

前　言

本标准与 ISO 6353-2:1983《化学分析试剂　第 2 部分:规格　第 1 系列》中 R16“六水合氯化镁”的一致性程度为非等效。

本标准代替 GB/T 672—1988《化学试剂　氯化镁》,与 GB/T 672—1988 相比主要变化如下:

——标准名称“氯化镁”改为“六水合氯化镁(氯化镁)”;

——六水合氯化镁化学纯的质量分数由 97.0％提高到 98.0％(1988 年版的 3.1;本版的 4);

——取消乙醇溶解试验一项(1988 年版的 3.2);

——改进了含量、钠、钾、钙测定方法(1988 年版的 4.1、4.3.7、4.3.8、4.3.9;本版的 5.3、5.10、5.11、5.12);

——pH 值、水不溶物、硫酸盐、磷酸盐、总氮量、铁、重金属改用化学试剂通用方法测定(1988 年版的 4.2、4.3.2、4.3.4、4.3.5、4.3.6、4.3.10、4.3.12;本版的 5.4、5.6、5.7、5.8、5.9、5.13、5.15)。

本标准由中国石油和化学工业协会提出。

本标准由全国化学标准化技术委员会化学试剂分会(SAC/TC 63/SC 3)归口。

本标准起草单位:北京益利精细化学品有限公司。

本标准主要起草人:赵玉峰、杨满红、司玉荣。

本标准于 1965 年首次发布,于 1978 年第一次修订、1988 年第二次修订。

化学试剂
六水合氯化镁(氯化镁)

分子式:$MgCl_2 \cdot 6H_2O$

相对分子质量:203.30(根据2003年国际相对原子质量)。

1 范围

本标准规定了化学试剂 六水合氯化镁的规格、试验、检验规则和包装及标志。

本标准适用于化学试剂 六水合氯化镁的检验。

2 规范性引用文件

下列文件中的条款通过本标准的引用而成为本标准的条款。凡是注日期的引用文件,其随后所有的修改单(不包括勘误的内容)或修订版均不适用于本标准,然而,鼓励根据本标准达成协议的各方研究是否可使用这些文件的最新版本。凡是不注日期的引用文件,其最新版本适用于本标准。

GB/T 601 化学试剂 标准滴定溶液的制备

GB/T 602 化学试剂 杂质测定用标准溶液的制备(GB/T 602—2002,ISO 6353-1:1982,NEQ)

GB/T 603 化学试剂 试验方法中所用制剂及制品的制备(GB/T 603—2002,ISO 6353-1:1982,NEQ)

GB/T 609 化学试剂 总氮量测定通用方法(GB/T 609—2006,ISO 6353-1:1982,NEQ)

GB/T 6682 分析实验室用水规格和试验方法(GB/T 6682—1992,eqv ISO 3696:1987)

GB/T 9723—1988 化学试剂 火焰原子吸收光谱法通则

GB/T 9724 化学试剂 pH值测定通则(GB/T 9724—1988,eqv ISO 6353-1:1982)

GB/T 9727 化学试剂 磷酸盐测定通用方法(GB/T 9727—1988,eqv ISO 6353-1:1982)

GB/T 9728 化学试剂 硫酸盐测定通用方法(GB/T 9728—1988,eqv ISO 6353-1:1982)

GB/T 9735 化学试剂 重金属测定通用方法(GB/T 9735—1988,eqv ISO 6353-1:1982)

GB/T 9738 化学试剂 水不溶物测定通用方法(GB/T 9738—1988,eqv ISO 6353-1:1982)

GB/T 9739 化学试剂 铁测定通用方法(GB/T 9739—2006,ISO 6353-1:1982,NEQ)

GB 15346 化学试剂 包装及标志

HG/T 3484 化学试剂 标准玻璃乳浊液和澄清度标准

HG/T 3921 化学试剂 采样及验收规则

3 性状

本试剂为无色结晶,在空气中潮解,溶于水及醇。

4 规格

六水合氯化镁的规格见表1。

表 1

名　　称	优级纯	分析纯	化学纯
$MgCl_2 \cdot 6H_2O$,w/%	≥99.0	≥98.0	≥98.0
pH 值(50 g/L,25℃)	5.0～6.5	5.0～6.5	5.0～6.5
澄清度试验/号	≤2	≤3	≤5
水不溶物,w/%	≤0.003	≤0.005	≤0.01
硫酸盐(SO_4),w/%	≤0.002	≤0.005	≤0.01
磷酸盐(PO_4),w/%	≤0.000 5	≤0.001	≤0.002
总氮量(N),w/%	≤0.002	≤0.005	≤0.01
钠(Na),w/%	≤0.005	—	—
钾(K),w/%	≤0.005	—	—
钙(Ca),w/%	≤0.01	≤0.05	≤0.10
铁(Fe),w/%	≤0.000 2	≤0.000 5	≤0.001
钡和锶(以 Ba 计),w/%	≤0.002	≤0.005	≤0.005
重金属(以 Pb 计),w/%	≤0.000 2	≤0.000 5	≤0.001

5 试验

5.1 警告

本试验方法中使用的部分试剂具有毒性或腐蚀性,一些试验过程可能导致危险情况,操作者应采取适当的安全和健康措施。

5.2 一般规定

本章中除另有规定外,所用标准滴定溶液、标准溶液、制剂及制品,均按 GB/T 601、GB/T 602、GB/T 603的规定制备,实验用水应符合 GB/T 6682 中三级水规格,样品均按精确至 0.01 g 称量,所用溶液以“%”表示的均为质量分数。

5.3 含量

称取 0.4 g 样品,精确至 0.000 1 g。溶于 100 mL 水中,加 10 mL 氨-氯化铵缓冲溶液甲(pH 值为10)及 5 滴铬黑 T 指示液(5 g/L),用乙二胺四乙酸二钠标准滴定溶液[c(EDTA)=0.05 mol/L]滴定至溶液由紫红色变为纯蓝色。

六水合氯化镁的质量分数 w,数值以“%”表示,按式(1)计算:

$$w = \frac{V \times c \times M}{m \times 1\,000} \times 100 \qquad (1)$$

式中:

V——乙二胺四乙酸二钠标准滴定溶液体积的数值,单位为毫升(mL);

c——乙二胺四乙酸二钠标准滴定液浓度的准确数值,单位为摩尔每升(mol/L);

M——六水合氯化镁摩尔质量的数值,单位为克每摩尔(g/mol)[$M(MgCl_2 \cdot 6H_2O)=203.30$];

m——样品质量的数值,单位为克(g)。

5.4 pH 值

按 GB/T 9724 的规定测定。

5.5 澄清度试验

称取 50 g 样品,溶于 100 mL 水中,其浊度不得大于 HG/T 3484 中规定的下列澄清度标准:

优级纯 ………………………………………………………… 2号；
分析纯 ………………………………………………………… 3号；
化学纯 ………………………………………………………… 5号。

5.6 水不溶物

称取50 g样品，溶于100 mL沸水中，冷却至室温后，按GB/T 9738的规定测定。

5.7 硫酸盐

称取1 g样品，溶于20 mL水中，加入0.5 mL盐酸溶液(20%)酸化后，按GB/T 9728的规定测定。溶液所呈浊度不得大于标准比浊溶液。

标准比浊溶液的制备是取含下列数量的硫酸盐标准溶液：

优级纯 …………………………………………… 0.02 mg SO_4；
分析纯 …………………………………………… 0.05 mg SO_4；
化学纯 …………………………………………… 0.10 mg SO_4。

与样品同时同样处理。

5.8 磷酸盐

称取1 g样品，溶于少量水中，加2滴饱和2,4-二硝基酚指示液，用硝酸溶液(13%)中和至黄色消失，稀释至10 mL后，按GB/T 9727的规定测定。有机层所呈蓝色不得深于标准比色溶液。

标准比色溶液的制备是取含下列数量的磷酸盐标准溶液：

优级纯 …………………………………………… 0.005 mg PO_4；
分析纯 …………………………………………… 0.010 mg PO_4；
化学纯 …………………………………………… 0.020 mg PO_4。

与样品同时同样处理。

5.9 总氮量

称取1 g(化学纯取0.5 g)样品，溶于水，稀释至140 mL后，按GB/T 609的规定测定。溶液所呈黄色不得深于标准比色溶液。

标准比色溶液的制备是取含下列数量的氮标准溶液：

优级纯 …………………………………………………… 0.02 mg N；
分析纯、化学纯 …………………………………… 0.05 mg N。

与样品同时同样处理。

5.10 钠

按GB/T 9723—1988的规定测定。

5.10.1 仪器条件

光源：钠空心阴极灯；

波长：589.0 nm；

火焰：乙炔-空气。

5.10.2 测定方法

称取1 g样品，溶于水，加2 mL盐酸溶液(20%)，稀释至100 mL。取20 mL，共四份。按GB/T 9723—1988中6.2.2的规定测定。

5.11 钾

按GB/T 9723—1988的规定测定。

5.11.1 仪器条件

光源：钾空心阴极灯；

波长：766.5 nm；

火焰：乙炔-空气。

5.11.2 **测定方法**

同5.10.2。

5.12 **钙**

按GB/T 9723—1988的规定测定。

5.12.1 **仪器条件**

光源：钙空心阴极灯；

波长：422.7 nm；

火焰：乙炔-空气。

5.12.2 **测定方法**

称取1 g(优级纯取5 g)样品，溶于水，加2 mL盐酸溶液(20%)，稀释至100 mL。取20 mL，共4份。按GB/T 9723—1988中6.2.2的规定测定。

5.13 **铁**

称取2 g样品，溶于15 mL水中，用盐酸溶液(15%)将溶液pH值调至2后，按GB/T 9739的规定测定。溶液所呈红色不得深于标准比色溶液。

标准比色溶液的制备是取含下列数量的铁标准溶液：

优级纯 ………………………………………… 0.004 mg Fe；

分析纯 ………………………………………… 0.010 mg Fe；

化学纯 ………………………………………… 0.020 mg Fe。

与样品同时同样处理。

5.14 **钡及锶**

称取2 g样品，溶于20 mL水中(必要时过滤)，加5 mL“95%乙醇”、1 mL硫酸溶液(20%)，摇匀，放置30 min。溶液所呈浊度不得大于标准比浊溶液。

标准比浊溶液的制备是取含下列数量的钡标准溶液：

优级纯 ………………………………………… 0.04 mg Ba；

分析纯、化学纯 ……………………………… 0.10 mg Ba。

与样品同时同样处理。

5.15 **重金属**

称取7.5 g样品，溶于20 mL水后，按GB/T 9735的规定测定。溶液所呈暗色不得深于标准比色溶液。

标准比色溶液的制备是取2.5 g样品及含下列数量的铅标准溶液：

优级纯 ………………………………………… 0.010 mg Pb；

分析纯 ………………………………………… 0.025 mg Pb；

化学纯 ………………………………………… 0.050 mg Pb。

与样品同时同样处理。

6 检验规则

按HG/T 3921的规定进行采样及验收。

7 包装及标志

按GB 15346的规定进行包装，贮存及运输，并给出标志，其中：

包装单位:第4类;

内包装形式:NB-4、NBY-4、NB-5、NBY-5、NB-7、NB-8、NB-10、NB-11、NB-13、NB-15;

隔离材料:GC-2、GC-3;

外包装形式:WB-1、WB-2、WB-3。

ICS 71.040.30
G 62

中华人民共和国国家标准

GB/T 673—2006
代替 GB/T 673—1984

化学试剂 三氧化二砷

Chemical reagent—Arsenic trioxide

2006-09-01 发布 2007-04-01 实施

中华人民共和国国家质量监督检验检疫总局
中国国家标准化管理委员会 发布

前　言

本标准给出优级纯、分析纯、化学纯三个级别。

本标准代替 GB/T 673—1984《化学试剂　三氧化二砷》，与 GB/T 673—1984 相比主要变化如下：

——三氧化二砷(As_2O_3)含量的测定方法中，为了降低测定误差，调整了样品称取量(由 0.15 g 改为 0.18 g)，调整后的滴定体积约为 35 mL；氢氧化钠溶液的浓度由"[c(NaOH)=1 mol/L]"改为"40 g/L"；将中和用的硫酸溶液的浓度由"[$c(1/2H_2SO_4)$=1 mol/L]"改为"5%"[1984 年版的 2.1，本版的 5.2]；

——铁测定方法，将磺基水杨酸比色法改为"化学试剂　铁测定通用方法(1,10-菲啰啉比色法)"[1984 年版的 2.2.6，本版的 5.8]。

本标准由中国石油和化学工业协会提出。

本标准由全国化学标准化技术委员会化学试剂分会(SAC/TC 63/SC 3)归口。

本标准起草单位：北京化学试剂研究所、湖南省化学试剂产品质量监督检验授权站。

本标准主要起草人：郝玉林、尹跃群。

本标准于 1965 年首次发布，于 1977 年第一次修订、1984 年第二次修订。

化学试剂　三氧化二砷

注意——三氧化二砷是剧毒品。

1　范围

本标准规定了化学试剂三氧化二砷的规格、试验方法、检验规则和包装及标志。

本标准适用于化学试剂三氧化二砷的检验。

2　规范性引用文件

下列文件中的条款通过本标准的引用而成为本标准的条款。凡是注日期的引用文件，其随后所有的修改单(不包括勘误的内容)或修订版均不适用于本标准，然而，鼓励根据本标准达成协议的各方研究是否可使用这些文件的最新版本。凡是不注日期的引用文件，其最新版本适用于本标准。

GB/T 601　化学试剂　标准滴定溶液的制备

GB/T 602　化学试剂　杂质测定用标准溶液的制备(ISO 6353-1:1982,NEQ)

GB/T 603　化学试剂　试验方法中所用制剂及制品的制备(ISO 6353-1:1982,NEQ)

GB/T 619　化学试剂　采样及验收规则

GB/T 3914—1983　化学试剂　阳极溶出伏安法通则

GB/T 6682　分析实验室用水规格和试验方法(eqv ISO 3696:1987)

GB/T 9723—1988　化学试剂　火焰原子吸收光谱法通则(neq ISO 6353-1:1982)

GB/T 9739　化学试剂　铁测定通用方法(eqv ISO 6353-1:1982)

GB 15346　化学试剂　包装及标志

HG/T 3484　化学试剂　标准玻璃乳浊液和澄清度标准

3　性状

分子式：As_2O_3

相对分子质量：197.84(根据1997年国际相对原子质量)

本试剂为白色无定形结晶粉末，易升华。剧毒。微溶于水，溶于稀盐酸、碱金属的氢氧化物或碳酸盐溶液中。

4　规格

三氧化二砷的规格见表1。

表 1

名　　称	优 级 纯	分 析 纯	化 学 纯
三氧化二砷(As_2O_3),w/%	≥99.8	≥99.5	≥99.0
澄清度试验	合格	合格	合格
氨水不溶物,w/%	≤0.01	≤0.02	≤0.04
灼烧残渣,w/%	≤0.02	≤0.02	≤0.05
氯化物(Cl),w/%	≤0.002	≤0.005	≤0.01
硫化物(S),w/%	≤0.000 1	≤0.000 2	≤0.000 2

表 1（续）

名　称	优级纯	分析纯	化学纯
硒(Se)，w/%	≤0.000 5	—	—
铁(Fe)，w/%	≤0.000 5	≤0.001	≤0.002
铜(Cu)，w/%	≤0.000 5	≤0.001	≤0.002
银(Ag)，w/%	≤0.001	—	—
锑(Sb)，w/%	≤0.005	≤0.01	≤0.05
铅(Pb)，w%	≤0.000 5	≤0.001	≤0.002

5 试验方法

5.1 一般规定

本章中除另有规定外，所用标准滴定溶液、杂质标准溶液、制剂及制品，均按 GB/T 601、GB/T 602、GB/T 603 的规定制备，实验用水应符合 GB/T 6682 中三级水规格，样品均按精确至 0.01 g 称量。本标准中所用溶液以(%)表示的均为质量分数。

5.2 含量

称取 0.18 g 预先在硫酸干燥器中干燥至恒量的样品，精确至 0.000 1 g。置于碘量瓶中，加 5 mL 氢氧化钠溶液(40 g/L)溶解，加 50 mL 水，加 2 滴酚酞指示液(10 g/L)，用硫酸溶液(5%)滴定至粉红色消失，加 3 g 碳酸氢钠及 2 mL 淀粉指示液(10 g/L)，用碘标准滴定溶液[$c(1/2I_2)=0.1$ mol/L]滴定至溶液呈浅蓝色。同时做空白试验。

三氧化二砷的质量分数 w，数值以“%”表示，按式(1)计算：

$$w=\frac{(V_1-V_2)\times c\times M}{m\times 1\,000}\times 100 \qquad (1)$$

式中：

V_1——碘标准滴定溶液体积的数值，单位为毫升(mL)；

V_2——空白试验碘标准滴定溶液的体积的数值，单位为毫升(mL)；

c——碘标准滴定溶液浓度的准确数值，单位为摩尔每升(mol/L)；

M——三氧化二砷摩尔质量的数值，单位为克每摩尔(g/mol)[$M(1/4As_2O_3)=49.46$]；

m——样品质量的数值，单位为克(g)。

5.3 澄清度试验

称取 10 g 样品，加 65 mL 水及 35 mL 氨水，加热溶解。其浊度不得大于 HG/T 3484 中规定的下列澄清度标准：

优级纯 …………………… 1号；
分析纯 …………………… 3号；
化学纯 …………………… 4号。

5.4 氨水不溶物

将测定澄清度试验(5.3)的溶液，用已在 105℃±2℃ 的电烘箱中干燥至恒量的玻璃滤埚(孔径为 5 μm～15 μm)过滤，以温热的氨水(2.5%)洗涤滤渣至洗液无砷离子反应。

检测方法是：取少许滤液，用盐酸溶液(15%)调至酸性，加饱和硫化氢溶液，如不出现黄色沉淀，则说明溶液中已无砷离子。

将玻璃滤埚于 105℃±2℃ 的电烘箱中干燥至恒量。滤渣质量不得大于：

优级纯 …………………… 1.0 mg；
分析纯 …………………… 2.0 mg；
化学纯 …………………… 4.0 mg。

5.5 灼烧残渣

称取 5 g 样品，置于已在 800℃±50℃的高温炉中灼烧至恒量的坩埚中，在通风橱中加热至样品完全升华，于 800℃±50℃的高温炉中灼烧至恒量。残渣质量不得大于：

优级纯、分析纯 …………………………………… 1.0 mg；

化学纯 ………………………………………………… 2.5 mg。

保留残渣用于铁的测定。

5.6 氯化物

称取 0.5 g 样品，加 3 mL 氨水(10%)及 5 mL 水，加热溶解，冷却，用硝酸溶液(25%)中和(必要时过滤)，稀释至 20 mL，加 2 mL 硝酸溶液(25%)及 1 mL 硝酸银溶液(17 g/L)，稀释至 25 mL，摇匀，放置 10 min。溶液所呈浊度不得大于标准比浊溶液。

标准比浊溶液的制备是取含下列数量氯化物的标准溶液：

优级纯 …………………………………………… 0.010 mg Cl；

分析纯 …………………………………………… 0.025 mg Cl；

化学纯 …………………………………………… 0.050 mg Cl。

稀释至 20 mL，与同体积试液同时同样处理。

5.7 硫化物

称取 1 g 样品，溶于 10 mL 氢氧化钠溶液(100 g/L)中，加 0.1 mL 乙酸铅溶液(50 g/L)，摇匀。溶液所呈暗色不得深于标准比色溶液。

标准比色溶液的制备是取含下列数量硫化物的标准溶液：

优级纯 …………………………………………… 0.001 mg S；

分析纯、化学纯 ………………………………… 0.002 mg S。

与样品同时同样处理。

5.8 硒

按 GB/T 3914—1983 的规定测定。

5.8.1 仪器及条件

工作电极：玻碳电极；

预电解电位：−0.1 V；

扫描电位范围：−0.1 V～+1.3 V；

溶出峰电位：+1.05 V。

5.8.2 测定方法

称取 0.1 g 样品，置于石英杯中，加 5 mL 硝酸、1 mL 盐酸，于水浴上微热至反应停止，再于水浴上蒸发至近干。加入 30 mL 高氯酸溶液(0.1 mol/L)，准确加入 0.006 mg 金(Au)，按 GB/T 3914—1983 中 6.1 的规定，从"通入适当时间氮气"开始。按 GB/T 3914—1983 中 6.2 的规定计算。

5.9 铁

于灼烧残渣(5.5)中，加 2 mL 盐酸溶液(15%)，在水浴上加热至残渣溶解，稀释至 50 mL，取 10 mL，稀释至约 15 mL，将溶液 pH 值调至 2 后，按 GB/T 9739 的规定测定。溶液所呈红色不得深于标准比色溶液。

标准比色溶液的制备是取含下列数量的铁标准溶液：

优级纯 …………………………………………… 0.005 mg Fe；

分析纯 …………………………………………… 0.010 mg Fe；

化学纯 …………………………………………… 0.020 mg Fe。

稀释至 15 mL，与同体积试液同时同样处理。

5.10 铜

按 GB/T 3914—1983 的规定测定。

5.10.1 仪器及条件

预电解电位：−0.8 V；

扫描电位范围：−0.8 V～0.1 V；

溶出峰电位：−0.35 V。

5.10.2 测定方法

称取 0.2 g 样品，加 15 mL 盐酸溶液(20%)，温热溶解，冷却，用盐酸溶液(20%)稀释至 20 mL。优级纯取 10 mL、分析纯取 5 mL、化学纯取 2.5 mL，在水封中蒸干。加 30 mL 酒石酸溶液(75 g/L)，继续微热 10 min，冷却。用氨水调至 pH＝8.0±0.1，按 GB/T 3914—1983 中 6.1 的规定，从“通入适当时间氮气”开始。必要时校正空白。按 GB/T 3914—1983 中 6.2 的规定计算。

5.11 银

按 GB/T 9723—1988 的规定测定。

5.11.1 仪器条件

光源：银空心阴极灯；

波长：328.0 nm；

火焰：乙炔-空气。

5.11.2 测定方法

称取 25 g 样品，加 100 mL 氢氧化钠溶液(100 g/L)，加热溶解，冷却，稀释至 100 mL，取 20 mL，共 4 份，按 GB/T 9723—1988 中 6.2.2 的规定测定。

5.12 锑

称取 0.5 g 样品，温热溶于 50 mL 盐酸溶液(20%)中，冷却。优级纯、分析纯取 5 mL，化学纯取 1.5 mL，用盐酸溶液(20%)稀释至 10 mL。加 0.2 mL 亚硝酸钠溶液(100 g/L)，摇匀，放置 2 min，加 0.3 mL 饱和尿素溶液，冷却，摇动至无气泡产生，稀释至 25 mL，加 5 mL 苯(或甲苯)及 0.5 mL 孔雀石绿溶液(2 g/L)，振摇 1 min。有机层所呈绿色不得深于标准比色溶液。

标准比色溶液的制备是取 10 mL 盐酸溶液(20%)及含下列数量锑的标准溶液：

优级纯 ………………………………………… 0.002 5 mg Sb；

分析纯 ………………………………………… 0.005 0 mg Sb；

化学纯 ………………………………………… 0.007 5 mg Sb。

与同体积试液同时同样处理。

5.13 铅

按 GB/T 3914—1983 的规定测定。

5.13.1 仪器及条件

预电解电位：−0.8 V；

扫描电位范围：−0.8 V～0.1 V；

溶出峰电位：−0.53 V。

5.13.2 测定方法

同 5.10.2。

6 检验规则

按 GB/T 619 的规定进行采样及验收。

7 包装及标志

按 GB/T 15346 的规定进行包装、贮存与运输，并给出标志，其中：

包装单位：第 2、3、4 类；

内包装形式：NBY-4、NBY-5；

隔离材料：GC-2、GC-3、GC-4；

外包装形式：WB-1；

标签应注明："剧毒品"。

ICS 71.040.30
G 63

中华人民共和国国家标准

GB/T 683—2006
代替 GB/T 683—1993

化学试剂 甲醇

Chemical reagent—Methanol

(ISO 6353-2:1983,Reagents for chemical analysis—
Part 2:Specifications—First series,NEQ)

2006-11-03 发布 2007-06-01 实施

中华人民共和国国家质量监督检验检疫总局
中国国家标准化管理委员会 发布

前　言

本标准与 ISO 6353-2:1983《化学分析试剂　第 2 部分:规格　第 1 系列》R18“甲醇”的一致性程度为非等效。

本标准代替 GB/T 683—1993《化学试剂　甲醇》,与 GB/T 683—1993 相比主要变化如下:

——水溶性试验改为与水混合试验(1993 年版的 3.3、4.3.1;本版的第 4 章、5.4);

——调整了酸度和碱度的单位,由 mmol/100 g 改为 mmol/g 并改进了测定方法(1993 年版的 3.3、4.3.4、4.3.5;本版的第 4 章、5.7、5.8);

——将还原高锰酸钾物质一项的规格由合格改为不大于 0.000 5%并调整了放置时间(1993 年版的 3.3、4.3.8;本版的第 4 章、5.11)。

本标准由中国石油和化学工业协会提出。

本标准由全国化学标准化技术委员会化学试剂分会(SAC/TC 63/SC 3)归口。

本标准起草单位:国药集团化学试剂有限公司。

本标准主要起草人:陈浩云、陈红。

本标准于 1965 年首次发布,于 1979 年第一次修订、1993 年第二次修订。

化学试剂　甲醇

警告：本标准规定的一些试验过程可能导致危险情况，使用者有责任采取适当的安全和健康措施。

示性式：CH_3OH

相对分子质量：32.04（根据2003年国际相对原子质量）

1　范围

本标准规定了化学试剂甲醇的性状、规格、试验、检验规则和包装及标志。

本标准适用于化学试剂甲醇的检验。

2　规范性引用文件

下列文件中的条款通过本标准的引用而成为本标准的条款。凡是注日期的引用文件，其随后所有的修改单（不包括勘误的内容）或修订版均不适用于本标准，然而，鼓励根据本标准达成协议的各方研究是否可使用这些文件的最新版本。凡是不注日期的引用文件，其最新版本适用于本标准。

GB/T 601　化学试剂　标准滴定溶液的制备

GB/T 602　化学试剂　杂质测定用标准溶液的制备（GB/T 602—2002，ISO 6353-1：1982，NEQ）

GB/T 603　化学试剂　试验方法中所用制剂及制品的制备（GB/T 603—2002，ISO 6353-1：1982，NEQ）

GB/T 606　化学试剂　水分测定通用方法（卡尔·费休法）（GB/T 606—2003，ISO 6353-1：1982，NEQ）

GB/T 611—2006　化学试剂　密度测定通用方法（ISO 6353-1：1982，NEQ）

GB/T 6682　分析实验室用水规格和试验方法（GB/T 6682—1992，eqv ISO 3696：1987）

GB/T 9722—2006　化学试剂　气相色谱法通则

GB/T 9733　化学试剂　羰基化合物测定通用方法（GB/T 9733—1988，eqv ISO 6353-1：1982）

GB/T 9736—1988　化学试剂　酸度和碱度测定通用方法（eqv ISO 6353-1：1982）

GB/T 9737　化学试剂　易炭化物质测定通则（GB/T 9737—1988，eqv ISO 6353-1：1982）

GB/T 9740　化学试剂　蒸发残渣测定通用方法（GB/T 9740—1988，eqv ISO 6353-1：1982）

GB 15258　化学品安全标签编写规定

GB 15346　化学试剂　包装及标志

HG/T 3921　化学试剂　采样及验收规则

3　性状

本试剂为无色透明液体，能与水、醇、醚等互溶。

4　规格

甲醇的规格见表1。

表 1

名　　称	分析纯	化学纯
CH_3OH,w/%	≥99.5	≥99.5
密度(20℃),ρ/(g/mL)	0.791～0.793	0.791～0.795
与水混合试验	合格	合格
蒸发残渣,w/%	≤0.001	≤0.001
水分(H_2O),w/%	≤0.1	≤0.3
酸度(以 H^+ 计),/(mmol/g)	≤0.000 4	≤0.000 8
碱度(以 OH^- 计),/(mmol/g)	≤0.000 08	≤0.000 16
易炭化物质	合格	合格
羰基化合物(以 CO 计),w/%	≤0.005	≤0.01
还原高锰酸钾物质(以 O 计),w/%	≤0.000 5	≤0.000 5

5　试验

5.1　一般规定

本章中除另有规定外,所用标准滴定溶液、标准溶液、制剂及制品,均按 GB/T 601、GB/T 602、GB/T 603的规定制备,实验用水应符合 GB/T 6682 中三级水规格,样品均按精确至 0.1 mL 量取,所用溶液以"%"表示的均为质量分数。

5.2　含量

按 GB/T 9722—2006 的规定测定。

5.2.1　测定条件

检测器:火焰离子化检测器;

载气及流速:氮气,4.3 cm/s;

柱长:3 m;

柱内径:3 mm;

固定相:GDX-104[0.15 mm～0.18 mm(60 目～80 目)]或同类型有机担体 401 或 Porapak Q;

柱温度:135℃;

汽化室温度:170℃;

检测室温度:170℃;

进样量:0.2 μL;

难分离物质对的分离度 R≥1.5(乙醇和甲醇);

不对称因子:f≤1.5;

色谱柱有效板高:H_{eff}≤3.0 mm;

组分相对主体的相对保留值:$r_{乙醇、甲醇}=2.6$;$r_{丙醇、甲醇}=5.6$。

5.2.2　定量方法

按 GB/T 9722—2006 中 9.2 的规定计算。其中:$f_{乙醇、甲醇}=0.65$;$f_{乙醇、甲醇}=0.61$。

5.3　密度

按 GB/T 611—2006 中 4.1 的规定测定。

5.4　与水混合试验

量取 10 mL(8 g)[化学纯取 5 mL(4 g)]样品,置于 50 mL 比色管中,加 30 mL 水(化学纯加 45 mL 水),摇匀,放置 30 min。在黑色背景下轴向观察,溶液应澄清。

5.5 蒸发残渣

量取 126 mL(100 g)样品,按 GB/T 9740 的规定测定。

5.6 水分

按 GB/T 606 的规定测定。其中:量取 5 mL(4 g)样品,以 20 mL 甲醇为溶剂。

5.7 酸度

按 GB/T 9736—1988 中 6.1 的规定测定。其中:量取 100 mL 无二氧化碳的水,加 2 滴酚酞指示液(10 g/L),用氢氧化钠标准滴定溶液[c(NaOH)=0.02 mol/L]滴定至溶液呈粉红色,并保持 30 s。加 25.2 mL(20g)样品,摇匀,用氢氧化钠标准滴定溶液[c(NaOH)=0.02 mol/L]滴定至溶液呈粉红色,并保持 30 s。结果按 GB/T 9736—1988 中第 7 章"水溶性样品"的规定计算。

5.8 碱度

按 GB/T 9736—1988 中 6.1 的规定测定。其中:量取 100 mL 无二氧化碳的水,加 2 滴甲基红指示液(1 g/L),用盐酸标准滴定溶液[c(HCl)=0.01 mol/L]滴定至溶液由黄色变为红色,并保持 30 s。加 25.2 mL(20 g)样品,摇匀,用盐酸标准滴定溶液[c(HCl)=0.01 mol/L]滴定至溶液由黄色变为红色,并保持 30 s。结果按 GB/T 9736—1988 中第 7 章"水溶性样品"的规定计算。

5.9 易炭化物质

按 GB/T 9737 的规定测定。其中:量取 10 mL 硫酸(95%±0.5%),冷却至 10℃,在振摇下逐滴加入 10 mL(8 g)样品(此时溶液温度不得高于 20℃),放置 10 min。溶液所呈颜色不得深于下列标准色:

分析纯 ………………………………………………… Q/15;

化学纯 ……………………………………………………… Q/8。

5.10 羰基化合物

量取 0.5 mL(0.4 g)样品,用无羰基的甲醇稀释至 10 mL 后,按 GB/T 9733 的规定测定。溶液所呈暗红色不得深于标准比色溶液。

标准比色溶液的制备是取含下列数量的羰基化合物标准溶液:

分析纯 ………………………………………… 0.02 mg CO;

化学纯 ………………………………………… 0.04 mg CO。

与样品同时同样处理。

5.11 还原高锰酸钾物质

量取 20 mL(16 g)样品,注入干燥的具塞比色管中,调节温度至 15℃,加 0.1 mL 高锰酸钾标准滴定溶液[$c(1/5\ KMnO_4)=0.1$ mol/L]],摇匀,盖紧比色管。于 15℃避光放置 10 min。溶液所呈粉红色不得消失。

6 检验规则

按 HG/T 3921 的规定进行采样及验收。

7 包装及标志

按 GB 15346 的规定进行包装、贮存与运输,并给出标志,其中:

包装单位:第 4、5 类;

内包装形式:NBY-20、NBY-21、NBY-23、NBY-24、NBY-26、NBY-27、NBY-28、NBY-29;

隔离材料:GC-2、GC-3、GC-4;

外包装形式:WB-1、WB-2、WB-3;

标签:符合 GB 15258 的规定,注明"易燃液体"和"有毒品"。

ICS 77.140.45
H 40

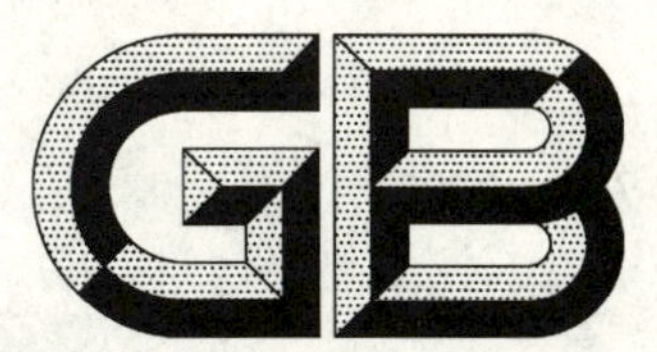

中华人民共和国国家标准

GB/T 700—2006
代替 GB/T 700—1988

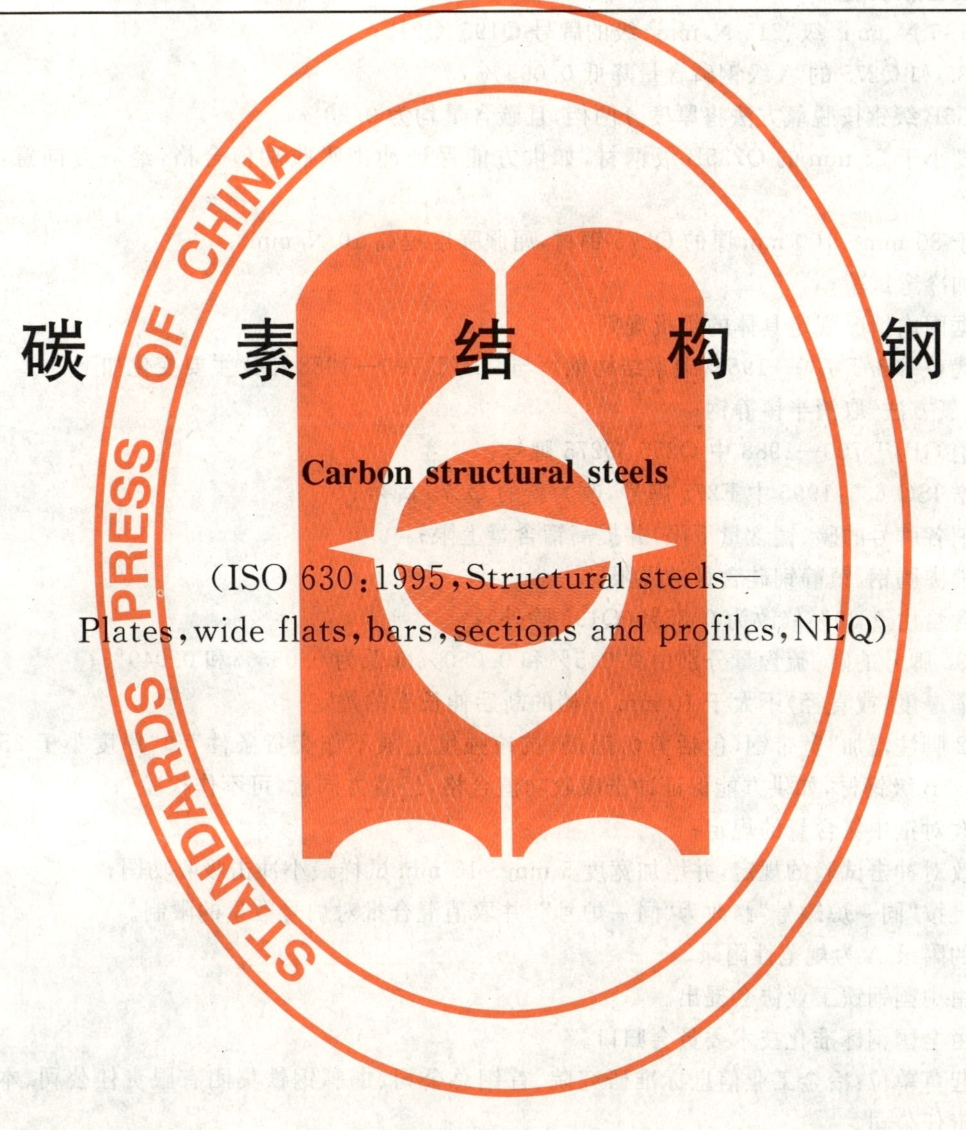

碳素结构钢

Carbon structural steels

(ISO 630:1995, Structural steels—Plates, wide flats, bars, sections and profiles, NEQ)

2006-11-01 发布　　2007-02-01 实施

中华人民共和国国家质量监督检验检疫总局
中国国家标准化管理委员会　发布

前　言

本标准与 ISO 630:1995《结构钢》的一致性程度为非等效，主要差别如下：

——不设屈服强度 185 N/mm^2 级和 355 N/mm^2 级的牌号；

——设 195 N/mm^2 级、215 N/mm^2 级的牌号 Q195、Q215；

——Q235 和 Q275 的 A 级钢磷含量降低 0.005%；

——Q235B 级钢按脱氧方法将厚度分两档，且碳含量均为 0.20%；

——厚度小于 25 mm 的 Q235B 级钢材，如供方能保证冲击吸收功值合格，经需方同意，可不作检验；

——大于 80 mm～100 mm 厚的 Q275 钢材，屈服强度提高 10 N/mm^2；

——增加冷弯试验；

——根据国内情况规定具体的组批规则。

本标准代替 GB/T 700—1988《碳素结构钢》，与 GB/T 700—1988 相比主要变化如下：

——“脱氧方法”取消半镇静钢；

——取消 GB/T 700—1988 中 Q255、Q275 牌号；

——新增 ISO 630:1995 中 E275 牌号，改为新的 Q275 牌号；

——取消各牌号的碳、锰含量下限，并提高锰含量上限；

——取消沸腾钢、镇静钢硅含量的界限；

——硅含量由 0.30%修改为 0.35%(Q195 除外)；

——Q195 牌号的磷、硫含量分别由 0.045%和 0.050%降低为 0.035%和 0.040%；

——取消厚度(或直径)不大于 16 mm 一档的断后伸长率的规定；

——表 2 脚注增加“宽带钢(包括剪切钢板)抗拉强度上限不作交货条件”和“厚度小于 25 mm 的 Q235B 级钢材，如供方能保证冲击吸收功值合格，经需方同意，可不作检验”；

——修改对钢中氮含量的规定；

——修改对冲击试验的规定，并增加宽度 5 mm～10 mm 试样最小冲击吸收功图；

——组批按“同一炉罐号”修改为“同一炉号”，并取消混合批对炉号数量的限制。

本标准的附录 A 为规范性附录。

本标准由中国钢铁工业协会提出。

本标准由全国钢标准化技术委员会归口。

本标准起草单位：冶金工业信息标准研究院、首钢总公司、邯郸钢铁集团有限责任公司、本溪钢铁(集团)有限责任公司。

本标准主要起草人：唐一凡、栾燕、王丽萍、孙萍、张险峰、戴强。

本标准于 1965 年 1 月首次发布，1979 年 10 月第一次修订，1988 年 6 月第二次修订。

碳 素 结 构 钢

1 范围

本标准规定了碳素结构钢的牌号、尺寸、外形、重量及允许偏差、技术要求、试验方法、检验规则、包装、标志和质量证明书。

本标准适用于一般以交货状态使用，通常用于焊接、铆接、栓接工程结构用热轧钢板、钢带、型钢和钢棒。

本标准规定的化学成分也适用于钢锭、连铸坯、钢坯及其制品。

2 规范性引用文件

下列文件中的条款通过本标准的引用而成为本标准的条款。凡是注日期的引用文件，其随后所有的修改单（不包括勘误的内容）或修订版均不适用于本标准，然而，鼓励根据本标准达成协议的各方研究是否可使用这些文件的最新版本。凡是不注日期的引用文件，其最新版本适用于本标准。

GB/T 222—2006 钢的成品化学成分允许偏差

GB/T 223.3 钢铁及合金化学分析方法 二安替比林甲烷磷钼酸重量法测定磷量

GB/T 223.10 钢铁及合金化学分析方法 铜铁试剂分离-铬天青S光度法测定铝含量

GB/T 223.11 钢铁及合金化学分析方法 过硫酸铵氧化容量法测定铬量

GB/T 223.18 钢铁及合金化学分析方法 硫代硫酸钠分离-碘量法测定铜量

GB/T 223.19 钢铁及合金化学分析方法 新亚铜灵-三氯甲烷萃取光度法测定铜量

GB/T 223.24 钢铁及合金化学分析方法 萃取分离-丁二酮肟分光光度法测定镍量

GB/T 223.32 钢铁及合金化学分析方法 次磷酸钠还原-碘量法测定砷含量

GB/T 223.37 钢铁及合金化学分析方法 蒸馏分离-靛酚蓝光度法测定氮量

GB/T 223.58 钢铁及合金化学分析方法 亚砷酸钠-亚硝酸钠滴定法测定锰量

GB/T 223.59 钢铁及合金化学分析方法 锑磷钼蓝光度法测定磷量

GB/T 223.60 钢铁及合金化学分析方法 高氯酸脱水重量法测定硅含量

GB/T 223.63 钢铁及合金化学分析方法 高碘酸钠（钾）光度法测定锰量

GB/T 223.64 钢铁及合金化学分析方法 火焰原子吸收光谱法测定锰量

GB/T 223.68 钢铁及合金化学分析方法 管式炉内燃烧后碘酸钾滴定法测定硫含量

GB/T 223.71 钢铁及合金化学分析方法 管式炉内燃烧后重量法测定碳含量

GB/T 223.72 钢铁及合金化学分析方法 氧化铝色层分离-硫酸钡重量法测定硫量

GB/T 228 金属材料 室温拉伸试验方法 （GB/T 228—2002，eqv ISO 6892：1998）

GB/T 229 金属夏比缺口冲击试验方法（GB/T 229—1994，eqv ISO 83：1976，eqv ISO 148：1983）

GB/T 232 金属材料 弯曲试验方法（GB/T 232—1999，eqv ISO 7438：1985）

GB/T 247 钢板和钢带检验、包装、标志及质量证明书的一般规定

GB/T 2101 型钢验收、包装、标志及质量证明书的一般规定

GB/T 2975 钢及钢产品 力学性能试验取样位置及试样制备（GB/T 2975—1998，eqv ISO 377：1997）

GB/T 4336 碳素钢和中低合金钢 火花源原子发射光谱分析方法（常规法）

GB/T 20066 钢和铁 化学成分测定用试样的取样和制样方法（GB/T 20066—2006，ISO 14284：1996，IDT）

3 牌号表示方法和符号

3.1 牌号表示方法

钢的牌号由代表屈服强度的字母、屈服强度数值、质量等级符号、脱氧方法符号等4个部分按顺序组成。例如：Q235AF。

3.2 符号

Q——钢材屈服强度“屈”字汉语拼音首位字母；

A、B、C、D——分别为质量等级；

F——沸腾钢“沸”字汉语拼音首位字母；

Z——镇静钢“镇”字汉语拼音首位字母；

TZ——特殊镇静钢“特镇”两字汉语拼音首位字母。

在牌号组成表示方法中，“Z”与“TZ”符号可以省略。

4 尺寸、外形、重量及允许偏差

钢板、钢带、型钢和钢棒的尺寸、外形、重量及允许偏差应分别符合相应标准的规定。

5 技术要求

5.1 牌号和化学成分

5.1.1 钢的牌号和化学成分(熔炼分析)应符合表1的规定。

表1

牌号	统一数字代号[a]	等级	厚度(或直径)/mm	脱氧方法	化学成分(质量分数)/%，不大于				
					C	Si	Mn	P	S
Q195	U11952	—	—	F、Z	0.12	0.30	0.50	0.035	0.040
Q215	U12152	A	—	F、Z	0.15	0.35	1.20	0.045	0.050
	U12155	B							0.045
Q235	U12352	A	—	F、Z	0.22	0.35	1.40	0.045	0.050
	U12355	B			0.20[b]				0.045
	U12358	C		Z	0.17			0.040	0.040
	U12359	D		TZ				0.035	0.035
Q275	U12752	A	—	F、Z	0.24	0.35	1.50	0.045	0.050
	U12755	B	≤40	Z	0.21			0.045	0.045
			>40		0.22				
	U12758	C	—	Z	0.20			0.040	0.040
	U12759	D		TZ				0.035	0.035

a 表中为镇静钢、特殊镇静钢牌号的统一数字，沸腾钢牌号的统一数字代号如下：

Q195F——U11950；

Q215AF——U12150，Q215BF——U12153；

Q235AF——U12350，Q235BF——U12353；

Q275AF——U12750。

b 经需方同意，Q235B的碳含量可不大于0.22%。

5.1.1.1　D级钢应有足够细化晶粒的元素，并在质量证明书中注明细化晶粒元素的含量。当采用铝脱氧时，钢中酸溶铝含量应不小于0.015%，或总铝含量应不小于0.020%。

5.1.1.2　钢中残余元素铬、镍、铜含量应各不大于0.30%，氮含量应不大于0.008%。如供方能保证，均可不做分析。

5.1.1.2.1　氮含量允许超过5.1.1.2的规定值，但氮含量每增加0.001%，磷的最大含量应减少0.005%，熔炼分析氮的最大含量应不大于0.012%；如果钢中的酸溶铝含量不小于0.015%或总铝含量不小于0.020%，氮含量的上限值可以不受限制。固定氮的元素应在质量证明书中注明。

5.1.1.2.2　经需方同意，A级钢的铜含量可不大于0.35%。此时，供方应做铜含量的分析，并在质量证明书中注明其含量。

5.1.1.3　钢中砷的含量应不大于0.080%。用含砷矿冶炼生铁所冶炼的钢，砷含量由供需双方协议规定。如原料中不含砷，可不做砷的分析。

5.1.1.4　在保证钢材力学性能符合本标准规定的情况下，各牌号A级钢的碳、锰、硅含量可以不作为交货条件，但其含量应在质量证明书中注明。

5.1.1.5　在供应商品连铸坯、钢锭和钢坯时，为了保证轧制钢材各项性能达到本标准要求，可以根据需方要求规定各牌号的碳、锰含量下限。

5.1.2　成品钢材、连铸坯、钢坯的化学成分允许偏差应符合GB/T 222—2006中表1的规定。

氮含量允许超过规定值，但必须符合5.1.1.2.1条的要求，成品分析氮含量的最大值应不大于0.014%；如果钢中的铝含量达到5.1.1.2.1规定的含量，并在质量证明书中注明，氮含量上限值可不受限制。

沸腾钢成品钢材和钢坯的化学成分偏差不作保证。

5.2　冶炼方法

钢由氧气转炉或电炉冶炼。除非需方有特殊要求并在合同中注明，冶炼方法一般由供方自行选择。

5.3　交货状态

钢材一般以热轧、控轧或正火状态交货。

5.4　力学性能

5.4.1　钢材的拉伸和冲击试验结果应符合表2的规定，弯曲试验结果应符合表3的规定。

5.4.2　用Q195和Q235B级沸腾钢轧制的钢材，其厚度(或直径)不大于25 mm。

5.4.3　做拉伸和冷弯试验时，型钢和钢棒取纵向试样；钢板、钢带取横向试样，断后伸长率允许比表2降低2%(绝对值)。窄钢带取横向试样如果受宽度限制时，可以取纵向试样。

5.4.4　如供方能保证冷弯试验符合表3的规定，可不作检验。A级钢冷弯试验合格时，抗拉强度上限可以不作为交货条件。

5.4.5　厚度不小于12 mm或直径不小于16 mm的钢材应做冲击试验，试样尺寸为10 mm×10 mm×55 mm。经供需双方协议，厚度为6 mm～12 mm或直径为12 mm～16 mm的钢材可以做冲击试验，试样尺寸为10 mm×7.5 mm×55 mm或10 mm×5 mm×55 mm或10 mm×产品厚度×55 mm。在附录A中给出规定的冲击吸收功值，如：当采用10 mm×5 mm×55 mm试样时，其试验结果应不小于规定值的50%。

5.4.6　夏比(V型缺口)冲击吸收功值按一组3个试样单值的算术平均值计算，允许其中1个试样的单个值低于规定值，但不得低于规定值的70%。

如果没有满足上述条件，可从同一抽样产品上再取3个试样进行试验，先后6个试样的平均值不得低于规定值，允许有2个试样低于规定值，但其中低于规定值70%的试样只允许1个。

表 2

牌号	等级	屈服强度[a] R_{eH}/(N/mm²),不小于						抗拉强度[b] R_m/(N/mm²)	断后伸长率 A/%,不小于					冲击试验(V 型缺口)	
		厚度(或直径)/mm							厚度(或直径)/mm					温度/℃	冲击吸收功(纵向)/J 不小于
		≤16	>16~40	>40~60	>60~100	>100~150	>150~200		≤40	>40~60	>60~100	>100~150	>150~200		
Q195	—	195	185	—	—	—	—	315~430	33	—	—	—	—	—	—
Q215	A	215	205	195	185	175	165	335~450	31	30	29	27	26	—	—
	B													+20	27
Q235	A	235	225	215	215	195	185	370~500	26	25	24	22	21	—	—
	B													+20	27[c]
	C													0	
	D													−20	
Q275	A	275	265	255	245	225	215	410~540	22	21	20	18	17	—	—
	B													+20	27
	C													0	
	D													−20	

a Q195 的屈服强度值仅供参考,不作交货条件。

b 厚度大于 100 mm 的钢材,抗拉强度下限允许降低 20 N/mm²。宽带钢(包括剪切钢板)抗拉强度上限不作交货条件。

c 厚度小于 25 mm 的 Q235B 级钢材,如供方能保证冲击吸收功值合格,经需方同意,可不作检验。

表 3

牌号	试样方向	冷弯试验 180° $B=2a$[a]	
		钢材厚度(或直径)[b]/mm	
		≤60	>60~100
		弯心直径 d	
Q195	纵	0	—
	横	0.5a	
Q215	纵	0.5a	1.5a
	横	a	2a
Q235	纵	a	2a
	横	1.5a	2.5a
Q275	纵	1.5a	2.5a
	横	2a	3a

a B 为试样宽度,a 为试样厚度(或直径)。

b 钢材厚度(或直径)大于 100 mm 时,弯曲试验由双方协商确定。

5.5 表面质量

钢材的表面质量应分别符合钢板、钢带、型钢和钢棒等有关产品标准的规定。

6 试验方法

6.1 每批钢材的检验项目、取样数量、取样方法和试验方法应符合表4的规定。

表4

序　号	检验项目	取样数量/个	取样方法	试验方法
1	化学分析	1(每炉)	GB/T 20066	第2章中GB/T 223系列标准、GB/T 4336
2	拉伸	1	GB/T 2975	GB/T 228
3	冷弯			GB/T 232
4	冲击	3		GB/T 229

6.2 拉伸和冷弯试验，钢板、钢带试样的纵向轴线应垂直于轧制方向；型钢、钢棒和受宽度限制的窄钢带试样的纵向轴线应平行于轧制方向。

6.3 冲击试样的纵向轴线应平行轧制方向。冲击试样可以保留一个轧制面。

7 检验规则

7.1 钢材的检查和验收由供方技术监督部门进行，需方有权对本标准或合同所规定的任一检验项目进行检查和验收。

7.2 钢材应成批验收，每批由同一牌号、同一炉号、同一质量等级、同一品种、同一尺寸、同一交货状态的钢材组成。每批重量应不大于60 t。

公称容量比较小的炼钢炉冶炼的钢轧成的钢材，同一冶炼、浇注和脱氧方法、不同炉号、同一牌号的A级钢或B级钢，允许组成混合批，但每批各炉号含碳量之差不得大于0.02%，含锰量之差不得大于0.15%。

7.3 钢材的夏比(V型缺口)冲击试验结果不符合5.4.6规定时，抽样产品应报废，再从该检验批的剩余部分取两个抽样产品，在每个抽样产品上各选取新的一组3个试样，这两组试样的复验结果均应合格，否则该批产品不得交货。

7.4 钢材其他检验项目的复验和检验规则应符合GB/T 247和GB/T 2101的规定。

8 包装、标志、质量证明书

钢材的包装、标志和质量证明书应符合GB/T 247和GB/T 2101的规定。

附 录 A
（规范性附录）
小尺寸冲击试样的冲击吸收功值

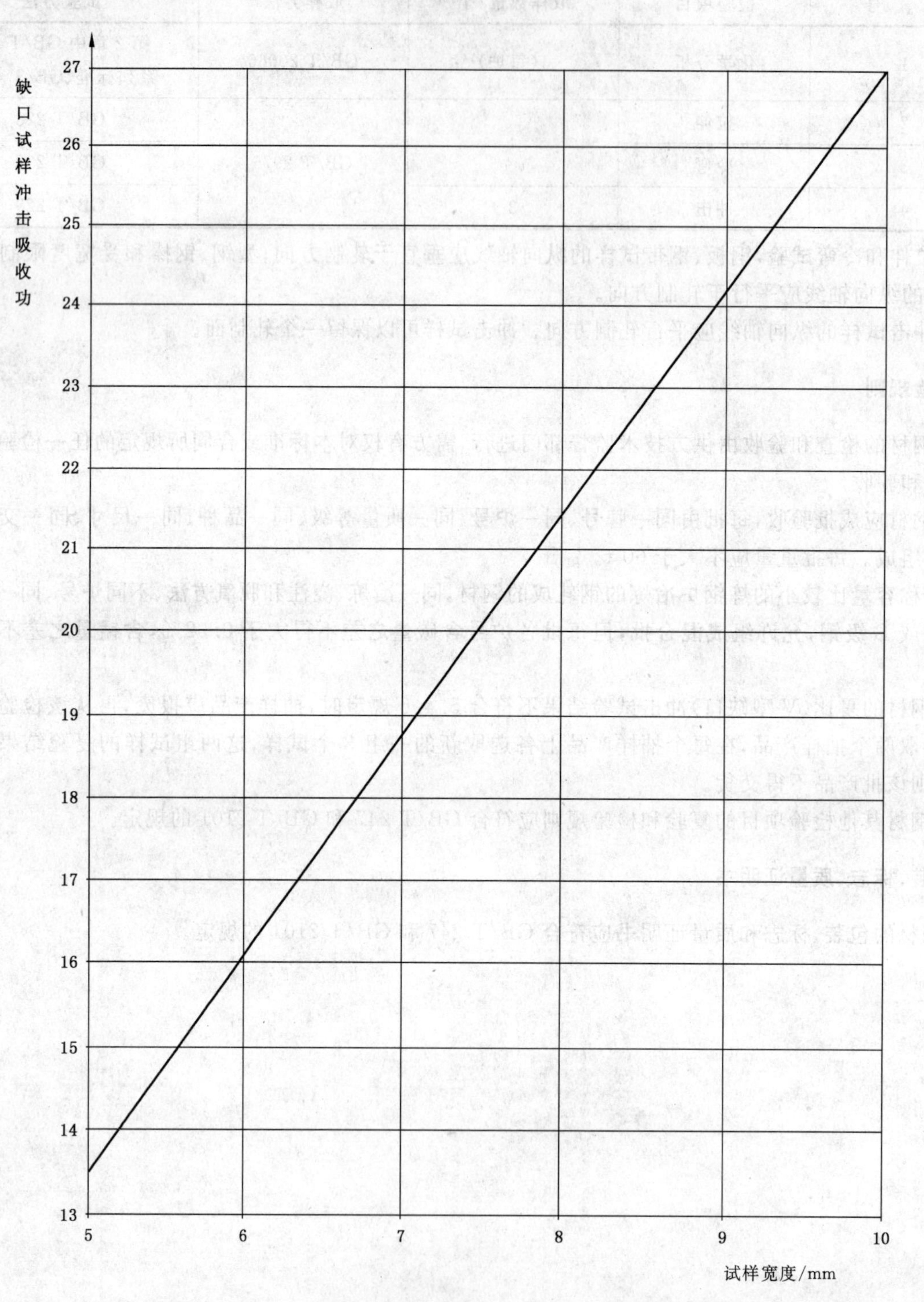

图 A.1 宽度 5 mm～10 mm 试样的最小冲击吸收功值

ICS 77.140.50
H 46

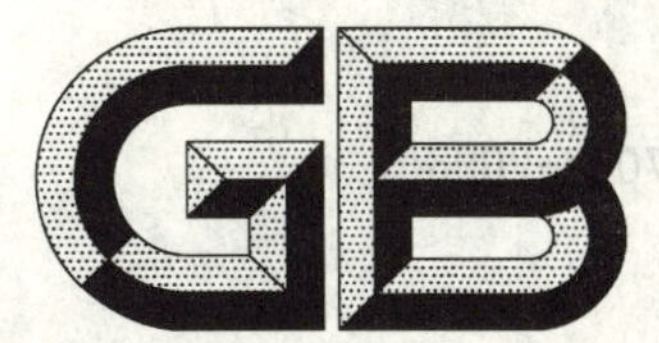

中华人民共和国国家标准

GB/T 708—2006
代替 GB/T 708—1988

冷轧钢板和钢带的尺寸、外形、重量及允许偏差

Dimension, shape, weight and tolerance for cold-rolled steel plates and sheets

(ISO 16162:2000, Continuously cold-rolled steel sheet products—Dimensional and shape tolerances, NEQ)

2006-11-01 发布　　2007-02-01 实施

中华人民共和国国家质量监督检验检疫总局
中国国家标准化管理委员会　发布

前 言

本标准与 ISO 16162:2000《冷轧钢板和钢带　尺寸和外形偏差》(英文版)的一致性程度为非等效。

本标准代替 GB/T 708—1988《冷轧钢板和钢带的尺寸、外形、重量及允许偏差》。

本标准与原标准对比,主要修订内容如下:

——适用范围主要为冷轧钢带及其剪切产品,单张冷轧的钢板亦可参照执行;

——对分类和代号重新进行了规定;

——取消了原标准中表 1 对钢板尺寸的规定,增加了钢板和钢带的推荐公称厚度;

——在厚度允许偏差和不平度中增加了按规定的最小屈服强度分档;

——对厚度允许偏差、宽度允许偏差、长度允许偏差、不平度、切斜和镰刀弯重新进行了规定;

——改变了边缘状态、尺寸精度、不平度的表示方法;

——增加了钢板理论计重的方法。

本标准由中国钢铁工业协会提出。

本标准由全国钢标准化技术委员会归口。

本标准起草单位:冶金工业信息标准研究院、鞍钢新轧钢股份有限公司、湖南华菱涟源钢铁有限公司。

本标准主要起草人:王晓虎、唐一凡、朴志民、周鉴、周屿。

本标准所代替标准的历次版本发布情况为:

GB 708—1965、GB 708—1988。

冷轧钢板和钢带的尺寸、外形、重量及允许偏差

1 范围

本标准规定了冷轧钢板和钢带的尺寸、外形、重量及允许偏差。

本标准适用于轧制宽度不小于 600 mm 的冷轧宽钢带及其剪切钢板(以下简称钢板)、纵切钢带。单张冷轧钢板亦可参照执行。

2 规范性引用文件

下列文件中的条款通过本标准的引用而成为本标准的条款。凡是注日期的引用文件,其随后所有的修改单(不包括勘误的内容)或修订版均不适用于本标准,然而,鼓励根据本标准达成协议的各方研究是否可使用这些文件的最新版本。凡是不注日期的引用文件,其最新版本适用于本标准。

GB/T 8170 数值修约规则

3 术语和定义

本标准采用下列术语和定义:

3.1

钢带 wide strip

指成卷交货、轧制宽度不小于 600 mm 的宽钢带。

3.2

钢板 sheet

由宽钢带横切而成。

3.3

纵切钢带 slit wide strip

由钢带纵切而成,并成卷交货。

4 分类和代号

4.1 按边缘状态分为

切边 EC;

不切边 EM。

4.2 按尺寸精度分为

普通厚度精度 PT. A;

较高厚度精度 PT. B;

普通宽度精度 PW. A;

较高宽度精度 PW. B;

普通长度精度 PL. A;

较高长度精度 PL. B。

4.3 按不平度精度分为

普通不平度精度 PF. A;

较高不平度精度　　PF. B。

4.4　产品形态、边缘状态所对应的尺寸精度的分类按表1的规定。

表1

产品形态	边缘状态	分类及代号							
		厚度精度		宽度精度		长度精度		不平度精度	
		普通	较高	普通	较高	普通	较高	普通	较高
钢带	不切边 EM	PT. A	PT. B	PW. A	—	—	—	—	—
	切边 EC	PT. A	PT. B	PW. A	PW. B	—	—	—	—
钢板	不切边 EM	PT. A	PT. B	PW. A	—	PL. A	PL. B	PF. A	PF. B
	切边 EC	PT. A	PT. B	PW. A	PW. B	PL. A	PL. B	PF. A	PF. B
纵切钢带	切边 EC	PT. A	PT. B	PW. A	—	—	—	—	—

5　尺寸

5.1　钢板和钢带的尺寸范围

钢板和钢带(包括纵切钢带)的公称厚度 0.30 mm～4.00 mm。

钢板和钢带的公称宽度 600 mm～2 050 mm。

钢板的公称长度 1 000 mm～6 000 mm。

5.2　钢板和钢带推荐的公称尺寸

5.2.1　钢板和钢带(包括纵切钢带)的公称厚度在5.1所规定范围内，公称厚度小于1 mm的钢板和钢带按0.05 mm倍数的任何尺寸；公称厚度不小于1 mm的钢板和钢带按0.1 mm倍数的任何尺寸。

5.2.2　钢板和钢带(包括纵切钢带)的公称宽度在5.1所规定范围内，按10 mm倍数的任何尺寸。

5.2.3　钢板的公称长度在5.1所规定范围内，按50 mm倍数的任何尺寸。

5.2.4　根据需方要求，经供需双方协商，可以供应其他尺寸的钢板和钢带。

6　尺寸允许偏差

6.1　厚度允许偏差

6.1.1　规定的最小屈服强度小于280 MPa的钢板和钢带的厚度允许偏差应符合表2的规定。

表2

单位为毫米

公称厚度	厚度允许偏差[a]					
	普通精度　PT. A			较高精度　PT. B		
	公称宽度			公称宽度		
	≤1 200	>1 200～1 500	>1 500	≤1 200	>1 200～1 500	>1 500
≤0.40	±0.04	±0.05	±0.06	±0.025	±0.035	±0.045
>0.40～0.60	±0.05	±0.06	±0.07	±0.035	±0.045	±0.050
>0.60～0.80	±0.06	±0.07	±0.08	±0.040	±0.050	±0.050
>0.80～1.00	±0.07	±0.08	±0.09	±0.045	±0.060	±0.060
>1.00～1.20	±0.08	±0.09	±0.10	±0.055	±0.070	±0.070
>1.20～1.60	±0.10	±0.11	±0.11	±0.070	±0.080	±0.080
>1.60～2.00	±0.12	±0.13	±0.13	±0.080	±0.090	±0.090

表 2（续）

单位为毫米

公称厚度	厚度允许偏差[a]					
	普通精度　PT.A			较高精度　PT.B		
	公 称 宽 度			公 称 宽 度		
	≤1 200	>1 200～1 500	>1 500	≤1 200	>1 200～1 500	>1 500
>2.00～2.50	±0.14	±0.15	±0.15	±0.100	±0.110	±0.110
>2.50～3.00	±0.16	±0.17	±0.17	±0.110	±0.120	±0.120
>3.00～4.00	±0.17	±0.19	±0.19	±0.140	±0.150	±0.150

a　距钢带焊缝处 15 m 内的厚度允许偏差比表 2 规定值增加 60%；距钢带两端各 15 m 内的厚度允许偏差比表 2 规定值增加 60%。

6.1.2　规定的最小屈服强度为 280 MPa～<360 MPa 的钢板和钢带的厚度允许偏差比表 2 规定值增加 20%；规定的最小屈服强度为不小于 360 MPa 的钢板和钢带的厚度允许偏差比表 2 规定值增加 40%。

6.2　宽度允许偏差

6.2.1　切边钢板、钢带的宽度允许偏差应符合表 3 的规定；不切边钢板、钢带的宽度允许偏差由供需双方商定。

表 3

单位为毫米

公 称 宽 度	宽度允许偏差	
	普通精度　PW.A	较高精度　PW.B
≤1 200	+4 0	+2 0
>1 200～1 500	+5 0	+2 0
>1 500	+6 0	+3 0

6.2.2　纵切钢带的宽度允许偏差应符合表 4 的规定。

表 4

单位为毫米

公 称 厚 度	宽度允许偏差				
	公 称 宽 度				
	≤125	>125～250	>250～400	>400～600	>600
≤0.40	+0.3 0	+0.6 0	+1.0 0	+1.5 0	+2.0 0
>0.40～1.0	+0.5 0	+0.8 0	+1.2 0	+1.5 0	+2.0 0
>1.0～1.8	+0.7 0	+1.0 0	+1.5 0	+2.0 0	+2.5 0
>1.8～4.0	+1.0 0	+1.3 0	+1.7 0	+2.0 0	+2.5 0

6.3　长度允许偏差

钢板的长度允许偏差应符合表 5 的规定。

表 5

单位为毫米

公称长度	长度允许偏差	
	普通精度　PL. A	高级精度　PL. B
≤2 000	+6 0	+3 0
>2 000	+0.3%×公称长度 0	+0.15%×公称长度 0

7　外形

7.1　不平度

7.1.1　钢板的不平度应符合表 6 的规定值。

表 6

单位为毫米

规定的最小屈服强度/MPa	公称宽度	不平度　不大于					
		普通精度　PF. A			较高精度　PF. B		
		公称厚度					
		<0.70	0.70～<1.20	≥1.20	<0.70	0.70～<1.20	≥1.20
<280	≤1 200	12	10	8	5	4	3
	>1 200～1 500	15	12	10	6	5	4
	>1 500	19	17	15	8	7	6
280～<360	≤1 200	15	13	10	8	6	5
	>1 200～1 500	18	15	13	9	8	6
	>1 500	22	20	19	12	10	9

7.1.2　规定的最小屈服强度≥360 MPa 钢板的不平度供需双方协议确定。

7.1.3　对规定最小屈服强度小于 280 MPa 的钢板，按较高级不平度供货时，仲裁情况下另需检验边浪，边浪应符合以下规定：

——当波浪长度不小于 200 mm 时，对于公称宽度小于 1 500 mm 的钢板，波浪高度应小于波浪长度的 1%，对于公称宽度小于 1 500 mm 的钢板，波浪高度应小于波浪长度的 1.5%。

——当波浪长度小于 200 mm 时，波浪高度应小于 2 mm。

7.1.4　当用户对钢带的不平度有要求时，在用户对钢带进行充分平整矫直后，表 6 规定值也适用于用户从钢带切成的钢板。

7.2　镰刀弯

7.2.1　钢板和钢带的镰刀弯在任意 2 000 mm 长度上应不大于 6 mm；钢板的长度不大于 2 000 mm 时，其镰刀弯应不大于钢板实际长度的 0.3%。纵切钢带的镰刀弯在任意 2 000 mm 长度上应不大于 2 mm。

7.3　切斜

钢板应切成直角，切斜应不大于钢板宽度的 1%。

7.4　塔形

钢带应牢固地成卷，钢带卷的一侧塔形高度不得超过表 7 的规定。

表 7

单位为毫米

公称厚度	公称宽度	塔形高度
≤2.5	≤1 000	40
	>1 000	60
>2.5	≤1 000	30
	>1 000	50

8 尺寸及外形的测量

8.1 厚度

8.1.1 不切边钢板和钢带在距离轧制边不小于 40 mm 处测量;切边钢板和钢带在距离剪切边不小于 25 mm 处测量。

8.1.2 当纵切钢带的宽度小于 50 mm 时,沿宽度方向的中心部位测量。

8.2 宽度

宽度应在垂直于钢板或钢带中心线的方位测量。

8.3 不平度

8.3.1 将钢板自由地放在平台上,除钢板的本身重量外,不施加任何压力,测量钢板下表面与平台间的最大距离,如图 1 所示。

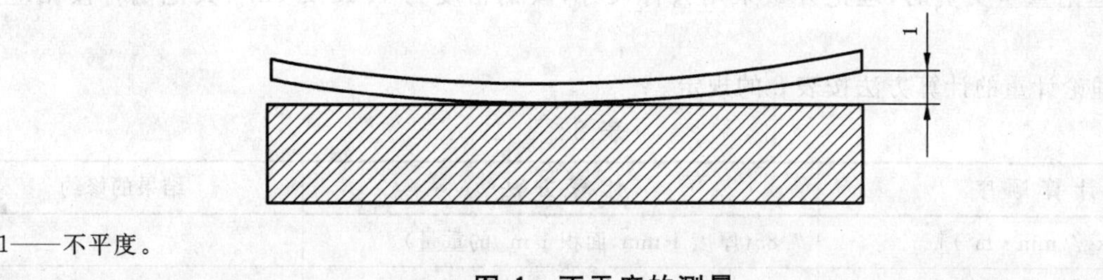

1——不平度。

图 1 不平度的测量

8.3.2 如受检测平台长度的限制,对于长度大于 2 000 mm 的钢板,可任意截取 2 000 mm 进行不平度的测量来替代全长不平度的测量。

8.4 镰刀弯

钢板及钢带的镰刀弯是指侧边与连接测量部分两端点直线之间的最大距离,在产品呈凹形的一侧测量,如图 2 所示。

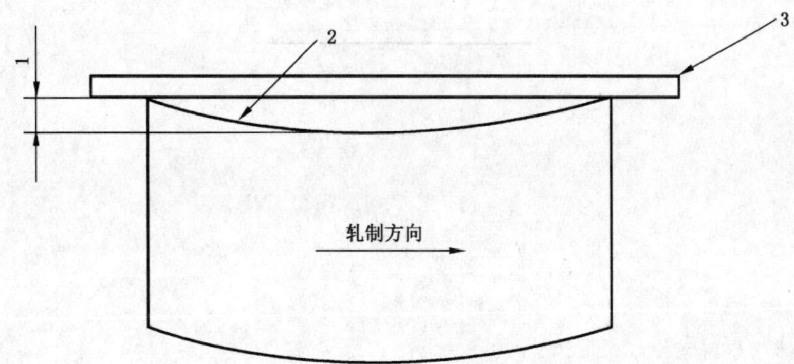

1——镰刀弯;

2——凹形侧边;

3——直尺(线)。

图 2 镰刀弯的测量

8.5 切斜

钢板的横边在纵边的垂直投影长度，如图 3 所示。

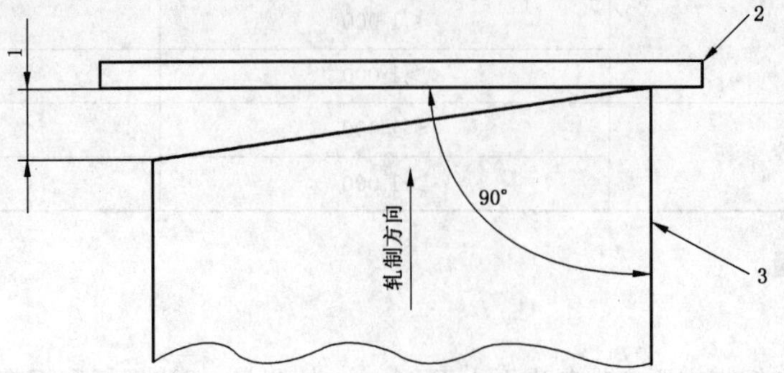

1——切斜；

2——直尺(线)；

3——侧边。

图 3 切斜的测量

9 重量

钢板按理论或实际重量交货，钢带按实际重量交货。

9.1 钢板理论重量交货时，理论计重采用公称尺寸，碳钢密度为 7.85 g/cm^3，其他钢种按相应标准规定。

9.2 钢板理论计重的计算方法按表 8 的规定。

表 8

计 算 顺 序	计 算 方 法	结果的修约
基本重量/[kg/(mm·m^2)]	7.85(厚度 1 mm，面积 1 m^2 的重量)	—
单位重量/(kg/m^2)	基本重量[kg/(mm·m^2)]×厚度(mm)	修约到有效数字 4 位
钢板的面积/m^2	宽度(m)×长度(m)	修约到有效数字 4 位
一张钢板的重量/kg	单位重量(kg/m^2)×面积(m^2)	修约到有效数字 3 位
总重量/kg	各张钢板重量之和	kg 的整数值

9.3 数值修约方法按 GB/T 8170 的规定。

ICS 77.140.50
H 46

中华人民共和国国家标准

GB/T 709—2006
代替 GB/T 709—1988

热轧钢板和钢带的尺寸、外形、重量及允许偏差

Dimension, shape, weight and tolerances for hot-rolled steel plates and sheets

(ISO 7452:2002(E), Hot-rolled structural steel plates-tolerance on dimensions and shape, ISO 16160:2000(E), Continuously hot-rolled steel products—Dimensional and shape tolerances, NEQ)

2006-11-01 发布　　　　2007-02-01 实施

中华人民共和国国家质量监督检验检疫总局
中国国家标准化管理委员会　发布

前　言

本标准与 ISO 7452:2002《热轧结构钢板尺寸和外形偏差》(英文版)、ISO 16160:2000《热连轧钢板钢带—尺寸和外形的偏差》(英文版)的一致性程度为非等效。

本标准代替 GB/T 709—1988《热轧钢板和钢带的尺寸、外形、重量及允许偏差》。

本标准与原标准对比,主要修订内容如下:

——取消钢板钢带公称尺寸表,规定尺寸范围和推荐的公称尺寸;

——钢板厚度增加到 400 mm,宽度加大到 5 000 mm,钢带宽度加大到 2 200 mm;

——加严较厚较宽钢板的厚度公差和钢带的宽度偏差;

——纵切钢带的宽度正负偏差改为正偏差;

——调整长度允许偏差;

——单轧轧制钢板不平度的测量长度为 1 m 或 2 m;

——连轧钢板单独规定不平度,测量长度为实际长度;

——镰刀弯的测量长度改为任 5 000 mm 或实际长度;规定纵切钢带镰刀弯;

——加严成卷钢带塔高度;

——规定各种尺寸测量方法,并附有测量图示;

——规定限定偏差或正偏差钢板理论计重所采用的厚度。

本标准由中国钢铁工业协会提出。

本标准由全国钢标准化技术委员会归口。

本标准起草单位:冶金工业信息标准研究院、鞍钢新轧钢股份有限公司、济南钢铁股份有限公司、首钢总公司、湖南华菱湘潭钢铁有限公司。

本标准主要起草人:唐一凡、王晓虎、朴志民、高玲、王丽萍、李小莉。

本标准所代替标准的历次版本发布情况为:GB 709—1965,GB 709—1988。

热轧钢板和钢带的尺寸、外形、重量及允许偏差

1 范围

本标准规定了热轧钢板和钢带的尺寸、外形、重量及允许偏差。

本标准适用于轧制宽度不小于600 mm的单张轧制钢板(以下简称单轧钢板)、钢带及其剪切钢板(以下称连轧钢板)和纵切钢带。

2 规范性引用文件

下列文件中的条款通过本标准的引用而成为本标准的条款。凡是注日期的引用文件,其随后所有的修改单(不包括勘误的内容)或修订版均不适用于本标准,然而,鼓励根据本标准达成协议的各方研究是否可使用这些文件的最新版本。凡是不注日期的引用文件,其最新版本适用于本标准。

GB/T 8170 数值修约规则

3 术语和定义

本标准采用下列术语和定义:

3.1

钢板 plate or sheet

钢板系不固定边部变形的热轧扁平钢材,包括直接轧制的单轧钢板和由宽钢带剪切成的连轧钢板。

3.2

钢带 wide strip

钢带系指成卷交货,轧制宽度不小于600 mm的宽钢带。

4 分类和代号

4.1 按边缘状态分为

切边 EC;

不切边 EM。

4.2 按厚度偏差种类分

N类偏差:正偏差和负偏差相等;

A类偏差:按公称厚度规定负偏差;

B类偏差:固定负偏差为0.3 mm;

C类偏差:固定负偏差为零,按公称厚度规定正偏差。

4.3 按厚度精度分为

普通厚度精度 PT. A;

较高厚度精度 PT. B。

5 尺寸

5.1 钢板和钢带的尺寸范围

单轧钢板公称厚度 3 mm~400 mm;

单轧钢板公称宽度　　600 mm～4 800 mm；
钢板公称长度　　2 000 mm～20 000 mm；
钢带(包括连轧钢板)公称厚度　　0.8 mm～25.4 mm；
钢带(包括连轧钢板)公称宽度　　600 mm～2 200 mm；
纵切钢带公称宽度　　120 mm～900 mm。

5.2　钢板和钢带推荐的公称尺寸

5.2.1　单轧钢板的公称厚度在5.1所规定范围内，厚度小于30 mm的钢板按0.5 mm倍数的任何尺寸；厚度不小于30 mm的钢板按1 mm倍数的任何尺寸。

5.2.2　单轧钢板的公称宽度在5.1所规定范围内，按10 mm或50 mm倍数的任何尺寸。

5.2.3　钢带(包括连轧钢板)的公称厚度在5.1所规定范围内，按0.1 mm倍数的任何尺寸。

5.2.4　钢带(包括连轧钢板)的公称宽度在5.1所规定范围内，按10 mm倍数的任何尺寸。

5.2.5　钢板的长度在5.1规定范围内，按50 mm或100 mm倍数的任何尺寸。

5.2.6　根据需方要求，经供需双方协议，可以供应推荐公称尺寸以外的其他尺寸的钢板和钢带。

6　尺寸允许偏差

对不切头尾的不切边钢带检查厚度、宽度时，两端不考核的总长度 L 为：

$$L(\mathrm{m}) = 90/\text{公称厚度}(\mathrm{mm})$$

但两端最大总长度不得大于20 m。

6.1　厚度允许偏差

6.1.1　单轧钢板厚度允许偏差应符合表1(N类)的规定。

6.1.2　根据需方要求，并在合同中注明偏差类别，可以供应公差值与表1规定公差值相等的其他偏差类别的单轧钢板，如表2～表4规定的A类、B类和C类偏差；也可以供应公差值与表1规定公差值相等的限制正偏差的单轧钢板，正负偏差由供需双方协商规定。

6.1.3　钢带(包括连轧钢板)的厚度偏差应符合表5的规定。需方要求按较高厚度精度供货时应在合同中注明，未注明的按普通精度供货。根据需方要求，可以在表5规定的公差范围内调整钢带的正负偏差。

表1　单轧钢板的厚度允许偏差(N类)　　单位为毫米

公称厚度	下列公称宽度的厚度允许偏差			
	≤1 500	>1 500～2 500	>2 500～4 000	>4 000～4 800
3.00～5.00	±0.45	±0.55	±0.65	—
>5.00～8.00	±0.50	±0.60	±0.75	—
>8.00～15.0	±0.55	±0.65	±0.80	±0.90
>15.0～25.0	±0.65	±0.75	±0.90	±1.10
>25.0～40.0	±0.70	±0.80	±1.00	±1.20
>40.0～60.0	±0.80	±0.90	±1.10	±1.30
>60.0～100	±0.90	±1.10	±1.30	±1.50
>100～150	±1.20	±1.40	±1.60	±1.80
>150～200	±1.40	±1.60	±1.80	±1.90
>200～250	±1.60	±1.80	±2.00	±2.20
>250～300	±1.80	±2.00	±2.20	±2.40
>300～400	±2.00	±2.20	±2.40	±2.60

表 2　单轧钢板的厚度允许偏差(A 类)　　单位为毫米

公称厚度	下列公称宽度的厚度允许偏差			
	≤1 500	>1 500～2 500	>2 500～4 000	>4 000～4 800
3.00～5.00	+0.55 −0.35	+0.70 −0.40	+0.85 −0.45	—
>5.00～8.00	+0.65 −0.35	+0.75 −0.45	+0.95 −0.55	—
>8.00～15.0	+0.70 −0.40	+0.85 −0.45	+1.05 −0.55	+1.20 −0.60
>15.0～25.0	+0.85 −0.45	+1.00 −0.50	+1.15 −0.65	+1.50 −0.70
>25.0～40.0	+0.90 −0.50	+1.05 −0.55	+1.30 −0.70	+1.60 −0.80
>40.0～60.0	+1.05 −0.55	+1.20 −0.60	+1.45 −0.75	+1.70 −0.90
>60.0～100	+1.20 −0.60	+1.50 −0.70	+1.75 −0.85	+2.00 −1.00
>100～150	+1.60 −0.80	+1.90 −0.90	+2.15 −1.05	+2.40 −1.20
>150～200	+1.90 −0.90	+2.20 −1.00	+2.45 −1.15	+2.50 −1.30
>200～250	+2.20 −1.00	+2.40 −1.20	+2.70 −1.30	+3.00 −1.40
>250～300	+2.40 −1.20	+2.70 −1.30	+2.95 −1.45	+3.20 −1.60
>300～400	+2.70 −1.30	+3.00 −1.40	+3.25 −1.55	+3.50 −1.70

表 3　单轧钢板的厚度允许偏差(B 类)　　单位为毫米

<table>
<tr><th rowspan="2">公称厚度</th><th colspan="8">下列公称宽度的厚度允许偏差</th></tr>
<tr><th colspan="2">≤1 500</th><th colspan="2">>1 500～2 500</th><th colspan="2">>2 500～4 000</th><th colspan="2">>4 000～4 800</th></tr>
<tr><td>3.00～5.00</td><td rowspan="12">−0.30</td><td>+0.60</td><td rowspan="12">−0.30</td><td>+0.80</td><td rowspan="12">−0.30</td><td>+1.00</td><td colspan="2">—</td></tr>
<tr><td>>5.00～8.00</td><td>+0.70</td><td>+0.90</td><td>+1.20</td><td colspan="2">—</td></tr>
<tr><td>>8.00～15.0</td><td>+0.80</td><td>+1.00</td><td>+1.30</td><td rowspan="10">−0.30</td><td>+1.50</td></tr>
<tr><td>>15.0～25.0</td><td>+1.00</td><td>+1.20</td><td>+1.50</td><td>+1.90</td></tr>
<tr><td>>25.0～40.0</td><td>+1.10</td><td>+1.30</td><td>+1.70</td><td>+2.10</td></tr>
<tr><td>>40.0～60.0</td><td>+1.30</td><td>+1.50</td><td>+1.90</td><td>+2.30</td></tr>
<tr><td>>60.0～100</td><td>+1.50</td><td>+1.80</td><td>+2.30</td><td>+2.70</td></tr>
<tr><td>>100～150</td><td>+2.10</td><td>+2.50</td><td>+2.90</td><td>+3.30</td></tr>
<tr><td>>150～200</td><td>+2.50</td><td>+2.90</td><td>+3.30</td><td>+3.50</td></tr>
<tr><td>>200～250</td><td>+2.90</td><td>+3.30</td><td>+3.70</td><td>+4.10</td></tr>
<tr><td>>250～300</td><td>+3.30</td><td>+3.70</td><td>+4.10</td><td>+4.50</td></tr>
<tr><td>>300～400</td><td>+3.70</td><td>+4.10</td><td>+4.50</td><td>+4.90</td></tr>
</table>

表 4　单轧钢板的厚度允许偏差(C 类)　　单位为毫米

公称厚度	下列公称宽度的厚度允许偏差							
	≤1 500		>1 500～2 500		>2 500～4 000		>4 000～4 800	
3.00～5.00	0	+0.90	0	+1.10	0	+1.30	0	—
>5.00～8.00		+1.00		+1.20		+1.50		—
>8.00～15.0		+1.10		+1.30		+1.60		+1.80
>15.0～25.0		+1.30		+1.50		+1.80		+2.20
>25.0～40.0		+1.40		+1.60		+2.00		+2.40
>40.0～60.0		+1.60		+1.80		+2.20		+2.60
>60.0～100		+1.80		+2.20		+2.60		+3.00
>100～150		+2.40		+2.80		+3.20		+3.60
>150～200		+2.80		+3.20		+3.60		+3.80
>200～250		+3.20		+3.60		+4.00		+4.40
>250～300		+3.60		+4.00		+4.40		+4.80
>300～400		+4.00		+4.40		+4.80		+5.20

表 5　钢带(包括连轧钢板)的厚度允许偏差　　单位为毫米

公称厚度	钢带厚度允许偏差[a]							
	普通精度　PT. A				较高精度　PT. B			
	公称宽度				公称宽度			
	600～1 200	>1 200～1 500	>1 500～1 800	>1 800	600～1 200	>1 200～1 500	>1 500～1 800	>1 800
0.8～1.5	±0.15	±0.17	—	—	±0.10	±0.12	—	—
>1.5～2.0	±0.17	±0.19	±0.21	—	±0.13	±0.14	±0.14	—
>2.0～2.5	±0.18	±0.21	±0.23	±0.25	±0.14	±0.15	±0.17	±0.20
>2.5～3.0	±0.20	±0.22	±0.24	±0.26	±0.15	±0.17	±0.19	±0.21
>3.0～4.0	±0.22	±0.24	±0.26	±0.27	±0.17	±0.18	±0.21	±0.22
>4.0～5.0	±0.24	±0.26	±0.28	±0.29	±0.19	±0.21	±0.22	±0.23
>5.0～6.0	±0.26	±0.28	±0.29	±0.31	±0.21	±0.22	±0.23	±0.25
>6.0～8.0	±0.29	±0.30	±0.31	±0.35	±0.23	±0.24	±0.25	±0.28
>8.0～10.0	±0.32	±0.33	±0.34	±0.40	±0.26	±0.26	±0.27	±0.32
>10.0～12.5	±0.35	±0.36	±0.37	±0.43	±0.28	±0.29	±0.30	±0.36
>12.5～15.0	±0.37	±0.38	±0.40	±0.46	±0.30	±0.31	±0.33	±0.39
>15.0～25.4	±0.40	±0.42	±0.45	±0.50	±0.32	±0.34	±0.37	±0.42

a　规定最小屈服强度 R_e≥345 MPa 的钢带，厚度偏差应增加 10%。

6.2　宽度允许偏差

6.2.1　切边单轧钢板的宽度允许偏差应符合表 6 的规定。

表 6　切边单轧钢板的宽度允许偏差

单位为毫米

公称厚度	公称宽度	允许偏差
3～16	≤1 500	+10 0
	>1 500	+15 0
>16	≤2 000	+20 0
	>2 000～3 000	+25 0
	>3 000	+30 0

6.2.2　不切边单轧钢板的宽度允许偏差由供需双方协商。

6.2.3　不切边钢带(包括连轧钢板)的宽度允许偏差应符合表 7 的规定。

表 7　不切边钢带(包括连轧钢板)的宽度允许偏差

单位为毫米

公称宽度	允许偏差
≤1 500	+20 0
>1 500	+25 0

6.2.4　切边钢带(包括连轧钢板)的宽度允许偏差应符合表 8 的规定。经供需双方协议,可以供应较高宽度精度的钢带。

表 8　切边钢带(包括连轧钢板)的宽度允许偏差

单位为毫米

公称宽度	允许偏差
≤1 200	+3 0
>1 200～1 500	+5 0
>1 500	+6 0

6.2.5　纵切钢带的宽度允许偏差应符合表 9 的规定。

表 9　纵切钢带的宽度允许偏差

单位为毫米

公称宽度	公称厚度		
	≤4.0	>4.0～8.0	>8.0
120～160	+1 0	+2 0	+2.5 0
>160～250	+1 0	+2 0	+2.5 0

表 9（续） 单位为毫米

公称宽度	公称厚度		
	≤4.0	>4.0～8.0	>8.0
>250～600	+2 0	+2.5 0	+3 0
>600～900	+2 0	+2.5 0	+3 0

6.3 长度允许偏差

6.3.1 单轧钢板长度允许偏差应符合表 10 的规定。

表 10 单轧钢板的长度允许偏差 单位为毫米

公称长度	允许偏差
2 000～4 000	+20 0
>4 000～6 000	+30 0
>6 000～8 000	+40 0
>8 000～10 000	+50 0
>10 000～15 000	+75 0
>15 000～20 000	+100 0
>20 000	由供需双方协商

6.3.2 连轧钢板长度允许偏差应符合表 11 的规定。

表 11 连轧钢板的长度允许偏差 单位为毫米

公称长度	允许偏差
2 000～8 000	+0.5%×公称长度
>8 000	+40 0

7 外形

7.1 不平度

7.1.1 单轧钢板按下列两类钢，分别规定钢板不平度。

钢类 L：规定的最低屈服强度值≤460 MPa，未经淬火或淬火加回火处理的钢板。

钢类 H：规定的最低屈服强度值>460 MPa～700 MPa，以及所有淬火或淬火加回火的钢板。

7.1.1.1 单轧钢板的不平度按表 12 的规定。

表 12 单轧钢板的不平度

单位为毫米

公称厚度	钢类 L				钢类 H			
	下列公称宽度钢板的不平度，不大于							
	≤3 000		>3 000		≤3 000		>3 000	
	测量长度							
	1 000	2 000	1 000	2 000	1 000	2 000	1 000	2 000
3～5	9	14	15	24	12	17	19	29
>5～8	8	12	14	21	11	15	18	26
>8～15	7	11	11	17	10	14	16	22
>15～25	7	10	10	15	10	13	14	19
>25～40	6	9	9	13	9	12	13	17
>40～400	5	8	8	11	8	11	11	15

7.1.1.2 如测量时直尺(线)与钢板接触点之间距离小于 1 000 mm，则不平度最大允许值应符合以下要求：对钢类 L，为接触点间距离(300 mm～1 000 mm)的 1%；对钢类 H，为接触点间距离(300 mm～1 000 mm)的 1.5%。但两者均不得超过表 12 的规定。

7.1.2 连轧钢板的不平度按表 13 的规定。

表 13 连轧钢板的不平度

单位为毫米

公称厚度	公称宽度	不平度，不大于		
		规定的屈服强度，R_e		
		<220 MPa	220 MPa～320 MPa	>320 MPa
≤2	≤1 200	21	26	32
	>1 200～1 500	25	31	36
	>1 500	30	38	45
>2	≤1 200	18	22	27
	>1 200～1 500	23	29	34
	>1 500	28	35	42

7.1.3 如用户对钢带的不平度有要求，在用户开卷设备能保证质量的前提下，供需双方可以协商规定，并在合同中注明。

7.2 **镰刀弯及切斜(脱方)**

钢板的镰刀弯及切斜应受限制，应保证钢板订货尺寸的矩形。

7.2.1 **镰刀弯**

7.2.1.1 单轧钢板的镰刀弯应不大于实际长度的 0.2%。

7.2.1.2 钢带(包括纵切钢带)和连轧钢板的镰刀弯按表 14 的规定。对不切头尾的不切边钢带检查镰刀弯时，两端不考核的总长度按第 6 章检查不切头尾的不切边钢带的厚度、宽度两端不考核总长的规定。

7.2.2 **切斜**

钢板的切斜应不大于实际宽度的 1%。

7.3 **塔形**

7.3.1 钢带应牢固地成卷。钢带卷的一侧塔形高度不得超过表 15 的规定。

表 14 钢带(包括纵切钢带)和连轧钢板的镰刀弯 单位为毫米

产品类型	公称长度	公称宽度	镰刀弯,不大于		测量长度
			切边	不切边	
连轧钢板	<5 000	≥600	实际长度×0.3%	实际长度×0.4%	实际长度
	≥5 000	≥600	15	20	任意 5 000 mm 长度
钢带	—	≥600	15	20	任意 5 000 mm 长度
	—	<600	15	—	—

表 15 塔形高度 单位为毫米

公称宽度	切边	不切边
≤1 000	20	50
>1 000	30	60

8 尺寸测量

8.1 厚度

切边钢带(包括连轧钢板)在距纵边不小于 25 mm 处测量;不切边钢带(包括连轧钢板)在距纵边不小于 40 mm 处测量。切边单轧钢板在距边部(纵边和横边)不小于 25 mm 处测量;不切边单轧钢板的测量部位由供需双方协议。

8.2 宽度

宽度应在垂直于钢板或钢带中心线的方位测量。

8.3 长度

钢板内最大矩形的长度。

8.4 不平度

将钢板自由地放在平面上,除钢板本身重量外不施加任何压力。

用一根长度为 1 000 mm 或 2 000 mm 的直尺,在距单轧钢板纵边至少 25 mm 和距横边至少为 200 mm 区域内的任何方向,测量钢板上表面与直尺之间的最大距离(如图 1 所示)。

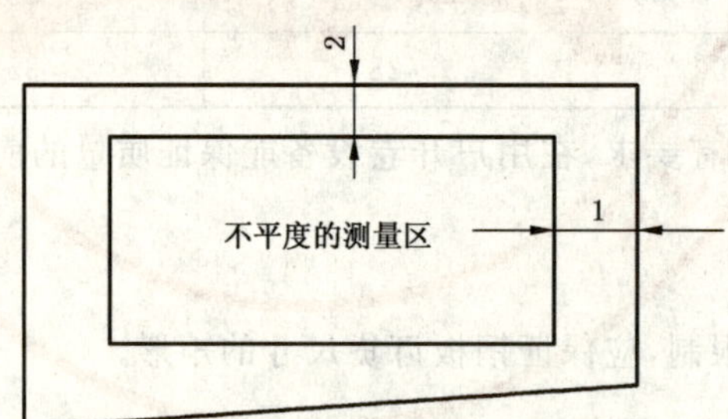

1——200 mm(距横边);

2——25 mm(距纵边)。

图 1 单轧钢板不平度的测量

测量连轧钢板下表面与平面之间的最大距离(如图 2 所示)。

8.5 镰刀弯

钢板或钢带的凹形侧边与连接测量部分两端点直线之间的最大距离(如图 3 所示)。

8.6 切斜

钢板的横边在纵边上的垂直投影(如图 4 所示)。

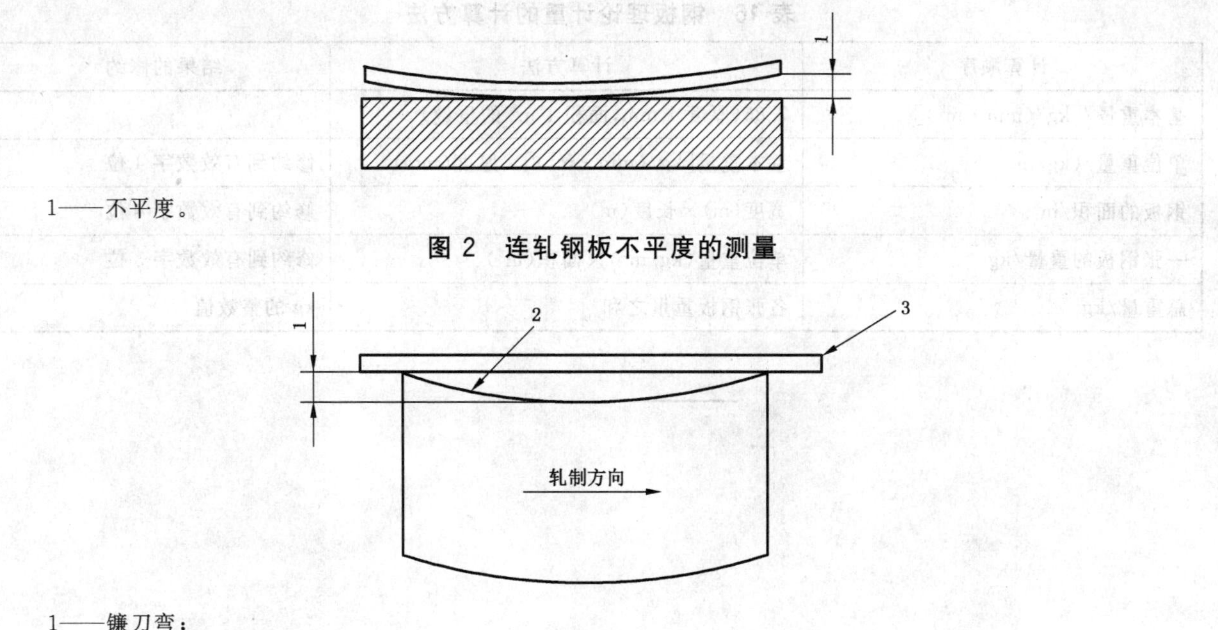

1——不平度。

图 2 连轧钢板不平度的测量

1——镰刀弯；

2——凹形侧边；

3——直尺(线)。

图 3 镰刀弯的测量

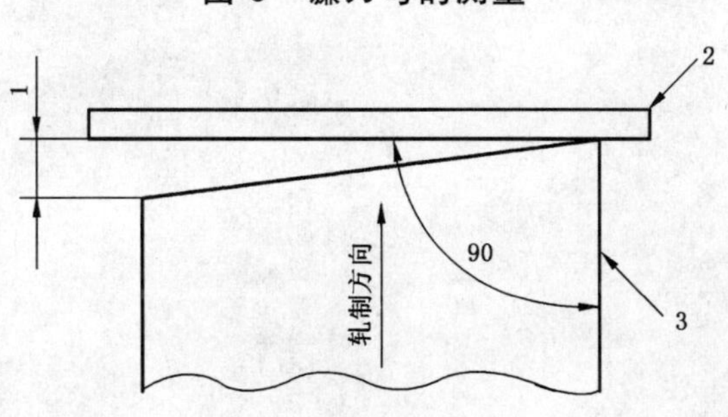

1——切斜；

2——直尺(线)；

3——侧边。

图 4 切斜的测量

9 重量

钢板按理论或实际重量交货，钢带按实际重量交货。

9.1 钢板按理论重量交货时，理论计重采用公称尺寸，碳钢密度为 7.85 g/cm³，其他钢种按相应标准规定。

9.2 当钢板的厚度允许偏差为限定负偏差或正偏差时，理论计重所采用的厚度为允许的最大厚度和最小厚度的平均值。

9.3 钢板理论计重的计算方法按表 16 的规定。

9.4 数值修约方法

数值修约方法按 GB/T 8170 的规定。

表 16　钢板理论计重的计算方法

计算顺序	计算方法	结果的修约
基本重量/[kg/(mm·m^2)]	7.85(厚度 1 mm,面积 1 m^2 的重量)	—
单位重量/(kg/m^2)	基本重量[kg/(mm·m^2)]×厚度(mm)	修约到有效数字 4 位
钢板的面积/m^2	宽度(m)×长度(m)	修约到有效数字 4 位
一张钢板的重量/kg	单位重量(kg/m^2)×面积(m^2)	修约到有效数字 3 位
总重量/kg	各张钢板重量之和	kg 的整数值

ICS 71.060.50
G 12

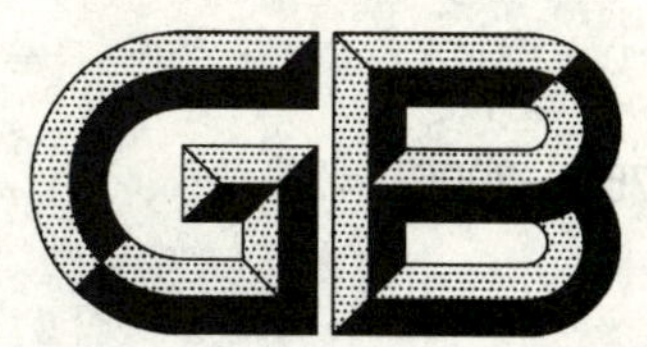

中华人民共和国国家标准

GB/T 752—2006
代替 GB 752—1994

工业氯酸钾

Potassium chlorate for industrial use

2006-09-14 发布 2007-02-01 实施

中华人民共和国国家质量监督检验检疫总局
中国国家标准化管理委员会 发布

前言

本标准修改采用美国军用标准 MIL-P-150D:1982(1989 年确认)《工业氯酸钾》(英文版)。

本标准根据美国军用标准 MIL-P-150D:1982(1989 年确认)《工业氯酸钾》重新起草。

在采用 MIL-P-150D:1982(1989 年确认)时,本标准做了一些修改,有关技术性差异及结构性差异已编入正文中并在它们涉及的条款的页边空白处用垂直单线标识。附录 A 和附录 B 中给出了这些技术性差异及结构性差异及原因的一览表以供参考。

本标准代替 GB 752—1994《工业氯酸钾》。

本标准与 GB 752—1994 的主要技术性差异如下:

——标准的要求中增加了合格品指标;

——要求中增加了次氯酸盐、亚氯酸盐、重金属、碱土金属含量指标,取消了硫酸盐及铁含量指标(1994 年版的 3.2,本版的 3.2);

——氯化物(以 Cl 计)含量、溴酸盐(以 BrO_3 计)含量改为氯化物(以 KCl 计)含量、溴酸盐(以 $KBrO_3$ 计)含量(1994 年版的 3.2,本版的 3.2),与美国军用标准一致;

——增加了次氯酸盐、亚氯酸盐、重金属、碱土金属含量的测定方法(本版的 4.6)。

本标准的附录 A 和附录 B 为资料性附录。

本标准由中国石油和化学工业协会提出。

本标准由全国化学标准化技术委员会无机化工分会(SAC/TC 63/SC 1)归口。

本标准主要起草单位:天津化工研究设计院、福州一化化学品股份有限公司、湖南资兴市九星化工有限公司、大连北方氯酸钾厂。

本标准主要参加起草单位:重庆长寿化工有限责任公司。

本标准主要起草人:陆思伟、许瑞光、朱元生、杨志敏。

本标准所代替标准的历次版本发布情况:

——GB 752—1965、GB 752—1977、GB 752—1985、GB 752—1994。

工 业 氯 酸 钾

1 范围

本标准规定了工业氯酸钾的要求，试验方法，检验规则，标志、标签，包装、运输、贮存及安全要求。

本标准适用于工业氯酸钾。该产品主要用于火柴、焰火、冶金、医药行业中的氧化剂及制造其他高氯酸盐等。

分子式：$KClO_3$

相对分子质量：122.55（按 2001 年国际相对原子质量）

2 规范性引用文件

下列文件中的条款通过本标准的引用而成为本标准的条款，凡是注日期的引用文件，其随后所有的修改单（不包括勘误的内容）或修订版均不适用于本标准，然而，鼓励根据本标准达成协议的各方研究是否可使用这些文件的最新版本。凡是不注日期的引用文件，其最新版本适用于本标准。

GB 190—1990　危险货物包装标志

GB/T 191—2000　包装储运图示标志（eqv ISO 780：1997）

GB/T 1250　极限数值的表示方法和判定方法

GB/T 3051—2000　无机化工产品中氯化物含量测定的通用方法　汞量法

GB/T 6003.1　金属丝编织网试验筛

GB/T 6678　化工产品采样总则

GB/T 6682—1992　分析实验室用水规格和试验方法（eqv ISO 3696：1987）

GB 15258　化学品安全标签编写规定

HG/T 3696.1　无机化工产品化学分析用标准滴定溶液的制备

HG/T 3696.2　无机化工产品化学分析用杂质标准溶液的制备

HG/T 3696.3　无机化工产品化学分析用制剂及制品的制备

3 要求

3.1 外观：白色结晶状粉末。

3.2 工业氯酸钾应符合表 1 要求。

表 1 要　求

项　目		指　标		
		优等品	一等品	合格品
氯酸钾（$KClO_3$）质量分数/%	≥	99.5	99.2	99.0
水分质量分数/%	≤	0.05	0.10	0.10
水不溶物质量分数/%	≤	0.02	0.10	0.10
氯化物（以 KCl 计）质量分数/%	≤	0.04	0.06	0.10
溴酸盐（以 $KBrO_3$ 计）质量分数/%	≤	0.05	0.10	0.15
次氯酸盐试验		通过		
亚氯酸盐试验		通过		
重金属试验		通过		
碱土金属试验		通过		
125 μm 试验筛筛余物质量分数/%	≤	0.5	1.0	1.0

4 试验方法

4.1 安全提示

本试验方法中使用的部分试剂具有毒性、腐蚀性，操作者须小心谨慎！如溅到皮肤上应立即用水冲洗，严重者应立即治疗。使用易燃品时，严禁使用明火加热。

4.2 一般规定

本标准所用试剂和水在没有注明其他要求时，均指分析纯试剂和 GB/T 6682—1992 中规定的三级水。试验中所用标准滴定溶液、杂质标准溶液、制剂及制品，在没有注明其他要求时，均按 HG/T 3696.1、HG/T 3696.2、HG/T 3696.3 的制定制备。

4.3 氯酸钾含量的测定

4.3.1 方法提要

用已知量(过量)的铁(Ⅱ)盐还原氯酸盐，以二苯胺磺酸钠为指示液，用重铬酸钾标准滴定溶液滴定过量的铁(Ⅱ)盐。

4.3.2 试剂

4.3.2.1 硫磷混酸：3+2；

4.3.2.2 重铬酸钾标准滴定溶液：$c(1/6K_2Cr_2O_7)$约 0.1 mol/L；

4.3.2.3 硫酸亚铁铵标准滴定溶液：$c[(NH_4)_2Fe(SO_4)_2]$约 0.1 mol/L；

4.3.2.4 二苯胺磺酸钠指示液：5 g/L。

4.3.3 仪器

本生阀(见图 1)。

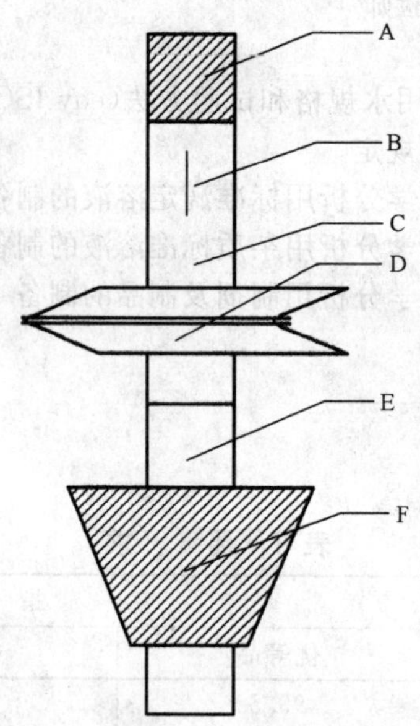

A——玻璃塞；

B——在橡皮管上切一长孔(长度 7 mm)；

C——橡皮管；

D——弹簧夹；

E——玻璃管；

F——橡皮塞。

图 1 本生阀

4.3.4 分析步骤

称取约 2.5 g 试样，精确至 0.000 2 g。置于 250 mL 烧杯中，加水溶解，全部移至 1 000 mL 容量瓶中,用水稀释至刻度,摇匀。

用移液管移取 25 mL 上述溶液,置于 500 mL 锥形瓶中,用移液管移取 50 mL 硫酸亚铁铵标准滴定溶液于锥形瓶中。缓慢加入 20 mL 硫磷混酸,摇匀,塞上本生阀,在电炉上煮沸 10 min。夹紧弹簧夹 E,冷却至室温,取下本生阀。加 150 mL 水,5 滴二苯胺磺酸钠指示液,用重铬酸钾标准滴定溶液滴定至溶液变为紫色为终点。

同时作空白试验。

4.3.5 结果计算

氯酸钾含量以氯酸钾($KClO_3$)的质量分数 w_1 计,数值以%表示,按式(1)计算:

$$w_1=\frac{[(V_0-V)/1\,000]cM}{m(25/1\,000)}\times 100-0.733\,8w_5 \quad \cdots\cdots(1)$$

式中:

V_0——空白试验所消耗的重铬酸钾标准滴定溶液(4.3.2.4)的体积的数值,单位为毫升(mL);

V——滴定试验溶液所消耗的重铬酸钾标准滴定溶液(4.3.2.4)的体积的数值,单位为毫升(mL);

c——重铬酸钾标准滴定溶液浓度的准确数值,单位为摩尔每升(mol/L);

M——氯酸钾($1/6KClO_3$)的摩尔质量的数值,单位为克每摩尔(g/mol)($M=20.42$);

0.733 8——溴酸盐(以 $KBrO_3$ 计)换算为氯酸钾的系数;

w_5——按 4.7 测得的溴酸盐(以 $KBrO_3$ 计)的质量分数;

m——试料质量的数值,单位为克(g)。

取平行测定结果的算术平均值为测定结果,两次平行测定结果的绝对差值不大于 0.2%。

4.4 水分的测定

4.4.1 方法提要

在一定温度下,将试样进行干燥,根据干燥前后试样质量的差值,计算水分。

4.4.2 分析步骤

称取约 10 g 试样,精确至 0.000 2 g。置于已在 105℃~110℃下烘至恒量的称量瓶中,于电热恒温干燥箱中,在 105℃~110℃下烘至恒量,置于干燥器中冷却至室温,称量。

4.4.3 结果计算

水分的质量分数 w_2,数值以%表示,按式(2)计算:

$$w_2=\frac{m-m_1}{m}\times 100 \quad \cdots\cdots(2)$$

式中:

m_1——干燥后试料质量的数值,单位为克(g);

m——试料质量数值,单位为克(g)。

取平行测定结果的算术平均值为测定结果,两次平行测定结果的绝对差值不大于 0.003%。

4.5 水不溶物含量的测定

4.5.1 方法提要

试样溶于热水中,用预先在 105℃~110℃下烘至恒重的玻璃砂坩埚过滤、洗涤、干燥至恒量,称量。

4.5.2 试剂

4.5.2.1 亚硝酸钠;

4.5.2.2 硝酸溶液:1+1;

4.5.2.3 硝酸银溶液:17 g/L。

4.5.3 仪器

4.5.3.1 玻璃砂坩埚:滤板孔径(5~15)μm。

4.5.4 分析步骤

称取约 20 g 试样,精确至 0.01 g。置于 500 mL 烧杯中,用 300 mL 热水溶解,用预先在 105℃~110℃下烘至恒量的坩埚过滤,以热水洗涤玻璃砂坩埚中的不溶物,洗涤至滤液中无氯酸根为止。置于电烘箱中,在 105℃~110℃下干燥至恒量。

氯酸根离子的检验:用试管接(1~2)mL 滤液,加入几粒固体亚硝酸钠及数滴硝酸溶液,再加入数滴硝酸银溶液后应不呈浑浊。

4.5.5 结果计算

水不溶物的质量分数 w_3,数值以%表示,按式(3)计算:

$$w_3 = \frac{m_1 - m_0}{m} \times 100 \qquad \cdots\cdots(3)$$

式中:

m_1——水不溶物及玻璃砂坩埚质量的数值,单位为克(g);

m_0——玻璃砂坩埚质量的数值,单位为克(g);

m——试料质量的数值,单位为克(g)。

取平行测定结果的算术平均值为测定结果,平行测定结果的绝对差值不大于 0.002%。

4.6 氯化物含量的测定

4.6.1 方法提要

同 GB/T 3051—2000 第 2 章。

4.6.2 试剂和材料

同 GB/T 3051—2000 第 4 章。

4.6.3 仪器

4.6.3.1 微量滴定管:分度值为 0.01 mL 或 0.02 mL。

4.6.4 分析步骤

称取约 10 g 试样,精确至 0.01 g,加 200 mL 水使其溶解,加 3 滴溴酚蓝指示液,滴加硝酸溶液至溶液呈黄色,再过量 5 滴,加入 1.00 mL 二苯偶氮碳酰肼指示液,用硝酸汞标准滴定溶液 $c[(1/2Hg(NO_3)_2 \cdot H_2O]=0.02$ mol/L滴定至溶液由黄色变为紫红色即为终点。同时作空白试验。

滴定后的含汞废液按 GB/T 3051—2000 附录 D 处理。

4.6.5 分析结果的表述

氯化物含量以氯化钾(KCl)的质量分数 w_4 计,数值以%表示,按式(4)计算:

$$w_4 = \frac{[(V - V_0)/1\,000]cM}{m} \times 100 \qquad \cdots\cdots(4)$$

式中:

V——滴定试验溶液时消耗的硝酸汞标准滴定溶液的体积的数值,单位为毫升(mL);

V_0——空白试验时消耗的硝酸汞标准滴定溶液的体积的数值,单位为毫升(mL);

c——硝酸汞标准滴定溶液浓度的准确数值,单位为摩尔每升(mol/L);

M——氯化物(以 KCl 计)的摩尔质量的数值,单位为克每摩尔(g/mol)(M=74.56);

m——试料的质量的数值,单位为克(g)。

取平行测定结果的算术平均值为测定结果,两次平行测定结果的绝对差值不大于 0.002%。

4.7 溴酸盐含量的测定

4.7.1 方法提要

在酸性介质中,溴酸盐与碘化钾反应释出碘,以淀粉为指示剂,用硫代硫酸钠标准滴定溶液滴定释出的碘。

4.7.2 试剂

4.7.2.1 盐酸溶液:1+10;

4.7.2.2 碘化钾溶液：100 g/L，贮存于棕色瓶中，有效期一周；

4.7.2.3 硫代硫酸钠标准滴定溶液：$c(Na_2S_2O_3)$约 0.01 mol/L；

用移液管移取 50 mL 按 HG/T 3696.1 配制并标定后的 $c(Na_2S_2O_3)$约为 0.1 mol/L 的硫代硫酸钠标准滴定溶液，置于 500 mL 容量瓶中，用水稀释至刻度，摇匀。

4.7.2.4 淀粉指示液：5 g/L(有效期 15 天)。

4.7.3 分析步骤

称取约 2 g 试样，精确至 0.01 g，置于碘量瓶中，加 100 mL 水溶解，加 5mL 碘化钾溶液和 5 mL 盐酸溶液，置于暗处 30 min。用硫代硫酸钠标准滴定溶液滴定，近终点(淡黄色)时，加 3 mL 淀粉指示液，继续滴定至无色即为终点。同时作空白试验。

4.7.4 结果计算

溴酸盐含量以溴酸钾($KBrO_3$)的质量分数 w_5 计，数值以%表示，按式(5)计算：

$$w_5 = \frac{[(V-V_0)/1\,000]cM}{m} \times 100 \qquad \cdots\cdots(5)$$

式中：

V——滴定试验溶液消耗的硫代硫酸钠标准滴定溶液(4.7.2.4)的体积的数值，单位为毫升(mL)；

V_0——空白试验时消耗的硫代硫酸钠标准滴定溶液(4.7.2.4)的体积的数值，单位为毫升(mL)；

c——硫代硫酸钠标准滴定溶液浓度的准确数值，单位为摩尔每升(mol/L)；

m——试料的质量的数值，单位为克(g)；

M——溴酸盐含量以溴酸钾($1/6KBrO_3$)的摩尔质量的数值，单位为克每摩尔(g/moL)(M=27.80)。

取平行测定结果的算术平均值为测定结果，两次平行测定结果绝对差值不大于 0.005%。

4.8 次氯酸盐含量的测定

称取约(10±0.1)g 试样。置于 400 mL 烧杯中，加 200 mL 水溶解。放入一条碘化钾-淀粉试纸，不应立即呈现蓝色，否则表明有次氯酸盐存在。如果次氯酸盐不存在，若需要，保留此溶液用于 4.9 中亚氯酸盐的测定。如次氯酸盐存在，则不作亚氯酸盐测定。

4.9 亚氯酸盐含量的测定

如按 4.8 进行检验时无次氯酸盐，则向溶液中加入 5 mL[$c(1/2H_2SO_4)$约 0.1 mol/L]的硫酸溶液，并用新的碘化钾-淀粉试纸检验，不得立刻呈现蓝色，否则表明有亚氯酸盐存在。

4.10 重金属含量的测定

4.10.1 方法提要

在弱酸性条件下，硫化钠与重金属离子反应，采用目视法进行判断。

4.10.2 试剂

4.10.2.1 盐酸或硫酸溶液：0.1 mol/L；

4.10.2.2 硫化钠溶液：5 g/L；

称取硫化钠 5 g，溶于 10 mL 水及 30 mL 丙三醇中。此溶液遮光、密封保存，3 个月内有效。

4.10.3 分析步骤

称取(1.25±0.01)g 试样。置于 150 mL 锥形瓶中，加 25 mL 水溶解，加入 1 mL 盐酸溶液或硫酸溶液，摇匀。向溶液中加 5 滴硫化钠溶液，摇匀，放置 10 min 后溶液不得产生棕色沉淀。

4.11 碱土金属含量的测定

4.11.1 方法提要

在弱碱性条件下，试验溶液中的碱土金属离子与草酸根离子生成难溶的草酸盐，以此判别有无碱土金属离子。

4.11.2 试剂

4.11.2.1 氨水溶液：1+9；

4.11.2.2 草酸铵溶液:100 g/L。

4.11.3 分析步骤

称取(1.25±0.01)g 试样。置于 150 mL 锥形瓶中,加 25 mL 水溶解。加入 1 mL 氨水溶液和 5 mL的草酸铵溶液,将溶液加热至近沸,待溶液冷却到室温,不得产生沉淀。

4.12 筛余物的测定

4.12.1 仪器、设备

4.12.1.1 试验筛:$R40/3$ 系列(符合 GB/T 6003.1),$\Phi 200$ mm×50 mm/0.125 mm,带有筛底和筛盖;

4.12.1.2 羊毛刷:6 号或 7 号板刷。

4.12.2 分析步骤

称取约 50 g 试样,精确至 0.01 g,一次或分数次移入试验筛内,用毛刷在筛网上轻轻刷试料,使其通过筛网,直至筛下所垫黑纸没有试料痕迹。将筛余物移至已知质量的表面皿或硫酸纸中称量(精确至 0.000 2 g)。

4.12.3 结果计算

筛余物的质量分数 w_6,数值以%表示,按式(6)计算:

$$w_6 = \frac{m_1}{m} \times 100 \quad \cdots\cdots(6)$$

式中:

m_1——125 μm 试验筛筛余物的质量的数值,单位为克,(g);

m——试料的质量的数值,单位为克,(g)。

取平行测定结果的算术平均值为测定结果,两次平行测定结果的绝对差值不大于 0.1%。

5 检验规则

5.1 本标准采用型式检验和出厂检验。

5.1.1 型式检验:要求中规定的所有指标项目为型式检验项目,在正常情况下每一个月至少进行一次型式检验。

5.1.2 出厂检验:氯酸钾含量、水分、氯化物含量、溴酸盐含量、筛余物五项指标为出厂检验项目,应逐批检验。

5.2 工业氯酸钾每批产品不超过 100 t。

5.3 按照 GB/T 6678 的规定确定采样单元数,采样时将包装打开,用铜制采样器自包装内袋的中心垂直插入至料层深度的 3/4 处采样。将所采样品混匀后,以四分法缩分到不少于 500 g,将样品分装于两个清洁、干燥、带磨口塞的广口瓶或塑料袋中,密封。瓶或袋上粘贴标签,注明:生产厂名、产品名称、批号、采样日期和采样者姓名。一份用于检验,另一份保存备查,保存时间由生产厂根据实际需要确定。

5.4 工业氯酸钾应由生产厂的质量监督检验部门按本标准的规定进行检验。生产厂应保证所有出厂的产品都符合本标准的要求。

5.5 使用单位有权按照本标准的规定对所收到的工业氯酸钾进行验收,验收应在货到之日算起的 15 天内进行。

5.6 检验结果如有一项指标不符合本标准要求,应重新自两倍量的采样单元数的包装中采样进行复验。复验结果即使有一项指标不符合本标准的要求,则整批产品为不合格品。

5.7 采用 GB/T 1250 规定的修约值比较法判定检验结果是否符合标准。

6 标志、标签

6.1 工业氯酸钾包装容器上应有牢固清晰的标志,内容包括:生产厂名、厂址、产品名称、商标、等级、净含量、批号或生产日期、本标准编号、GB 190—1990 规定的“氧化剂”标志、GB/T 191—2000 规定的“怕晒”标志和“怕雨”标志以及符合 GB 15258 的安全标签。

6.2 每批出厂的工业氯酸钾都应附有质量证明书，内容包括：生产单位名称、地址、产品名称、商标、等级、净含量、批号或生产日期、产品质量符合本标准的质量证明和本标准编号。

7 包装、运输、贮存

7.1 工业氯酸钾产品包装采用双层包装。

外包装应采用符合《铁路危险货物运输管理规则》、《汽车危险货物运输规则》及《水路危险货物运输规则》规定的外包装材料。内包装采用聚乙烯塑料袋。

包装时应将空气排净后，扎紧袋口，外包装封口应牢固、密封。每个包装的净含量不应超过 50 kg，也可根据用户要求确定每个包装的净含量，但应符合《危险货物运输包装通用技术条件》的规定。

7.2 工业氯酸钾在运输过程中应有遮盖物，搬运时要小心轻放，严禁撞击，不能与酸、硫化物、有机物、易氧化物混运。

7.3 工业氯酸钾应贮存于阴凉干燥的库房内，防止受热、受潮或阳光曝晒。不能与酸、硫化物、有机物、易氧化物混贮。

8 安全要求

8.1 工业氯酸钾热稳定性差，是一种氧化剂，当与有机物、硫化物、易氧化物磨擦时，会发生激烈爆炸。

8.2 工业氯酸钾有毒，能将血蛋白变成变异性血红蛋白，引起红血球大量减少。吸入大量粉尘或误食会发生急性中毒。

8.3 凡接触工业氯酸钾的工作人员，必须遵守下列规则：

工作前必须穿着符合标准规范的工作服，必须使用个人专用的防护用品，如过滤式防毒面具、保护手套及眼镜。发生中毒时，在医生未到前，饮用食用苏打热溶液，保持身体温暖。落到皮肤上，用水洗净。

附 录 A
（资料性附录）
本标准与美国军用标准技术性差异及其原因

表 A.1 给出了本标准与美国军用标准 MIL-P-150D:1982(1989 年确认)《工业氯酸钾》技术性差异及其原因的一览表。

表 A.1 本标准与美国军用标准《工业氯酸钾》技术性差异及其原因

本标准的章条编号	技术性差异	原因
1	标准的适用范围有所不同	本标准主要适用于工业产品
3.2	标准的要求中分为优等品、一等品和合格品三个等级，对各项指标进行了相应的调整	根据我国生产及使用情况对产品进行分等分级
3.2	取消了水溶液 pH、钠盐和碳酸镁含量	生产厂目前在生产过程对 pH 进行严格控制，产品水溶液的 pH 值基本稳定，产品中的钠盐及碳酸镁含量很低，用户对此也没有要求
3.2	标准要求中的部分指标进行了适当的调整	由于我国产品的适用范围与美国军标不相同，因此对产品的要求也有一定差异
3.2	对产品的粒度要求改为筛余物含量，并对指标进行了调整	
4.5	测定方法中增加了氯酸根离子的检验	准确判断是否洗涤充分
4.6	氯化物含量的测定中采用了汞量法	汞量法是测定氯化物含量的通用方法，准确、可靠、滴定终点易于观察
4.10.3	通入硫化氢气体改为滴加 5 滴硫化钠溶液	减少硫化氢气体的危害
4.12	筛余物含量的测定采用羊毛刷轻刷样品	产品易吸潮团聚，振筛法不易使样品分散

附　录　B
（资料性附录）
本标准与美国军用标准《工业氯酸钾》结构性差异

表B.1给出了本标准与美国军用标准MIL-P-150D：1982（1989年确认）《工业氯酸钾》结构性差异的一览表。

表B.1　本标准与美国军用标准《工业氯酸钾》结构性差异

本　标　准		美国军用标准MIL-P-150D：1982（1989年确认）	
章节	内　　容	章节	内　　容
前言	前言	—	—
1	范围	1	适用范围
2	规范性引用标准	2	技术要求
3	要求	3	质量一致性检验
3.1	外观	3.1	批量
3.2	表1要求	3.2	采样
—	—	3.3	检验手续
4	试验方法	3.4	检验
4.1	安全提示	—	—
4.2	一般规定	—	—
5	检验规则	—	—
6	标志、标签	—	—
7	包装、运输、贮存	4	包装
—	—	5	附注
8	安全要求	—	—

ICS 29.080.10
K 48

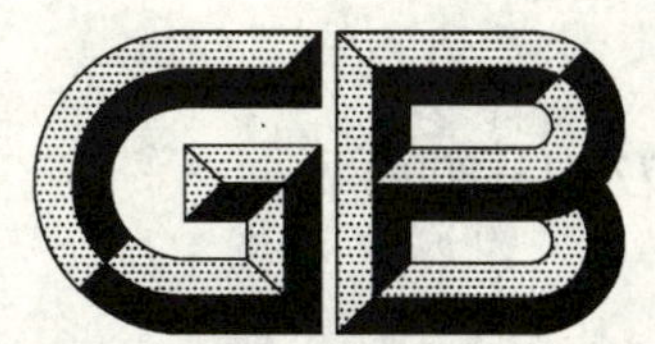

中华人民共和国国家标准

GB/T 775.1—2006
代替 GB/T 775.1—1987

绝缘子试验方法 第1部分：一般试验方法

Test method for insulators—Part 1:General test methods

2006-02-15 发布　　2006-06-01 实施

中华人民共和国国家质量监督检验检疫总局
中国国家标准化管理委员会　发布

前　言

GB/T 775《绝缘子试验方法》分为三个部分：

——第 1 部分：一般试验方法；

——第 2 部分：电气试验方法；

——第 3 部分：机械试验方法。

本部分是 GB/T 775 的第 1 部分。

本部分代替 GB/T 775.1—1987《绝缘子试验方法　第 1 部分：一般试验方法》。

本部分与 GB/T 775.1—1987 相比主要变化如下：

——结构和编写规则按 GB/T 1.1—2000《标准化工作导则　第 1 部分：标准的结构和编写规则》；

——修改了孔中心圆轴线间最大偏移检查(1987 年版的 3.3，本版的 5.3)；

——修改了圆度测量方法(见 5.6)；

——绝缘子上附件安装孔连心线与下附件安装孔连心线位置度检查修改为安装孔角度偏移(见 5.7)；

——增加了粗糙度检查(见 5.8)。

本部分由中国电器工业协会提出。

本部分由全国绝缘子标准化技术委员会归口。

本部分起草单位：西安电瓷研究所。

本部分主要起草人：危鹏、刘志强、胡文岐。

本部分所代替标准的历次版本发布情况为：

——GB 775—1965；

——GB/T 775—1979；

——GB/T 775.1—1987。

绝缘子试验方法
第1部分:一般试验方法

1 范围

本部分规定了绝缘子一般试验的样品安装和试验方法。

本部分适用于瓷和玻璃绝缘子(包括套管、支柱绝缘子、电器产品的绝缘外套、线路绝缘子串及其元件)的外观与尺寸检查、形状和位置偏差检查、孔隙性试验、温度循环试验。

2 规范性引用文件

下列文件中的条款通过GB/T 775的本部分的引用而成为本部分的条款。凡是注日期的引用文件,其随后所有的修改单(不包括勘误的内容)或修订版均不适用于本部分,然而,鼓励根据本部分达成协议的各方研究是否可使用这些文件的最新版本。凡是不注日期的引用文件,其最新版本适用于本部分。

GB/T 2900.8—1995 电工术语 绝缘子

GB/T 2900.19—1994 电工术语 高电压试验技术和绝缘配合

3 术语和定义

GB/T 2900.8—1995和GB/T 2900.19—1994确立的术语和定义适用于GB/T 775的本部分。

4 外观与尺寸检查

4.1 外观检查

外观检查以目力观察方法进行,必要时使用量具,如绝缘件表面有细小气泡或颜色不均而不能判断绝缘体是否良好时,应选出具有上述缺陷的代表性产品进行剖面检查或作孔隙性试验,如剖面检查发现瓷质不致密(有大量气孔)或有渗透现象时,则具有这种缺陷的产品为不符合标准。

4.2 尺寸检查

检查时应采用游标卡尺、直尺等标准量具或特制量具进行测量。量具的精确度一般应不低于0.5 mm。对于尺寸偏差要求比较精确的产品,应采用精度相适应的量具。

检查爬电距离时,应采用不会伸长的胶布带(或金属丝),在试品两电极间,沿绝缘件表面(包括瓷件表面的半导体釉层部分,但不包括导电性胶合剂,如水泥胶合剂)量得的最短距离。由多个绝缘件组成的产品,则为其各绝缘件最短距离的总和。

5 形状和位置偏差检查

5.1 端面平行度检查

测量时,将试品直立安装在旋转平台中心,平台表面与旋转轴线应垂直(见图1)。检查支柱绝缘子时,用圆锥形螺钉(见图2)固定,顶端端面上用圆锥形螺钉将一块厚度(不小于15 mm)均匀的圆板同心地固定在安装孔上,旋转平台一周,用千分表测量圆板上直径为250 mm(户内支柱绝缘子为100 mm)处表面至支架横梁间的距离(即图1中A的距离),计算其最大值与最小值之差即为端面平行度(p)。

注:如产品标准未注明测量部位尺寸时,在产品上的实际测量值应换算为ϕ250 mm(户内支柱绝缘子为ϕ100 mm)处的数值。

对于未装配附件的绝缘件(包括瓷套或瓷板类),则置于平台中心,直接测量绝缘件上端表面至支架横梁间的距离。

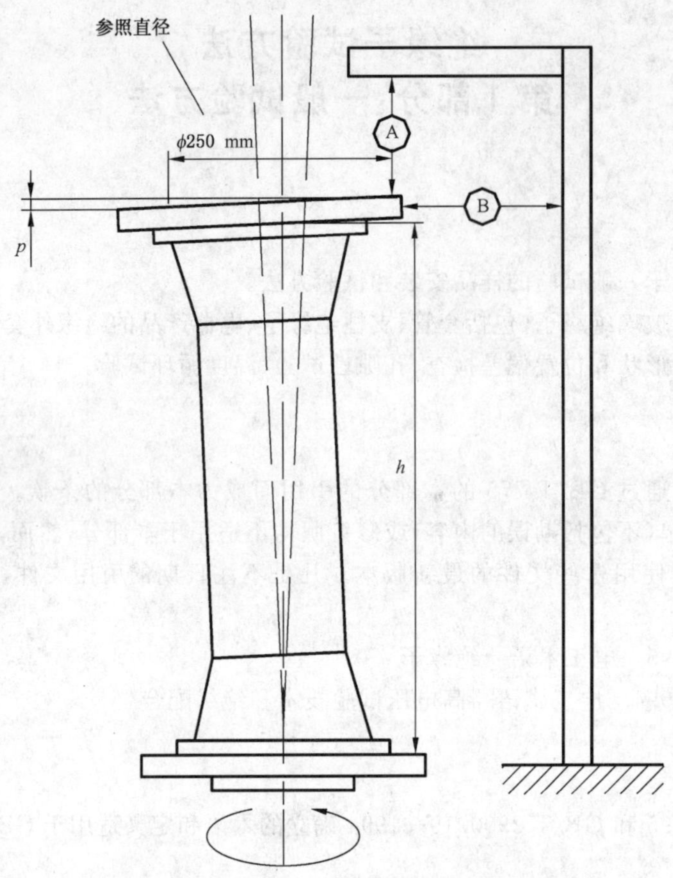

p——端面平行度；

h——样品高度。

图 1　端面平行度及孔中心圆最大偏移检查

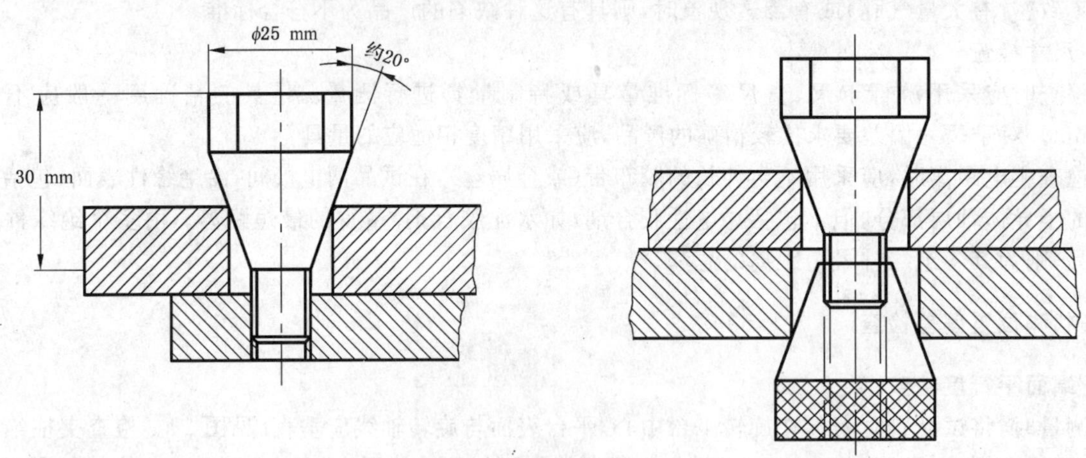

图 2　圆锥形螺钉示意图

5.2　平面度检查

测量时，用刀口尺或直尺与被测试品表面直接接触，并使两者之间的最大间隙为最小，用厚薄规（塞尺）测量最大间隙，在表面上各点测量中的最大间隙（t）为试品表面的平面度，如图 3 所示。

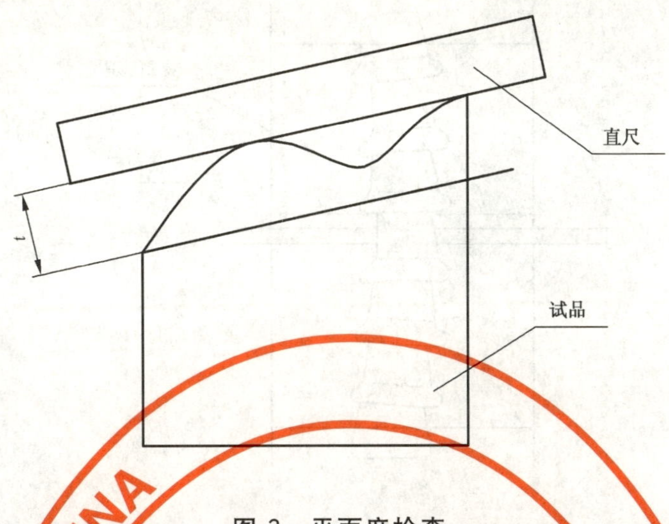

图 3　平面度检查

5.3　孔中心圆轴线间最大偏移检查

测量时，试品按 5.1 规定安装好。旋转平台一周。用千分表测量圆板柱面至支架间的距离(即图 1 中 B 的距离)，计算其最大值与最小值之差的一半即为孔中心圆轴线间最大偏移。

也可以采取绝缘子上附件与下附件轴线偏移检查的试验方法。

检查时，将下附件置于划线平台上(平台作为基准面)，然后用划线针找出上、下附件的中心位置，测量 OO′两点的距离 Δ(图 4)，Δ 值即为孔中心圆轴线间的偏移。

图 4　上附件与下附件轴线位置度检查

5.4　轴线直线度检查

测量时，将试品安装在特制的量具中(图 5a))，或安装在平行于基准平面的两顶尖(或卡头)连线之间，顶尖顶在试品端面中心(图 5b))，然后将绝缘子转动一周，在沿垂直于轴线的截面圆周上测量与基准平面间的距离 a 与 b，并沿轴线方向进行多点测量，取所测两间距之差的一半($(a-b)/2$)的绝对值中的最大值即为轴线直线度。

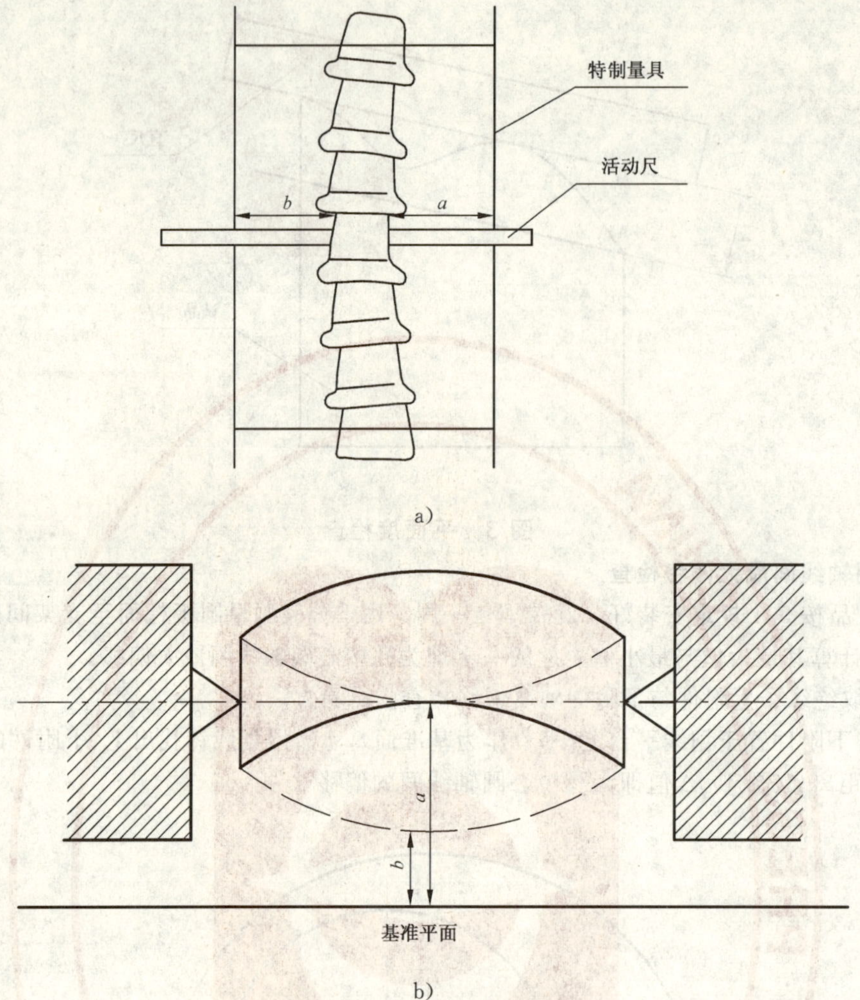

图 5 轴线直线度检查

5.5 伞缘变形度检查

检查针式、盘形悬式绝缘子的伞缘变形度时，将试品自由地放在一中空平台上（图 6 平台作为基准平面），用厚薄规（塞尺）测量伞缘与平台之间的最大间隙（t），此间隙即为伞缘变形度。

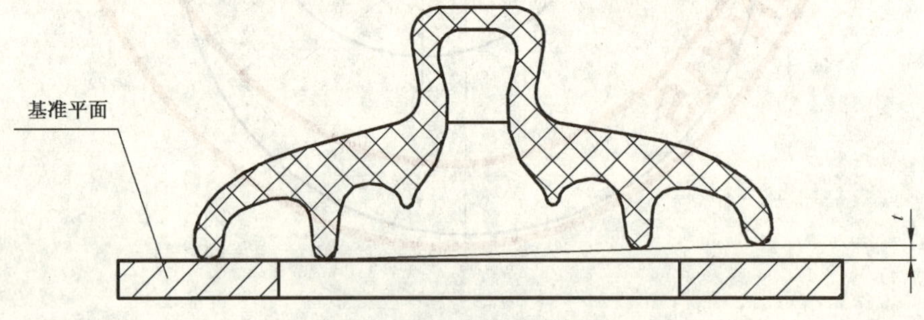

图 6 伞缘变形度检查

5.6 圆度检查

检查时，测量垂直于轴线的同一截面上任意两个直径方向的最大直径与最小直径，其差值的一半作为圆度测量的近似值。

5.7 安装孔的角度偏移检查

将绝缘子水平放置，必要时可使用 V 形块。将具有精确机加工光柄的螺钉旋入端部附件的螺孔中。在端部附件是光孔的情况，应使用锥柄螺栓。

在一端使用一个精确的酒精水准仪，在另一端使用一个直接读数酒精水准仪，紧固孔的相对角度位置的测定如图 7 所示。

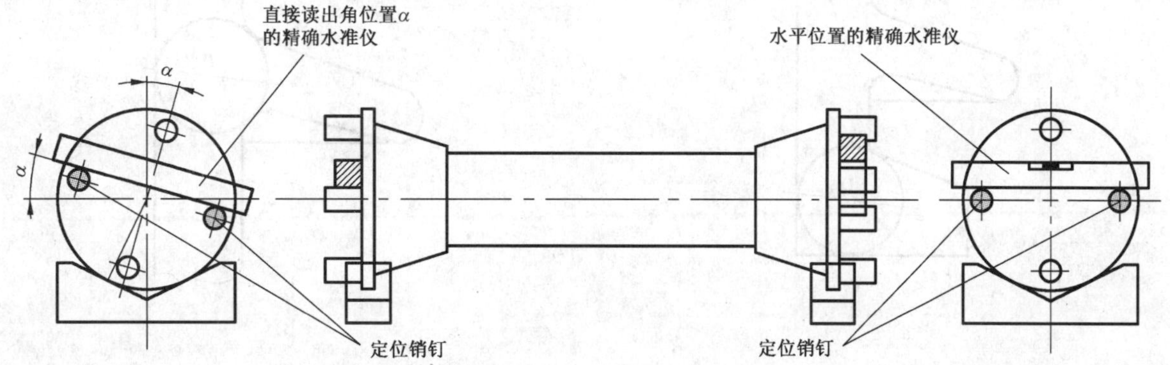

图 7　安装孔角度偏移测量

也可以采用划线法进行测量。

检查时将下附件置于划线平台上（平台作为基准面），在上附件二安装孔连心线的方向，取 $OB=R$（R 为下附件安装孔中心圆的半径）画圆，与连心线相交于 B 点，然后将 B 点用吊线方法，投影到下附件上，测量 AB 两点的距离 Δ，利用 R 与 Δ 值计算出偏移角度 α 值（图 8）。

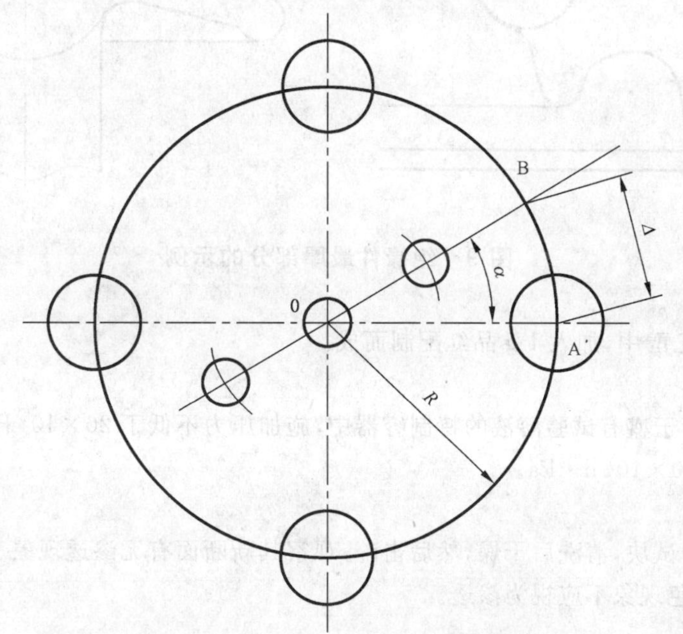

图 8　划线法测量安装孔角度偏移

5.8　粗糙度检查

粗糙度检查可以采用粗糙度测量仪器进行测量，或建立同材质的标样比照判断。

5.9　形状和位置偏差的其他检测方法

本标准规定以外的检测方法，如能获得等效的测量结果，也允许采用。

6　孔隙性试验

6.1　试块准备

试块应从绝缘件最厚部分取下，并含有最厚部分的中心部分，最厚部分截面内接圆直径 D 如图 9 所示。有釉部分表面积应不大于试块表面积的 50%。

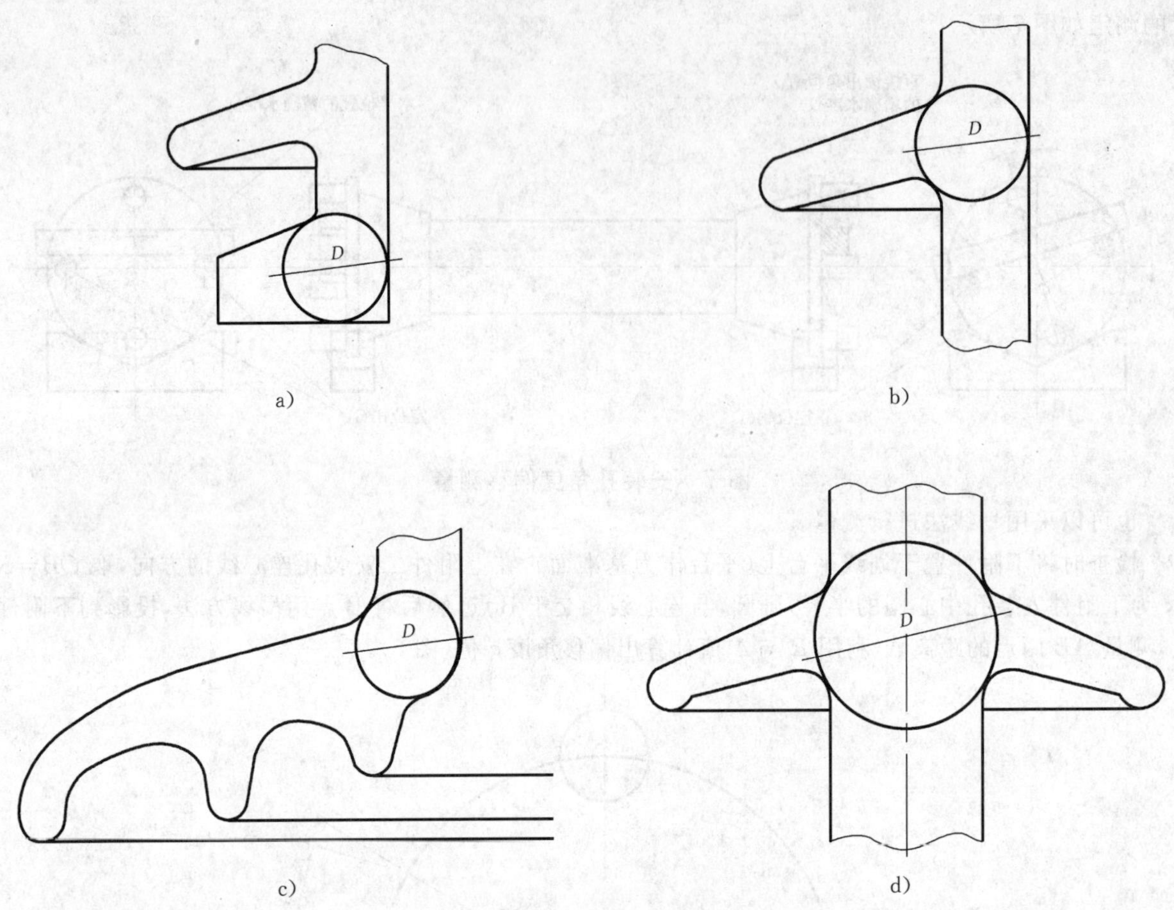

图 9　绝缘件最厚部分的示例

6.2　试验溶液制备

在 100 g 工业用乙醇中，加入 1 g 品红配制而成。

6.3　试验程序

试验时，将试块置于盛有试验溶液的特制容器中，施加压力不低于 20×10^{6} Pa，持续时间(h)与压力(Pa)乘积不应小于 180×10^{6} h·Pa。

6.4　结果判定

试验完成后，取出试块，清洗后干燥，然后击碎，观察其新断面有无渗透现象。由于取样时所引起的微小裂纹而形成的染色现象不应视为渗透。

7　温度循环试验

7.1　试验用水

试验用的热水和冷水应足够多，使在浸入试品后，水温的变化不致在 2 K 以上。

冷水与热水之温度差应按产品标准规定调整好，容器内各部位的水温应均匀一致，热水温度应不低于 60℃。

7.2　试验程序

试验时，试品的表面温度应接近于试验环境温度。先将试品完全浸入热水中，在热水中停留 t 分钟，再将其取出，并在 30 s 的时间内(如大型试品达不到此要求，亦应尽可能快)完全浸入冷水中，保持相同时间。从热到冷的过程算作一次循环，循环次数按产品标准规定。在水中停留的时间 t 与 6.1 条所定义的厚度和杆径的关系列于下表 1。

表 1 试品在水中停留时间表

试品种类	试品尺寸 D/mm		停留时间 t/min
A 型绝缘件（或绝缘子）	杆径	$D \leqslant 60$	15
		$60 < D \leqslant 80$	25
		$80 < D \leqslant 100$	35
		$100 < D \leqslant 120$	45
		$120 < D$	60
B 型绝缘件（或绝缘子）	壁厚	$D \leqslant 45$	15
		$45 < D \leqslant 60$	25
		$60 < D \leqslant 70$	35
		$70 < D \leqslant 80$	45
		$80 < D$	60

7.3 **结果判定**

试验完成后，检查试品有无损坏，然后按产品标准规定对 B 型绝缘件（或绝缘子）进行 1 min 工频火花电压试验或 1 min 工频耐受电压试验；对 A 型绝缘件进行 10 s 的额定机械破坏负荷的 60％机械试验检验绝缘体是否损坏。

ICS 29.080.10
K 48

中华人民共和国国家标准

GB/T 775.3—2006
代替 GB/T 775.3—1987

绝缘子试验方法
第3部分:机械试验方法

Test method for insulators—
Part 3:Mechanical test methods

2006-02-15 发布 2006-06-01 实施

中华人民共和国国家质量监督检验检疫总局
中国国家标准化管理委员会 发布

前　言

GB/T 775《绝缘子试验方法》分为三个部分：

——第1部分：一般试验方法；

——第2部分：电气试验方法；

——第3部分：机械试验方法。

本部分是GB/T 775的第3部分。

本部分代替GB/T 775.3—1987《绝缘子试验方法　第3部分：机械试验方法》。

本部分与GB/T 775.3—1987相比主要变化如下：

——结构和编写规则按GB/T 1.1—2000《标准化工作导则　第1部分：标准的结构和编写规则》；

——删除了针式绝缘子或其单独钢脚在规定负荷下偏移的试验方法（1987年版的3.2.1）；

——增加了交流牵引线路用棒形瓷绝缘子的安装与试验方法（见4.1.1、5.1）；

——修改了机械破坏负荷试验程序（见4.2.1、5.2.1、6.2、7.2）；

——删除了一小时机电负荷试验（1987年版的7.1）；

——修改了机电破坏负荷试验（见8.2）。

本部分由中国电器工业协会提出。

本部分由全国绝缘子标准化技术委员会归口。

本部分起草单位：西安电瓷研究所。

本部分主要起草人：胡文岐、刘志强、危鹏。

本部分所代替标准的历次版本发布情况为：

——GB 775—1965；

——GB/T 775—1979；

——GB/T 775.3—1987。

绝缘子试验方法
第3部分：机械试验方法

1 范围

本部分规定了绝缘子机械试验的样品安装和试验方法。

本部分适用于瓷和玻璃绝缘子(包括套管、支柱绝缘子、电器产品的绝缘外套、线路绝缘子串及其元件)的机械试验。

2 规范性引用文件

下列文件中的条款通过GB/T 775的本部分的引用而成为本部分的条款。凡是注日期的引用文件,其随后所有的修改单(不包括勘误的内容)或修订版均不适用于本部分,然而,鼓励根据本部分达成协议的各方研究是否可使用这些文件的最新版本。凡是不注日期的引用文件,其最新版本适用于本部分。

GB/T 2900.8—1995 电工术语 绝缘子

GB/T 2900.19—1994 电工术语 高电压试验技术和绝缘配合

3 术语和定义

GB/T 2900.8—1995和GB/T 2900.19—1994确立的术语和定义适用于GB/T 775的本部分。

4 弯曲负荷试验

4.1 试品安装与负荷施加方式

4.1.1 线路绝缘子

4.1.1.1 试品安装

a) 针式绝缘子

试品应直立地固定在试验机上(当水平安装时,应考虑试验结果的等效性)。当仅对绝缘件的弯曲强度进行试验时,应采用特制的加强钢脚,将绝缘件固定好。

b) 线路柱式绝缘子

试品应带有安装用的整套金属附件,直立地安装在试验机上(当采用不同安装角度进行安装时,应考虑试验结果的等效性),试验机安装支承面尺寸应不小于试品安装面尺寸。

c) 瓷横担绝缘子

试品按使用状态固定在试验机上(当水平安装时,应考虑试验结果的等效性),试验机安装支承面尺寸应不小于试品安装面尺寸,全瓷式横担绝缘子应在安装面两侧面垫以厚1 mm～2 mm的软性缓冲垫片,安装用螺栓应有足够的刚度,使在试验中不发生明显的弯曲变形。

d) 蝶式和线轴式绝缘子

试品按近似正常使用的情况安装在试验机上,安装试品用的加强穿钉应有足够的刚度,使在试验中不发生明显的弯曲变形。

e) 交流牵引线路用棒形瓷绝缘子

试品的安装按图1所示,将上帽孔套在试验夹具的芯棒上,并用U形卡箍压板固定。

4.1.1.2 负荷施加方式

对a)、b)、c)、d)四类绝缘子,用直径小于试品线槽宽度的钢索套在试品线槽上,并应使施加的负荷通过试品轴线，且与其垂直。

对线夹型 b)类绝缘子，负荷应施加在线夹上，负荷施加点和方向尽可能与实际使用情况一致。

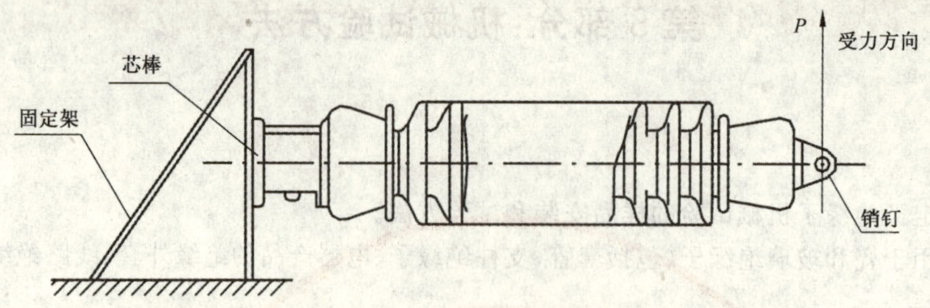

图 1 交流牵引线路用棒形瓷绝缘子的安装

对 e)类绝缘子，在试品下帽角耳孔内穿销钉，用钢丝绳套在销钉上，施加弯曲负荷，施加负荷方向应与上帽缺口的朝向相反，负荷方向应与试品的轴线垂直且和试品轴线在同一平面内(见图 1)。

4.1.2 支柱绝缘子

试品应直立地固定在试验机上(当试品自重可以忽略不计时，允许水平安装。水平安装使用的试品，当采用水平安装试验时，应考虑试验结果的等效性)。试验机安装支承面尺寸应不小于试品安装面尺寸。当试品安装面有二个或二个以上的安装孔时，安装时应使其中两个相邻安装孔轴线所组成的面垂直于力的方向(在特殊情况下，可按实际使用时的受力方向)。当试品由多个元件组成时，允许在每一元件装上相应长度的刚性延伸件进行试验(如图 2)使其受到相应的最大应力。用延伸件的试验方法，也适用于试品力臂升高试验。力臂升高处的弯曲负荷按下式计算：

$$P_x = P_0 \frac{h}{h+x} \qquad \cdots\cdots(1)$$

式中：

P_x——力臂升高处的相应负荷；

P_0——在试品端面上施加的负荷；

h——试品高度；

x——力臂升高的高度。

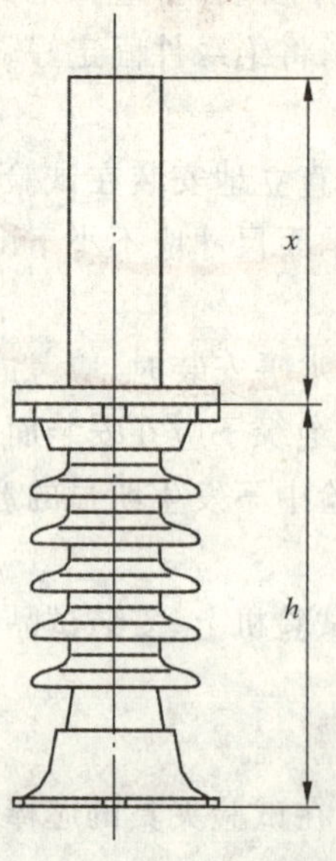

图 2 支柱绝缘子的安装

用适当直径的钢索或拉杆紧贴在试品自由端安装面上(钢索直径或拉杆厚度应不超过 10 mm),并应使施加的负荷通过试品轴线,且与其垂直。

4.1.3 套管

试品一般应直立安装,将法兰固定在试验机上,当试品法兰有二个或二个以上的安装孔时,安装时应使其中两个相邻安装孔轴线所组成的面垂直于力的方向(在特殊情况下,可按实际使用时的受力方向)。用适当直径的钢索或拉杆紧贴在试品长端端盖上或导电排(杆)的侧面上,并应使施加的负荷通过试品轴线,且与其垂直。

4.1.4 其他类型的绝缘子

根据绝缘子的使用状态安装试品,试品受力状态应与正常使用情况相同。绝缘套可以参照 4.1.2 条的规定进行试验。

4.2 试验程序

4.2.1 弯曲破坏负荷试验程序

试验时,在规定的弯曲破坏负荷的 75%以前,应平稳而无冲击地增加负荷,其后以每分钟为规定弯曲破坏负荷的 35%～100%的速率升高至试品破坏(能观察得到明显破坏现象,或试验机负荷指示值不再升高)为止,此时的负荷值为试品的弯曲破坏负荷。

对于支柱绝缘子,在规定的弯曲破坏负荷的 50%以前,应平稳而无冲击地增加负荷,其后以每分钟为规定弯曲破坏负荷的 35%～100%的速率升高至试品破坏(能观察得到明显破坏现象,或试验机负荷指示值不再升高)为止,此时的负荷值为试品的弯曲破坏负荷。

如果仅要求进行耐受负荷试验,则负荷升高至标准规定的试验负荷,在此负荷下如试品不破坏,则通过本试验。

4.2.2 逐个弯曲负荷试验程序

试验时,应均匀而无冲击地升高负荷至规定的逐个弯曲负荷值,并在此负荷下保持 10 s,试品不应有破坏、胶合剂开裂(不包括胶合剂与金属附件间的微小缝隙)或金属附件产生明显的永久变形以及各部位间的明显的位移现象。

当采用四向(或多向)弯曲负荷试验时,试验负荷加到规定试验负荷值后,立即卸去负荷(或按具体产品标准停留时间),试品不应有破坏、胶合剂开裂(不包括胶合剂与金属附件间的微小缝隙),或金属附件上产生明显的永久性变形以及各部位间的明显的位移现象。每试验一个方向,试品应旋转 90°角(或按其试验方向数计算而得的角度)。

4.2.3 负荷下偏移试验程序

完整的支柱绝缘子安装在刚性支架上,在试品自由端施加弯曲负荷,在机械破坏负荷的 20%、50%、70%的各点上测量各负荷点下的偏移量。

5 拉伸负荷试验

5.1 试品与试品安装

试品按近似正常使用情况(连接金具的连接尺寸应符合标准规定)安装在试验机上(盘形悬式绝缘子可以串接成由多个绝缘子组成的绝缘子串),并应使试品在试验时受纯粹的拉伸负荷。试验沿试品轴线方向施加拉伸负荷。

对于交流牵引线路用棒形绝缘子,将腕臂支撑式绝缘子铁帽插孔套在相应直径的芯棒上,芯棒应加工有适当尺寸的孔,紧固好 U 形卡箍(凸压板的销钉应插在芯棒孔内)。然后在下铁帽单耳上配合适当的试验夹具,沿绝缘子轴线方向施加拉伸负荷。

如果绝缘子是由多个元件组成,可用单个元件进行试验。如果组成的元件不同,则可在强度最低的元件上进行试验。

5.2 试验程序

5.2.1 拉伸破坏负荷试验

试验时,在规定的拉伸破坏负荷的75%以前,应平稳而无冲击地增加负荷,其后以每分钟为规定拉伸破坏负荷的35%～100%的速率升高至试品破坏(能观察得到明显破坏现象,或试验机负荷指示值不再升高)为止。此时的负荷值为试品的拉伸破坏负荷。

如果仅要求进行耐受负荷试验,则负荷升高至标准规定的试验负荷,在此负荷下,如试品不破坏,则通过本试验。

5.2.2 逐个拉伸负荷试验程序

试验时,应均匀而无冲击地升高负荷至规定逐个拉伸负荷,并在此负荷下保持10 s,试品不应有破坏、胶合剂开裂或金属附件产生明显的永久变形,以及各部件间明显的位移现象。串接成绝缘子串进行试验时,如在试验期间有试品破坏,将其剔除后,重新进行10 s的试验,直试至试品不发生破坏为止。

6 扭转破坏负荷试验

6.1 试品与试品安装

试品按近似正常使用情况安装在试验机上,并应使试品在试验时受纯粹的扭力而无弯矩。

如果试品是由多个元件组成,可在单个元件上进行。如果是由多种型式元件组成,则可用强度最低的元件进行试验。

6.2 试验程序

试验按4.2.1规定的试验程序进行。

7 压缩负荷试验

7.1 试品与试品安装

试品应直立安装,沿轴线方向施加压缩负荷。当试品是由多个元件组成,可在单个元件上进行,如果是由多种型式元件组成,则可用强度最低的元件进行试验。

注:当试品较长会因弯曲而破坏时,需在完整的试品上进行。

7.2 试验程序

试验按4.2.1规定的试验程序进行。

8 机电破坏负荷试验

8.1 试品与试品安装

试品应洁净而干燥,安装(连接金具的连接结构尺寸应符合标准规定)在试验机上,为便于施加电压,应采用加强的悬式绝缘子与试品串联,高压施加在加强的绝缘子与试品中间连接处,为易于鉴别试品是否已破坏(击穿),串联一个7 mm～12 mm的火花间隙,而试品与试验机连接的一端接地。

8.2 试验程序

绝缘子串元件应逐个施加工频电压,并同时在金属附件之间施加拉伸负荷。在整个试验中保持该电压。施加的电压应等于标准短串规定的工频湿耐受电压值除以标准短串元件数。拉伸负荷应平稳、迅速地从零增加到约为规定机械破坏负荷的75%,然后以每分钟35%～100%规定机械破坏负荷速度(相当于在15 s～45 s时间内达到规定的机电破坏负荷)逐步增加至试品破坏(能观察得到明显破坏现象、击穿或试验机负荷指示值不再升高)为止,此时的负荷值为试品的机电破坏负荷。

9 内压力试验

9.1 试品与试品安装

试品两端应按近似正常使用的情况进行密封,使其各部件受力状态与正常使用情况相同。试品内腔注满水。

当试品两端结构不能利用金属法兰或卡装结构进行密封时,应采用如图 3 所示进行密封。

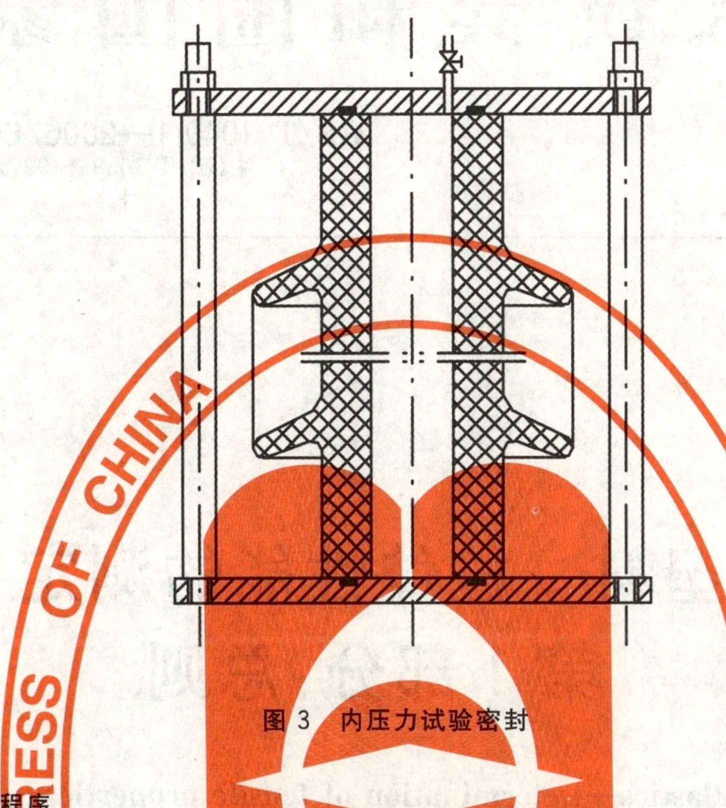

图 3　内压力试验密封

9.2　试验程序

9.2.1　耐受试验程序

试验时,应均匀而无冲击地增加试品内腔的压力。压力和持续时间按产品标准规定。试验后绝缘子如果不破坏(包括端面的起皮剥落),法兰与绝缘套不产生明显的位移,则试品通过本试验。

9.2.2　破坏试验程序

试验时,应均匀而无冲击地增加试品内腔压力,直至破坏为止。破坏时的压力即为试品的实际破坏负荷。

ICS 83.080.01
G 31

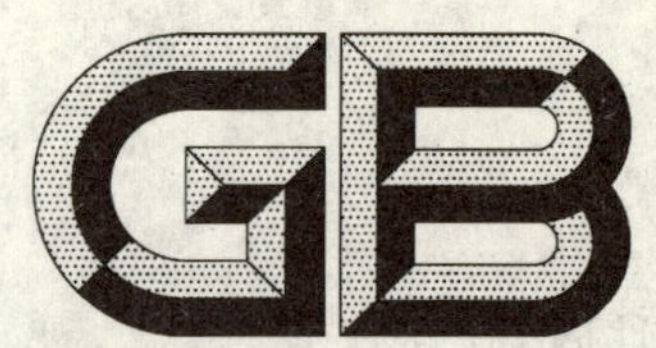

中华人民共和国国家标准

GB/T 1040.1—2006/ISO 527-1:1993
代替 GB/T 1039—1992,GB/T 1040—1992

塑料 拉伸性能的测定 第1部分:总则

Plastics—Determination of tensile properties—
Part 1:General principles

(ISO 527-1:1993,IDT)

2006-08-24 发布 2007-01-01 实施

中华人民共和国国家质量监督检验检疫总局
中国国家标准化管理委员会 发布

前　言

GB/T 1040《塑料　拉伸性能的测定》共分为五个部分：

——第1部分：总则；

——第2部分：模塑和挤塑塑料的试验条件；

——第3部分：薄膜和薄片的试验条件；

——第4部分：各向同性和正交各向异性纤维增强复合材料的试验条件；

——第5部分：单向纤维增强复合材料的试验条件。

本部分为GB/T 1040的第1部分，等同采用ISO 527-1:1993《塑料——拉伸性能的测定——第1部分：总则》(英文版)。

本部分等同翻译ISO 527-1:1993，在技术内容上完全相同。

为便于使用，本部分做了下列编辑性修改：

a) 把“本国际标准”一词改为“本标准”或“GB/T 1040”，把“ISO 527的本部分”改成“GB/T 1040的本部分”或“本部分”；

b) 删除了ISO 527-1:1993的前言；

c) 增加了国家标准的前言；

d) 把“规范性引用文件”一章所列的3个国际标准中的2个用对应的等同采用该文件的我国国家标准代替；

e) 将ISO/TC 61/SC 2于1994年发布的1号修改单内容并入文本中。

f) 把附录A中提到的ISO/R 527改为GB/T 1040—1992。

本部分与其他四部分共同代替GB/T 1039—1992《塑料力学性能试验方法总则》和GB/T 1040—1992《塑料拉伸性能试验方法》。

本部分与GB/T 1039—1992及GB/T 1040—1992相比主要变化如下：

——更改了标准名称，增加了目次、前言；

——扩大了适用范围，增加了热致液晶聚合物；

——术语和定义内容进行了扩充和修改，如用“断裂拉伸应变”及“断裂标称应变”代替修订前的“断裂伸长率”；用“x%应变拉伸应力”代替修订前的“偏置屈服应力”等；

——试验速度为1 mm/min时的允差由±50%改为±20%；

——试样形状、尺寸及试样制备与修订前的变化见与受试材料有关的部分；

——增加了模量和泊松比的定义及计算式；

——增加了精密度一章；

——试验报告内容有所扩大；

——增加了附录A“拉伸模量和有关值”。

本部分的附录A为资料性附录。

本部分由中国石油和化学工业协会提出。

本部分由全国塑料标准化技术委员会方法和产品分会(TC 15/SC 4)归口。

本部分负责起草单位：国家合成树脂质量监督检验中心、北京燕化石油化工股份有限公司树脂应用研究所、广州金发科技股份有限公司、四川省华拓实业发展股份有限公司。

本部分参加起草单位：国家石化有机原料合成树脂质量监督检验中心、国家化学建筑材料测试中心、国家塑料制品质量监督检验中心(北京)、国家塑料制品质量监督检验中心(福州)、锦西化工研究院、中昊晨光化工研究院、深圳新三思材料检测有限公司。

本部分主要起草人：施雅芳、王永明、李建军、戴厚益。

本部分所代替标准的历次版本发布情况为：

——GB/T 1039—1979、GB/T 1039—1992，GB/T 1040—1979、GB/T 1040—1992。

塑料 拉伸性能的测定
第1部分:总则

1 范围

1.1 GB/T 1040 的本部分规定了在规定条件下测定塑料和复合材料拉伸性能的一般原则,并规定了几种不同形状的试样以用于不同类型的材料,这些材料在本标准的其他部分予以详述。

1.2 本方法用于研究试样的拉伸性能及在规定条件下测定拉伸强度、拉伸模量和其他方面的拉伸应力/应变关系。

1.3 本方法适用于下列材料:

——硬质和半硬质热塑性模塑和挤塑材料,除未填充类型外还包括填充的和增强的混合料,硬质和半硬质热塑性片材和薄膜;

——硬质和半硬质热固性模塑材料,包括填充的和增强的复合材料,硬质和半硬质热固性板材,包括层压板;

——混入单向或无定向增强材料的纤维增强热固性和热塑性复合材料,这些增强材料如毡、织物、无捻粗纱、短切原丝、混杂纤维增强材料、无捻粗纱和碾碎纤维等;预浸渍材料制成的片材(预浸料坯);

——热致液晶聚合物。

本方法一般不适用于硬质泡沫材料或含有微孔材料的夹层结构材料。

1.4 本方法所用试样可以按所选尺寸模塑而成,也可以从模塑件、层压板、薄膜、挤塑或铸塑片材等成品或半成品中用切削、冲切等机加工方法制成。在某些情况下可以使用多用途试样(见 ISO 3167:1993《塑料——多用途试样的制备和使用》)。

1.5 本方法规定了试样的优先选用尺寸。用不同尺寸或在不同条件下制备的试样进行试验,其结果不可比。其他因素,如试验速度和试样的状态调节,也能影响试验结果。因此,当需要进行数据比较时,必须严格控制并记录这些影响因素。

2 规范性引用文件

下列文件中的条款通过 GB/T 1040 的本部分的引用而成为本部分的条款。凡是注日期的引用文件,其随后所有的修改单(不包括勘误的内容)或修订版均不适用于本部分,然而,鼓励根据本部分达成协议的各方研究是否可使用这些文件的最新版本。凡是不注日期的引用文件,其最新版本适用于本部分。

GB/T 2918—1998 塑料 试样状态调节和试验的标准环境(idt ISO 291:1997)

GB/T 17200—1997 橡胶塑料拉力、压力、弯曲试验机 技术要求(idt ISO 5893:1993)

ISO 2602:1980 数据的统计处理和解释 均值的估计和置信区间

3 原理

沿试样纵向主轴恒速拉伸,直到断裂或应力(负荷)或应变(伸长)达到某一预定值,测量在这一过程中试样承受的负荷及其伸长。

4 术语和定义

下列术语和定义适用于 GB/T 1040 的本部分。

4.1

标距 gauge length

L_0

试样中间部分两标线之间的初始距离，见 GB/T 1040 有关部分中的试样图，以 mm 为单位。

4.2

试验速度 speed of testing

v

在试验过程中，试验机夹具分离速度，以 mm/min 为单位。

4.3

拉伸应力 tensile stress

σ

在任何给定时刻，在试样标距长度内，每单位原始横截面积上所受的拉伸负荷，以 MPa 为单位[见 10.1 中的公式(3)]。

4.3.1

拉伸屈服应力，屈服应力 tensile stress at yield; yield stress

σ_y

出现应力不增加而应变增加时的最初应力，以 MPa 为单位，该应力值可能小于能达到的最大应力(见图 1 中的曲线 b 和曲线 c)。

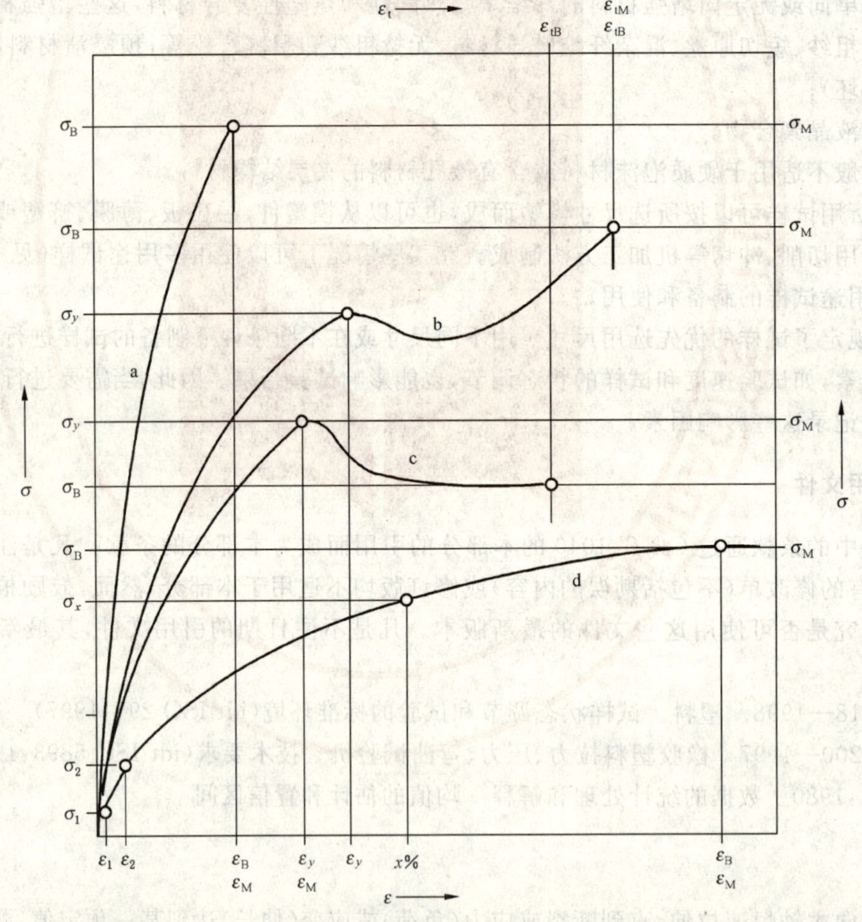

曲线 a 脆性材料

曲线 b 和 c 有屈服点的韧性材料

曲线 d 无屈服点的韧性材料

曲线 d 上($\varepsilon_1=0.000\,5$；$\varepsilon_2=0.002\,5$)仅表示：通过(σ_1，ε_1)和(σ_2，ε_2)，按 10.3 计算拉伸模量 E_t 时所用的两个点。

图 1 典型应力/应变曲线

4.3.2

拉伸断裂应力 tensile stress at break

σ_B

试样断裂时的拉伸应力(见图1),以MPa为单位。

4.3.3

拉伸强度 tensile strength

σ_M

在拉伸试验过程中,试样承受的最大拉伸应力(见图1),以MPa为单位。

4.3.4

***x*%应变拉伸应力 tensile stress at *x*% strain**

σ_x

在应变达到规定值(x%)时的应力,以MPa为单位。

可用于应力/应变曲线上无明显屈服点的情况(见图1中的曲线d)。在这种情况下,x应按有关产品标准规定或有关方面商定。但在任何情况下,x都应低于拉伸强度所对应的应变。

4.4

拉伸应变 tensile strain

ε

原始标距单位长度的增量,用无量纲的比值或百分数(%)表示[见10.2中的式(4)和式(5)]。

它适用于屈服点以前的应变,超过屈服点的应变见4.5。

4.4.1

屈服拉伸应变 tensile strain at yield

ε_y

在屈服应力时的拉伸应变(见4.3.1和图1中的曲线b和曲线c),用无量纲的比值或百分数(%)表示。

4.4.2

断裂拉伸应变 tensile strain at break

ε_B

试样未发生屈服而断裂时(见图1中的曲线a和曲线d),与断裂应力(见4.3.2)相对应的拉伸应变,用无量纲的比值或百分数(%)表示。

对屈服后的断裂,见4.5.1。

4.4.3

拉伸强度拉伸应变 tensile strain at tensile strength

ε_M

未出现屈服点(见图1中的曲线a和曲线d)或强度就在屈服点(见图1中的曲线c)时,与拉伸强度(见4.3.3)相对应的拉伸应变,用无量纲的比值或百分数(%)表示。

拉伸强度高于屈服应力的情况,见4.5.2。

4.5

拉伸标称应变 nominal tensile strain

ε_t

两夹具之间距离(夹具间距)单位原始长度的增量,用无量纲的比值或百分数(%)表示[见10.2,式(6)和式(7)]。

此方法可用于屈服点(见4.3.1)后的应变,屈服点前的应变见4.4。它表示沿试样自由长度上总的相对伸长率。

4.5.1

断裂标称应变 nominal tensile strain at break

ε_{tB}

试样在屈服后断裂时(见图1中的曲线b和曲线c),与拉伸断裂应力(见4.3.2)相对应的拉伸标称应变,用无量纲的比值或百分数(%)表示。

对于无屈服断裂,见4.4.2。

4.5.2

拉伸强度标称应变 nominal tensile strain at tensile strength

ε_{tM}

拉伸强度出现在屈服之后时(见图1中的曲线b),与拉伸强度相对应的拉伸标称应变,用无量纲的比值或百分数(%)表示。

无屈服,或拉伸强度出现在屈服点时,见4.4.3。

4.6

拉伸弹性模量 modulus of elasticity in tension

E_t

应力σ_2与σ_1的差值与对应的应变ε_2与ε_1的差值($\varepsilon_2-\varepsilon_1$,$\varepsilon_2=0.0025$;$\varepsilon_1=0.0005$)的比值[见图1中的曲线d和10.3中的式(8)],以MPa为单位。

此定义不适用于薄膜和橡胶。

注:借助计算机,可以用这些监测点间曲线部分的线性回归代替用两个不同的应力/应变点来测量模量E_t。

4.7

泊松比 Poisson's ratio

μ

在纵向应变对法向应变关系曲线的起始线性部分内,垂直于拉伸方向上的两坐标轴之一的拉伸应变ε_n与拉伸方向上的应变ε之比的负值,用无量纲的比值表示。

按照相应的轴向,泊松比可用μ_b(宽度方向)或μ_h(厚度方向)来标识。

泊松比优先用于长纤维增强材料。

5 设备

5.1 试验机

5.1.1 概述

试验机应符合GB/T 17200和本部分5.1.2~5.1.5的规定。

5.1.2 试验速度

试验机应能达到表1所规定的试验速度(见4.2)。

表1 推荐的试验速度

速度/(mm/min)	允差/%
1	±20[a]
2	±20[a]
5	±20
10	±20
20	±10

表 1（续）

速度/(mm/min)	允差/%
50	±10
100	±10
200	±10
500	±10
[a] 这些允差均小于 GB/T 17200 所标明的允差。	

5.1.3 **夹具**

用于夹持试样的夹具与试验机相连，使试样的长轴与通过夹具中心线的拉力方向重合，例如可通过夹具上的对中销来达到。应尽可能防止被夹持试样相对于夹具滑动，最好使用这种类型夹具：当加到试样上的拉力增加时，能保持或增加对试样的夹持力，且不会在夹具处引起试样过早破坏。

5.1.4 **负荷指示装置**

负荷指示装置应带有能显示试样所承受的总拉伸负荷的装置。该装置在规定的试验速度下应无惯性滞后，指示负荷的准确度至少为实际值的 1%，应注意之处列在 GB/T 17200 中。

5.1.5 **引伸计**

引伸计应符合 GB/T 17200 规定，应能测量试验过程中任何时刻试样标距的相对变化。该仪器最好（但不是必须）能自动记录这种变化，且在规定的试验速度下应基本上无惯性滞后，并能以相关值的 1%或更优精度测量标距的变化。这相当于在测量模量时，在 50 mm 标距基础上能准确至 ±1 μm。

当引伸计连接在试样上时，应小心操作以使试样产生的变形和损坏最小。引伸计和试样之间基本无滑动。

试样也可以装纵向应变规，其精度应为对应值的 1%或更优。用于测量模量时，相当于应变精度为 20×10^{-6}（20 微应变）。应变规表面处理和粘接剂的选择应以能显示被试材料的所有性能为宜。

5.2 **测量试样宽度和厚度的仪器**

5.2.1 **硬质材料**

应使用测微计或等效的仪器测量试样宽度和厚度，其读数精度为 0.02 mm 或更优。测量头的尺寸和形状应适合于被测量的试样，不应使试样承受压力而明显改变所测量的尺寸。

5.2.2 **软材料**

应使用读数精度为 0.02 mm 或更优的度盘式测微器来测量试样厚度，其压头应带有圆形平面，同时在测量时能施加（20±3）kPa 的压力。

6 试样

6.1 **形状和尺寸**

见 GB/T 1040 与受试材料有关的部分。

6.2 **试样制备**

见 GB/T 1040 与受试材料有关的部分。

6.3 **标线**

如果使用光学引伸计，特别是对于薄片和薄膜，应在试样上标出规定的标线，标线与试样的中点距离应大致相等，两标线间距离的测量精度应达到 1%或更优。

标线不能刻划、冲刻或压印在试样上，以免损坏受试材料，应采用对受试材料无影响的标线，而且所划的相互平行的每条标线要尽量窄。

6.4 试样的检查

试样应无扭曲，相邻的平面间应相互垂直。表面和边缘应无划痕、空洞、凹陷和毛刺。试样可与直尺、直角尺、平板比对，应用目测并用螺旋测微器检查是否符合这些要求。经检查发现试样有一项或几项不合要求时，应舍弃或在试验前机加工至合适的尺寸和形状。

6.5 各向异性

见 GB/T 1040 与受试材料有关的部分。

7 试样数量

7.1 每个受试方向和每项性能(拉伸模量、拉伸强度等)的试验，试样数量不少于 5 个。如果需要精密度更高的平均值，试样数量可多于 5 个，可用置信区间(95%概率，见 ISO 2602:1980)估算得出。

7.2 应废弃在肩部断裂或塑性变形扩展到整个肩宽的哑铃形试样并另取试样重新试验。

7.3 当试样在夹具内出现滑移或在距任一夹具 10 mm 以内断裂，或由于明显缺陷导致过早破坏时，由此试样得到的数据不应用来分析结果，应另取试样重新试验。

由于这些数据的变化是受试材料性能变化的函数，因此，无论数据怎样变化，不应随意舍弃数据。

注：如果多数的破坏出现在可接受破坏判据以外时，可用统计学分析得出数据。但一般认为最后的试验结果可能是过低的。在这种情况下，最好用哑铃形试样重复试验，以减少不可接受试验结果的可能性。

8 状态调节

应按有关材料标准规定对试样进行状态调节。缺少这方面的资料时，最好选择 GB/T 2918—1998 中适当的条件，除非有关方面另有商定。

9 试验步骤

9.1 试验环境

应在与试样状态调节相同环境下进行试验，除非有关方面另有商定，例如在高温或低温下试验。

9.2 试样尺寸

在每个试样中部距离标距每端 5 mm 以内测量宽度 b 和厚度 h。宽度 b 精确至 0.1 mm，厚度 h 精确至 0.02 mm。

记录每个试样宽度和厚度的最大值和最小值，并确保其在相应材料标准的允差范围内。

计算每个试样宽度和厚度的算术平均值，以便用于其他计算。

注 1：对注塑试样，不必测量每个试样的尺寸。每批测量一个试样就足以确定所选试样类型的相应尺寸(见 GB/T 1040的有关部分)。使用多型腔模具时，应确保每腔的试样尺寸相同。

注 2：从片材或薄膜上冲压出来的试样，可认为冲模中间平行部分的平均宽度与试样的对应宽度相等。在周期性的比对验证测量基础上，方可采用这种方法。

9.3 夹持

将试样放到夹具中，务必使试样的长轴线与试验机的轴线成一条直线。当使用夹具对中销时，为得到准确对中，应在紧固夹具前稍微绷紧试样(见 9.4)，然后平稳而牢固地夹紧夹具，以防止试样滑移。

9.4 预应力

试样在试验前应处于基本不受力状态。但在薄膜试样对中时可能产生这种预应力，特别是较软材料由于夹持压力，也能引起这种预应力。

在测量模量时，试验初始应力 σ_0，不应超过下值，见式(1)：

$$|\sigma_0| \leqslant 5 \times 10^{-4} E_t \qquad \cdots\cdots(1)$$

与此相对应的预应变应满足 $\varepsilon_0 \leqslant 0.05\%$。

当测量相关应力(如：$\sigma=\sigma_y$、σ_M 或 σ_B)时，应满足式(2)：

$$\sigma_0 \leqslant 10^{-2}\sigma \qquad \cdots\cdots(2)$$

9.5 引伸计的安装

平衡预应力后，将校准过的引伸计安装到试样的标距上并调正，或根据 5.1.5 所述，装上纵向应变规。如需要，测出初始距离（标距）。如要测定泊松比，则应在纵轴和横轴方向上同时安装两个伸长或应变测量装置。

用光学方法测量伸长时，应按 6.3 的规定在试样上标出测量标线。

测定拉伸标称应变 ε_t（见 4.5）时，用夹具间移动距离表示试样自由长度的伸长。

9.6 试验速度

根据有关材料的相关标准确定试验速度，如果缺少这方面的资料，可与有关方面根据表 1 商定。

测定弹性模量、屈服点前的应力/应变性能及测定拉伸强度和最大伸长时，可能需要采用不同的速度。对于每种试验速度，应分别使用单独的试样。

测定弹性模量时，选择的试验速度应尽可能使应变速率接近每分钟 1%标距。GB/T 1040 与受试材料相关的部分给出了适用于不同类型试样的试验速度。

9.7 数据的记录

记录试验过程中试样承受的负荷及与之对应的标线间或夹具间距离的增量，此操作最好采用能得到完整应力/应变曲线的自动记录系统[见第 10 章式(3)、式(4)和式(5)]。

根据应力/应变曲线（见图 1）或其他适当方法，测定第 4 章定义的全部有关应力和应变。

对于超出可接受破坏判据以外的诸种破坏，见 7.2 和 7.3 的要求。

10 结果计算和表示

10.1 应力计算

根据试样的原始横截面积按式(3)计算由 4.3 所定义的应力值：

$$\sigma = \frac{F}{A} \qquad \cdots\cdots(3)$$

式中：

σ——拉伸应力，单位为兆帕(MPa)；

F——所测的对应负荷，单位为牛(N)；

A——试样原始横截面积，单位为平方毫米(mm^2)。

10.2 应变计算

根据标距由式(4)或式(5)计算由 4.4 定义的应变值：

$$\varepsilon = \frac{\Delta L_0}{L_0} \qquad \cdots\cdots(4)$$

$$\varepsilon(\%) = \frac{\Delta L_0}{L_0} \times 100 \qquad \cdots\cdots(5)$$

式中：

ε——应变，用比值或百分数表示；

L_0——试样的标距，单位为毫米(mm)；

ΔL_0——试样标记间长度的增量，单位为毫米(mm)。

应根据夹具间的初始距离由式(6)或式(7)来计算由 4.5 定义的拉伸标称应变值：

$$\varepsilon_t = \frac{\Delta L}{L} \qquad \cdots\cdots(6)$$

$$\varepsilon_t(\%) = \frac{\Delta L}{L} \times 100 \qquad \cdots\cdots(7)$$

式中：

ε_t——拉伸标称应变，用比值或百分数表示；

L——夹具间的初始距离，单位为毫米(mm)；

ΔL——夹具间距离的增量，单位为毫米(mm)。

10.3 模量计算

根据两个规定的应变值按式(8)计算由 4.6 定义的拉伸弹性模量：

$$E_t = \frac{\sigma_2 - \sigma_1}{\varepsilon_2 - \varepsilon_1} \qquad \cdots\cdots(8)$$

式中：

E_t——拉伸弹性模量，单位为兆帕(MPa)；

σ_1——应变值 $\varepsilon_1 = 0.000\,5$ 时测量的应力，单位为兆帕(MPa)；

σ_2——应变值 $\varepsilon_2 = 0.002\,5$ 时测量的应力，单位为兆帕(MPa)。

使用计算机测量时，见 4.6 注。

10.4 泊松比

根据两个相互垂直方向的应变值按式(9)计算 4.7 定义的泊松比：

$$\mu_n = -\frac{\varepsilon_n}{\varepsilon} \qquad \cdots\cdots(9)$$

式中：

μ_n——泊松比，以法向 $n=b$(宽度)或 h(厚度)上的无量纲比值表示；

ε——纵向应变；

ε_n—$n=b$(宽度)或 h(厚度)时的法向应变。

10.5 统计分析参数

计算试验结果的算术平均值，如需要，可根据 ISO 2602:1980 的规定计算标准偏差和平均值 95% 的置信区间。

10.6 有效数字

应力和模量保留三位有效数字，应变和泊松比保留两位有效数字。

11 精密度

见 GB/T 1040 中与受试材料有关的部分。

12 试验报告

试验报告应包括以下内容：

a) 注明引用 GB/T 1040 的相关部分；

b) 受试材料的完整标识，包括类型、来源、制造厂代号和所知的历史；

c) 材料(不管其为成品、半成品、试板还是试样)的性能和形态，包括主要尺寸、形状、加工方法、层合顺序和预处理情况；

d) 试样类型及平行部分的宽度和厚度，包括平均值、最小值和最大值；

e) 试样制备及加工方法的详细情况；

f) 如果材料是成品或半成品，试样切割的方向；

g) 试样数量；

h) 状态调节和试验的标准环境，如果需要，根据有关材料或产品相关的标准所增加的特殊状态调节；

i) 试验机的精度等级(见 GB/T 17200)；

j) 伸长或应变指示仪的类型；

k) 夹持装置类型和夹持压力，如果知道的话；

l) 试验速度；

m) 单个试验结果；

n) 试验结果的平均值，引用的受试材料指标值；

o) 标准偏差和/或变异系数及平均值的置信区间，如果需要；

p) 有否废弃和更换试样的说明及其原因；

q) 试验日期。

附 录 A
（资料性附录）
拉伸弹性模量和有关值

由于高聚物的黏弹性，其许多性能不但与温度有关，还与时间有关。就拉伸试验而言，即使在线性弹性范围内，也导致应力/应变曲线显示非线性（即向应变轴弯曲）。此影响在韧性材料中很明显。因此，取自韧性材料应力/应变曲线起始部分的正切弹性模量，经常在很大程度上取决于所使用的刻度。所以，使用这种传统方法（即应力/应变曲线起始点处切线法），不能给出这类材料的可靠模量值。

GB/T 1040 的本部分规定的测定拉伸模量方法，是建立在两个规定应变值，即 0.25％和 0.05％的基础上的（较低应变值不应取自零点处，以避免应力/应变曲线起始处可能存在的起始效应所引起的模量测量误差）。

对脆性材料来说，用新方法和传统方法都得出相同的模量值。但因为用新方法还能得到韧性材料的精确的、可重复的模量测量值。所以，本部分删去了起始正切模量的定义。

以上关于模量的说明与在 GB/T 1040—1992 中定义的“偏置屈服应力”类似，在该标准中，偏置屈服应力就是用应力/应变曲线对初始直线部分的偏离来定义的。因此本部分用规定的应变点（应变为 x％时的应力 σ_x，见 4.3.4）来代替“偏置屈服应力”。因为这种“替代”屈服应力的说法只对韧性材料才有意义，所以，规定的应变值一般应在屈服应变附近选择。

ICS 83.080.01
G 31

中华人民共和国国家标准

GB/T 1040.2—2006/ISO 527-2:1993
代替 GB/T 1040—1992,GB/T 16421—1996

塑料 拉伸性能的测定 第2部分:模塑和挤塑塑料的试验条件

Plastics—Determination of tensile properties— Part 2:Test conditions for moulding and extrusion plastics

(ISO 527-2:1993,IDT)

2006-09-01 发布 2007-02-01 实施

中华人民共和国国家质量监督检验检疫总局
中国国家标准化管理委员会 发布

前言

GB/T 1040《塑料　拉伸性能的测定》分为五个部分：

——第1部分：总则；

——第2部分：模塑和挤塑塑料的试验条件；

——第3部分：薄膜和薄片的试验条件；

——第4部分：各向同性和正交各向异性纤维增强复合材料的试验条件；

——第5部分：单向纤维增强复合材料的试验条件。

本部分为GB/T 1040的第2部分。

本部分等同采用ISO 527-2:1993《塑料　拉伸性能的测定　第2部分：模塑和挤塑塑料的试验条件》(英文版)。

为了便于使用，本部分做了下列编辑性修改：

a) 把"本国际标准"一词改为"本标准"或"GB/T 1040"，把"ISO 527的本部分"改成"GB/T 1040的本部分"或"本部分"；

b) 删除了ISO 527-2:1993的前言；

c) 增加了国家标准本部分的前言；

d) 在1.3条后增加了注；

e) 把"规范性引用文件"一章所列的其中两个国际标准用对应等同采用该文件的我国国家标准代替；

f) 用我国的小数点"."代替国际标准中的小数点","。

本部分与其他部分一起共同代替GB/T 1040—1992《塑料拉伸性能试验方法》，也代替了GB/T 16421—1996《塑料拉伸性能小试样试验方法》。

本部分与GB/T 1040—1992《塑料拉伸性能试验方法》相比，主要技术内容改变如下：

——更改了标准名称，增加了目次、前言；

——增加了原理、试样数量、状态调节、精密度等章并增加了附录A；

——将"主题内容与适用范围"改为"范围"、将"引用标准"改为"规范性引用文件"'、将"术语"改为"定义"；

——扩大了适用范围；

——标准试样类型由原来的四种(Ⅰ、Ⅱ、Ⅲ、Ⅳ)改为1A、1B型两种；

——将GB/T 16421—1996中的小试样Ⅰ型($Ⅰ_1$、$Ⅰ_2$)和Ⅱ型($Ⅱ_1$、$Ⅱ_2$)作为规范性附录A纳入本部分，并把型号分别调整为1BA、1BB、5A、5B，修订前后试样尺寸完全相同；

——试验报告包括的内容有所增加。

本部分的附录A为规范性附录。

本部分由中国石油和化学工业协会提出。

本部分由全国塑料标准化技术委员会方法和产品分会(TC 15/SC 4)归口。

本部分负责起草单位：国家合成树脂质量监督检验中心、北京燕化石油化工股份有限公司树脂应用研究所、广州金发科技股份有限公司、四川省华拓实业发展股份有限公司。

本部分参加起草单位：国家石化有机原料合成树脂质量监督检验中心、国家化学建筑材料测试中心、国家塑料制品质量监督检验中心(北京)、国家塑料制品质量监督检验中心(福州)、锦西化工研究院、中昊晨光化工研究院、深圳新三思材料检测有限公司。

本部分主要起草人:宋桂荣、王永明、李建军、戴厚益。

本部分所代替标准的历次版本发布情况为:

——GB/T 1040—1979、GB/T 1040—1992;

——GB/T 16421—1996。

塑料　拉伸性能的测定
第2部分:模塑和挤塑塑料的试验条件

1　范围

1.1　GB/T 1040的本部分在第1部分基础上规定了用于测定模塑和挤塑塑料拉伸性能的试验条件。

1.2　本部分适用于下述范围的材料：

——硬质和半硬质的热塑性模塑、挤塑和铸塑材料,除未填充类型外还包括例如用短纤维、细棒、小薄片或细粒料填充和增强的复合材料,但不包括纺织纤维增强的复合材料；

——硬质和半硬质热固性模塑和铸塑材料,包括填充和增强的复合材料,但纺织纤维增强材料除外；

——热致液晶聚合物。

本部分不适用于纺织纤维增强的复合材料、硬质微孔材料或含有微孔材料夹层结构的材料。

1.3　本部分所用试样既可以模塑成规定尺寸,也可由注塑或压塑的制件或试片经机加工、切割或冲压而成。应优先选用多用途试样(见ISO 3167:1993,塑料　多用途试样)。

注：ISO 3167:1993,已被ISO 3167:2002代替。

2　规范性引用文件

下列文件中的条款通过GB/T 1040的本部分的引用而成为本部分的条款。凡是注日期的引用文件,其随后所有的修改单(不包括勘误的内容)或修订版均不适用于本部分,然而,鼓励根据本部分达成协议的各方研究是否可使用这些文件的最新版本。凡是不注日期的引用文件,其最新版本适用于本部分。

GB/T 1040.1—2006　塑料　拉伸性能的测定　第1部分:总则(ISO 527-1:1993,IDT)

GB/T 17037.1—1997　热塑性塑料材料注塑试样的制备　第1部分:一般原理及多用途试样和长条试样的制备(idt ISO 294-1:1996)

ISO 37:1994　硫化橡胶或热塑性橡胶　拉伸应力应变性能测定

ISO 293:1986　热塑性塑料压塑试样的制备

ISO 295:1991　塑料　热固性材料压塑试样

ISO 2818:1994　塑料　用机加工法制备试样

3　原理

见GB/T 1040.1—2006中的第3章。

4　定义

GB/T 1040.1—2006中确立的术语和定义适用于本部分。

5　设备

见GB/T 1040.1—2006中的第5章。

6 试样

6.1 形状和尺寸

只要可能，试样应为如图1所示的1A型和1B型的哑铃型试样，直接模塑的多用途试样选用1A型，机加工试样选用1B型。

注：具有4 mm厚的1A型和1B型试样分别与ISO 3167规定的A型和B型多用途试样相同。

关于使用小试样时的规定，见附录A。

单位为毫米

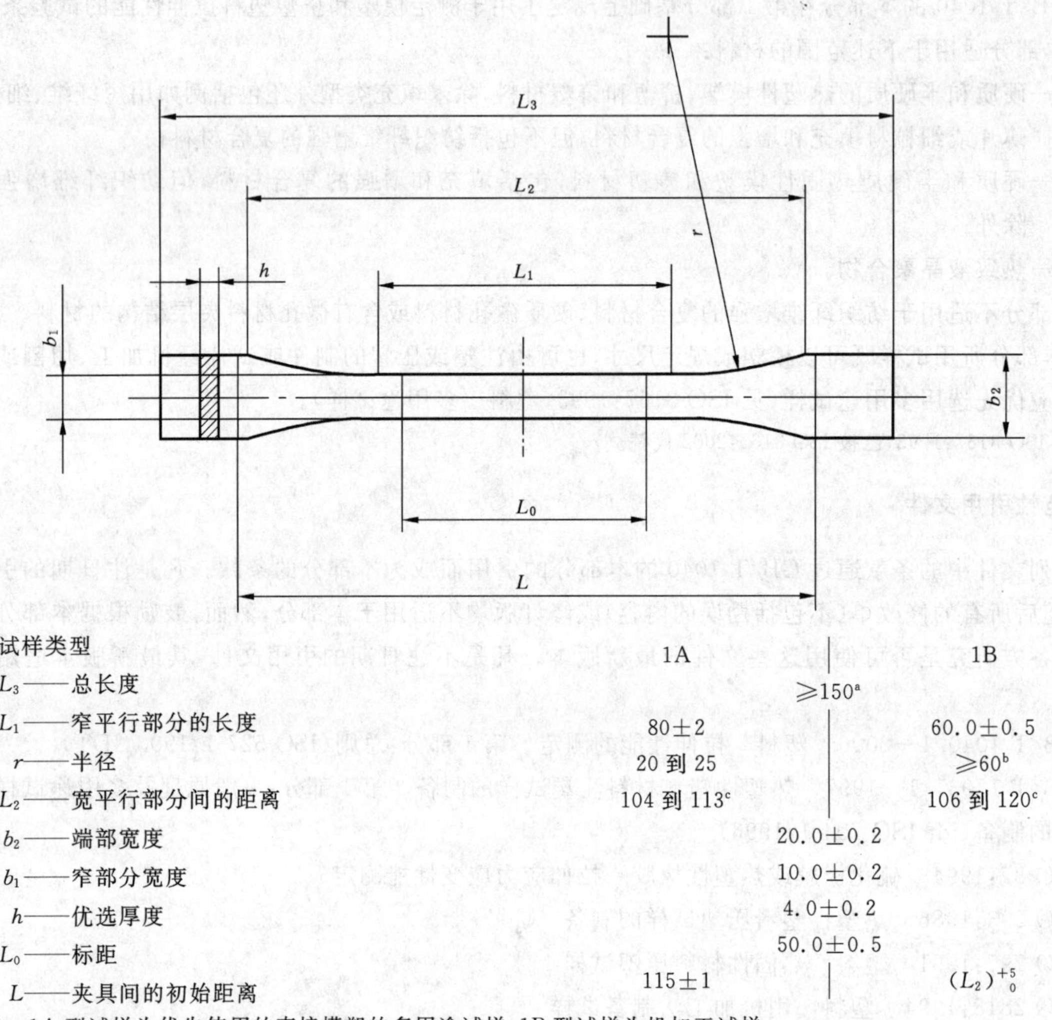

<table>
<tr><th>试样类型</th><th>1A</th><th>1B</th></tr>
<tr><td>L_3——总长度</td><td colspan="2">≥150[a]</td></tr>
<tr><td>L_1——窄平行部分的长度</td><td>80±2</td><td>60.0±0.5</td></tr>
<tr><td>r——半径</td><td>20 到 25</td><td>≥60[b]</td></tr>
<tr><td>L_2——宽平行部分间的距离</td><td>104 到 113[c]</td><td>106 到 120[c]</td></tr>
<tr><td>b_2——端部宽度</td><td colspan="2">20.0±0.2</td></tr>
<tr><td>b_1——窄部分宽度</td><td colspan="2">10.0±0.2</td></tr>
<tr><td>h——优选厚度</td><td colspan="2">4.0±0.2</td></tr>
<tr><td>L_0——标距</td><td colspan="2">50.0±0.5</td></tr>
<tr><td>L——夹具间的初始距离</td><td>115±1</td><td>$(L_2)^{+5}_{0}$</td></tr>
</table>

注：1A型试样为优先使用的直接模塑的多用途试样，1B型试样为机加工试样。

a 对有些材料柄端长度需要延长（如 $L_3=200$ mm），以防止在试验夹具内断裂或滑动。

b $r=[(L_2-L_1)^2+(b_2-b_1)^2]/4(b_2-b_1)$。

c 由 L_1、r、b_1 和 b_2 获得的结果应在规定的允差范围内。

图1 1A型和1B型试样

6.2 试样制备

应按照相关材料规范制备试样，当无规范或无其他规定时，应按ISO 293:1986、GB/T 17037.1—1997、ISO 295:1991以适宜的方法从材料直接压塑或注塑制备试样，或按照ISO 2818:1994由压塑或注塑板材经机加工制备试样。

试样所有表面应无可见裂痕、划痕或其他缺陷。如果模塑试样存在毛刺应去掉，注意不要损伤模塑表面。

由制件机加工制备试样时应取平面或曲率最小的区域。除非确实需要，对于增强塑料试样不宜使用机加工来减少厚度，表面经过机加工的试样与未经机加工的试样试验结果不能相互比较。

6.3 标线

见 GB/T 1040.1—2006 中的 6.3。

6.4 试样检查

见 GB/T 1040.1—2006 中的 6.4。

7 试样数量

见 GB/T 1040.1—2006 中的第 7 章。

8 状态调节

见 GB/T 1040.1—2006 中的第 8 章。

9 试验步骤

见 GB/T 1040.1—2006 中的第 9 章。

在测量弹性模量时，1A 型、1B 型试样（见图 1）的试验速度应为 1 mm/min。对于小试样见附录 A。

10 结果计算和表示

见 GB/T 1040.1—2006 中的第 10 章。

11 精密度

因为未得到实验室间试验数据，因此还不知本试验方法的精密度。当获得实验室间数据后，将在下次修订版本给出精密度说明。

12 试验报告

试验报告应包括以下内容：

a) 注明引用 GB/T 1040 的本部分，包括试样类型和试验速度，并按下列方式表示：

拉伸试验　　GB/T 1040.2/1A/50

试样类型——1A
（见图 1）

试验速度 mm/min——50
（见 GB/T 1040.1—2006 中的表 1）

对试验报告中的 b)～q)项，见 GB/T 1040.1—2006 第 12 章中的 b)～q)项。

附 录 A
（规范性附录）
小 试 样

如果由于某些原因不能使用1型标准试样时，可使用1BA型、1BB型（见图A.1），5A或5B型（见图A.2）试样。只要将试验速度调整到GB/T 1040.1—2006中的5.1.2表1给定的值，使小试样的标称应变速率最接近标准尺寸试样的应变速率。标称应变速率为试验速度（见GB/T 1040.1—2006中的4.2）与夹具初始距离的商。当需要测量模量时，试验速度应为1 mm/min。用小试样测量模量在技术上可能是困难的，因为标距长度小，试验时间短。由小试样获得的结果与用1型试样获得的结果不可比较。

单位为毫米

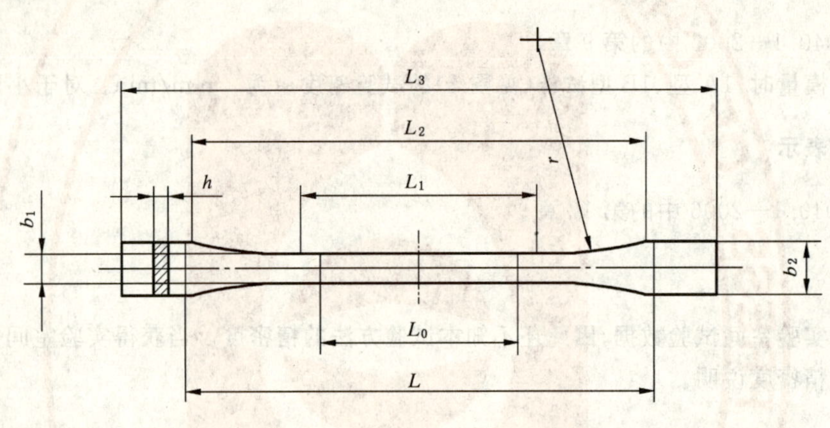

试样类型	1BA	1BB
L_3——总长度	≥75	≥30
L_1——窄平行部分的长度	30±0.5	12±0.5
r——半径	≥30	≥12
L_2——宽平行部分间的距离	58±2	23±2
b_2——端部宽度	10±0.5	4±0.2
b_1——窄部分宽度	5±0.5	2±0.2
h——厚度	≥2	≥2
L_0——标距	25±0.5	10±0.2
L——夹具间的初始距离	$(L_2)^{+2}_{0}$	$(L_2)^{+1}_{0}$

注：除厚度外，1BA型和1BB型试样分别比照1B型试样按1∶2和1∶5比例系数缩小。

图 A.1 1BA型和1BB型试验试样

单位为毫米

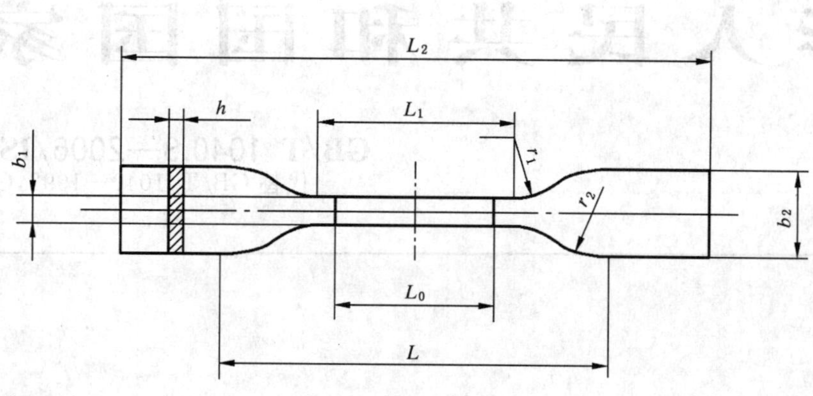

试样类型	5A	5B
L_2——总长度	≥75	≥35
b_2——端部宽度	12.5±1	6±0.5
L_1——窄平行部分的长度	25±1	12±0.5
b_1——窄部分宽度	4±0.1	2±0.1
r_1——小半径	8±0.5	3±0.1
r_2——大半径	12.5±1	3±0.1
L——夹具间的初始距离	50±2	20±2
L_0——标距	20±0.5	10±0.2
h——厚度	≥2	≥1

注：5A 和 5B 型试样与 GB/T 1040.3 中的 5 型试样近似成比例，并分别相当于 ISO 37:1994 中的 2 型和 4 型试样。

图 A.2 5A 型和 5B 型试样

ICS 83.080.01
G 31

中华人民共和国国家标准

GB/T 1040.3—2006/ISO 527-3:1995
代替 GB/T 1040—1992,GB/T 13022—1991

塑料　拉伸性能的测定
第3部分:薄膜和薄片的试验条件

Plastics—Determination of tensile properties—
Part 3:Test conditions for films and sheets

(ISO 527-3:1995,IDT)

2006-09-01 发布　　2007-02-01 实施

中华人民共和国国家质量监督检验检疫总局
中国国家标准化管理委员会　发布

前　言

GB/T 1040《塑料　拉伸性能的测定》分为五部分:

——第1部分:总则;

——第2部分:模塑和挤塑塑料的试验条件;

——第3部分:薄膜和薄片的试验条件;

——第4部分:各向同性和正交各向异性纤维增强复合材料的试验条件;

——第5部分:单向纤维增强复合材料的试验条件。

本部分为GB/T 1040的第3部分,等同采用ISO 527-3:1995《塑料　拉伸性能的测定　第3部分:薄膜和薄片的试验条件》。

为便于使用,本部分做了下列编辑性修改:

a) 把"本国际标准"一词改为"本标准"或"GB/T 1040",把"ISO 527的本部分"改成"GB/T 1040的本部分"或"本部分";

b) 删除了ISO 527-3:1995的前言;

c) 增加了国家标准的前言;

d) 把"规范性引用文件"中三个国际标准的两个用对应的等同采用该文件的我国国家标准代替;

e) 将1.2条的注移到1.1条;

f) 用我国的小数点符号"."代替国际标准中的小数点符号",";

g) 将ISO/TC 61/SC 11于1998年和2001年分别发布的1号和2号修改单的内容并入文本中。

本部分与其他部分一起共同取代GB/T 1040—1992《塑料拉伸性能试验方法》,也取代了GB/T 13022—1991《塑料薄膜拉伸性能试验方法》。

本部分与GB/T 1040—1992相比,主要变化见GB/T 1040.1—2006的前言。

本部分与GB/T 13022—1991相比,主要变化如下:

——试验速度中删去1 mm/min、2 mm/min、10 mm/min、30 mm/min四种,增加300 mm/min。即从原来的9种(1、2、5、10、30、50、100、200、500)mm/min改为6种(5、50、100、200、300、500)mm/min;

——废除GB/T 13022—1991中的Ⅰ型试样;

——将GB/T 13022—1991中的Ⅱ、Ⅲ、Ⅳ型试样纳入本部分,并把试样类型代号分别改为5型、1B型和2型;

——增设了4型试样,其尺寸与修订前的Ⅰ型试样完全不同;

——删去了关于模量测定和计算的内容;

——增加了定义、原理和精密度等;

——试验报告内容有所增加。

本部分由中国石油和化学工业协会提出。

本部分由全国塑料标准化技术委员会方法和产品分会(TC 15/SC 4)归口。

本部分负责起草单位:国家合成树脂质量监督检验中心、国家塑料制品质量监督检验中心(北京)、国家塑料制品质量监督检验中心(福州)。

本部分参加起草单位:北京燕化石油化工股份有限公司树脂应用研究所、国家石化有机原料合成树脂质量监督检验中心、中昊晨光化工研究院、广州金发科技股份有限公司、深圳新三思材料检测有限公司等。

本部分主要起草人:张雁、王永明、何芃、刘山生。

本部分所代替标准的历次版本发布情况为:

——GB/T 1040—1979、GB/T 1040—1992;

——GB/T 13022—1991。

塑料　拉伸性能的测定
第3部分:薄膜和薄片的试验条件

1　范围

1.1　GB/T 1040的本部分在第1部分基础上规定了测定厚度小于1 mm的塑料薄膜或薄片拉伸性能的试验条件。

注:厚度大于1 mm的片材由GB/T 1040.2规定。

1.2　见GB/T 1040.1—2006中的1.2。

1.3　本部分通常不适用于测定以下材料的拉伸性能:

a)　泡沫塑料;

b)　纺织纤维增强塑料。

1.4　见GB/T 1040.1—2006中的1.5。

2　规范性引用文件

下列文件中的条款通过GB/T 1040的本部分的引用而成为本部分的条款。凡是注日期的引用文件,其随后所有的修改单(不包括勘误的内容)或修订版均不适用于本部分,然而,鼓励根据本部分达成协议的各方研究是否可使用这些文件的最新版本。凡是不注日期的引用文件,其最新版本适用于本部分。

GB/T 1040.1—2006　塑料　拉伸性能的测定　第1部分:总则(ISO 527-1:1993,IDT)

GB/T 6672—2001　塑料薄膜和薄片厚度测定　机械测量法(idt ISO 4593:1993)

ISO 4591:1992　塑料　薄膜和薄片　用重量法(重量厚度)测定样品的平均厚度和整卷的平均厚度与面积系数

3　原理

见GB/T 1040.1—2006中的第3章。

4　定义

见GB/T 1040.1—2006中的第4章。

5　设备

见GB/T 1040.1—2006中的第5章,并应遵循以下附加要求:

拉伸试验机应能达到GB/T 1040.1—2006的表1中规定的试验速度。通常薄膜和薄片的试验速度为:5 mm/min、50 mm/min、100 mm/min、200 mm/min、300 mm/min或500 mm/min。GB/T 1040.1—2006中的9.6所包括的内容同样适用。

进行薄膜和薄片试验时,试样不应支承或承受引伸计重量。在GB/T 1040.1中应使用符合GB/T 6672—2001要求的仪器测量厚度。很薄的薄膜(厚度小于0.01 mm)或凹凸不平的薄膜,应使用ISO 4591:1992规定的方法测量厚度,并把薄膜样品的平均厚度作为试样厚度。

6　试样

6.1　形状和尺寸

6.1.1　应优先选用宽度为10 mm～25 mm、长度不小于150 mm的长条试样(即2型试样,见图1),试样中部应有间隔为 50 mm 的两条平行标线。

有些薄膜材料断裂时有很高的伸长量，可能超过试验机的行程限度，此时，允许把夹具间的初始距离减少到 50 mm。

6.1.2 当受试材料规范或常规质量控制试验有规定时，可使用如图 2、图 3 和图 4 中所示形状和尺寸的 5 型、1B 型和 4 型哑铃型试样。

5 型试样(见图 2)推荐用于断裂应变很高的薄膜和薄片。

4 型试样(见图 4)推荐用于其他类型的软质热塑性片材。

1B 型试样(见图 3)推荐用于硬质片材。

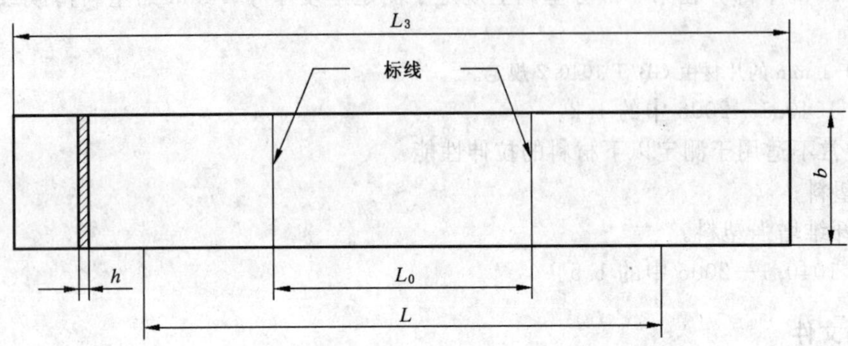

b——宽度：10 mm～25 mm；

h——厚度：≤1 mm；

L_0——标距长度：50 mm±0.5 mm；

L——夹具间的初始距离：100 mm±5 mm；

L_3——总长度：≥150 mm。

图 1 2 型试样

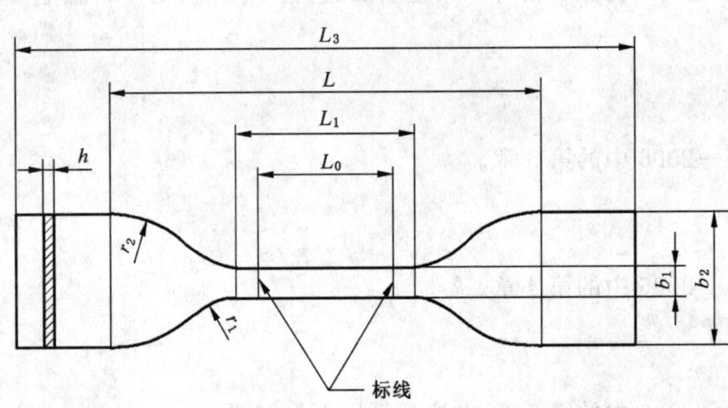

b_1——窄平行部分宽度：6 mm±0.4 mm；

b_2——端部宽度：25 mm±1 mm；

h——厚度：≤1 mm；

L_0——标距长度：25 mm±0.25 mm；

L_1——窄平行部分的长度：33 mm±2 mm；

L——夹具间的初始距离：80 mm±5 mm；

L_3——总长：≥115 mm；

r_1——小半径：14 mm±1 mm；

r_2——大半径：25 mm±2 mm。

图 2 5 型试样

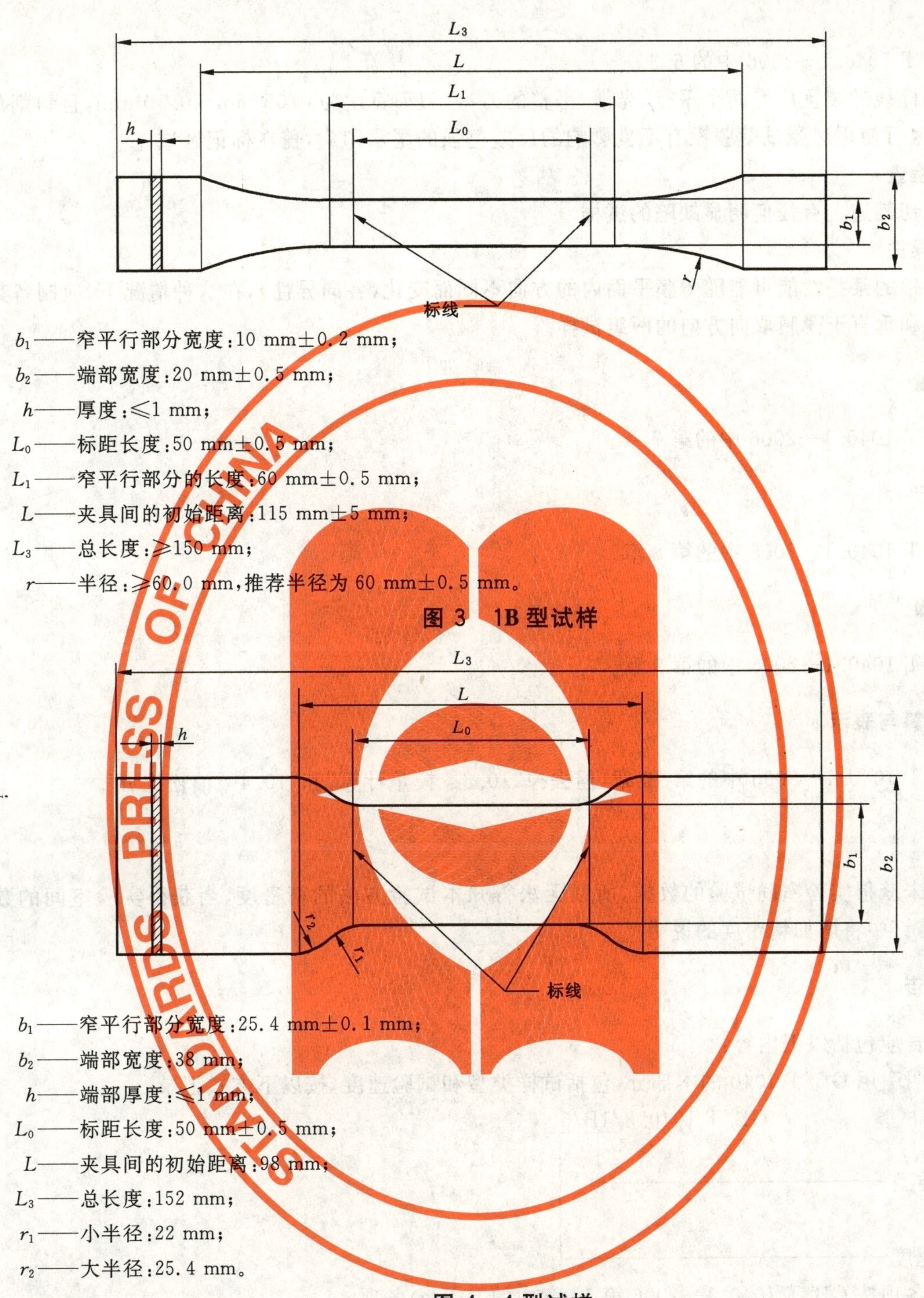

b_1——窄平行部分宽度:10 mm±0.2 mm;

b_2——端部宽度:20 mm±0.5 mm;

h——厚度:≤1 mm;

L_0——标距长度:50 mm±0.5 mm;

L_1——窄平行部分的长度:60 mm±0.5 mm;

L——夹具间的初始距离:115 mm±5 mm;

L_3——总长度:≥150 mm;

r——半径:≥60.0 mm,推荐半径为 60 mm±0.5 mm。

图 3　1B 型试样

b_1——窄平行部分宽度:25.4 mm±0.1 mm;

b_2——端部宽度:38 mm;

h——端部厚度:≤1 mm;

L_0——标距长度:50 mm±0.5 mm;

L——夹具间的初始距离:98 mm;

L_3——总长度:152 mm;

r_1——小半径:22 mm;

r_2——大半径:25.4 mm。

图 4　4 型试样

6.2　试样制备

6.2.1　应使用切割或冲切方法制备 6.1.1 中所述试样,以使试样边缘光滑且无缺口。推荐使用低倍数放大镜检查有无缺陷。应使用剃刀刀片、适宜的切纸刀、手术刀或其他工具切割试样,使其宽度合适、边缘平整、两边平行且无可见缺陷。应通过定期打磨以保持冲刀锋利,并应使用适当的衬垫材料,以确保刀刃边缘平整。

6.2.2　应使用冲刀冲切制备 6.1.2 中所述试样,并应使用适合的衬垫材料,以确保冲切的试样边缘整齐。应通过定期打磨保持冲刀锋利,并使用低倍数放大镜检查试样边缘,以确保无缺口。

6.3 标线

见 GB/T 1040.1—2006 中的 6.3。

用来划标线的装置应有两个平行、光滑、平整的刀口，刀刃宽度为 0.05 mm～0.10 mm，且斜削角不超过 15°。也可使用对受试薄膜没有不良影响的反差色强的墨水印章，盖在标记区域。

6.4 试样检查

应剔除切割边上有任何明显缺陷的试样。

6.5 各向异性

薄膜(片)的某些性能可能随薄膜平面内的方向不同而变化(各向异性)，在这种情况下，应制备其主轴分别平行和垂直于薄膜取向方向的两组试样。

7 试样数量

见 GB/T 1040.1—2006 中的第 7 章。

8 状态调节

见 GB/T 1040.1—2006 中的第 8 章。

9 试验步骤

见 GB/T 1040.1—2006 中的第 9 章。

10 结果计算与表示

见 GB/T 1040.1—2006 中的第 10 章，但去掉“10.3 模量计算”和“10.4 泊松比 μ”。

11 精密度

因为尚未获得实验室间试验的数据，所以无法得知本试验方法的精密度，当获得实验室间的数据后，在下次修订中将增加精密度的说明。

12 试验报告

试验报告应包括以下内容：

a) 说明引用 GB/T 1040 的本部分，包括试样类型和试验速度，按以下方式记录：

拉伸试验　　GB/T 1040.3/1B/50

试样类型——1B

试验速度——50

b)～q)各项按 GB/T 1040.1—2006 第 12 章中的 b)～q)各项。

ICS 83.080.01
G 31

中华人民共和国国家标准

GB/T 1040.4—2006/ISO 527-4:1997
代替 GB/T 1040—1992

塑料　拉伸性能的测定　第4部分：各向同性和正交各向异性纤维增强复合材料的试验条件

Plastics—Determination of tensile properties—Part 4: Test conditions for isotropic and orthotropic fibre-reinforced plastic composites

(ISO 527-4:1997,IDT)

2006-09-01 发布　　2007-02-01 实施

中华人民共和国国家质量监督检验检疫总局
中国国家标准化管理委员会　发布

前言

GB/T 1040《塑料　拉伸性能的测定》分为五部分：

——第1部分：总则；

——第2部分：模塑和挤塑塑料的试验条件；

——第3部分：薄膜和薄片的试验条件；

——第4部分：各向同性和正交各向异性纤维增强复合材料的试验条件；

——第5部分：单向纤维增强复合材料的试验条件。

本部分为GB/T 1040的第4部分，等同采用ISO 527-4:1997《塑料　拉伸性能的测定　第4部分：各向同性和正交各向异性纤维增强复合材料的试验条件》(英文版)。

本部分等同翻译ISO 527-4:1997，在技术内容上完全相同。

为便于使用，本部分做了下列编辑性修改：

a) 把“本国际标准”一词改为“本标准”或“GB/T 1040”，把“ISO 527的本部分”改成“GB/T 1040的本部分”或“本部分”；

b) 删除了ISO 527-4:1997的前言；

c) 增加了国家标准的前言；

d) 把“规范性引用文件”中的三个国际标准用对应的等同采用该文件的我国国家标准代替。

本部分与其他四部分一起共同代替GB/T 1040—1992《塑料拉伸性能试验方法》。

本部分与GB/T 1040—1992相比主要变化如下：

——适用范围不同，本部分只适用于各向同性和正交各向异性纤维增强复合材料的试验；

——增加了规范性引用文件一章；

——增加了定义和原理；

——增加了对纤维增强复合材料弹性模量、泊松比的测试内容；

——增加了附录A和附录B。

本部分的附录A为规范性附录、附录B为资料性附录。

本部分由中国石油和化学工业协会提出。

本部分由全国塑料标准化技术委员会方法和产品分会(TC 15/SC 4)归口。

本部分负责起草单位：国家合成树脂质量监督检验中心。

本部分参加起草单位：北京燕化石油化工股份有限公司树脂应用研究所、国家石化有机原料合成树脂质量监督检验中心、国家化学建筑材料测试中心、中昊晨光化工研究院、中国兵器工业集团第五三研究所、广州金发科技股份有限公司、深圳新三思材料检测有限公司等。

本部分主要起草人：黄正安、王永明。

本部分为首次发布。

塑料　拉伸性能的测定　第4部分：各向同性和正交各向异性纤维增强复合材料的试验条件

1　范围

1.1　GB/T 1040的本部分在第1部分基础上，规定了测定各向同性和正交各向异性纤维增强复合材料拉伸性能的试验条件。

对单向增强复合材料的规定见GB/T 1040的第5部分。

1.2　见GB/T 1040.1—2006中的1.2。

1.3　本部分适用于下列材料：

——混入非单向增强材料的纤维增强热固性和热塑性复合材料，所用的非单向增强材料如毡片、机织物、无捻粗纱织物、短切原丝及上述增强材料的组合物、混杂纤维、无捻粗纱、短切或磨碎纤维或预浸渍材料（预浸料）等（对于直接注塑试样，见GB/T 1040.2—2006中的1A型试样）；

——带有单向增强材料的上述材料复合制品和用单向层压片材构成的多向增强材料，所提供的层压片材应是匀称的；

——由这些材料制作的成品。

涉及到的增强纤维包括玻璃纤维、碳纤维、聚芳酰胺纤维或其他类似纤维。

1.4　本部分应使用按ISO 1268或其他等效方法制作的试板或从带有合适平面的成品或半成品经机加工制成的试样。

1.5　见GB/T 1040.1—2006中的1.5。

2　规范性引用文件

下列文件中的条款通过GB/T 1040的本部分的引用而成为本部分的条款，凡是注日期的引用文件，其随后所有的修改单（不包括勘误的内容）或修订版均不适用于本部分，然而，鼓励根据本部分达成协议的各方研究是否可使用这些文件的最新版本。凡是不注日期的引用文件，其最新版本适用于本部分。

GB/T 1040.1—2006　塑料　拉伸性能的测定　第1部分：总则（ISO 527-1:1993，IDT）

GB/T 1040.2—2006　塑料　拉伸性能的测定　第2部分：模塑和挤塑塑料的试验条件（ISO 527-2:1993，IDT）

ISO 1268:1974　塑料　试验用玻璃纤维增强树脂胶合低压层压板的制备

ISO 2818:1994　塑料　用机械加工方法制备试样

ISO 3534-1:1993　统计学　词汇和符号　第1部分：概率和一般统计学术语

3　原理

见GB/T 1040.1—2006中的第3章。

4　定义

下列定义适用于GB/T 1040的本部分。

4.1

标距　gauge length

见 GB/T 1040.1—2006 中的 4.1。

4.2

试验速度　speed of testing

见 GB/T 1040.1—2006 中的 4.2。

4.3

拉伸应力　tensile stress

σ

除把对"1"方向试样的 σ 定义为 σ_1 和把对"2"方向试样的 σ 定义为 σ_2 以外(对这些方向的定义见 4.8),其余见 GB/T 1040.1—2006 中的 4.3。

4.3.1

拉伸强度　tensile strength

σ_M

除把对"1"方向试样的 σ_M 定义为 σ_{M1} 和把对"2"方向试样的 σ_M 定义为 σ_{M2} 外,其余见 GB/T 1040.1—2006 中的 4.3.3。

4.4

拉伸应变　tensile strain

ε

除把对"1"方向试样的 ε 定义为 ε_1 和把对"2"方向试样的 ε 定义为 ε_2 外,其余见 GB/T 1040.1—2006 中的 4.4。

用比值或百分数表示。

4.5

拉伸强度拉伸应变;断裂拉伸应变　tensile strain at tensile strength; tensile failure strain

ε_M

在试样拉伸强度对应点处的拉伸应变。

对"1"方向试样,ε_M 定义为 ε_{M1};对"2"方向试样,定义为 ε_{M2}。

用比值或百分数表示。

4.6

拉伸弹性模量　modulus of elasticity in tension

E

除把对"1"方向试样的 E 定义为 E_1 和把对"2"方向试样的 E 定义为 E_2 以外,其余见 GB/T 1040.1—2006 中的 4.6。

使用的应变值在 GB/T 1040.1—2006 中的 4.6 中给出,即 $\varepsilon'=0.0005$ 和 $\varepsilon''=0.0025$(见图 1),除非在材料或技术规范中已给出了可选择的值。

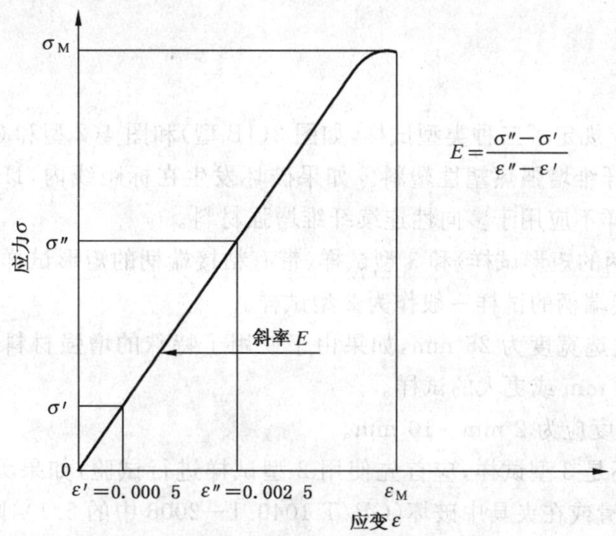

图 1 应力-应变曲线

4.7

泊松比 Poisson's ratio

μ

除按照图 2 所示坐标把对“1”方向试样的 μ_b 定义为 μ_{12}，μ_h 定义为 μ_{13}；把对“2”方向试样的 μ_b 定义为 μ_{21}，μ_h 定义为 μ_{23} 外，其余见 GB/T 1040.1—2006 中的 4.7。

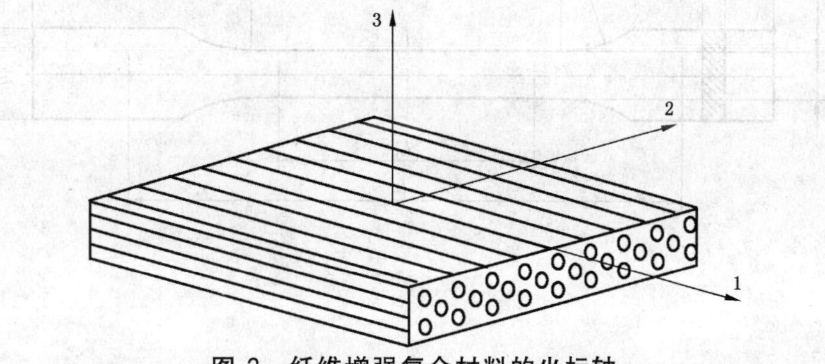

图 2 纤维增强复合材料的坐标轴

4.8

试样坐标轴 specimen coordinate axes

通常根据与材料结构或生产工艺有关的特征来规定“1”方向（见图 2），把与“1”方向垂直的方向规定为“2”方向。

注 1：“1”方向又称为 0°方向或纵向；“2”方向又称为 90°方向或横向。

注 2：本标准第 5 部分涉及的单向材料把平行于纤维的方向定义为“1”方向；把垂直于纤维方向（在纤维所在平面内）定义为“2”方向。

5 设备

除以下规定外，其余见 GB/T 1040.1—2006 中的第 5 章。

测微计或等效测量仪器的读数精度应达到 0.01 mm 或更优。如果用在凹凸不平的表面上，仪器应带有尺寸合适，端部为球形的测量头；如果用在平整、光滑的（例如经过机械加工的）表面上，则应带有平面测量头。

GB/T 1040.1—2006 中的 5.2.2 不适用于本部分。

注：推荐按附录 B 所述对试样和载荷系统的对中进行校核。

6 试样

6.1 形状和尺寸

GB/T 1040 的本部分规定了三种类型试样，如图 3(1B 型)和图 4(2 型和 3 型)所示。

1B 型试样用于试验纤维增强热塑性塑料。如果破坏发生在标距线内，1B 型试样也可用于纤维增强热固性塑料。1B 型试样不应用于多向性连续纤维增强材料。

2 型试样(为不带端柄的矩形试样)和 3 型试样(带有粘接端柄的矩形试样)用来试验纤维增强热固性和热塑性塑料。未粘接端柄的试样一般作为 2 型试样。

2 型及 3 型试样的优选宽度为 25 mm，如果由于使用了特殊的增强材料，使其拉伸强度变得不高时，也可以使用宽度为 50 mm 或更大的试样。

2 型和 3 型试样的厚度应为 2 mm～10 mm。

为了确定使用 2 型还是 3 型试样，应首先使用 2 型试样进行试验，如果无法试验或结果不令人满意，例如试样在夹具中打滑或在夹具中破坏(GB/T 1040.1—2006 中的 5.1)，则使用 3 型试样。

对于压塑材料，各类试样两端片之间不应有厚度偏离平均值超过 2%的点。

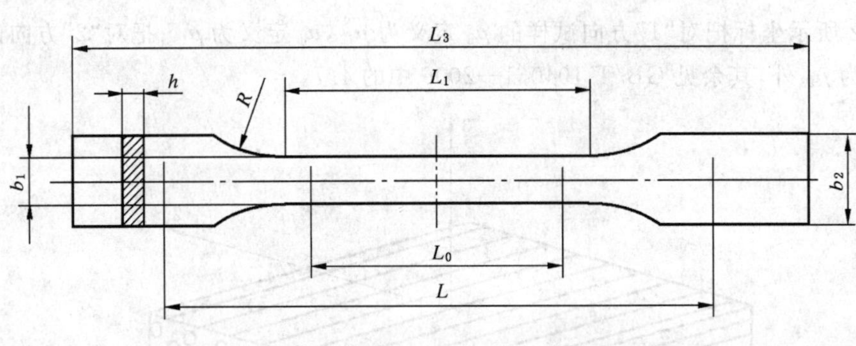

单位为毫米

L_3——总长度	≥150[a]
L_1——窄平行部分的长度	60±0.5
R——半径	≥60[b]
b_2——端部宽度	20±0.2
b_1——狭窄部分的宽度	10±0.2
h——厚度	2～10
L_0——标距(为使用引伸计推荐)	50±0.5
L——夹具间的初始距离	115±1

注：第 6 章已给出关于试样质量和平行度的要求。

a 对某些材料，端柄长度可能需要延长(如可使 L_3=200 mm)，以防止试样在夹具内破坏或滑动。

b 注意：厚度为 4 mm 的试样，与 GB/T 1040.2—2006 规定的 1B 型试样及在 ISO 3167:1993《塑料　多用途试样》中的 B 型试样相同。

图 3　1B 型试样

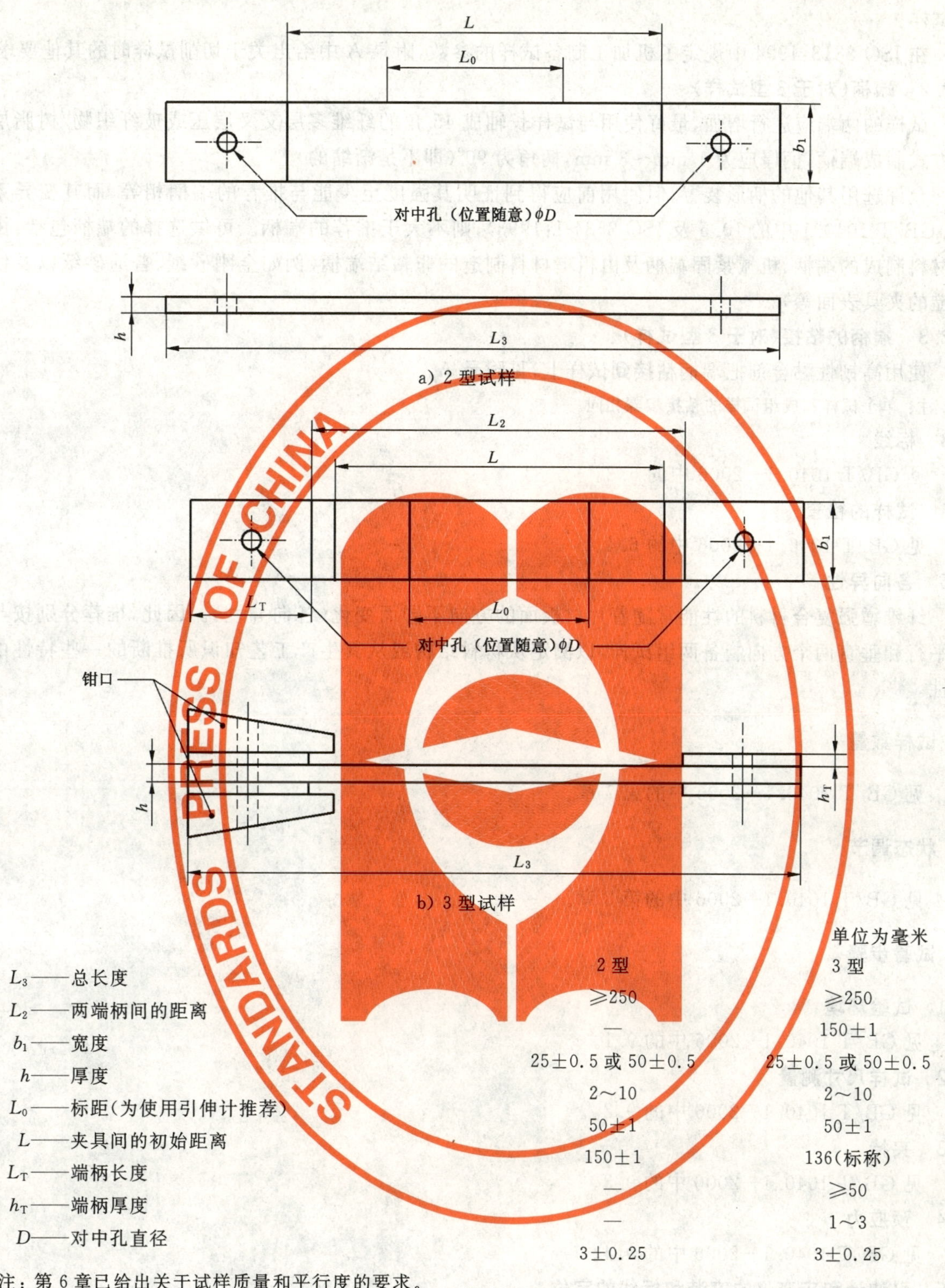

单位为毫米

	2 型	3 型
L_3——总长度	≥250	≥250
L_2——两端柄间的距离	—	150±1
b_1——宽度	25±0.5 或 50±0.5	25±0.5 或 50±0.5
h——厚度	2～10	2～10
L_0——标距（为使用引伸计推荐）	50±1	50±1
L——夹具间的初始距离	150±1	136（标称）
L_T——端柄长度	—	≥50
h_T——端柄厚度	—	1～3
D——对中孔直径	3±0.25	3±0.25

注：第 6 章已给出关于试样质量和平行度的要求。

图 4　2 型和 3 型试样

6.2　试样的制备

6.2.1　概述

对于模塑及层压材料，应按照 ISO 1268:1974 或其他规定/商定的方法制备试板。对于 3 型试样（见附录 A），应从上述试板上切取单个或成组试样。

当要求从最终产品制备试样时（如为了在生产过程中或交货时进行质量控制），则应从平面部分制取试样。

在 ISO 2818:1994 中规定了机加工制备试样的参数，附录 A 中给出关于切削试样时的其他要求。

6.2.2 端柄(对于 3 型试样)

试样的两端应进行增强，最好使用与试样长轴成 45°角的纤维多层交叉层压或玻纤织物/树脂层压的方式制成端柄，柄厚应为 1 mm～3 mm，柄角为 90°(即不是渐缩的)。

允许选用其他的柄形装置，但使用前应得到证明其强度至少能与推荐的端柄相等，而其变异系数(见 GB/T 1040.1 中的 10.5 及 ISO 3534-1:1993)，则不大于推荐的端柄。可供选择的端柄包括：由受试材料制成的端柄、机械紧固端柄及由粗糙材料制造的非粘结端柄(例如金刚砂纸、普通砂纸以及使用粗糙的夹具表面等)。

6.2.3 端柄的粘接(对于 3 型试样)

使用高韧性黏合剂把端柄粘接到试样上，见附录 A。

注：单个试样和成组试样的粘接步骤相同。

6.3 标线

见 GB/T 1040.1—2006 中的 6.3。

6.4 试样的检查

见 GB/T 1040.1—2006 中的 6.4。

6.5 各向异性

纤维增强复合材料的性能常随着片材板面的方向不同而变化(各向异性)。因此，推荐分别按与主轴平行和垂直两个方向制备两组试样，以测定从材料结构或从其生产工艺知识所推断的一些特性的方向性。

7 试样数量

见 GB/T 1040.1—2006 中的第 7 章。

8 状态调节

见 GB/T 1040.1—2006 中的第 8 章。

9 试验步骤

9.1 试验环境

见 GB/T 1040.1—2006 中的 9.1。

9.2 试样尺寸测量

见 GB/T 1040.1—2006 中的 9.2。

9.3 夹持

见 GB/T 1040.1—2006 中的 9.3。

9.4 预应力

见 GB/T 1040.1—2006 中的 9.4。

9.5 引伸计和应变仪的安装和标线的定位

见 GB/T 1040.1—2006 中的 9.5。

测量标距长度应精确至 1%或更优。

9.6 试验速度

使用下列试验速度。

9.6.1 1B 型试样

a) 常规质量控制时，为 10 mm/min；

b） 合格鉴定试验，测定最大伸长和拉伸弹性模量时，为 2 mm/min。

9.6.2 2 型和 3 型试样

a） 常规质量控制时，为 5 mm/min；

b） 合格鉴定试验，测定最大伸长和拉伸弹性模量时，为 2 mm/min。

9.7 数据的记录

见 GB/T 1040.1—2006 中的 9.7。

10 结果计算和表示

除了采用本部分第 4 章中给出的定义且应变值应报告到三位有效数字以外，其余见 GB/T 1040.1—2006 中的第 10 章。

如要求计算泊松比，则应在 4.6 中给出的应变值附近计算。

11 精密度

因为未得到实验室间试验数据，所以本试验方法的精密度尚未知道。如获得实验室间数据后，将在下次修订时补充精密度的说明。

精密度数据将会对纤维和母料类型的具体组合予以规定。

12 试验报告

试验报告应包括以下内容：

a） 注明引用 GB/T 1040 的本部分，包括试样类型和试验速度，按以下格式书写：

拉伸试验 GB/T 1040.4/2/5

试样类型——————┘

试验速度 mm/min——————┘

b)～q)项见 GB/T 1040.1—2006 第 12 章中的 b)～q)项。

在 12 章 b)项中应包括纤维类型、纤维含量和纤维几何形状(例如：毡)等。

附 录 A
（规范性附录）
试 样 的 制 备

A.1 机械加工制备试样

在任何情况下，都要采取以下措施：

——避免造成试样中热量大量累积（建议使用冷却剂）。如果使用液体冷却剂，在机加工后，应立即擦干试样。

——检查试样所有切削表面，应没有由机加工造成的缺陷。

A.2 带有粘接端柄试样的制备

推荐方法如下：

从受试材料上切取一块片材，该片材具有指定试样的长度，而其宽度应与切取所需的试样数目相适应。在该片材上标识材料的“1”方向。

切取制作端柄所需长度和宽度的矩形条。

按下述步骤把上述矩形条粘贴到制好的试样片材上：

a） 如果需要，对即将进行粘贴的所有表面都用细砂纸打磨处理或使用合适砂子进行喷砂处理。

b） 消除上述表面灰尘并使用合适溶剂清洁表面。

c） 严格按照黏合剂使用说明，用高韧性黏合剂把矩形条沿片材两端粘贴到片材上，矩形条间应相互平行，且垂直于试样的长度方向，如图 A.1 所示。

注：推荐使用带有薄型载体的薄膜黏合剂。该黏合剂的剪切强度应大于 30 MPa，并希望所使用的黏合剂是柔韧的，其断裂应变应大于受试材料。

d） 按黏合剂使用说明推荐的温度、压力和保持时间进行粘接。

e） 把上述片材切割成试样，切割时应把构成端柄的矩形条与片材结合在一起作为一个整体切割（见图 A.1）。

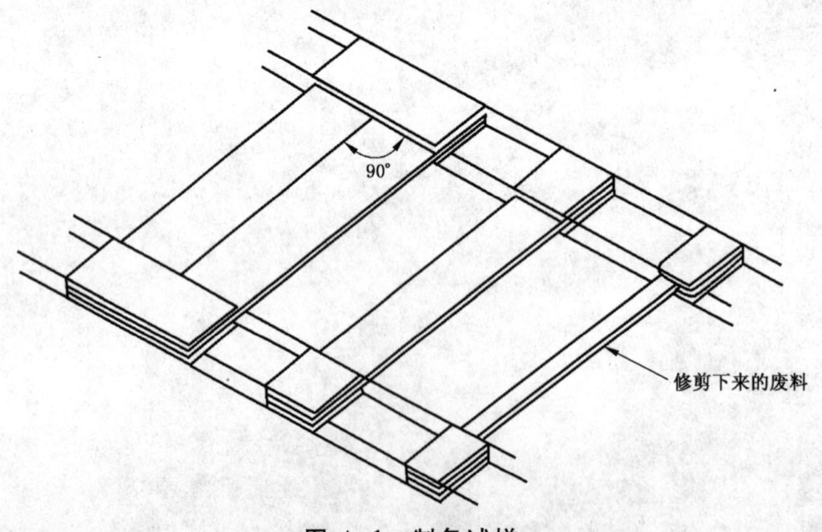

图 A.1 制备试样

附 录 B
(资料性附录)
试 样 的 对 中

推荐使用带有应变片的试样在标距中心位置校核拉力试验机和试样的对中情况，制作该试样的材料与被试材料相同。使用某种装置或方法，以保证该试样用可重复的方式定位在夹具中。带有应变片试样如图 B.1 所示。把两个应变片(SG1、SG2)粘贴到试样的同一个面上，距试样边缘距离大约为试样宽度的 1/8。把第三个应变片(SG3)粘贴到试样的背面中线与前面的二个应变片中点连线的交点位置上。

把各应变片的输出值与在 4.6 给出测量拉伸模量应变范围中点值，即 0.001 5，进行比较。用式(B.1)和式(B.2)分别计算在宽度方向上的弯曲应变(B_b)和在厚度方向的弯曲应变(B_h)，以百分数表示。

$$B_b = \frac{4\,|\,\varepsilon_2 - \varepsilon_1\,|}{3\varepsilon_{av}} \times 100 \qquad \text{(B.1)}$$

$$B_h = \frac{|\,\varepsilon_{av} - \varepsilon_3\,|}{\varepsilon_{av}} \times 100 \qquad \text{(B.2)}$$

式中：

ε_1、ε_2 和 ε_3 分别为应变片 SG1、SG2 和 SG3 所记录的应变值；

ε_{av} 由右式计算：$\varepsilon_{av} = \frac{\varepsilon_1}{4} + \frac{\varepsilon_2}{4} + \frac{\varepsilon_3}{2}$

最后，确保弯曲应变满足不等式(B.3)给出的条件：

$$B_b + B_h \leqslant 3.0\% \qquad \text{(B.3)}$$

注 1：为全面检查出不对中的所有可能来源，必须在靠近夹具处使用更多的应变片。

注 2：在试样的每个侧面夹上一个带有纵向应变输出的引伸计，能检查单独试样在宽度方向上的对中情况。

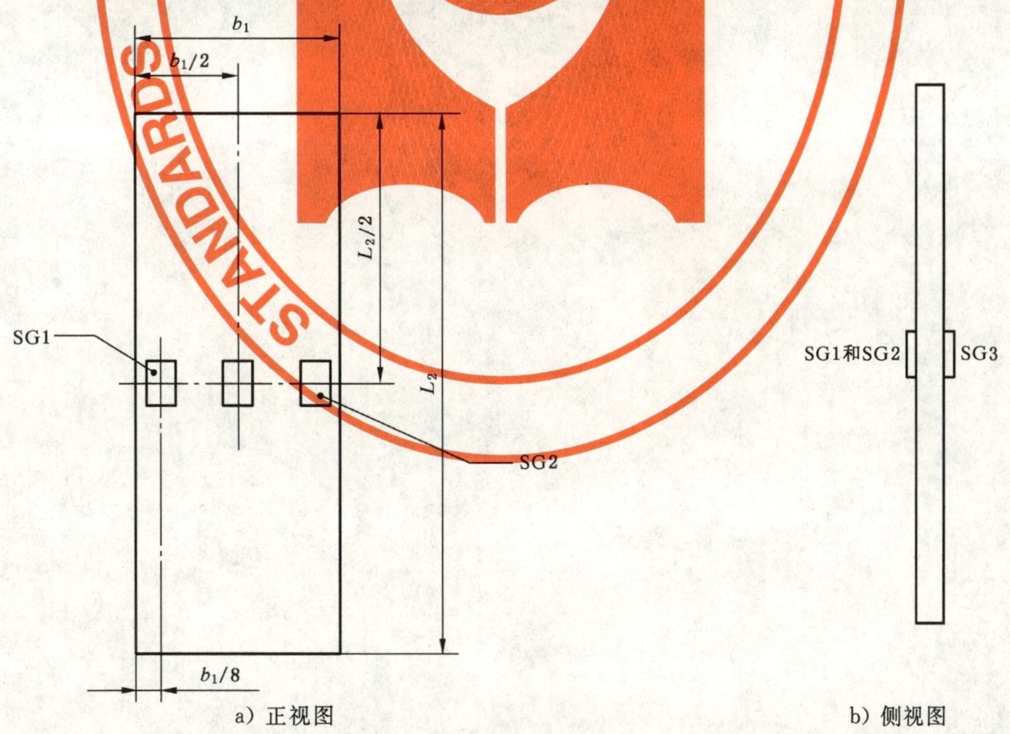

a) 正视图　　b) 侧视图

图 B.1 用于对中校核系统应变片(SG1、SG2 和 SG3)的位置

ICS 21.220.10
G 42

中华人民共和国国家标准

GB/T 1171—2006
代替 GB/T 1171—1996

一般传动用普通 V 带

Classical V-belt for general drive

2006-12-29 发布　　　　2007-06-01 实施

中华人民共和国国家质量监督检验检疫总局
中国国家标准化管理委员会　发布

前　言

本标准代替 GB/T 1171—1996《一般用普通 V 带》。

本标准与 GB/T 1171—1996 相比主要变化如下：

——删除帘布结构的普通 V 带；

——删除 V 带帘布层间粘合强度要求和结构图(1996 年版的 4.2 和图 1b)；

——删除 V 带一等品的要求，提高了 V 带拉伸强度、参考力伸长率、线绳粘合强度、疲劳寿命合格品的要求(1996 年版的 4.2，本版的 5.3)；

——增加切边 V 带的结构图(见图 1)；

——增加包边 V 带和切边 V 带布与顶胶间粘合强度要求(见 5.3)。

本标准由中国石油和化学工业协会提出。

本标准由化学工业胶带标准化技术归口单位归口。

本标准起草单位：浙江三力士橡胶股份有限公司、浙江三维橡胶制品有限公司、浙江宏达橡胶有限公司、青岛橡胶工业研究所、淄博绿象橡胶厂、河南省尉氏县中原橡胶有限公司。

本标准主要起草人：石水祥、刘有良、殷明亮、赵少英、汤有浪、韩德深、张清俊。

本标准所代替标准的历次版本发布情况为：

——GB 1171—1974、GB 1171—1989、GB/T 1171—1996。

一般传动用普通 V 带

1 范围

本标准规定了一般传动用普通 V 带(以下简称 V 带)的分类、结构、要求、试验方法及标志、标签、包装、贮存和运输。

本标准适用于一般机械传动装置用的线绳结构的普通 V 带。

本标准不适用于帘布结构的普通 V 带;不适用于汽车、农机、摩托车等机械传动装置。

2 规范性引用文件

下列标准所包含的条文,通过在本标准中引用而构成为本标准的条文。凡是注明日期的引用文件,其随后所有的修改单(不包括勘误的内容)或修订版均不适用于本标准,然而鼓励根据本标准达成协议的各方研究是否可使用这些文件的最新版本。凡是不注日期的引用文件,其最新版本适用于本标准。

GB/T 3686 V 带拉伸强度和伸长率试验方法

GB/T 3688 V 带线绳粘合强度试验方法

GB/T 11544 普通 V 带和窄 V 带尺寸(GB/T 11544—1997,neq ISO 4184:1992)

GB/T 12833 橡胶和塑料 撕裂强度和粘合强度测定中的多峰曲线方法分析(GB/T 12833—2006,ISO 6133:1998,IDT)

GB/T 15328 普通 V 带疲劳试验方法(无扭矩法)

3 分类

3.1 型式

V 带的型式根据其结构分为包边 V 带、切边 V 带(普通切边 V 带,有齿切边 V 带和底胶夹布切边 V 带)等两种。

3.2 型号

普通 V 带应具有对称的梯形横截面,高与节宽之比约为 0.7,楔角为 40°,其型号分为 Y、Z、A、B、C、D、E 等七种(其中有齿切边带型号后面加 X)。

3.3 标记

V 带的标记示例:

A 1430 GB/T 1171

GB/T 1171——标准编号

1430——基准长度/mm

A——型号

注:根据供需双方协商,可在标记中增加内周长度。

4 结构

V 带由胶帆布、顶胶、缓冲胶、芯绳、底胶等组成(见图 1)。

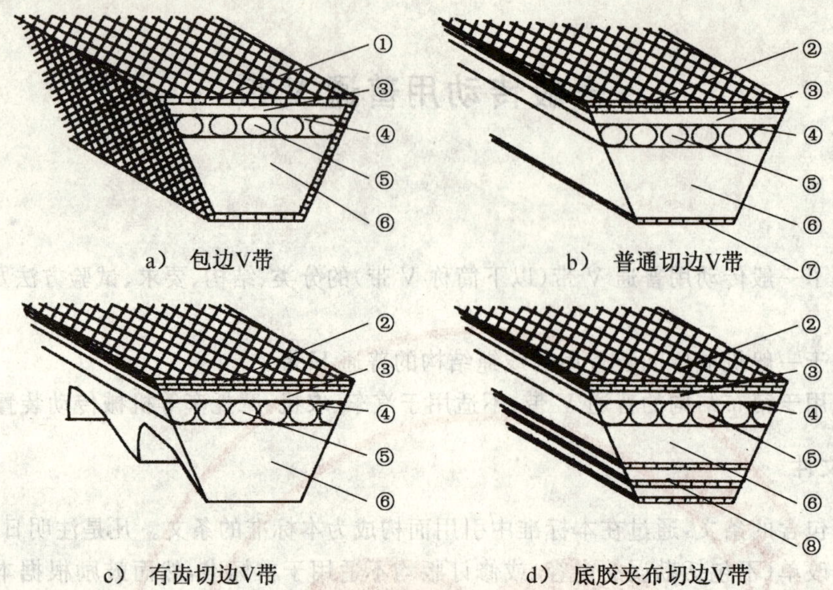

a） 包边V带　　b） 普通切边V带

c） 有齿切边V带　　d） 底胶夹布切边V带

1——胶帆布；
2——顶布；
3——顶胶；
4——缓冲胶；
5——芯绳；
6——底胶；
7——底布；
8——底胶夹布。

图1　V带结构(示意图)

5　要求

5.1　外观质量

V带的外观质量应符合表1的规定。

表1　V带外观质量要求

V带类别	缺陷名称	要　求
包边V带	带角胶帆布破损	外胶帆布每边累计长度不超过带长的30%。(内胶帆布不允许有)
	鼓泡	不允许有
	胶帆布搭缝脱开	
	带身压偏	
	海绵	
切边V带	飞边	顶面单侧飞边不得超过0.5 mm。
	鼓泡	不允许有
	带偏、开裂	
	海绵	

5.2　尺寸

V带的基准长度极限偏差、露出高度、中心距变化量、配组差应符合GB/T 11544的规定。

5.3 物理性能

V 带的物理性能应符合表 2 的规定。

表 2 普通 V 带的物理性能

<table>
<tr><th rowspan="2">项目
型号</th><th rowspan="2">拉伸强度/kN
≥</th><th colspan="2">参考力伸长率/%
≤</th><th colspan="2">线绳粘合强度/(kN/m)
≥</th><th rowspan="2">布与顶胶间粘合强度/(kN/m)
≥</th></tr>
<tr><th>包边 V 带</th><th>切边 V 带</th><th>包边 V 带</th><th>切边 V 带</th></tr>
<tr><td>Y</td><td>1.2</td><td rowspan="7">7.0</td><td rowspan="5">5.0</td><td>10.0</td><td>15.0</td><td rowspan="2">—</td></tr>
<tr><td>Z</td><td>2.0</td><td>13.0</td><td>25.0</td></tr>
<tr><td>A</td><td>3.0</td><td>17.0</td><td>28.0</td><td rowspan="5">2.0</td></tr>
<tr><td>B</td><td>5.0</td><td>21.0</td><td>28.0</td></tr>
<tr><td>C</td><td>9.0</td><td>27.0</td><td>35.0</td></tr>
<tr><td>D</td><td>15.0</td><td rowspan="2">—</td><td>31.0</td><td>—</td></tr>
<tr><td>E</td><td>20.0</td><td>31.0</td><td>—</td></tr>
</table>

5.4 疲劳性能

A 型和 B 型 V 带无扭矩疲劳寿命不小于 1.0×10^7 次，24 h 中心距变化率不大于 2.0%。

6 抽样

6.1 V 带应逐条进行外观质量和尺寸检查。

6.2 同型号、同材质的 V 带以不多于 200 000 条为一批，出厂检验的项目在每批产品中包括外观质量、尺寸、物理性能，但每周不得少于一次。

6.3 若 V 带尺寸、外观质量、物理性能中有不合格项目时，应在该批产品中另取双倍数量的试样对不合格项目进行复验，若试验结果中有一项仍不合格，则该批产品为不合格产品。

6.4 对同种型号同种材质的 A 型和 B 型 V 带，每次应抽取两条试样进行 V 带疲劳试验，若出现不合格项目时，应在该批产品中另取两条试样进行复验，若试验结果中有一项仍不合格，则该批产品为不合格品。V 带疲劳试验每季不得少于一次。

6.5 如遇到转产、转厂、停产后复产，结构、材料或工艺有重大改变时，V 带需要进行型式检验，V 带型式检验时，应检验本标准第 5 章“要求”中全部内容。

7 试验方法

7.1 V 带的尺寸按 GB/T 11544 规定进行测量。

7.2 V 带的拉伸强度和参考力伸长率按 GB/T 3686 规定进行试验。参考力按表 3 的规定。

表 3 参考力参数

V 带型号	Y	Z	A	B	C	D	E
参考力/kN	0.6	0.8	1.4	2.4	3.9	7.8	11.8

7.3 V 带线绳粘合强度按 GB/T 3688 规定进行试验。

7.4 对于布与顶胶间粘合强度试验，先在 V 带顶部切取两个试样，试样为矩形，宽度为 10.0 mm±0.2 mm，必要时厚度应适当减薄。并有足够长度能使测量过程中的分离长度不小于 100 mm。夹持器的移动速度为 100 mm/min±10 mm/min，按 GB/T 12833 得出数值，计算两个试样的算术平均值。

7.5 V 带无扭矩疲劳寿命和带轮中心距变化率按 GB/T 15328 规定进行试验。

8 标志、标签、包装、贮存和运输

8.1 标志

每条V带应有水洗不掉的明显标志，包括下述内容：

a) 制造厂名和商标；

b) 标记；

c) 配组代号；

d) 制造年、月。

8.2 标签和包装

V带按型号和基准长度捆扎。每捆中V带的标记和配组代号应相同，并采用合适的方式对产品进行包装，在包装物内应附有标签，其上应包括以下内容：

a) 制造厂名和商标；

b) 标记和带芯材质；

c) 包装物内V带的条数；

d) 质检部门合格章；

e) V带使用和保养条件。

8.3 贮存和运输

8.3.1 V带在贮存和运输中，应避免阳光直射或雨雪浸淋，保持清洁；防止与酸、碱、油类及有机溶剂等影响V带质量的物质接触；防止机械损伤，并距发热装置1 m以外。

8.3.2 贮存时，库房内温度保持在－18℃～＋40℃之间。

8.3.3 贮存期间应避免使V带承受过大重量而变形，最好将V带悬挂在月牙形的架子上或平整地放在货架上。

8.3.4 在上述条件下贮存期不超过一年时，其性能仍符合本标准规定。

ICS 01.100.01;17.180.37
N 30

中华人民共和国国家标准

GB/T 1185—2006
代替 GB/T 1185—1989

光学零件表面疵病

Surface imperfections of optical elements

(ISO 10110-7:1996,Optics and optical instruments—Preparation of drawings for optical elements and systems—Part 7:Surface imperfection tolerances,NEQ;
ISO 14997:2003,Optics and optical instruments—Test methods for surface imperfections of optical elements,NEQ)

2006-12-13 发布 2007-07-01 实施

中华人民共和国国家质量监督检验检疫总局
中国国家标准化管理委员会 发布

前　言

本标准对应于 ISO 10110-7:1996《光学和光学仪器　光学零件和光学系统图样　第7部分:表面疵病公差》(英文版)和 ISO 14997:2003《光学和光学仪器　光学零件表面疵病试验方法》(英文版),与 ISO 10110-7:1996和 ISO 14997:2003 的一致性程度为非等效。

本标准根据 ISO 10110-7:1996 和 ISO 14997:2003 重新起草。本国家标准与国际标准的主要差异如下:

——增加了级数对应的擦痕宽度和长度;

——修改了长擦痕的定义,ISO 10110-7 中长擦痕定义为长度大于 2 mm 的擦痕;本标准规定长擦痕的长宽比应大于 160:1,其宽度不大于一般疵病公差基本级数除以换算系数(25),长度不小于一般疵病公差基本级数乘以换算系数(6.3),将长擦痕与基本级数联系了起来。

——增加了表面疵病的未注公差。

——增加了表面疵病比较标板的相对误差以及 3 号标板。

——修改了表面疵病的代号,ISO 10110 系列标准中公差项目的代号采用数字码,表面疵病的代号为"5";本标准仍沿用 GB/T 1185—1989 规定的代号"B"。

——为便于标准的理解、掌握和执行,本标准增加和修改了术语、定义和符号,调整了标准的结构,剖析了擦痕与级数的对应关系和不同级数不同换算系数擦痕间的数据关系,增加了换算、对应和标注示例,提供了胶合件和涂覆后的表面疵病参考要求。

本标准代替 GB/T 1185—1989《光学零件表面疵病》,与 GB/T 1185—1989 相比主要变化如下:

——扩大了适用范围(GB/T 1185—1989 的第 1 章;本标准的第 1 章);

——增加了规范性引用文件(见第 2 章);

——修改并增加了术语和定义(GB/T 1185—1989 的第 2 章;本标准的 3.1);

——明确了擦痕和长擦痕的定义、公差和标志(GB/T 1185—1989 的 4.3;本标准的 3.1.4,4.2.2,5.1.3);

——修改并增加了符号(GB/T 1185—1989 的第 2 章和第 4 章;本标准的 3.2);

——修改了换算系数(GB/T 1185—1989 的表 1;本标准的表 A.1 和表 A.2);

——修改了级数换算示例(GB/T 1185—1989 的附录 A;本标准的附录 A);

——增加了与级数对应的圆麻点直径和擦痕尺寸(见表 A.3);

——增加了镀膜的疵病要求和标志(见 4.2.1.4 和 5.1.2);

——修改了密集度要求(GB/T 1185—1989 的第 5 章;本标准的 4.2.3);

——增加了表面疵病的未注公差(见 4.5);

——修改了面积法疵病试验方法,并增加了质量控制程序(GB/T 1185—1989 的第 6 章,本标准的 6.1,附录 C 和附录 D);

——增加了可视度的要求、标志和试验方法(见 4.3,5.1.4,6.2,附录 E);

——增加了破边试验方法(见 6.3);

——增加了疵病标注示例(GB/T 1185—1989 的第 4 章;本标准的附录 B);

——提供了胶合件和涂覆后疵病的参考要求(见附录 F)。

本标准的附录 A 和附录 E 是规范性附录,附录 B、附录 C、附录 D 和附录 F 是资料性附录。

本标准由中国机械工业联合会提出。

本标准由全国光学和光子学标准化技术委员会(SAC/TC 103)归口。

本标准由凤凰光学集团有限公司和上海光学仪器研究所负责起草，上海理工大学、南京江南光电(集团)股份有限公司、西安北方光电有限公司、江苏曙光光电有限责任公司、南京东利来光电实业有限公司参加起草。

本标准主要起草人：郐子刚、冯琼辉、高大智、李湘宁、任文莉、刘庆明。

本标准所代替标准的历次版本发布情况为：

——GB 1185—1974、GB/T 1185—1989。

光学零件表面疵病

1 范围

本标准规定了光学零件表面疵病的术语、定义、符号、公差、标识和试验方法。

本标准适用于光学零件经抛光、磨边、注塑、镀膜等加工后的表面粗糙度 $R_z \leqslant 0.1\ \mu m$ 的透射和反射表面，光学零件经刻划、胶合、涂覆等加工后的透射和反射表面也可参照执行。

2 规范性引用文件

下列文件中的条款通过本标准的引用而成为本标准的条款。凡是注日期的引用文件，其随后所有的修改单(不包括勘误的内容)或修订版均不适用于本标准，然而，鼓励根据本标准达成协议的各方研究是否可使用这些文件的最新版本。凡是不注日期的引用文件，其最新版本适用于本标准。

GB/T 13323 光学制图

3 术语、定义和符号

3.1 术语和定义

下列术语和定义适用于本标准。

3.1.1

表面疵病 surface imperfections

光学零件表面呈现的麻点、斑点、擦痕、破边等瑕疵。除镀膜层疵病、长擦痕和破边之外的表面疵病又称一般表面疵病(以下简称一般疵病)。

3.1.2

麻点 pit pitting

光学零件表面呈现的微小的点状凹穴，包括开口气泡、破点，以及细磨或精磨后残留的砂痕等。一般疵病公差的基本级数对应的麻点又称粗麻点，级数小于一般疵病公差基本级数的麻点则称为细麻点。

注：一般疵病公差基本级数对应的疵病面积与同级粗麻点的面积相等。

3.1.3

斑点 stain

光学零件表面经侵蚀或镀膜后形成的在反射光中呈干涉色突变的局部腐蚀或覆盖。

注：在透射光中能观察到的斑点按麻点处置，在透射光中观察不到的斑点按 JB/T 8226 规定的色斑处置。

3.1.4

擦痕 scratch

光学零件表面呈现的微细的长条形凹痕。长宽比不大于 160∶1 的擦痕又称短擦痕，长宽比不小于 160∶1 的擦痕则称为长擦痕。

注 1：疵病级数所对应的不同长宽比的短擦痕，其面积与该级数的疵病面积相等。

注 2：ISO 10110-7:1996 规定长度大于 2 mm 的擦痕为长擦痕。

3.1.5

破边 edge chips

光学零件有效孔径之外的边缘破损，不包括可发展的裂纹。

注 1：位于有效孔径内的破边部分按麻点处置。

注 2：破边虽然位于有效孔径以外，它仍可能对光学系统产生不利的影响，影响零件的密封性和安装牢固度。

3.1.6

级数　grade number

表征表面疵病大小且以毫米(mm)为单位的数值分级。级数值为疵病面积的平方根，也是该级表面疵病的最大值。

3.1.7

换算系数　sub-division factors

在疵病面积不变的前提下，一般疵病公差基本级数的疵病，分解成若干个较小级数的疵病(包括细麻点和短擦痕)的倍增系数；或由基本级数折算成不同长宽比的短擦痕的倍增系数。

注：一般疵病公差基本级数所对应的长擦痕，其面积与该级数的疵病面积不相等。

3.1.8

可见度　visibility

在规定的试验方法和试验条件下，光学零件表面疵病的可觉察性。

3.1.9

表面疵病公差　surface imperfection tolerance

光学零件表面允许的疵病基本级数及其个数，或表面疵病的可见度。

3.1.10

全显露疵病　fully-developed imperfection

能散射所有入射光的疵病。

3.1.11

部分显露疵病　partially- developed imperfection

能将入射光部分散射并部分透过的疵病。

3.1.12

擦痕等效宽度　line-equivalent width；LEW

全显露的擦痕的宽度或与所拦截的部分显露擦痕的透光量相当的吸光擦痕的宽度。

注：全显露的擦痕的宽度即为其几何宽度。

3.1.13

麻点等效直径　spot-equivalent diameter；SED

全显露的麻点直径或与所拦截的部分显露麻点的透光量相当的吸光麻点的直径。

注：全显露的麻点直径即为其几何直径。

3.1.14

疵病阈值　imperfection threshold

零件表面疵病总量的限定值，超过该值时该零件不再适用其特定的应用。

3.1.15

亮视场疵病对比度　bright-field imperfection contrast

背景的最大亮度与通过疵病的光强之差和两者之和的比率。

注：该值的大小取决于人眼的观察方式是透射观察还是反射观察，且取决于是直接观察还是透过器件观察。

3.1.16

明度比较　obscuration comparison

在亮视场条件下，以疵病的最大对比度与已知数据的明度标样作比较来测定其严重程度的方法。

3.1.17

视觉对比度阈值　visual contrast threshold

观察者刚好能察觉物体细节时所需的物体亮度与其背景光亮度之比的最小值。

3.2 符号

本标准采用的符号由表1给出。

表1 符号

符 号	含 义	计量单位
A_n	疵病公差的基本级数。	mm
$A_{n,1}$	一般疵病公差的基本级数。	
$A_{n,2}$	镀膜层疵病公差的基本级数。	
$A_{n,3}$	长擦痕公差的基本级数。	
$A_{n,4}$	破边公差的最大破损尺寸。	
A'_n	基本级数所对应的短擦痕宽度，$A'_n=A_n/k$。	
$A'_{n,3}$	一般疵病公差基本级数所对应的长擦痕宽度，$A'_{n,3}=A_{n,1}/k$。	
A''_n	基本级数所对应的短擦痕长度，$A''_n=A_n\times k$。	
$A''_{n,3}$	一般疵病公差基本级数所对应的长擦痕长度，$A''_{n,3}=A_{n,1}\times k$。	
A_b	由基本级数换算所得的较小级数，$A_b=A_n/k$。	
A'_b	由基本级数换算所得的较小级数所对应的擦痕宽度，$A'_b=A_b/k$。	
A''_b	由基本级数换算所得的较小级数所对应的擦痕长度，$A''_b=A_b\times k$。	
B	表面疵病代号。	—
C	镀膜层疵病代号。	
E	破边代号。	
k	换算系数。	
k_b	个数换算系数，$k_b=k^2$。	
L	长擦痕代号。	
N_n	基本级数疵病的许有个数。	个
$N_{n,1}$	一般疵病公差基本级数的许有个数。	
$N_{n,2}$	镀膜层疵病公差基本级数的许有个数。	
$N_{n,3}$	长擦痕公差基本级数的许有个数。	
N_b	由基本级数换算所得的较小级数疵病的许有个数，$N_b=N_n\times k_b=N_n\times k^2$。	
R	反射观察可见度代号。	—
T	透射观察可见度代号。	
V	可见度试验条件等级数，分为1～5五个等级。	
Σ_n	基本级数及其许有个数的疵病总面积。	mm^2
Σ_b	基本级数及其许有个数换算成较小级数后的疵病总面积。	

4 公差

4.1 表面疵病公差的构成

表面疵病公差的构成见图1。

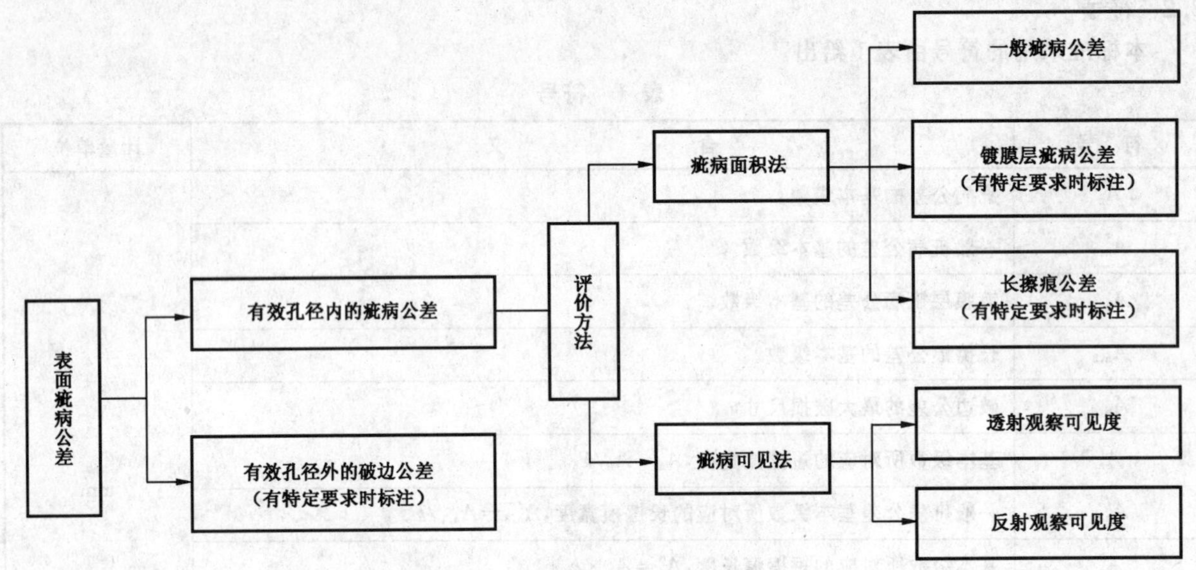

图 1　表面疵病公差的构成

4.2　有效孔径内的面积法疵病公差

4.2.1　一般疵病公差和镀膜层公差

4.2.1.1　一般疵病公差和镀膜层公差由基本级数及其许有的个数组成。

4.2.1.2　一般疵病公差和镀膜层公差的基本级数(包括擦痕的宽度和长度系列)是公比为 1.6 的优先数系列,基本级数系列值为:

…… 0.004 0,0.006 3,0.010,0.016,0.025,0.040,0.063,0.10,0.16,0.25,0.40,0.63,1.0,1.6,2.5,4.0,……

在非特定要求时,级数小于 0.004 0 mm 的疵病忽略不计。

4.2.1.3　一般疵病公差和镀膜层公差的基本级数可用换算系数分解成若干个较小级数或折算成不同长宽比的短擦痕。换算系数(k)定为 1.6,2.5 或 4,对于 $k \geqslant 6.3$ 的更小级数疵病则不予计算。级数换算和对应关系见附录 A。

4.2.1.4　镀膜光学零件的表面疵病公差一般为镀膜后的综合要求;当单独给出镀膜层疵病公差时,其一般疵病公差则为镀膜前的抛光表面要求。

注 1:一般情况下(如光学零件镀减反射膜),微小的镀膜层疵病与镀膜前的抛光表面疵病难以区分,而是由包含镀膜层疵病的镀膜后一般疵病公差综合控制,其镀膜前抛光表面的一般疵病公差则应按 JB/T 8226 的规定相应地减小。

注 2:刻划件的表面疵病公差参见 GB/T 11162,胶合件和涂覆后的表面疵病公差参见附录 F。

4.2.2　长擦痕公差

4.2.2.1　有特定要求时的长擦痕公差由基本级数及其许有的个数组成。

4.2.2.2　长擦痕的基本级数为长擦痕的最大宽度。其最大宽度是一般疵病基本级数的 0.04 倍(当长度小于一般疵病基本级数的 6.3 倍时,以及宽度小于一般疵病基本级数的 0.025 倍时,均忽略不计)。

4.2.3　疵病密集度

表面疵病不允许密集,在有效孔径面积的 5 %范围内,基本级数的疵病数不得超过许有个数的 20 %。

4.3　有效孔径内的可见法疵病公差

4.3.1　可见度分类

可见法疵病公差按观察方式分为透射观察可见度和反射观察可见度。

4.3.2　可见度等级

可见法疵病公差又按附录 E 规定的试验方法和零件照度、背景亮度等条件下的可觉察性,分为 5

个等级，可见度等级由表2给出。

表2 表面疵病可见度等级

可见度等级	零件照度		背景基准亮度
	基本值	相对误差	
1	2 500 lx	±5%[a]	黑色
2			使用附录E规定的校准标板进行调整
3	1 250 lx		
4	625 lx		
5	310 lx		
a 各等级间照度之比的相对误差不得超过±2 %。			

4.4 有效孔径外的破边公差

4.4.1 破边公差为距离边缘的最大破损尺寸。

4.4.2 破边的长度和处数不作限定。

4.5 未注公差

当零件的产品图样上未标注表面疵病公差时，其表面应符合表3规定的一般表面疵病要求。当零件的表面疵病要求高于或低于表面疵病未注公差时，均应在零件的产品图样上予以标注。

表3 表面疵病未注公差

零件最大尺寸[a]/mm	~10	>10~30	>30~100	>100~300
一般疵病未注公差/个× mm	3×0.16	5×0.25	5×0.40	5×0.63
破边未注公差/mm	0.2	0.3	0.5	0.8
a 圆形为直径，椭圆形为长轴，其他形状为其对角线。				

5 标识

5.1 表面疵病公差组成单元的标识

5.1.1 一般疵病公差

一般疵病公差用一般疵病公差的基本级数($A_{n,1}$)及其许有的个数($N_{n,1}$)来表示，其标识为：$N_{n,1} \times A_{n,1}$。

5.1.2 镀膜层疵病公差

镀膜层疵病公差用镀膜层疵病代号“C”和镀膜层疵病公差的基本级数($A_{n,2}$)及其许有的个数($N_{n,2}$)来表示，其标识为：C $N_{n,2} \times A_{n,2}$。

5.1.3 长擦痕公差

长擦痕公差用长擦痕代号“L”和长擦痕公差的基本级数($A_{n,3}$)及其许有的个数($N_{n,3}$)来表示，其标识为：L $N_{n,3} \times A'_{n,3}$。

5.1.4 可见度等级

可见度等级由透射观察可见度代号(T)或反射观察可见度代号(R)及其可见度等级数(V)组成，其标识为：TV 或 RV。

对于起双重作用的表面(如分束镜表面)，应同时标出透射观察可见度等级(TV)和反射观察可见度等级(RV)。

5.1.5 破边公差

破边公差用破边代号“E”和破边公差的最大破损尺寸($A_{n,4}$)来表示，其标识为：E $A_{n,4}$。

5.2 表面疵病公差的完整标识

5.2.1 公差标识组成

表面疵病公差的完整标识由表面疵病代号“B”、斜杠“/”及其疵病公差的组成单元构成。各组成单元之间用分号“;”隔开。

注：ISO 10110-7:1996 规定表面疵病的代号是数字码“5”(ISO 10110 系列标准规定：“0”为应力双折射，“1”为气泡度，“2”为条纹度，“3”为面形偏差，“4”为透镜中心误差，……)。

5.2.2 面积法疵病公差组

疵病面积法的疵病公差组成单元依次为一般疵病公差和有特定要求时的镀膜层疵病公差、长擦痕公差和破边公差。即为：

B/$N_{n,1}\times A_{n,1}$;C $N_{n,2}\times A_{n,2}$;L $N_{n,3}\times A'_{n,3}$;E $A_{n,4}$。

注：镀膜层疵病公差、长擦痕公差和/或破边公差无特定要求时，在表面疵病公差完整标识中不予标注，如：(B/$N_{n,1}\times A_{n,1}$)，(B/$N_{n,1}\times A_{n,1}$;C $N_{n,2}\times A_{n,2}$)，(B/$N_{n,1}\times A_{n,1}$;E $A_{n,4}$)。

5.2.3 可见法疵病公差组

疵病可见法的疵病公差组成单元依次为可见度等级和有特定要求时的破边公差，即为：

B/TV;E $A_{n,4}$(或 B/RV;E $A_{n,4}$)。

注：破边公差无特定要求时，在表面疵病公差完整标识中不予标注，如：B/TV，B/RV。

5.3 标注方法

5.3.1 标注规则

表面疵病公差按 GB/T 13323 的规定，注写在产品图样专用表格的表面疵病栏中，或将需标注表面用指引线和基准线引出后注写，或在技术要求中说明。

5.3.2 复合公差的标注

当中心区与周边区的公差不同时，或可见度同时有透射观察和反射观察的要求时，二个公差之间用加号“+”连接。

5.3.3 标注示例

表面疵病公差标注示例参见附录 B。

6 试验方法

6.1 面积法疵病试验方法

6.1.1 试验方法分类

面积法疵病试验方法的分类见图 2。

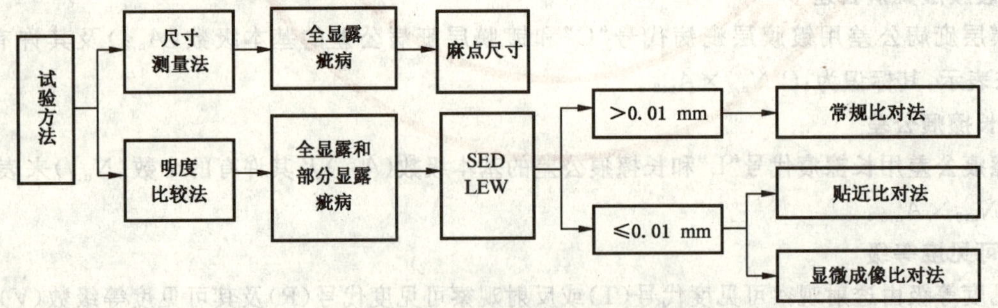

图 2 面积法疵病试验方法分类

6.1.2 尺寸测量法

6.1.2.1 麻点通常是全显露的疵病，可使用带测量目镜的显微镜，或使用通用量仪并借助放大镜/低倍显微镜，测出其面积平方根的相关值：

——圆麻点取几何直径；

——长圆形麻点以其最大轴线长度和最小轴线长度的算术平均值折算成圆麻点的直径；

——不规则麻点以其最大长度和最大宽度的算术平均值近似为面积的平方根。

6.1.2.2 按表 A.2 给出的基本级数对应的圆麻点直径来确定该麻点的疵病级数。

6.1.3 常规比对法

6.1.3.1 尺寸大于 0.01 mm 的全显露疵病和部分显露疵病，可使用附录 C 推荐的比较标板进行明度比较，来测定麻点的直径和等效直径(SED)，或擦痕的宽度和等效宽度(LEW)及其长度。

6.1.3.2 观察最好在暗视场条件下进行，以小角度的散射光从侧后方照明。被检零件的照度约为(2 000±500)lx，环境照度不大于 160 lx。常规的透射光检测装置参见图 C.1。

6.1.3.3 按被检零件的要求选用适宜的透射或反射观察方式，以明视距离(250±50) mm 观察，观察时允许朝任意方向转动零件。需要时，可使用放大镜或低倍显微镜。确定透镜的疵病级数时，应以透射观察为准(不包括棱镜和一面磨砂一面抛光的零件)。

6.1.3.4 检测反射表面时，应将被检零件靠近检测装置的后壁，并稍作倾斜，以防反射光射入眼睛。

6.1.4 贴近比对法

6.1.4.1 当疵病尺寸小于或等于 0.01 mm 时，采用比较标板靠近待检零件放置的方法，以利于眼睛在亮视场条件下进行被检零件与比较标板的比对。

6.1.4.2 当照明为平行光时，疵病的分辨率可得到显著提高。图 C.2 a)为透射观察检测 LEW 和 SED 的最简单装置，图中光源从侧后方远距离照亮零件，背景为黑色。

6.1.4.3 反射面的疵病一般通过分束镜来照明与观察。反射观察检测装置参见图 C.2 b)。

6.1.5 显微成像比对法

6.1.5.1 疵病和比较标板用接近平行的光线照明，经相同的显微放大系统成像后，直接观察进行比对，其精确度和敏感度可得到显著提高。图 C.3 为优先推荐的显微成像比较仪。

6.1.5.2 成像系统采用数值孔径较小(推荐 *NA*0.01)的物镜，以滤去像的细节，提高其疵病对比度。

6.1.5.3 调节被检零件(T)和比较标板(R)的位置，使零件上的擦痕和标板上的狭缝能平列成像在电子影像传感器(TV)上，通过显示器对它们的像进行比对。

6.1.5.4 旋转检偏振片(Z_2)使两束光能交替地进入电子影像传感器，同时调整起偏振片(Z_1)的角度设置，使被检零件像和比较标板像的背景闪烁降到零。

6.1.5.5 轮流旋转两片 1/4 波片(Q_1、Q_2/Q_2')，使从被检零件和比较标板反射到电子影像传感器的亮度交替地最强。微调检偏振片的角度(Φ)，直至被检零件疵病像与比较标板标样像的对比度基本相同。从而测得擦痕的宽度和等效宽度(LEW)，或麻点的直径和等效直径(SED)。

6.1.6 质量控制程序

面积法疵病质量控制的一般程序参见附录 D。

6.2 可见法疵病试验方法

6.2.1 疵病可见法试验采用疵病经主光线照射后散射的光，在参照背景的一定衬度下的可觉察性来判定。

6.2.2 配有稳压电源的可见法疵病试验装置见图 E.1。用照度计按表 2 的规定，校准各挡可见度的照度。

6.2.3 由于观察者的视觉对比度阈值是变化的，不同观察者在透射观察或反射观察前，均应使用附录 E 给出的校准标板来校正参照背景的基准亮度，以确保可觉察灵敏度的一致性。

6.2.4 检验时应注意遮住零件有效孔径外的光线；用反射光观测时，应尽量避免由观察者及其附近反射的光线射入零件。

6.2.5 按被检零件的可见度等级，调节试验装置与其相匹配的照度，并校准好参照背景的基准亮度，在明视距离下，使校准标板上的十字分划线刚好可觉察。在此试验条件下检验被检零件，不能被觉察到疵病(允许朝任意方向转动零件)。

6.2.6 采用可见法评价疵病时，表面疵病和材质疵病(如气泡等)同时被察觉，且不能区分一般疵病、镀膜层疵病和长擦痕。未特别说明时，可见法疵病不论在零件的表面还是其材料内部都应计数。且表面镀膜可提高疵病的可见度。

6.2.7 当需测定零件质量的疵病级数时，应从可见度最低级数(5级)开始，若观察不到疵病则逐级提升，直至能察觉到疵病时为止。此时的级数即为该零件的实测疵病级数。

6.3 破边试验方法

6.3.1 破边尺寸使用通用量仪/附录C推荐的比较标板，并借助放大镜/低倍显微镜进行测量；或者使用带测量目镜的显微镜进行测量。

6.3.2 破边尺寸应从零件倒角后的棱边、沿与零件表面平行的方向往中间测量，圆形零件为径向距离，直边零件为棱边的垂直距离。

附 录 A
（规范性附录）
换 算

A.1 换算关系

基本级数与较小级数和级数与擦痕之间的换算关系见图 A.1。

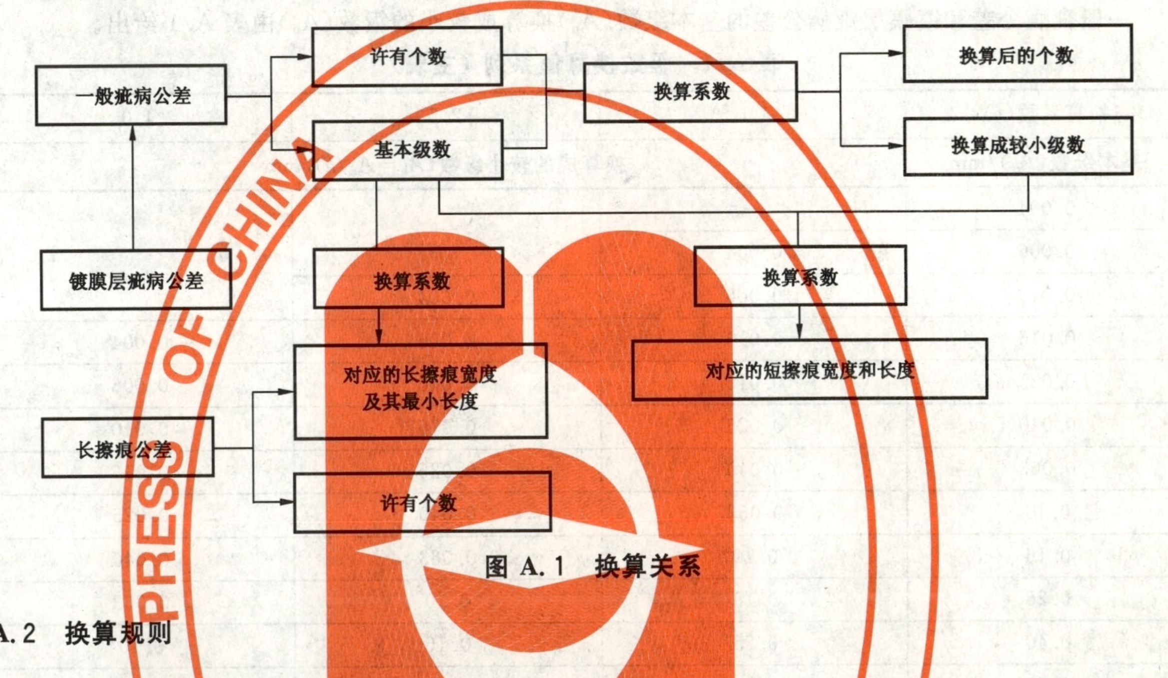

图 A.1 换算关系

A.2 换算规则

A.2.1.1 级数及其个数的换算规则

一般疵病公差（包括镀膜层疵病公差）的基本级数（A_n）和许有个数（N_n）换算成较小的级数（A_b）及其个数（N_b）：

——较小的级数等于基本级数除以换算系数（k），即 $A_b = A_n / k$；

——较小级数的疵病个数等于基本级数的许有个数乘以二次方换算系数（k^2），即 $N_b = N_n \times k^2 = N_n \times k_b$，其中（$k_b = k^2$）又称为个数换算系数，换算所得的个数取计算值的整数部分；

——换算系数（k）为 1.6 或 2.5 或 4，相对应的个数换算系数（k_b）为 2.5 或 6.3 或 16；

——换算成较小级数及其许有个数后的疵病面积之和，不得大于基本级数及其许有个数的疵病总面积，即 $\Sigma_b \leqslant \Sigma_n$。

注：$A_b \leqslant 0.16A_n$（$k \geqslant 6.3$）的极小级数疵病忽略不计。

A.2.1.2 级数与短擦痕的对应规则

一般疵病公差（包括镀膜层疵病公差）的级数（包括基本级数 A_n 和换算后的较小级数 A_b）转换成短擦痕的宽度（A'_n）和长度（A''_n）：

——短擦痕宽度等于基本级数除以换算系数，即 $A'_n = A_n / k$；

——短擦痕长度等于基本级数乘以换算系数，即 $A''_n = A_n \times k$；

——短擦痕的换算系数（k）为 1.6、2.5 或 4。

注 1：$A_b \leqslant 0.16A_n$ 的极小级数对应的宽度 $A'_b \leqslant 0.04A_n$ 的极小短擦痕（不包括长擦痕）亦忽略不计。

注 2：短擦痕按换算系数划分成宽度分别为 $0.40A_n < A'_n \leqslant 0.63A_n$、$0.25A_n < A'_n \leqslant 0.40A_n$、$0.16A_n < A'_n \leqslant 0.25A_n$，而其对应的长度分别为 $1.0A_n < A''_n \leqslant 1.6A_n$、$1.6A_n < A''_n \leqslant 2.5A_n$、$2.5A_n < A''_n \leqslant 4.0A_n$ 的不同长宽比的擦痕。

A.2.1.3　级数与长擦痕的对应规则

一般疵病公差基本级数($A_{n,1}$)对应的长擦痕宽度($A'_{n,3}$)和长度($A''_{n,3}$)：

——长擦痕宽度等于一般疵病公差基本级数除以换算系数(25)，即 $A'_{n,3}=0.04A_{n,1}$；

——长擦痕长度等于一般疵病公差基本级数乘以换算系数(6.3)，即 $A''_{n,3}=6.3A_{n,1}$。

注：长擦痕是指宽度 $0.025A_{n,1}<A'_{n,3}\leqslant 0.04A_{n,1}$，而其长度 $A''_{b,3}\geqslant 6.3A_{n,1}$ 的擦痕。

A.3　级数及其个数的换算值

A.3.1.1　级数换算值系列

一般疵病公差和镀膜层疵病公差的基本级数(A_n)换算成较小的级数(A_b)由表 A.1 给出。

表 A.1　级数换算值系列（主表）

换算系数(k)	1.6	2.5	4.0
基本级数(A_n)/mm	换算成的较小级数($A_b=A_n/k$)/mm		
0.004	—	—	—
0.006	0.004		
0.010	0.006	0.004	
0.016	0.010	0.006	0.004
0.025	0.016	0.010	0.006
0.040	0.025	0.016	0.010
0.063	0.040	0.025	0.016
0.10	0.063	0.040	0.025
0.16	0.10	0.063	0.040
0.25	0.16	0.10	0.063
0.40	0.25	0.16	0.10
0.63	0.40	0.25	0.16
1.0	0.63	0.40	0.25
1.6	1.0	0.63	0.40
2.5	1.6	1.0	0.63
4.0	2.5	1.6	1.0

A.3.1.2　个数换算值系列

基本级数(A_n)换算成较小的级数(A_b)后，其许有个数(N_n)应相应地换算成较小级数的个数(N_b)，参见表 A.2。

表 A.2　个数换算值系列

个数换算系数($k_b=k^2$)	2.5	6.3	16
许有个数(N_n)	换算成较小级数(A_b)后的个数(N_b)		
1	2	6	16
2	5	12	32
3	7	18	48
4	10	25	64
5	12	31	80
6	15	37	96
7	17	44	112

A.3.1.3 换算示例

基本级数 0.25 mm 换算成较小的级数。从表 A.1 和表 A.2 中查取相关数据，即可获得图 A.2 所示的换算关系。

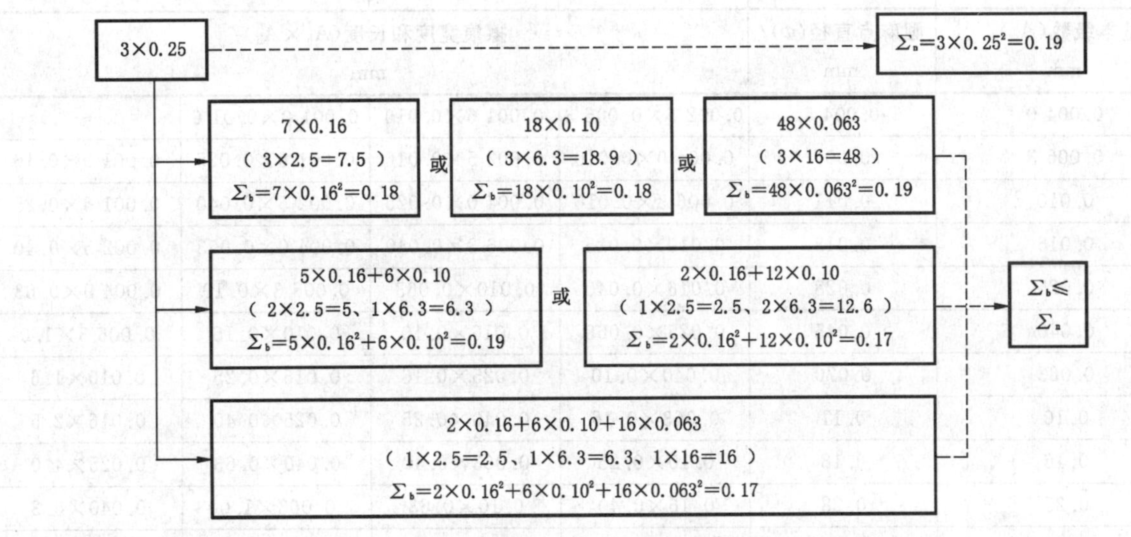

图 A.2 换算示意图

A.4 级数对应值

A.4.1 级数对应的圆麻点直径和擦痕尺寸系列

一般疵病公差和镀膜层疵病公差的基本级数对应的圆麻点直径和短擦痕宽度与长度，以及一般疵病公差基本级数对应的长擦痕的宽度与长度，见表 A.3。

A.4.2 对应示例

基本级数 0.25 mm 及其换算成较小的级数后，所对应的圆麻点直径、短擦痕宽度与长度和长擦痕宽度与长度。从表 A.3 中查取相关数据(参见图 A.3 所示的查找方法)，即可获得图 A.4 所示的对应关系。

换算系数
4.0
2.5
1.6

疵病类型	圆麻点	短擦痕			长擦痕
换算系数 (k)	—	1.6	2.5	4.0	—
基本级数 (A_n) /mm	圆麻点直径 / mm	擦痕宽度和长度 / mm			
0.10	0.11	0.063×0.16	0.040×0.25	0.025×0.40	0.016×2.5
0.25	0.28	0.16×0.40	0.10×0.63	0.063×1.0	0.040×6.3
0.40	0.45	0.25×0.63	0.16×1.0	0.10×1.6	0.063×10
0.63	0.70	0.40×1.0	0.25×1.6	0.16×2.5	0.10×16
1.0	1.1	0.63×1.6	0.40×2.5	0.25×4.0	0.16×25
					0.25×40
2.5	2.8	1.6×4.0	1.0×6.3	0.63×10	0.40×63

图 A.3 对应数据的查找方法

表 A.3 基本级数对应的圆麻点直径和擦痕宽度与长度(主表)

疵病类型	圆麻点	短擦痕			长擦痕
换算系数(k)	—[a)]	1.6	2.5	4.0	—[b)]
基本级数(A_n)/mm	圆麻点直径(Φ)/mm	擦痕宽度和长度($A'_b \times A''_b$)/mm			
0.004 0	0.004 5	0.002 5×0.006 3	0.001 6×0.010	0.001 0×0.01 6	—
0.006 3	0.007	0.004 0×0.010	0.002 5×0.016	0.001 6×0.025	0.001 0×0.16
0.010	0.011	0.006 3×0.016	0.004 0×0.025	0.002 5×0.040	0.001 6×0.25
0.016	0.018	0.010×0.025	0.006 3×0.040	0.004 0×0.063	0.002 5×0.40
0.025	0.028	0.016×0.040	0.010×0.063	0.006 3×0.10	0.004 0×0.63
0.040	0.045	0.025×0.063	0.016×0.10	0.010×0.16	0.006 3×1.0
0.063	0.070	0.040×0.10	0.025×0.16	0.016×0.25	0.010×1.6
0.10	0.11	0.063×0.16	0.040×0.25	0.025×0.40	0.016×2.5
0.16	0.18	0.10×0.25	0.063×0.40	0.040×0.63	0.025×4.0
0.25	0.28	0.16×0.40	0.10×0.63	0.063×1.0	0.040×6.3
0.40	0.45	0.25×0.63	0.16×1.0	0.10×1.6	0.063×10
0.63	0.70	0.40×1.0	0.25×1.6	0.16×2.5	0.10×16
1.0	1.1	0.63×1.6	0.40×2.5	0.25×4.0	0.16×25
1.6	1.8	1.0×2.5	0.63×4.0	0.40×6.3	0.25×40
2.5	2.8	1.6×4.0	1.0×6.3	0.63×10	0.40×63
4.0	4.5	2.5×6.3	1.6×10	1.0×16	0.63×100

注1：宽度小于 0.001 0 mm 的擦痕不予考核。

注2：擦痕的宽度相同，其长度不同，对应的级数就不同。如宽度为 0.10 mm，长度为 0.25 mm、0.63 mm、1.6 mm的短擦痕，它们对应的级数分别为 0.16 mm、0.25 mm、0.40 mm。

注3：基本级数小于 0.025 mm 的疵病无对应的长擦痕。

a 圆麻点直径 $\Phi = 2 \times \pi^{-1/2} \times A_n$。

b 长擦痕宽度 $A'_{n,3} = A_{n,1}/25 = 0.04\ A_{n,1}$，长擦痕长度 $A''_{n,3} = 6.3 A_{n,1}$。

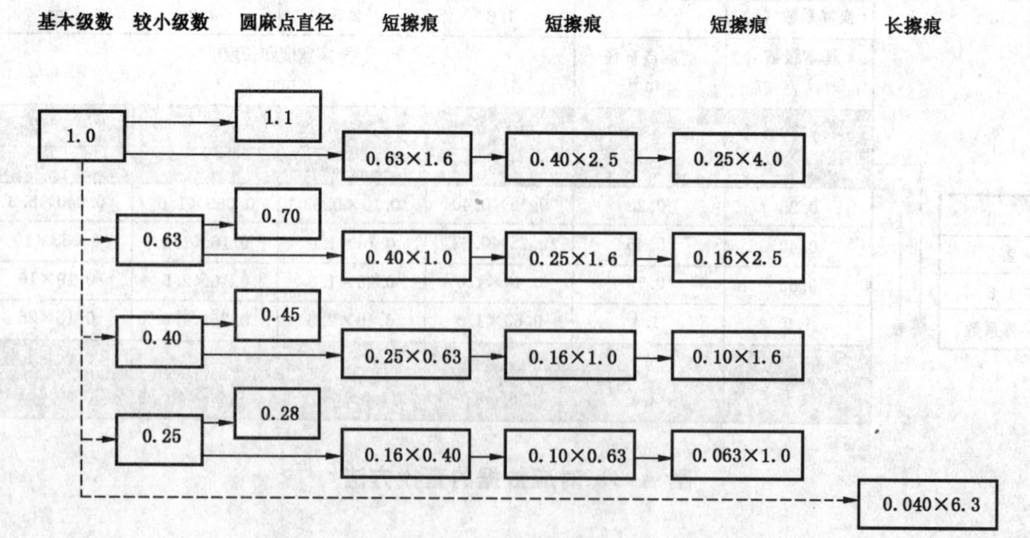

图 A.4 对应关系示意图

附 录 B
（资料性附录）
表面疵病公差标注示例

B.1 专用表格填写示例

表面疵病公差按 GB/T 13323 的规定注写在产品图样的表面疵病栏中。

示例 1：面积法疵病（包括一般疵病公差、镀膜层疵病公差和长擦痕公差）及其破边的公差标注。

B	3×0.63;C2×1.6;L2×0.1;E1

［含义］镀膜前的一般疵病公差是：基本级数为 0.63 mm，其许有个数为 3 个；
镀膜层疵病公差是：基本级数为 1.6 mm，其许有个数为 2 个；
破边公差为 1 mm。

示例 2：中心区域和周边区域不同疵病公差（镀膜层疵病公差、长擦痕公差和破边公差无特定要求时）的标注。

B	2×0.025 + 2×0.040

［含义］中心区域镀膜后的综合公差是：基本级数为 0.025 mm，其许有个数为 2 个；
镀膜后的综合公差是：周边区域基本级数为 0.040 mm，其许有个数为 2 个。

示例 3：两表面不同疵病公差（一个表面中心区域和周边区域又有不同疵病公差）的标注。

B	B_1/3×0.40+5×0.63 B_2/10×0.63

［含义］第 1 表面中心区域镀膜后的综合公差是：基本级数为 0.40 mm，其许有个数为 3 个；
第 1 表面周边区域镀膜后的综合公差是：基本级数为 0.63 mm，其许有个数为 5 个；
第 2 表面镀膜后的综合公差是：基本级数为 0.63 mm，其许有个数为 10 个。

示例 4：二种可见度要求及其破边的公差标注。

B	T3 + R4; E 1

［含义］透视观察可见度等级为 3 级，反视观察可见度等级为 4 级；
破边公差为 1 mm。

B.2 技术要求说明示例

表面疵病的要求在产品图样的技术要求中说明。

示例 5：镀膜零件的说明。

⊕ JB/T 8226.1—1999/3.1 · λ_0 = 520 nm。

［含义］镀膜要求中包含了镀膜后的表面疵病要求，即镀 JB/T 8226.1—1999 中分类号为 3.1 的单层减反射膜后，一般疵病的数量允许按抛光表面一般疵病的数量增加 10 %，色斑允许的面积不得超过有效孔径面积的 0.5%。

示例 6：中心区域的说明。

中心区域的直径为 $1/2D_0$。

［含义］光学零件表面中央二分之一有效孔径内的区域为中心区域。

B.3 引出标注示例

将需标注表面用指引线和基准线引出后注写表面疵病公差。

示例 7：圆形零件分面并分区的标注见图 B.1。

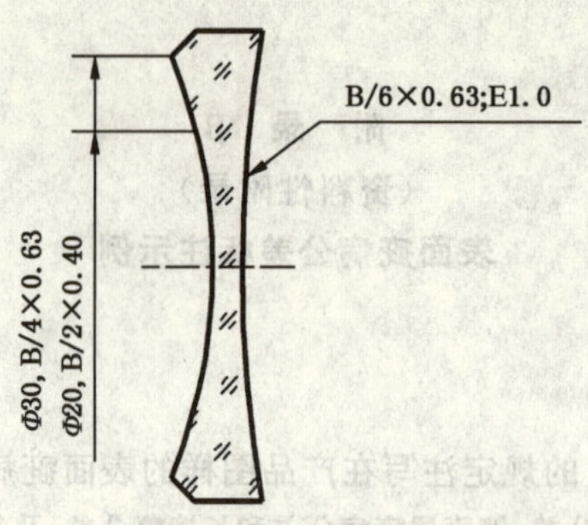

图 B.1 圆形零件分面并分区的标注

[含义]第 1 表面直径为 20 mm 的中心区域镀膜后的综合公差是:基本级数为 0.40 mm,其许有个数为 2 个;

第 1 表面直径为 20 mm～30 mm 的周边区域镀膜后的综合公差是:基本级数为 0.63 mm,其许有个数为 4 个;

第 2 表面镀膜后的综合公差是:基本级数为 0.63 mm,其许有个数为 6 个;

第 2 表面破边公差为 1 mm。

示例 8:方形零件分区的标注见图 B.2。

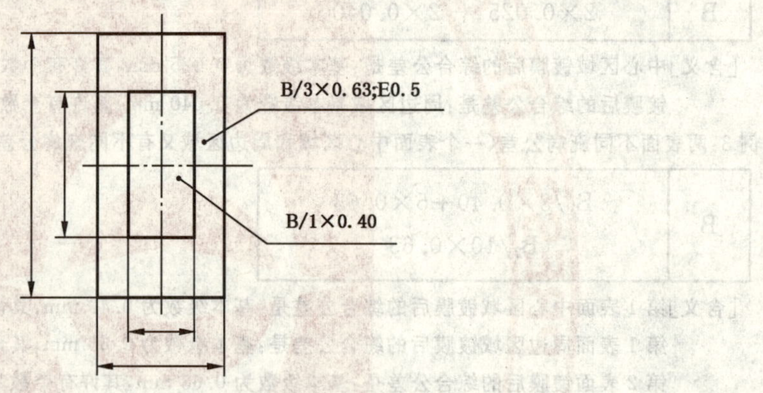

图 B.2 方形零件分区的标注

[含义]中心区域镀膜后的综合公差是:基本级数为 0.40 mm,其许有个数为 1 个;

周边区域镀膜后的综合公差是:基本级数为 0.63 mm,其许有个数为 3 个;

破边公差为 0.5 mm。

附 录 C
（资料性附录）
面积法疵病试验装置

C.1 常规比对检测装置

常规比对检测的典型装置参见图 C.1。

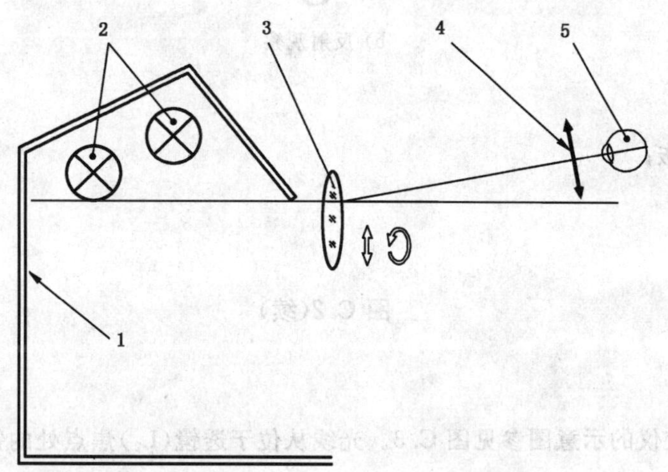

1——黑色消光涂层；
2——荧光灯；
3——被检零件；
4——放大镜；
5——眼睛。

图 C.1 常规比对检测装置

C.2 贴近比对检测装置

贴近比对检测装置的示意图参见图 C.2。

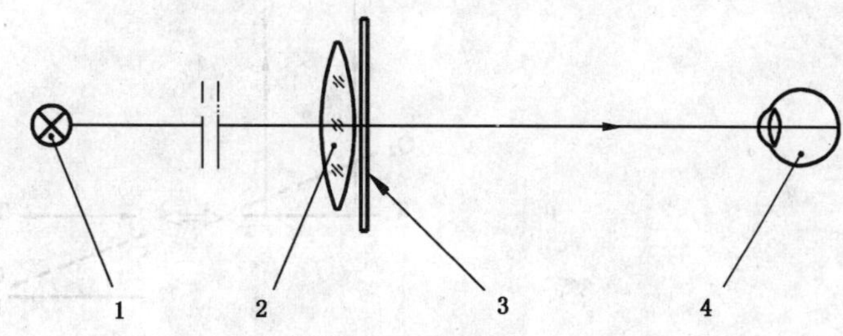

a）透射观察

图 C.2 贴近比对检测装置

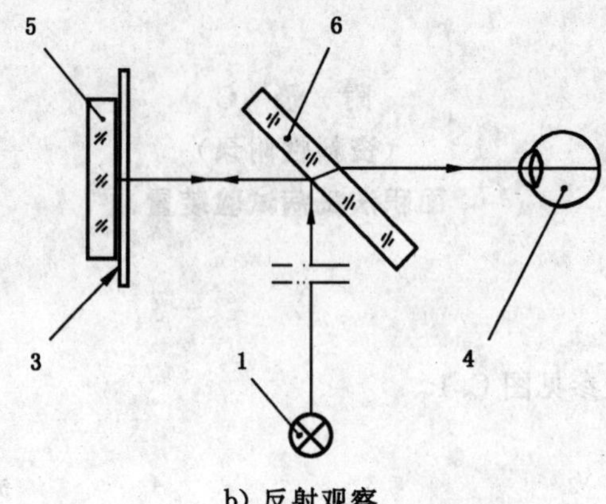

b) 反射观察

1——光源；
2——被检透镜；
3——透射式比较标板；
4——眼睛；
5——被检反射镜；
6——分束镜。

图 C.2(续)

C.3 显微成像比较仪

C.3.1 显微成像比较仪的示意图参见图 C.3。光线从位于透镜(L_2)焦点处的针孔(P)出发，经透镜折

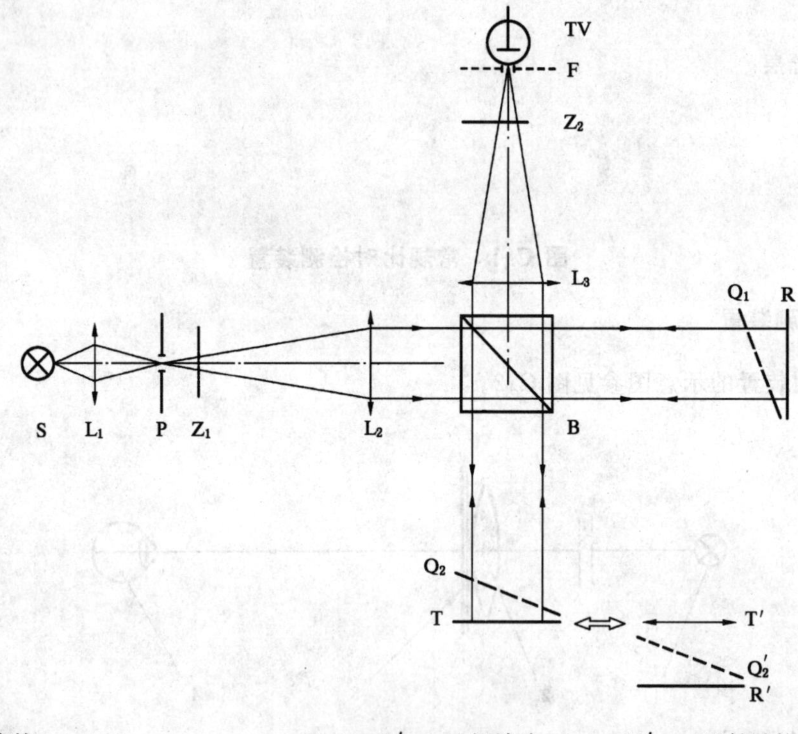

B——偏振分束镜；
F——空间滤波器(Φ_F=1 mm)；
L_1——聚光镜(f_1=25 mm)；
L_2、L_3——透镜($f_2=f_3$=50 mm)；
P——针孔(Φ_P=1 mm)；
Q_1、Q_2、Q_2'——1/4 波片；
R——反射式比较标板；
R′——反射镜；
S——光源；
T——被检零件；
T′——透射零件；
TV——电子影像传感器；
Z_1——起偏振片；
Z_2——检偏振片。

图 C.3 显微成像比较仪

射成平行光；通过起偏振片(Z_1)、偏振分束镜(B)和检偏振片(Z_2)使光偏振、分束和合成；且垂直地入射到被检零件(T)和比较标板(R)。1/4 波片(Q_1、Q_2/Q_2')则使测试光路和参照光路的偏振面旋转。位于透镜(L_3)焦点处的小孔径空间滤波器(F)滤去成像后的微小细节。

C.3.2 将被检零件换成具有已知宽度擦痕和已知直径麻点的刻划标板后，刻划标板疵病像与比较标板标样像的对比度相同时检偏振片的角度值(Φ)即可校准成 LEW 和 SED 的值。同样，也可对比较标板进行标定。采用透射方式时，刻划标板为带有不透明线条的透射基片；采用反射方式时，刻划标板为带有透光狭缝的反射基片。

C.4 表面疵病比较标板

C.4.1 比较标板参数

表面疵病比较标板通常采用的疵病标样参数推荐于表 C.1。其中，擦痕标样的宽度和长度选取换算系数(k)为 4 时的值。

表 C.1 疵病标样的数据

标板编号	基本级数	圆麻点直径	擦痕宽度和长度	疵病标样相对误差
1号标板	0.004 0	0.004 5	0.001 0×0.016	20%
	0.006 3	0.007	0.001 6×0.025	
	0.010	0.011	0.002 5×0.040	
	0.016	0.018	0.004 0×0.063	
	0.025	0.028	0.006 3×0.10	
	0.040	0.045	0.010×0.16	
2号标板	0.040	0.045	0.010×0.16	15%
	0.063	0.070	0.016×0.25	
	0.10	0.11	0.025×0.40	
	0.16	0.18	0.040×0.63	
	0.25	0.28	0.063×1.0	
	0.40	0.45	0.10×1.6	
3号标板	0.40	0.45	0.10×1.6	10%
	0.63	0.70	0.16×2.5	
	1.0	1.1	0.25×4.0	
	1.6	1.8	0.40×6.3	
	2.5	2.8	0.63×10	
	4.0	4.5	1.0×16	

C.4.2 疵病标样的运用

不同级数和不同换算系数的擦痕之间存在的数据关系如表 C.2 所示。因此，某一级数不同换算系数的擦痕可从二个相对应级数的擦痕中分别获得宽度和长度的标样。

C.4.3 比较标板制作要求

表面疵病比较标板的制作要求：

——透射式比较标板，以玻璃或其他透射的材料为基体，制有不透光的疵病标样；

——反射式比较标板，以反射材料或能用其他方式反射的非反射材料为基体，制有透明的疵病标样；

——比较标板的疵病标样，推荐采用在玻璃上真空镀铬的工艺制作；

——常规比对法的比较标板，采用非透射的材料为基体，制有不透光的醒目的疵病标样，也是可行的。

表 C.2 擦痕间的相关数据

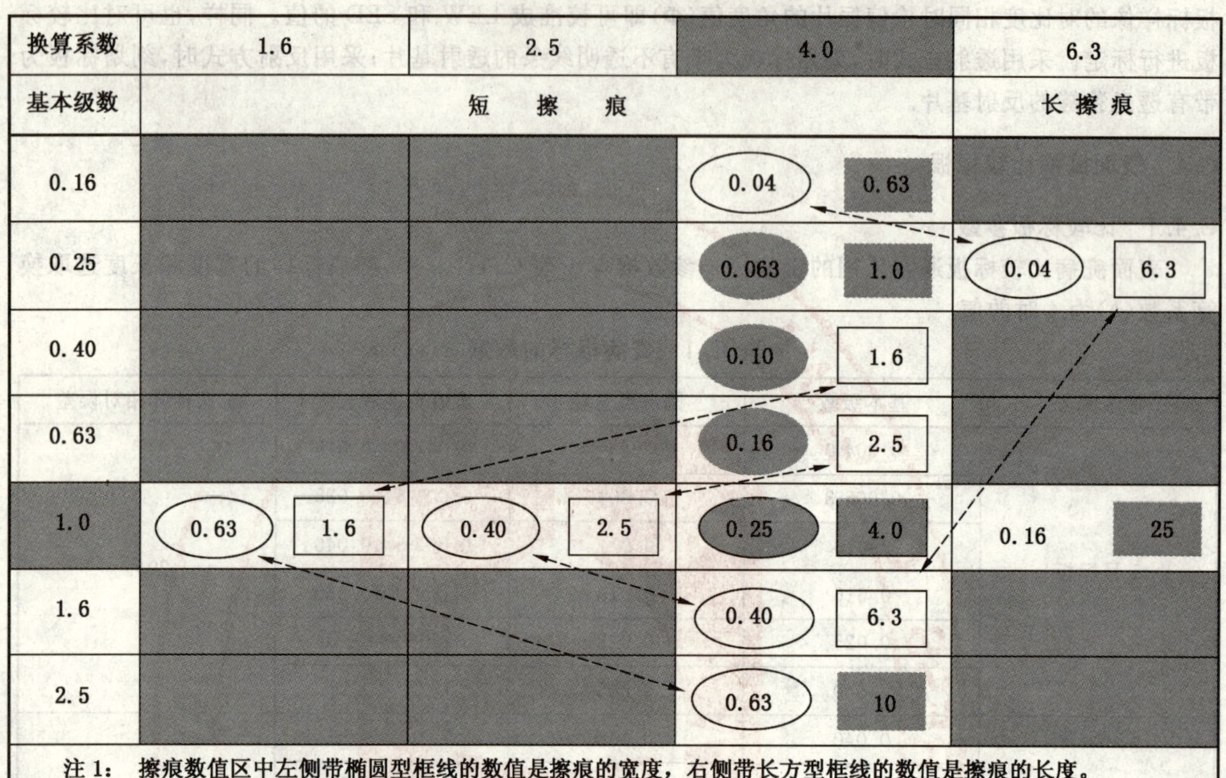

换算系数	1.6		2.5		4.0		6.3	
基本级数	短擦痕						长擦痕	
0.16					0.04	0.63		
0.25					0.063	1.0	0.04	6.3
0.40					0.10	1.6		
0.63					0.16	2.5		
1.0	0.63	1.6	0.40	2.5	0.25	4.0	0.16	25
1.6					0.40	6.3		
2.5					0.63	10		

注 1：擦痕数值区中左侧带椭圆型框线的数值是擦痕的宽度，右侧带长方型框线的数值是擦痕的长度。

注 2：白色框底并且字型相同的数值存在对应关系。

附 录 D
（资料性附录）
面积法疵病质量控制程序

面积法疵病质量控制的一般程序见图 D.1 所示。

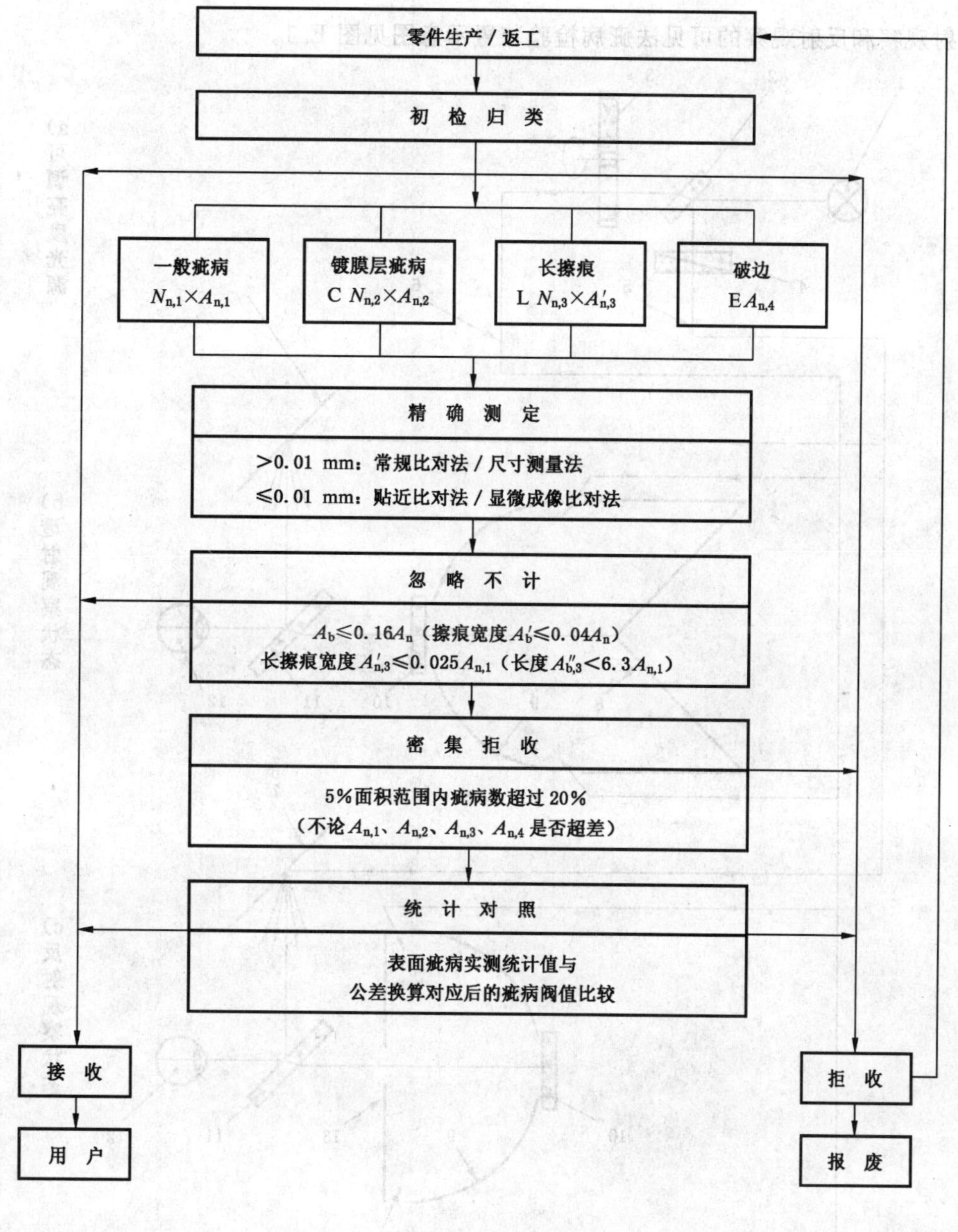

图 D.1 面积法疵病质量控制程序

附 录 E
（规范性附录）
可见法疵病检验装置

E.1 检验装置

E.1.1 透射观察和反射观察的可见法疵病检验装置示意图见图E.1。

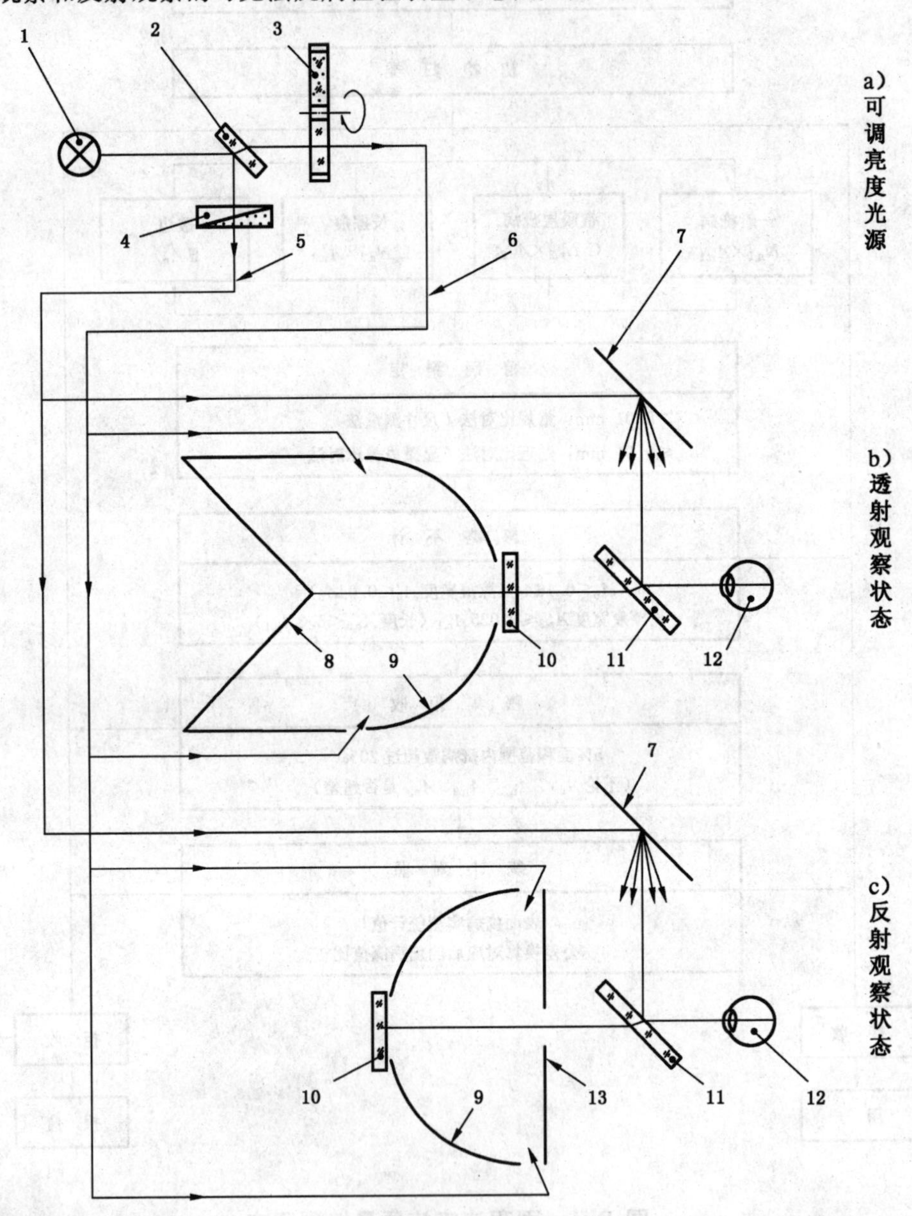

1——光源（弧氙灯）；
2——分束镜；
3——被检零件照明选择器；
4——背景亮度调节器；
5——背景光光纤暗场照明器；
6——被检零件光纤暗场照明器；
7——灰色反光板；
8——黑色消光罩；
9——无光白色半球罩；
10——被检零件/校准标板；
11——分束镜；
12——眼睛；
13——黑色光阑。

图E.1 检验装置

E.1.2 被检零件照明光路，采用半球面来提供均匀的照明，且不照入正对观察者眼睛的立体角区域，从而在没有零件时看不到灯光。每个可见度等级对应于一个特定的零件照度。

E.1.3 参照背景光路，通过分束镜将照度均匀的背景投射到观察者的视场内。对每位观察者均应调节背景的照度，使 E.2 给出的校准标板的十字分划线在可见度等级所对应的零件照度下刚好可觉察。

E.2 校准标板

用于校准可见法疵病检验装置的校准标板如图 E.2 所示。

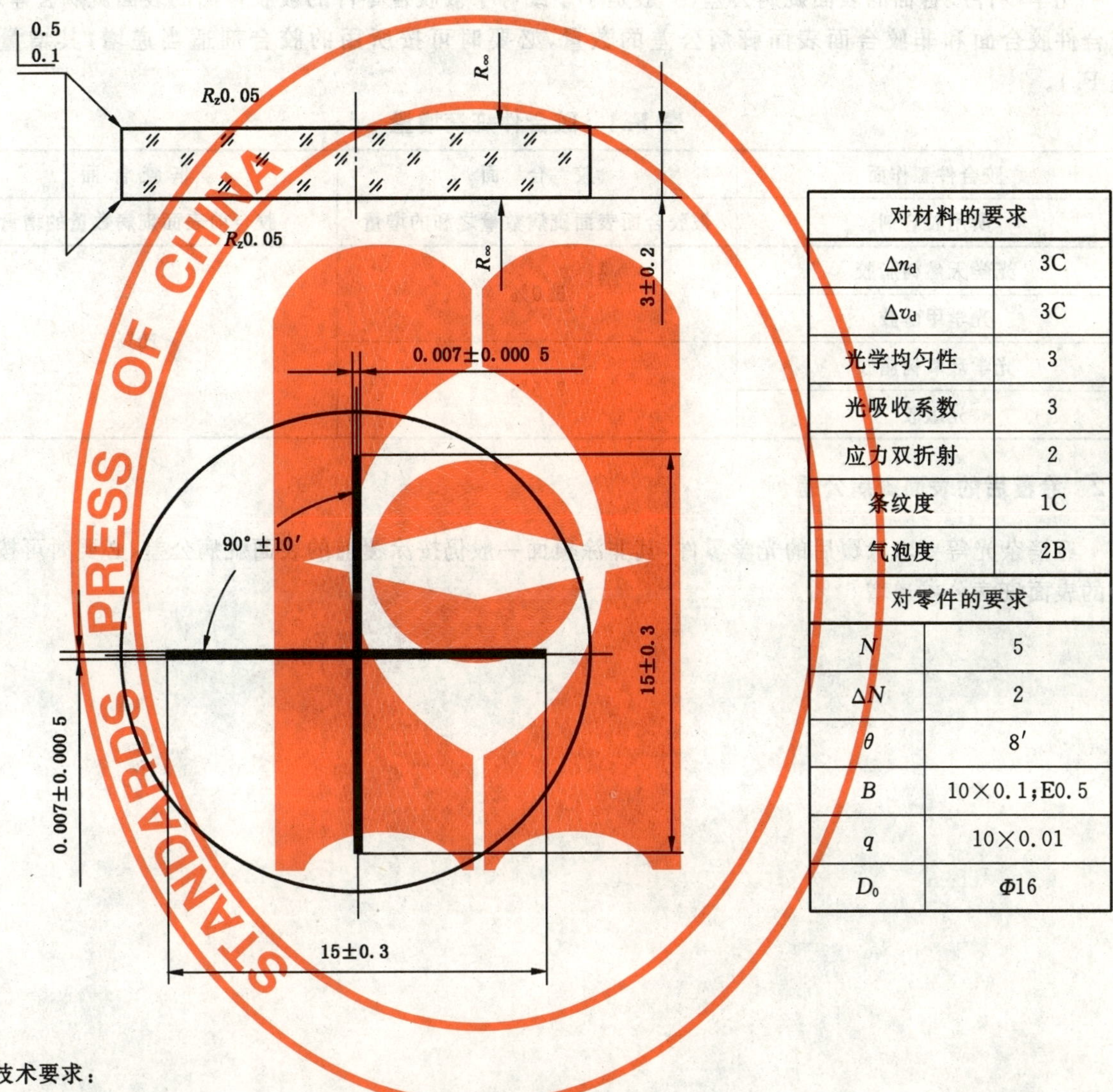

对材料的要求	
Δn_d	3C
$\Delta \upsilon_d$	3C
光学均匀性	3
光吸收系数	3
应力双折射	2
条纹度	1C
气泡度	2B
对零件的要求	
N	5
ΔN	2
θ	8′
B	10×0.1;E0.5
q	10×0.01
D_0	Φ16

技术要求：

a) 校准标板基体为 K9 玻璃 GB/T 903—1987(λ_d=587.56 nm, n_d=1.516 37, υ_d=64.07)；

b) 十字分划线采用真空镀铬工艺制成，线条与基体的光学密度差不得低于 2［450 nm≤λ≤750 nm, $\rho(\lambda)$＜1 %］。

图 E.2 校准标板

附 录 F
（资料性附录）
胶合件和涂覆后的表面疵病公差

F.1 胶合件表面疵病公差

光学零件胶合面的表面疵病公差，一般是小于或等于被胶合零件的被胶合面的表面疵病公差之和。胶合件胶合面和非胶合面表面疵病公差的数量，必要时可按所用的胶合剂适当递增，其增量参见表 F.1。

表 F.1 胶合件疵病增量

胶合件工作面	胶 合 面	非 胶 合 面
所用胶合剂	被胶合面表面疵病数量之和的增量	胶合前表面疵病数量的增量
光学天然树脂胶	5.0%	10%
光学甲醇胶		
光学环氧树脂胶	7.5%	
光敏胶		

F.2 涂覆后的表面疵病公差

经消杂光等要求涂覆后的光学零件，其非涂覆面一般仍按涂覆前的表面疵病公差，必要时可按涂覆前的表面疵病公差递增 5 %。

参 考 文 献

[1] GB/T 903—1987 无色光学玻璃.

[2] GB/T 7661—1987 光学零件气泡度.

[3] GB/T 8170—1987 数值修约规则.

[4] GB/T 11162—1989 光学分划零件通用技术条件.

[5] GB/T 13962—1992 光学仪器术语.

[6] GB/T 16675.2—1996 技术制图 简化表示法 第2部分:尺寸注法.

[7] GB/T 19096—2003 技术制图 图样画法 未定义形状边的术语和注法.

[8] JB/T 8226.1～8226.9—1999 光学零件镀膜.

[9] ISO 10110-1:1996 Optics and optical instruments Preparation of drawings for optical elements and systems Part 1: General.

[10] ISO 10110-2:1996 Optics and optical instruments Preparation of drawings for optical elements and systems Part 2: Material imperfections Stress birefringence.

[11] ISO 10110-3:1996 Optics and optical instruments Preparation of drawings for optical elements and systems Part 3: Material imperfections Bubbles and inclusions.

[12] ISO 10110-4:1997 Optics and optical instruments Preparation of drawings for optical elements and systems Part 4: Material imperfections Inhomogeneity and striae.

[13] ISO 10110-5:1996 Optics and optical instruments Preparation of drawings for optical elements and systems Part 5: Surface form tolerances.

[14] ISO 10110-6:1996 Optics and optical instruments Preparation of drawings for optical elements and systems Part 6: Centring tolerances.

[15] ISO 10110-7:1996 Optics and optical instruments Preparation of drawings for optical elements and systems Part 7: Surface imperfection tolerances.

[16] ISO 10110-8:1997 Optics and optical instruments Preparation of drawings for optical elements and systems Part 8: Surface texture.

[17] ISO 10110-9:1996 Optics and optical instruments Preparation of drawings for optical elements and systems Part 9: Surface treatment and coating.

[18] ISO 10110-10:2004 Optics and optical instruments Preparation of drawings for optical elements and systems Part 10: Table representing data of optical elements and cemented assemblies.

[19] ISO 10110-11:1996 Optics and optical instruments Preparation of drawings for optical elements and systems Part 11: Non-toleranced data.

[20] ANSI PH3.617:1980 definitions, methods of testing, and specifications for appearance imperfections of optical elements and assemblies.

[21] ГОСТ 11141: 1984 ДЕТАЛИ ОПТИЧЕСКИЕ Классы чистоты поверхностей Методы контроля.

[22] MIL-PRF-13830B:2000 PERFORMANCE SPECIFICATION OPTICAL COMPONENTS FOR FIRE CONTROL INSTRUMENTS; GENERAL SPECIFICATION GOVERNING THE MANUFACTURE, ASSEMBLY, AND INSPECTION OF.

ICS 29.180
K 41

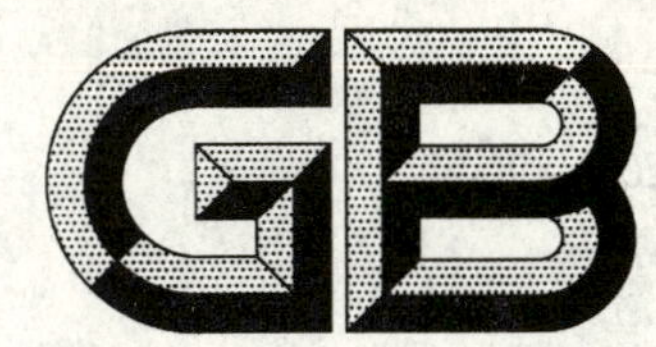

中华人民共和国国家标准

GB 1207—2006
代替 GB 1207—1997

电磁式电压互感器

Inductive voltage transformers

(IEC 60044-2:2003, Instrument transformers—
Part 2: Inductive voltage transformers, MOD)

2006-08-25 发布　　　　2007-03-01 实施

中华人民共和国国家质量监督检验检疫总局
中国国家标准化管理委员会　发布

前言

本标准的第1章、第2章、第3章、第4章、第5章及8.3为推荐性，其余为强制性。

本标准修改采用IEC 60044-2:2003《互感器　第2部分:电磁式电压互感器》(英文版)。

本标准根据IEC 60044-2:2003重新起草。在附录A中列出了本标准章条编号与IEC 60044-2:2003章条编号的对照一览表。

考虑到我国国情，在采用IEC 60044-2:2003时，本标准做了一些修改。有关技术性差异已编入正文中，并在它们所涉及的条款的页边空白处用垂直单线标识。在附录B中给出了这些技术性差异及其原因的一览表以供参考。

为了便于使用，本标准对IEC 60044-2:2003还做了下列编辑性修改:

——按照GB/T 1.1—2000的要求，将IEC 60044-2:2003中的第1章拆分为第1章和第2章，以后各章顺延；

——删除了IEC 60044-2:2003的前言；

——电器符号按GB/T 4728.6—2000进行了调整；

——小数点由“,”改为“.”。

本标准代替GB 1207—1997《电压互感器》。

本标准与GB 1207—1997《电压互感器》相比主要变化如下:

——按GB/T 1.1—2000《标准化工作导则　第1部分:标准的结构和编写规则》和GB/T 20000.2—2001《标准化工作指南　第2部分:采用国际标准的规则》规定的编写格式进行了编辑性修改；

——标准名称由《电压互感器》更改为《电磁式电压互感器》；

——补充了“电磁式电压互感器”术语和定义；

——将绝缘水平数据表按GB 311.1—1997《高压输变电设备的绝缘配合》进行了调整；

——取消了型式试验中的“电容量和介质损耗因数测量”项目；

——在型式试验中增加了“无线电干扰电压(RIV)测量”项目；

——在特殊试验中增加了“传递过电压测量”项目；

——增加了无线电干扰电压(RIV)的要求和测量方法；

——增加了传递过电压的要求和测量方法。

本标准的附录A、附录B、附录C和附录D均为资料性附录。

本标准由中国电器工业协会提出。

本标准由全国互感器标准化技术委员会(SAC/TC 222)归口。

本标准起草单位:沈阳变压器研究所、沈阳沈变互感器制造有限公司、武汉高压研究所、上海MWB互感器有限公司、大连第一互感器厂、大连金业电力设备有限公司、江苏精科互感器有限公司、中山市泰峰电气有限公司、江苏靖江互感器厂、沈阳互感器有限公司、牡丹江互感器厂、宁波三爱互感器有限公司。

本标准主要起草人:魏朝晖、肖耀荣、章忠国、郭克勤、王继元、牛传裕、熊江咏、王金良、徐德安、何见光、严非、侯本栋、裘坚强。

本标准的历次发布情况为:

——GB 1207—1975、GB 1207—1986、GB 1207—1997。

电 磁 式 电 压 互 感 器

1 范围

本标准适用于频率为15 Hz～100 Hz，供电气测量仪表和电气保护装置用的新制造的电磁式电压互感器。

虽然本标准主要适用于独立绕组的互感器，但如合适，也适用于自耦互感器。本标准不适用于实验室用的互感器。

注：本标准不包括三相电压互感器的特殊要求，但第4章到第12章技术要求的有关部分亦适用于三相电压互感器，其中有些已包括在有关条款中(例如：3.1.5、6.1.1、6.2和12.2)。

第15章包括的技术要求和试验是对第4章到第13章的补充，为单相电磁式保护用电压互感器所必需的。第15章的技术要求，尤其适用于要求在故障状态电压下仍有足够准确度使保护系统运行的电压互感器。

2 规范性引用文件

下列文件中的条款通过本标准的引用而成为本标准的条款。凡是注日期的引用文件，其随后所有的修改单(不包括勘误的内容)或修订版均不适用于本标准，然而，鼓励根据本标准达成协议的各方研究是否可使用这些文件的最新版本。凡是不注日期的引用文件，其最新版本适用于本标准。

GB 156—2003 标准电压(IEC 60038:1933＋A1:1994＋A2:1997，IEC standard voltages，MOD)

GB 311.1—1997 高压输变电设备的绝缘配合(neq IEC 60071-1:1993)

GB/T 2900.15—1997 电工术语 变压器、互感器、调压器和电抗器(neq IEC 60050(421):1990，IEC 60050(321):1986)

GB/T 4796 电工电子产品环境参数分类及其严酷程度分级(GB/T 4796—2001，idt IEC 60721-1:1990)

GB 5585.1—1985 电工用铜、铝及其合金母线 第1部分：一般规定(neq IEC 60028:1925)

GB/T 7252—2001 变压器油中溶解气体分析和判断导则(neq IEC 60599:1999)

GB/T 7354—2003 高压试验技术 局部放电测量(IEC 60270:2000，Partial discharge measurements，IDT)

GB/T 7595—2000 运行中变压器油质量标准

GB/T 11021—1989 电气绝缘材料的热性能评价和分级(eqv IEC 60085:1984)

GB/T 11604 高压电器设备无线电干扰测量方法(GB/T 11604—1989，eqv CISPR 18-1:1982，CISPR 18-2:1986)

GB/T 13384—1992 机电产品包装通用技术条件

GB/T 16927.1—1997 高压试验技术 第一部分：一般试验要求(eqv IEC 60060-1:1989)

JB/T 5357 电压互感器试验导则(JB/T 5357—2002)

JB/T 5895—1991 污秽地区绝缘子使用导则(neq IEC 60815:1986)

3 术语和定义

GB/T 2900.15—1997中确立的以及下列术语和定义适用于本标准。

3.1 通用定义

3.1.1

互感器 instrument transformer

一种为测量仪器、仪表、继电器和其他类似电器供电的变压器。

3.1.2

电压互感器 voltage transformers

一种在正常使用条件下其二次电压与一次电压实际成正比、且在联接方法正确时其相位差接近于零的互感器。

3.1.3

电磁式电压互感器 inductive voltage transformers

一种通过电磁感应将一次电压按比例变换成二次电压的电压互感器。这种互感器不附加其他改变一次电压的电气元件(如电容器)。

3.1.4

不接地电压互感器 unearthed voltage transformers

一种包括接线端子在内的一次绕组各个部分都是按绝缘水平对地绝缘的电压互感器。

3.1.5

接地电压互感器 earthed voltage transformers

一次绕组的一端直接接地的单相电压互感器,或一次绕组的星形联结点为直接接地的三相电压互感器。

3.1.6

一次绕组 primary winding

施加被变换电压的绕组。

3.1.7

二次绕组 secondary winding

给测量仪器、仪表、继电器和其他类似电器的电压回路供电的绕组。

3.1.8

二次电路 secondary circuit

由互感器二次绕组供电的外部电路。

3.1.9

额定一次电压 rated primary voltage

作为电压互感器性能基准的一次电压值。

3.1.10

额定二次电压 rated secondary voltage

作为电压互感器性能基准的二次电压值。

3.1.11

实际电压比 actual transformation ratio

实际一次电压与实际二次电压之比。

3.1.12

额定电压比 rated transformation ratio

额定一次电压与额定二次电压之比。

3.1.13

电压误差(比值差) voltage error (ratio error)

互感器在测量电压时所产生的误差,它是由于实际电压比与额定电压比不相等造成的。

电压误差的百分数用下式表示：

$$电压误差(\%)=\frac{(K_{n}U_{s}-U_{p})\times 100}{U_{p}}$$

式中：

K_n——额定电压比；

U_p——实际一次电压，单位为伏(V)；

U_s——在测量条件下，施加 U_p 时的实际二次电压，单位为伏(V)。

3.1.14

相位差　phase displacement

互感器的一次电压与二次电压相量的相位差。相量方向是按理想互感器的相位差为零来决定的。若二次电压相量超前一次电压相量，则相位差为正值。它通常用分(′)或厘弧(crad)表示。

注：本定义只在电压为正弦波时正确。

3.1.15

准确级　accuracy class

对电压互感器所给定的等级。互感器在规定使用条件下的误差应在规定的限值内。

3.1.16

负荷　burden

二次电路的导纳，用西门子(S)和功率因数(滞后或超前)表示。

注：负荷通常以视在功率伏安(VA)值表示，它是在规定功率因数及额定二次电压下所汲取的。

3.1.17

额定负荷　rated burden

确定互感器准确级所依据的负荷值。

3.1.18

输出　output

3.1.18.1

额定输出　rated output

在额定二次电压及接有额定负荷条件下，互感器所供给二次电路的视在功率值(在规定功率因数下以VA表示)。

3.1.18.2

热极限输出　thermal limiting output

在额定一次电压下，温升不超过本标准6.4规定的限值时，二次绕组所能供给的以额定电压为基准的视在功率值。

注1：在这种状态下，误差可能超过限值。

注2：有多个二次绕组时，各绕组的热极限输出值应分别标出。

注3：除制造方与用户另有协议外，不允许有两个或更多的二次绕组同时供给热极限输出。

3.1.19

设备最高电压　highest voltage for equipment

U_m

最高的相间电压方均根值，它是互感器绝缘设计的依据。

3.1.20

系统最高电压　highest voltage of a system

在正常运行条件下，系统中任意一点在任何时间下的运行电压最高值。

3.1.21

额定绝缘水平　rated insulation level

一组耐受电压值，它表示互感器绝缘所能承受的耐压强度。

3.1.22

中性点绝缘系统　isolated neutral system

除了中性点经保护或测量用的高阻抗接地的系统之外，其他均为中性点不接地的系统。

3.1.23

中性点直接接地系统　solidly earthed neutral system

中性点直接接地的系统。

3.1.24

（中性点）阻抗接地系统　impedance earthed（neutral）system

中性点通过阻抗接地以限制接地故障电流的系统。

3.1.25

（中性点）共振接地系统　resonant earthed（neutral）system

有一个或多个中性点通过电抗接地的系统，借此近似地补偿了单相对地故障电流的电容分量。

注：在共振接地系统中，其剩余的故障电流被限制到能使空气中的故障电弧自行熄灭。

3.1.26

接地故障因数　earth fault factor

在一定的系统布置中，当发生一相或多相的接地故障时，三相系统中某一给定点的非故障相的相对地最高工频电压方均根值与该点在无故障时的相对地工频电压方均根值之比。

3.1.27

中性点接地系统　earthed neutral system

中性点直接接地或经一个足够小的电阻或电抗接地的系统。此电阻或电抗值应小到能抑制暂态振荡，且又能给出足够的电流供选择接地故障保护用。

a）　某一指定点处的中性点有效接地系统，是指该点的接地故障因数不超过1.4。

注：如整个系统布置中的零序电抗与正序电抗之比小于3，并且零序电阻与正序电抗之比小于1，则该条件一般均能得到。

b）　某一指定点处的中性点非有效接地系统，是指该点的接地故障因数超过1.4。

3.1.28

暴露安装　exposed installation

设备会遭受大气过电压的一种安装。

注：这种安装通常是直接或经过一段短电缆接架空输电线路的。

3.1.29

非暴露安装　non-exposed installation

设备不会遭受大气过电压的一种安装。

注：这种安装通常是接到地下电缆网络上的。

3.1.30

额定频率　rated frequency

本标准技术要求所依据的频率。

3.1.31

额定电压因数　rated voltage factor

与额定电压值相乘的一个因数，以确定电压互感器必须满足规定时间内有关热性能要求和满足有关准确级要求的最高电压。

3.1.32

测量用电压互感器　measuring voltage transformers

为指示仪表、积分仪表和其他类似电器供电的电压互感器。

3.2　保护用单相电磁式电压互感器的补充定义

3.2.1

保护用电压互感器　protective voltage transformers

为保护继电器供电的电压互感器。

3.2.2

剩余电压绕组　residual voltage winding

组成三相组的单相电压互感器的一个绕组，用于联结成开口三角形的三台单相电压互感器组中，其目的是：

a)　在发生接地故障时，产生剩余电压；

b)　阻尼弛张振荡(铁磁谐振)。

4　通用技术要求

所有互感器应适应于测量用，此外，某些型式又可作保护用。兼作测量和保护用的互感器应符合本标准的全部条款。

5　正常和特殊使用条件

关于环境条件分类的详细内容见 GB/T 4796。

5.1　正常使用条件

5.1.1　环境温度

环境温度分为三类，见表1。

表1　温度类别

类　别	最低温度 ℃	最高温度 ℃
−5/40	−5	40
−25/40	−25	40
−40/40	−40	40
注：在选择温度类别时，贮存和运输条件亦应考虑。		

5.1.2　海拔

海拔不超过 1 000 m。

5.1.3　振动或轻微地震

由外部原因引起的电压互感器振动或轻微地震可以忽略。

5.1.4　户内电压互感器的其他使用条件

应考虑的其他使用条件如下：

a)　日照辐射影响可以忽略；

b)　环境空气无明显灰尘、烟、腐蚀性气体、蒸气或盐等污秽；

c)　湿度条件如下：

1)　24 h 内测得的相对湿度平均值不超过 95%；

2)　24 h 内水蒸气压力平均值不超过 2.2 kPa；

3)　一个月内相对湿度平均值不超过 90%；

4) 一个月内水蒸气压力平均值不超过 1.8 kPa。

在上述条件下,凝露可能会偶尔出现。

注 1:在高湿度期间,凝露可能在温度突然变化时出现。

注 2:为了保证能承受高湿和凝露的作用,防止绝缘击穿或金属件锈蚀,电压互感器应按此使用条件设计。

注 3:可采用特殊设计的外壳,也可采用适当的通风和加热、或使用除湿设备防止凝露。

5.1.5 户外电压互感器的其他使用条件

应考虑的其他使用条件如下:

a) 24 h 期间测得的环境气温平均值不超过 35℃;

b) 日照辐射达到 1 000 W/m^2(晴天中午)时应予考虑;

c) 环境空气可能有灰尘、烟、腐蚀性气体、蒸气或盐污秽。污秽等级见表 8;

d) 风压不超过 700 Pa(相当于风速为 34 m/s);

e) 应考虑出现凝露和降水。

5.2 特殊使用条件

当电压互感器可能用在与 5.1 不同的非正常使用条件下时,用户应参照下述规定的内容提出要求。

5.2.1 海拔

安装处海拔超过 1 000 m 时,在标准大气条件下的弧闪距离应由使用处要求的耐受电压乘以按 GB 311.1—1997 规定的海拔校正因数确定。如用户另有要求,海拔校正因数可参照附录 C 的规定选取,但应在订货合同中注明。

注:内绝缘的绝缘强度不受海拔影响,外绝缘的检查方法由制造方与用户协商确定。

5.2.2 环境温度

安装处环境温度明显超出 5.1.1 规定的正常使用条件时,最高和最低温度优先范围应为:

严寒气候,−50℃~40℃;

酷热气候,−5℃~50℃。

在某些暖湿气流频繁出现的地区,甚至室内也可能出现因温度突然变化而产生凝露。

注:在有某些强辐射的日照情况下,可采取如遮蔽、吹风等适当措施,以免超过规定的温升。

5.2.3 地震

技术要求和试验方法皆在考虑之中。

5.3 系统接地

所考虑的接地系统如下:

a) 中性点绝缘系统(见 3.1.22);

b) 共振接地系统(见 3.1.25);

c) 中性点接地系统(见 3.1.27):

1) 中性点直接接地系统(见 3.1.23);

2) 中性点阻抗接地系统(见 3.1.24)。

6 额定值

6.1 额定电压标准值

6.1.1 额定一次电压

对三相电压互感器和用于单相系统或三相系统线间的单相电压互感器,其额定一次电压应符合 GB 156—2003 规定的某一系统电压的标称值。对于接在三相系统线与地之间或接在系统中性点与地之间的单相电压互感器,其额定一次电压标准值为额定系统标称电压的 $1/\sqrt{3}$倍。

注:作为测量用或保护用的电压互感器,其性能是以额定一次电压为基准,但其额定绝缘水平是以 GB 156—2003 中所列的设备最高电压为基准。

6.1.2 额定二次电压

额定二次电压是按互感器使用场合的实际情况来选择的。接到单相系统或接到三相系统线间的单相电压互感器和三相电压互感器的标准值为 100 V;

如用户有要求,额定二次电压标准值可按附录 D 选取。

供三相系统中相与地之间的单相电压互感器,当其额定一次电压为某一数值除以$\sqrt{3}$时,额定二次电压必须是 $100/\sqrt{3}$V,以保持额定电压比值不变。

用以产生剩余二次电压的绕组,其额定二次电压见 15.3;

注:只要可能,额定电压比应取简单的倍数。如果取 10、12、15、20、25、30、40、50、60、80 和它们的十进制倍数值中的任一个数值作为额定电压比,并和本规定的某一额定二次电压同时使用,则 GB 156—2003 中额定系统电压的标准值的大部分均能包括在内。

6.2 额定输出标准值

功率因数为 0.8(滞后)的额定输出标准值为:10 VA,15 VA,25 VA,30 VA,50 VA,75 VA,100 VA。

其中有下标线者为优先值,大于 100 VA 的额定输出值可由制造方与用户协商确定。对于三相电压互感器而言,其额定输出值是指每相的额定输出。

注:对一台互感器来说,如果它的额定输出之一是标准值且符合一个标准的准确级,则在规定其余的额定输出可以是非标准值,但要求具有另一个标准准确级。

6.3 额定电压因数标准值

电压因数是由最高运行电压决定的,而后者又与系统及电压互感器一次绕组接地条件有关。

表 2 列出与各接地条件相对应的电压因数标准值及在最高运行电压下的允许持续时间(即额定时间)。

表 2 额定电压因数标准值

额定电压因数	额定时间	一次绕组联结方式和系统接地方式
1.2	连续	任一电网的相间 任一电网中的变压器中性点与地之间
1.2	连续	中性点有效接地系统中的相与地之间(3.1.27a))
1.5	30 s	
1.2	连续	带有自动切除对地故障装置的中性点非有效接地系统中的相与地之间(3.1.27b))
1.9	30 s	
1.2	连续	无自动切除对地故障装置的中性点绝缘系统(3.1.22)或无自动切除对地故障装置的共振接地系统(3.1.25)中的相与地之间
1.9	8 h	
注 1:电磁式电压互感器的最高连续运行电压等于设备最高电压 U_m(对于接到三相系统的相与地间的电压互感器,还须除以$\sqrt{3}$)或额定一次电压乘以 1.2 二者中较小的一个。 注 2:按制造方与用户协议,额定时间允许缩短。		

6.4 温升限值

除下述规定外,电压互感器在规定电压、额定频率、各二次绕组接有额定负荷(如果有几个额定负荷,取最大的额定负荷)以及负荷的功率因数为 0.8(滞后)~1 下,其温升应不超过表 3 所列相应限值。

施加于互感器上的电压值应按下述 a)、b)、c)项中相应的规定确定。

a) 所有的电压互感器,无论其额定电压因数和额定时间如何,均应在 1.2 倍额定一次电压下进行试验。

如果规定了热极限输出,互感器还应在额定一次电压和对应其热极限输出且功率因数为 1 的负荷(其他绕组不接负荷)下,剩余电压绕组不接负荷时进行试验。

如果对一个或多个二次绕组规定了热极限输出,应分别对互感器每个绕组进行试验,每次试验只有一个二次绕组接有对应其热极限输出且功率因数为 1 的负荷。

试验应连续进行,直到互感器温升达到稳定为止。

b) 额定电压因数为 1.5 或 1.9,额定时间为 30 s 的电压互感器,应在连续施加 1.2 倍额定电压和足够的时间下达到稳定热状态后,立即以其各自的额定电压因数施加电压,历时 30 s,绕组温升不应超过表 3 规定限值的 10 K。

这种互感器也可从冷状态开始试验,以其各自的额定电压因数施加电压,历时 30 s,绕组温升不应超过 10 K。

注:如果能用其他方法证明互感器在这些条件下满足要求时,则可不进行本试验。

c) 额定电压因数为 1.9,额定时间为 8h 的电压互感器,应在连续施加 1.2 倍额定电压和足够的时间下达到稳定热状态后,立即施加 1.9 倍额定电压试验,历时 8 h,绕组温升不应超过表 3 规定限值的 10 K。

表 3 所列的温升限值是根据第 5 章所规定的使用条件给出的。

如果环境温度超过 5.1 的规定值,表 3 的允许温升值应减去环境温度所超出部分的数值。

如果规定互感器使用在海拔 1 000 m 以上的地区,而试验是在海拔低于 1 000 m 处进行时,应将表 3 中所列的温升限值按工作地点海拔超出 1 000 m 后的每 100 m 减去下述数值。

a) 油浸式互感器 0.4%;

b) 干式互感器 0.5%。

绕组温升是受其本身绝缘或周围介质的最低绝缘等级限制的。各绝缘等级的最高温升如表 3 所列。

当互感器装有储油柜,且油面上充有惰性气体或呈全密封状态时,储油柜或油室的油顶层温升不应超过 55 K。

当互感器没有这些配置时,储油柜或油室的顶层温升不应超过 50K。

在铁心或其他金属件表面所测得的温升值,不应超过它们所接触或靠近的绝缘材料按表 3 所列的相应温升限值。

表 3 绕组的温升限值

绝缘耐热等级(按 GB/T 11021)	温升限值 K
浸于油中的所有等级	60
油浸且全密封的所有等级	65
充填沥青胶的所有等级	50
不充油或不充沥青胶的各等级:	
Y	45
A	60
E	75
B	85
F	110
H	135
注:对某些材料(如树脂),制造方应指明其相应的绝缘等级。	

7 设计要求

7.1 绝缘要求

这些技术要求适用于所有型式的电磁式电压互感器绝缘。对气体绝缘电压互感器,可能要补充一些技术要求(正在考虑中)。

7.1.1 一次绕组的额定绝缘水平

电磁式电压互感器一次绕组的额定绝缘水平以设备最高电压 U_m(标称电压 $U_n \leqslant 0.66$ kV 的以标称电压 U_n)为依据。标称电压 U_n 见 GB 156—2003 的规定。

7.1.1.1 对标称电压 $U_n \leqslant 0.66$ kV 的绕组,其额定绝缘水平由额定工频耐受电压确定,按表 4 所示。

7.1.1.2 对设备最高电压 3.6 kV$\leqslant U_m <$300 kV 的绕组,其额定绝缘水平由额定雷电冲击耐受电压和额定工频耐受电压确定,应按表 4 选择。

对于同一 U_m 值有两种绝缘水平的选择,按 GB 311.1—1997 的规定。

7.1.1.3 对设备最高电压 $U_m \geqslant$300 kV 的绕组,其额定绝缘水平由额定操作冲击和雷电冲击耐受电压确定,应按表 5 选择。

对于同一 U_m 值有两种绝缘水平的选择,按 GB 311.1—1997 的规定。

表 4 设备最高电压 U_m <300 kV 互感器一次绕组的额定绝缘水平及截断雷电冲击耐受电压

额定绝缘水平			截断雷电冲击(内绝缘)耐受电压 (峰值) kV
设备最高电压 U_m (方均根值) kV	额定短时工频耐受电压 (方均根值) kV	额定雷电冲击耐受电压 (峰值) kV	
($U_n \leqslant 0.66$)	3	—	—
3.6	18/25	40	45
7.2	23/30	60	65
12	30/42	75	85
17.5	40/55	105	115
24	50/65	125	140
40.5	80/95	185/200	220
72.5	140	325	360
	160	350	385
126	185/200	450/480	530
		550	
252	360	850	950
	395	950	1050

注 1:对于暴露安装的产品,推荐选择最高的绝缘水平。

注 2:对于斜线下的数值,额定短时工频耐受电压为设备外绝缘干状态下的耐受电压值,额定雷电冲击耐受电压为设备内绝缘的耐受电压值。

注 3:不接地电压互感器的感应耐压试验采用斜线上的额定短时工频耐受电压值。

注 4:如用户另有要求,额定绝缘水平可参照附录 C 的规定选取,但应在订货合同中注明。

表 5 设备最高电压 $U_m \geqslant$300 kV 互感器一次绕组的额定绝缘水平及截断雷电冲击耐受电压

额定绝缘水平			截断雷电冲击(内绝缘)耐受电压 (峰值) kV
设备最高电压 U_m (方均根值) kV	额定操作冲击耐受电压 (峰值) kV	额定雷电冲击耐受电压 (峰值) kV	
363	850	1 050	1 175
	950	1 175	1 300

表 5(续)

额定绝缘水平			截断雷电冲击(内绝缘)耐受电压 (峰值) kV
设备最高电压 U_m (方均根值) kV	额定操作冲击耐受电压 (峰值) kV	额定雷电冲击耐受电压 (峰值) kV	
550	1 050	1 425	1 550
	1 175	1 550	1 675
	—	1 675	—

注 1：对于暴露安装，推荐选择最高的绝缘水平。

注 2：如用户另有要求，额定绝缘水平可参照附录 C 的规定选取，但应在订货合同中注明。

7.1.2 一次绕组绝缘的其他要求

7.1.2.1 工频耐受电压

对设备最高电压 $U_m \geqslant 300$ kV 的绕组，亦应能承受按表 6 选择的与雷电冲击耐受电压相对应的工频耐受电压。

表 6 设备最高电压 $U_m \geqslant 300$ kV 互感器一次绕组的额定工频耐受电压

额定雷电冲击耐受电压 (峰值) kV	额定工频耐受电压 (方均根值) kV
1 050	460
1 175	510
1 425	630
1 550	680
1 675	740

注：如用户另有要求，工频耐受电压可参照附录 C 的规定选取，但应在订货合同中注明。

7.1.2.2 接地端子的工频耐受电压

当一次绕组的接地端子与箱壳或底座绝缘时，它应能承受额定短时工频耐受电压 3 kV(方均根值)。如果互感器的设备最高电压 $U_m \geqslant 40.5$ kV，则应能承受额定短时工频耐受电压 5 kV(方均根值)。

7.1.2.3 局部放电

局部放电技术要求适用于 $U_m \geqslant 7.2$ kV 的电磁式电压互感器。

按 10.2.4 规定的程序进行预加电压之后，在表 7 规定的局部放电测量电压下，局部放电水平不应超过表 7 规定的限值。

表 7 局部放电测量电压及允许水平

系统接地方式	一次绕组的连接方式	局部放电测量电压 (方均根值) kV	局部放电允许水平 pC 绝缘型式	
			液体浸渍	固体
中性点接地系统 (接地故障因数≤1.4)	相对地	U_m	10	50
		$1.2U_m/\sqrt{3}$	5	20
	相对相	$1.2U_m$	5	20

表 7(续)

系统接地方式	一次绕组的连接方式	局部放电测量电压（方均根值）kV	局部放电允许水平 pC 绝缘型式	
			液体浸渍	固体
中性点绝缘或非有效接地系统（接地故障因数＞1.4）	相对地	$1.2U_m$	10	50
		$1.2U_m/\sqrt{3}$	5	20
	相对相	$1.2U_m$	5	20

注 1：如果系统中性点的接地方式未指明时，则按中性点绝缘或非有效接地系统考虑。

注 2：局部放电的允许值也适合于非额定值的频率。

注 3：当电压互感器的额定电压明显低于该系统的最高电压 U_m 时，可由制造方与用户协商规定较低的预加电压和测量电压值。

7.1.2.4 截断雷电冲击耐受电压

一次绕组还应能承受截断雷电冲击耐受电压(峰值)，其电压值按表 4 和表 5 中的规定。

注：如用户要求额定绝缘水平按附录 C 的规定选取时，其截断雷电冲击耐受电压峰值亦应按附录 C 的规定选取，但应在订货合同中注明。

7.1.2.5 电容量和介质损耗因数

本技术要求仅适合于 $U_m \geqslant 40.5$ kV 的油浸式电压互感器一次绕组的绝缘。

电容量和介质损耗因数($\tan\delta$)应是指在额定频率和电压范围为 10 kV 到 $U_m/\sqrt{3}$ 的某一电压值下的测量值。

注 1：本试验的目的是检查产品的一致性。允许变化的限值可由制造方和用户协商确定。

注 2：介质损耗因数取决于绝缘结构，且与电压和温度两个因数有关。在电压为 $U_m/\sqrt{3}$ 及正常环境温度下，其值通常不大于 0.005。

注 3：对某些结构类型的电压互感器，对其试验结果的解释可能难于确定。

注 4：对于串级式电压互感器而言，不需考核其电容量，注 2 中的介质损耗因数($\tan\delta$)亦不合适，其在 10 kV 测量电压和正常环境温度下的介质损耗因数($\tan\delta$)允许值通常不大于 0.02，其绝缘支架的介质损耗因数($\tan\delta$)的允许值通常不大于 0.05。

7.1.3 段间绝缘要求

当二次绕组分成两段或多段时，段间绝缘额定工频耐受电压应为 3 kV(方均根值)。

7.1.4 二次绕组的绝缘要求

二次绕组绝缘的额定工频耐受电压应为 3 kV(方均根值)。

7.1.5 外绝缘要求

对带有易受污染的陶瓷绝缘子(或其他形式的绝缘子)的户外型电流互感器，表 8 列出了给定污秽等级下绝缘子的最小标称爬电比距。

表 8 爬电比距

污秽等级	最小标称爬电比距 mm/kV[a) b)]	爬电距离/弧闪距离
Ⅰ轻	16	≤3.5
Ⅱ中	20	
Ⅲ重	25	≤4.0
Ⅳ严重	31	

表 8(续)

污秽等级	最小标称爬电比距 mm/kV[a) b)]	爬电距离 弧闪距离
注 1：绝缘子的形状对其表面绝缘的特性有很大的影响。 注 2：根据运行经验，在极轻度污秽地区标称爬电比距可低于 16 mm/kV，但最低约为 12 mm/kV。 注 3：在特别严重污秽条件下，标称爬电比距取 31 mm/kV 可能不够。根据运行经验和/或实验室试验结果，可选取更大的爬电比距，但在某些情况下可能需要考虑冲洗的可能性。 注 4：对于易受污染的户内型产品，可参照本表选取其表面绝缘的爬电比距。		
a 指相对地之间的爬电距离与设备最高电压 U_m 之比。 b 有关爬电距离的其他信息和制造公差见 JB/T 5895—1991。		

7.1.6 **无线电干扰电压(RIV)要求**

本要求适用于安装在空气绝缘变电站中 $U_m \geqslant 126$ kV 的电磁式电压互感器。

在 9.5 所规定的试验和测量条件下，其在 $1.1U_m/\sqrt{3}$ 下的无线电干扰电压值应不大于 2 500 μV。

7.1.7 **传递过电压**

本要求适用于 $U_m \geqslant 72.5$ kV 电磁式电压互感器。

由一次传递到二次端子上的过电压值，在 11.2 所述的试验和测量条件下，不应大于表 9 所列值。

A 类冲击波要求，适用于空气绝缘变电站用的电压互感器；B 类冲击波要求，适用于气体绝缘金属外壳全封闭组合电器(GIS)用的电压互感器。

表 9 所列且按 11.2 所规定方法测得的传递过电压峰值限值，对接到二次绕组的电子设备确能有足够的保护作用。

表 9 传递过电压限值

冲击波类型	A	B
施加电压峰值(U_p)	$1.6\times\frac{\sqrt{2}}{\sqrt{3}}\times U_m$	$1.6\times\frac{\sqrt{2}}{\sqrt{3}}\times U_m$
波形参数： ——常规波前时间(T_1)[a] ——半峰值时间(T_2) ——波前时间(T_1) ——波尾时间(T_2)	 $0.5\times(1\pm20\%)$ μs $\geqslant 50$ μs — —	 — — $10\times(1\pm20\%)$ ns $\geqslant 100$ ns
传递过电压峰值限值(U_s)[b]	1.6 kV	1.6 kV
a 其波形参数代表了开关操作所引起的电压振荡。 b 经制造方与用户协商，可选取其他的传递过电压限值。		

7.1.8 **绝缘油性能**

油浸式互感器所用绝缘油应符合 GB/T 7595 和 GB/T 7252 的要求。

7.2 **短路承受能力**

在额定电压下励磁时，互感器应能承受持续时间为 1s 的外部短路机械效应和热效应而无损伤。

7.3 **机械强度要求**

这些要求仅适用于 $U_m \geqslant 72.5$ kV 的电压互感器。

表 10 列出了电磁式电压互感器应能承受的静载荷。这些数值包含了风力和结冰引起的载荷。

规定的试验载荷是指可施加于一次绕组端子任意方向的载荷。

表 10 静态承受试验载荷

设备最高电压 U_m kV	静态承受试验载荷 F_R N		
	电压互感器		
	电压端子	通过电流的端子	
		Ⅰ类载荷	Ⅱ类载荷
72.5	500	1 250	2 500
126	1 000	2 000	3 000
252 和 363	1 250	2 500	4 000
550	1 500	4 000	5 000

注 1：在日常运行条件下，作用载荷的总和应不超过规定的承受试验载荷的 50%。

注 2：电流互感器应能承受很少出现的急剧动态载荷(例如：短路)，它不超过 1.4 倍静态承受载荷。

注 3：在某些应用中，可能需要一次端子具有防旋转的能力，试验时施加的力矩值应由制造方与用户协商确定。

7.4 一般结构要求

7.4.1 接地和接地标志

电压互感器的接地连接处应有直径不应小于 8 mm 的接地螺栓，或其他供接地线连接用的零件(例如：面积足够大且有连接孔的接地板)，且接地连接处应有平整的金属表面。这些接地零件均应有可靠的防锈镀层，或采用不锈钢材料制成。

注：对标称电压 $U_n \leqslant 0.66$ kV 的互感器，可采用直径为 6 mm 的接地螺栓，亦可通过互感器上的其他金属件接地。

在接地连接处近旁标有明显的接地标志(例如："⏚"符号或"地"字样)。

7.4.2 出线端子

电压互感器二次出线端子的螺纹直径不应小于 5 mm。二次出线端子及紧固件应由铜或铜合金制成，并应有可靠的防锈镀层。

二次出线端子板应具有良好的防潮性能。

7.4.3 油浸式电压互感器的安全要求

为保证油浸式电压互感器的运行安全，其结构要求如下：

——设备最高电压 $U_m \geqslant 40.5$ kV 的互感器，应有保证绝缘油与外界空气不直接接触或完全隔离的装置(例如：金属膨胀器)，或其他的防油老化措施。

——设备最高电压 $U_m \geqslant 40.5$ kV 的互感器，应装有油面(油位)指示装置，且应有最低油面(油位)指示标志。对于某些互感器(例如：其油面或油位不随温度变化者等)，须装有指示油量装置。

——油箱(底座)下部应装有取油样或放油用的阀门，放油阀门装设位置应能放出互感器中最低处的油。

8 试验分类

本标准所规定的试验分为型式试验、例行试验和特殊试验。

型式试验：

对每种型式的一台互感器所进行的试验，用它验证按同一技术规范制造的互感器均满足除例行试验外所规定的要求。

注：在一台互感器上进行的型式试验，对具有较少差别的互感器也可认为是有效的。但此差别应经制造方与用户协商同意。

例行试验：

每台互感器都应承受的试验。

特殊试验：

一种既不同于型式试验，也不同于例行试验的试验，它是由制造方同用户协商确定的。

8.1 型式试验

下列试验是型式试验，其详细说明见有关条文：

a) 温升试验(见 9.1)；

b) 短路承受能力试验(见 9.2)；

c) 额定雷电冲击试验(见 9.3.2)和截断雷电冲击试验(见 9.3.3)；

注：截断雷电冲击试验在如用户另有要求时可作为特殊试验，但其试验电压按附录 C 的规定，并在订货合同中注明。

d) 操作冲击试验(见 9.3.4)；

e) 户外式互感器的湿试验(见 9.4)；

f) 无线电干扰电压(RIV)测量(见 9.5)；

g) 励磁特性测量(见 9.6)；

h) 误差测定(见 14.3 和 15.6.2)。

除另有规定外，所有绝缘型式试验应在同一台互感器上进行。

互感器在经受本条规定的绝缘型式试验后，应经受 8.2 规定的全部例行试验。

8.2 例行试验

每台互感器均应进行下述试验：

a) 端子标志检验(见 10.1)；

b) 一次绕组工频耐压试验(见 10.2)；

c) 局部放电测量(见 10.2.4)；

d) 二次绕组工频耐压试验(见 10.3)；

e) 绕组段间工频耐压试验(见 10.3)；

f) 电容量和介质损耗因数测量(见 10.4)；

g) 励磁特性测量(见 10.5)；

h) 绝缘油性能试验(见 10.6)；

i) 密封性能试验(见 10.7)；

j) 误差测定(见 14.4 和 15.7)。

试验顺序未标准化，但误差测定应在其他试验后进行。

一次绕组的重复工频耐压试验应以规定试验电压值的 80%进行。

8.3 特殊试验

下列试验按制造方同用户之间协议进行：

a) 机械强度试验(见 11.1)；

b) 传递过电压测量(见 11.2)。

9 型式试验

9.1 温升试验

为了验证互感器是否符合 6.4 的要求应进行本试验。试验中，当每小时温升的变化不超过 1K 时，应认为互感器已经达到了稳定的温度。

试验场地的环境温度应为 5℃～40℃。

当有多个二次绕组时，除用户与制造方另有协议外，应在每个二次绕组分别接有相应的额定负荷来进行本试验。剩余电压绕组应按 15.6.1 或 6.4 的规定连接负荷。

在进行本试验时，互感器的安装状态应代表其实际运行情况。

绕组温升应采用电阻法测量。

绕组以外的其他部件的温升，可用温度计或热电偶测量。

9.2 短路承受能力试验

为了验证互感器是否符合7.2的要求应进行本试验。

试验时互感器的初始温度是5℃～40℃。

对电压互感器一次绕组侧励磁，二次绕组侧端子短接。

短路试验应进行一次，持续时间为1s。

注：本要求也适用于熔断器是互感器的一个组成部件的情况。

短路时，施加于互感器端子上的电压方均根值应不低于其额定电压。

当互感器有多个二次绕组或多线段、多抽头时，其试验接线应由用户与制造方协商确定。

注：本试验也可将一次绕组端子短接，在二次绕组侧励磁。

如果试验后的互感器在冷却到环境温度后，能满足下列要求，则应认为互感器通过了本试验：

a) 无可见的损伤；

b) 其误差与本试验前的差异不超过其准确级误差限值的一半，且满足相应准确级的要求；

c) 能承受住10.2和10.3规定的绝缘试验，但其试验电压值降至规定值的90%；

d) 经检查，与一次绕组和二次绕组表面接触的绝缘无明显的劣化现象(例如：碳化)。

如果绕组内电流密度不超过160 A/ mm^2，且铜绕组的导电率不低于GB 5585.1—1985规定值的97%，则d)项检查可不进行。此电流密度应依据测得的二次绕组对称短路电流方均根值计算(对于一次侧，应除以额定电压比)。

9.3 一次绕组的冲击试验

9.3.1 一般要求

冲击试验应按GB/T 16927.1—1997的规定进行。

试验电压应施加在一次绕组的每一个线端与地之间。试验时，一次绕组的接地端或不接地电压互感器的非被试线端、每一个二次绕组至少有一个端子及座架、箱壳(如果有)和铁心(如果要求接地)等均应接地。

冲击试验通常包括施加参考冲击电压和额定冲击耐受电压。参考冲击电压应为额定冲击耐受电压的50%～75%。冲击电压的波形和峰值应予记录。

参考冲击电压和额定冲击耐受电压下的波形之间的变异，可作为试验中绝缘损坏的证据。

为了提高示伤能力，除须记录电压波外，还应记录对地电流波或二次绕组两端的电压波。

注：可以通过适当的电流记录装置接地。

9.3.2 额定雷电冲击试验

试验电压值应根据设备最高电压 U_m 和所规定的绝缘水平，取表4或表5规定的相应值。

9.3.2.1 U_m＜300 kV的绕组

试验应在正和负两种极性下进行。每一极性应连续冲击15次，不须作大气条件校正。

如果每一极性下的试验都满足下列要求，则互感器通过了本试验：

a) 非自恢复性的内绝缘不出现击穿；

b) 非自恢复性的外绝缘不出现闪络；

c) 自恢复性的外绝缘出现闪络不超过2次；

d) 未发现绝缘损坏的其他证据(例如：所记录波形的变异)。

对不接地的电压互感器，依次对每一个线端施加大致为规定次数一半的连续冲击，如：正极性冲击8次(或7次)和负极性冲击7次(或8次)。此时，其他线端接地。

注：施加正、负极性冲击各15次，是针对外绝缘试验而规定的。如果制造方与用户协商同意用其他试验方法检查外绝缘，则每一极性下的额定雷电冲击次数可减少到3次，且不须作大气条件校正。

9.3.2.2 **$U_m \geqslant 300$ kV 的绕组**

试验应在正和负两种极性下进行。每一极性应连续冲击 3 次，不须作大气条件校正。

如果每一极性下的试验都满足下列要求，则互感器通过了本试验：

a) 不发生击穿；

b) 未发现绝缘损坏的其他证据（例如：所记录波形的变异）。

9.3.3 **一次绕组的截断雷电冲击试验**

试验应仅在负极性下进行，且以下述方式与负极性额定雷电冲击试验结合进行。

电压应是 GB/T 16927.1—1997 规定的标准雷电冲击波在 2 μs～5 μs 处截断，截断雷电冲击波电路的布置应使实际试验冲击波的反极性峰值限值约为峰值的 30%。

额定雷电冲击试验电压应按设备最高电压和规定的绝缘水平取表 4 或表 5 的相应值。

截断雷电冲击试验电压值应按 7.1.2.4 的规定（如另有要求作为特殊试验时，则按附录 C 的规定）。

雷电冲击试验电压施加的顺序如下：

a) 对 $U_m < 300$ kV 的绕组：

——1 次额定雷电冲击；

——2 次截断雷电冲击；

——14 次额定雷电冲击。

对不接地电压互感器，每一个线端应施加 2 次截断雷电冲击及大致为规定次数一半的额定雷电冲击，如：正极性冲击 8 次（或 7 次）和负极性冲击 7 次（或 8 次）。

b) 对 $U_m \geqslant 300$ kV 的绕组：

——1 次额定雷电冲击；

——2 次截断雷电冲击；

——2 次额定雷电冲击。

以截断雷电冲击前后所施加额定雷电冲击波形的变化作为内部损伤的指示。

截断雷电冲击时，在自恢复性外绝缘上出现的闪络不应纳入绝缘性能的评价之中。

9.3.4 **操作冲击试验**

根据设备最高电压和规定的绝缘水平，其试验电压值应是表 5 中所列出的相应值。

该试验应在正极性下进行，连续施加 15 次冲击，应作大气条件校正。

对户外式互感器，其试验应在湿状态下进行（见 9.4）。

注：允许在连续冲击的间隙通过适当的试验程序改变铁心的磁状态来消除铁心饱和的影响。

如果满足下列要求，则互感器通过了本试验：

a) 非自恢复性的内绝缘不出现击穿；

b) 非自恢复性的外绝缘不出现闪络；

c) 自恢复性的外绝缘出现闪络不超过 2 次；

d) 未发现绝缘损坏的其他证据（例如：所记录波形的变异）。

注：冲击时出现了对试验室墙壁或棚顶的闪络不予以计及。

9.4 户外式互感器的湿试验

淋雨方法应按 GB/T 16927.1—1997 的规定。

对 $U_m < 300$ kV 的绕组，其试验应用工频电压进行。施加的电压值是根据设备最高电压取表 4 中相应工频耐受电压值，其大气条件校正应按 GB/T 16927.1—1997 的规定。

对 $U_m \geqslant 300$ kV 的绕组，其试验应在正极性操作冲击电压下进行。施加的电压值是根据设备最高电压和额定绝缘水平取表 5 中列出的相应操作冲击电压值。

9.5 无线电干扰电压（RIV）测量

装配完整的整台电压互感器（包括附件），应保持干燥、清洁，且在试品温度大致等于试验室环境温度时进行本试验。

本标准要求试验应在下列大气条件下进行：

a) 温度：5℃～40℃；

b) 压力：87 kPa～107 kPa；

c) 相对湿度：45％～75％。

注1：经制造方和用户之间协商同意，试验可以在其他大气条件下进行。

注2：GB/T 16927.1—1997所述的大气条件校正因数，不适用于无线电干扰试验。

试验连接线及其端头不应成为无线电干扰电压源。

模拟运行条件的一次端子屏蔽件，应能避免出现严重的放电。推荐使用带球形端头的圆管作连接线。

试验电压施加在试品（C_a）一次绕组的一次端子与地之间。箱壳（如果有）、座架、铁心（如果要求接地）和每个二次绕组的一个端子均应接地。

测量电路（见图1）应符合GB/T 11604的规定。且宜将测量线路的频率调整到0.5 MHz～2 MHz范围内，并记录此测量频率。试验结果值应用μV表示。

在图1中，试验导线和地之间的阻抗$[Z_s+(R_1+R_2)]$应为300 Ω±40 Ω，且在测量频率下的相角不超过20°。

也可用电容器C_s代替滤波阻抗Z_s，其电容值通常为1 000 pF是足够的。

注：可能需要一个特殊设计的电容器以避免共振频率过低。

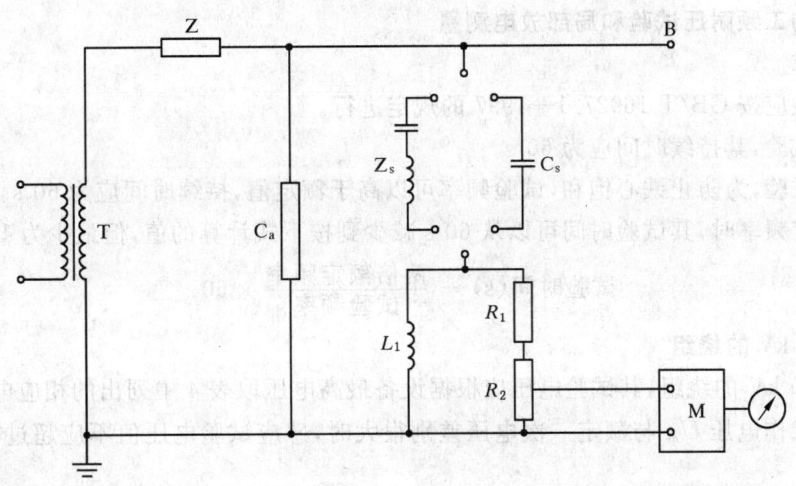

T——试验变压器；

C_a——试品；

Z——滤波器；

B——无电晕终端；

M——测量装置；

$Z_s+(R_1+R_2)=300$ Ω；

Z_s、C_s、L_1、R_1、R_2见GB/T 11604。

图1 无线电干扰（RIV）测量线路

滤波器Z在测量频率下应呈现较高的阻抗值，以使工频电源与测量线路隔开。在测量频率下，此阻抗的适合值为10 kΩ～20 kΩ。

无线电干扰背景水平（由外界电磁场和高压变压器产生的无线电干扰）应比规定的无线电干扰水平至少低6 dB（最好低10 dB）。

注：应注意防止邻近物体对互感器试品、试验电路和测量线路产生干扰。

测量仪器和测量线路的校正方法见GB/T 11604。

应施加预加电压 $1.5U_m/\sqrt{3}$并保持 30 s。

然后,约在 10 s 内将电压降至 $1.1U_m/\sqrt{3}$,保持 30 s 后,测量该电压下的无线电干扰电压。

如果在 $1.1U_m/\sqrt{3}$电压下的无线电干扰水平不超过 7.1.6 规定的限值,则认为本项试验合格。

注:经制造方与用户协商同意,上述的 RIV 试验可以用施加上述预加电压和测量电压时的局部放电测量来代替。

按 10.2 进行局部放电测量试验时所采取的防止外部放电的任何措施(即屏蔽)均应取消。此时,平衡试验电路亦不适用。

虽然尚无 RIV 试验的 μV 值与局部放电 pC 值之间的直接换算关系式,但如果受试互感器在 $1.1U_m/\sqrt{3}$电压下的局部放电水平不超过 300 pC,则认为本项试验合格。

9.6 励磁特性测量

对设备最高电压 $U_m \geqslant 40.5$ kV 的电压互感器应进行励磁特性测量,其测量要求应符合 JB/T 5357 的规定。

试验时,电压施加在二次端子上,电压波形应为实际正弦波。测量点至少包括额定电压的 0.2、0.5、0.8、1.0、1.2 倍及相应于额定电压因数下的电压值,测量出对应的励磁电流,并向用户提供励磁特性曲线。

10 例行试验

10.1 端子标志检查

验证端子标志的正确性(见 12.2)。

10.2 一次绕组的工频耐压试验和局部放电测量

10.2.1 一般要求

工频耐压试验应按 GB/T 16927.1—1997 的规定进行。

对外施耐压试验,其持续时间应为 60 s。

对感应耐压试验,为防止铁心饱和,试验频率可以高于额定值,持续时间应为 60 s。但是,当试验频率超过两倍的额定频率时,其试验时间可以从 60 s 减少到按下式计算的值,但最少为 15 s。

$$\text{试验时间(s)} = \frac{\text{两倍额定频率}}{\text{试验频率}} \times 60$$

10.2.2 $U_m < 300$ kV 的绕组

对于 $U_m < 300$ kV 的绕组,其试验电压应根据设备最高电压取表 4 中列出的相应电压值。

若设备最高工作电压 U_m 与额定一次电压差别很大时,感应试验电压值不应超过额定一次电压值的 5 倍。

10.2.2.1 不接地电压互感器

不接地电压互感器应经受下列试验:

a) 外施工频耐压试验

试验电压应施加在所有连在一起的一次绕组各端子与地之间。座架、箱壳(如果有)、铁心(如果要求接地)和所有的二次绕组端子均应连在一起接地。

b) 感应耐压试验

具体试验方法由制造方自行选择,或是对二次绕组施加一足够的励磁电压,使一次绕组感应出规定的试验电压值,或是用规定的试验电压对一次绕组直接励磁。

无论用哪一种方法,均应在高压侧测量试验电压值。座架、箱壳(如果有)、铁心(如果要求接地)和各二次绕组的一个端子以及一次绕组的另一端子均应连在一起接地。

本试验应对每一线端施加试验电压,持续时间均为规定时间的一半,但最少为 15 s。

10.2.2.2 接地电压互感器

接地电压互感器应经受下列试验:

a) 外施工频耐压试验(当合适时)

试验电压应施加在一次绕组要求接地的端子与地之间,其试验电压值应为 7.1.2.2 规定的相应值。

座架、箱壳(如果有)、铁心(如果要求接地)和二次绕组端子均应连在一起接地。

b) 感应耐压试验

试验应按 10.2.2.1 规定进行。试验时,在运行中要求接地的一次绕组端子均应接地。

10.2.3 U_m≥300 kV 的绕组

互感器应经受下列试验:

a) 外施工频耐压试验(当合适时)

试验电压值应为 7.1.2.2 规定的相应值,试验应按 10.2.2.2 的规定进行。

b) 感应耐压试验

试验电压值应按额定雷电冲击耐受电压取表 6 中列出的相应值。试验应按 10.2.2.2 的规定进行。

10.2.4 局部放电测量

10.2.4.1 试验线路及测试设备

所用试验线路和试验设备应符合 GB/T 7354—2003 的要求。试验线路实例如图 2~图 4 所示。

测量仪器应为测量以皮库(pC)表示的视在电荷量 q。其校正应在试验线路中进行(见图 5)。

宽频带测试仪的带宽至少应为 0.1 MHz,其上限截止频率不大于 1.2 MHz。

窄频带测试仪的谐振频率应在 0.15 MHz~2 MHz 范围内,最好是在 0.5 MHz~2 MHz 的范围内。但如可能,应在灵敏度最高的频率下进行局部放电测量。

测量灵敏度应能测出 5 pC 的局部放电水平。

注 1:噪声应远低于灵敏度,已知的外部干扰脉冲可以忽略。

注 2:为消除外部噪声的影响,可采用平衡试验电路(见图 4)。采用带耦合电容器作平衡电路来消除外部干扰可能不合适。

注 3:当采用电子信号处理和复原技术降低背景噪声时,这将以改变其参数显示出来,因此能检测出重复出现的脉冲。

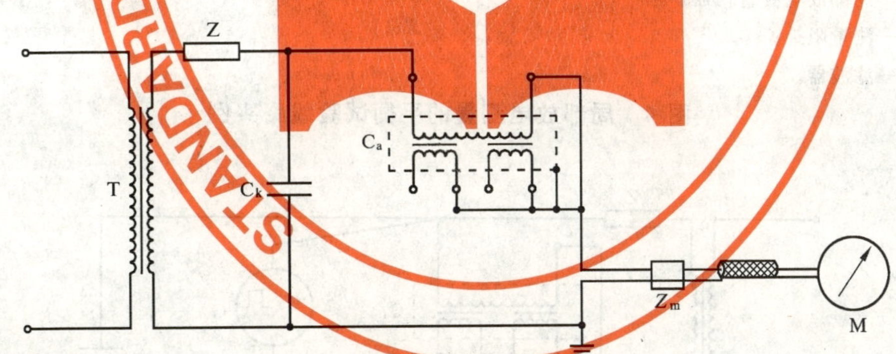

T——试验变压器;

C_a——被试互感器;

C_k——耦合电容器;

M——局部放电测量仪器;

Z_m——测量阻抗;

Z——滤波器(如果 C_k 是试验变压器的电容,则不需要)。

图 2 局部放电测量试验线路

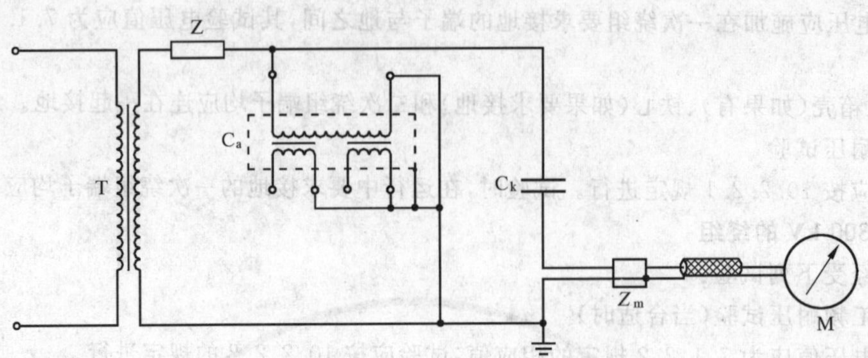

符号含义见图 2。

图 3 局部放电测量的另一个试验线路

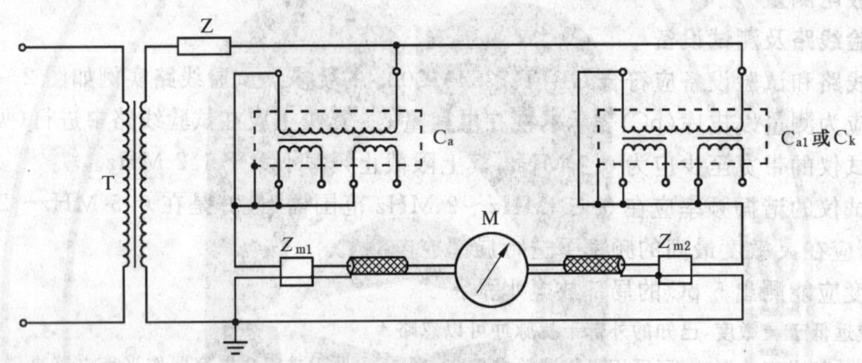

T——试验变压器；

C_a——被试互感器；

C_{a1}——辅助的无局部放电试品(或：C_k——耦合电容器)；

M——局部放电测量仪器；

Z_{m1}和Z_{m2}——测量阻抗；

Z——滤波器。

图 4 局部放电测量的平衡试验线路实例

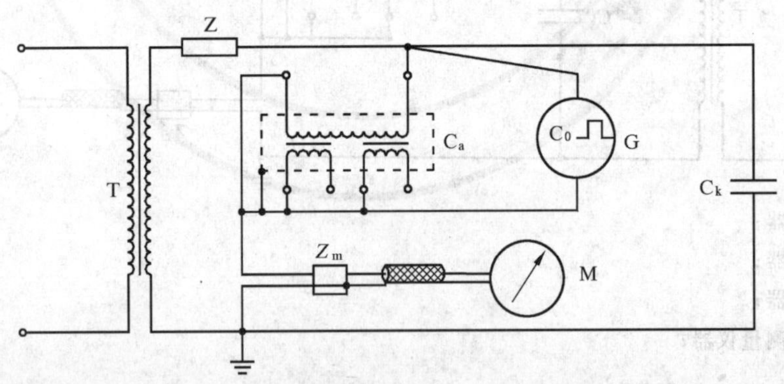

符号含义见图 2。

G——电容值为 C_0 的脉冲波发生器。

图 5 局部放电测量的校验线路实例

10.2.4.2 接地电压互感器的试验程序

在按程序 A 或程序 B 施加预加电压之后，再将电压降到表 7 规定的局部放电测量电压，然后在 30s 内测出其相应的局部放电水平。

测得的局部放电水平应不超过表 7 规定的限值。

程序 A：

在感应耐压试验后的降压过程中使电压达到局部放电测量电压。

程序 B：

局部放电试验是在感应耐压试验结束之后进行。先将电压上升到预加电压值，其值为感应耐压值的 80%，至少保持 60 s，然后不间断地降低到规定的局部放电测量电压。

除另有规定外，采用那一个试验程序由制造方自行决定。所用的试验方法应在试验报告中列出。

10.2.4.3 不接地电压互感器的试验程序

不接地电压互感器的试验线路应与接地电压互感器的试验线路一样，但要做两次试验，即轮流地对每一高压端子施加电压，同时另一高压端子与低压端子、座架和箱壳(如果有)相连接(见图 2～图 5)。

10.3 一次、二次绕组段间以及二次绕组的工频耐压试验

试验电压分别按 7.1.3 和 7.1.4 所规定的相应值选取，并将其依次施加于各端子短接的绕组段间或各二次绕组间及与地之间，持续时间为 60 s。

座架、箱壳(如果有)、铁心(如果要求接地)和所有其他绕组或绕组段的出线皆应连在一起接地。

10.4 电容量和介质损耗因数测量

本试验应在一次绕组工频耐压试验后按 7.1.2.5 的规定进行。

试验方法应经用户和制造方协商同意，但优先选用电桥法。

本试验应在电压互感器所在环境温度下进行。该温度值应予记录。

10.5 励磁特性测量

对设备最高电压 U_m≥40.5 kV 的电压互感器应进行励磁特性测量，其测量要求应符合 JB/T 5357 的规定。

试验时，电压施加在二次端子上，电压波形应为实际正弦波。施加额定电压及相应于额定电压因数的电压值，测量励磁电流，其结果与型式试验对应结果的差异不应大于 30%。同一批生产的同型互感器，其励磁特性的差异亦不应大于 30%。

10.6 绝缘油性能试验

互感器用绝缘油应进行击穿电压、介质损耗因数(tanδ)测量，对 U_m≥72.5 kV 的互感器进行含水量和色谱分析等性能试验。试验方法应按相关的规定进行。

10.7 密封性能试验

电压互感器的密封性能试验应按 JB/T 5357 的规定进行。

11 特殊试验

11.1 机械强度试验

本试验的目的是为了验证电压互感器能满足 7.3 所规定的要求。

互感器应装配完整，垂直安装且牢固地固定在刚性构架上。

油浸式电压互感器应注满规定的绝缘油，并达到运行时的工作压力。

对表 11 所示的每一种情况，施加规定试验载荷的持续时间均应为 60 s。

如果不出现损坏的迹象(变形、破裂或泄漏)，应认为电压互感器通过了本试验。

表 11　一次端子上试验载荷的施加方式

电压互感器端子类型	施加方式	
电压端子	水平方向	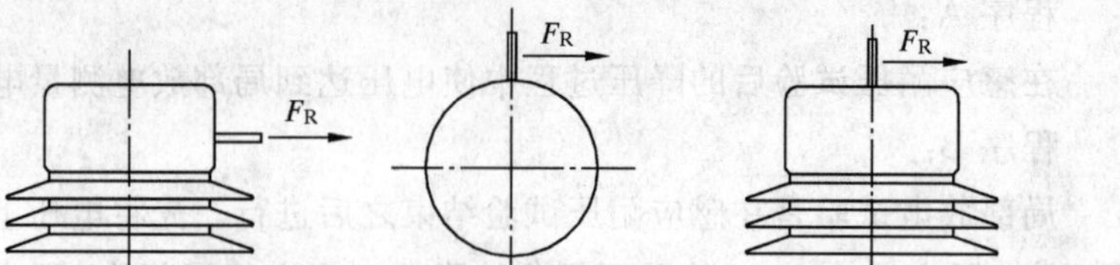 F_R F_R F_R
	垂直方向	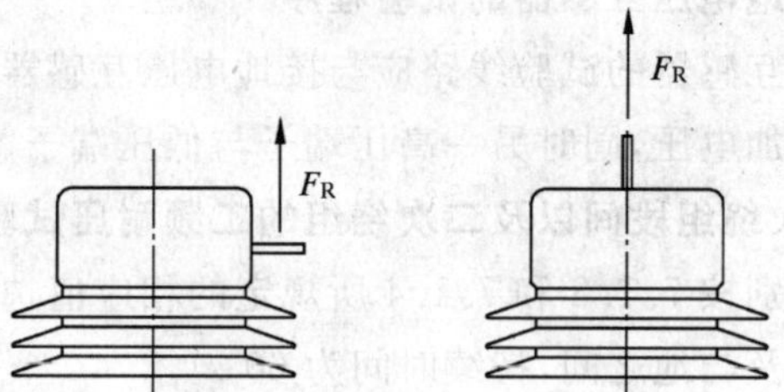 F_R F_R
通过电流的端子	水平方向	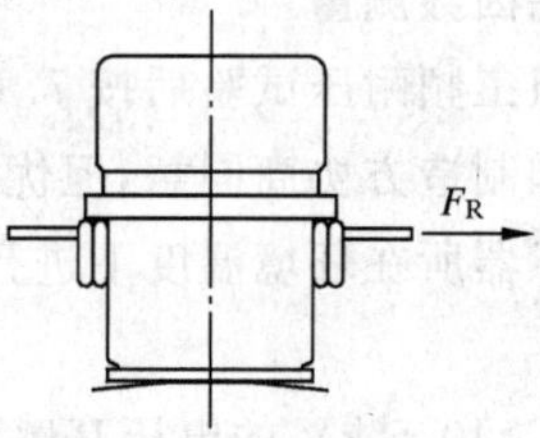 F_R
		F_R
	垂直方向	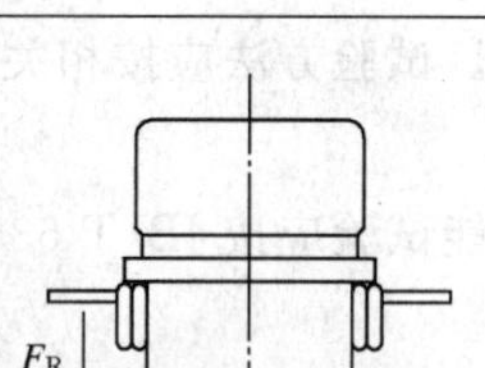 F_R
注：试验载荷应施加于端子的中心位置。		

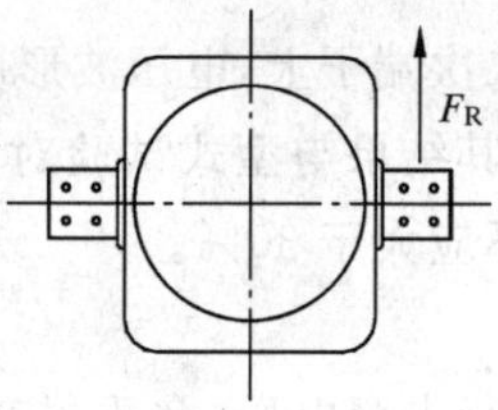

11.2　传递过电压测量

低压冲击波(U_1)应施加于一次绕组任一端子与地之间。

对用于金属外壳全封闭式组合电器(GIS)中的电压互感器，应按图 6 通过一根 50 Ω 同轴电缆施加冲击波。GIS 的外壳应按运行方式接地。

对用于其他场合的电压互感器，其试验线路如图 7 所示。

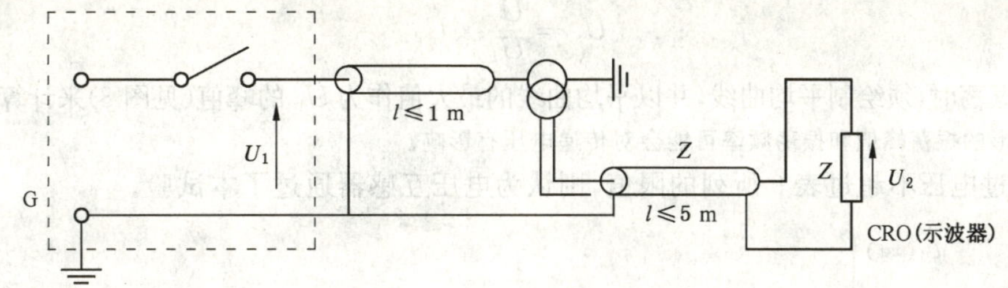

图 6　传递过电压测量:试验线路及 GIS 试验布置

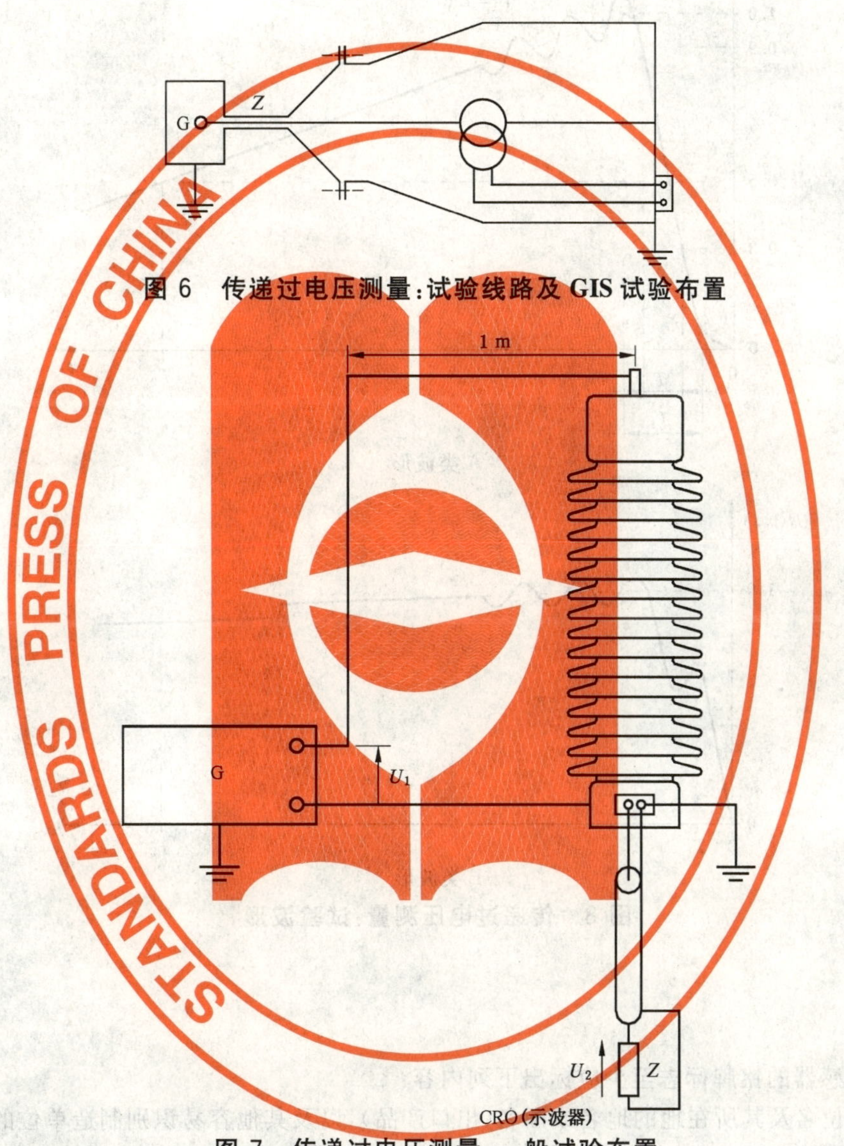

图 7　传递过电压测量:一般试验布置

拟接地的二次绕组端子应与座架等连接在一起接地。

传递电压(U_2)测量应在开路的二次端子上进行,通过一根 50 Ω 同轴电缆和其终端接入一台具有输入阻抗为 50 Ω 且带宽不低于 100 MHz 的示波器读取电压峰值。

注:经制造方与用户协商,可采用其他避免测量受到干扰的试验方法。

如果电压互感器有多个二次绕组,则应依次对每一个二次绕组进行测量。

在二次绕组具有中间抽头时,只需在满匝对应的出头端进行测量。

当将规定的过电压(U_p)施加在一次绕组上时,传递到二次绕组上的过电压(U_s)应按下式计算:

$$U_s = \frac{U_2}{U_1} \times U_p$$

当峰值有振荡时，须绘制平均曲线，并以平均曲线的最大值作为 U_1 的峰值(见图 8)来计算传递过电压。

注：电压波形的振荡峰值和振荡频率可能会对传递电压有影响。

如果传递过电压不超过表 9 所列的限值，则认为电压互感器通过了本试验。

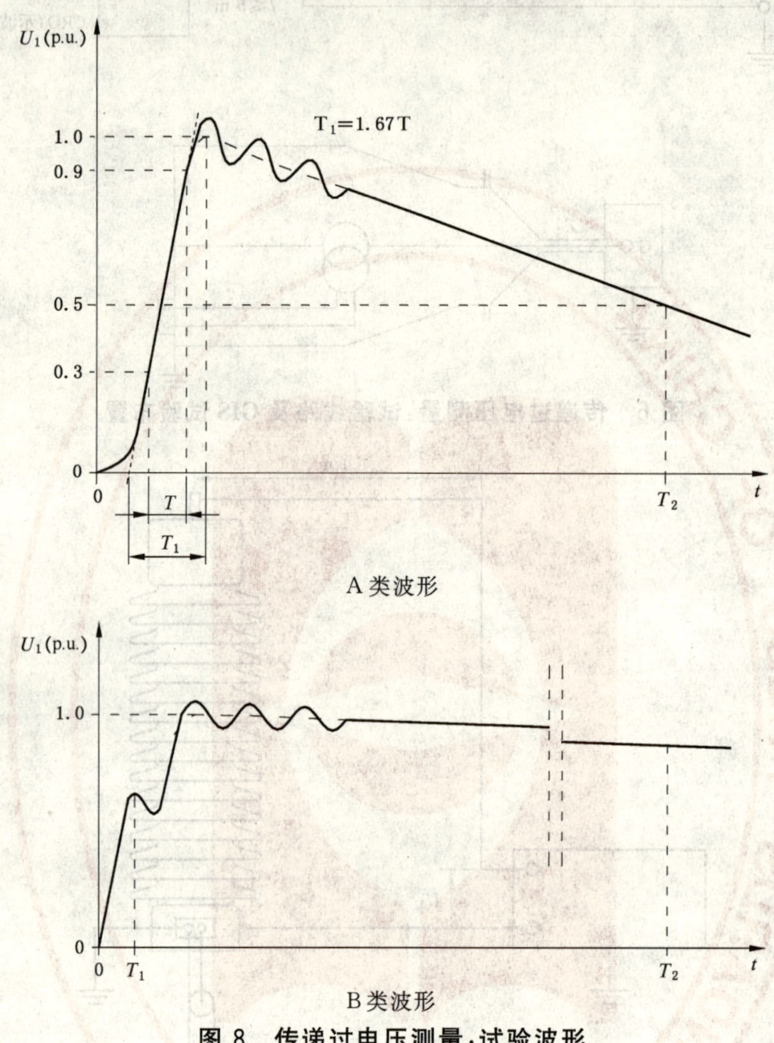

图 8 传递过电压测量：试验波形

12 标志

12.1 铭牌标志

每台电压互感器的铭牌标志至少应标出下列内容：

a) 制造单位名及其所在地的地名或国名(出口产品)，以及其他容易识别制造单位的标志、生产序号和日期；

b) 互感器型号及名称、采用标准的代号、计量许可标志及计量许可批号；

c) 额定一次电压和额定二次电压(例如：35/0.1 kV)；

d) 额定频率(例如：50 Hz)；

e) 额定输出和其相应的准确级(例如：50 VA 1.0 级)；

注：当有两个独立的二次绕组时，其标志应指明每个二次绕组的额定输出(VA)范围及其相应的准确级和每一绕组的额定电压。

f) 设备最高电压 U_m(例如：40.5 kV)；

注：如果 GB 156—2003 中没有规定该电压等级的设备最高电压则可用标称电压 U_n 替代(例如：0.66 kV)。

g) 额定绝缘水平(例如:95/200 kV 或 3/_kV);

注:项 f)和项 g)可以合并为一个标志(例如:40.5/95/200 kV 或 0.66/3/_kV)。

h) 额定电压因数和相应的额定时间;

i) 绝缘耐热等级(A 级绝缘不必标出);

注:如果用了多种等级的绝缘材料,应标出限制绕组温升的那一种。

j) 当互感器有多个二次绕组时,应标明每个绕组的性能参数及其相应的端子;

k) 设备种类:户内或户外(标称电压 $U_n \leqslant 0.66$ kV 的互感器可不标出);

如果互感器允许使用在海拔高于 1 000 m 的地区,还应标出其允许使用的最高海拔高度;

l) 互感器的总质量及油浸式互感器的油质量或气体绝缘互感器的气体质量(总质量低于 50 kg 的互感器可不标出)。

所有需标明的内容应牢固地标志在电压互感器本体上或标志在可靠固定于互感器上的铭牌上。

12.2 端子标志

12.2.1 一般规则

本端子标志适用于单相电压互感器,也适用于单相电压互感器装配为一台整体的三相接线的互感器或具有三相共用铁心的三相电压互感器。

12.2.2 端子标志

应按图 9～图 18 选取适当的标志。

大写字母 A、B、C 和 N 表示一次绕组端子,而小写字母 a、b、c 和 n 则表示相应的二次绕组端子。

大写字母 A、B 和 C 表示全绝缘端子,而字母 N 则表示接地端子,其绝缘性能比其他端子低。

复合字母 da 和 dn 表示提供剩余电压的绕组端子。

12.2.3 极性关系

标有同一字母大写或小写的端子,在同一瞬间具有同一极性。

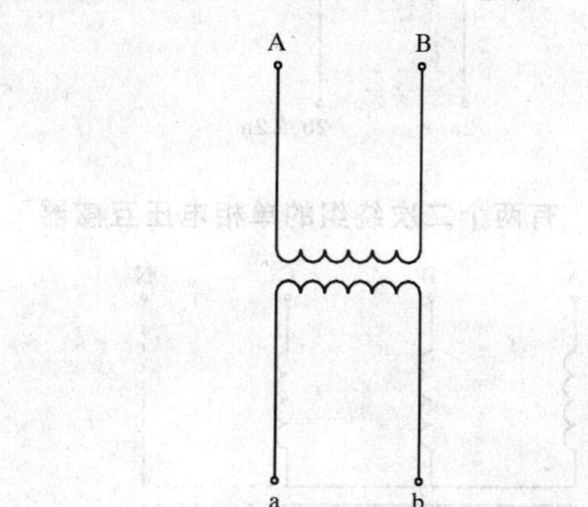

图 9 有一个二次绕组的全绝缘单相电压互感器

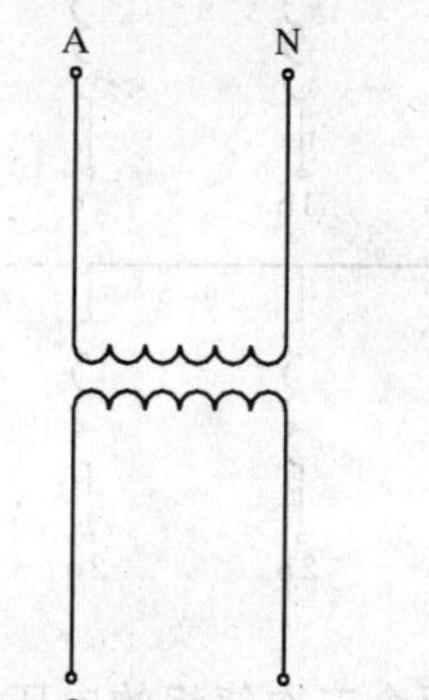

图 10 一次绕组中性点降低绝缘和有一个二次绕组的单相电压互感器

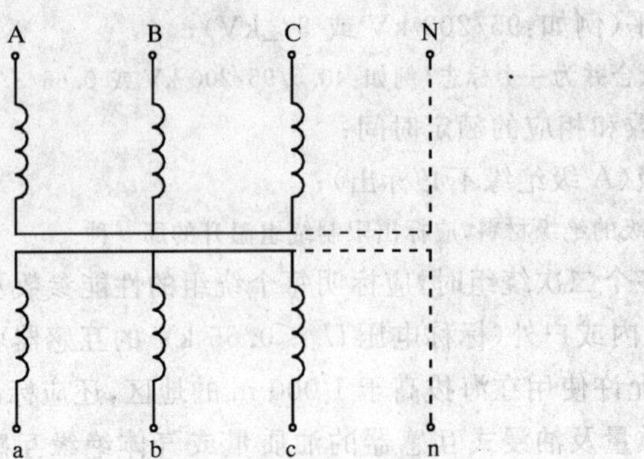

图 11 有一个二次绕组的电压互感器三相组

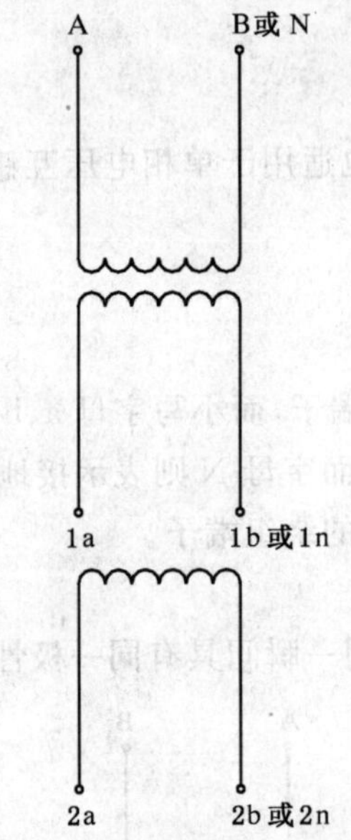

图 12 有两个二次绕组的单相电压互感器

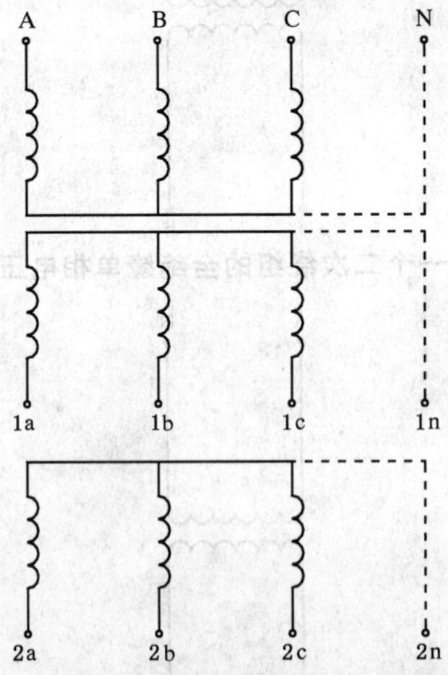

图 13 有两个二次绕组的电压互感器三相组

图 14　有一个多抽头二次绕组的单相电压互感器

图 15　有一个多抽头二次绕组的电压互感器三相组

图 16　有两个多抽头二次绕组的单相电压互感器

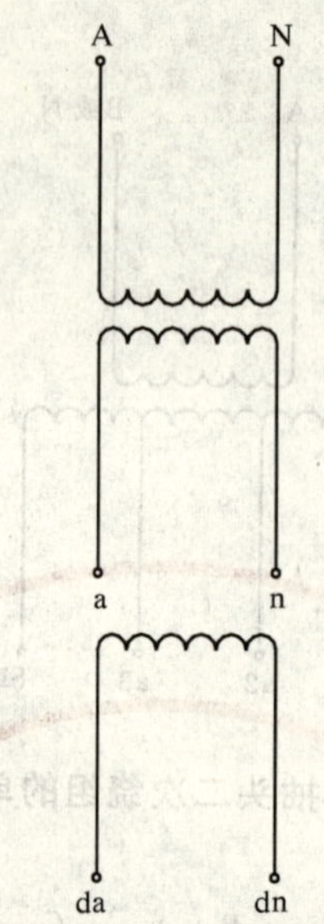

图 17 有一个剩余电压绕组的单相电压互感器

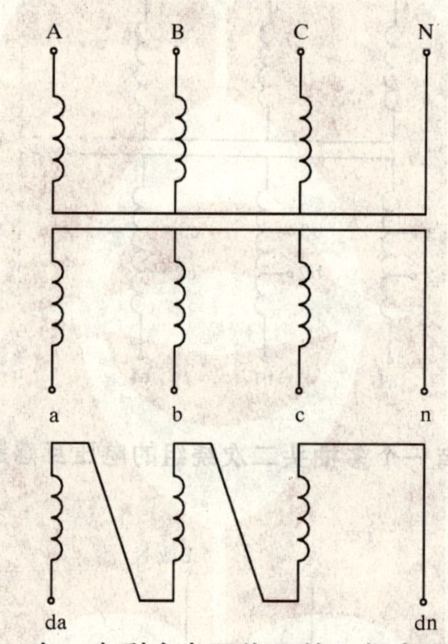

图 18 有一个剩余电压绕组的三相电压互感器

13 包装、储运和随机文件

13.1 包装

互感器的包装应保证产品及其组、部件和零件在整个储运期间不致损坏及松动。干式互感器的包装还应保证在整个储运期间不致遭受雨淋。

具体的包装方法应符合 GB/T 13384—1992 的规定。

13.2 储运

互感器各个供电气连接的接触面(包括接地处的金属面)在储运期间应有防锈蚀措施。

互感器在运输过程中应无严重振动、颠簸和冲击现象发生。

13.3 随机文件

每台互感器应随产品附有下列文件：

——产品合格证；

——例行试验记录；

——安装使用说明书(包括产品的外形尺寸图及组件的安装使用说明书等);

——拆卸运输零件(如需要)和备件(如果有)一览表。

注:标称电压 U_n≤0.66 kV 的互感器,只提供产品合格证即可。

文件应妥善包装,防止受潮、损坏。

13.4 其他

若用户有要求,制造方应提供本标准规定的有关型式试验的试验结果。

14 测量用单相电磁式电压互感器准确级的补充技术要求

14.1 测量用电压互感器准确级

14.1.1 测量用电压互感器准确级的标称

测量用电压互感器的准确级,在额定电压和额定负荷下,以该准确级所规定的最大允许电压误差百分数来标称。

14.1.2 测量用电压互感器的标准准确级

测量用单相电磁式电压互感器的标准准确级为:

0.1、0.2、0.5、1.0、3.0

14.2 测量用电压互感器的电压误差和相位差限值

在额定频率和80%~120%额定电压之间的任一电压下,以及在25%~100%额定负荷之间的任一负荷且其功率因数为0.8(滞后)的条件下,电压互感器的电压误差和相位差应不超过表12所列值。

表 12 测量用电压互感器的电压误差和相位差限值

准确级	电压误差 ±%	相位差	
		±(′)	±crad
0.1	0.1	5	0.15
0.2	0.2	10	0.3
0.5	0.5	20	0.6
1.0	1.0	40	1.2
3.0	3.0	不规定	不规定

注:当订购有两个独立二次绕组的电压互感器时,因为它们之间有相互影响,用户应规定各绕组的输出范围,各输出范围的上限值应符合标准的额定输出值。每个绕组在其输出范围内须满足各自准确级要求,此时,另一绕组所带负荷为0到规定输出范围上限值的100%之间的任一值。为证明是否符合此要求,只需在极限值下进行试验。如果未规定其输出范围,则认为每个绕组的输出范围是其额定输出的25%~100%。

如果某一绕组只有偶然的短时负荷,或仅作为剩余电压绕组使用时,则它对其余绕组的影响可以忽略不计。

对于准确级为0.1和0.2且额定负荷小于10 VA的电压互感器,可以规定其负荷扩大范围。当二次负荷为0 VA到100%额定负荷之间的任一值且功率因数等于1时,其电压误差和相位差不应超过表12所列限值。

注:对于计量用的测量准确级,可能有此要求。

误差应在电压互感器各端子处测定,并须包括作为互感器整体一部分的熔断器或电阻器的影响。

14.3 测量用电压互感器误差的型式试验

为证明是否符合14.2的规定,型式试验应在80%、100%、120%额定电压,额定频率及25%和100%额定负荷下进行。

14.4 测量用电压互感器误差的例行试验

误差的例行试验原则上与14.3型式试验相同,但只要在类似互感器型式试验中证实了减少测试点仍符合14.3的要求,则允许在例行试验中减少测试点。

14.5 测量用电压互感器的铭牌标志

其铭牌应标有符合12.1规定的相应内容。

准确级应标在相应的额定输出之后(例如:100 VA,0.5 级)。

对于额定负荷不大于 10 VA、且其负荷扩大范围下限为 0 VA 的电压互感器,其下限负荷值应标在额定负荷之前(例如:0 VA 到 10 VA,0.2 级)。

注:铭牌可包括该互感器所能满足的几组输出和相应的准确级。

15 保护用单相电磁式电压互感器的补充技术要求

15.1 保护用电压互感器准确级

15.1.1 保护用电压互感器准确级的标称

所有作保护用的电压互感器,除剩余电压绕组外,均应具有 14.1 和 14.2 所规定的测量准确级,此外,还应具有 15.1.2 所规定准确级中的某个准确级。

保护用电压互感器的准确级是以该准确级在 5%额定电压到与额定电压因数(见 6.3)相对应的电压范围内的最大允许电压误差百分数标称,其后标以字母 P。

15.1.2 保护用电压互感器的标准准确级

保护用电压互感器的标准准确级为:

3P 和 6P。

在 5%额定电压及与额定电压因数相对应的电压下,两者的电压误差和相位差的限值相同。在 2%额定电压下的误差限值为 5%额定电压下误差限值的 2 倍。

若电压互感器在 5%额定电压下和上限电压(即对应于额定电压因数 1.2、1.5 或 1.9 的电压)下的电压误差限值不相同时,应由制造方与用户协商确定。

15.2 保护用电压互感器电压误差和相位差限值

在额定频率及 5%额定电压和额定电压乘以额定电压因数(1.2、1.5 或 1.9)的电压下,负荷为 25%~100%额定负荷和功率因数为 0.8(滞后)时,其电压误差和相位差限值不应超过表 13 所列限值。

在额定频率及 2%额定电压下,负荷为 25%~100%额定负荷和功率因数为 0.8(滞后)时,其电压误差和相位差限值不应超过表 13 所列限值的 2 倍。

表 13 保护用电压互感器的电压误差和相位差限值

准确级	电压误差 ±%	相 位 差	
		±(′)	±crad
3P	3.0	120	3.5
6P	6.0	240	7.0

注:当订购有两个独立二次绕组的电压互感器时,因为它们之间有相互影响,用户应规定各绕组的输出范围,各输出范围的上限值应符合标准的额定输出值。每个绕组在其输出范围内须满足各自准确级要求,此时,另一绕组所带负荷为 0 到规定输出范围上限值的 100%之间的任一值。为证明是否符合此要求,只需在极限值下进行试验。如果未规定其输出范围,则认为每个绕组的输出范围是其额定输出的 25%~100%。

15.3 产生剩余电压的二次绕组额定电压

要求与同类绕组联结成开口角,以产生剩余电压的绕组,其额定二次电压为:

100/3 V 或 100 V。

如用户有要求,剩余电压绕组的额定电压可按附录 D 选取。

注:100/3 V 只适用于额定电压因数为 1.9 的电压互感器,而 100 V 只适用于额定电压因数为 1.5 的电压互感器。

15.4 剩余电压绕组的输出

15.4.1 额定输出

剩余电压绕组的额定输出应以 VA 表示,其数值应按 6.2 的规定选取。

15.4.2 额定热极限输出

剩余电压绕组的额定热极限输出应以 VA 表示;在额定二次电压及功率因数为 1.0 时,其数值应为

15 VA,25 VA,50 VA,75 VA,100 VA 及其十进位倍数。有下标横线的数值为优先值。

注：由于剩余电压绕组以开口角联结，故这些绕组仅在故障情况下承担负荷。

与 3.1.18.2 定义不同，剩余电压绕组的额定热极限输出是以持续时间 8h 为基准的。

15.5 剩余电压绕组的准确级

剩余电压绕组的准确级应为 15.1.2 和 15.2 所规定的 3P 或 6P 级。

注 1：如果剩余电压绕组作特殊用途使用时，经用户和制造方协商，可按 14.1.2 和 14.2 选择其他的标准准确级。

注 2：如果剩余电压绕组仅作阻尼用时，可以不标出其准确级。

15.6 保护用电压互感器的型式试验

15.6.1 剩余电压绕组的温升试验

如果各二次绕组中有一个是作剩余电压绕组使用时，试验应按 9.1 进行。先按 6.4 中 a)项在 1.2 倍额定一次电压下进行试验，然后紧接着按 6.4 中 c)项的规定进行试验。

在先按 1.2 倍额定一次电压的预热试验时，剩余电压绕组不接负荷。在按 1.9 倍额定一次电压 8h 试验时，剩余电压绕组应接有额定热极限输出相对应的负荷(见 15.4.2)，而其他绕组均接额定负荷。

如果还规定了其他二次绕组的热极限输出，还应按 6.4 中 a)项的规定，在额定一次电压及剩余电压绕组不带负荷的情况下进行试验。

注：电压测量必须在一次绕组上进行，因为实际二次电压可能明显小于额定二次电压与电压因数的乘积。

15.6.2 误差试验

为验证是否符合 15.2 的要求，型式试验应在 2%、5%和 100%额定电压和额定电压与额定电压因数相乘的电压，负荷为 25%和 100%额定负荷，且功率因数为 0.8(滞后)的情况下进行。

当互感器有多个二次绕组时，它们均应按表 12 和表 13 的注连接负荷。

剩余电压绕组在电压不超过 100%额定电压的试验中，不接负荷；但在电压为额定电压乘以额定电压因数时的试验中，接额定负荷。

15.7 保护用电压互感器的例行试验

误差测量的例行试验原则上与 15.6.2 型式试验相同，但只要在类似互感器型式试验中证实了减少测试点仍符合 15.2 的要求，则允许在例行试验中减少测试点。

15.8 保护用电压互感器的铭牌标志

其铭牌应标有符合 12.1 规定的相应内容。

其准确级应标在相应的额定输出之后。

附 录 A
（资料性附录）
本标准章条编号与 IEC 60044-2:2003 章条编号对照

表 A.1 给出了本标准章条编号与 IEC 60044-2:2003 章条编号对照一览表。

表 A.1 本标准章条编号与 IEC 60044-2:2003 章条编号对照

本标准章条编号	对应 IEC 60044-2:2003 章条编号
1	1.1
2	1.2
3	2
3.1.3	—
3.1.4～3.1.32	2.1.3～2.1.31
4	3
5	4
6	5
7	6
7.1.5	6.1.5 和 6.1.5.1
7.1.8	—
7.4	—
8	7
9	8
9.3.3	10.1
9.3.4	8.3.3
9.6	—
10	9
10.4	10.2
10.5	—
10.6	—
10.7	—
11	10
11.1	10.3
11.2	10.4
12	11
13	—
14	12
14.1 和 14.1.1	12.1
14.1.2	12.1.1

表 A.1(续)

本标准章条编号	对应 IEC 60044-2:2003 章条编号
15	13
15.1 和 15.1.1	13.1
15.1.2	13.1.1
附录 A	—
附录 B	—
附录 C	—
附录 D	—

表 A.2 给出了本标准图表编号与 IEC 60044-2:2003 图表编号对照一览表。

表 A.2 本标准图表编号与 IEC 60044-2:2003 图表编号对照

本标准图表编号	对应 IEC 60044-2:2003 图表编号
图 1	图 17
图 6	图 18
图 7	图 19
图 8	图 20
图 9	图 6
图 10	图 7
图 11	图 8
图 12	图 9
图 13	图 10
图 14	图 11
图 15	图 12
图 16	图 13
图 17	图 14
图 18	图 15
—	图 16
图 C.1	图 1
表 9	表 14
表 10	表 9
表 11	表 10
表 12	表 11
表 13	表 12
表 D.1	表 13

附 录 B
（资料性附录）
本标准与 IEC 60044-2:2003 的技术性差异及其原因

表 B.1 给出了本标准与 IEC 60044-2:2003 的技术性差异及其原因一览表。

表 B.1 本标准与 IEC 60044-2:2003 的技术性差异及其原因

本标准章条编号	技术性差异	原因
2	引用了采用国际标准的我国标准，而非直接引用国际标准。 增加引用了 GB/T 7252—2001、GB/T 7595—2000、JB/T 5357。	以适应我国国情。
3.1.3	增加 3.1.3 条“电磁式电压互感器”术语定义（以下各术语和定义的条号顺延）。	文中曾出现，便于理解。
3.1.19	增加符号“U_m”。	文中曾出现，便于理解。
5.2.1	将海拔校正因数修改为按 GB 311.1—1997 确定，并将原海拔校正因数确定方法纳入附录 C 中。	因 GB 311.1 与 IEC 60044-2 有差异，而我国电力系统均按 GB 311.1。
6.1.2	只规定我国现用值，将欧美等国的现用值列入附录 D 中。 原注 1 改为正文（段），注 2 变为注。	以适应我国国情。 理顺条文，明确要求。
6.2	只规定 100 VA 及以下的额定输出标准值。超过 100 VA 的额定输出标准值可由制造方和用户协商确定。	100 VA 及以下的额定输出标准值为常用值。
6.4.a)	第 2 句中增加“（其他绕组不接负荷）”。	使要求更加明确。
7.1.1.1	U_m=0.72 kV 或 1.2 kV 更改为 U_n≤0.66 kV。	因 GB 156—2003 与 IEC 60044-2 有差异，而我国电力系统均按 GB 156—2003。
7.1.1.1 和 7.1.1.2	表 4 额定绝缘水平改为按 GB 311.1—1997 的规定，将 GB 311.1—1997 对应的截断雷电冲击耐受电压列入表中。同时将 IEC 60044-2 的规定列入本标准附录 C 中。	因 GB 311.1—1997 与 IEC 60044-2 有差异，而我国电力系统均按 GB 311.1—1997。
7.1.1.3	表 5 额定绝缘水平改为按 GB 311.1—1997 的规定，将 GB 311.1—1997 对应的截断雷电冲击耐受电压列入表中。同时将 IEC 60044-2 的规定列入本标准附录 C 中。	因 GB 311.1—1997 与 IEC 60044-2 有差异，而我国电力系统均按 GB 311.1—1997。
7.1.2.1	表 6 额定工频耐受电压按 GB 311.1—1997 的规定。同时将 IEC 60044-2 的规定列入本标准附录 C 中。	因 GB 311.1—1997 与 IEC 60044-2 有差异，而我国电力系统均按 GB 311.1—1997。
7.1.2.2	增加了“如果互感器的设备最高电压 U_m≥40.5 kV，则应能承受额定短时工频耐受电压 5 kV（方均根值）的要求（只适用于绝缘水平符合 GB 311.1—1997 规定的互感器）。”	提高 U_m≥40.5 kV 的电压互感器的接地端耐压水平，以提高产品的运行安全水平。
7.1.2.3	表 7 中接地故障因数分别改为“≤1.4”和“>1.4”。	因与 3.1.27 有差异。
7.1.2.4	按 GB 311.1—1997 选择试验电压值。同时将 IEC 60044-2 的规定列入本标准附录 C 中。	因 GB 311.1—1997 与 IEC 60044-2 有差异，而我国电力系统均按 GB 311.1—1997。

表 B.1(续)

本标准章条编号	技术性差异	原因
7.1.2.5	将 U_m≥72.5 kV 扩大到 U_m≥40.5 kV 电压等级范围。 增加了注 4 串级式电压互感器的介质损耗因数的允许值。	扩大控制互感器制造质量的产品范围,以扩大产品的运行安全范围。 以适合串级式电压互感器的特殊性。
7.1.5	删除了三级条标题“污秽”。 增加了适用于带有“(其他形式绝缘子)”的户外互感器。 增加了(表 8 注 4)易受污染的户内型产品表面绝缘选用的可参照对象。	理顺条文。 扩大适用范围。 提出了易受污染的户内型产品表面绝缘有了参考依据。
7.1.8	增加了绝缘油性能要求。	以保证互感器的运行安全。
7.3	表 10 中的 U_m 值按 GB 311.1—1997 的规定。	因 GB 311.1—1997 与 IEC 60044-2 有差异,而我国电力系统均按 GB 311.1—1997。
7.4	增加了“一般结构要求”条。	以保证互感器的运行安全。
8.1 和 8.3	型式试验项目中增加了励磁特性测量,并将 IEC 标准中为特殊试验项目的截断雷电冲击试验调整为型式试验项目(另有要求时仍为特殊试验)。	使互感器制造的质量控制更趋严格,以保证产品的运行安全。
8.2 和 8.3	例行试验项目中增加了励磁特性测量、绝缘油性能试验和密封性能试验,并将 IEC 标准中为特殊试验项目的电容量和介质损耗因数测量调整为例行试验项目。	使互感器制造的质量控制更趋严格,以提高产品的运行安全水平。
9.1	将试验时互感器的温度调整为 5℃～40℃。	以适应我国国情。
9.2	将试验的环境温度调整为 5℃～40℃。 项 b)句末增加“且满足相应准确级的要求”。	以适应我国国情。 使要求更加明确。
9.3.2	规定了不接地电压互感器的具体冲击次数。	便于实际操作。
9.3.3	将 IEC 标准中为特殊试验要求的截断雷电冲击试验调整为型式试验要求。 规定了不接地电压互感器的具体冲击次数。	使互感器制造的质量控制更趋严格,以提高产品的运行安全水平。 便于实际操作。
9.5	将试验的环境温度调整为 5℃～40℃。	以适应我国国情。
9.6	增加了型式试验励磁特性测量的试验要求。	使互感器制造的质量控制更趋严格,以提高产品的运行安全水平。
10.4	将 IEC 标准中为特殊试验要求的电容量和介质损耗因数测量调整为例行试验要求。	使互感器制造的质量控制更趋严格,以提高产品的运行安全水平。
10.5	增加了例行试验励磁特性测量的试验要求。	使互感器制造的质量控制更趋严格,以提高产品的运行安全水平。
10.6	增加了例行试验绝缘油性能试验的试验要求。	使互感器制造的质量控制更趋严格,以提高产品的运行安全水平。
10.7	增加了例行试验密封性能试验的试验要求。	使互感器制造的质量控制更趋严格,以提高产品的运行安全水平。
12.1	对铭牌标志内容按我国实际情况进行了修改。	以适应我国国情。

表 B.1(续)

本标准章条编号	技术性差异	原因
13	增加了包装、储运及随机文件要求。	使互感器的包装、储运及随机文件标准化。
14.1	原标题中删除了“的标称”,在其下面增加了“测量用电压互感器准确级的标称”(二级条标题)。	理顺条文。
15.1	原标题中删除了“的标称”,在其下面增加了“保护用电压互感器准确级的标称”(二级条标题)。	理顺条文。
15.2	在第2段“2%额定电压……”之前增加“额定频率”。	便于试验时的操作。
15.3	只规定二次电压为$100/\sqrt{3}$V或100 V,将IEC标准中(表13)规定的二次电压列入附录D。	以适应我国国情。
15.5	增加了3P级。	以适应需要。
15.7	删除二级条标题15.7.1“误差试验”。	理顺条文。
15.8	将IEC标准中(图16)的典型铭牌实例删除。	此图不适应我国国情。
附录C	将符合IEC标准规定的海拔校正因数和额定绝缘水平列出作为参考性资料。	如果用户另有要求,海拔校正因数和额定绝缘水平也可按IEC标准的规定。
附录D	将符合IEC标准规定的二次绕组的额定电压列出作为参考性资料。	如果用户另有要求,额定二次电压也可按IEC标准的规定。

附 录 C
（资料性附录）
IEC 60044-2:2003 标准的海拔和一次绕组额定绝缘水平

C.1 海拔

安装处海拔超过 1 000 m 时，在标准大气条件下的弧闪距离应由使用处要求的耐受电压乘以按图 C.1 查得的海拔校正因数 k 确定。

注：内绝缘的绝缘强度不受海拔影响，外绝缘的检查方法由制造方与用户协商确定。

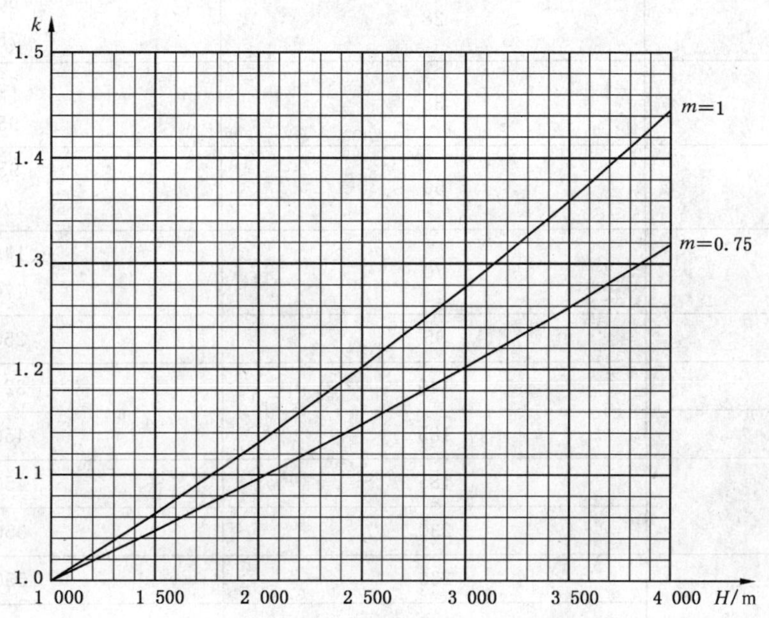

因数 k 可用下述公式计算：

$$k = e^{m(H-1\,000)/8\,150}$$

式中：

H　　海拔高度，m；

$m=1$　适用于工频和雷电冲击电压；

$m=0.75$ 适用于操作冲击电压。

图 C.1 海拔校正因数

C.2 一次绕组的额定绝缘水平

电磁式电压互感器一次绕组的额定绝缘水平以其设备最高电压 U_m 为依据。

C.2.1 对设备最高电压 $U_m=0.72$ kV 或 1.2 kV 的绕组，其额定绝缘水平由额定工频耐受电压确定，按表 C.1 选择。

C.2.2 对设备最高电压 3.6 kV $\leqslant U_m <$ 300 kV 的绕组，其额定绝缘水平由额定雷电冲击耐受电压和额定工频耐受电压确定，应按表 C.1 选择。

对于同一 U_m 值有两种绝缘水平的选择，见 IEC 60071-1。

表 C.1　设备最高电压 U_m <300 kV 互感器一次绕组的额定绝缘水平

设备最高电压 U_m（方均根值）kV	额定工频耐受电压（方均根值）kV	额定雷电冲击耐受电压（峰值）kV
0.72	3	—
1.2	6	—
3.6	10	20 40
7.2	20	40 60
12	28	60 75
17.5	38	75 95
24	50	95 125
36	70	145 170
52	95	250
72.5	140	325
100	185	450
123	185	450
	230	550
145	230	550
	275	650
170	275	650
	325	750
245	395	950
	460	1 050
注：对于暴露安装，推荐选择最高的绝缘水平。		

C.2.3　对设备最高电压 $U_m \geqslant 300$ kV 的绕组，其额定绝缘水平由额定操作和雷电冲击耐受电压确定，应按表 C.2 选择。

对于同一 U_m 值有两种绝缘水平的选择，见 IEC 60071-1。

表 C.2　设备最高电压 $U_m \geqslant 300$ kV 互感器一次绕组的额定绝缘水平

设备最高电压 U_m（方均根值）kV	额定操作冲击耐受电压（峰值）kV	额定雷电冲击耐受电压（峰值）kV
300	750	950
	850	1 050

表 C.2(续)

设备最高电压 U_m (方均根值) kV	额定操作冲击耐受电压 (峰值) kV	额定雷电冲击耐受电压 (峰值) kV
362	850	1 050
	950	1 175
420	1 050	1 300
	1 050	1 425
525	1 050	1 425
	1 175	1 550
765	1 425	1 950
	1 550	2 100
注 1：对于暴露安装，推荐选择最高的绝缘水平。 注 2：由于 U_m＝765 kV 的试验电压水平尚未最终确定，故其操作和雷电冲击试验电压水平可能需要调整。		

C.3 一次绕组绝缘的工频耐受电压

对设备最高电压 U_m≥300 kV 的绕组，应能承受按表 C.3 所列选择的与雷电冲击耐受电压相对应的工频耐受电压。

表 C.3 设备最高电压 U_m≥300 kV 互感器一次绕组的额定工频耐受电压

额定雷电冲击耐受电压(峰值) kV	额定工频耐受电压 (方均根值) kV
950	395
1 050	460
1 175	510
1 300	570
1 425	630
1 550	680
1 950	880
2 100	975

C.4 截断雷电冲击耐受电压

如另有要求，一次绕组还应能承受截断雷电冲击耐受电压，其峰值为额定雷电冲击耐受电压的 115%。

注：经制造方与用户协商，其试验电压可略有降低。

附 录 D
（资料性附录）
IEC 60044-2:2003 标准的二次绕组额定电压

D.1 额定二次电压

额定二次电压是按互感器使用场合的实际情况来选择的。下列数值是作为接到单相系统或接到三相系统线间的单相电压互感器和三相电压互感器的标准值。

a) 按欧洲各国现用的值为：

100 V和110 V；

200 V，用于延伸二次电路。

b) 美国和加拿大现用值为：

120 V，用于配电系统中；

115 V，用于输电系统中；

230 V，用于延伸二次电路。

供三相系统中相与地之间的单相电压互感器，当其额定一次电压为某一数值除以$\sqrt{3}$时，额定二次电压必须是上面所列数值之一除以$\sqrt{3}$，以保持额定电压比不变。

注1：用以产生剩余二次电压的绕组，其额定二次电压见D.2；

注2：只要可能，额定电压比应取简单的倍数。如果取10、12、15、20、25、30、40、50、60、80和它们的十进制倍等数值中的任一个数值作为额定电压比，并和本规定的某一额定二次电压同时使用，则IEC 60038中额定系统电压的标准值的大部分均能包括在内。

D.2 产生剩余电压的二次绕组额定电压

要求与同类绕组联结成开口角，以产生剩余电压的绕组，其额定二次电压列于表D.1。

表 D.1 产生剩余电压的二次绕组额定电压

优先值 V		可选（非优先）值 V
100	110	200
$\frac{100}{\sqrt{3}}$	$\frac{110}{\sqrt{3}}$	$\frac{200}{\sqrt{3}}$
$\frac{100}{3}$	$\frac{110}{3}$	$\frac{200}{3}$
注：在某些系统中，额定二次电压优先值所产生的剩余电压太低，可用非优先值，但应注意采取安全措施。		

ICS 29.180
K 41

中华人民共和国国家标准

GB 1208—2006
代替 GB 1208—1997

电流互感器

Current transformers

(IEC 60044-1:2003,Instrument transformers—
Part 1:Current transformers,MOD)

2006-08-25 发布　　2007-03-01 实施

中华人民共和国国家质量监督检验检疫总局
中国国家标准化管理委员会　发布

前言

本标准的第1章、第2章、第3章、第4章及7.3条为推荐性，其余为强制性。

本标准修改采用IEC 60044-1:2003《互感器　第1部分：电流互感器》(英文版)。

本标准根据IEC 60044-1:2003重新起草。在附录A中列出了本标准章条编号与IEC 60044-1:2003章条编号的对照一览表。

考虑到我国国情，在采用IEC 60044-1:2003时，本标准做了一些修改。有关技术性差异已编入正文中，并在它们所涉及的条款的页边空白处用垂直单线标识。在附录B中给出了这些技术性差异及其原因的一览表以供参考。

为了便于使用，本标准对IEC 60044-1:2003还做了下列编辑性修改：

——按照GB/T 1.1—2000的要求，将IEC 60044-1:2003中的第1章拆分为第1章和第2章，以后各章顺延；

——删除了IEC 60044-1:2003的前言；

——电器符号按GB/T 4728.6—2000进行了调整；

——小数点由","改为"."。

本标准代替GB 1208—1997《电流互感器》。

本标准与GB 1208—1997《电流互感器》相比主要变化如下：

——按GB/T 1.1—2000《标准化工作导则　第1部分：标准的结构和编写规则》和GB/T 20000.2—2001《标准化工作指南　第2部分：采用国际标准的规则》规定的编写格式进行了编辑性修改；

——将绝缘水平数据表按GB 311.1—1997《高压输变电设备的绝缘配合》进行了调整；

——取消了型式试验中的"电容量和介质损耗因数测量"项目；

——在型式试验中增加了"无线电干扰电压(RIV)测量"项目；

——将"绝缘热稳定试验"由原特殊试验项目调整为型式试验项目；

——在特殊试验中增加了"传递过电压测量"项目；

——增加了无线电干扰电压(RIV)的要求和测量方法；

——增加了传递过电压的要求和测量方法；

——增加了PR级保护用电流互感器的定义及补充要求；

——增加了PX级保护用电流互感器的定义及补充要求。

本标准的附录C、附录E和附录F为规范性附录，附录A、附录B、附录D和附录G为资料性附录。

本标准由中国电器工业协会提出。

本标准由全国互感器标准化技术委员会(SAC/TC222)归口。

本标准起草单位：沈阳变压器研究所、沈阳沈变互感器制造有限公司、武汉高压研究所、上海MWB互感器有限公司、保定天威保变电气股份有限公司、中山市泰峰电气有限公司、江苏精科互感器有限公司、大连第一互感器厂、牡丹江互感器厂、沈阳互感器有限公司、大连金业电力设备有限公司、江苏靖江互感器厂、衡阳崇业互感器有限公司、西安宏泰互感器制造有限公司、江西赣电互感器有限责任公司、宁波三爱互感器有限公司。

本标准主要起草人：魏朝晖、高祖绵、章忠国、王晓琪、徐德安、薛晚道、何见光、熊江咏、王金良、牛传裕、林贵文、赵国庆、张爱民、王继元、王文林、王崇顺、裘坚强。

本标准的历次发布情况为：

GB 1208—1975、GB 1208—1987、GB 1208—1997。

电流互感器

1 范围

本标准适用于频率为 15 Hz～100 Hz,供电气测量仪表和电气保护装置用的新制造的电流互感器。

虽然本标准主要是以独立绕组的互感器为基准的,但如合适,也可用于自耦互感器。

第 13 章包括的技术要求和试验,是对第 4 章到第 11 章的补充,对电气测量仪表用电流互感器而言是必需的。

第 14 章包括的技术要求和试验,是对第 4 章到第 11 章的补充,对继电保护用电流互感器而言是必需的,特别是那些要求达若干倍额定电流时仍保持准确度的互感器。

对于某些保护系统,电流互感器的特性与保护装置的总体设计有关(如高速平衡系统和共振接地网络中的接地故障保护),对于 PR 级电流互感器,其补充要求见第 15 章;对于 PX 级电流互感器,其补充要求见第 16 章。

第 15 章包括的技术要求和试验是对第 4 章至第 11 章的补充。这些都是继电保护用电流互感器,特别是那些技术要求为无剩磁的保护方式的电流互感器所必需的。

第 16 章包括的技术要求和试验是对第 4 章至第 11 章的补充。这些都是继电保护用电流互感器,特别是那些若已知互感器的二次励磁特性、二次绕组电阻、二次负荷电阻和匝数比,就足以确定与其所接继电保护系统相关的性能的电流互感器所必需的。

兼作测量和保护用的电流互感器应符合本标准的全部条款。

2 规范性引用文件

下列文件中的条款通过本标准的引用而成为本标准的条款。凡是注日期的引用文件,其随后所有的修改单(不包括勘误的内容)或修订版均不适用于本标准,然而,鼓励根据本标准达成协议的各方研究是否可使用这些文件的最新版本。凡是不注日期的引用文件,其最新版本适用于本标准。

GB 156—2003 标准电压(IEC 60038:1983+A1:1994+A2:1997,IEC standard voltages,MOD)

GB 311.1—1997 高压输变电设备的绝缘配合(neq IEC 60071-1:1993)

GB/T 2900.15—1997 电工术语 变压器、互感器、调压器和电抗器(neq IEC 60050(421):1990,IEC 60050(321):1986)

GB/T 3954—2001 电工圆铝杆

GB/T 4796 电工电子产品环境参数分类及其严酷程度分级(GB/T 4796—2001,idt IEC 60721-1:1990)

GB 5585.1—1985 电工用铜、铝及其合金母线 第 1 部分:一般规定(neq IEC 60028:1925)

GB/T 7252—2001 变压器油中溶解气体分析和判断导则(neq IEC 60599:1999)

GB/T 7354—2003 高压试验技术 局部放电测量(IEC 60270:2000,Partial discharge measurements,IDT)

GB/T 7595—2000 运行中变压器油质量标准

GB/T 11021—1989 电气绝缘的耐热性评定和分级(eqv IEC 60085:1984)

GB/T 11604 高压电器设备无线电干扰测量方法(GB/T 11604—1989,eqv CISPR 18-1:1982,CISPR 18-2:1986)

GB/T 13384—1992 机电产品包装通用技术条件

GB 16847—1997 保护用电流互感器暂态特性技术要求(idt IEC 60044-6:1992)

GB/T 16927.1—1997　高压试验技术　第一部分：一般试验要求(eqv IEC 60060-1:1989)

GB/T 17623—1998　绝缘油中溶解气体组分含量的气相色谱测定法(neq IEC 60567:1992)

JB/T 5356　电流互感器试验导则(JB/T 5356—2002)

JB/T 5895—1991　污秽地区绝缘子　使用导则(neq IEC 60815:1986)

3　术语和定义

GB/T 2900.15—1997 确立的以及下列术语和定义适用于本标准。

3.1　通用定义

3.1.1

互感器　instrument transformer

一种为测量仪器、仪表、继电器和其他类似电器供电的变压器。

3.1.2

电流互感器　current transformers

一种在正常使用条件下其二次电流与一次电流实际成正比、且在联接方法正确时其相位差接近于零的互感器。

3.1.3

一次绕组　primary winding

流过被变换电流的绕组。

3.1.4

二次绕组　secondary winding

给测量仪器、仪表、继电器和其他类似电器提供电流的绕组。

3.1.5

二次电路　secondary circuit

由互感器二次绕组供电的外部电路。

3.1.6

额定一次电流　rated primary current

作为电流互感器性能基准的一次电流值。

3.1.7

额定二次电流　rated secondary current

作为电流互感器性能基准的二次电流值。

3.1.8

实际电流比　actual transformation ratio

实际一次电流与实际二次电流之比。

3.1.9

额定电流比　rated transformation ratio

额定一次电流与额定二次电流之比。

3.1.10

电流误差(比值差)　current error (ratio error)

互感器在测量电流时所产生的误差，它是由于实际电流比与额定电流比不相等造成的。

电流误差的百分数用下式表示：

$$电流误差(\%) = \frac{(K_n I_s - I_p) \times 100}{I_p}$$

式中：

K_n——额定电流比；

I_p——实际一次电流，单位为安(A)；

I_s——在测量条件下，流过 I_p 时的实际二次电流，单位为安(A)。

3.1.11

相位差　phase displacement

互感器的一次电流与二次电流相量的相位差。相量方向是按理想互感器的相位差为零来决定的。

若二次电流相量超前一次电流相量，则相位差为正值。它通常用分(′)或厘弧(crad)表示。

注：本定义只在电流为正弦波时正确。

3.1.12

准确级　accuracy class

对电流互感器所给定的等级。互感器在规定使用条件下的误差应在规定的限值内。

3.1.13

负荷　burden

二次电路阻抗，用欧姆(Ω)和功率因数表示。

负荷通常以视在功率伏安(VA)值表示，它是在规定功率因数及额定二次电流下所汲取的。

3.1.14

额定负荷　rated burden

确定互感器准确级所依据的负荷值。

3.1.15

额定输出　rated output

在额定二次电流及接有额定负荷条件下，互感器所供给二次电路的视在功率值(在规定功率因数下以 VA 表示)。

3.1.16

设备最高电压　highest voltage for equipment

U_m

最高的相间电压方均根值，它是互感器绝缘设计的依据。

3.1.17

系统最高电压　highest voltage for a system

在正常运行条件下，系统中任意一点在任何时间下的运行电压最高值。

3.1.18

额定绝缘水平　rated insulation level

一组耐受电压值，它表示互感器绝缘所能承受的耐压强度。

3.1.19

中性点绝缘系统　isolated neutral system

除了中性点经保护或测量用的高阻抗接地的系统之外，其他均为中性点不接地的系统。

3.1.20

中性点直接接地系统　solidly earthed neutral system

中性点直接接地的系统。

3.1.21

(中性点)阻抗接地系统　impedance earthed (neutral) system

中性点通过阻抗接地以限制接地故障电流的系统。

3.1.22

(中性点)共振接地系统　resonant earthed (neutral) system

有一个或多个中性点通过电抗接地的系统,借此近似地补偿了单相对地故障电流的电容分量。

注:在共振接地系统中,其剩余的故障电流被限制到能使空气中的故障电弧自行熄灭。

3.1.23

接地故障系数　earth fault factor

在一定的系统布置中,当发生一相或多相的接地故障时,三相系统中某一给定点的非故障相的相对地最高工频电压方均根值与该点在无故障时的相对地工频电压方均根值之比。

3.1.24

中性点接地系统　earthed neutral system

中性点直接接地或经一个足够小的电阻或电抗接地的系统。此电阻或电抗值应小到能抑制暂态振荡,且又能给出足够的电流供选择接地故障保护用。

a) 某一指定点处的中性点有效接地系统,是指该点的接地故障因数不超过 1.4。

注:如整个系统布置中的零序电抗与正序电抗之比小于 3,并且零序电阻与正序电抗之比小于 1,则该条件一般均能得到。

b) 某一指定点处的中性点非有效接地系统,是指该点的接地故障因数超过 1.4。

3.1.25

暴露安装　exposed installation

设备会遭受大气过电压的一种安装。

注:这种安装通常是直接或经过一段短电缆接在架空输电线路上的。

3.1.26

非暴露安装　non-exposed installation

设备不会遭受大气过电压的一种安装。

注:这种安装通常是接到电缆网络上的。

3.1.27

额定频率　rated frequency

本标准技术要求所依据的频率。

3.1.28

额定短时热电流　rated short-time thermal current

I_{th}

在二次绕组短路的情况下,电流互感器能承受 1 s 且无损伤的一次电流方均根值。

3.1.29

额定动稳定电流　rated dynamic current

I_{dyn}

在二次绕组短路的情况下,电流互感器能承受住其电磁力的作用而无电气或机械损伤的最大一次电流峰值。

3.1.30

额定连续热电流　rated continuous thermal current

I_{cth}

在二次绕组接有额定负荷的情况下,一次绕组允许连续流过且温升不超过规定限值的一次电流值。

3.1.31

励磁电流　exciting current

一次及其他绕组开路,将额定频率的正弦波电压施加到二次绕组端子上时,通过电流互感器二次绕组的电流方均根值。

3.1.32

额定电阻负荷　rated resistive burden

R_b

二次所接电阻性负荷的额定值,单位为欧姆(Ω)。

3.1.33

二次绕组电阻　secondary winding resistance

R_{ct}

二次绕组直流电阻,单位为欧姆(Ω),校正到75℃或规定的其他温度。

3.1.34

复合误差　composite error*

在稳态下,下列两者之差的方均根值:

a）一次电流瞬时值;

b）当一次电流和二次电流的正方向与端子标志的规定一致时,实际二次电流瞬时值乘以额定电流比。

复合误差 ε_c 通常是按下式用一次电流方均根值的百分数来表示:

$$\varepsilon_c = \frac{100}{I_p}\sqrt{\frac{1}{T}\int_0^T (K_n i_s - i_p)^2 \mathrm{d}t}$$

式中:

K_n——额定电流比;

I_p——一次电流方均根值;

i_p——一次电流瞬时值;

i_s——二次电流瞬时值;

T——一个周波的时间。

3.1.35

多电流比电流互感器　multi-ratio current transformer

采用一次绕组各段的串联或并联连接,或采用二次绕组抽头的方法,获得多种电流比的电流互感器。

注:当某电流互感器有多个二次绕组,且各二次绕组的额定电流比不同时,通常将这种互感器称为复合电流比电流互感器。

3.2　测量用电流互感器的补充定义

3.2.1

测量用电流互感器　measuring current transformer

为指示仪表、积分仪表和其他类似电器提供电流的电流互感器。

3.2.2

额定仪表限值一次电流　rated instrument limit primary current

IPL

测量用电流互感器在二次负荷等于额定负荷,其复合误差等于或大于10%时的最小一次电流值。

注:当系统因故障产生大电流时,为了保护由互感器供电的设备,复合误差应大于10%。

3.2.3

仪表保安系数　instrument security factor

FS

*　见附录C。

额定仪表限值一次电流与额定一次电流之比值。

注 1：须注意这一事实，即实际仪表保安系数是受负荷影响的。

注 2：在系统故障电流通过电流互感器一次绕组时，互感器仪表保安系数越小，由互感器供电的电器就越安全。

3.2.4

二次极限感应电势　secondary limiting e. m. f

仪表保安系数(FS)、额定二次电流及额定负荷与二次绕组阻抗的矢量和三者的乘积。

注 1：用此方法计算出的二次极限感应电势高于实际值，如此选择是为了 13.6 应用与 14.5 对保护用电流互感器所规定的同样试验方法。

经制造方与用户协商亦可采用其他方法。

注 2：计算二次极限感应电势时二次绕组电阻应换算到 75℃。

3.3　保护用电流互感器的补充定义

3.3.1

保护用电流互感器　protective current transformer

为保护用继电器供电的电流互感器。

3.3.2

额定准确限值一次电流　rated accuracy limit primary current

I_{al}

互感器能满足复合误差要求的最大一次电流值。

3.3.3

准确限值系数　accuracy limit factor

ALF

额定准确限值一次电流对额定一次电流之比值。

3.3.4

二次极限感应电势　secondary limiting e. m. f.

准确限值系数、额定二次电流以及额定负荷与二次绕组阻抗的矢量和三者的乘积。

3.3.5

PR 级保护用电流互感器　class PR protective current transformer

一种限制剩磁系数的电流互感器，在某些情况下也可规定二次回路时间常数值和/或绕组电阻的限值。

3.3.6

饱和磁通　saturation flux

Ψ_s

铁心由非饱和状态向全饱和状态转变时的磁通峰值。即认为它是该铁心的 B-H 特性曲线上当 B 值上升 10%时使 H 值上升 50%那一点的磁通。

3.3.7

剩磁通　remanent flux

Ψ_r

铁心在切断励磁电流 3 min 之后剩余的磁通，此励磁电流应足够大，使之足以产生 3.3.6 所定义的饱和磁通(Ψ_s)。

3.3.8

剩磁系数　remanence factor

K_r

比值 $K_r = 100 \times \Psi_r / \Psi_s$，用百分数(%)表示。

附 录 C
（资料性附录）
IEC 60044-2:2003 标准的海拔和一次绕组额定绝缘水平

C.1 海拔

安装处海拔超过 1 000 m 时，在标准大气条件下的弧闪距离应由使用处要求的耐受电压乘以按图 C.1 查得的海拔校正因数 k 确定。

注：内绝缘的绝缘强度不受海拔影响，外绝缘的检查方法由制造方与用户协商确定。

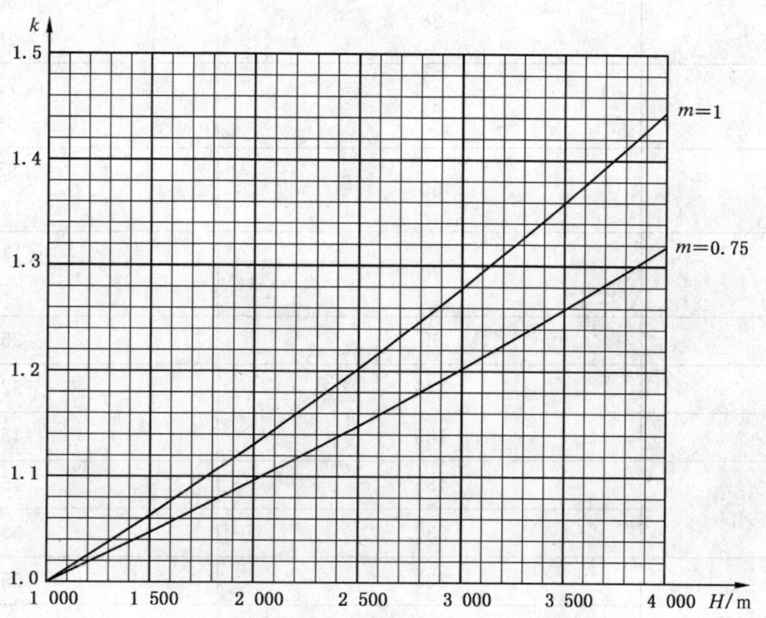

因数 k 可用下述公式计算：

$$k = e^{m(H-1\,000)/8\,150}$$

式中：

H　　海拔高度，m；

$m=1$　适用于工频和雷电冲击电压；

$m=0.75$ 适用于操作冲击电压。

图 C.1 海拔校正因数

C.2 一次绕组的额定绝缘水平

电磁式电压互感器一次绕组的额定绝缘水平以其设备最高电压 U_m 为依据。

C.2.1 对设备最高电压 $U_m=0.72$ kV 或 1.2 kV 的绕组，其额定绝缘水平由额定工频耐受电压确定，按表 C.1 选择。

C.2.2 对设备最高电压 3.6 kV$\leqslant U_m<$300 kV 的绕组，其额定绝缘水平由额定雷电冲击耐受电压和额定工频耐受电压确定，应按表 C.1 选择。

对于同一 U_m 值有两种绝缘水平的选择，见 IEC 60071-1。

表 C.1　设备最高电压 U_m ＜300 kV 互感器一次绕组的额定绝缘水平

设备最高电压 U_m （方均根值） kV	额定工频耐受电压 （方均根值） kV	额定雷电冲击耐受电压 （峰值） kV
0.72	3	—
1.2	6	—
3.6	10	20 40
7.2	20	40 60
12	28	60 75
17.5	38	75 95
24	50	95 125
36	70	145 170
52	95	250
72.5	140	325
100	185	450
123	185	450
	230	550
145	230	550
	275	650
170	275	650
	325	750
245	395	950
	460	1 050
注：对于暴露安装，推荐选择最高的绝缘水平。		

C.2.3　对设备最高电压 $U_m \geqslant 300$ kV 的绕组，其额定绝缘水平由额定操作和雷电冲击耐受电压确定，应按表 C.2 选择。

对于同一 U_m 值有两种绝缘水平的选择，见 IEC 60071-1。

表 C.2　设备最高电压 U_m ≥300 kV 互感器一次绕组的额定绝缘水平

设备最高电压 U_m （方均根值） kV	额定操作冲击耐受电压 （峰值） kV	额定雷电冲击耐受电压 （峰值） kV
300	750	950
	850	1 050

4.3 地震

技术要求和试验方法皆在考虑之中。

4.4 系统接地

所考虑的接地系统如下：

a) 中性点绝缘系统(见 3.1.19)；

b) 共振接地系统(见 3.1.22)；

c) 中性点接地系统(见 3.1.24)；

  1) 中性点直接接地系统(见 3.1.20)；

  2) 中性点阻抗接地系统(见 3.1.21)。

5 额定值

5.1 额定一次电流标准值

5.1.1 单电流比互感器

额定一次电流标准值为：10 A，12.5 A，15 A，20 A，25 A，30 A，40 A，50 A，60 A，75 A 以及它们的十进位倍数或小数。有下标线者为优先值。

5.1.2 多电流比互感器

额定一次电流的最小值，采用 5.1.1 所列的标准值。

5.2 额定二次电流标准值

额定二次电流标准值为：1 A 和 5 A。

注：对用于角接的电流互感器，这些额定值除以$\sqrt{3}$亦是标准值。

5.3 额定连续热电流

额定连续热电流的标准值为额定一次电流。

当规定连续热电流大于额定一次电流时，其优先值为额定一次电流的 120%、150%和 200%。

5.4 额定输出的标准值

额定输出的标准值为：2.5 VA，5.0 VA，10 VA，15 VA，20 VA，25 VA，30 VA，40 VA 和50 VA。为了适应使用的需要，可以选择高于 50 VA 的输出值。

注：对一台互感器来说，如果它的额定输出之一是标准值且符合一个标准的准确级，则在规定其余的额定输出时可以是非标准值，但要求符合另一个标准准确级。

5.5 短时电流额定值

凡带有固定的一次绕组或导体的电流互感器应符合 5.5.1 和 5.5.2 的要求。

5.5.1 额定短时热电流(I_{th})

应对互感器规定额定短时热电流(I_{th})(见 3.1.28)。

5.5.2 额定动稳定电流(I_{dyn})

额定动稳定电流(I_{dyn})，通常为额定短时热电流(I_{th})的 2.5 倍。如与此值不同时，则应在铭牌上标明(见 3.1.29)。

5.6 温升限值

当电流互感器流过的一次电流等于额定连续热电流，并带有对应于额定输出的负荷，其功率因数为 1，此时电流互感器的温升应不超过表 2 所列限值。这些限值是以第 4 章所列出的使用条件为基础的。

如果环境温度超过 4.1 所列值，表 2 的允许温升值应减去环境温度所超出部分的温度值。

如果规定互感器使用在海拔 1 000 m 以上的地区，而试验是在海拔低于 1 000 m 处进行时，应将表 2中所列的温升限值按工作地点海拔超出 1 000 m 后的每 100 m 减去下述数值。

a) 油浸式互感器为 0.4%；

b) 干式互感器为 0.5%。

绕组温升是受其本身绝缘或周围嵌入介质的最低绝缘等级所限制的。各绝缘等级的最高温升如表 2所列。

当互感器装有储油柜，且油面上的空间充有惰性气体或呈全密封状态时，储油柜或油室的油顶层温升不应超过 55 K。

当互感器没有这种配置时，储油柜或油室的油顶层温升不应超过 50 K。

绕组出头或接触连接处的温升不应超过 50 K(油浸式电流互感器的对应值则不应超过油顶层温升)。

在铁心或其他金属件表面所测得的温升值，不应超过它们所接触或靠近的绝缘材料按表 2 所列的相应温升限值。

表 2 绕组的温升限值

绝缘耐热等级(按 GB/T 11021)	温升限值 K
浸于油中的所有等级	60
浸于油中且全密封的所有等级	65
充填沥青胶的所有等级	50
不浸油或不充沥青胶的各等级：	
Y	45
A	60
E	75
B	85
F	110
H	135
注：对某些材料(如树脂)，制造方应指明其相应的绝缘等级。	

6 设计要求

6.1 绝缘要求

这些技术要求适用于所有型式的电流互感器绝缘。对气体绝缘电流互感器，可能要补充一些技术要求(在考虑中)。

6.1.1 一次绕组的额定绝缘水平

电流互感器一次绕组的额定绝缘水平以设备最高电压 U_m 为依据。

对于无一次绕组和本身无一次绝缘且标称电压 $U_n \leqslant 0.66$ kV 的电流互感器，其一次绕组的额定绝缘水平以标称电压 U_n 为依据。标称电压 U_n 见 GB 156—2003 的规定。

6.1.1.1 对标称电压 $U_n \leqslant 0.66$ kV 的绕组，其额定绝缘水平由额定工频耐受电压确定，按表 3 所示。

6.1.1.2 对设备最高电压 3.6 kV$\leqslant U_m <$300 kV 的绕组，其额定绝缘水平由额定雷电冲击耐受电压和额定工频耐受电压确定，应按表 3 选择。

对于同一 U_m 值有两种绝缘水平时，按 GB 311.1—1997 选择。

表 3 设备最高电压 U_m<300 kV 互感器一次绕组的额定绝缘水平

设备最高电压 U_m (方均根值) kV	额定工频耐受电压 (方均根值) kV	额定雷电冲击耐受电压 (峰值) kV
($U_n \leqslant 0.66$)	3	—
3.6	18/25	40
7.2	23/30	60

表 3（续）

设备最高电压 U_m（方均根值）kV	额定工频耐受电压（方均根值）kV	额定雷电冲击耐受电压（峰值）kV
12	30/42	75
17.5	40/55	105
24	50/65	125
40.5	80/95	185
72.5	140	325
	160	350
126	185/200	450
252	360	850
	395	950

注 1：对于暴露安装，推荐选择最高的绝缘水平。

注 2：对于斜线下的数值，额定短时工频耐受电压为设备外绝缘干状态下的耐受电压值。

注 3：如用户另有要求，额定绝缘水平可参照附录 D 的规定选取，但应在订货合同中注明。

6.1.1.3　对设备最高电压 U_m≥300 kV 的绕组，其额定绝缘水平由额定操作冲击和雷电冲击耐受电压确定，应按表 4 选择。

对于同一 U_m 值有两种绝缘水平时，按 GB 311.1—1997 选择。

表 4　设备最高电压 U_m≥300 kV 互感器一次绕组的额定绝缘水平

设备最高电压 U_m（方均根值）kV	额定操作冲击耐受电压（峰值）kV	额定雷电冲击耐受电压（峰值）kV
363	850	1 050
	950	1 175
550	1 050	1 425
	1 175	1 550
	—	1 675

注 1：对于暴露安装，推荐选择最高的绝缘水平。

注 2：如用户另有要求，额定绝缘水平可参照附录 D 的规定选取，但应在订货合同中注明。

6.1.2　一次绕组绝缘的其他要求

6.1.2.1　工频耐受电压

对设备最高电压 U_m≥300 kV 的绕组，亦应能承受按表 5 选择的与雷电冲击耐受电压相对应的工频耐受电压。

表 5　设备最高电压 U_m≥300 kV 互感器一次绕组的额定工频耐受电压

额定雷电冲击耐受电压（峰值）kV	额定工频耐受电压（方均根值）kV
1 050	460
1 175	510

表 5（续）

额定雷电冲击耐受电压 （峰值） kV	额定工频耐受电压 （方均根值） kV
1 425 1 550 1 675	630 680 740
注：如用户另有要求，工频耐受电压可参照附录 D 的规定选取，但应在订货合同中注明。	

6.1.2.2 局部放电

局部放电技术要求适用于 $U_m \geqslant 7.2$ kV 的电流互感器。

按 9.2.2 规定的程序施加预加电压之后，在表 6 规定的局部放电测量电压下，局部放电水平不应超过表 6 规定的限值。

表 6 局部放电测量电压及允许水平

系统接地方式	局部放电测量电压 （方均根值） kV	局部放电允许水平 pC 绝缘型式	
		液体浸渍	固体
中性点接地系统 （接地故障因数≤1.4）	U_m $1.2U_m/\sqrt{3}$	10 5	50 20
中性点绝缘或非有效接地系统 （接地故障因数>1.4）	$1.2U_m$ $1.2U_m/\sqrt{3}$	10 5	50 20
注 1：如果系统中性点的接地方式未指明时，则按中性点绝缘或非有效接地系统考虑。 注 2：局部放电的允许值也适用于非额定值的频率。			

6.1.2.3 截断雷电冲击耐受电压

如有附加规定，一次绕组还应能承受截断雷电冲击耐受电压（峰值），其电压值按附录 E 中的规定。

注：如用户另有要求，截断雷电冲击耐受电压峰值可参照附录 D 的规定选取，但应在订货合同中注明。

6.1.2.4 电容量和介质损耗因数

本技术要求仅适合于 $U_m \geqslant 40.5$ kV 的油浸式电流互感器一次绕组的绝缘。

电容量和介质损耗因数（$\tan\delta$）应是指在额定频率和电压范围为 10 kV 到 $U_m/\sqrt{3}$ 的某一电压值下的测量值。

各种绝缘结构的电流互感器介质损耗因数的允许值见附录 F。

注 1：本试验的目的是检查产品的一致性。允许变化的限值可由制造方和用户协商确定。

注 2：介质损耗因数取决于绝缘结构，且与电压和温度两个因数有关。

注 3：非电容型绝缘结构的电流互感器不需考核电容量。

注 4：干式（合成绝缘）电流互感器的介质损耗因数可由用户与制造方协商确定。

6.1.2.5 多次截断雷电冲击

如有附加协议，$U_m \geqslant 300$ kV 的油浸式电流互感器的一次绕组应能耐受多次截断雷电冲击，以检验对运行中可能出现的高频电压作用的承受能力。

由于没有足够的经验提出明确的试验程序和可接受的判断准则，故本标准仅在附录 G 中对可能采用的试验程序给出一些信息。由制造方检验有关结构是否满足要求。

注：结构的检验应特别注意流通暂态电流的内部电屏及其连接部分。

6.1.2.6 **地屏对地绝缘要求**

对设备最高电压 $U_m \geqslant 40.5$ kV，且采用电容型绝缘结构的电流互感器，其地屏对地应能承受额定短时工频耐受电压 5 kV(方均根值)。

6.1.3 **段间绝缘要求**

当一次或二次绕组分成两段或多段时，段间绝缘的额定工频耐受电压应为 3 kV(方均根值)。

6.1.4 **二次绕组的绝缘要求**

二次绕组绝缘的额定工频耐受电压应为 3 kV(方均根值)。

6.1.5 **匝间绝缘要求**

绕组匝间绝缘的额定耐受电压应为 4.5 kV(峰值)。

对某些型式的互感器，根据 9.4 的试验程序，可允许采用较低的试验电压值。

注：由于所采用试验程序的影响，波形可能产生严重畸变。

6.1.6 **外绝缘要求**

对带有易受污染的陶瓷绝缘子(或其他形式的绝缘子)的户外型电流互感器，表 7 列出了给定污秽等级下绝缘子的最小标称爬电比距。

表 7 爬电比距

污秽等级	最小标称爬电比距 mm/kV 1) 2)	爬电距离 弧闪距离
Ⅰ轻	16	≤3.5
Ⅱ中	20	
Ⅲ重	25	≤4.0
Ⅳ严重	31	

注 1：绝缘子的形状对其表面绝缘的特性有很大的影响。

注 2：根据运行经验，在极轻度污秽地区标称爬电比距可小于 16 mm/kV，但最小约为 12 mm/kV。

注 3：在特别严重污秽条件下，标称爬电比距取 31 mm/kV 可能不够。根据运行经验和/或实验室试验结果，可选取更大的爬电比距，但在某些情况下可能需要考虑冲洗的可能性。

注 4：对于易受污染的户内型产品，可参照本表选取其表面绝缘的爬电比距。

1) 指相对地之间的爬电距离与设备最高电压 U_m 之比。

2) 有关爬电距离的其他信息和制造公差见 JB/T 5895—1991。

6.1.7 **无线电干扰电压(RIV)要求**

本要求适用于安装在空气绝缘变电站中 $U_m \geqslant 126$ kV 的电流互感器。

在 8.5 所规定的试验和测量条件下，其在 $1.1U_m/\sqrt{3}$ 下的无线电干扰电压值应不大于 2 500 μV。

6.1.8 **传递过电压**

本要求适用于：

——电流互感器一次绕组 $U_m \geqslant 72.5$ kV；

——无一次绕组但与 $U_m \geqslant 72.5$ kV 电气设备(例如：GIS、变压器、电缆)配套的电流互感器。

由一次传递到二次端子上的过电压值，在 10.3 所述的试验和测量条件下，不应大于表 8 所列值。

注 1：其波形参数代表了开关操作所引起的电压振荡。

注 2：经制造方与用户协商，可选取其他的传递过电压限值。

A 类冲击波要求，适用于空气绝缘变电站用的电流互感器；B 类冲击波要求，适用于气体绝缘金属外壳全封闭组合电器(GIS)用的电流互感器。

表 8 所列且按 10.3 所规定方法测得的传递过电压峰值限值，对接到二次绕组的电子设备确能有足够的保护作用。

表8 传递过电压限值

冲击波类型	A	B
施加电压峰值(U_p)	$1.6\times\frac{\sqrt{2}}{\sqrt{3}}\times U_m$	$1.6\times\frac{\sqrt{2}}{\sqrt{3}}U_m$
波形参数： ——常规波前时间(T_1) ——半峰值时间(T_2) ——波前时间(T_1) ——波尾时间(T_2)	 0.5×(1±20%) μs ≥50 μs — —	 — — 10×(1±20%) ns >100 ns
传递过电压峰值限值(U_s)	1.6 kV	1.6 kV

6.1.9 绝缘油性能

油浸式互感器所用绝缘油应符合 GB/T 7595—2000 和 GB/T 7252—2001 的要求。

6.2 机械强度要求

这些要求仅适用于 $U_m\geqslant72.5$ kV 的电流互感器。

表9列出了电流互感器应能承受的静载荷。这些数值包含了风力和结冰引起的载荷。

规定的试验载荷是指可施加于一次绕组端子任意方向的载荷。

表9 静态承受试验载荷

设备最高电压 U_m kV	静态承受试验载荷 F_R N	
	Ⅰ类载荷	Ⅱ类载荷
72.5	1 250	2 500
126	2 000	3 000
252 和 363	2 500	4 000
550	4 000	6 000

注1：在日常运行条件下，作用载荷的总和应不超过规定的承受试验载荷的50%。

注2：电流互感器应能承受很少出现的急剧动态载荷(例如：短路)，它不超过1.4倍静态承受载荷。

注3：在某些应用中，可能需要一次端子具有防旋转的能力，试验时施加的力矩值应由制造方与用户协商确定。

6.3 一般结构要求

6.3.1 接地和接地标志

电流互感器的接地连接处应有直径不小于8 mm的接地螺栓，或其他供接地线连接用的零件(例如：面积足够大且有连接孔的接地板)，且接地连接处应有平整的金属表面。这些接地零件均应有可靠的防锈镀层，或采用不锈钢材料制成。

注：对标称电压 $U_n\leqslant0.66$ kV 的互感器，可采用直径为6 mm的接地螺栓，亦可通过互感器上的其他金属件接地。

在接地连接处近旁应标有明显的接地标志(例如："⏚"符号或"地"字样)。

6.3.2 出线端子

具有一次绕组的电流互感器(标称电压 $U_n\leqslant0.66$ kV 的互感器除外)，应由制造方提供连接母线用的全部紧固件。一次出线端子及紧固件应有可靠的防锈镀层。

电流互感器二次出线端子的螺纹直径不应小于6 mm(标称电压 $U_n\leqslant0.66$ kV 的电流互感器允许采用直径为5 mm的螺纹)。二次出线端子及紧固件应由铜或铜合金制成，并应有可靠的防锈镀层。

二次出线端子板应具有良好的防潮性能。

6.3.3 油浸式电流互感器的结构要求

为保证油浸式电流互感器的运行安全，其结构要求如下：

——设备最高电压 $U_m\geqslant40.5$ kV 的互感器，应有保证绝缘油与外界空气不直接接触或完全隔离的装置(例如：金属膨胀器)，或其他的防油老化措施。

——设备最高电压 $U_m \geqslant 40.5$ kV 的互感器，应装有油面(油位)指示装置，且应有最低油面(油位)指示标志。对于某些互感器(例如：其油面或油位不随温度变化者等)，须装有指示油量装置。

——油箱(底座)下部应装有取油样或放油用的阀门，放油阀门装设位置应能放出互感器中最低处的油。

——对于设备最高电压 $U_m \geqslant 252$ kV 的电流互感器，若用户有要求或结构上需要(例如：一次绕组为导体较长的"U"形)，应在一次出线端子间加装(外置式)过电压保护器。过电压保护器的参数应由制造方和用户协商确定。

7 试验分类

本标准所规定的试验分为型式试验、例行试验和特殊试验。

型式试验：

对每种型式的一台互感器所进行的试验，用它验证按同一技术规范制造的互感器均满足除例行试验外所规定的要求。

注：在一台互感器上进行的型式试验，对具有较少差别的互感器也可认为是有效的。但此差别应经制造方与用户协商同意。

例行试验：

每台互感器都应承受的试验。

特殊试验：

一种既不同于型式试验，也不同于例行试验的试验，它是由制造方同用户协商确定的。

7.1 型式试验

下列试验是型式试验，其详细说明见有关条文。

a) 短时电流试验(见 8.1)；

b) 温升试验(见 8.2)；

c) 额定雷电冲击试验(见 8.3.2)；

d) 操作冲击试验(见 8.3.3)；

e) 户外式互感器的湿试验(见 8.4)；

f) 无线电干扰电压(RIV)测量(见 8.5)；

g) 绝缘热稳定试验(见 8.6)；

h) 误差测定(见 13.4 和/或 14.4，13.6，14.5 和 16.3)。

除另有规定外，所有绝缘型式试验应在同一台互感器上进行。

互感器在经受本条规定的绝缘型式试验后，应经受 7.2 规定的全部例行试验。

7.2 例行试验

每台互感器均应进行下述实验。

a) 端子标志检验(见 9.1)；

b) 一次绕组工频耐压试验(见 9.2.1)；

c) 局部放电测量(见 9.2.2)；

d) 二次绕组工频耐压试验(见 9.3 或 16.4.4)；

e) 绕组段间工频耐压试验(见 9.3 或 16.4.4)；

f) 匝间过电压试验(见 9.4 或 16.4.5)；

g) 电容量和介质损耗因数测量(见 9.5)；

h) 绝缘油性能试验(见 9.6)；

i) 密封性能试验(见 9.7)；

j) 误差测定(见 13.5 和/或 14.4，13.6，14.6 和 16.4)。

试验顺序未标准化，但误差测定应在其他试验后进行。

一次绕组的重复工频耐压试验应以规定试验电压值的 80% 进行。

7.3 特殊试验

下列试验按制造方同用户之间的协议进行。

a) 一次绕组截断雷电冲击试验(见 10.1);

b) 多次截断冲击试验(见附录 G);

c) 机械强度试验(见 10.2);

d) 传递过电压测量(见 10.3)。

8 型式试验

8.1 短时电流试验

对于短时热电流(I_{th})试验,互感器的初始温度为 5℃～40℃。

本试验在二次绕组短路下进行,所加电流 I 及其持续时间 t 应满足(I^2t)不小于($I_{th}{}^2$),其中 t 值应在 0.5 s～5 s 之间。

动稳定试验应在二次绕组短路的情况下进行,施加的一次电流的峰值至少有一个不小于额定动稳定电流(I_{dyn})。

动稳定试验可以与短时热电流试验合并在一起进行,但要求第一个主峰值电流不小于额定动稳定电流(I_{dyn})。

如果试验后的互感器在冷却到环境温度(5℃～40℃)后,能满足下列要求,则应认为互感器通过本试验:

a) 无可见的损伤;

b) 退磁后,其误差与本试验前的差异不超过其准确级误差限值的一半;

c) 能承受住 9.2,9.3 和 9.4 规定的绝缘试验,但其试验电压或电流为规定值的 90%;

d) 经检查,与导线表面接触的绝缘无明显的劣化现象(例如:碳化)。

如果一次绕组对应于额定短时热电流(I_{th})的电流密度不超过下述值,则 d)项检查可不进行。

——180 A/mm^2,绕组为铜时其导电率不低于 GB 5585.1—1985 规定值的 97%;

——120 A/mm^2,绕组为铝时其导电率不低于 GB/T 3954—2001 规定值的 97%。

注:经验表明,对于 A 级绝缘,只要一次绕组对应于额定短时热电流的电流密度不超过上述值,则运行中对热额定值的要求一般均能得到满足。因此,当符合上述要求时,可按用户和制造方之间的协议取消此项检查。

8.2 温升试验

为了验证互感器是否符合 5.6 的要求应进行本试验。试验中,当每小时温升的变化不超过 1 K 时,应认为互感器已经达到稳定的温度。

试验场地的环境温度应为 5℃～40℃。

在进行本试验时,互感器的安装状态应代表其实际运行情况。

如果可行,绕组温升应采用电阻法测量,但对电阻值很小的绕组,可以采用热电偶测量。

绕组以外的其他部位的温升,可用温度计或热电偶测量。

连接互感器一次端子的导线,应选取合适的截面,且单根长度不应小于 1.5 m,使其在试验时距一次端子 0.75 m～1 m 处的温升为 40℃±3℃。

8.3 一次绕组的冲击试验

8.3.1 一般要求

冲击试验应按 GB/T 16927.1—1997 的规定进行。

试验电压应施加在一次绕组各出线端子(连接在一起)与地之间,其座架、箱壳(如果有)和铁心(如果要求接地)以及所有二次绕组端子均应接地。

冲击试验通常包括施加参考冲击电压和额定冲击耐受电压。参考冲击电压应为额定冲击耐受电压的 50%～75%。冲击电压的波形和峰值应予记录。

参考冲击电压和额定冲击耐受电压下波形之间的变异,可作为试验中绝缘损坏的证据。

为了提高示伤能力,可记录对地电流的波形作为电压录波的补充。

8.3.2 **额定雷电冲击试验**

试验电压值应根据设备最高电压 U_m 和所规定的绝缘水平，取表 3 或表 4 中的相应值。

8.3.2.1 **U_m＜300 kV 的绕组**

试验应在正和负两种极性下进行。每一极性应连续冲击 15 次，不需做大气条件校正。

如果每一极性下的试验都满足下列要求，则互感器通过本试验：

——非自恢复性的内绝缘不出现击穿；

——非自恢复性的外绝缘不出现闪络；

——自恢复性的外绝缘出现闪络不超过 2 次；

——未发现绝缘损坏的其他证据(例如：所记录波形的变异)。

注：施加正、负极性冲击各 15 次，是对外绝缘试验而规定的。如果制造方与用户协商同意用其他试验方法检查外绝缘，则每一极性下的额定雷电冲击次数可减少到 3 次，且不须作大气条件校正。

8.3.2.2 **U_m≥300 kV 的绕组**

试验应在正和负两种极性下进行。每一极性应连续冲击 3 次，不须作大气条件校正。

如果每一极性下的试验都满足下列要求，则互感器通过本试验：

——不发生击穿；

——未发现绝缘损坏的其他证据(例如：所记录波形的变异)。

8.3.3 **操作冲击试验**

试验电压值应根据设备最高电压 U_m 和所规定的绝缘水平，取表 4 中的相应值。

该试验应在正极性下进行，连续冲击 15 次，应作大气条件校正。

对户外式互感器，其试验应在湿状态下进行(见 8.4)。

如果满足下列要求，则互感器通过本试验：

——非自恢复性的内绝缘不出现击穿；

——非自恢复性的外绝缘不出现闪络；

——自恢复性的外绝缘出现闪络不超过 2 次；

——未发现绝缘损坏的其他证据(例如：所记录波形的变异)。

注：冲击试验时出现了对试验室墙壁或天花板的闪络不包括在内。

8.4 **户外式互感器的湿试验**

淋雨方法应按 GB/T 16927.1—1997 的规定。

对 U_m＜300 kV 的绕组，其试验应在工频电压下进行。施加的电压值根据设备最高电压取表 3 中相应的工频耐受电压值，其大气条件校正应按 GB/T 16927.1—1997 的规定。

对 U_m≥300 kV 的绕组，其试验应在正极性操作冲击电压下进行。施加的电压值根据设备最高电压和额定绝缘水平取表 4 中相应的操作冲击耐受电压值。

8.5 **无线电干扰电压(RIV)测量**

装配完整的整台电流互感器(包括附件)，应保持干燥、清洁，且在试品温度大致等于试验室环境温度时进行本试验。

本标准要求试验应在下列大气条件下进行：

——温度：5℃～40℃；

——压力：87 kPa～107 kPa；

——相对湿度：45%～75%。

注 1：经制造方和用户之间协商同意，试验可以在其他大气条件下进行。

注 2：GB/T 16927.1 所述的大气条件校正系数，不适用于无线电干扰试验。

试验连接线及其端头不应成为无线电干扰电压源。

模拟运行条件的一次端子屏蔽件，应能避免出现干扰性放电。推荐采用带球形端头的圆管作连接线。

试验电压应施加于试品(C_a)一次绕组的一个端子与地之间。箱壳(如果有)、座架、铁心(如果要求接地）和所有二次绕组端子均应接地。

测量电路（见图 1）应符合 GB/T 11604 的规定。最好将测量线路的频率调整到 0.5 MHz～2 MHz 范围内，并记录此测量频率。试验结果值应用 μV 表示。

在图 1 中，试验导线和地之间的阻抗$[Z_s+(R_1+R_2)]$应为 300 Ω±40 Ω，且在测量频率下的相角不超过 20°。

也可用电容器 C_s 代替滤波阻抗 Z_s，其电容值为 1 000 pF 通常能满足要求。

注：可能需要一个特殊设计的电容器以避免共振频率过低。

滤波器 Z 在测量频率下应呈现为高阻抗，以使工频电源与测量线路隔开。在测量频率下，适合的阻抗值为 10 kΩ～20 kΩ。

无线电干扰背景水平（由外界电磁场和高压变压器产生的无线电干扰）应比规定的无线电干扰水平至少低 6 dB（最好低 10 dB）。

注：应注意防止邻近物体对互感器试品、试验电路和测量线路产生干扰。

测量仪器和测量线路的校正方法见 GB/T 11604。

应施加预加电压 $1.5U_m/\sqrt{3}$并保持 30 s。

然后，约在 10 s 内将电压降至 $1.1U_m/\sqrt{3}$，保持 30 s 后，测量该电压下的无线电干扰电压。

如果在 $1.1U_m/\sqrt{3}$电压下的无线电干扰水平不超过 6.1.7 的规定限值，则认为互感器通过本试验。

注：经制造方与用户协商同意，上述的 RIV 试验可以用施加上述预加电压和测量电压时的局部放电测量来代替。按 9.2.2 进行局部放电测量试验时所采取的防止外部放电的任何措施（即屏蔽）均应取消。此时，平衡试验电路亦不适用。

虽然尚无 RIV 试验的 μV 值与局部放电 pC 值之间的直接换算关系式，但如果受试互感器在 $1.1U_m/\sqrt{3}$电压下的局部放电水平不超过 300 pC，则认为互感器通过本试验。

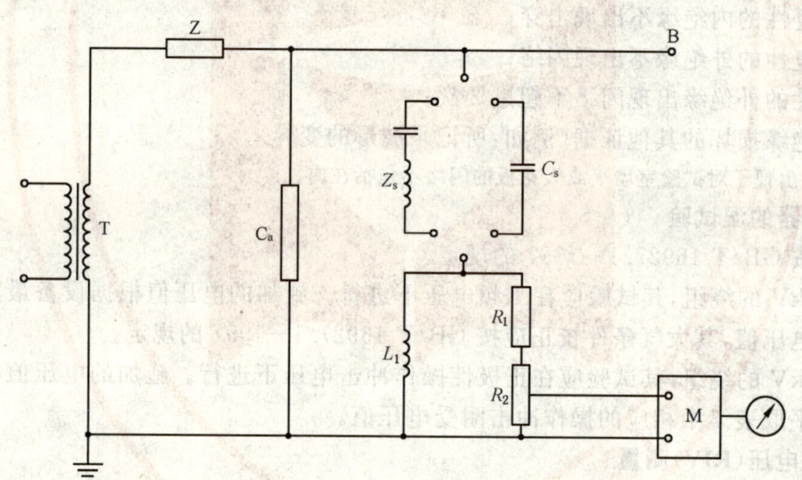

C_a——试品；

Z——滤波器；

B——无电晕终端；

M——测量装置；

$Z_s+(R_1+R_2)=300\ \Omega$；

T——试验变压器；

Z_s、C_s、L_1、R_1、R_2 见 GB/T 11604。

图 1　无线电干扰电压（RIV）测量线路

8.6　绝缘热稳定试验

本试验仅适用于设备最高电压 $U_m \geqslant 252$ kV 的油浸式电流互感器，试验时的环境温度为 5℃～40℃。

试验时应对互感器同时施加额定连续热电流和$U_m/\sqrt{3}$的电压，直至达到稳定状态（例如：介质损耗因数达到稳定）。全部试验时间不应少于 36 h，其中达到稳定状态的连续时间不应少于 8 h。

注：其他非油浸式电流互感器的绝缘热稳定试验，可由制造方与用户协商参照此规定进行。

9 例行试验

9.1 端子标志检验

验证端子标志的正确性（见 11.1）。

9.2 一次绕组的工频耐压试验和局部放电测量

9.2.1 工频耐压试验

工频耐压试验应按 GB/T 16927.1—1997 的规定进行。

试验电压应根据设备最高电压取表 3 或表 5 中的相应电压值。持续时间应为 60 s。

试验电压应施加在短路的一次绕组与地之间。试验时，短路的二次绕组、座架、箱壳（如果有）和铁心（如果有一个专用的接地端子）均应接地。

对于须进行地屏对地工频耐压试验的互感器，其试验电压按 6.1.2.6 的规定，试验电压施加在地屏与地之间，持续时间 60 s。

9.2.2 局部放电测量

9.2.2.1 试验线路和测试设备

所用试验线路和试验设备应符合 GB/T 7354—2003 的要求。试验线路实例如图 2～图 4 所示。

测量仪器应为测量以皮库（pC）表示的视在电荷量 q 的。其校正应在试验线路中进行（见图 5）。

宽频带测试仪的带宽至少应为 0.1 MHz，其上限截止频率不大于 1.2 MHz。

窄频带测试仪的谐振频率应在 0.15 MHz～2 MHz 范围内，优先值应在 0.5 MHz～2 MHz 的范围内。但如可能，应在灵敏度最高的频率下进行局部放电测量。

测量灵敏度应能测出 5pC 的局部放电水平。

注 1：噪声应远低于灵敏度，已知的外部干扰脉冲可以忽略。

注 2：为消除外部噪声的影响，可采用平衡试验电路（见图 4）。

注 3：当采用电子信号处理和复原技术降低背景噪声时，这将以改变其参数显示出来，因此能检测出重复出现的脉冲。

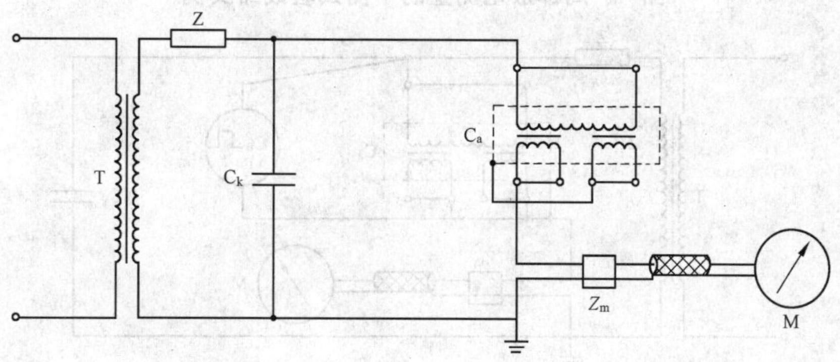

T——试验变压器；

C_a——被试互感器；

C_k——耦合电容器；

M——局部放电测量仪器；

Z_m——测量阻抗；

Z——滤波器（如果 C_k 是试验变压器的电容，则没有 Z）。

图 2 局部放电测量试验线路

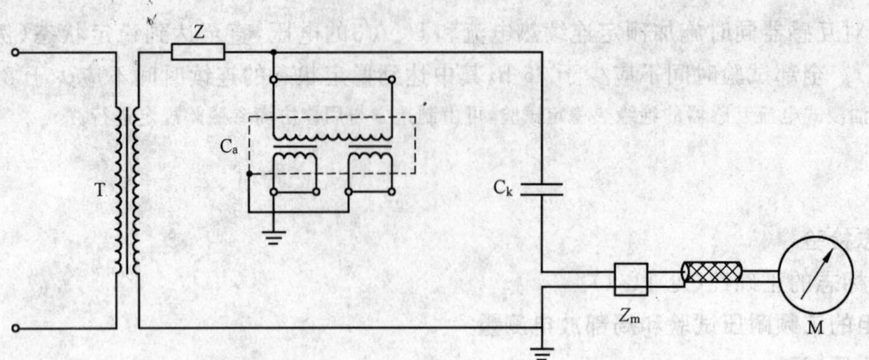

符号含义见图 2。

图 3 局部放电测量的另一个试验线路

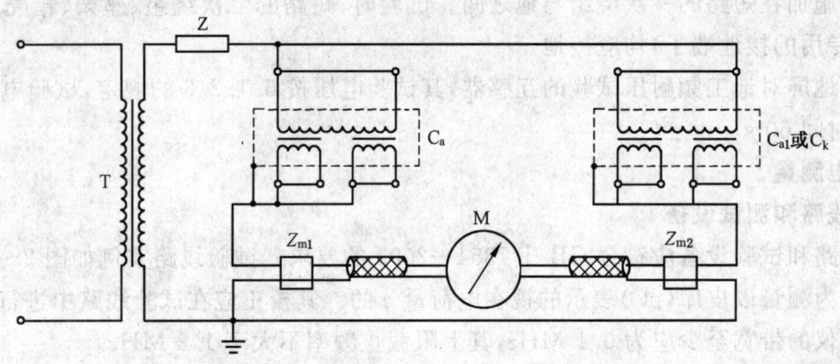

T——试验变压器；

C_a——被试互感器；

C_{a1}——辅助的无局部放电试品(或 C_k——耦合电容器)；

M——局部放电测量仪器；

Z_{m1} 和 Z_{m2}——测量阻抗；

Z——滤波器。

图 4 局部放电测量的平衡试验线路实例

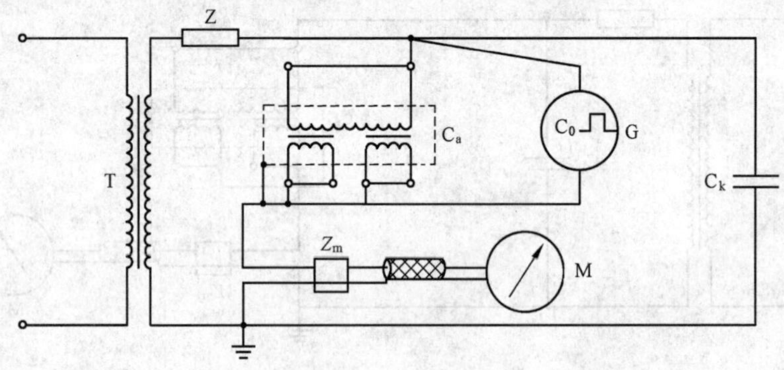

符号含义见图 2。

G——电容值为 C_0 的脉冲波发生器。

图 5 局部放电测量的校验线路实例

9.2.2.2 局部放电试验程序

在按程序 A 或程序 B 施加预加电压之后，将电压降到表 6 规定的局部放电测量电压，然后在 30 s 内测量相应的局部放电水平。

测得的局部放电水平应不超过表6规定的限值。

程序A：

在工频耐压试验后的降压过程中使电压达到局部放电测量电压。

程序B：

局部放电试验是在工频耐压试验结束之后进行。施加电压上升到额定工频耐压值的80%即预加电压值，至少保持60s，然后不间断地降低到规定的局部放电测量电压。

除另有规定外，试验程序的选择由制造方自行确定。所用的试验方法应在试验报告中列出。

9.3 一次绕组和二次绕组的段间以及二次绕组的工频耐压试验

试验电压分别按6.1.3和6.1.4所列的相应值，依次施加于端子短路的各绕组段间或各二次绕组与地之间，持续时间为60 s。

座架、箱壳(如果有)、铁心(如果有专用的接地端子)和所有其他绕组或绕组段的出线端皆应连在一起接地。

9.4 匝间过电压试验

匝间过电压试验应按下述任一程序进行。

如无其他协议，试验程序的选择由制造方自行确定。

程序A：

二次绕组开路(或接一台高阻抗峰值电压测量装置)，对一次绕组施加频率为40 Hz～60 Hz的实际正弦波电流(按GB/T 16927.1—1997)，其方均根值等于额定一次电流(或者按13.3中的额定扩大一次电流，如果有)，持续时间60 s。

如果在达到其额定一次电流(或额定扩大一次电流)之前，试验电压已经达到4.5 kV(峰值)，则应限制施加的电流。

程序B：

一次绕组开路，在各二次绕组端子之间施加规定的试验电压(以某一合适的频率)，持续时间60 s。二次电流方均根值不应超过额定二次电流(或额定扩大二次电流)。

试验频率应不大于400 Hz。

在此频率下，如果在额定二次电流(或额定扩大二次电流)时得到的电压值低于4.5 kV(峰值)，则所达到的电压应被确认为试验电压。

如果试验频率超过额定频率的两倍时，其试验时间可少于60 s，并按下式计算：

$$\text{试验时间(s)} = \frac{\text{两倍额定频率}}{\text{试验频率}} \times 60$$

但最少为15 s。

注：匝间过电压试验不是验证电流互感器是否适合于二次绕组开路运行的试验。电流互感器不应在二次绕组开路时运行，因为可能出现过电压和过热的危险。

9.5 电容量和介质损耗因数测量

电容量和介质损耗因数($\tan\delta$)测量应在一次绕组工频耐压试验后进行。

试验电压应施加在短路的一次绕组端子与地之间，通常，短路的二次绕组端子、电屏和绝缘的金属箱壳均应接入测量电桥。如果电流互感器具有一个专供此测量用的装置(端子)，则其他低压端子应短路，并与金属箱壳等一起接地或接到测量电桥的屏蔽。

注：在某些情况下，如有必要可将电桥的其他点接地。

应在环境温度下对电流互感器进行本试验。该温度值应予记录。

9.6 绝缘油性能试验

互感器用绝缘油应进行击穿电压、介质损耗因数($\tan\delta$)测量，对$U_m \geqslant 72.5$ kV的互感器，其绝缘油还应进行含水量和色谱分析等性能试验。试验方法应按相关的规定进行。

9.7 密封性能试验

电流互感器的密封性能试验应按JB/T 5356的规定进行。

10 特殊试验

10.1 一次绕组的截断冲击试验

试验应仅用负极性进行，且以下述方式与负极性雷电冲击试验结合进行。

电压应是标准的雷电冲击波在 2 μs～5 μs 处截断，截断冲击波电路的布置应使实际试验冲击波的反冲峰值限值约为峰值的 30%。

额定雷电冲击试验电压应按设备最高电压和规定的绝缘水平取表 3 或表 4 中的相应值。

截断雷电冲击试验电压值应按 6.1.2.3 的规定。

雷电冲击试验电压施加的顺序如下：

a) 对 U_m<300 kV 的绕组：

——1 次额定雷电冲击；

——2 次截断雷电冲击；

——14 次额定雷电冲击。

b) 对 U_m≥300 kV 的绕组：

—— 1 次额定雷电冲击；

—— 2 次截断雷电冲击；

—— 2 次额定雷电冲击。

以截断雷电冲击前后所施加额定雷电冲击波形的变化作为内部损伤的指示。

截断雷电冲击时，在自恢复性外绝缘上出现的闪络不应纳入绝缘性能的评价之中。

10.2 机械强度试验

本试验的目的是为了验证电流互感器是否满足 6.2 所规定的要求。

互感器应装配完整，垂直安装且牢固地固定在刚性构架上。

油浸式电流互感器应注满规定的绝缘油，并达到运行时的工作压力。

对表 10 所示的每一种情况施加试验载荷，持续时间应为 60 s。

如果不出现损坏的迹象（变形、破裂或泄漏），应认为电流互感器通过本试验。

表 10 一次端子上试验载荷的施加方式

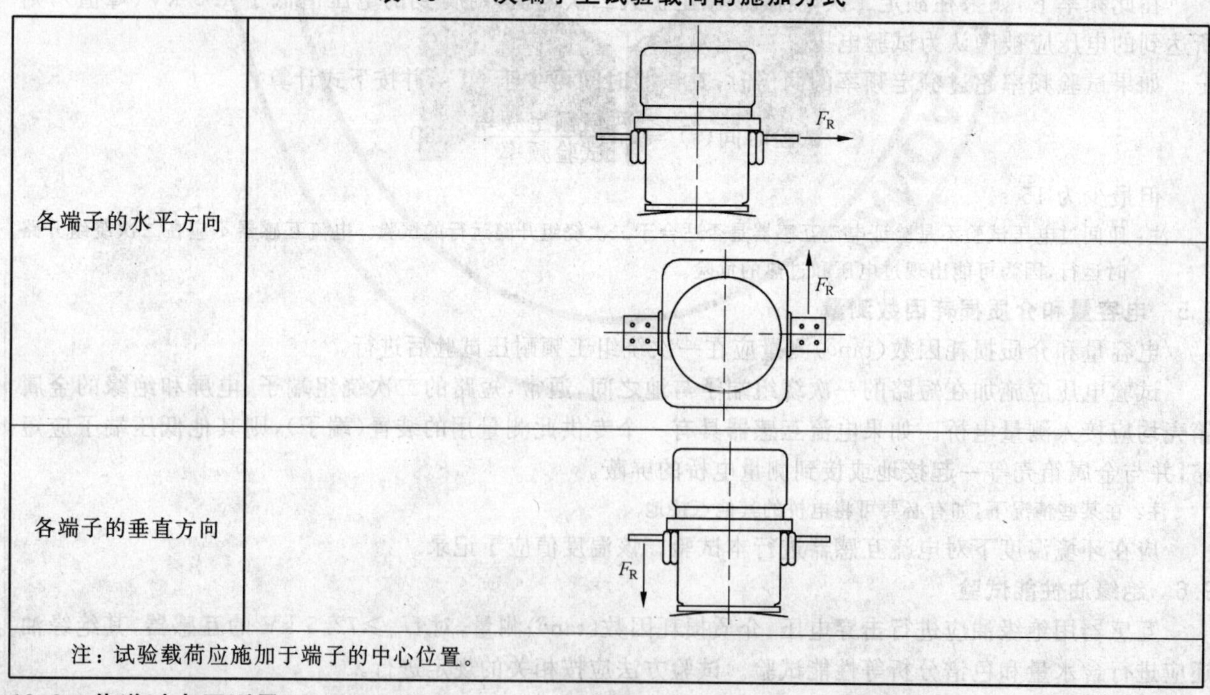

注：试验载荷应施加于端子的中心位置。

10.3 传递过电压测量

低压冲击波（U_1）应施加在一次绕组任一端子与地之间。

对用于金属外壳全封闭式组合电器(GIS)中的单相电流互感器，应按图 6 通过一根 50 Ω 同轴电缆施加冲击波。GIS 的外壳应按运行方式接地。

对用于其他情况，其试验线路应按图 7 所示。

拟接地的二次绕组端子应与座架连接在一起接地。

传递电压(U_2)测量应在开路的二次端子上进行，通过一根 50 Ω 同轴电缆和其终端接入一台输入阻抗为 50 Ω 且带宽不低于 100 MHz 的示波器读取电压峰值。

注：经制造方与用户协商，可采用其他避免测量受到干扰的试验方法。

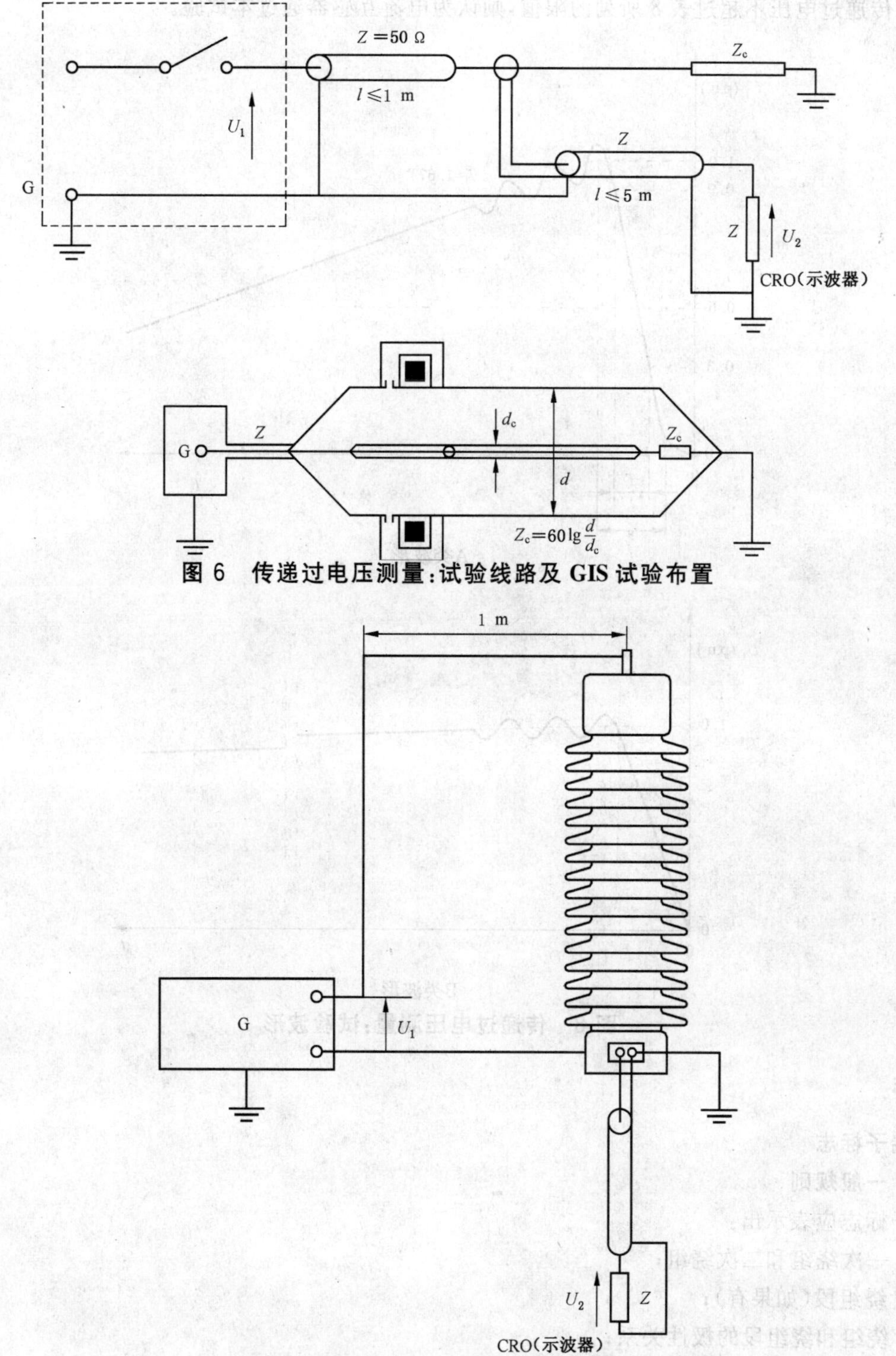

图 6　传递过电压测量：试验线路及 GIS 试验布置

图 7　传递过电压测量：一般试验布置

如果电流互感器有多个二次绕组，则应依次对每一个二次绕组进行测量。

在二次绕组具有中间抽头时，只需在满匝对应的出线端进行测量。

以规定的过电压(U_p)施加在一次绕组而传递到二次绕组的过电压(U_s)，应按下式计算：

$$U_s = \frac{U_2}{U_1} \times U_p$$

当峰值处有振荡时，须绘制平均曲线，以此最大值作为 U_1 的峰值(见图 8)来计算传递过电压。

注：电压波形的振荡幅值和振荡频率可能会对传递电压有影响。

如果传递过电压不超过表 8 所列的限值，则认为电流互感器通过本试验。

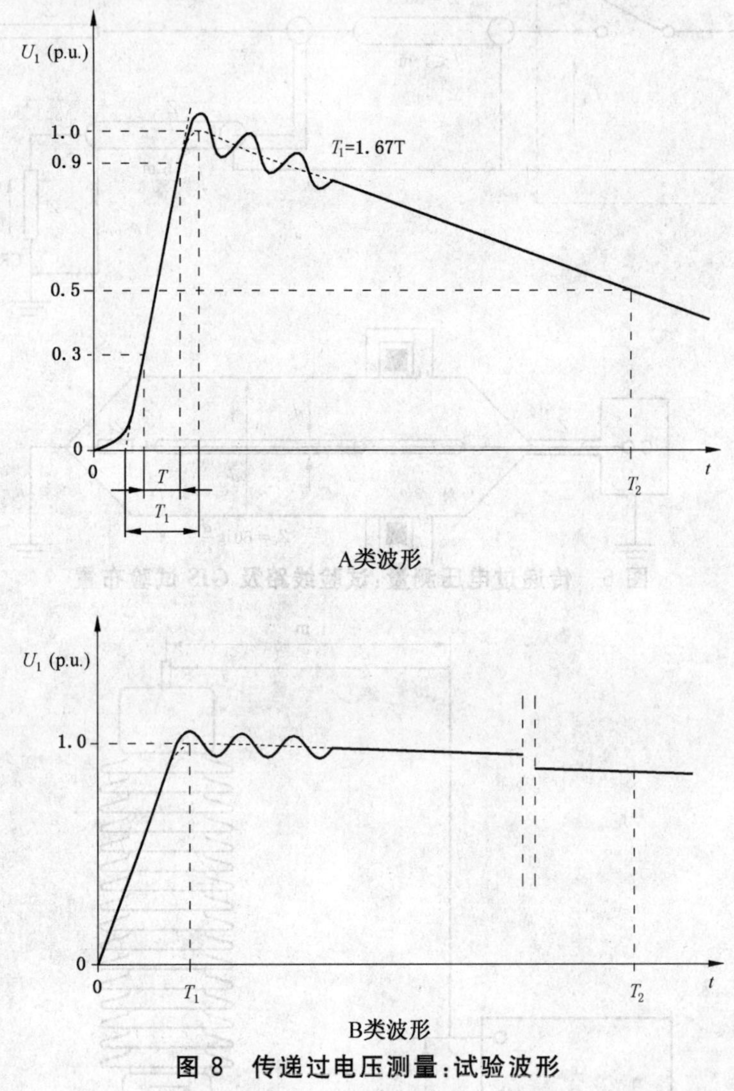

图 8 传递过电压测量：试验波形

11 标志

11.1 端子标志

11.1.1 一般规则

端子标志应表示出：

a) 一次绕组和二次绕组；

b) 绕组段(如果有)；

c) 绕组和绕组段的极性关系；

d) 中间抽头(如果有)。

11.1.2 标志方法

接线标志应清晰、牢固，并标在端子表面或其近旁处。

标志应由字母及字母后的数字和字母前的数字(必要时)组成。字母应为大写印刷体。

11.1.3 标志内容

电流互感器的端子标志应如表 11 所示。

表 11 端子标志

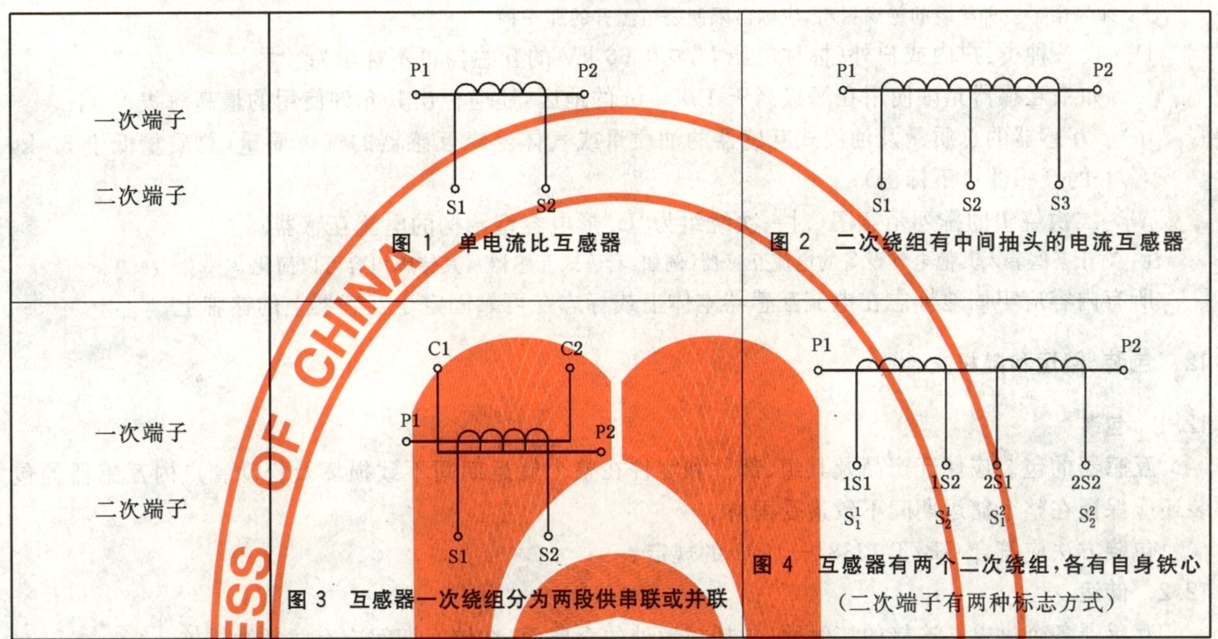

端子		
一次端子 二次端子	图 1 单电流比互感器	图 2 二次绕组有中间抽头的电流互感器
一次端子 二次端子	图 3 互感器一次绕组分为两段供串联或并联	图 4 互感器有两个二次绕组，各有自身铁心 (二次端子有两种标志方式)

11.1.4 极性关系

标有 P1、S1 和 C1 的所有端子，在同一瞬间具有同一极性。

11.2 铭牌标志

每台电流互感器的铭牌标志至少应标出下列内容：

a) 制造单位名称及其所在地的地名或国名(出口产品)、或其他容易识别制造单位的标志，以及生产序号和日期；

b) 互感器型号及名称，采用标准的代号、计量许可标志及计量许可批号；

c) 额定一次电流和额定二次电流，一般用额定电流比表示，即：

额定一次电流/额定二次电流 或 $K_n=I_{pn}/I_{sn}$(例如：$K_n=100/5$ A)；

若一次绕组分为 n 段，并通过串联或并联得到多种电流比时，则按如下方式表示：

$K_n=n\times I_{pn}/I_{sn}$(例如：$K_n=2\times1\,500/1$ A)；

若二次绕组具有抽头，以此得到多种电流比时，应分别标出每对二次出线端子及其对应的电流比(例如：S1—S2，200/5 A；S1—S3，300/5 A；S1—S4，400/5 A；S1—S5，600/5 A)；

若多个二次绕组具有不同电流比时，应分别标出每个二次绕组对应的电流比(例如：1S1—1S2，800/5 A；2S1—2S2，600/5 A；3S1—3S2，400/5 A；4S1—4S2，600/5 A)；

d) 当互感器有多个二次绕组时，应标明每个绕组的性能参数及其相应的端子；

e) 额定连续热电流(与额定一次电流不同时标出，例如：$I_{cth}=I_{pn}\times150\%$ 或 $I_{cth}=600$ A)；

f) 额定频率(例如：50 Hz)；

g) 额定输出和其相应的准确级以及本标准后面所规定的补充信息(见 13.7、14.7、15.5 及 16.5)；

h) 设备最高电压 U_m(例如：252 kV)；

注：如果 GB 156 中没有规定该电压等级的设备最高电压则可用标称电压 U_n 替代(例如：0.66 kV)。

i) 额定绝缘水平(例如：395/950 kV 或 3/— kV*)；

注：项 h)和项 i)可以合并为一个标志(例如:252/395/950 kV 或 0.66/3/— kV*)。

j) 额定短时热电流 I_{th}(方均根值)和额定动稳定电流 I_{dyn}(峰值)(例如:40/100 kA);
若一次绕组为多段式,应分别标出各种连接方式下(串联、并联)的额定短时热电流 I_{th}(方均根值)和额定动稳定电流 I_{dyn}(峰值)(例如:串联 31.5/80 kA——并联 50/125 kA);但如串联、并联的数值相同时,则可只标出一组值;

k) 绝缘耐热等级(A 级绝缘不必标出);

注：如果用了多种等级的绝缘材料,应标出限制绕组温升的那一种。

l) 设备种类:户内或户外(标称电压 $U_n \leqslant 0.66$ kV 的互感器可不标出);
如果互感器允许使用在海拔高于 1 000 m 的地区,还应标出其允许使用的最高海拔;

m) 互感器的总质量及油浸式互感器的油质量或气体绝缘互感器的气体质量(总质量低于 50 kg 的互感器可不标出);

n) 二次绕组的排列示意图(对一次绕组为"U"形电容型结构的电流互感器)。

注：对于某些装入其他电气设备的电流互感器(例如:套管式互感器),其铭牌内容可以简化。

所有内容应牢固地标志在电流互感器本体上或标志在可靠固定于互感器上的铭牌上。

12 包装、储运和随机文件

12.1 包装

互感器的包装应保证产品及其组、部件和零件在整个储运期间不致损坏及松动。户内互感器的包装还应保证在整个储运期间不致遭受雨淋。

包装方法应符合 GB/T 13384—1992 的规定。

12.2 储运

互感器各个供电气连接的接触面(包括接地处的金属面)在储运期间应有防锈蚀措施。

互感器在运输过程中应无严重振动、颠簸和冲击现象发生。

12.3 随机文件

每台互感器应随产品附有下列文件:

——产品合格证;

——例行试验记录;

——安装使用说明书(包括产品的外形尺寸图及组件的安装使用说明书等);

——拆卸运输零件(如需要)和备件(如果有)一览表。

注：标称电压 $U_n \leqslant 0.66$ kV 的互感器,只提供产品合格证即可。

文件应妥善包装,防止受潮、损坏。

12.4 其他

若用户有要求,制造方应提供本标准规定的有关型式试验的试验结果。

注：若用户有要求,制造方可提供保护用电流互感器的伏安特性(计算)数据。

13 测量用电流互感器的补充要求

13.1 测量用电流互感器准确级

13.1.1 测量用电流互感器准确级的标称

测量用电流互感器的准确级以该准确级在额定电流下所规定的最大允许电流误差百分数来标称。

13.1.2 标准准确级

测量用电流互感器的标准准确级为:

0.1、0.2、0.5、1、3、5。

* 横线表示无冲击电压水平。

特殊用途的测量用电流互感器的标准准确级为：

0.2S、0.5S。

13.2 测量用电流互感器的电流误差和相位差限值

对于0.1、0.2、0.5和1级，在二次负荷为额定负荷的25%～100%之间的任一值时，其额定频率下的电流误差和相位差应不超过表12所列限值。

对于0.2S和0.5S级，在二次负荷为额定负荷的25%～100%之间的任一值时，其额定频率下的电流误差和相位差不应超过表13所列限值。

对于准确级为0.1、0.2、0.2S，且额定负荷不大于15 VA的电流互感器，可以规定其负荷扩大范围。当二次负荷为1 VA到100%额定负荷之间的任一值时，其电流误差和相位差不应超过表12和表13所列限值。

注1：对于额定二次电流为1 A的电流互感器，可协商规定下限负荷低于1 VA。

注2：用于电能测量的准确级，可能有此要求。

注3：有关在较低电流值下进行误差测量的可能性(试验设备和所得结果的不确定度)，目前尚无充分的经验。

表12 测量用电流互感器(0.1级～1级)电流误差和相位差限值

准确级	在下列额定电流(%)下的电流误差 ±%				在下列额定电流(%)下的相位差							
					±(′)				±crad			
	5	20	100	120	5	20	100	120	5	20	100	120
0.1	0.4	0.2	0.1	0.1	15	8	5	5	0.45	0.24	0.15	0.15
0.2	0.75	0.35	0.2	0.2	30	15	10	10	0.9	0.45	0.3	0.3
0.5	1.5	0.75	0.5	0.5	90	45	30	30	2.7	1.35	0.9	0.9
1.0	3.0	1.5	1.0	1.0	180	90	60	60	5.4	2.7	1.8	1.8

表13 特殊用途的测量用电流互感器电流误差和相位差限值

准确级	在下列额定电流(%)下的电流误差 ±%					在下列额定电流(%)下的相位差									
						±(′)					±crad				
	1	5	20	100	120	1	5	20	100	120	1	5	20	100	120
0.2S	0.75	0.35	0.2	0.2	0.2	30	15	10	10	10	0.9	0.45	0.3	0.3	0.3
0.5S	1.5	0.75	0.5	0.5	0.5	90	45	30	30	30	2.7	1.35	0.9	0.9	0.9

表14 测量用电流互感器(3级和5级)电流误差限值

准确级	在下列额定电流(%)下的电流误差 ±%	
	50	120
3	3	3
5	5	5
注：对3级和5级的相位差限值不予规定。		

对于3级和5级，在二次负荷为额定负荷的50%到100%之间的任一值时，其额定频率下的电流误差应不超过表14内所列限值。

供试验用的二次负荷，其功率因数应是0.8(滞后)。当负荷小于5VA时，允许功率因数为1.0。一般情况下，试验负荷不小于1 VA。

注：当任何位置的外部导体与电流互感器之间的间隔不小于其设备最高电压(U_m)所要求的空气绝缘距离时，则规定的电流误差和相位差限值通常是适用的。

对于特殊的使用情况，其中包括低电压大电流状态，应由制造方与用户作专项协商解决。

对于采用二次绕组抽头的多电流比电流互感器，除另有规定，其准确级要求是指最大的电流比。

注：在要求是指最大电流比时，制造方还应给出其他抽头电流比下的对应准确级和额定负荷。

13.3 电流扩大值

准确级为 0.1 级～1 级的电流互感器只要满足以下两点要求，可以标有额定电流扩大值：

a) 额定连续热电流应是额定扩大一次电流值，它用额定一次电流的百分数表示；

b) 额定扩大一次电流下的电流误差和相位差应不超过表 12 所列的对 120％额定一次电流规定的限值。

13.4 测量用电流互感器误差的型式试验

对 0.1 级到 1 级的电流互感器，为验证其是否符合 13.2 的要求，型式试验应分别在 25％和 100％额定负荷下(最小 1 VA)且按表 12 中的每一电流值进行。

对于额定一次电流扩大值超过 120％的电流互感器，应以额定一次电流扩大值代替 120％额定一次电流值进行试验。

对 0.2S 级和 0.5S 级的电流互感器，为验证其是否符合 13.2 的要求，型式试验应分别在 25％和 100％额定负荷下(最小 1 VA)且按表 13 中的每一电流值进行。

对 3 级和 5 级的电流互感器，应分别在 50％和 100％额定负荷下(最小 1VA)，按表 14 所列的两个电流值进行试验。

13.5 测量用电流互感器误差的例行试验

误差测量的例行试验原则上与 13.4 型式试验相同，但只要在类似互感器型式试验中证实了减少测试点仍符合 13.2 的要求，则允许在例行试验中减少电流和/或负荷的测试点。

13.6 仪表保安系数

如果用户有要求时，仪表保安系数推荐为 5 和 10。

仪表保安系数的验证可用下述间接法进行：

在一次绕组开路的情况下，对二次绕组施加额定频率的实际正弦波电压，其方均根值等于二次极限感应电势时，测量励磁电流。

所得励磁电流(I_{exc})与额定二次电流(I_{sn})和仪表保安系数 FS 乘积之比用百分数表示时，其值应等于或大于额定复合误差限值，即 10％：

$$\frac{I_{exc}}{I_{sn} \cdot FS} \times 100 \geqslant 10$$

如果对此测量结果有疑问时，须用直接法试验进行核对测量(见附录 C)，并以此结果为准。

注：间接法试验的最大的优点是不需要大电流(例如：额定一次电流为 3 000 A 和仪表保安系数为 10 时，达 30 000 A)，也不必制作能承受 50 A 电流的负荷。间接法试验不存在一次返回导体的影响。在运行条件下，这种影响只能使复合误差加大，这正是测量用电流互感器所供电装置的安全所需要的。

13.7 测量用电流互感器的铭牌标志

铭牌应标有符合 11.2 规定的相关内容。

准确级和仪表保安系数应标在相应的额定输出之后(例如：15 VA　0.5 级　FS10)。

具有额定扩大一次电流值的电流互感器(见 13.3)，其标志应紧跟在准确级标志之后(例如：15 VA　0.5 级　扩大值 150％)。

对于额定负荷不大于 15 VA、且其负荷扩大范围下限为 1 VA 的电流互感器，其下限负荷值应标在额定负荷之前(例如：1 VA～10 VA，0.2 级)。

注：铭牌可标志出电流互感器能满足要求的电流比、输出和准确级的多个组合(例如：15 VA　0.5 级—30 VA　1 级)。这种情况可以采用非标准的输出值(例如：15 VA　1 级—7 VA　0.5 级，见 5.4 的注)。

14 保护用电流互感器的补充要求

14.1 标准准确限值系数

标准准确限值系数为：

5、10、15、20、30。

14.2 保护用电流互感器的准确级

14.2.1 准确级的标称

保护用电流互感器的准确级是以其额定准确限值一次电流下的最大复合误差的百分比来标称，其后标以字母“P”(表示保护用)。

14.2.2 标准准确级

保护用电流互感器的标准准确级为：

5P 和 10P。

14.3 保护用电流互感器的误差限值

在额定频率及额定负荷下，其电流误差、相位差和复合误差不应超过表 15 所列限值。

表 15 保护用电流互感器误差限值

准确级	额定一次电流下的电流误差 ±%	额定一次电流下的相位差		额定准确限值一次电流下的复合误差 %
		±(′)	±crad	
5P	1	60	1.8	5
10P	3	—	—	10

为测定电流误差和相位差，试验时所用负荷的功率因数是 0.8(滞后)，但当负荷小于 5 VA 时，允许功率因数为 1.0。

为测定复合误差，试验时所用负荷的功率因数应在 0.8(滞后)～1 之间，并由制造方自行决定。

14.4 保护用电流互感器电流误差和相位差的型式试验和例行试验

试验应在额定一次电流下进行，以验证电流误差和相位差是否符合 14.3 的要求。

14.5 复合误差的型式试验

a) 为验证复合误差是否符合表 15 所列限值，应采用直接法试验。试验时以实际正弦波额定准确限值一次电流通过一次绕组，二次绕组接额定负荷，其功率因数由制造方自行确定在 0.8(滞后)～1 之间(见附录 C)。

试验可以在与交货产品相类似的电流互感器上进行，可以采用降低强度的绝缘，但应保持相同的几何尺寸及布置。

注：对有很大的一次电流和一次绕组为单匝贯穿式的电流互感器，为模仿运行条件，应考虑一次返回导体与电流互感器之间的距离问题。

b) 对于具有实际上为连续环形铁心，二次绕组均匀分布或绕组抽头各段皆均匀分布，一次导线位于中心或一次绕组呈均匀布置的电流互感器，只要一次返回导体的影响小到可以忽略不计，可以用下述间接法试验代替直接法试验。

一次绕组开路，对二次绕组施加额定频率的实际正弦波电压，其方均根值等于二次极限感应电势，测量二次电流(即励磁电流)。

这时测得的励磁电流，用额定二次电流和准确限值系数乘积的百分数来表示时，不应超过表 15 所列出的复合误差限值。

注 1：计算二次极限感应电势时，假设二次绕组阻抗等于二次绕组在室温下测定并换算到 75℃时的电阻。

注 2：用间接法测定复合误差时，不必考虑匝数比与额定电流比之间可能存在的差异。

14.6 复合误差的例行试验

所有符合 14.5 中 b)项的电流互感器，其例行试验与型式试验相同。

对其他电流互感器，也可采用测量励磁电流的间接法试验，但需对其结果乘一校正系数，此系数是由同型互感器(见注 2)上的直接法试验结果和间接法试验结果对比得出的，其准确限值系数和其负荷条件均相同。这种情况下，制造方应持有试验报告证明。

注 1：上述校正系数等于直接法测得的复合误差与 14.5 中 b)项间接法测得的励磁电流之比，此励磁电流是用额定二次电流和准确限值系数乘积的百分数来表示的。

注 2：所谓“同型互感器”是指不管电流比如何但安匝数相同，且几何尺寸布置、磁性材料和二次绕组皆相同的电流互感器。

14.7 保护用电流互感器铭牌标志

铭牌应按 11.2 的规定标出相应内容，其额定准确限值系数应标在相应的输出和准确级之后（例如：30 VA 5P 10）。

注：当电流互感器能满足输出和准确级及准确限值系数的多个组合要求时，均可将它们标出。

示例：（15VA 0.5 级）或（15VA 0.5 级）；

（30VA 1 级）（15VA 1 级 扩大值 150%）；

（30VA 5P10）（15VA 5P20）。

15 PR 级保护用电流互感器的补充技术要求

15.1 标准准确限值系数

标准准确限值系数见 14.1。

15.2 PR 级保护用电流互感器的准确级

15.2.1 准确级的标称

准确级是以该准确级在额定准确限值一次电流下的最大允许复合误差百分数来标称，其后标以字母“PR”（表示低剩磁保护用）。

15.2.2 标准准确级

低剩磁保护用电流互感器的标准准确级为：

5PR 和 10PR。

15.3 PR 级保护用电流互感器的误差限值

15.3.1 电流误差、相位差和复合误差

参见 14.3。其误差限值见表 16。

表 16 PR 级保护用电流互感器的误差限值

准确级	额定一次电流下的电流误差 ±%	额定一次电流下的相位差		额定准确限值一次电流下的复合误差 %
		±(′)	±crad	
5PR	1	60	1.8	5
10PR	3	—	—	10

15.3.2 剩磁系数（K_r）

剩磁系数（K_r）应不大于 10%。

注：铁心磁路中插入一个或多个气隙，可以作为限制剩磁系数的一种方法。

15.3.3 二次回路的时间常数（T_s）

如果有要求，其值应由用户提出。

15.3.4 二次绕组电阻（R_{ct}）

如果有要求，其最大值应由制造方与用户协商确定。

15.4 PR 级保护用电流互感器电流误差和相位差的型式试验和例行试验

PR 级保护用电流互感器除须进行第 14 章规定的试验外，还应补充下列例行试验：

15.4.1 剩磁系数（K_r）测定

应测定剩磁系数（K_r），验证其满足 10%的限值。

其测定方法参见 GB 16847—1997 的附录 B。

15.4.2 二次回路的时间常数（T_s）测定

应测定二次回路时间常数（T_s）。测定值与规定值之差应不超过±30%。如有要求，可参见 GB 16847—1997的附录 B。

15.4.3 二次绕组电阻(R_{ct})测定

应测定二次绕组的电阻。如测定时的温度与75℃或者其他规定的温度不同时,要进行适当的校正。此校正后的值为R_{ct}的额定值。

注:确定二次回路电阻($R_s=R_{ct}+R_b$)时,R_b 是额定电阻性负荷,在PR级电流互感器中,取 R_b 等于按14.3测定电流误差和相位差时所用负荷的电阻分量。

15.5 PR级保护用电流互感器的铭牌标志

15.5.1 主要标志

见11.2和14.7。分别用准确级"5PR"和"10PR"代替准确级"5P"和"10P"。

15.5.2 特殊标志(有要求时)

a) 二次回路时间常数(T_s);

b) 温度为75℃时的二次绕组的电阻(R_{ct})。

16 PX级保护用电流互感器的补充技术要求

16.1 PX级保护用电流互感器的性能规范

PX级保护用电流互感器的性能,应有以下各项规定:

a) 额定一次电流(I_{pn});

b) 额定二次电流(I_{sn});

c) 额定匝数比。匝数比误差(ϵ_t)不超过±0.25%;

d) 额定拐点电势(E_k);

e) 在额定拐点电势和/或在其某一指定百分数下的最大励磁电流(I_e);

f) 温度为75℃时的二次绕组最大电阻(R_{ct});

g) 额定电阻性负荷(R_b);

h) 计算系数(K_x)。

注:额定拐点电势通常由下式确定:

$$E_k=K_x\cdot(R_{ct}+R_b)\times I_{sn}$$

16.2 PX级保护用电流互感器的绝缘要求

16.2.1 二次绕组绝缘要求

对于额定拐点电势E_k≥2 kV的PX级电流互感器,其二次绕组绝缘应能承受额定工频耐受电压5 kV(方均根值),60 s;对于额定拐点电势E_k<2 kV的PX级电流互感器,其二次绕组绝缘应能承受额定工频耐受电压3 kV(方均根值),60 s。

16.2.2 匝间绝缘要求

对于额定拐点电势E_k≤450 V的PX级电流互感器,其匝间绝缘的额定耐受电压应按9.4确定;对于额定拐点电势E_k>450 V的PX级电流互感器,其匝间绝缘的额定耐受电压峰值应为下列二者中的较低值:规定拐点电势方均根值的10倍,或10 kV峰值。

注:对于某些超高压(EHV)输电系统,可以按制造方与用户之间的协议,取更高的峰值电压限值。

16.3 PX级保护用电流互感器的型式试验

PX级保护用电流互感器的型式试验,除按第8章的规定外,还应增加下述低漏抗型的验证试验。

为了证明电流互感器是低漏抗结构,须用图样说明该电流互感器具有实质上连续的环形铁心,且铁心的气隙(如果有)为均匀分布,二次绕线为均匀分布,一次导体呈中心对称,以及电流互感器壳体外邻近相和其他附近相的各导体对电流互感器的影响可以忽略。

如果按照图样不能使制造方和用户共同认可互感器是满足低漏抗结构的要求,则应按附录C中的C.5或C.6的规定,用其中一种直接法进行试验。在二次电流为$K_x\cdot I_{sn}$和二次负荷为R_b的情况下,测定完整二次绕组的复合误差。若直接法测得的复合误差小于根据二次励磁特性算出的复合误差的1.1倍，则认为低漏抗结构得到验证。

注：某些型式的电流互感器进行直接法复合误差试验时，所须的一次电流值可能超出制造方通常具有的设备能力。此时，可根据制造方与用户之间的协议，允许在较低的一次电流下进行本试验。

16.4 PX 级保护用电流互感器的例行试验

PX 级保护用电流互感器的例行试验，除按第 9 章的规定外，还应增加下述试验。

16.4.1 额定拐点电势(E_k)和最大励磁电流(I_e)

将额定频率的、数值为额定拐点电势的正弦电压施加到完整二次绕组上，且其他所有绕组均开路，测量其励磁电流值。

然后将此电压提升 10%，且其励磁电流增加不应大于 50%。所有的测量均用方均根值测量仪表进行。由于被测量具有非正弦波特性，应当用峰值因数≥3 的方均根值测量仪表进行测量。

励磁特性曲线图至少应绘至额定拐点电势处。在额定拐点电势和其某一指定百分数下的励磁电流(I_e')值应不大于其额定值。测量点的数量应由制造方与用户协商确定。

16.4.2 二次绕组电阻(R_{ct})

应测量整个二次绕组的电阻。将其校正到温度为 75℃下的值时应不超过规定值。

16.4.3 匝数比误差(ε_t)

应按 GB 16847—1997 中附录 E 的规定进行匝数比误差测定，匝数比误差应不超过 16.1 中 c)项的规定。

注：经用户和制造方之间协商同意，可用接入负荷为零时的比值误差测量简化试验来代替。

16.4.4 绝缘试验

为了验证 PX 级保护用电流互感器是否满足 16.2.1 的要求，须进行本试验。试验方法见 9.3。

16.4.5 匝间绝缘试验

为了验证 PX 级保护用电流互感器是否满足 16.2.2 的要求，须进行本试验。试验方法见 9.4。

16.5 PX 级保护用电流互感器的铭牌标志

16.5.1 主要标志

见 11.2。

16.5.2 特殊标志

a) 额定匝数比；

b) 额定拐点电势(E_k)；

c) 在额定拐点电势和/或在其某一指定百分数下的最大励磁电流(I_e)；

d) 温度为 75℃时的完整二次绕组最大电阻(R_{ct})；

e) 计算系数(K_x)；

f) 额定电阻性负荷(R_b)。

附 录 A
（资料性附录）
本标准章条编号与 IEC 60044-1:2003 章条编号对照

表 A.1 给出了本标准章条编号与 IEC 60044-1:2003 章条编号对照一览表。

表 A.1 本标准章条编号与 IEC 60044-1:2003 章条编号对照

本标准章条编号	对应 IEC 60044-1:2003 章条编号
1	1.1
2	1.2
3	2
4	3
5	4
6	5
6.1.2.6	—
6.1.6	5.1.6 和 5.1.6.1
6.1.9	—
6.3	—
7	6
8	7
8.6	—
9	8
9.5	9.2
9.6	—
9.7	—
10	9
10.2	9.3
10.3	9.4
11	10
11.1 和 11.1.1	10.1
11.1.2	10.1.1
11.1.3	10.1.2
11.1.4	10.1.3
12	—
13	11
13.1 和 13.1.1	11.1
13.1.2	11.1.1
14	12

表 A.1（续）

本标准章条编号	对应 IEC 60044-1:2003 章条编号
15	13
16	14
16.3 和 16.3.1	14.3
附录 A	—
附录 B	—
附录 C	附录 A
附录 D	—
附录 E	—
附录 F	—
附录 G	附录 B

表 A.2 给出了本标准图表编号与 IEC 60044-1:2003 图表编号对照一览表。

表 A.2　本标准图表编号与 IEC 60044-1:2003 图表编号对照

本标准图表编号	对应 IEC 60044-1:2003 图表编号
图 1	图 6
图 6	图 7
图 7	图 8
图 8	图 9
图 C.1	图 A.1
图 C.2	图 A.2
图 C.3	图 A.3
图 C.4	图 A.4
图 C.5	图 A.5
图 C.6	图 A.6
图 D.1	图 1
表 8	表 16
表 9	表 8
表 10	表 9
表 11	表 10
表 12	表 11
表 13	表 12
表 14	表 13
表 15	表 14
表 16	表 15

附 录 B
（资料性附录）
本标准与 IEC 60044-1:2003 技术性差异及其原因

表 B.1 给出了本标准与 IEC 60044-1:2003 的技术性差异及其原因一览表。

表 B.1 本标准与 IEC 60044-1:2003 的技术性差异及其原因

本标准章条编号	技术性差异	原因
2	引用了采用国际标准的我国标准，而非直接引用国际标准。增加引用了 GB/T 7252—2001、GB/T 7595—2000、JB/T 5356。	以适应我国国情，便于标准使用者查找。
3.1.16	增加符号"U_m"。	正文中曾出现，便于理解使用。
3.1.35	增加"注"。	对复合电流比作出解释。
3.3.2	增加符号"I_{al}"。	便于使用。
3.3.3	增加符号"ALF"。	便于使用。
4.2.2	将海拔校正因数修改为按 GB 311.1—1997 确定，并将原海拔校正因数确定方法纳入附录 D 中。	因 GB 311.1—1997 与 IEC 60044-1 有差异，而我国电力系统均按 GB 311.1—1997。
5.2	取消标准值中的 2A，删除优先值的规定。	2 A 在我国电力系统中是非通用值。
5.3	将连续热电流的优先值为额定一次电流的"120%到 150%和 200%"修改为"120%、150%和 200%"。	明确连续热电流的取值。
5.4	额定输出的标准值扩大到 50 VA。	50 VA 及以下的输出值在我国电力系统中是通用值。
5.6	增加了绕组出头和接触连接处的温升要求。	使标准执行过程中便于理解和操作。
6.1.1	U_m＝0.72 kV 更改为 $U_n \leqslant 0.66$ kV。	因 GB 156—2003 与 IEC 60044-1 有差异，而我国电力系统均按 GB 156—2003。
6.1.1.1	U_m＝0.72 kV 或 1.2 kV 更改为 $U_n \leqslant 0.66$ kV。	因 GB 156—2003 与 IEC 60044-1 有差异，而我国电力系统均按 GB 156—2003。
6.1.1.1 和 6.1.1.2	表 3 额定绝缘水平改为按 GB 311.1—1997 的规定。同时将 IEC 60044-1 的规定列入本标准附录 D 中。	因 GB 311.1—1997 与 IEC 60044-1 有差异，而我国电力系统均按 GB 311.1—1997。
6.1.1.3	表 4 额定绝缘水平改为按 GB 311.1—1997 的规定。同时将 IEC 60044-1 的规定列入本标准附录 D 中。	因 GB 311.1—1997 与 IEC 60044-1 有差异，而我国电力系统均按 GB 311.1—1997。
6.1.2.1	表 5 额定工频耐受电压改为按 GB 311.1—1997 的规定。同时将 IEC 60044-1 的规定列入本标准附录 D 中。	因 GB 311.1—1997 与 IEC 60044-1 有差异，而我国电力系统均按 GB 311.1—1997。
6.1.2.2	表 7 中的接地故障因数分别改为"≤1.4"和"＞1.4"。	因其与 3.1.24 有差异。
6.1.2.3	按 GB 311.1—1997 选择试验电压值。同时将 IEC 60044-1 的规定列入本标准附录 D 中。	因 GB 311.1—1997 与 IEC 60044-1 有差异，而我国电力系统均按 GB 311.1—1997。

表 B.1(续)

本标准章条编号	技术性差异	原因
6.1.2.4	将适合范围由 U_m≥72.5 kV 扩大到 U_m≥40.5 kV。 规定介质损耗因数的增值允许值见附录 F。并在注中增加其它绝缘结构介质损耗因数允许值的提示。	扩大控制互感器制造质量的产品范围,以扩大互感器的运行安全控制范围。 便于实际操作。
6.1.2.6	增加了电容型绝缘结构的电流互感器地屏对地额定短时工频耐受电压要求。	提出一次绕组地屏对地的耐压要求,以提高互感器的运行安全水平。
6.1.6	删除了三级条标题"污秽" 增加了适用于带有"(其他形式的绝缘子)"的户外互感器。 增加了(表 7.注 4)易受污染的户内型产品表面绝缘选用的可参照对象。	理顺条文。 扩大适用范围。 使易受污染的户内型产品表面绝缘有了参考依据。
6.1.9	增加了绝缘油性能要求。	使互感器制造的质量控制更趋严格,以提高互感器的运行安全水平。
6.2	表 9 中的 U_m 值按 GB 311.1—1997 的规定。	因 GB 311.1—1997 与 IEC 60044-1 有差异,而我国电力系统均按 GB 311.1—1997。
6.3	增加了"一般结构要求"条。	以保证互感器的运行安全。
7.1	型式试验项目中增加了绝缘热稳定试验。	使互感器制造的质量控制更趋严格,以提高互感器的运行安全水平。
7.2 和 7.3	例行试验项目增加了绝缘油性能试验和密封性能试验,并将 IEC 标准中为特殊试验项目的电容量和介质损耗因数测量调整为例行试验项目。	使互感器制造的质量控制更趋严格,以提高互感器的运行安全水平。
8.1	将试验时互感器的温度调整为 5℃~40℃。	以适应我国国情。
8.2	将试验的环境温度调整为 5℃~40℃。	以适应我国国情。
8.3.2	在条标题中增加"额定"一词。	明确试验的性质。
8.4	将大气条件校正改为按 GB/T 16927.1—1997 的规定。	以适应我国国情。
8.5	将试验的环境温度调整为 5℃~40℃。	以适应我国国情。
8.6	增加了型式试验绝缘热稳定试验的要求。	使互感器制造的质量控制更趋严格,以提高产品的运行安全水平。
9.2.1	增加了地屏试验要求。	以提高产品的运行安全水平。
9.5	将 IEC 标准中为特殊试验要求的电容量和介质损耗因数测量调整为例行试验要求。	使互感器制造的质量控制更趋严格,以提高互感器的运行安全水平。
9.6	增加了例行试验绝缘油性能试验的试验要求。	使互感器制造的质量控制更趋严格,以提高互感器的运行安全水平。
9.7	增加了例行试验密封性能试验的试验要求。	使互感器制造的质量控制更趋严格,以提高互感器的运行安全水平。
11.1	原标题下面增加了二级条标题"一般规则",以下各条顺延。	理顺条文。
11.2	对铭牌标志的要求进行了调整。	以适应我国国情。并对某些要求加以明确。

表 B.1（续）

本标准章条编号	技术性差异	原　因
12	增加了“包装、储运及随机文件要求”一章。	使互感器的包装、储运及随机文件标准化。
13.1	原标题中删除了“的标称”，在其下面增加了二级条标题“测量用电流互感器准确级的标称”，以下各条顺延。	理顺条文。
13.1.2	增加了特殊用途测量用电流互感器的标准准确级。	理顺条文，与下文呼应。
13.2	将注 1、注 2、注 3 前移至适当位置，注 4 改为注。	理顺条文，便于对标准的理解。
13.4	增加了对 0.2S 和 0.5S 级的试验要求。	对 13.2 中提出的要求进行检验。
13.6	增加了“如果用户有要求时，仪表保安系数推荐为 5 和 10”。 将“型式试验证可用下述间接法进行：”改为“仪表保安系数的验证可用下述间接法进行：”。	可为互感器设计时提供参考依据。 使 7.1.h）和 7.2.j）项规定的试验都能用此方法。
16.3	删除了二级条标题“低漏抗型的验证”。	理顺条文。
附录 D	将符合 IEC 标准规定的额定绝缘水平列出作为参考性资料。	如果用户另有要求，额定绝缘水平也可按 IEC 标准的规定。
附录 E	增加了 GB 311.1—1997 规定的截断雷电冲击耐受电压。	便于实际操作。
附录 F	增加了电流互感器介质损耗因数的允许值要求。	便于实际操作。

附 录 C
（规范性附录）
保护用电流互感器

C.1 相量图

如果假定一台电流互感器本身和其负荷均只有线性的电元件和磁元件，再假定一次电流为正弦波，则所有电流、电压和磁通均为正弦波，因而其性能可用图 C.1 的相量图来表示。

在图 C.1 中，I_s 表示二次电流。它是流过二次绕组阻抗及负荷的电流，从而决定了所需感应电势 E_s 及磁通 Φ 的幅值与方向，磁通相量垂直于感应电势相量。该磁通是由励磁电流 I_e 产生的，又分为与磁通平行的磁化分量 I_m 和与电压平行的损耗（或有功）分量 I_a。二次电流 I_s 和励磁电流 I_e 的相量和为 I_p''，它代表除以匝数比（二次匝数与一次匝数之比）后的一次电流。

这样，当一台电流互感器的匝数比等于额定电流比时，相量 I_s 和 I_p'' 的长度差与 I_p'' 的长度之比，即是 3.1.10 定义的电流误差；两者的角度差 δ 即是 3.1.11 定义的相位差。

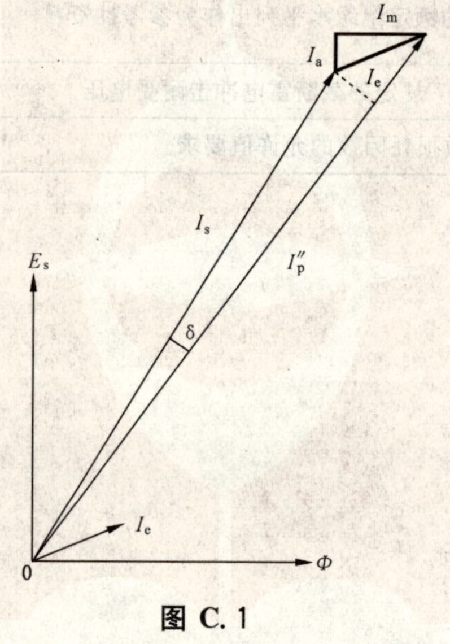

图 C.1

C.2 匝数补偿

当匝数比不等于（一般小于）额定电流比时，这种电流互感器被称为具有匝数补偿。故在性能计算时，须区别一次电流除以匝数比的 I_p'' 和一次电流除以额定电流比的 I_p'。无匝数补偿时，I_p'' 等于 I_p'；如果有匝数补偿时，则 I_p'' 不等于 I_p'。因此，I_p'' 用于相量图，而 I_p' 则用来确定电流误差。可以看出匝数补偿会影响电流误差（可有意用来调整误差）。然而 I_p' 和 I_p'' 的相量方向仍相同，因此匝数补偿对相位差无影响。

也明显可见，匝数补偿对复合误差的影响小于对电流误差的影响。

C.3 误差三角形

图 C.2 是图 C.1 上部的放大图。为了实用，假定相位差小到可以认为相量 I_s 与相量 I_p'' 是平行的。又假定无匝数补偿，则可以看出 I_e 在 I_p'' 的投影是非常接近 I_e 的同相分量（ΔI），故可用以代替 I_p'' 与 I_s 之间的算术差，从而得出电流误差。同理，I_e 的垂直投影分量（ΔI_q）可以用来表示相位差。

由此还可看出：在上述假定条件下，励磁电流 I_e 除以 I_p'' 等于 3.1.34 定义的复合误差。

这样，对无匝数补偿的电流互感器，在其相量图表示正确的情况下，其电流误差、相位差和复合误差构成一个直角三角形。

在此三角形之中，斜边代表复合误差，它取决于包括负荷与二次绕组在内的总负荷阻抗的大小，而电流误差和相位差之间的分配关系则取决于总负荷阻抗的功率因数和励磁电流的功率因数。当这两个功率因数相等，即 I_s 和 I_e 同相，相位差为零。

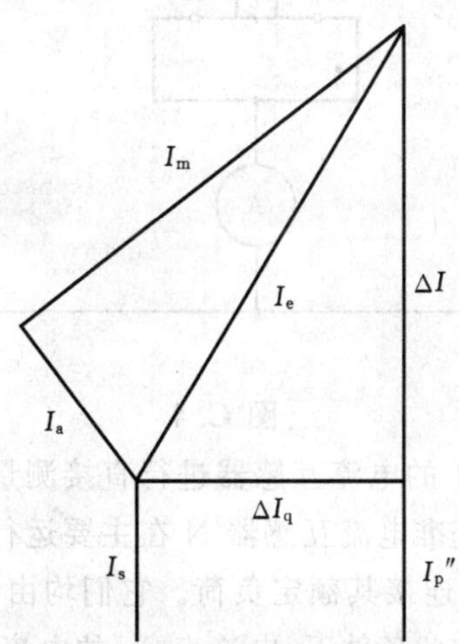

图 C.2

C.4 复合误差

因为电流互感器的非线性条件使励磁电流和二次电流出现了高次谐波(见图 C.3)，所以复合误差不合适用相量图来表示，在这种情况下应用复合误差的概念就显得极为重要。

因此，复合误差采用 3.1.34 的定义，而不是很简单地按图 C.2 取电流误差和相位差的相量和。

由于二次绕组中出现了高次谐波而一次绕组却不存在高次谐波(本标准中总认为一次电流是正弦波)，故在一般情况下复合误差亦代表实际电流互感器与理想电流互感器的差别。

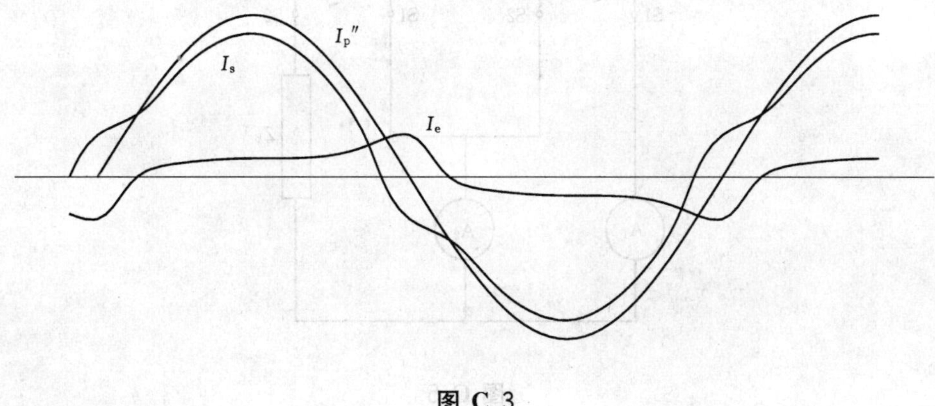

图 C.3

C.5 复合误差的直接法试验

图 C.4 中是一台匝数比为 1/1 的电流互感器。其一次接(正弦)电流源，二次接线性负荷 Z_B，并接入一块电流表，使一次电流和二次电流都流经该电流表，但方向相反。在这种接线方式且以正弦一次电流为主要条件的情况下，通过电流表的合成电流即等于励磁电流，其方均根值与一次电流方均根值之比即是 3.1.34 定义的复合误差，通常用百分数表示。

因此，图 C.4 是直接测量复合误差的基本线路。

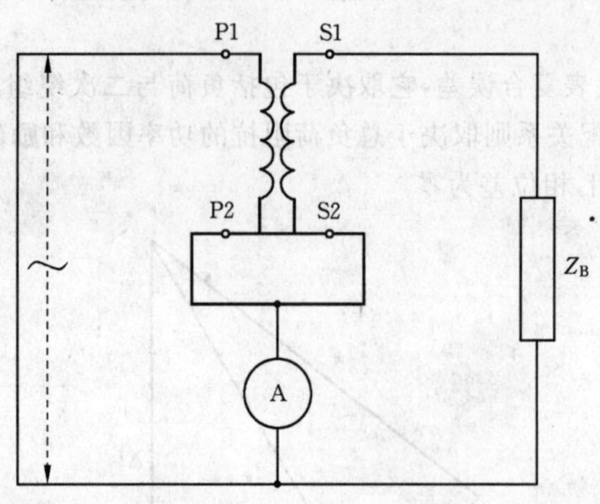

图 C.4

图 C.5 表示额定电流比不等于 1 的电流互感器进行直接测量复合误差的基本线路。图中两台电流互感器的额定电流比相同。假定基准电流互感器 N 在主要运行条件下(负荷极小)的复合误差小到可以忽略不计,而被试电流互感器 X 连接其额定负荷。它们均由同一个正弦波电流电源供电,并接入一电流表测量两个二次电流之差。在此条件下,电流表 A_2 的电流方均根值与电流表 A_1 的电流方均根值之比即为被试互感器 X 的复合误差,通常用百分数表示。

用此方法必须确知基准电流互感器 N 在使用状态下的复合误差必须确实小到可以忽略不计。否则不可使用,因为复合误差的性质很复杂(波形畸变),基准互感器 N 的任何复合误差都无法用来校正试验结果。

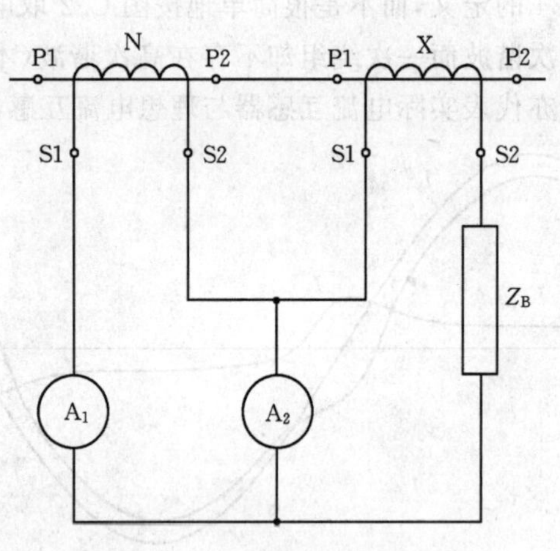

图 C.5

C.6 直接测量复合误差的其他方法

其他的方法也可以用来测量复合误差,图 C.6 表示了其中之一。

图 C.5 所示的方法要求有一台额定电流比与被试电流互感器 X 相同的专用基准电流互感器 N,其在准确限值一次电流下的复合误差应小到可以忽略不计。而图 C.6 所示的方法采用标准的基准电流互感器 N 和 N′,在其额定一次电流或在接近其额定一次电流下使用。当然,这些基准互感器的复合误差也必须小到可以忽略不计,但此要求比较容易得到满足。

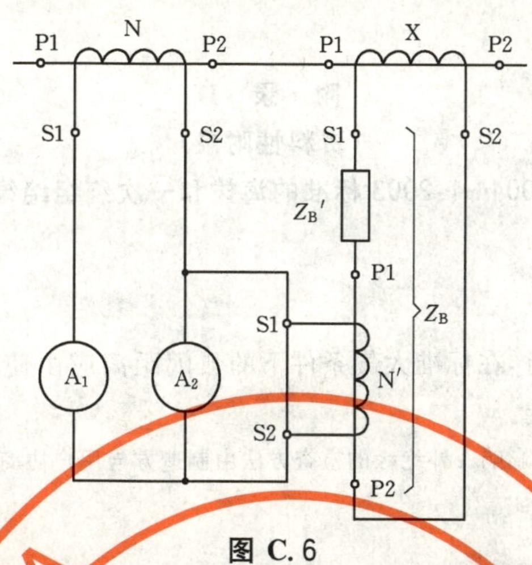

图 C.6

在图 C.6 中，X 是被试互感器，N 是一台标准的基准互感器，其额定一次电流与互感器 X 的额定准确限值一次电流(试验在此电流下进行)为同一数量级，而 N′也是一台标准的基准互感器，其额定一次电流与互感器 X 在额定准确限值一次电流下的二次电流为同一数量级。应注意互感器 N′也是互感器 X 负荷 Z_B 的一部分，因此在确定负荷 Z_B'时务必考虑。A_1 和 A_2 是两块电流表，须注意：A_2 测量的是互感器 N 和 N′两个二次电流之差。

设互感器 N 的额定电流比为 K_n，互感器 X 的额定电流比为 K_{nx}，互感器 N′的额定电流比为 K_n'，则 K_n 应等于 K_{nx} 与 K_n'的乘积，即：

$$K_n = K_{nx} \cdot K_n'$$

在上述条件下，电流表 A_2 的电流方均根值与电流表 A_1 的电流方均根值之比即是互感器 X 的复合误差，通常用百分数表示。

注：当使用图 C.5 和图 C.6 所示的方法时，应注意要选用低阻抗的电流表 A2。因为该电流表上的电压降(就图C.6 而言要除以互感器 N′的变比)构成互感器 X 的负荷电压的一部分，并趋向于使该互感器的负荷减少。同理，此电流表的电压却使互感器 N 的负荷增大。

C.7 复合误差的应用

复合误差的数量值绝不会小于电流误差和相位差(后者用 crad 表示)的相量和。

因此，复合误差通常表示为电流误差或相位差的最大可能值。

在过电流继电器运行中，特别关注电流误差，而在相敏继电器(例如：方向继电器)的运行中，则特别关注相位差。

在差动继电器的运行情况下，必须考虑所用各电流互感器的复合误差的配合。

限制复合误差还有另一个优点，即最终能限制二次电流中的谐波分量，这对于某些类型继电器的正确运行是必须的。

附　录　D
（资料性附录）
IEC 60044-1:2003 标准的海拔和一次绕组绝缘水平

D.1　海拔

安装处海拔超过 1 000 m 时，在标准大气条件下的弧闪距离应由使用处要求的耐受电压乘以按图 D.1 查得的海拔校正因数 k 确定。

注：内绝缘的绝缘强度不受海拔影响。外绝缘的检查方法由制造方与用户协商确定。

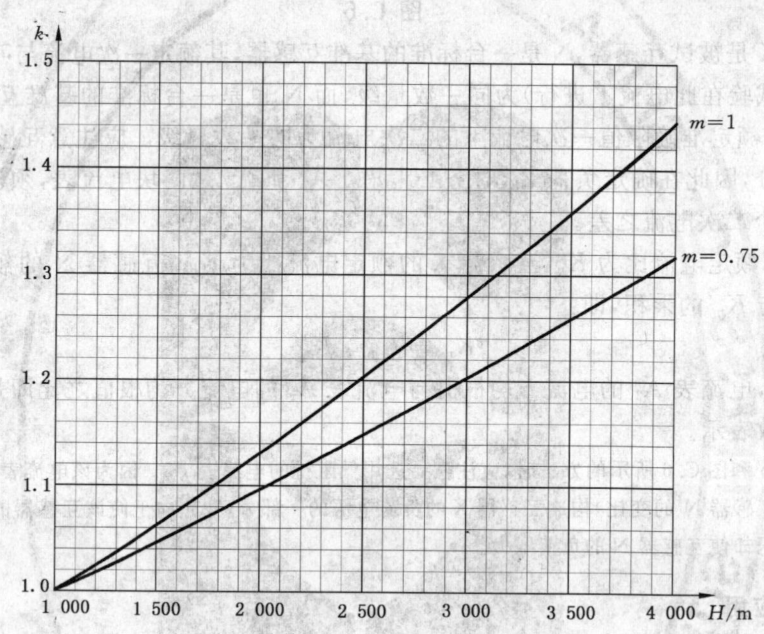

因数 k 可用下述公式计算：

$$k = e^{m(H-1\,000)/8\,150}$$

式中：

H　　海拔，m

$m=1$　　适用于工频和雷电冲击电压

$m=0.75$　　适用于操作冲击电压

图 D.1　海拔校正因数

D.2　一次绕组的额定绝缘水平

电流互感器一次绕组的额定绝缘水平以设备最高电压 U_m 为依据。

对于没有一次绕组和没有它本身一次绝缘的电流互感器，$U_m = 0.72$ kV。

D.2.1　对设备最高电压 $U_m = 0.72$ kV 或 1.2 kV 的绕组，其额定绝缘水平由额定工频耐受电压确定，按表 D.1 选择。

表 D.1 设备最高电压 U_m＜300 kV 互感器一次绕组的额定绝缘水平 单位为 kV

设备最高电压 U_m（方均根值）	额定短时工频耐受电压（方均根值）	额定雷电冲击耐受电压（峰值）
0.72	3	—
1.2	6	—
3.6	10	20 40
7.2	20	40 60
12	28	60 75
17.5	38	75 95
24	50	95 125
36	70	145 170
52	95	250
72.5	140	325
100	185	450
123	185	450
	230	550
145	230	550
	275	650
170	275	650
	325	750
245	395	950
	460	1 050
注：对于暴露安装，推荐选择最高的绝缘水平。		

D.2.2 对设备最高电压 3.6 kV≤U_m＜300 kV 的绕组，其额定绝缘水平由额定雷电冲击耐受电压和额定工频耐受电压确定，应按表 D.1 选择。

对于同一 U_m 值有两种绝缘水平的选择，见 IEC 60071-1。

D.2.3 对设备最高电压 U_m≥300 kV 的绕组，其额定绝缘水平由额定操作和雷电冲击耐受电压确定，应按表 D.2 选择。

对于同一 U_m 值有两种绝缘水平的选择，见 IEC 60071-1。

表 D.2 设备最高电压 U_m ≥300 kV 互感器一次绕组的额定绝缘水平 单位为 kV

设备最高电压 U_m（方均根值）	额定操作冲击耐受电压（峰值）	额定雷电冲击耐受电压（峰值）
300	750	950
	850	1 050
362	850	1 050
	950	1 175
420	1 050	1 300
	1 050	1 425
525	1 050	1 425
	1 175	1 550
765	1 425	1 950
	1 550	2 100
注 1：对于暴露安装，推荐选择最高的绝缘水平。 注 2：由于 U_m=765 kV 的试验电压水平尚未最终确定，故其操作和雷电冲击试验电压水平可能需要调整。		

D.3 一次绕组绝缘的工频耐受电压

对设备最高电压 U_m≥300 kV 的绕组，应能承受与所选雷电冲击耐受电压相对应的工频耐受电压，按表 D.3 所列。

表 D.3 设备最高电压 U_m ≥300 kV 互感器一次绕组的额定工频耐受电压 单位为 kV

额定雷电冲击耐受电压（峰值）	额定工频耐受电压（方均根值）
950	395
1 050	460
1 175	510
1 300	570
1 425	630
1 550	680
1 950	880
2 100	975

D.4 截断雷电冲击耐受电压

如有附加规定，一次绕组还应能承受截断雷电冲击耐受电压，其峰值为额定雷电冲击耐受电压的 115%。

附　录　E
（规范性附录）
截断雷电冲击耐受电压

对应于额定雷电冲击耐受电压的截断雷电冲击耐受电压见表 E.1。

表 E.1　截断雷电冲击耐受电压

单位为 kV

额定雷电冲击耐受电压 （峰值）	截断雷电冲击耐受电压 （峰值）
40	45
60	65
75	85
105	115
125	140
185	220
325 350	360 385
450	530
850 950	950 1 050
1 050 1 175	1 175 1 300
1 425 1 550	1 550 1 675

附 录 F
（规范性附录）
电流互感器介质损耗因数允许值

油浸式电流互感器的介质损耗因数允许值见表F.1。

表F.1 油浸式电流互感器的介质损耗因数

绝缘结构	设备最高电压 U_m kV	测量电压 kV	介质损耗因数允许值(tanδ)
电容型绝缘	550	$U_m/\sqrt{3}$	≤0.004
	≤363	$U_m/\sqrt{3}$	≤0.005
非电容型绝缘	>40.5	10	≤0.015
	40.5	10	≤0.02
注：对采用电容型绝缘结构的电流互感器，制造方应提供测量电压为10 kV下的介质损耗因数值。			

对于 $U_m \geq 252$ kV的电流互感器，在 $0.5U_m/\sqrt{3}$ 到 $U_m/\sqrt{3}$ 的测量电压下，介质损耗因数(tanδ)测量值的增值不应大于0.001。

对于电容型绝缘结构电流互感器的地屏(末屏)，在测量电压为3 kV下的介质损耗因数(tanδ)允许值不应大于0.02。

附 录 G
（资料性附录）
多次截断雷电冲击试验

本试验应采用在峰值附近截断的负极性冲击波。

电压骤降的时间按 GB/T 16927.1—1997 测量，约为 0.5 μs。其线路布置应使所记录波形的反极性峰值约为该冲击波峰值的 50％。

施加的截断雷电冲击电压峰值为额定雷电冲击耐受电压峰值的 60％。

为了使损伤能够被明确地发现，应按约每分钟施加一次冲击的速率，至少施加 100 次冲击。

在试验前和在试验后的第三天，应分别进行互感器油中溶解气体分析。

应依据产生的气体组分（主要气体含量的比率）来评估试验结果，但现在尚不能给出具体数值。然而，当 H_2 和 C_2H_2 明显增多时，则表示绝缘有损伤。

取油样可按 GB/T 17623—1998 中规定的程序进行。

分析程序和故障诊断应按 GB/T 7252—2001 的规定。

ICS 21.060.10
J 13

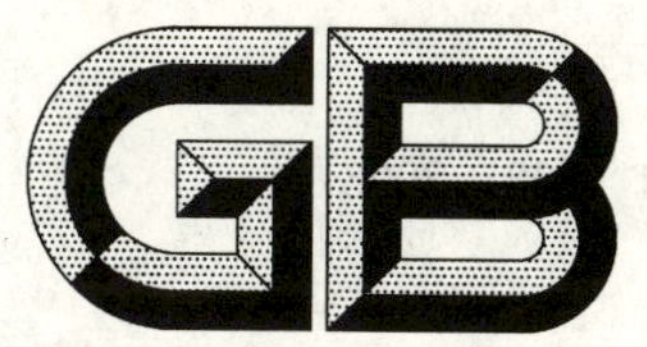

中华人民共和国国家标准

GB/T 1228—2006
代替 GB/T 1228—1991

钢结构用高强度大六角头螺栓

High strength bolts with large hexagon head for steel structures

[ISO 7412:1984, Hexagon bolts for high strength structural bolting with large width across flats(short thread length)—Product grade C—Property classes 8.8 and 10.9, NEQ]

2006-03-27 发布 2006-11-01 实施

中华人民共和国国家质量监督检验检疫总局
中国国家标准化管理委员会 发布

前言

本标准对应于ISO 7412:1984《高强度栓接结构用大六角头螺栓(短螺纹长度) 产品等级C级 性能等级8.8和10.9级》,与ISO 7412的一致性程度为非等效。

本标准代替GB/T 1228—1991《钢结构用高强度大六角头螺栓》。

本标准与GB/T 1228—1991相比主要变化如下:

——删除了GB/T 1228—1991中有关双倒角头螺栓和凹穴头螺栓的型式(GB/T 1228—1991中第3章图示的"头部可选择的型式"和"允许制造的型式")。

本标准是"钢结构摩擦型高强度螺栓连接用的连接副"国标产品系列标准之一。该系列标准还包括:

——GB/T 1229—2006 钢结构用高强度大六角螺母;

——GB/T 1230—2006 钢结构用高强度垫圈;

——GB/T 1231—2006 钢结构用高强度大六角头螺栓、大六角螺母、垫圈技术条件;

——GB/T 3632—1995 钢结构用扭剪型高强度螺栓连接副;

——GB/T 3633—1995 钢结构用扭剪型高强度螺栓连接副技术条件。

本标准由中国机械工业联合会提出。

本标准由全国紧固件标准化技术委员会归口。

本标准负责起草单位:铁道科学研究院。

本标准参加起草单位:机械科学研究院、上海高强度螺栓厂、中冶集团建筑研究总院、大冶钢厂。

本标准主要起草人:程季青、沈家骅。

本标准所代替标准的历次版本发布情况为:

——GB 1228—1976、GB 1228—1984、GB/T 1228—1991。

钢结构用高强度大六角头螺栓

1 范围

本标准规定了螺纹规格为 M12～M30 高强度大六角头螺栓的型式尺寸、技术条件及标记。

本标准适用于铁路和公路桥梁、锅炉钢结构、工业厂房、高层民用建筑、塔桅结构、起重机械及其他钢结构摩擦型高强度螺栓连接。

2 规范性引用文件

下列文件中的条款通过本标准的引用而成为本标准的条款。凡是注日期的引用文件，其随后所有的修改单(不包括勘误的内容)或修订版均不适用于本标准，然而，鼓励根据本标准达成协议的各方研究是否可使用这些文件的最新版本。凡是不注日期的引用文件，其最新版本适用于本标准。

GB/T 2 紧固件 外螺纹零件的末端(GB/T 2—2001,idt ISO 4753:1999)

GB/T 1231 钢结构用高强度大六角头螺栓、大六角螺母、垫圈技术条件

GB/T 1237 紧固件标记方法(GB/T 1237—2000,eqv ISO 8991:1986)

GB/T 5276 紧固件 螺栓、螺钉、螺柱及螺母 尺寸代号和标注(GB/T 5276—1985,eqv ISO 225:1983)

3 尺寸

尺寸见图 1 及表 1～表 3。尺寸代号和标注按 GB/T 5276 的规定。螺纹末端尺寸和标注按 GB/T 2 的规定。

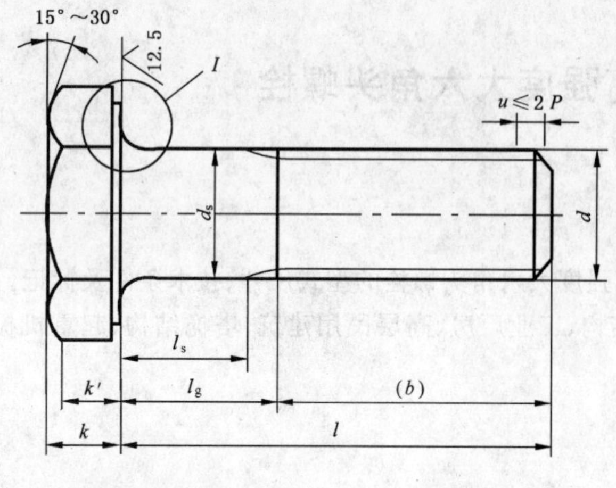

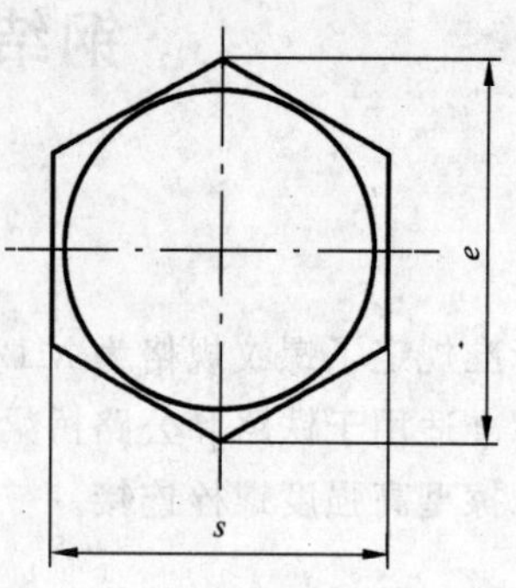

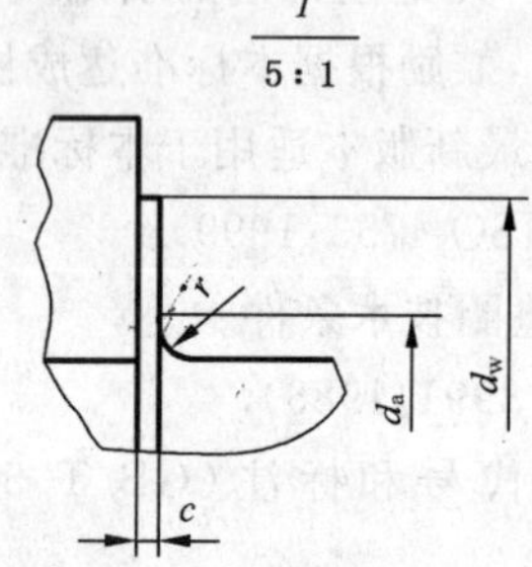

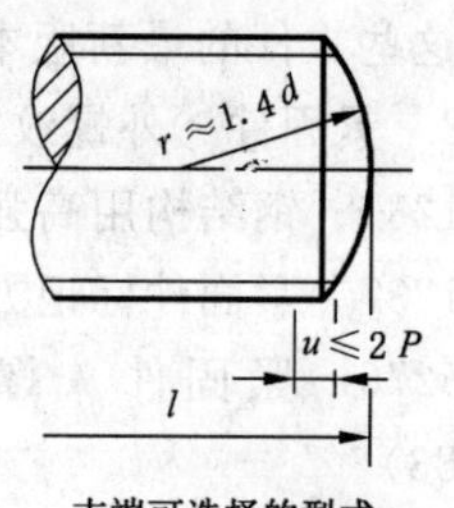

末端可选择的型式

图 1

表 1

单位为毫米

螺纹规格 d		M12	M16	M20	（M22）	M24	（M27）	M30
P		1.75	2	2.5	2.5	3	3	3.5
c	max	0.8	0.8	0.8	0.8	0.8	0.8	0.8
	min	0.4	0.4	0.4	0.4	0.4	0.4	0.4
d_a	max	15.23	19.23	24.32	26.32	28.32	32.84	35.84
d_s	max	12.43	16.43	20.52	22.52	24.52	27.84	30.84
	min	11.57	15.57	19.48	21.48	23.48	26.16	29.16
d_w	min	19.2	24.9	31.4	33.3	38.0	42.8	46.5
e	min	22.78	29.56	37.29	39.55	45.20	50.85	55.37
k	公称	7.5	10	12.5	14	15	17	18.7
	max	7.95	10.75	13.40	14.90	15.90	17.90	19.75
	min	7.05	9.25	11.60	13.10	14.10	16.10	17.65
k'	min	4.9	6.5	8.1	9.2	9.9	11.3	12.4
r	min	1.0	1.0	1.5	1.5	1.5	2.0	2.0
s	max	21	27	34	36	41	46	50
	min	20.16	26.16	33	35	40	45	49
注：括号内的规格为第二选择系列。								

表 2

单位为毫米

螺纹规格 d			M12		M16		M20		(M22)		M24		(M27)		M30	
l			无螺纹杆部长度 l_s 和夹紧长度 l_g													
公称	min	max	l_s min	l_g max	l_s min	l_g max	l_s min	l_g max	l_s min	l_g max	l_s min	l_g max	l_s min	l_g max	l_s min	l_g max
35	33.75	36.25	4.8	10												
40	38.75	41.25	9.8	15												
45	43.75	46.25	9.8	15	9	15										
50	48.75	51.25	14.8	20	14	20	7.5	15								
55	53.5	56.5	19.8	25	14	20	12.5	20	7.5	15						
60	58.5	61.5	24.8	30	19	25	17.5	25	12.5	20	6	15				
65	63.5	66.5	29.8	35	24	30	17.5	25	17.5	25	11	20	6	15		
70	68.5	71.5	34.8	40	29	35	22.5	30	17.5	25	16	25	11	20	4.5	15
75	73.5	76.5	39.8	45	34	40	27.5	35	22.5	30	16	25	16	25	9.5	20
80	78.5	81.5			39	45	32.5	40	27.5	35	21	30	16	25	14.5	25
85	83.25	86.75			44	50	37.5	45	32.5	40	26	35	21	30	14.5	25
90	88.25	91.75			49	55	42.5	50	37.5	45	31	40	26	35	19.5	30
95	93.25	96.75			54	60	47.5	55	42.5	50	36	45	31	40	24.5	35
100	98.25	101.75			59	65	52.5	60	47.5	55	41	50	36	45	29.5	40
110	108.25	111.75			69	75	62.5	70	57.5	65	51	60	46	55	39.5	50
120	118.25	121.75			79	85	72.5	80	67.5	75	61	70	56	65	49.5	60
130	128	132			89	95	82.5	90	77.5	85	71	80	66	75	59.5	70
140	138	142					92.5	100	87.5	95	81	90	76	85	69.5	80
150	148	152					102.5	110	97.5	105	91	100	86	95	79.5	90
160	156	164					112.5	120	107.5	115	101	110	96	105	89.5	100
170	166	174							117.5	125	111	120	106	115	99.5	110
180	176	184							127.5	135	121	130	116	125	109.5	120
190	185.4	194.6							137.5	145	131	140	126	135	119.5	130
200	195.4	204.6							147.5	155	141	150	136	145	129.5	140
220	215.4	224.6							167.5	175	161	170	156	165	149.5	160
240	235.4	244.6									181	190	179	185	169.5	180
260	254.8	265.2											196	205	189.5	200

注 1：括号内的规格为第二选择系列。

注 2：$l_{gmax} = l_{公称} - b_{参考}$；

$l_{smin} = l_{gmax} - 3P$。

表 3

单位为毫米

螺纹规格 *d*	M12	M16	M20	(M22)	M24	(M27)	M30	M12	M16	M20	(M22)	M24	(M27)	M30
l 公称尺寸	(*b*)							每 1 000 个钢螺栓的理论质量/kg						
35	25							49.4						
40								54.2						
45		30						57.8	113.0					
50								62.5	121.3	207.3				
55			35					67.3	127.9	220.3	269.3			
60	30			40				72.1	136.2	233.3	284.9	357.2		
65					45			76.8	144.5	243.6	300.5	375.7	503.2	
70						50		81.6	152.8	256.5	313.2	394.2	527.1	658.2
75							55	86.3	161.2	269.5	328.9	409.1	551.0	687.5
80									169.5	282.5	344.5	428.6	570.2	716.8
85		35							177.8	295.5	360.1	446.1	594.1	740.3
90									186.4	308.5	375.8	464.7	617.9	769.6
95			40						194.4	321.4	391.4	483.2	641.8	799.0
100									202.8	334.4	407.0	501.7	665.7	828.3
110									219.4	360.4	438.3	538.8	713.5	886.9
120				45					236.1	386.3	469.6	575.9	761.3	945.6
130					50				252.7	412.3	500.8	612.9	809.1	1004.2
140						55				438.3	532.1	650.0	856.9	1062.8
150							60			464.2	563.4	687.1	904.7	1121.5
160										490.2	594.6	724.2	952.4	1180.1
170											625.9	761.2	1000.2	1238.7
180											657.2	798.3	1048.0	1297.4
190											688.4	835.4	1095.8	1356.0
200											719.7	872.4	1143.6	1414.7
220											782.2	946.6	1239.2	1531.9
240												1020.7	1334.7	1649.2
260													1430.3	1766.5

注：括号内的规格为第二选择系列。

4 技术条件

技术条件按 GB/T 1231 的规定。

5 标记

5.1 标记方法按 GB/T 1237 的规定。

5.2 标记示例

螺纹规格 d=M20、公称长度 l=100 mm、性能等级为 10.9S 级的钢结构用高强度大六角头螺栓的标记：

螺栓 GB/T 1228 M20×100

螺纹规格 d=M20、公称长度 l=100 mm、性能等级为 8.8S 级的钢结构用高强度大六角头螺栓的标记：

螺栓 GB/T 1228 M20×100－8.8S

ICS 21.060.20
J 13

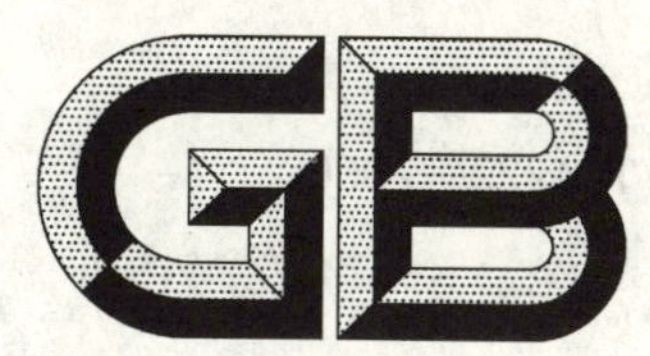

中华人民共和国国家标准

GB/T 1229—2006
代替 GB/T 1229—1991

钢结构用高强度大六角螺母

High strength large hexagon nuts for steel structures

(ISO 4775:1984, Hexagon nuts for high strength structural bolting with large width across flats—Product grade B—Property classes 8 and 10, NEQ)

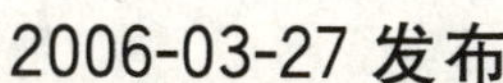

2006-03-27 发布　　2006-11-01 实施

中华人民共和国国家质量监督检验检疫总局
中国国家标准化管理委员会　发布

前言

本标准对应于ISO 4775:1984《高强度栓接结构用大六角螺母 产品等级B级 性能等级8和10级》,与ISO 4775的一致性程度为非等效。

本标准代替GB/T 1229—1991《钢结构用高强度大六角螺母》。

本标准与GB/T 1229—1991相比主要变化如下:

——删除了GB/T 1229—1991中有关双倒角螺母的型式(GB/T 1229—1991中第3章图示的"可选择的型式"和附表的"m'"数据栏);将原尺寸代号m''改为m'(GB/T 1229—1991第3章)。

本标准是"钢结构摩擦型高强度螺栓连接用的连接副"国标产品系列标准之一。该系列标准还包括:

——GB/T 1228—2006 钢结构用高强度大六角头螺栓;

——GB/T 1230—2006 钢结构用高强度垫圈;

——GB/T 1231—2006 钢结构用高强度大六角头螺栓、大六角螺母、垫圈技术条件;

——GB/T 3632—1995 钢结构用扭剪型高强度螺栓连接副;

——GB/T 3633—1995 钢结构用扭剪型高强度螺栓连接副技术条件。

本标准由中国机械工业联合会提出。

本标准由全国紧固件标准化技术委员会归口。

本标准负责起草单位:铁道科学研究院。

本标准参加起草单位:机械科学研究院、上海高强度螺栓厂、中冶集团建筑研究总院、大冶钢厂。

本标准主要起草人:程季青、沈家骅。

本标准所代替标准的历次版本发布情况为:

——GB 1229—1976、GB 1229—1984、GB/T 1229—1991。

钢结构用高强度大六角螺母

1 范围

本标准规定了螺纹规格为 M12～M30 高强度大六角螺母的型式尺寸、技术条件及标记。

本标准适用于与 GB/T 1228《钢结构用高强度大六角头螺栓》配套使用的钢结构摩擦型高强度螺栓连接副。

2 规范性引用文件

下列文件中的条款通过本标准的引用而成为本标准的条款。凡是注日期的引用文件，其随后所有的修改单(不包括勘误的内容)或修订版均不适用于本标准，然而，鼓励根据本标准达成协议的各方研究是否可使用这些文件的最新版本。凡是不注日期的引用文件，其最新版本适用于本标准。

GB/T 1228 钢结构用高强度大六角头螺栓[GB/T 1228—2006，ISO 7412:1984，Hexagon bolts for high strength structural bolting with large width across flats (short thread length)—Product grade C—Property classes 8.8 and 10.9，NEQ]

GB/T 1231 钢结构用高强度大六角头螺栓、大六角螺母、垫圈技术条件

GB/T 1237 紧固件标记方法(GB/T 1237—2000，eqv ISO 8991:1986)

GB/T 5276 紧固件 螺栓、螺钉、螺柱及螺母 尺寸代号和标注(GB/T 5276—1985，eqv ISO 225:1983)

3 尺寸

尺寸见图 1 和表 1。尺寸代号和标注按 GB/T 5276 的规定。

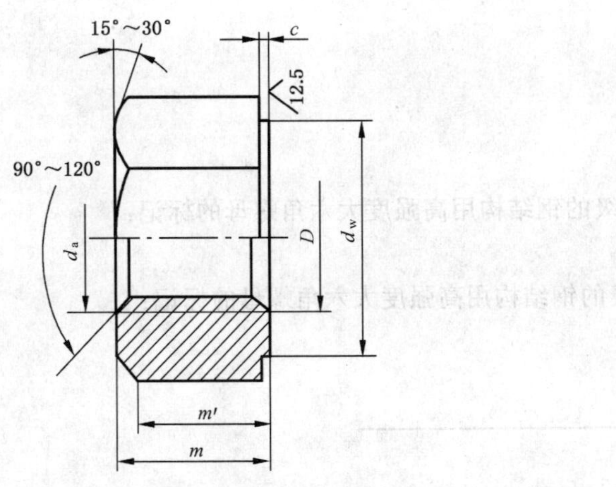

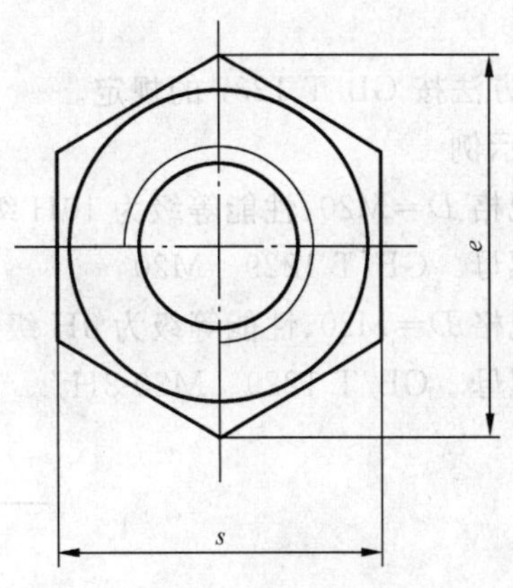

图 1

表 1

单位为毫米

螺纹规格 D		M12	M16	M20	(M22)	M24	(M27)	M30
P		1.75	2	2.5	2.5	3	3	3.5
d_a	max	13	17.3	21.6	23.8	25.9	29.1	32.4
	min	12	16	20	22	24	27	30
d_w	min	19.2	24.9	31.4	33.3	38.0	42.8	46.5
e	min	22.78	29.56	37.29	39.55	45.20	50.85	55.37
m	max	12.3	17.1	20.7	23.6	24.2	27.6	30.7
	min	11.87	16.4	19.4	22.3	22.9	26.3	29.1
m'	min	8.3	11.5	13.6	15.6	16.0	18.4	20.4
c	max	0.8	0.8	0.8	0.8	0.8	0.8	0.8
	min	0.4	0.4	0.4	0.4	0.4	0.4	0.4
s	max	21	27	34	36	41	46	50
	min	20.16	26.16	33	35	40	45	49
支承面对螺纹轴线的垂直度公差		0.29	0.38	0.47	0.50	0.57	0.64	0.70
每 1 000 个钢螺母的理论质量/kg		27.68	61.51	118.77	146.59	202.67	288.51	374.01
注：括号内的规格为第二选择系列。								

4 技术条件

技术条件按 GB/T 1231 的规定。

5 标记

5.1 标记方法按 GB/T 1237 的规定。

5.2 标记示例

螺纹规格 D＝M20、性能等级为 10H 级的钢结构用高强度大六角螺母的标记：

螺母 GB/T 1229 M20

螺纹规格 D＝M20、性能等级为 8H 级的钢结构用高强度大六角螺母的标记：

螺母 GB/T 1229 M20-8H

ICS 21.060.30
J 13

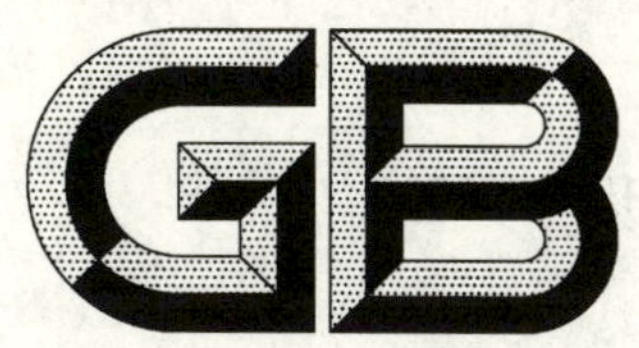

中华人民共和国国家标准

GB/T 1230—2006
代替 GB/T 1230—1991

钢结构用高强度垫圈

High strength plain washers for steel structures

(ISO 7416:1984, Plain washers, chamfered, hardened and tempered for high strength structural bolting, NEQ)

2006-03-27 发布　　　　2006-11-01 实施

中华人民共和国国家质量监督检验检疫总局
中国国家标准化管理委员会　发布

前　言

本标准对应于 ISO 7416:1984《高强度栓接结构用倒角淬火并回火平垫圈》，与 ISO 7416 的一致性程度为非等效。

本标准代替 GB/T 1230—1991《钢结构用高强度垫圈》。

本标准与 GB/T 1230—1991 相比主要变化如下：

——将垫圈厚度的尺寸代号改为“h”(GB/T 1230—1991 第 3 章)。

本标准是“钢结构摩擦型高强度螺栓连接用的连接副”国标产品系列标准之一。该系列标准还包括：

——GB/T 1228—2006　钢结构用高强度大六角头螺栓；

——GB/T 1229—2006　钢结构用高强度大六角螺母；

——GB/T 1231—2006　钢结构用高强度大六角头螺栓、大六角螺母、垫圈技术条件；

——GB/T 3632—1995　钢结构用扭剪型高强度螺栓连接副；

——GB/T 3633—1995　钢结构用扭剪型高强度螺栓连接副技术条件。

本标准由中国机械工业联合会提出。

本标准由全国紧固件标准化技术委员会归口。

本标准负责起草单位：铁道科学研究院。

本标准参加起草单位：机械科学研究院、上海高强度螺栓厂、中冶集团建筑研究总院、大冶钢厂。

本标准主要起草人：程季青、沈家骅。

本标准所代替标准的历次版本发布情况为：

——GB 1230—1976、GB 1230—1984、GB/T 1230—1991。

钢结构用高强度垫圈

1 范围

本标准规定了规格为 12 mm～30 mm 高强度垫圈的型式尺寸、技术条件及标记。

本标准适用于与 GB/T 1228《钢结构用高强度大六角头螺栓》配套使用的钢结构摩擦型高强度螺栓连接副。

2 规范性引用文件

下列文件中的条款通过本标准的引用而成为本标准的条款。凡是注日期的引用文件，其随后所有的修改单（不包括勘误的内容）或修订版均不适用于本标准，然而，鼓励根据本标准达成协议的各方研究是否可使用这些文件的最新版本。凡是不注日期的引用文件，其最新版本适用于本标准。

GB/T 1228 钢结构用高强度大六角头螺栓[GB/T 1228—2006，ISO 7412：1984，Hexagon bolts for high strength structural bolting with large width across flats(short thread length)—Product grade C—Property classes 8.8 and 10.9，NEQ]

GB/T 1231 钢结构用高强度大六角头螺栓、大六角螺母、垫圈技术条件

GB/T 1237 紧固件标记方法（GB/T 1237—2000，eqv ISO 8991：1986）

3 尺寸

尺寸见图 1 和表 1。

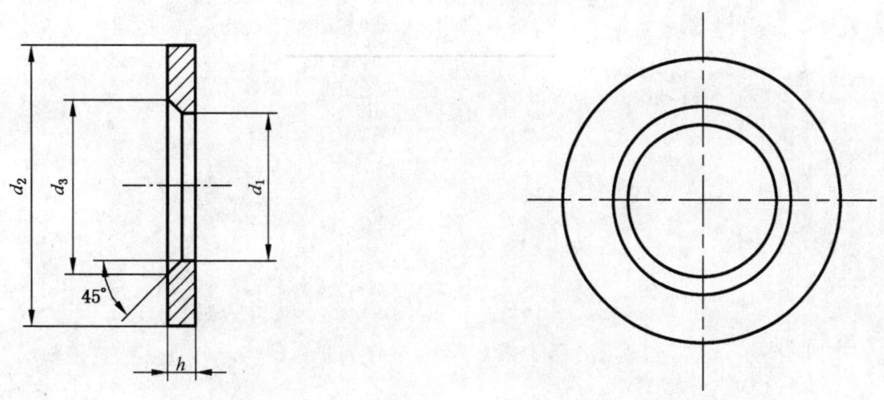

图 1

表 1

单位为毫米

规格(螺纹大径)		12	16	20	(22)	24	(27)	30
d_1	min	13	17	21	23	25	28	31
	max	13.43	17.43	21.52	23.52	25.52	28.52	31.62
d_2	min	23.7	31.4	38.4	40.4	45.4	50.1	54.1
	max	25	33	40	42	47	52	56
h	公称	3.0	4.0	4.0	5.0	5.0	5.0	5.0
	min	2.5	3.5	3.5	4.5	4.5	4.5	4.5
	max	3.8	4.8	4.8	5.8	5.8	5.8	5.8
d_3	min	15.23	19.23	24.32	26.32	28.32	32.84	35.84
	max	16.03	20.03	25.12	27.12	29.12	33.64	36.64
每 1 000 个钢垫圈的理论质量/kg		10.47	23.40	33.55	43.34	55.76	66.52	75.42
注：括号内的规格为第二选择系列。								

4 技术条件

技术条件按 GB/T 1231 的规定。

5 标记

5.1 标记方法按 GB/T 1237 的规定。

5.2 标记示例

规格为 20 mm、热处理硬度为 35HRC～45HRC 的钢结构用高强度垫圈的标记：

垫圈 GB/T 1230 20

ICS 21.060.10;21.060.20;21.060.30
J 13

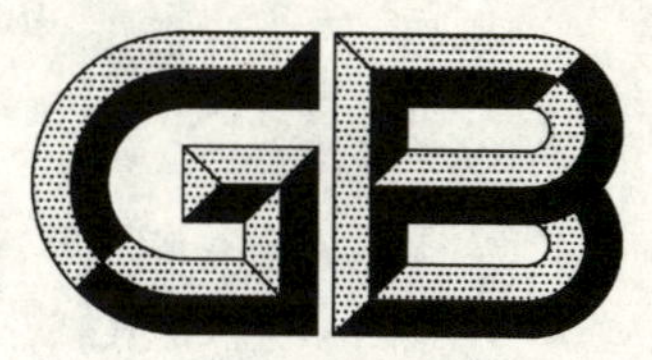

中华人民共和国国家标准

GB/T 1231—2006
代替 GB/T 1231—1991

钢结构用高强度大六角头螺栓、大六角螺母、垫圈技术条件

Specifications of high strength bolts with large hexagon head, large hexagon nuts, plain washers for steel structures

2006-03-27 发布　　2006-11-01 实施

中华人民共和国国家质量监督检验检疫总局
中国国家标准化管理委员会　发布

前　言

本标准代替 GB/T 1231—1991《钢结构用高强度大六角头螺栓、大六角螺母、垫圈技术条件》。

本标准与 GB/T 1231—1991 相比主要变化如下：

——将螺栓、螺母和垫圈的推荐材料改为材料，并对有关材料进行了增删(GB/T 1231—1991 的 3.1.1)；

——根据有关标准的新规定，对相关的机械性能名称和符号作了相应的更新(GB/T 1231—1991 的表 3 和表 A2)；

——对短螺栓的实物机械性能试验规定进行了修改(GB/T 1231—1991 的 3.2.1.2 和 3.2.1.3)；

——对螺母的硬度范围规定进行了修改(GB/T 1231—1991 的 3.2.2.2)；

——对保证扭矩系数供货的范围进行了修改(GB/T 1231—1991 的 3.3.1)；

——删除了关于凹穴螺栓的条文(GB/T 1231—1991 的 3.8)；

——删除了关于楔垫型式与尺寸的示意图和表格，以"按 GB/T 3098.1 的规定"予以表述(GB/T 1231—1991 的4.1.2)；

——对进行连接副扭矩系数试验的扭矩值允许误差作了修改(GB/T 1231—1991 的 4.4.2)；

——对进行连接副扭矩系数试验的螺栓预拉力的控制值作了修改(GB/T 1231—1991 的 4.4.4)；

——增加了关于进行连接副机械性能试验时的抽样方案规定(本标准的 5.3)。

本标准是"钢结构摩擦型高强度螺栓连接用的连接副"国标产品系列标准之一。该系列标准还包括：

——GB/T 1228—2006　钢结构用高强度大六角头螺栓；

——GB/T 1229—2006　钢结构用高强度大六角螺母；

——GB/T 1230—2006　钢结构用高强度垫圈；

——GB/T 3632—1995　钢结构用扭剪型高强度螺栓连接副；

——GB/T 3633—1995　钢结构用扭剪型高强度螺栓连接副技术条件。

本标准的附录 A 为规范性附录。

本标准由中国机械工业联合会提出。

本标准由全国紧固件标准化技术委员会归口。

本标准负责起草单位：铁道科学研究院。

本标准参加起草单位：机械科学研究院、上海高强度螺栓厂、中冶集团建筑研究总院、大冶钢厂。

本标准主要起草人：程季青、沈家骅。

本标准所代替标准的历次版本发布情况为：

——GB 1231—1976、GB 1231—1984、GB/T 1231—1991。

引　言

“钢结构用高强度大六角头螺栓连接副”属于“钢结构摩擦型高强度螺栓连接”使用的连接件。20世纪50年代，铁道科学研究院开始“高强度螺栓及连接”的专题研究，并在铁路钢桥上率先实现以“高强度螺栓连接”替代“工地铆钉连接”。60年代，铁道科学研究院与上海标准件公司共同完成了高强度大六角头螺栓连接副的工业化生产。70年代，由铁道科学研究院提出、在原第一机械工业部机械科学研究院的大力支持下，经原国家标准局批准，列入国家标准制定项目，并于1976年首次批准发布GB 1228～1231—1976共4项国家标准。该标准于1984年、1991年进行了两次修订，修订的主要内容是采用了铁道科学研究院等6单位的科研成果，包括新材料、新工艺和新技术。伴随着国民经济的飞速发展、技术日臻完善、标准使用范围日益广泛、产品质量大为提高、专业生产企业和产量成倍增加，为适应新形势发展的需求，在总结十余年生产经验和使用要求的基础上，对原标准做了进一步修改、补充和完善。

相信通过几代人近50年的努力，本标准的修订必将推动全国范围内更加广泛的推广使用，对产品进入国际市场起到更加积极的作用。

钢结构用高强度大六角头螺栓、大六角螺母、垫圈技术条件

1 范围

本标准规定了钢结构用高强度大六角头螺栓、大六角螺母、垫圈及连接副的技术要求、试验方法、检验规则、标志及包装。

本标准适用于铁路和公路桥梁、锅炉钢结构、工业厂房、高层民用建筑、塔桅结构、起重机械及其他钢结构摩擦型高强度螺栓连接。

2 规范性引用文件

下列文件中的条款通过本标准的引用而成为本标准的条款。凡是注日期的引用文件，其随后所有的修改单(不包括勘误的内容)或修订版均不适用于本标准，然而，鼓励根据本标准达成协议的各方研究是否可使用这些文件的最新版本。凡是不注日期的引用文件，其最新版本适用于本标准。

GB/T 2 紧固件 外螺纹零件的末端(GB/T 2—2001,idt ISO 4753:1999)

GB/T 90.1 紧固件 验收检查(GB/T 90.1—2002,idt ISO 3269:2000)

GB/T 196 普通螺纹 基本尺寸(GB/T 196—2003,ISO 724:1993,ISO general purpose metric screw threads—Basic dimensions,MOD)

GB/T 197 普通螺纹 公差(GB/T 197—2003,ISO 965-1:1998,ISO general purpose metric screw threads—Tolerances—Part 1:Principles and basic data,MOD)

GB/T 228 金属材料 室温拉伸试验方法(GB/T 228—2002,eqv ISO 6892:1998)

GB/T 229 金属夏比缺口冲击试验方法(GB/T 229—1994,eqv ISO 148:1983,ISO 83:1976)

GB/T 230.1 金属洛氏硬度试验 第1部分：试验方法(A、B、C、D、E、F、G、H、K、N、T标尺)[GB/T 230.1—2004,ISO 6508-1:1999,Metallic materials—Rockwell hardness test—Part 1:Test method(scales A,B,C,D,E,F,G,H,K,N,T),MOD]

GB/T 699 优质碳素结构钢

GB/T 1228 钢结构用高强度大六角头螺栓[GB/T 1228—2006,ISO 7412:1984,Hexagon bolts for high strength structural bolting with large width across flats(short thread length)—Product grade C—Property classes 8.8 and 10.9,NEQ]

GB/T 1229 钢结构用高强度大六角螺母(GB/T 1229—2006,ISO 4775:1984,Hexagon nuts for high strength structural bolting with large width across flats—Product grade B—Property classes 8 and 10,NEQ)

GB/T 1230 钢结构用高强度垫圈(GB/T 1230—2006,ISO 7416:1984,Plain washers,chamfered,hardened and tempered for high strength structural bolting,NEQ)

GB/T 3077 合金结构钢

GB/T 3098.1 紧固件机械性能 螺栓、螺钉和螺柱(GB/T 3098.1—2000,idt ISO 898-1:1999)

GB/T 3103.1 紧固件公差 螺栓、螺钉、螺柱和螺母(GB/T 3103.1—2002,idt ISO 4759-1:2000)

GB/T 3103.3 紧固件公差 平垫圈(GB/T 3103.3—2000,idt ISO 4759-3:2000)

GB/T 4340.1　金属维氏硬度试验　第1部分:试验方法(GB/T 4340.1—1999,eqv ISO 6507-1:1997)

GB/T 5277　紧固件　螺栓和螺钉通孔

GB/T 5779.1　紧固件表面缺陷　螺栓、螺钉和螺柱　一般要求(GB/T 5779.1—2000,idt ISO 6157-1:1988)

GB/T 5779.2　紧固件表面缺陷　螺母(GB/T 5779.2—2000,idt ISO 6157-2:1995)

GB/T 6478　冷镦和冷挤压用钢

JJG 707—2003　扭矩扳子

3　要求

3.1　性能等级、材料及使用配合

3.1.1　螺栓、螺母、垫圈的性能等级和材料按表1的规定。表中35VB钢的技术条件见附录A。

表1

类别	性能等级	材料	标准编号	适用规格
螺栓	10.9S	20MnTiB ML20MnTiB	GB/T 3077 GB/T 6478	≤M24
		35VB		≤M30
	8.8S	45、35	GB/T 699	≤M20
		20MnTiB、40Cr ML20MnTiB	GB/T 3077 GB/T 6478	≤M24
		35CrMo	GB/T 3077	≤M30
		35VB		
螺母	10H	45、35 ML35	GB/T 699 GB/T 6478	
	8H			
垫圈	35HRC～45HRC	45、35	GB/T 699	

3.1.2　螺栓、螺母、垫圈的使用配合按表2的规定。

表2

类　别	螺　栓	螺　母	垫　圈
型式尺寸	按GB/T 1228规定	按GB/T 1229规定	按GB/T 1230规定
性能等级	10.9S	10H	35HRC～45HRC
	8.8S	8H	35HRC～45HRC

3.2　机械性能

3.2.1　螺栓机械性能

3.2.1.1　试件机械性能

制造厂应将制造螺栓的材料取样,经与螺栓制造中相同的热处理工艺处理后,制成试件进行拉伸试

验，其结果应符合表3的规定。当螺栓的材料直径≥16 mm时，根据用户要求，制造厂还应增加常温冲击试验，其结果应符合表3的规定。

表3

性能等级	抗拉强度 R_m/MPa	规定非比例延伸强度 $R_{p0.2}$/MPa	断后伸长率 A/%	断后收缩率 Z/%	冲击吸收功 A_{kU2}/J
		不小于			
10.9S	1 040～1 240	940	10	42	47
8.8S	830～1 030	660	12	45	63

3.2.1.2 **实物机械性能**

进行螺栓实物楔负载试验时，拉力载荷应在表4规定的范围内，且断裂应发生在螺纹部分或螺纹与螺杆交接处。

表4

螺纹规格 d			M12	M16	M20	(M22)	M24	(M27)	M30
公称应力截面积 A_s/mm²			84.3	157	245	303	353	459	561
性能等级	10.9S	拉力载荷/N	87 700～104 500	163 000～195 000	255 000～304 000	315 000～376 000	367 000～438 000	477 000～569 000	583 000～696 000
	8.8S		70 000～86 800	130 000～162 000	203 000～252 000	251 000～312 000	293 000～364 000	381 000～473 000	466 000～578 000

当螺栓 l/d≤3时，如不能做楔负载试验，允许做拉力载荷试验或芯部硬度试验。拉力载荷应符合表4的规定，芯部硬度应符合表5的规定。

表5

性能等级	维氏硬度		洛氏硬度	
	min	max	min	max
10.9S	312 HV30	367 HV30	33 HRC	39 HRC
8.8S	249 HV30	296 HV30	24 HRC	31 HRC

3.2.1.3 **脱碳层**

螺栓的脱碳层按GB/T 3098.1的有关规定。

3.2.2 **螺母机械性能**

3.2.2.1 **保证载荷**

螺母的保证载荷应符合表6的规定。

表6

螺纹规格 D			M12	M16	M20	(M22)	M24	(M27)	M30
性能等级	10 H	保证载荷/N	87 700	163 000	255 000	315 000	367 000	477 000	583 000
	8 H		70 000	130 000	203 000	251 000	293 000	381 000	466 000

3.2.2.2　**硬度**

螺母硬度应符合表7的规定。

表 7

性能等级	洛氏硬度		维氏硬度	
	min	max	min	max
10H	98 HRB	32 HRC	222 HV30	304 HV30
8H	95 HRB	30 HRC	206 HV30	289 HV30

3.2.3　**垫圈的硬度**

垫圈的硬度为329 HV30～436 HV30(35 HRC～45HRC)。

3.3　连接副的扭矩系数

3.3.1　高强度大六角头螺栓连接副应按保证扭矩系数供货，同批连接副的扭矩系数平均值为0.110～0.150，扭矩系数标准偏差应小于或等于0.010 0。每一连接副包括1个螺栓、1个螺母、2个垫圈，并应分属同批制造。

3.3.2　扭矩系数保证期为自出厂之日起6个月，用户如需延长保证期，可由供需双方协议解决。

3.4　螺栓、螺母的螺纹

3.4.1　螺纹的基本尺寸按GB/T 196粗牙普通螺纹的规定。螺栓螺纹公差带按GB/T 197的6g，螺母螺纹公差带按GB/T 197的6H。

3.4.2　螺纹牙侧表面粗糙度的最大参数值 Ra 应为12.5 μm。

3.5　螺栓的螺纹末端

螺栓的螺纹末端按GB/T 1228和GB/T 2的规定。

3.6　表面缺陷

3.6.1　螺栓、螺母的表面缺陷分别按GB/T 5779.1和GB/T 5779.2的规定。

3.6.2　垫圈不允许有裂缝、毛刺、浮锈和影响使用的凹痕、划伤。

3.7　其他尺寸及形位公差

螺栓、螺母和垫圈的其他尺寸及形位公差应符合GB/T 3103.1和GB/T 3103.3有关C级产品的规定。

3.8　表面处理

螺栓、螺母和垫圈均应进行保证连接副扭矩系数和防锈的表面处理，表面处理工艺由制造厂选择。

4　试验方法

4.1　螺栓试验方法

4.1.1　试件的拉伸试验和冲击试验

拉伸试件和冲击试件应在同一根棒材上截取，并经同一热处理工艺处理。

4.1.1.1　**拉伸试验**

原材料经热处理后，按GB/T 228的规定制成拉伸试件。加工试件时，其直径减小量不应超过原材料直径的25%(约为截面积的44%)，并以此确定试件直径。试验方法按GB/T 228的规定。

4.1.1.2　**冲击试验**

原材料经热处理后，按GB/T 229中关于缺口深度为2 mm的标准夏比U型缺口冲击试件的规定制成试件，并在常温下进行冲击试验。试验方法按GB/T 229的规定。

4.1.2　楔负载试验

螺栓头下置一10°楔垫(见图1)，在拉力试验机上将螺栓拧在带有内螺纹的专用夹具上(至少6扣)，然后进行拉力试验。10°楔垫的型式、尺寸及硬度按GB/T 3098.1的规定。

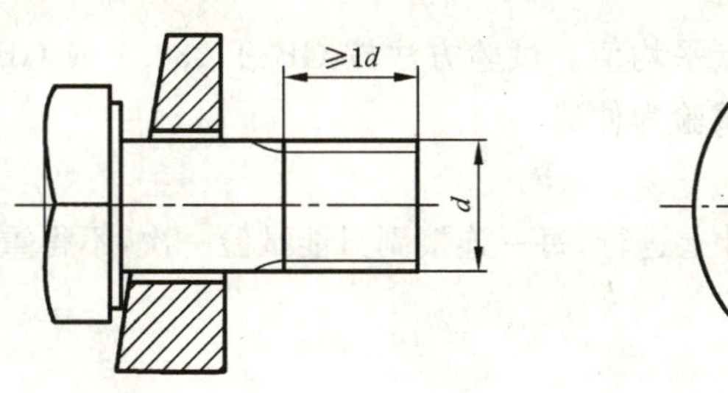

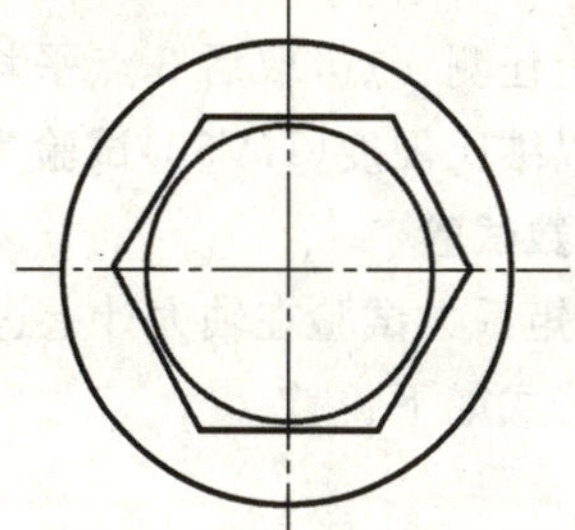

图 1

4.1.3 芯部硬度试验

试验在距螺杆末端等于螺纹直径 d 的截面上进行，对该截面距离中心的四分之一螺纹直径处，任测 4 点，取后 3 点平均值。试验方法按 GB/T 230.1 或 GB/T 4340.1 的规定。验收时，如有争议，以维氏硬度(HV30)试验为仲裁。

4.1.4 脱碳试验

按 GB/T 3098.1 的规定。

4.2 螺母试验方法

4.2.1 保证载荷试验

将螺母拧入螺纹芯棒(见图 2)，试验时夹头的移动速度不应超过 3 mm/min。对螺母施加表 6 规定的保证载荷，持续 15 s，螺母不应脱扣或断裂。当去除载荷后，应可用手将螺母旋出，或者借助扳手松开螺母(但不应超过半扣)后用手旋出。在试验中，如螺纹芯棒损坏，则试验作废。

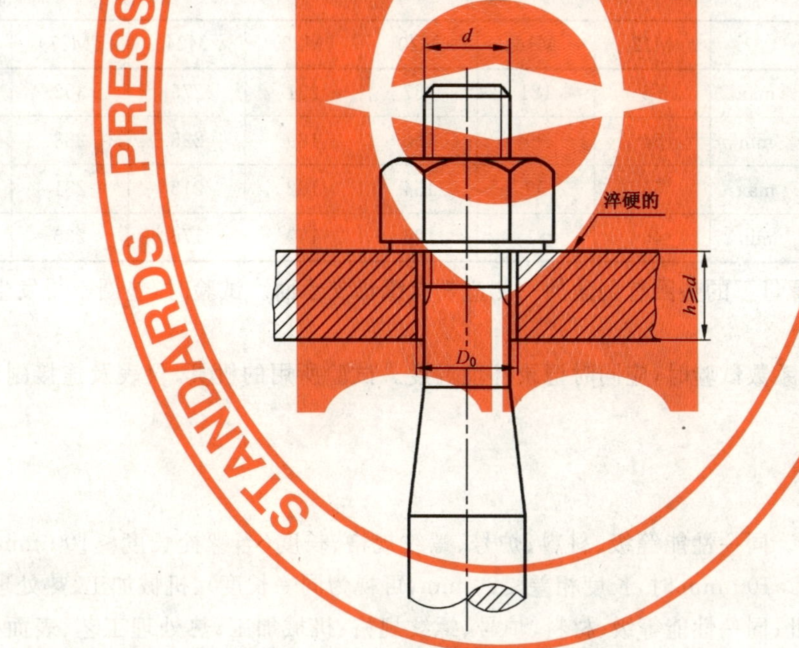

D_0 按 GB/T 5277 对中等装配的规定。

图 2

螺纹芯棒的硬度应≥45HRC，其螺纹公差带为 5h6g，但大径应控制在 6g 公差带靠近下限的四分之一的范围内。

4.2.2 硬度试验

试验在螺母支承面上进行，任测 4 点，取后 3 点平均值。试验方法按 GB/T 230.1 或 GB/T 4340.1 的规定。验收时，如有争议，以维氏硬度(HV30)试验为仲裁。

4.3 垫圈硬度试验

在垫圈的表面上任测 4 点，取后 3 点平均值。试验方法按 GB/T 230.1 或 GB/T 4340.1 的规定。验收时，如有争议，以维氏硬度(HV30)试验为仲裁。

4.4 连接副扭矩系数试验

4.4.1 连接副的扭矩系数试验在轴力计上进行，每一连接副只能试验一次，不得重复使用。

扭矩系数计算公式如下：

$$K = \frac{T}{P \cdot d}$$

式中：

K——扭矩系数；

T——施拧扭矩(峰值)，单位为牛米(N·m)；

P——螺栓预拉力(峰值)，单位为千牛(kN)；

d——螺栓的螺纹公称直径，单位为毫米(mm)。

4.4.2 施拧扭矩 T 是施加于螺母上的扭矩，其误差不得大于测试扭矩值的 2%。使用的扭矩扳手准确度级别应不低于 JJG 707—2003 中规定的 2 级。

4.4.3 螺栓预拉力 P 用轴力计测定，其误差不得大于测定螺栓预拉力的 2%。轴力计的最小示值应在 1 kN 以下。

4.4.4 进行连接副扭矩系数试验时，螺栓预拉力值 P 应控制在表 8 所规定的范围内，超出该范围者，所测得扭矩系数无效。

表 8

单位为千牛

螺栓螺纹规格				M12	M16	M20	(M22)	M24	(M27)	M30
性能等级	10.9S	P	max	66	121	187	231	275	352	429
			min	54	99	153	189	225	288	351
	8.8S		max	55	99	154	182	215	281	341
			min	45	81	126	149	176	230	279

4.4.5 组装连接副时，螺母下的垫圈有倒角的一侧应朝向螺母支承面。试验时，垫圈不得发生转动，否则试验无效。

4.4.6 进行连接副扭矩系数试验时，应同时记录环境温度。试验所用的机具、仪表及连接副均应放置在该环境内至少 2 h 以上。

5 检验规则

5.1 出厂检验按批进行。同一性能等级、材料、炉号、螺纹规格、长度(当螺栓长度≤100 mm 时，长度相差≤15 mm；螺栓长度>100 mm 时，长度相差≤20 mm，可视为同一长度)、机械加工、热处理工艺、表面处理工艺的螺栓为同批；同一性能等级、材料、炉号、螺纹规格、机械加工、热处理工艺、表面处理工艺的螺母为同批；同一性能等级、材料、炉号、规格、机械加工、热处理工艺、表面处理工艺的垫圈为同批。分别由同批螺栓、螺母、垫圈组成的连接副为同批连接副。

同批高强度螺栓连接副最大数量为 3 000 套。

5.2 连接副扭矩系数的检验按批抽取 8 套，8 套连接副的扭矩系数平均值及标准偏差均应符合 3.3.1 规定。

5.3 螺栓楔负载、螺母保证载荷、螺母硬度和垫圈硬度的检验按批抽取，样本大小 $n=8$，合格判定数 $Ac=0$。

5.4 螺栓、螺母和垫圈的尺寸、外观及表面缺陷的检验抽样方案按 GB/T 90.1 的规定。

5.5 用户对产品质量有异议时，在正常运输和保管条件下，应在产品出厂之日起6个月之内向供货方提出。如有争议，双方按本标准的要求进行复验裁决。

6 标志与包装

6.1 螺栓应在头部顶面制出性能等级和制造厂凸型标志(见图3)，标志中"·"可以省略。标志中第一部分数字("·"前)表示公称抗拉强度的1/100，第二部分数字("·"后)表示公称屈服强度与公称抗拉强度比值的10倍，字母S表示钢结构用高强度大六角头螺栓，××为制造厂标志。

6.2 螺母应在顶面上制出性能等级和制造厂标志(见图4)。标志中数字表示螺母性能等级，字母H表示钢结构用高强度大六角螺母，××为制造厂标志。

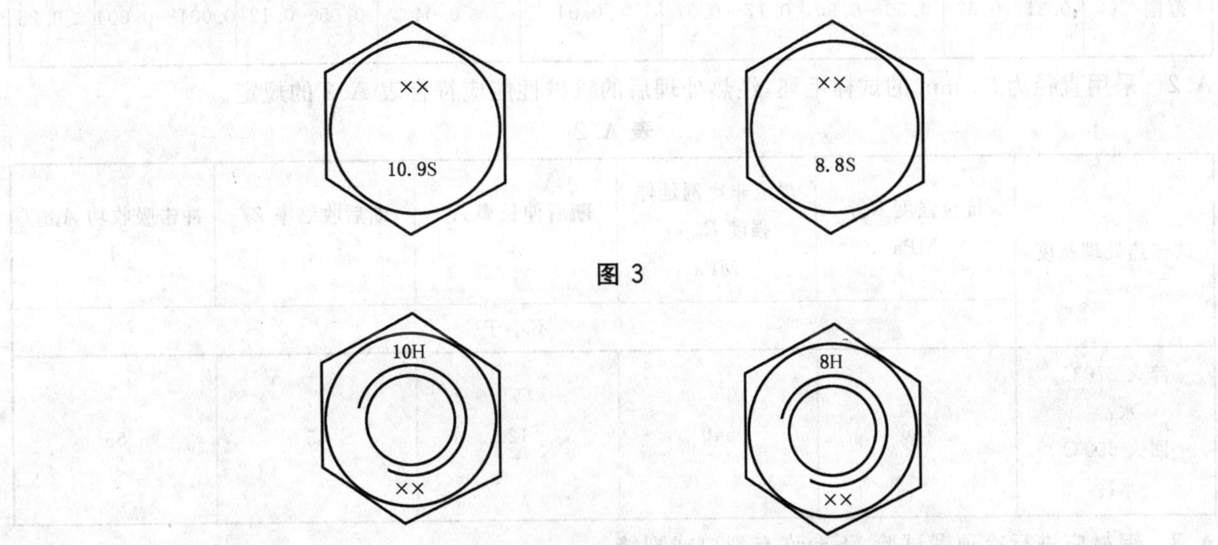

图3

图4

6.3 制造厂应以批为单位提供产品质量检验报告书，内容如下：

a) 批号、规格和数量；

b) 性能等级；

c) 材料、炉号、化学成分；

d) 试件拉力试验和冲击试验数据；

e) 实物机械性能试验数据；

f) 连接副扭矩系数测试值、平均值、标准偏差和测试环境温度；

g) 出厂日期。

6.4 包装箱应牢固、防潮。箱内应按连接副的组合进行包装，不同批号的连接副不得混装。每箱质量不得超过40 kg。包装箱内分装方法由制造厂选择。

6.5 包装箱外应有制造厂、产品名称、标准编号、批号、规格、数量、毛重等明显标记。

附 录 A
（规范性附录）
35VB 钢技术条件

A.1 35VB 钢的化学成分应符合表 A.1 的规定。

表 A.1

化学成分	C	Mn	Si	P	S	V	B	Cu
范围/%	0.31～0.37	0.50～0.90	0.17～0.37	≤0.04	≤0.04	0.05～0.12	0.001～0.004	≤0.25

A.2 采用直径为 25 mm 的试样毛坯，经热处理后的机械性能应符合表 A.2 的规定。

表 A.2

试样热处理制度	抗拉强度 R_m/MPa	规定非比例延伸强度 $R_{p0.2}$/MPa	断后伸长率 A/%	断后收缩率 Z/%	冲击吸收功 A_{kU2}/J
	不小于				
淬火 870℃ 水冷 回火 550℃ 水冷	785	640	12	45	55

A.3 钢材应进行冷顶锻试验，不允许有裂口或裂缝。

A.4 其余技术条件按 GB/T 3077 的规定。

ICS 21.220.30
J 18

中华人民共和国国家标准

GB/T 1243—2006/ISO 606:2004
代替 GB/T 1243—1997
GB/T 6076—2003

传动用短节距精密滚子链、套筒链、附件和链轮

Short-pitch transmission precision roller and bush chains, attachments and associated chain sprockets

(ISO 606:2004,IDT)

2006-12-25 发布　　2007-05-01 实施

中华人民共和国国家质量监督检验检疫总局
中国国家标准化管理委员会　发布

ICS 21.220.30
J 18

中华人民共和国国家标准

GB/T 1243—2006/ISO 606:2004
代替 GB/T 1243—1997
GB/T 6076—2003

传动用短节距精密滚子链、套筒链、附件和链轮

Short-pitch transmission precision roller and bush chains, attachments and associated chain sprockets

(ISO 606:2004, IDT)

2006-12-25 发布　　2007-05-01 实施

中华人民共和国国家质量监督检验检疫总局
中国国家标准化管理委员会　发布

前 言

本标准等同采用国际标准 ISO 606:2004《传动用短节距精密滚子链、套筒链、附件和链轮》(英文版)。

本标准是对 GB/T 1243—1997《短节距传动用精密滚子链和链轮》的修订，并将 GB/T 6076—2003《传动用短节距精密套筒链》和 JB/T 3876—1999《传动用短节距精密滚子链 加重系列》整合并入本标准。

本标准与 GB/T 1243—1997 相比主要技术内容变化如下：

——预拉载荷为最小抗拉强度的 30%，原标准规定的预拉载荷为最小抗拉强度的三分之一；

——增加了对动载试验的规定(见 3.4.5 和表 1、表 2)；

——表 1 中增加了 04C 和 06C 两种规格，并增加了对动载强度值的规定；

——增加了表 2 ANSI 重载系列链条内容，由于 ANSI 重载系列链条的链号没有与之相对应的我国标准链号，所以本标准采用了 ANSI 链号系统；

——表 3 中增加了对 06C 和 40A 两种规格的 K 型附板尺寸的规定；

——增加了表 4 对 M 型附板尺寸的规定；

——增加了表 5 对加长销轴尺寸的规定；

——在链轮部分增加了对四排以上链轮齿宽尺寸的规定，以及计算 04C 和 06C 链条最大齿侧凸缘直径的公式；

——增加了附录 B 等同链号对照表[GB(ISO)链号与 ANSI 链号的对照表]；

——增加了附录 C 链条最小动载强度的计算方法；

——增加了附录 D 链条最大动载试验载荷 F_{max} 的计算方法；

——增加了参考文献。

本标准的附录 A 为规范性附录，附录 B、附录 C 和附录 D 均为资料性附录。

本标准由中国机械工业联合会提出。

本标准由全国链传动标准化技术委员会(SAC/TC 164)归口。

本标准负责起草单位：吉林大学(原吉林工业大学)、杭州东华链条集团有限公司、浙江恒久机械集团有限公司、江苏双菱链传动有限公司、杭州西林链条制造有限公司。

本标准参加起草单位：常州市链轮厂、桂盟链条(深圳)有限公司、青岛征和工业有限公司。

本标准主要起草人：孟祥宾、叶斌、寿峰、曹苏建、马锦华。

本标准参加起草人：陈小兴、陈新强、金玉谟。

本标准所代替标准的历次版本发布情况为：

——GB 1243—1976、GB 1243.1—1983、GB 1243.2—1983、GB/T 1243—1997；

——GB 1244—1976、GB 1244—1985；

——GB/T 6076—1985、GB/T 6076—2003。

ISO 引言

这份经修订后的国际标准规定了在世界上大多数国家使用的链条的规格尺寸，统一了在各国标准中不尽相同的尺寸、强度和其他数据。删除了不被广泛使用的规格系列。

标准的应用领域范围包括了已制定有标准的链条。链条的节距规格从 6.35 mm 到 114.3 mm，它包括了两种系列，一种系列是源自 ANSI 标准的链条(用后缀 A 标记)，另一系列源自欧洲(用后缀 B 标记)，这两种系列的链条相互补充，覆盖了最广泛的应用领域。

ANSI 链条的链号(25，35，40，50 等)在世界范围被广泛使用，附录 B 中给出了 ISO 和 ANSI 链号的对照表。

本标准中也包括了 ANSI 重载系列链条(后缀 H 标记)。ANSI 重载系列链条在链板厚度上不同于 ANSI 标准系列链条。由于 ANSI 链号系统的重载链条没有 ISO 链号与之对应，所以本标准采用了 ANSI 链号系统。

条款 4 对用于符合本标准的传动用滚子链和套筒链的 K 型附件、M 型附件和加长销轴附件作了详细规定。

条款 5 代表了世界所有相关国家对链轮的统一要求，特别是涉及齿形的完整公差要求。

标准中所规定的链条尺寸是为保证任何同一规格链条的完全互换性，以及单个链节的互换性。

本标准也包括了传动用短节距套筒链，而该种链条以前在 ISO 1395 中规定。

传动用短节距精密滚子链、套筒链、附件和链轮

1 范围

本标准规定了适合于机械传动和类似应用的短节距精密滚子链和套筒链以及链轮的技术要求，包括尺寸、公差、长度测量、预拉、最小抗拉强度和最小动载强度。

尽管第5章可应用于自行车和摩托车的链轮，但本标准不适用于自行车和摩托车的链条，自行车和摩托车链条标准分别规定于GB/T 3579和GB/T 14212。

2 规范性引用文件

下列文件中的条款通过本标准的引用而成为本标准的条款。凡是注日期的引用文件，其随后所有的修改单(不包括勘误的内容)或修订版均不适用于本标准，然而，鼓励根据本标准达成协议的各方研究是否可使用这些文件的最新版本。凡是不注日期的引用文件，其最新版本适用于本标准。

GB/T 1800.4 极限与配合 标准公差等级和孔、轴的极限偏差表(GB/T 1800.4—1999，eqv ISO 286-2:1988)

GB/T 1801 极限与配合 公差带和配合的选择(GB/T 1801—1999，eqv ISO 1829:1975)

GB/T 3579—2006 自行车链条 技术条件和试验方法(ISO 9633:2001，IDT)

GB/T 14212—2003 摩托车链条 技术条件和试验方法(ISO 10190:1992，IDT)

GB/T 18150—2006 滚子链传动选择指导(ISO 10823:2004，IDT)

GB/T 20736—2006 传动用精密滚子链疲劳试验方法(ISO 15654:2004，IDT)

3 链条

3.1 链条及其零部件术语

链条及其零部件术语见图1和图2，图示并不定义链板的实际形状。

a) 单排链

b) 双排链

c) 三排链

图1 滚子链型式

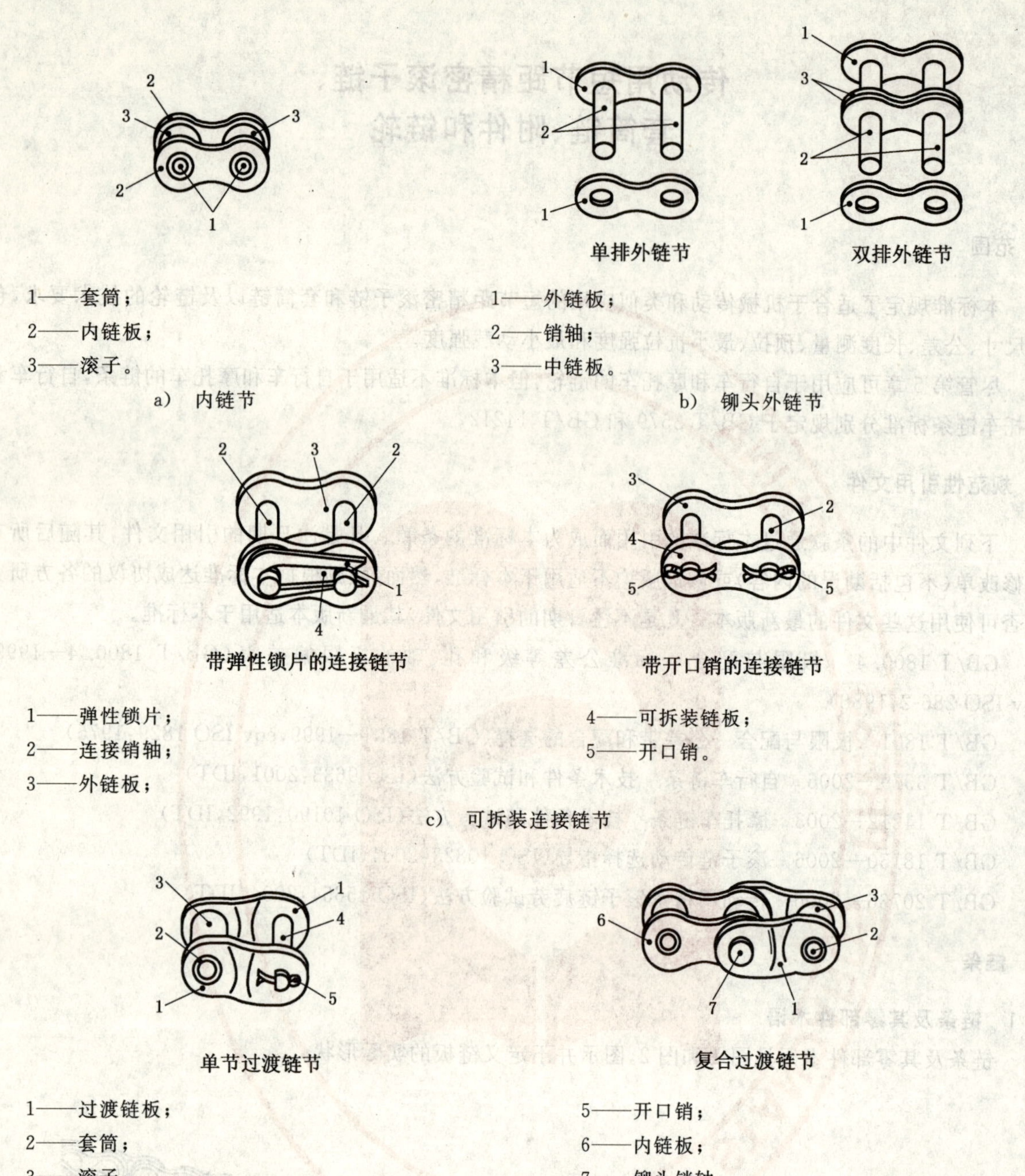

注 1：链板尺寸的规定见表 1 和表 2。

注 2：锁紧件可以设计成各种形式，图示仅为示例。

图 2 链节型式

3.2 标示

链条使用表 1 和表 2 中的标准链号来标示。表 1 中的链号后加一连线和后缀，其中后缀 1 表示为单排链，2 为双排链，3 为三排链。例如：16B-1，16B-2，16B-3 等。链条 081，083，084 和 085 不遵循这一规则，因为这些链条通常仅以单排形式使用。

在表 2 中的链条是 ANSI 重载系列链条，它们也用链号后加一连线和后缀的形式表示，其中后缀 1 表示为单排链，2 为双排链，3 为三排链。例如：80H-1，80H-2，80H-3 等。

3.3 尺寸

链条尺寸应符合图3和表1及表2的规定。规定的最大和最小尺寸是保证由不同链条厂家生产的链条的链节具有互换性，它们代表了互换性的极限，而不是制造链条时的公差。

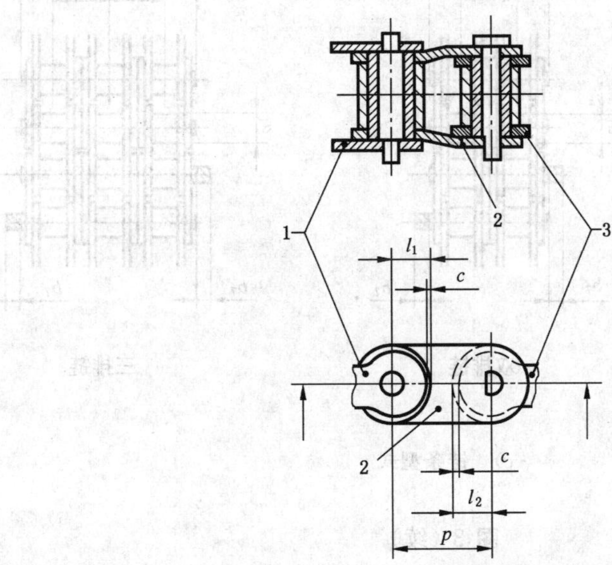

c——过渡链板与直链板在连接处的回转间隙；

p——节距；

1——外链板；

2——过渡链板；

3——内链板。

a) 过渡链节

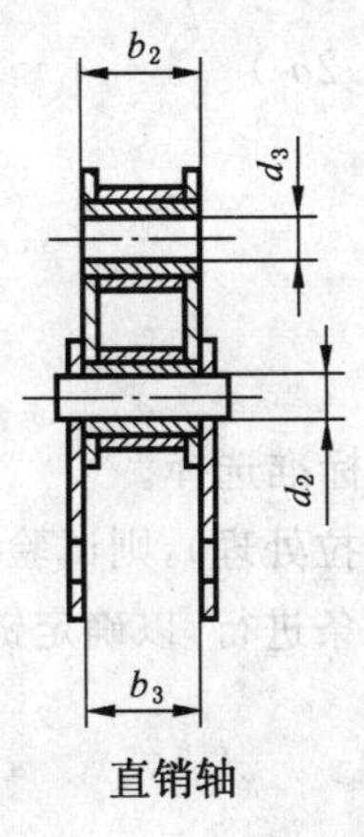

直销轴

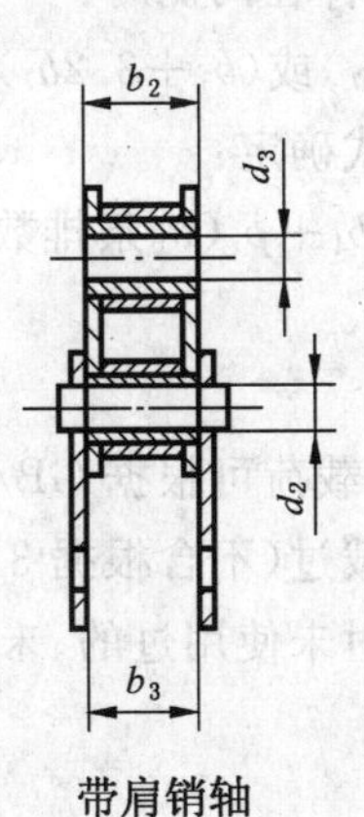

带肩销轴

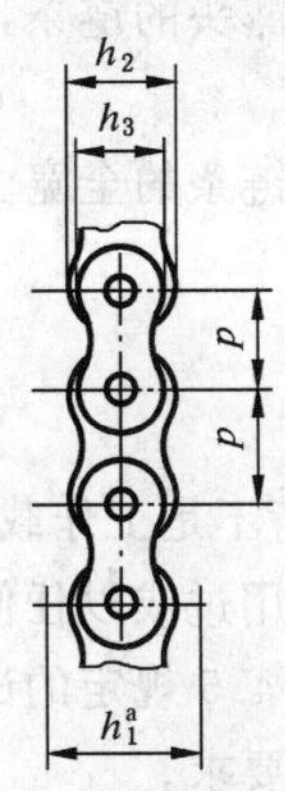

a 链条通道高度 h_1 是考虑过渡链板与直链板在连接处的回转间隙。

b) 链条剖面图

图3 链条尺寸代号

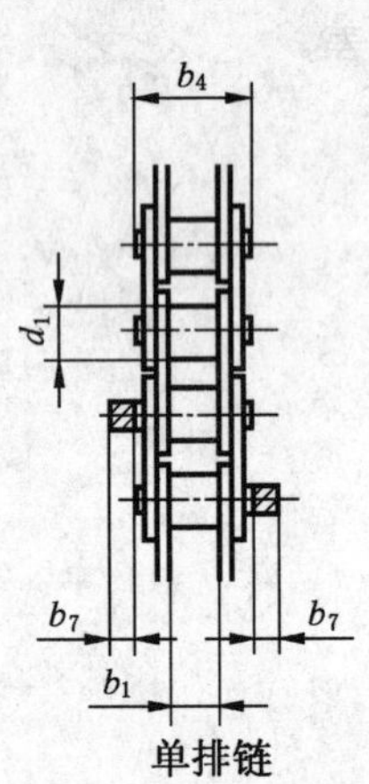

单排链

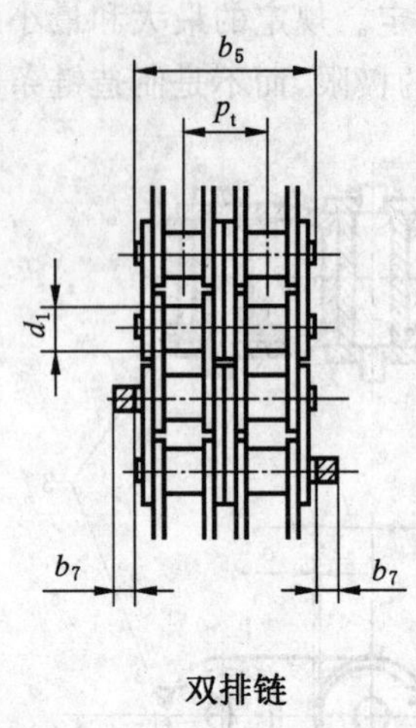

双排链

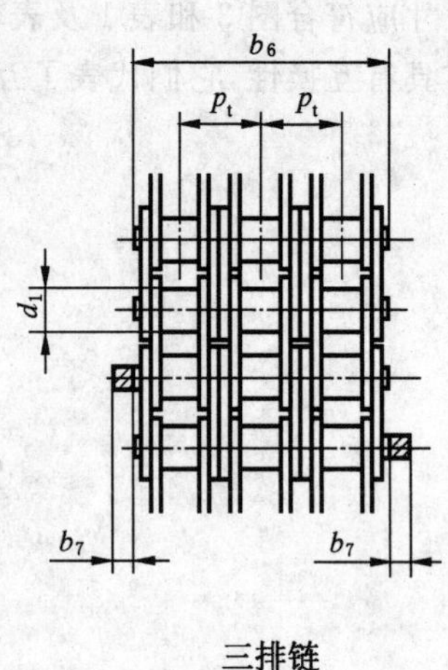

三排链

c) 链条型式

注:图中符号的定义和尺寸见表1。

图3(续)

带止锁件的单排、双排或三排链条的全宽由下列公式确定:

a) 对于铆头的链条,如果止锁件仅在一侧时:

$$(b_4+b_7)\text{或}(b_5+b_7)\text{或}(b_6+b_7)$$

b) 对于铆头的链条,如果止锁件在两侧时:

$$(b_4+2b_7)\text{或}(b_5+2b_7)\text{或}(b_6+2b_7)$$

c) 对于销轴露头的链条,如果止锁件仅在一侧时:

$$(b_4+1.6b_7)\text{或}(b_5+1.6b_7)\text{或}(b_6+1.6b_7)$$

d) 对于销轴露头的链条,如果止锁件在两侧时:

$$(b_4+3.2b_7)\text{或}(b_5+3.2b_7)\text{或}(b_6+3.2b_7)$$

对于三排以上链条的全宽由下列公式确定:

$$b_4+p_t(\text{链条排数}-1)$$

3.4 性能要求

3.4.1 概述

提示:试验载荷不是工作载荷。工作载荷可根据GB/T 18150标准选择。

假如链条被使用过或以任何形式超载过(不含根据3.4.3的预拉处理),则试验结果无效。

从3.4.2至3.4.5规定的试验应仅对未使用过的、未损坏的链条进行,以确定链条是否满足表1或表2中规定的最低要求。

3.4.2 拉力试验

3.4.2.1 最小抗拉强度是指当拉力被施加到试样上直至试样被破坏时必须达到的最低强度值,试验步骤按3.4.2.2。

注:最小抗拉强度值不是链条的工作载荷,它主要用于比较不同结构链条的数据。

3.4.2.2 拉力应缓慢地施加到至少包含有5个自由链节的链段的两端,用允许在链条铰链的法平面以及链条中心线的两侧自由运动的夹头联接。

链条破坏被认为是发生在当链条伸长增加而不再伴随着载荷增加的第一点上,即"载荷-变形"图的顶点。在此点的拉力值必须超过或等于表1或表2中规定的最小抗拉强度值。

若破坏发生在与夹头联接处时,则认为该试验无效。

表 1 链条主要尺寸、测量力、抗拉强度及动载强度

链号[a]	节距 p	滚子直径 d_1	内节内宽 b_1	销轴直径 d_2	套筒孔径 d_3	链条通道高度 h_1	内链板高度 h_2	外或中链板高度 h_3	过渡链节尺寸[b] l_1	过渡链节尺寸[b] l_2	过渡链节尺寸[b] c	排距 p_t	内节外宽 b_2	外节内宽 b_3	销轴长度 单排 b_4	销轴长度 双排 b_5	销轴长度 三排 b_6	止锁件附加宽度[c] b_7	测量力 单排	测量力 双排	测量力 三排	抗拉强度 F_u 单排	抗拉强度 F_u 双排	抗拉强度 F_u 三排	动载强度[d,e,f] 单排 F_d
	nom	max	min	max	min	min	max	max	min	min			max	min	max	max	max	max				min	min	min	min
	mm																		N			kN			N
04C	6.35	3.30[g]	3.10	2.31	2.34	6.27	6.02	5.21	2.65	3.08	0.10	6.40	4.80	4.85	9.1	15.5	21.8	2.5	50	100	150	3.5	7.0	10.5	630
06C	9.525	5.08[g]	4.68	3.60	3.62	9.30	9.05	7.81	3.97	4.60	0.10	10.13	7.46	7.52	13.2	23.4	33.5	3.3	70	140	210	7.9	15.8	23.7	1 410
05B	8.00	5.00	3.00	2.31	2.36	7.37	7.11	7.11	3.71	3.71	0.08	5.64	4.77	4.90	8.6	14.3	19.9	3.1	50	100	150	4.4	7.8	11.1	820
06B	9.525	6.35	5.72	3.28	3.33	8.52	8.26	8.26	4.32	4.32	0.08	10.24	8.53	8.66	13.5	23.8	34.0	3.3	70	140	210	8.9	16.9	24.9	1 290
08A	12.70	7.92	7.85	3.98	4.00	12.33	12.07	10.42	5.29	6.10	0.08	14.38	11.17	11.23	17.8	32.3	46.7	3.9	120	250	370	13.9	27.8	41.7	2 480
08B	12.70	8.51	7.75	4.45	4.50	12.07	11.81	10.92	5.66	6.12	0.08	13.92	11.30	11.43	17.0	31.0	44.9	3.9	120	250	370	17.8	31.1	44.5	2 480
081	12.70	7.75	3.30	3.66	3.71	10.17	9.91	9.91	5.36	5.36	0.08	—	5.80	5.93	10.2	—	—	1.5	125	—	—	8.0	—	—	
083	12.70	7.75	4.88	4.09	4.14	10.56	10.30	10.30	5.36	5.36	0.08	—	7.90	8.03	12.9	—	—	1.5	125	—	—	11.6	—	—	
084	12.70	7.75	4.88	4.09	4.14	11.41	11.15	11.15	5.77	5.77	0.08	—	8.80	8.93	14.8	—	—	1.5	125	—	—	15.6	—	—	
085	12.70	7.77	6.25	3.60	3.62	10.17	9.91	8.51	4.35	5.03	0.08	—	9.06	9.12	14.0	—	—	2.0	80	—	—	6.7	—	—	1 340
10A	15.875	10.16	9.40	5.09	5.12	15.35	15.09	13.02	6.61	7.62	0.10	18.11	13.84	13.89	21.8	39.9	57.9	4.1	200	390	590	21.8	43.6	65.4	3 850
10B	15.875	10.16	9.65	5.08	5.13	14.99	14.73	13.72	7.11	7.62	0.10	16.59	13.28	13.41	19.6	36.2	52.8	4.1	200	390	590	22.2	44.5	66.7	3 330
12A	19.05	11.91	12.57	5.96	5.98	18.34	18.10	15.62	7.90	9.15	0.10	22.78	17.75	17.81	26.9	49.8	72.6	4.6	280	560	840	31.3	62.6	93.9	5 490
12B	19.05	12.07	11.68	5.72	5.77	16.39	16.13	16.13	8.33	8.33	0.10	19.46	15.62	15.75	22.7	42.2	61.7	4.6	280	560	840	28.9	57.8	86.7	3 720
16A	25.40	15.88	15.75	7.94	7.96	24.39	24.13	20.83	10.55	12.20	0.13	29.29	22.60	22.66	33.5	62.7	91.9	5.4	500	1 000	1 490	55.6	111.2	166.8	9 550
16B	25.40	15.88	17.02	8.28	8.33	21.34	21.08	21.08	11.15	11.15	0.13	31.88	25.45	25.58	36.1	68.0	99.9	5.4	500	1 000	1 490	60.0	106.0	160.0	9 530
20A	31.75	19.05	18.90	9.54	9.56	30.48	30.17	26.04	13.16	15.24	0.15	35.76	27.45	27.51	41.1	77.0	113.0	6.1	780	1 560	2 340	87.0	174.0	261.0	14 600
20B	31.75	19.05	19.56	10.19	10.24	26.68	26.42	26.42	13.89	13.89	0.15	36.45	29.01	29.14	43.2	79.7	116.1	6.1	780	1 560	2 340	95.0	170.0	250.0	13 500

表 1（续）

链号[a]	节距	滚子直径	内节内宽	销轴直径	套筒孔径	链条通道高度	内链板高度	外或中链板高度	过渡链节尺寸[b]			排距	内节外宽	外节内宽	销轴长度			止锁件附加宽度[c]	测量力			抗拉强度 F_u			动载强度[d,e,f] 单排
															单排	双排	三排		单排	双排	三排	单排	双排	三排	
	p nom	d_1 max	b_1 min	d_2 max	d_3 min	h_1 min	h_2 max	h_3 max	l_1 min	l_2 min	c	p_t	b_2 max	b_3 min	b_4 max	b_5 max	b_6 max	b_7 max				min	min	min	F_d min
	mm																		N			kN			N
24A	38.10	22.23	25.22	11.11	11.14	36.55	36.2	31.24	15.80	18.27	0.18	45.44	35.45	35.51	50.8	96.3	141.7	6.6	1 110	2 220	3 340	125.0	250.0	375.0	20 500
24B	38.10	25.40	25.40	14.63	14.68	33.73	33.4	33.40	17.55	17.55	0.18	48.36	37.92	38.05	53.4	101.8	150.2	6.6	1 110	2 220	3 340	160.0	280.0	425.0	19 700
28A	44.45	25.40	25.22	12.71	12.74	42.67	42.23	36.45	18.42	21.32	0.20	48.87	37.18	37.24	54.9	103.6	152.4	7.4	1 510	3 020	4 540	170.0	340.0	510.0	27 300
28B	44.45	27.94	30.99	15.90	15.95	37.46	37.08	37.08	19.51	19.51	0.20	59.56	46.58	46.71	65.1	124.7	184.3	7.4	1 510	3 020	4 540	200.0	360.0	530.0	27 100
32A	50.80	28.58	31.55	14.29	14.31	48.74	48.26	41.68	21.04	24.33	0.20	58.55	45.21	45.26	65.5	124.2	182.9	7.9	2 000	4 000	6 010	223.0	446.0	669.0	34 800
32B	50.80	29.21	30.99	17.81	17.86	42.72	42.29	42.29	22.20	22.20	0.20	58.55	45.57	45.70	67.4	126.0	184.5	7.9	2 000	4 000	6 010	250.0	450.0	670.0	29 900
36A	57.15	35.71	35.48	17.46	17.49	54.86	54.30	46.86	23.65	27.36	0.20	65.84	50.85	50.90	73.9	140.0	206.0	9.1	2 670	5 340	8 010	281.0	562.0	843.0	44 500
40A	63.50	39.68	37.85	19.85	19.87	60.93	60.33	52.07	26.24	30.36	0.20	71.55	54.88	54.94	80.3	151.9	223.5	10.2	3 110	6 230	9 340	347.0	694.0	1 041.0	53 600
40B	63.50	39.37	38.10	22.89	22.94	53.49	52.96	52.96	27.76	27.76	0.20	72.29	55.75	55.88	82.6	154.9	227.2	10.2	3 110	6 230	9 340	355.0	630.0	950.0	41 800
48A	76.20	47.63	47.35	23.81	23.84	73.13	72.39	62.49	31.45	36.40	0.20	87.83	67.81	67.87	95.5	183.4	271.3	10.5	4 450	8 900	13 340	500.0	1 000.0	1 500.0	73 100
48B	76.20	48.26	45.72	29.24	29.29	64.52	63.88	63.88	33.45	33.45	0.20	91.21	70.56	70.69	99.1	190.4	281.6	10.5	4 450	8 900	13 340	560.0	1 000.0	1 500.0	63 600
56B	88.90	53.98	53.34	34.32	34.37	78.64	77.85	77.85	40.61	40.61	0.20	106.60	81.33	81.46	114.6	221.2	327.8	11.7	6 090	12 190	20 000	850.0	1 600.0	2 240.0	88 900
64B	101.60	63.50	60.96	39.40	39.45	91.08	90.17	90.17	47.07	47.07	0.20	119.89	92.02	92.15	130.9	250.8	370.7	13.0	7 960	15 920	27 000	1 120.0	2 000.0	3 000.0	106 900
72B	114.30	72.39	68.58	44.48	44.53	104.67	103.63	103.63	53.37	53.37	0.20	136.27	103.81	103.94	147.4	283.7	420.0	14.3	10 100	20 190	33 500	1400.0	2 500.0	3 750.0	132 700

a 重载系列链条详见表 2。

b 对于高应力使用场合，不推荐使用过渡链节。

c 止锁件的实际尺寸取决于其类型，但都不应超过规定尺寸，使用者应从制造商处获取详细资料。

d 动载强度值不适用于过渡链节、连接链节或带有附件的链条。

e 双排链和三排链的动载试验不能用单排链的值按比例套用。

f 动载强度值是基于 5 个链节的试样，不含 36A,40A,40B,48A,48B,56B,64B 和 72B，这些链条是基于 3 个链节的试样。链条最小动载强度的计算方法见附录 C。

g 套筒直径。

表 2 ANSI 重载系列链条主要尺寸、测量力、抗拉强度及动载强度

链号[a]	节距	滚子直径	内节内宽	销轴直径	套筒孔径	链条通道高度	内链板高度	外或中链板高度	过渡链节尺寸[b]			排距	内节外宽	外节内宽	销轴长度			止锁件附加宽度[c]	测量力			抗拉强度 F_u			动载强度[d,e,f] 单排
															单排	双排	三排		单排	双排	三排	单排	双排	三排	
	p nom	d_1 max	b_1 min	d_2 max	d_3 min	h_1 min	h_2 max	h_3 max	l_1 min	l_2 min	c	p_t	b_2 max	b_3 min	b_4 max	b_5 max	b_6 max	b_7 max				min	min	min	F_d min
	mm																		N			kN			N
60H	19.05	11.91	12.57	5.96	5.98	18.34	18.10	15.62	7.90	9.15	0.10	26.11	19.43	19.48	30.2	56.3	82.4	4.6	280	560	840	31.3	62.6	93.9	6 330
80H	25.40	15.88	15.75	7.94	7.96	24.39	24.13	20.83	10.55	12.20	0.13	32.59	24.28	24.33	37.4	70.0	102.6	5.4	500	1 000	1 490	55.6	112.2	166.8	10 700
100H	31.75	19.05	18.90	9.54	9.56	30.48	30.17	26.04	13.16	15.24	0.15	39.09	29.10	29.16	44.5	83.6	122.7	6.1	780	1 560	2 340	87.0	174.0	261.0	16 000
120H	38.10	22.23	25.22	11.11	11.14	36.55	36.2	31.24	15.80	18.27	0.18	48.87	37.18	37.24	55.0	103.9	152.8	6.6	1 110	2 220	3 340	125.0	250.0	375.0	22 200
140H	44.45	25.40	25.22	12.71	12.74	42.67	42.23	36.45	18.42	21.32	0.20	52.20	38.86	38.91	59.0	111.2	163.4	7.4	1 510	3 020	4 540	170.0	340.0	510.0	29 200
160H	50.80	28.58	31.55	14.29	14.31	48.74	48.26	41.66	21.04	24.33	0.20	61.90	46.88	46.94	69.4	131.3	193.2	7.9	2 000	4 000	6 010	223.0	446.0	669.0	36 900
180H	57.15	35.71	35.48	17.46	17.49	54.86	54.30	46.86	23.65	27.36	0.20	69.16	52.50	52.55	77.3	146.5	215.7	9.1	2 670	5 340	8 010	281.0	562.0	843.0	46 900
200H	63.50	39.68	37.85	19.85	19.87	60.93	60.33	52.07	26.24	30.36	0.20	78.31	58.29	58.34	87.1	165.4	243.7	10.2	3 110	6 230	9 340	347.0	694.0	1 041.0	58 700
240H	76.20	47.63	47.35	23.81	23.84	73.13	72.39	62.49	31.45	36.40	0.20	101.22	74.54	74.60	111.4	212.6	313.8	10.5	4 450	8 900	13 340	500.0	1 000.0	1 500.0	84 400

a 标准系列链条详见表 1。

b 对于高应力使用场合，不推荐使用过渡链节。

c 止锁件的实际尺寸取决于其类型，但都不应超过规定尺寸，使用者应从制造商处获取详细资料。

d 动载强度值不适用于过渡链节、连接链节或带有附件的链条。

e 双排链和三排链的动载试验不能用单排链的值按比例套用。

f 动载强度值是基于 5 个链节的试样，不含 180H，200H，240H，这些链条是基于 3 个链节的试样。链条最小动载强度的计算方法见附录 C。

3.4.2.3 拉力试验是破坏性试验，尽管链条在经过最小抗拉强度试验后试样可能没有产生明显破坏，但链条所受拉力超过了其屈服限，因此经过拉力试验后的链条将不能再使用。

3.4.2.4 以上要求不适用于过渡链节、连接链节或带有附件的链条，这些链条的抗拉强度应当减少。

3.4.3 预拉

按本标准制造的链条要经过预拉，施加的预拉载荷等于表 1 和表 2 中规定的最小抗拉强度值的 30%。

3.4.4 链长测量

链长的测量应在预拉之后、润滑之前进行。

最小标准测量长度为：

a) 从 04C 到 12B，081 到 085 的链条，标准测量长度至少应为 610 mm；

b) 从 16A 到 72B，标准测量长度至少应为 1 220 mm。

测量时，整个链长应全部得到支撑，并按表 1 或表 2 的规定施加测量力。

测量长度的公差应为链条公称长度的 $^{+0.15}_{\ 0}$ %；

对于带有附件链条的测量长度的公差应为链条公称长度的 $^{+0.30}_{\ 0}$ %。

必须平行工作的传动链条的链长精度应该在最接近的公差范围内选配。

3.4.5 动载试验

符合本标准的链条应进行疲劳试验，其试验方法按 GB/T 20736—2006 中的规定，不同规格链条所采用的动载强度值规定在表 1 或表 2 中。这些规定不适用于过渡链节、连接链节或带有附件的链条，这些链条的动载强度值应当减少。用来计算最小动载强度的方法见附录 C。确定最大动态试验载荷的方法见附录 D。

3.5 标记

链条应标有制造商标识或商标。

表 1 或表 2 中的链号应标记在链条上。

3.6 过渡链节

对于重载系列的链条或承受高应力载荷的链条不应使用过渡链节。过渡链节将降低链条的使用性能。

4 附件

4.1 术语

链条附件的术语见图 4～图 7 和表 1、表 3～表 5。

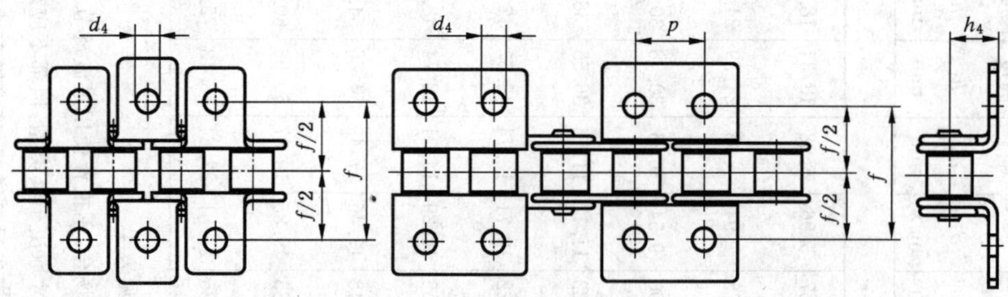

注 1：尺寸 d_4，h_4 和 f 见表 3，p 见表 1。

注 2：K 型附板既可装在外链节，也可装在内链节。

注 3：K1 和 K2 型附板可以相同，区别是 K1 型附板中心有一个孔。

注 4：K2 型附板不能逐节安装。

图 4 K 型附板

表 3　K 型附板尺寸

单位为毫米

链　号	附板平台高 h_4	板孔直径 d_4 min	孔中心间横向距离 f
06C	6.4	2.6	19.0
08A	7.9	3.3	25.4
08B	8.9	4.3	
10A	10.3	5.1	31.8
10B		5.3	
12A	11.9	5.1	38.1
12B	13.5	6.4	
16A	15.9	6.6	50.8
16B		6.4	
20A	19.8	8.2	63.5
20B		8.4	
24A	23.0	9.8	76.2
24B	26.7	10.5	
28A	28.6	11.4	88.9
28B		13.1	
32A	31.8	13.1	101.6
32B			
40A	42.9	16.3	127.0

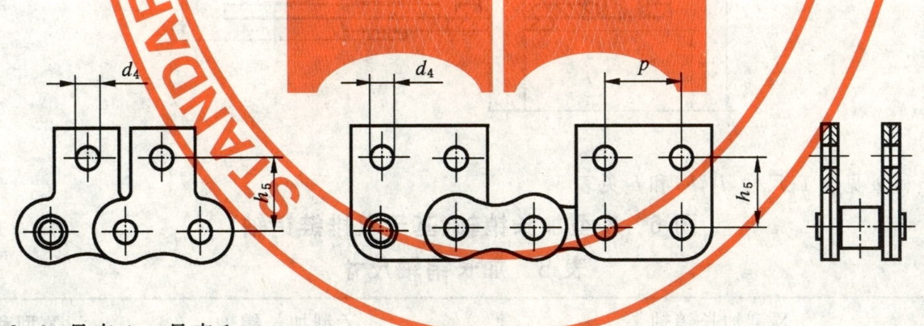

注 1:尺寸 d_4,h_5 见表 4,p 见表 1。

注 2:M 型附板既可装在外链节,也可装在内链节。

注 3:M1 和 M2 型附板可以相同,区别是 M1 型附板中心有一个孔。

注 4:M2 型附板不推荐逐节安装。

图 5　M 型附板

表 4 M 型附板尺寸

单位为毫米

链 号	附板孔与链板中心的距离 h_5	板孔直径 d_4 min
06C	9.5	2.6
08A	12.7	3.3
08B	13.0	4.3
10A	15.9	5.1
10B	16.5	5.3
12A	18.3	5.1
12B	21.0	6.4
16A	24.6	6.6
16B	23.0	6.4
20A	31.8	8.2
20B	30.5	8.4
24A	36.5	9.8
24B	36.0	10.5
28A	44.4	11.4
32A	50.8	13.1
40A	63.5	16.3

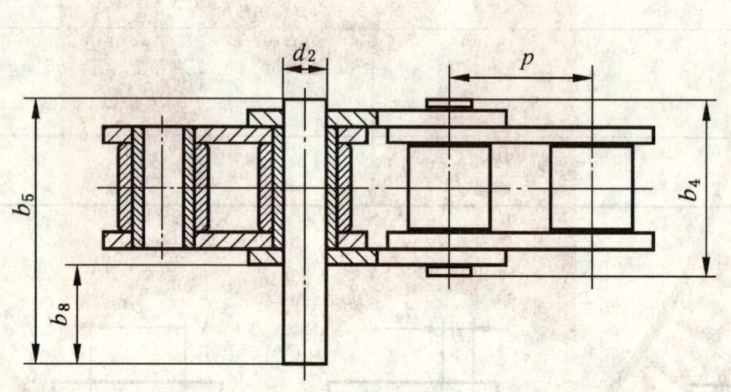

注：尺寸 b_4 和 p 见表 1；尺寸 d_2，b_5 和 b_8 见表 5。

图 6 X 型加长销轴(基于双排链销轴)

表 5 加长销轴尺寸

单位为毫米

链 号	X 型加长销轴		Y 型加长销轴[a]		X 型和 Y 型销轴直径
	b_8 max	b_5 max	b_{10} max	b_9 max	d_2 max
05B	7.1	14.3	—		2.31
06C	12.3	23.4	10.2	21.9	3.60
06B	12.2	23.8	—	—	3.28
08A	16.5	32.3	10.2	26.3	3.98
08B	15.5	31.0	—	—	4.45

表 5（续）

单位为毫米

链 号	X 型加长销轴		Y 型加长销轴[a]		X 型和 Y 型销轴直径
	b_8 max	b_5 max	b_{10} max	b_9 max	d_2 max
10A	20.6	39.9	12.7	32.6	5.09
10B	18.5	36.2	—	—	5.08
12A	25.7	49.8	15.2	40.0	5.96
12B	21.5	42.2	—	—	5.72
16A	32.2	62.7	20.3	51.7	7.94
16B	34.5	68.0	—	—	8.28
20A	39.1	77.0	25.4	63.8	9.54
20B	39.4	79.7	—	—	10.19
24A	48.9	96.3	30.5	78.6	11.11
24B	51.4	101.8	—	—	14.63
28A	—	—	35.6	87.5	12.71
32A	—	—	40.60	102.6	14.29

[a] Y 型加长销轴可选择使用，通常用在“A”系列链条。

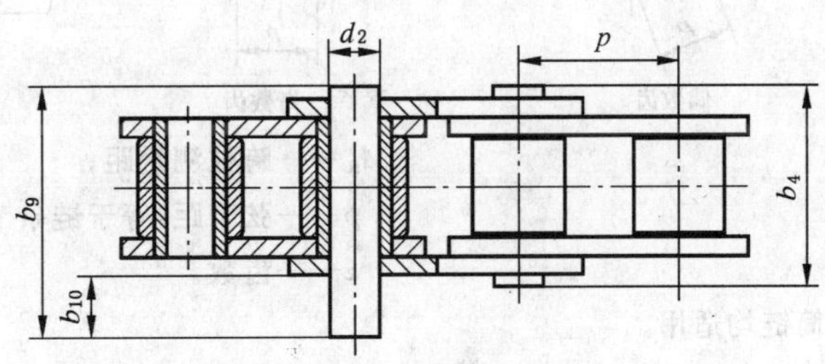

注：尺寸 b_4 和 p 见表 1；尺寸 d_2，b_9 和 b_{10} 见表 5。

图 7　Y 型加长销轴（通常用于“A”系列链条）

4.2　概述

除非另有说明，带附件链条的性能、尺寸和试验方法应符合第 3 章的规定。

4.3　标示

标准中规定了 3 种类型的附件，它们的基本尺寸规定于表 3～表 5。标示与特征分别如下所述：

a)　K 型附件，见图 4：

K1：在每个附板平台的中心位置有一个孔；

K2：沿每个附板平台的纵向有两个孔。

b)　M 型附件，见图 5：

M1：在每个附板的中心位置有一个孔；

M2：沿每个附板的纵向有两个孔。

c)　加长销轴：图 6 和图 7 所示为一侧带有加长销轴的链条。两幅图提供了两种选择，图 6 所示采用了双排链销轴，图 7 所示加长销轴通常用于“A”系列链条。

4.4　尺寸

附件的尺寸应符合表 3～表 5 的规定。

4.5 制造

附板的实际形状留给制造商去决定。K 型附板通常是从 M 型附板弯曲得到。

附板的长度也留给制造商去决定，但沿着 K2 型附板纵向应能够容纳两个附板孔，而不能与相邻链节发生干涉。K1 和 K2 型附板应采用相同的长度。

4.6 标记

对 K 型和 M 型附板没有标记要求。

对加长销轴链条的标记应与没有附件链条的标记相同(见 3.5)。

5 链轮

5.1 概述

本章内容规定了与符合第 3 章的传动用滚子链和套筒链相配用的链轮的技术要求，以保证在正常使用条件下能够正确啮合并传递载荷。

5.2 术语

链轮的术语规定见图 8～图 10。

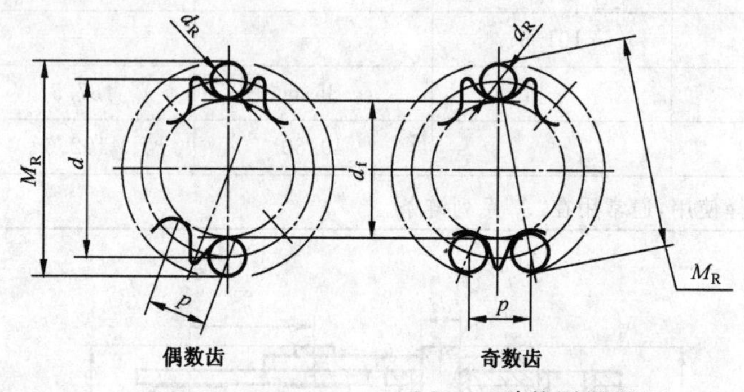

d——分度圆直径；

d_f——齿根圆直径；

d_R——量柱直径；

M_R——跨柱测量距；

p——弦节距，等于链条节距；

z——齿数。

注：以上术语对滚子链和套筒链均适用。

图 8 链轮直径尺寸

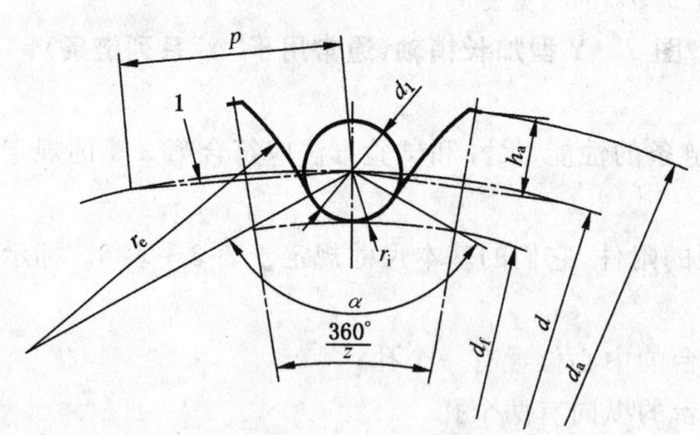

1——节距多边形；

d——分度圆直径；

d_1——最大滚子直径；

d_a——齿顶圆直径；

d_f——齿根圆直径；

h_a——节距多边形以上的齿高；

p——弦节距，等于链条节距；

r_e——齿槽圆弧半径；

r_i——齿沟圆弧半径；

z——齿数；

α——齿沟角。

图 9 齿槽形状

链轮剖面齿廓是从轴面通过齿槽中心的剖面。

b_a——齿边倒角宽；
b_{f1}——齿宽；
b_{f2} 和 b_{f3}——齿全宽；
d_f——齿根圆直径；
d_g——最大齿侧凸缘直径；
p_t——链条排距；
r_a——齿侧凸缘圆角半径；
r_x——齿侧半径。

图 10　链轮剖面齿廓

5.3　链轮直径尺寸

5.3.1　术语

术语见图 8。

5.3.2　尺寸

5.3.2.1　分度圆直径 *d*

链轮分度圆直径 d 由下式确定：

$$d=\frac{p}{\sin\dfrac{180^\circ}{z}}$$

附录 A 给出了单位节距的分度圆直径，它是链轮齿数的函数。

5.3.2.2　量柱直径 d_R

量柱直径 d_R 由下式确定：

$$d_R=d_1\text{（见图 9）}$$

极限偏差为 $^{+0.01}_{\ 0}$ mm。

5.3.2.3　齿根圆直径 d_f

齿根圆直径 d_f 由下式确定：

$$d_f=d-d_1$$

极限偏差见表 6。

表 6　齿根圆直径极限偏差

单位为毫米

齿根圆直径 d_f	极限偏差
$d_f \leqslant 127$	$^{\ 0}_{-0.25}$
$127 < d_f \leqslant 250$	$^{\ 0}_{-0.30}$
$d_f > 250$	h11[a]

[a] 见 GB/T 1801、GB/T 1802。

5.3.2.4　跨柱测量距 M_R

对于偶数齿的链轮，跨柱测量距 M_R 由下式确定：

$$M_R=d+d_{Rmin}$$

测量方法是把与链轮相配的两个量柱放在链轮直径方向上相对应的两个齿槽中进行测量。

对于奇数齿的链轮，跨柱测量距 M_R 由下式确定：

$$M_R = d\cos\frac{90^\circ}{z} + d_{R\min}$$

测量方法是把与链轮相配的两个量柱放在最接近于链轮直径方向上相对应的两个齿槽中进行测量。

跨柱测量距的极限偏差与相应齿根圆直径极限偏差相同。

5.4 齿槽形状

5.4.1 术语

术语见图 9。

5.4.2 尺寸

5.4.2.1 概述

最大和最小齿槽形状决定了齿槽形状的极限。用切齿或等效加工方法得到的实际齿槽形状应位于最大和最小齿槽圆弧半径之间，并在对应的定位圆弧角处与滚子定位圆弧平滑连接。

5.4.2.2 最小齿槽形状

r_e，r_i 和 α 的值由下式确定：

$$r_{e\max} = 0.12d_1(z+2)$$

$$r_{i\min} = 0.505d_1$$

$$\alpha_{\max} = 140^\circ - \frac{90^\circ}{z}$$

5.4.2.3 最大齿槽形状

r_e，r_i 和 α 的值由下式确定：

$$r_{e\min} = 0.008d_1(z^2+180)$$

$$r_{i\max} = 0.505d_1 + 0.069\sqrt[3]{d_1}$$

$$\alpha_{\min} = 120^\circ - \frac{90^\circ}{z}$$

5.5 齿高和齿顶圆直径

5.5.1 术语

术语见图 9。

5.5.2 尺寸

齿顶圆直径 d_a 的最大和最小值由下式确定：

$$d_{a\max} = d + 1.25p - d_1$$

$$d_{a\min} = d + p\left(1 - \frac{1.6}{z}\right) - d_1$$

注：$d_{a\max}$ 和 $d_{a\min}$ 都可应用于最大和最小齿槽形状。$d_{a\max}$ 的极限由刀具来限制。

为便于绘制放大齿槽形状，用下式计算节距多边形以上的弦齿高：

$$h_{a\max} = 0.625p - 0.5d_1 + \frac{0.8p}{z}$$

$$h_{a\min} = 0.5(p - d_1)$$

注：$h_{a\max}$ 对应于 $d_{a\max}$，$h_{a\min}$ 对应于 $d_{a\min}$。

5.6 剖面齿廓

5.6.1 术语

术语见图 10。

5.6.2 尺寸

5.6.2.1 齿宽

齿宽尺寸由下列公式确定：

a) $p \leqslant 12.7$ mm:

对单排链轮 $b_{f1}=0.93b_1$:h14[1)]

对双排和三排链轮 $b_{f1}=0.91b_1$:h14

对四排以上链轮 $b_{f1}=0.88b_1$:h14

b) $p>12.7$mm

对单排链轮 $b_{f1}=0.95b_1$:h14

对双排和三排链轮 $b_{f1}=0.93b_1$:h14

注:a) 中给出的四排以上链轮的公式可以由用户和制造商之间协议后使用。

5.6.2.2 其他尺寸

对所有的链条:

$$b_{f2}\text{和 }b_{f3}=(\text{链条排数}-1)\times p_t+b_{f1}(b_{f1}\text{的公差为 h14})$$

$$r_{x\,nom}=p$$

对链号为 081,083,084 和 085 的链条:

$$b_{a\,nom}=0.06p$$

对所有其他的链条:

$$b_{a\,nom}=0.13p$$

对链号为 04C 和 06C 的链条:

$$d_g=p\cot\frac{180°}{z}-1.05h_2-1.00-2r_a$$

对所有其他的链条:

$$d_g=p\cot\frac{180°}{z}-1.04h_2-0.76\ \text{mm}$$

5.7 径向跳动

在轴孔和齿根圆之间的径向圆跳动量的指示器读数值不应大于下列两值中较大的数值:

$0.000\,8d_f+0.08$ mm,或 0.15 mm,最大可达 0.76 mm。

5.8 轴向跳动(摆动)

以轴孔和齿部侧面的平面部分为参考测得的轴向跳动指示器读数值不应超过下列计算值:

$0.000\,9d_f+0.08$ mm,最大可达 1.14 mm。

对于焊接链轮,如果上式计算值较小,可以采用 0.25 mm。

5.9 轮齿的节距精度

轮齿的节距精度很重要,用户应向制造商详细咨询。

5.10 齿数

本标准主要应用的齿数范围为 9～150 齿。

优选齿数为:17,19,21,23,25,38,57,76,95 和 114。

5.11 轴孔公差

轴孔公差应是 H8[1)],除非用户与制造商之间另有协议。

5.12 标记

链轮应作下列标记:

a) 制造商名或商标;

b) 齿数;

c) 链条标号(GB 链号和/或制造商家的标号)。

---

1) 见 GB/T 1800.4、GB/T 1801、GB/T 1803,后同。

附 录 A
（规范性附录）
分度圆直径

表 A.1 给出了适用于单位节距链条的链轮分度圆直径，其他任何节距链条的链轮分度圆直径与链条节距是直接比例关系。

表 A.1 分度圆直径

单位为毫米

齿数 z	单位节距分度圆直径	齿数 z	单位节距分度圆直径	齿数 z	单位节距分度圆直径
9	2.923 8	32	10.202 3	55	17.516 6
10	3.236 1	33	10.520 1	56	17.834 7
11	3.549 4	34	10.838 0	57	18.152 9
12	3.863 7	35	11.155 8	58	18.471 0
13	4.178 6	36	11.473 7	59	18.789 2
14	4.494 0	37	11.791 6	60	19.107 3
15	4.809 7	38	12.109 6	61	19.425 5
16	5.125 8	39	12.427 5	62	19.743 7
17	5.442 2	40	12.745 5	63	20.061 9
18	5.758 8	41	13.063 5	64	20.380 0
19	6.075 5	42	13.381 5	65	20.698 2
20	6.392 5	43	13.699 5	66	21.016 4
21	6.709 5	44	14.017 6	67	21.334 6
22	7.026 6	45	14.335 6	68	21.652 8
23	7.343 9	46	14.653 7	69	21.971 0
24	7.661 3	47	14.971 7	70	22.289 2
25	7.978 7	48	15.289 8	71	22.607 4
26	8.296 2	49	15.607 9	72	22.925 6
27	8.613 8	50	15.926 0	73	23.243 8
28	8.931 4	51	16.244 1	74	23.562 0
29	9.249 1	52	16.562 2	75	23.880 2
30	9.566 8	53	16.880 3	76	24.198 5
31	9.884 5	54	17.198 4	77	24.516 7

表 A.1（续）

单位为毫米

齿数 z	单位节距 分度圆直径	齿数 z	单位节距 分度圆直径	齿数 z	单位节距 分度圆直径
78	24.334 9	105	33.427 5	132	42.020 9
79	25.153 1	106	33.745 8	133	42.339 1
80	25.471 3	107	34.064 0	134	42.657 4
81	25.789 6	108	34.382 3	135	42.975 7
82	26.107 8	109	34.700 6	136	43.294 0
83	26.426 0	110	35.018 8	137	43.612 3
84	26.744 3	111	35.337 1	138	43.930 6
85	27.062 5	112	35.655 4	139	44.248 8
86	27.380 7	113	35.973 7	140	44.567 1
87	27.699 0	114	36.291 9	141	44.885 4
88	28.017 2	115	36.610 2	142	45.203 7
89	28.335 5	116	36.928 5	143	45.522 0
90	28.653 7	117	37.246 7	144	45.840 3
91	28.971 9	118	37.565 0	145	46.158 5
92	29.290 2	119	37.883 3	146	46.476 8
93	29.608 4	120	38.201 6	147	46.795 1
94	29.926 7	121	38.519 8	148	47.113 4
95	30.244 9	122	38.838 1	149	47.431 7
96	30.563 2	123	39.156 4	150	47.750 0
97	30.881 5	124	39.474 6		
98	31.199 7	125	39.792 9		
99	31.518 0	126	40.111 2		
100	31.836 2	127	40.429 5		
101	32.154 5	128	40.474 8		
102	32.472 7	129	41.066 0		
103	32.791 0	130	41.384 3		
104	33.109 3	131	41.702 6		

附 录 B
（资料性附录）
等同链条标号

表 B.1 给出了等同链条标号。

表 B.1 等同链条标号

链条节距/mm	GB(ISO)链号	ANSI 链号
6.35	04C	25
9.525	06C	35
12.70	08A	40
12.70	085	41
15.875	10A	50
19.05	12A	60
25.40	16A	80
31.75	20A	100
38.10	24A	120
44.45	28A	140
50.80	32A	160
57.15	36A	180
63.5	40A	200
76.2	48A	240

附 录 C
（资料性附录）
链条最小动载强度的计算方法

C.1 A系列链条

对085链条：

$$F_d = K_s \times A_i \times p^{-0.0008p}$$

对所有其他的链条：

$$F_d = K_s \times 0.118 \times p^{2-0.0008p}$$

式中：

F_d——链条在 3×10^6 循环次数时的最小动载强度，单位为牛顿(N)；

p——链条节距，单位为毫米(mm)；

$A_i=12.01\ mm^2$，仅用于085链条；

$K_s=115\ N/mm^2$，仅用于085链条；

$K_s=134\ N/mm^2$，32A规格以下的链条(含32A)；

$K_s=139\ N/mm^2$，36A规格以上的链条[2)]。

C.2 A系列重载链条

$$F_d = K_s \times 0.118 \times p^{2-0.0008p} \times \left(\frac{b_{i加重}}{b_{i标准}}\right)^{0.5}$$

式中：

p——链条节距，单位为毫米(mm)；

b_2——内链节外宽最大值，单位为毫米(mm)；

b_1——内链节内宽最小值，单位为毫米(mm)；

$b_i=(b_2-b_1)/2.11\ mm$，估算内链板厚度；

$K_s=134\ N/mm^2$，160H规格以下的链条(含160 H)；

$K_s=139\ N/mm^2$，180H规格以上的链条[3)]。

C.3 B系列链条

$$F_d = K_s \times A_i \times p^{-0.0009p}$$

式中：

b_2——内链节外宽最大值，单位为毫米(mm)；

b_1——内链节内宽最小值，单位为毫米(mm)；

d_2——销轴直径最大值，单位为毫米(mm)；

d_1——滚子直径最大值，单位为毫米(mm)；

h_2——内链板高度最大值，单位为毫米(mm)；

p——链条节距，单位为毫米(mm)；

$A_i=2b_i\times(0.99h_2-d_b)\ mm^2$，内链板横截面积；

2) 当进行动载强度试验时，随着试样链节数从5节减少到3节，常数 K_s 则从 $134\ N/mm^2$ 增加至 $139\ N/mm^2$。

3) 同上。

$b_i = (b_2 - b_1)/2.11$ mm，估算内链板厚度；

$d_b = d_2 \times \left(\frac{d_1}{d_2}\right)^{0.475}$ mm，估算套筒直径；

$K_s = 134$ N/mm^2，32B 规格以下的链条(含 32B)；

$K_s = 139$ N/mm^2，40B 规格以上的链条。

附 录 D
（资料性附录）
最大动载试验载荷 F_{max} 的计算方法

D.1 概述

最大试验载荷由下式确定：

$$F_{max}=\frac{F_d F_u+[F_{min}(F_u-F_d)]}{F_u}$$

式中：

F_{max}——最大试验载荷，单位为牛顿(N)；

F_d——最小动载强度，单位为牛顿(N)，见表 1 或表 2；

F_u——最小抗拉强度，单位为牛顿(N)，见表 1 或表 2；

F_{min}——最小试验载荷，单位为牛顿(N)。

D.2 16B 链条应用举例

假如链条制造商打算选取 2 700 N 作为最小试验载荷(F_{min})(即为表 1 所示的最小抗拉强度的 4.5%)，那么最大试验载荷 F_{max} 应按如下确定：

应用公式：

$$F_{max}=\frac{F_d F_u+[F_{min}(F_u-F_d)]}{F_u}$$

从表 1 查得：

$$F_d=9\ 530\ \text{N}$$

$$F_u=60\ 000\ \text{N}$$

以及

$$F_{min}=2\ 700\ \text{N}$$

代入公式：$$F_{max}=\frac{(9\ 530\times 60\ 000)+[2\ 700\times(60\ 000-9\ 530)]}{60\ 000}=11\ 800\text{N}$$

参 考 文 献

[1] ISO 13203—2005 链条链轮名词术语

ICS 13.180
A 25

中华人民共和国国家标准

GB/T 1251.2—2006/ISO 11428:1996
代替 GB 1251.2—1996

人类工效学　险情视觉信号
一般要求、设计和检验

Ergonomics—Visual danger signals—General requirements, design and testing

(ISO 11428:1996, IDT)

2006-10-09 发布　　2007-03-01 实施

中华人民共和国国家质量监督检验检疫总局
中国国家标准化管理委员会　发布

前　言

GB/T 1251 分为三个部分：

——第 1 部分：工作场所的险情信号　险情听觉信号

——第 2 部分：人类工效学　险情视觉信号　一般要求、设计和检验

——第 3 部分：人类工效学　险情和非险情声光信号体系

本部分是 GB/T 1251 的第 2 部分。

本部分等同采用 ISO 11428:1996《人类工效学　险情视觉信号　一般要求、设计和检验》(英文版)，并根据 ISO 11428:1996 翻译起草。

本部分代替 GB 1251.2—1996《人类工效学　险情视觉信号　一般要求　设计和检验》，与 GB 1251.2—1996相比，本部分主要变化如下：

——本部分为推荐性标准，GB 1251.2—1996《人类工效学　险情视觉信号　一般要求　设计和检验》为强制性标准；

——本部分等同采用 ISO 11428:1996，GB 1251.2—1996 根据 ISO/DIS 11428(1992 年版)制定；

——去掉了第 3 章中"亮度"、"照度"和"对比度"等三个术语及其定义；

——第 4 章标题改为"安全与人类工效学要求"；

——第 4 章中"发光面"改为"面光源"；

——第 4 章中增加四幅视野范围示意图；

——增加了 4.3.5；

——第 5 章"测试方法"分解为"物理测试"与"主观测量"两章。

本部分由中国标准化研究院提出。

本部分由全国人类工效学标准化技术委员会归口。

本部分起草单位：中国标准化研究院、总装防化研究院、清华大学、总装航天医学工程研究所、空军航空医学研究所。

本部分主要起草人：叶盛、陈元桥、丁松涛、冉令华、李志忠、张欣、姜国华、郭小朝。

人类工效学　险情视觉信号
一般要求、设计和检验

1　范围

GB/T 1251 的本部分提出了在信号接受区内险情视觉信号的感知准则，规定了险情视觉信号的安全与人类工效学要求、相应的物理测量以及主观视觉检验的方法，提供了信号设计指南，以便使信号可以被清楚地感觉，并与 GB/T 15706.2—1995 中 5.3 所述的相关内容有所区别。

本部分不适用于以下类型的险情指示器：

——以文字或图形呈现信息的；

——以数据显示单元传递信息的。

本部分不适用于特定法规(例如公共灾害和公共交通等)所规定的情况。

2　规范性引用文件

下列文件中的条款通过 GB/T 1251 的本部分的引用而成为本部分的条款。凡是注日期的引用文件，其随后所有的修改单(不包括勘误的内容)或修订版均不适用于本部分，然而，鼓励根据本部分达成协议的各方研究是否可使用这些文件的最新版本。凡是不注日期的引用文件，其最新版本适用于本部分。

GB/T 2893.1—2004　图形符号　安全色和安全标志(ISO 3864-1:2002，MOD)

GB/T 15706.2—1995　机械安全　基本概念与设计通则　第 2 部分：技术原则与规范(eqv ISO/TR 12100-2:1992)

GB/T 18209.1—2000　机械安全　指示、标志和操作　第 1 部分：关于视觉、听觉和触觉信号的要求(idt IEC 61310-1:1995)

IEC 60073:1991　用颜色和辅助方法标记指示器及操作件

3　术语和定义

下列术语和定义适用于本标准。

3.1

险情视觉信号　visual danger signal

指明险情(包括人身伤害或设备事故风险)即将或已经发生的视觉信号，要求人们做出反应并消除或控制险情，或要求采取其他应急措施。

险情视觉信号分为两类：警告视觉信号和紧急视觉信号。

3.1.1

警告视觉信号　visual warning signal

指明危险情形即将发生，要求采取适当措施消除或控制险情的视觉信号。

3.1.2

紧急视觉信号　visual emergency signal

指明危险情形已经开始或正在发生，要求采取应急措施的视觉信号。

3.2

信号接受区　signal reception area

可以察觉拟感知信号并能对其做出反应的区域。

3.3

视野 field of vision;visual field

眼睛在给定位置所能看到的物理空间。

[ISO 8995:1989,3.1.10]

3.4

险情信号灯 danger signal light

利用一个或几个特征(例如亮度[1]、颜色、形状、位置和闪烁模式)拟传递关于险情存在的光源。

4 安全与人类工效学要求

4.1 总则

险情视觉信号的特征为应确保在信号接受区内任何人均能察觉、辨认信号,并对信号做出反应。险情视觉信号应:

——在所有可能的照明条件下清晰可见;

——能从一般照明或其他视觉信号中辨别出来;

——在信号接受区内赋予信号一个特定的涵义。

险情视觉信号应优先于所有其他视觉信号。

紧急视觉信号应优先于所有的警告视觉信号。

应注意定期检查险情视觉信号的有效性,并且每当在信号接受区内引入一种新信号(无论是否为险情信号)时,也应检查信号的有效性。

注1:险情视觉信号与险情听觉信号宜配合使用(如果不是由于特殊情况两种信号相互冲突);当险情信号为紧急信号时,听觉信号和视觉信号宜同时出现(见GB 1251.3)。

注2:险情视觉信号宜有一个相对低亮度的模式(而不是高亮度的警告模式)用于显示信号灯工作正常。

4.2 可觉察性

4.2.1 亮度[1]、照度[1]和对比度[1]

4.2.1.1 总则

两种类型的光源需要区分:面光源和点光源[2]。面光源在日光条件下的视角大于1′,或在黑暗条件大于10′,反之则为点光源。

4.2.1.2 面光源

当光源不被视为较小(点光源)时的所有情况下,其可觉察性的评价指标是表面亮度、背景亮度及对比度。亮度比率(对比度)不受观察距离的影响(除非考虑介质的透射率,见4.5),因此所规定的对比度可以适用于多种观察条件。

警告视觉信号的亮度应至少是背景亮度的5倍。紧急视觉信号的亮度应至少是警告视觉信号的2倍,即至少为背景亮度的10倍。

4.2.1.3 点光源

对于点光源,可觉察性的评价指标是光通量在观察者瞳孔上产生的照度和背景亮度的对比。

图1给出到达观察者瞳孔所需照度与背景亮度之间的关系。

---

1) 参见GB/T 13379中的定义。

2) 参见IEC 60050(845)中的定义。

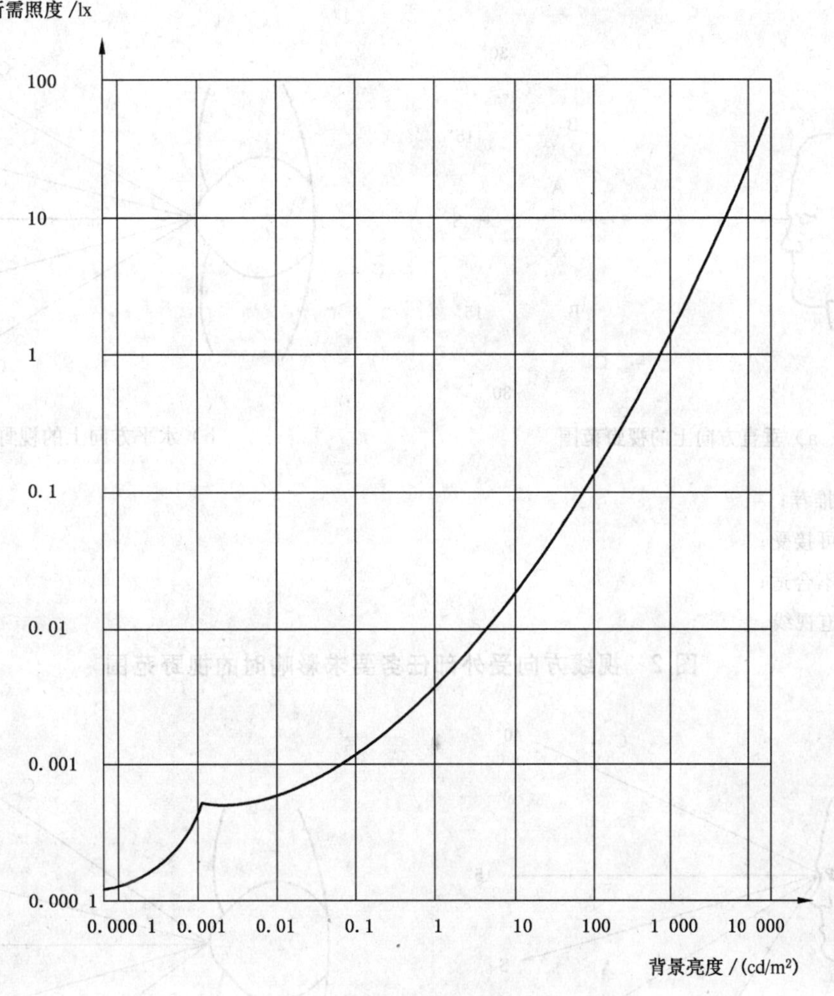

图1 瞳孔所需照度和背景亮度之间的关系

4.2.2 闪烁信号灯

紧急视觉信号应使用闪烁信号灯。

信号灯的闪烁(亦即信号灯的连续开和关)通常可提高信号的可觉察性(吸引注意力的能力),而且可以产生紧迫的感觉。

注1:闪光频率宜为2Hz～3Hz,开和关的间隔时间大致相等。

注2:闪光与声音的同步性一般不作要求,但声光的同步可以提高信号的可觉察性。

注3:频闪效应(例如对旋转机械等的频闪观测)可能会削弱闪光信号的可觉察性。

4.2.3 视野内的信号位置

险情视觉信号宜置于紧邻潜在危险源的适当位置,从而使信号接受区内或将要进入该区域的所有人能立即察觉。此外,不排除在紧邻危险源以外的地方,如控制室或控制面板上设置附加的险情视觉信号。

险情视觉信号接受区应在所有安装设计中明显标出,并指明是否为信号接受区,例如操作者的控制台、部分厂区或整个工厂。

直接显示险情的信号灯应设置在作业地点(信号接受区)的视野之内(见图2、图3和prEN 894-2)。

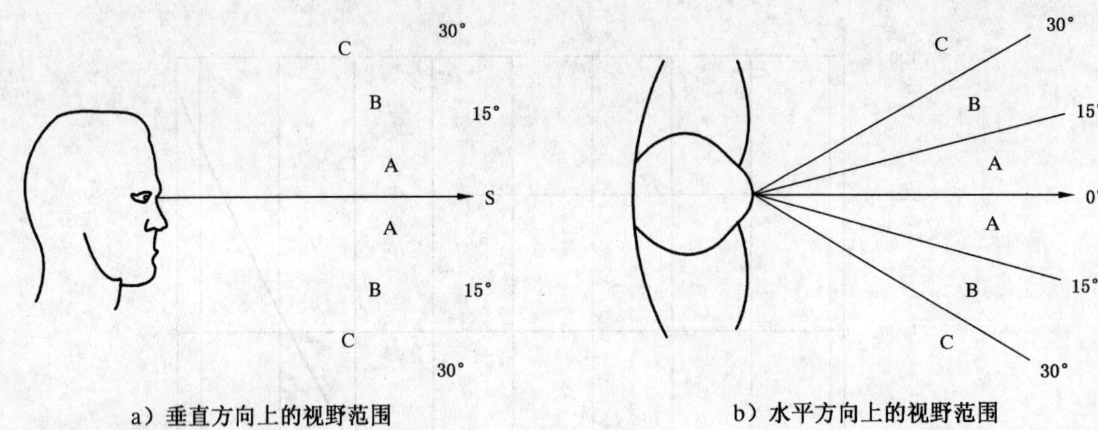

a）垂直方向上的视野范围　　b）水平方向上的视野范围

区域 A——推荐；

区域 B——可接受；

区域 C——不合适；

S 线——受迫视线。

图 2　视线方向受外部任务要求影响时的视野范围

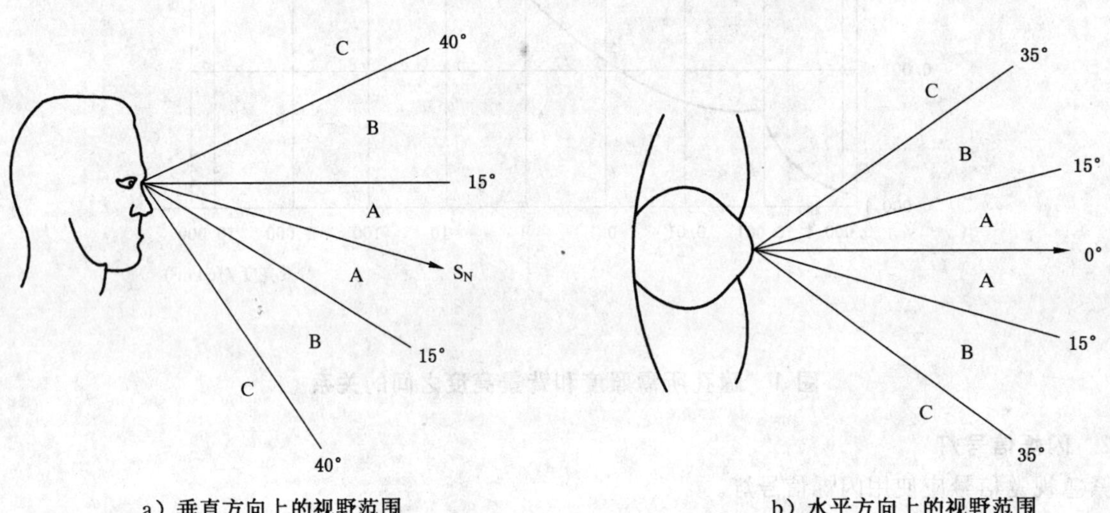

a）垂直方向上的视野范围　　b）水平方向上的视野范围

区域 A——推荐；

区域 B——可接受；

区域 C——不合适；

S_N 线——正常视线(位于水平线向下 15°至 30°)。

图 3　视线方向不受外部任务要求影响时的视野范围

当视线方向因作业活动而改变或几个观察者视野不重合时，应安装额外的信号灯。信号灯的布置应确保在信号接受区内任何一处至少能看到一个险情信号。

4.3　可分辨性

4.3.1　概述

当险情视觉信号被察觉时，采取正确的措施极其重要，因此信号信息需被无歧义地传递。

实现险情信号之间的区分应至少利用以下特征中的两种特征。

4.3.2 信号灯的颜色

警告视觉信号应为黄色或橙黄色。

紧急视觉信号应为红色。

如果警告视觉信号和紧急视觉信号同时应用于作业区域内，且两种信号的颜色虽有差别但不易清晰分辨，则紧急信号的亮度应至少两倍于警告信号的亮度。

信号灯的颜色及其含义应与 GB/T 2893.1、GB/T 18209.1 和 IEC 60073 一致。

注：在险情听觉与视觉系统中，颜色的选择参见 GB 1251.3。有关灯光信号的颜色请参见 GB/T 8417。

4.3.3 布置

宜尽可能合理地布置险情视觉信号，以使观察者能及时、正确地理解险情性质并采取应急措施。

4.3.4 信号灯间的相对位置

如果在一个信号发生装置中使用两个或更多的信号灯，则红色信号灯应总在黄色信号灯之上；如果使用两个红色信号灯，则应水平排列。

4.3.5 闪烁模式

紧急视觉信号应使用闪烁信号灯。宜在一个信号装置中使用一个以上的闪烁信号灯，从而同时产生时间与空间模式的闪烁。

4.4 眩光

4.2 和 4.3 中所规定的险情视觉信号的可觉察性和可分辨性不应因信号接受区内的其他光源（如阳光）产生的眩光而削弱。险情视觉信号本身也不应成为不必要的眩光光源。

4.5 距离

为了增加瞳孔照度或减少所必需的光输出，宜尽可能地缩小光源与观察者之间的距离。

注：由于照度与距离的平方成反比，因此光源到眼睛之间的距离决定到达眼睛的光通量。当光源和观察者之间存在雾、雨、雪、烟、蒸汽或尘埃时，信号的光通量会因介质的透射率降低而下降。有时介质的透射率能低到使灯光信号失效。在这些情况下，宜更多地依靠险情听觉信号。

4.6 持续时间

在察觉险情状态并采取正确措施后，宜降低信号的紧急状态级别。如果遗留的危害可以忽略或是处于可控制状态之下的，宜关闭警告灯。

注：当不再需要险情视觉信号时，可根据 GB 1251.3 的规定使用“解除警报信号”。

5 物理测量

宜对视觉险情信号进行照度和（或）亮度的测量（见 4.2.1），从而确保险情信号满足本部分的要求和建议。但是，物理测量的数据不应作为险情视觉信号有效性的唯一依据。

6 主观视觉检验

由于许多场合的视觉环境极其复杂，而且考虑到不同观察者的个体和能力差异，宜用具有代表性的人群样本检验险情视觉信号系统。

为了具有代表性，受试小组应包括如下人员：

——年龄大于 45 岁的人员；

——视敏度低于 0.8 的人员；

——有色觉缺陷（红绿色盲）的人员；

——佩戴护目镜的人员。

在险情视觉信号发出时对受试小组进行观察（受试小组由 5 名或 5 名以下人员组成，预先不通知受试人员将要进行测试），从而进行险情视觉信号的主观视觉检验。如果所有受试者以本能的姿势或评论做出反应，则可结束检验。如果有些受试者未表现出任何明显的反应，则要在检验结束后立即询问他们在试验期间最后几分钟的视觉印象。根据得到的回答，将视觉检验的结果作为险情视觉信号有效性的指标。

主观视觉检查宜在各种场所、不同照明条件和不同的受试人员的情况下多次重复进行，直至获得一组有代表性的测试结果为止。

如果所有受试人员均有反应，则认为该险情视觉信号系统符合要求。

参 考 文 献

[1] GB 1251.3—1996 人类工效学 险情和非险情声光信号体系(eqv ISO/DIS 11429:1992)

[2] GB/T 8417—2003 灯光信号颜色

[3] ISO 8995:1989 Principles of visual ergonomics-The lighting of indoor work systems

[4] IEC 60050(845):1987 International electrotechnical vocabulary-chapter 845:Lighting (identical with CIE 17.4 international lighting vocabulary, 4th ed 1987)

[5] EN 292-2:1991/A1:1995 Safety of machinery-Basic concepts, general principles for design—Part 2:Technical principles and specifications(equivalent to ISO 12100-2)

[6] prEN 894-2:1992 Safety of machinery-Ergonomics requirements for the design of displays and control actuator—Part 2:Displays

ICS 71.040.30
G 62

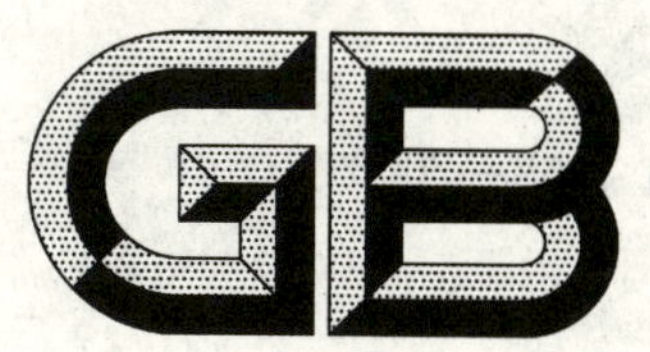

中华人民共和国国家标准

GB/T 1263—2006
代替 GB/T 1263—1986

化学试剂 十二水合磷酸氢二钠(磷酸氢二钠)

Chemical reagent—Disodium hydrogen phosphate dodecahydrate

(ISO 6353-2:1983, Reagents for chemical analysis—Part 2: Specifications—First series, NEQ)

2006-09-01 发布 2007-04-01 实施

中华人民共和国国家质量监督检验检疫总局
中国国家标准化管理委员会 发布

前　言

本标准给出优级纯、分析纯、化学纯三个级别。

本标准(分析纯)与 ISO 6353-2:1983《化学分析试剂　第 2 部分:规格　第 1 系列》(其中 R33“十二水合磷酸氢二钠”)的一致性程度为非等效。

本标准代替 GB/T 1263—1986《化学试剂　磷酸氢二钠》,与 GB/T 1263—1986 相比,主要差异如下:

——本标准中将产品名称改为《化学试剂　十二水合磷酸氢二钠(磷酸氢二钠)》;

——将项目名称“水溶液反应”改为“pH 值”(前版本的 1.2,本版标准的第 4 章);

——将“硫酸盐”分析纯的项目指标由“≤0.01%”改为“≤0.005%”,测定方法改为“化学试剂　硫酸盐测定通用方法”(前版本的 1.3、2.3.4,本版标准的第 4 章、5.7);

——将“钾”化学纯的项目指标由“≤0.1%”改为“≤0.05%”(前版本的 1.3,本版标准的第 4 章);

——项目名称“氮化合物”改为“总氮量”(前版本的 1.3,本版标准的第 4 章);

——“铁”测定方法改为“化学试剂　铁测定通用方法”(前版本的 2.3.7,本版标准的 5.11)。

本标准由中国石油和化学工业协会提出。

本标准由全国化学标准化技术委员会化学试剂分会(SAC/TC 63/SC 3)归口。

本标准由北京益利精细化学品有限公司负责起草。

本标准主要起草人:赵玉峰、毕永萍。

本标准于 1960 年首次发布,于 1977 年第一次修订、1986 年第二次修订。

化学试剂
十二水合磷酸氢二钠(磷酸氢二钠)

1 范围

本标准规定了化学试剂　十二水合磷酸氢二钠的规格、试验方法、检验规则和包装及标志。

本标准适用于化学试剂　十二水合磷酸氢二钠的检验。

2 规范性引用文件

下列文件中的条款通过本标准的引用而成为本标准的条款。凡是注日期的引用文件,其随后所有的修改单(不包括勘误的内容)或修订版均不适用于本标准,然而,鼓励根据本标准达成协议的各方研究是否可使用这些文件的最新版本。凡是不注日期的引用文件,其最新版本适用于本标准。

GB/T 601　化学试剂　标准滴定溶液的制备

GB/T 602　化学试剂　杂质测定用标准溶液的制备(neq ISO 6353-1:1982)

GB/T 603　化学试剂　试验方法中所用制剂及制品的制备(neq ISO 6353-1:1982)

GB/T 609　化学试剂　总氮量测定通用方法(idt ISO 6353-1:1982)

GB/T 610.1　化学试剂　砷测定通用方法(砷斑法)

GB/T 619　化学试剂　采样及验收规则

GB/T 6682　化学试剂　分析试验室用水规格和试验方法(eqv ISO 3696:1987)

GB/T 9723—1988　化学试剂　火焰原子吸收光谱法通则

GB/T 9724　化学试剂　pH 值测定通则(eqv ISO 6353-1:1982)

GB/T 9728　化学试剂　硫酸盐测定通用方法(eqv ISO 6353-1:1982)

GB/T 9738　化学试剂　水不溶物测定通用方法(eqv ISO 6353-1:1982)

GB/T 9739　化学试剂　铁测定通用方法(eqv ISO 6353-1:1982)

GB 15346　化学试剂　包装及标志

HG/T 3484　化学试剂　标准玻璃乳浊液和澄清度标准

3 性状

分子式:$Na_2HPO_4 \cdot 12H_2O$

相对分子质量:358.14(根据 1999 年国际相对原子质量)

本试剂为无色结晶,溶于水,在干燥空气中易风化。

4 规格

十二水合磷酸氢二钠的规格见表 1。

表 1

名　　称	优级纯	分析纯	化学纯
十二水合磷酸氢二钠($Na_2HPO_4 \cdot 12H_2O$),w/%	≥99.0	≥99.0	≥98.0
pH 值(50 g/L,25℃)	9.1~9.4	9.1~9.4	9.1~9.4
澄清度试验	合格	合格	合格

表 1(续)

名　称	优级纯	分析纯	化学纯
水不溶物,w/%	≤0.005	≤0.005	≤0.01
氯化物(Cl),w/%	≤0.000 5	≤0.001	≤0.003
硫酸盐(SO_4),w/%	≤0.005	≤0.005	≤0.03
总氮量(N),w/%	≤0.001	≤0.002	≤0.005
砷(As),w/%	≤0.000 05	≤0.000 5	≤0.002
钾(K),w/%	≤0.005	≤0.01	≤0.05
铁(Fe),w/%	≤0.000 5	≤0.000 5	≤0.001
重金属(以 Pb 计),w/%	≤0.000 5	≤0.000 5	≤0.001

5　试验方法

5.1　一般规定

本章中除另有规定外,所用标准滴定溶液、标准溶液、制剂及制品,均按 GB/T 601、GB/T 602、GB/T 603 的规定制备,实验用水应符合 GB/T 6682—1992 中三级水规格,样品均按精确至 0.01 g 称量。本标准中所用溶液以(%)表示的均为质量分数。

5.2　含量

称取 5 g 样品,精确至 0.000 1 g。溶于 100 mL 不含二氧化碳水中,用校正过的酸度计(精度为 0.02 pH单位),以玻璃电极为指示电极,饱和甘汞电极为参比电极,用硫酸标准滴定溶液$\left[c\left(\frac{1}{2}H_2SO_4\right)=0.5\ \text{mol/L}\right]$滴定至 pH=4.4 为终点。

十二水合磷酸氢二钠的质量分数 w,数值以“%”表示,按式(1)计算:

$$w=\frac{V\times c\times M}{m\times 1\,000}\times 100 \qquad \cdots\cdots(1)$$

式中:

V——硫酸标准滴定溶液体积的数值,单位为毫升(mL);

c——硫酸标准滴定溶液浓度的准确数值,单位为摩尔每升(mol/L);

M——十二水合磷酸氢二钠摩尔质量的数值,单位为克每摩尔(g/mol)[$M(Na_2HPO_4\cdot 12H_2O)=358.14$];

m——样品质量的数值,单位为克(g)。

5.3　pH 值

按 GB/T 9724 的规定测定。

5.4　澄清度试验

称取 20 g 样品,溶于 100 mL 水中,其浊度不得大于 HG/T 3484 中规定的下列澄清度标准。

优级纯 ………………………………… 2 号;
分析纯 ………………………………… 3 号;
化学纯 ………………………………… 4 号。

5.5　水不溶物

将澄清度试验的溶液(5.4),在水浴上保温 1 h 后,按 GB/T 9738 的规定测定。

5.6　氯化物

称取 2 g 样品(分析纯称取 1 g、化学纯称取 0.5 g),溶于 25 mL 水中,加 2 mL 硝酸溶液(25%),加 1 mL 硝酸银溶液(17 g/L)摇匀,放置 10 min。溶液所呈浊度不得大于标准比浊溶液。

标准比浊溶液的制备是取含下列数量的氯化物标准溶液：

优级纯、分析纯 ………… 0.010 mg Cl；

化学纯 ………………… 0.015 mg Cl。

与样品同时同样处理。

5.7 硫酸盐

称取 2 g 样品(化学纯称取 1 g)，溶于 80 mL 水中，用盐酸溶液(20%)调节溶液至 pH 为 5～6，稀释至 100 mL，取 20 mL。加 0.5 mL 盐酸溶液(20%)酸化后，按 GB/T 9728 的规定测定。溶液所呈浊度不得大于标准比浊溶液。

标准比浊溶液的制备是取含下列数量的硫酸盐标准溶液：

优级纯、分析纯 ………… 0.02 mg SO_4；

化学纯 ………………… 0.06 mg SO_4。

稀释至 20 mL，与同体积样品溶液同时同样处理。

5.8 总氮量

称取 1 g 样品，溶于 140 mL 水后，按 GB/T 609 的规定测定。溶液所呈黄色不得深于标准比色溶液。

标准比色溶液的制备是取含下列数量的氮标准溶液：

优级纯 …………………… 0.01 mg N；

分析纯 …………………… 0.02 mg N；

化学纯 …………………… 0.05 mg N。

与样品同时同样处理。

5.9 砷

称取 4 g 样品(分析纯、化学纯称取 0.5 g)，按 GB/T 610.1 的规定测定。溴化汞试纸所呈棕黄色不得深于标准比色试纸。

标准比色试纸的制备是取含下列数量的砷标准溶液：

优级纯 ………………… 0.002 0 mg As；

分析纯 ………………… 0.002 5 mg As；

化学纯 ………………… 0.010 0 mg As。

与样品同时同样处理。

5.10 钾

按 GB/T 9723 的规定测定。

5.10.1 仪器条件

光源：钾空心阴极灯；

波长：766.5 nm；

火焰：乙炔-空气。

5.10.2 测定方法

称取 5 g 样品，溶于水，稀释至 100 mL，取 20 mL(化学纯 4 mL)共 4 份。按 GB/T 9723—1988 中 6.2.2 的规定测定。

5.11 铁

称取 1 g 样品，溶于 15 mL 水，用盐酸溶液(15%)将溶液 pH 值调至 2。按 GB/T 9739 的规定测定。溶液所呈红色不得深于标准比色溶液。

标准比色溶液的制备是取含下列数量的铁标准溶液：

优级纯、分析纯 ………… 0.005 mg Fe；

化学纯 ………………… 0.010 mg Fe。

稀释至 15 mL，与同体积样品溶液同时同样处理。

5.12 重金属

称取 4 g 样品，溶于水，加 20 mL 盐酸溶液[c(HCl)=1 mol/L]，稀释至 30 mL，用氢氧化钠溶液[c(NaOH)=1 mol/L](约 6.5 mL)调节至 pH 为 3～4，稀释至 40 mL。取 30 mL 稀释至 40 mL。加 10 mL新制备的饱和硫化氢水，摇匀，放置 10 min。溶液所呈暗色不得深于标准比色溶液。

标准比色溶液的制备是取剩余的 10 mL 样品溶液及含下列数量的铅标准溶液。

优级纯、分析纯 ………… 0.01 mg Pb；

化学纯 …………………… 0.02 mg Pb。

稀释至 40 mL，与同体积样品溶液同时同样处理。

6 检验规则

按 GB/T 619 的规定进行采样及验收。

7 包装及标志

按 GB 15346 的规定进行包装，贮存与运输，并给出标志，其中：

包装单位：第 4.5 类；

内包装形式：NB-4、NBY-4、NB-5、NBY-5、NB-7、NB-8、NB-10、NB-11、NB-13、NB-15；

隔离材料：GC-2、GC-3、GC-4；

外包装形式：WB-1、WB-2、WB-3。

ICS 71.040.30
G 62

中华人民共和国国家标准

GB/T 1266—2006
代替 GB/T 1266—1986

化学试剂　氯化钠

Chemical reagent—Sodium chloride

(ISO 6353-2:1983, Reagents for chemical analysis—Part 2: Specifications—First series, NEQ)

2006-09-01 发布　　2007-04-01 实施

中华人民共和国国家质量监督检验检疫总局
中国国家标准化管理委员会　发布

前　言

本标准给出优级纯、分析纯、化学纯三个级别。

本标准(优级纯)与 ISO 6353-2:1983《化学分析试剂　第 2 部分:规格　第一系列》(其中 R32“氯化钠”)的一致性程度为非等效。

本标准代替 GB/T 1266—1986《化学试剂　氯化钠》,与 GB/T 1266—1986 相比主要变化如下:

——将项目名称“水溶液反应”改为“pH 值”(前版的 1.2,本版的 4);

——将项目名称“干燥失重”改为“干燥失量”(前版的 1.3,本版的 4);

——将项目名称“氮化合物”改为“总氮量”(前版的 1.3,本版的 4),测定方法改为“化学试剂总氮量测定通用方法”(前版的 2.3.7,本版的 5.10);

——“磷酸盐”测定方法改为“化学试剂　磷酸盐测定通用方法”(前版的 2.3.8,本版的 5.11);

——“钾”测定方法中减少了样品的称取量(前版的 2.3.10,本版的 5.14);

——“铁”测定方法中减少了样品的称取量(前版的 2.3.13,本版的 5.17)。

本标准由中国石油和化学工业协会提出。

本标准由全国化学标准化技术委员会化学试剂分会(SAC/TC 63/SC 3)归口。

本标准由南京化学试剂一厂负责起草。

本标准主要起草人:王浩。

本标准于 1964 年首次发布,于 1977 年第一次修订,1986 年第二次修订。

化学试剂　氯化钠

1　范围

本标准规定了化学试剂　氯化钠的规格、试验方法、检验规则和包装及标志。

本标准适用于化学试剂　氯化钠的检验。

2　规范性引用文件

下列文件中的条款通过本标准的引用而成为本标准的条款。凡是注日期的引用文件，其随后所有的修改单(不包括勘误的内容)或修订版均不适用于本标准，然而，鼓励根据本标准达成协议的各方研究是否可使用这些文件的最新版本。凡是不注日期的引用文件，其最新版本适用于本标准。

GB/T 601　化学试剂　标准滴定溶液的制备

GB/T 602　化学试剂　杂质测定用标准溶液的制备(neq ISO 6353-1:1982)

GB/T 603　化学试剂　试验方法中所用制剂及制品的制备(neq ISO 6353-1:1982)

GB/T 609—1988　化学试剂　总氮量测定通用方法(idt ISO 6353-1:1982)

GB/T 610.1—1988　化学试剂　砷测定通用方法(砷斑法)

GB/T 619　化学试剂　采样及验收规则

GB/T 6682　分析实验室用水规格和试验方法(eqv ISO 3696:1987)

GB/T 9723—1988　化学试剂　火焰原子吸收光谱法通则

GB/T 9724　化学试剂　pH 值测定通则(eqv ISO 6353-1:1982)

GB/T 9727—1988　化学试剂　磷酸盐测定通用方法(neq ISO 6353-1:1982)

GB/T 9728　化学试剂　硫酸盐测定通用方法(eqv ISO 6353-1:1982)

GB/T 9735　化学试剂　重金属测定通用方法(eqv ISO 6353-1:1982)

GB/T 9738　化学试剂　水不溶物测定通用方法(eqv ISO 6353-1:1982)

GB/T 9739　化学试剂　铁测定通用方法(eqv ISO 6353-1:1982)

GB 15346　化学试剂　包装及标志

HG/T 3484　化学试剂　标准玻璃乳浊液和澄清度标准

3　性状

分子式：NaCl

相对分子质量：58.44(根据 2003 年国际相对原子质量)

本试剂为无色结晶，溶于水，几乎不溶于乙醇。

4　规格

氯化钠的规格见表 1。

表 1

名　　称	优级纯	分析纯	化学纯
氯化钠(NaCl)，w/%	≥99.8	≥99.5	≥99.5
pH 值(50 g/L，25℃)	5.0～8.0	5.0～8.0	5.0～8.0

表 1(续)

名　　称	优级纯	分析纯	化学纯
澄清度试验	合格	合格	合格
水不溶物,w/%	≤0.003	≤0.005	≤0.02
干燥失量,w/%	≤0.2	≤0.5	≤0.5
碘化物(I),w/%	≤0.001	≤0.002	≤0.012
溴化物(Br),w/%	≤0.005	≤0.01	≤0.05
硫酸盐(SO_4),w/%	≤0.001	≤0.002	≤0.005
总氮量(N),w/%	≤0.000 5	≤0.001	≤0.003
磷酸盐(PO_4),w/%	≤0.000 5	≤0.001	—
砷(As),w/%	≤0.000 02	≤0.000 05	≤0.000 1
镁(Mg),w/%	≤0.001	≤0.002	≤0.005
钾(K),w/%	≤0.01	≤0.02	≤0.04
钙(Ca),w/%	≤0.002	≤0.005	≤0.01
六氰合铁(Ⅱ)酸盐[以 $Fe(CN)_6$ 计],w/%	≤0.000 1	≤0.000 1	—
铁(Fe),w/%	≤0.000 1	≤0.000 2	≤0.000 5
钡(Ba),w/%	≤0.001	≤0.001	≤0.001
重金属(以 Pb 计),w/%	≤0.000 5	≤0.000 5	≤0.001

5　试验方法

5.1　一般规定

本章中除另有规定外,所用标准滴定溶液、标准溶液、制剂及制品,均按 GB/T 601、GB/T 602、GB/T 603 的规定制备,实验用水应符合 GB/T 6682 中三级水规格,样品均按精确至 0.01 g 称量。本标准中所用溶液以(%)表示的均为质量分数。

5.2　含量

称取 0.2 g 于 130℃干燥恒量的样品,精确至 0.000 1 g。溶于 70 mL 水中,加 10 mL 淀粉溶液(10 g/L),在摇动下用硝酸银标准滴定溶液[$c(AgNO_3)=0.1$ mol/L]避光滴定,近终点时,加 3 滴荧光素指示液(5 g/L),继续滴定至乳液呈粉红色。

氯化钠的质量分数 w_1,数值以"%"表示,按式(1)计算:

$$w_1=\frac{V\times c\times M}{m\times 1\,000}\times 100 \qquad (1)$$

式中:

V——硝酸银标准滴定溶液体积的数值,单位为毫升(mL);

c——硝酸银标准滴定溶液浓度的准确数值,单位为摩尔每升(mol/L);

M——氯化钠的摩尔质量的数值,单位为克每摩尔(g/mol)[$M(NaCl)=58.44$];

m——样品质量的数值,单位为克(g)。

5.3　pH 值

按 GB/T 9724 的规定测定。

5.4　澄清度试验

称取 25 g 样品,溶于 100 mL 水中,其浊度不得大于 HG/T 3484 中规定的下列澄清度标准:

优级纯 …………………………………… 2号；
分析纯 …………………………………… 3号；
化学纯 …………………………………… 4号。

5.5 水不溶物

称取 50 g 样品，溶于 200 mL 水中，在水浴上保温 1 h 后，按 GB/T 9738 的规定测定。

5.6 干燥失量

称取 3 g 样品，精确至 0.000 1 g，置于已在 130℃恒量的称量瓶中，于 130℃的电烘箱中干燥至恒量。

干燥失量的质量分数 w_2，数值以"%"表示，按式(2)计算：

$$w_2 = \frac{m - m_1}{m} \times 100 \qquad \cdots\cdots(2)$$

式中：

m——干燥前样品质量的数值，单位为克(g)；

m_1——干燥至恒量后样品质量的数值，单位为克(g)。

5.7 碘化物

5.8 溴化物

碘化物：称取 11 g 样品，溶于 50 mL 水中，移入分液漏斗中，加 2 mL 盐酸及 5 mL 三氯化铁溶液(100 g/L)，摇匀，放置 5 min。加 10 mL 四氯化碳，振摇 1 min，静置分层，收集有机相于比色管中。水相再每次用 5 mL 四氯化碳萃取两次，并入比色管中(保留水相)。有机相所呈紫红色不得深于标准比色溶液。

溴化物：将分液漏斗中的水相，每次用 5 mL 四氯化碳萃取两次，弃去有机相。于水相中加 35 mL 硫酸溶液(1+1)及 10 mL 铬酸溶液(100 g/L)，摇匀，放置 5 min。加 10 mL 四氯化碳，振摇 1 min，静置分层，收集有机相于比色管中。水相再用 5 mL 四氯化碳萃取，并入比色管中。有机相所呈黄色不得深于标准比色溶液。

标准比色溶液的制备是取 1 g 样品及含下列数量的碘和溴的标准溶液：

优级纯 ………… 0.1 mg I 及 0.5 mg Br；
分析纯 ………… 0.2 mg I 及 1.0 mg Br；
化学纯 ………… 1.2 mg I 及 5.0 mg Br。

与样品同时同样处理。

5.9 硫酸盐

称取 1 g 样品，溶于 20 mL 水中，加 0.5 mL 盐酸溶液(20%)酸化后，按 GB/T 9728 的规定测定。溶液所呈浊度不得大于标准比浊溶液。

标准比浊溶液的制备是取含下列数量的硫酸盐标准溶液：

优级纯 ………………………… 0.01 mg SO_4；
分析纯 ………………………… 0.02 mg SO_4；
化学纯 ………………………… 0.05 mg SO_4。

与样品同时同样处理。

5.10 总氮量

称取 2 g 样品，溶于 140 mL 水中，按 GB/T 609—1988 的规定测定。溶液所呈黄色不得深于标准比色溶液。

标准比色溶液的制备是取含下列数量的氮标准溶液：

优级纯 ………………………… 0.01 mg N；
分析纯 ………………………… 0.02 mg N；
化学纯 ………………………… 0.06 mg N。

与样品同时同样处理。

5.11 **磷酸盐**

称取 1 g 样品，溶于适量水中，加 2 滴饱和 2,4-二硝基酚指示液，滴加硝酸溶液(13%)至黄色刚刚消失，稀释至 10 mL 后，按 GB/T 9727—1988 的规定测定。有机层所呈蓝色不得深于标准比色溶液。

标准比色溶液的制备是取含下列数量的磷酸盐标准溶液：

优级纯 ………………… 0.005 mg PO_4；
分析纯 ………………… 0.010 mg PO_4。

与样品同时同样处理。

5.12 **砷**

称取 5 g 样品，按 GB/T 610.1—1988 的规定测定。溴化汞试纸所呈棕黄色不得深于标准比色试纸。

标准比色试纸的制备是取含下列数量的砷标准溶液：

优级纯 ………………… 0.001 0 mg As；
分析纯 ………………… 0.002 5 mg As；
化学纯 ………………… 0.005 0 mg As。

与样品同时同样处理。

5.13 **镁**

按 GB/T 9723—1988 之规定测定。

5.13.1 **仪器条件**

光源：镁空心阴极灯；
波长：285.2 nm；
火焰：乙炔-空气。

5.13.2 **测定方法**

称取 10 g 样品，溶于水，稀释至 100 mL。取 10 mL 共 4 份。按 GB/T 9723—1988 中 6.2.2 的规定测定。

5.14 **钾**

按 GB/T 9723—1988 的规定测定。

5.14.1 **仪器条件**

光源：钾空心阴极灯；
波长：766.5 nm；
火焰：乙炔-空气。

5.14.2 **测定方法**

称取 5 g 样品，溶于水，稀释至 100 mL。取 10 mL(化学纯取 5 mL)共 4 份。按 GB/T 9723—1988 中 6.2.2 的规定测定。

5.15 **钙**

按 GB/T 9723—1988 的规定测定。

5.15.1 **仪器条件**

光源：钙空心阴极灯；
波长：422.7 nm；
火焰：乙炔-空气。

5.15.2 **测定方法**

称取 10 g 样品，溶于水，稀释至 100 mL。取 20 mL 共 4 份。按 GB/T 9723—1988 中 6.2.2 的规定测定。

5.16 六氰合铁(Ⅱ)酸盐

5.16.1 磷酸二氢钠溶液的制备

称取 20 g 磷酸二氢钠($NaH_2PO_4 \cdot 2H_2O$),溶于水中,加 1 mL 硫酸(20%),稀释至 100 mL。

5.16.2 测定

称取 3.5 g 样品,溶于 12 mL 水中,加 0.2 mL 硫酸溶液(20%),加 0.2 mL 铁-亚铁混合液,摇匀,放置 2 min。加 1 mL 磷酸二氢钠溶液,摇匀,放置 30 min。溶液所呈蓝色不得深于标准比色溶液。

标准比色溶液的制备是取含 0.002 5 mg 六氰合铁二酸盐[$Fe(CN)_6$)标准溶液,加 1 g 样品及 12 mL水,溶解后,与同体积样品溶液同时同样处理。

5.17 铁

称取 3 g 样品,溶于 15 mL 水中,用盐酸溶液(15%)将溶液的 pH 值调至 2 后,按 GB/T 9739—1988 的规定测定。溶液所呈红色不得深于标准比色溶液。

标准比色溶液的制备是取含下列数量的铁标准溶液:

优级纯 ························ 0.003 mg Fe;
分析纯 ························ 0.006 mg Fe;
化学纯 ························ 0.015 mg Fe。

与样品同时同样处理。

5.18 钡

5.18.1 溶液Ⅰ的制备:

准确称取 0.02 g 氯化钡,溶于 100 mL 乙醇溶液(3+7)中。取 2.5 mL 与 10 mL 硫酸钠($Na_2SO_4 \cdot 10H_2O$)溶液(400 g/L)混合,准确放置 1 min(使用前混合)。

5.18.2 测定方法:

称取 1 g 样品,溶于水中,稀释至 20 mL,加 0.5 mL 盐酸溶液(20%)。加入至 1.25 mL 溶液Ⅰ中,稀释至 25 mL,放置 15 min,溶液所呈浊度不得大于标准比浊溶液。

标准比浊溶液的制备是取含 0.01 mg 钡(Ba)标准溶液,与样品同时同样处理。

5.19 重金属

称取 4 g 样品,溶于水,稀释至 20 mL。取 15 mL,按 GB/T 9735 的规定测定。溶液所呈暗色不得深于标准比色溶液。

标准比色溶液的制备是取剩余的 5 mL 样品溶液及含下列数量的铅标准溶液:

优级纯、分析纯 ·············· 0.01 mg Pb;
化学纯 ························ 0.02 mg Pb。

稀释至 15 mL,与同体积样品溶液同时同样处理。

6 检验规则

按 GB/T 619 的规定进行采样及验收。

7 包装及标志

按 GB 15346 的规定进行包装、贮存与运输,并给出标志,其中:

包装单位:第 4、5 类;

内包装形式:NB-4、NBY-4、NB-5、NBY-5、NB-7、NB-8、NB-10、NB-11、NB-13、NB-15;

隔离材料:GC-2、GC-3、GC-4;

外包装形式:WB-1、WB-2、WB-3。

ICS 29.035.60
K 15

中华人民共和国国家标准

GB/T 1310.1—2006/IEC 60394-1:1972
代替 GB/T 1310—1987

电气用浸渍织物 第1部分:定义和一般要求

Varnished fabrics for electrical purposes—
Part 1:Definitions and general requirements

(IEC 60394-1:1972,IDT)

2006-11-09 发布　　2007-04-01 实施

中华人民共和国国家质量监督检验检疫总局
中国国家标准化管理委员会　发布

前　言

GB/T 1310《电气用浸渍织物》目前包括3个部分：

——第1部分：定义和一般要求；

——第2部分：试验方法；

——第3部分：单项材料规范。

本部分为GB/T 1310的第1部分。

本部分等同采用IEC 60394-1:1972《电气用浸渍织物　第1部分：定义和一般要求》(英文版)。

为便于使用，本部分做了下列编辑性修改：

a) 删除了国际标准的前言，将国际标准的“引言”内容编入本部分第1章“范围”中；

b) 将第2章的“PETP”改为“PET”。

本部分代替GB/T 1310—1987《电气绝缘漆布检验、标志、包装、运输、贮存通用规则》。

本部分与GB/T 1310—1987相比主要变化如下：

a) 增加了“范围”、“代号”、“定义”、“一般要求”和“尺寸”章节及内容；

b) 删除了“检验规则”一章；

c) 将“标志和包装”和“运输和贮存”的内容合并为第6章“供货条件”；

d) 产品的贮存条件和贮存期改为由单项材料规范规定。

本部分由中国电器工业协会提出。

本部分由全国绝缘材料标准化技术委员会(SAC/TC 51)归口。

本部分起草单位：桂林电器科学研究所。

本部分主要起草人：赵莹。

本部分所代替标准的历次版本发布情况为：

——GB/T 1310—1977、GB/T 1310—1987。

电气用浸渍织物
第1部分:定义和一般要求

1 范围

本部分规定了电气用浸渍织物有关的定义和应达到的一般要求。

本部分适用于以棉、天然丝或合成纤维(包括玻璃纤维)织物为基材,以整幅成卷、成张或切成各种宽度的带材供应的浸渍织物。

2 代号

浸渍织物用代号表示时,先表示漆或树脂的类别,然后表示基材的类型,下面列举了几种比较常用的材料代号:

漆的类别

OR	油性树脂
PF	酚醛
AK	醇酸
PUR	聚氨酯
EP	环氧
SI	有机硅
BT	沥青

基材的类别

C	棉
R	人造丝
S	丝
PET	聚对苯二甲酸乙二醇酯
G	玻璃
PA	聚酰胺

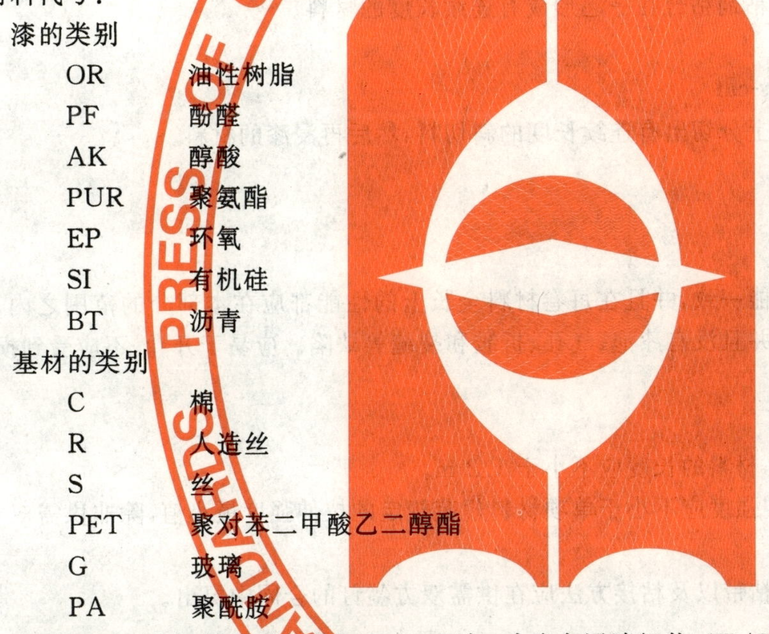

例如:油性树脂-棉浸渍织物,OR/C;环氧-玻璃布浸渍织物,EP/G。

需要时可将代号字母联用,以省略说明。

如果有明显需要,可添加其他材料及符号。

注:耐热性试验方法正在考虑,一旦可能就提出表示耐热性的附加代号。

材料表面涂层的状态(例如干燥、油污、发粘以及颜色等)由供需双方协商。

3 定义

下列定义适用于本部分。

3.1

整幅宽材料 full width material

带或不带织边的具有生产宽度的(例如1 m的定货宽度)材料。

3.2

分切材料 slit material

从整幅材料上分切下来的不带织边的材料。

3.3

直切料　straight-cut

平行于材料经线方向分切的材料。

3.4

斜切料　bias-cut

经线和纬线与切边成非 0°或非 90°角分切的材料。

3.5

条状斜切料　panel form bias-cut

未接合在一起的短段斜切材料。

3.6

缝合斜切料　sewn bias-cut

短段斜切材料在浸漆前或浸漆后缝合在一起形成有连续长度的材料。

3.7

粘合斜切料　stuck bias-cut

短段斜切材料在浸漆后用胶粘剂粘合在一起形成有连续长度的材料。

3.8

无接头斜切料　seamless bias-cut

用螺旋切割法从编织圆筒布上分切出有连续长度的斜切料，然后再浸漆的材料。

4　一般要求

4.1　质量

任何一批交付的材料应尽可能一致，并且在每卷材料全长上的性能都应在本部分的范围之内。浸渍织物应柔软，表面应均匀、平滑并且没有漆泡、气孔、折皱和裂缝等缺陷。应易于开卷，不应受到损伤。

4.2　斜切材料的接头

4.2.1　缝合或粘合的斜切材料

在任何两个相邻的接头之间，材料的长度应不小于 1.2 m。

接头不需标志，接头处的拉伸强度应不小于单项材料规范规定的拉伸强度最小值，除非供需双方另有协议。

用来粘合接头的胶粘剂或胶粘带以及粘接方法应在供需双方签订的合同中提出。

4.2.2　条状斜切材料

应由不小于 1.2 m 长的若干单条材料卷成所推荐的卷长。可将单条材料用夹垫有连续长度的合适材料卷成具有合适的总长度的卷。

5　尺寸

5.1　厚度

浸渍织物的标称厚度应是下列尺寸之一：0.06 mm、0.08 mm、0.10 mm、0.12 mm、0.15 mm、0.20 mm、0.25 mm、0.30 mm、0.40 mm、0.50 mm、0.60 mm。

所测厚度的中值应在标称值±10％之内或在标称厚度±0.01 mm 之内，这两者中取其公差较大的一个。

测量应按试验方法规定进行。

5.2　宽度

整幅宽材料(例如 1 m 宽)应有±2.5％的公差。对于宽度稍窄的材料，其公差应由供需双方协议确定。

分切材料的公差对小于和等于 100 mm 宽的材料应是±0.5 mm,而大于 100 mm 宽的材料应是±1%。

5.3 长度

卷材的标称长度是最小长度,推荐的长度是 50 m 和 100 m。

除了条状斜切材料外,任何其他卷材每卷中的段数不应多于两段,而且每段的长度不应小于 10 m。如果在两段之间的接头上,不能保持材料的电性能或机械性能或这两种性能,则接头应作标志。

接头标志应采用不开卷就能看见的方法制作。

6 供货条件

材料应卷在硬纸芯或其他合适的芯轴上,芯轴的内径应由供需双方协商,最好应是 40 mm 或 55 mm。成张的材料可成叠供货。

材料应放在包装物中,使其在运输、装卸和贮存过程中可得到适当的保护。

材料的型号、宽度和厚度,卷材的长度或成叠材料的张数以及制造日期应清楚地标志在每个包装物的外面。

ICS 29.035.99
K 15

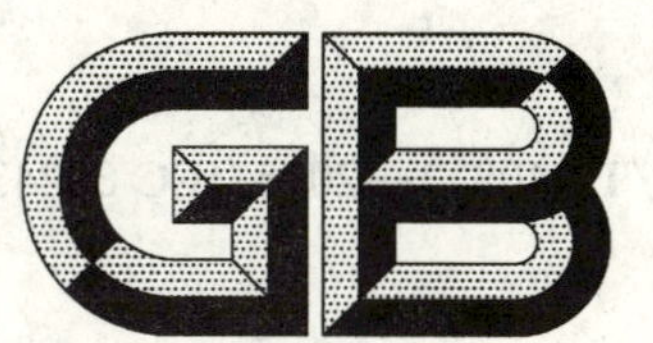

中华人民共和国国家标准

GB/T 1408.1—2006/IEC 60243-1:1998
代替 GB/T 1408.1—1999

绝缘材料电气强度试验方法
第1部分:工频下试验

Electrical strength of insulating materials—Test methods—
Part 1:Tests at power frequencies

(IEC 60243-1:1998,IDT)

2006-11-09 发布　　　　2007-04-01 实施

中华人民共和国国家质量监督检验检疫总局
中国国家标准化管理委员会　发布

前言

GB/T 1408《绝缘材料电气强度试验方法》目前包括3个部分：

——第1部分：工频下试验；

——第2部分：对应用直流电压试验的附加要求；

——第3部分：对脉冲试验的附加要求；

本部分为GB/T 1408的第1部分。

本部分等同采用IEC 60243-1:1998《绝缘材料电气强度试验方法 第1部分：工频下试验》(英文版)。

为便于使用，本部分做了下列编辑性修改：

a) 删除了国际标准的目次、前言和引言；

b) 考虑到我国国情，将5.1.4注中“凡士林”改为“硅油、硅脂或凡士林”；

c) 增加了本部分章条编号与IEC 60243-1:1998章条编号的对照，见附录B。

本部分代替GB/T 1408.1—1999《固体绝缘材料电气强度试验方法 工频下试验》。

本部分与GB/T 1408.1—1999相比主要变化如下：

a) 第10章表1中增加大于200kV时电压增加的增量情况，表1表述方式也相应改变；

b) 第13章“报告”中用“前6项内容”代替GB/T 1408.1—1999中的“前4项的内容”；

c) 增加了模塑材料试验采用球电极的方法(见5.1.6.2)；

d) 增加了硬质成型件试验的内容(见5.1.7)。

本部分的附录A、附录B均为资料性附录。

本部分由中国电器工业协会提出。

本部分由全国绝缘材料标准化技术委员会(SAC/TC 51)归口。

本部分起草单位：桂林电器科学研究所。

本部分主要起草人：王先锋、杨志伟。

本部分代替的历次版本发布情况为：

——GB/T 1408—1978、GB/T 1408—1989、GB/T 1408.1—1999。

绝缘材料电气强度试验方法
第1部分:工频下试验

1 范围

GB/T 1408 的本部分规定了测量固体绝缘材料工频(即 48Hz～62Hz)短时电气强度的试验方法。

本部分规定了用液体和气体作为固体绝缘材料试验时的浸渍剂或周围媒质,但不适用于液体和气体的试验。

注:本部分包括测定固体绝缘材料表面击穿电压的方法。

2 规范性引用文件

下列文件中的条款通过 GB/T 1408 的本部分的引用而成为本部分的条款。凡是注日期的引用文件,其随后所有的修改单(不包括勘误的内容)或修订版均不适用于本部分,然而,鼓励根据本部分达成协议的各方研究是否可使用这些文件的最新版本。凡是不注日期的引用文件,其最新版本适用于本部分。

GB/T 1981.2—2003 电气绝缘用漆 第2部分:试验方法(IEC 60464-2:2001,IDT)

GB/T 7113.2—2005 绝缘软管 试验方法(IEC 60684-2:1997,MOD)

GB/T 10580—2003 固体绝缘材料在试验前和试验时采用的标准条件(IEC 60212:1971,IDT)

ISO 293:1986 塑料 热塑性材料压模塑试样

ISO 294-1:1996 塑料 热塑性材料试样的注模塑法 第1部分:一般原则、多用途模塑件及条形试样

ISO 294-3:1996 塑料 热塑性材料试样的注模塑法 第3部分:小板

ISO 295:1991 塑料 热固性材料压模塑试样

ISO 10724:1994 塑料 热固性模塑料 注塑成型多用途试样

IEC 60296:2003 变压器和开关用的未使用过的矿物绝缘油规范

IEC 60455-2:1998 电气绝缘用树脂基反应复合物 第2部分:试验方法

IEC 60674-2:1988 电气用塑料薄膜 第2部分:试验方法

3 定义

下列定义适用于本部分。

3.1

电气击穿 electric breakdown

试样承受电应力作用时,其绝缘性能严重损失,由此引起的试验回路电流促使相应的回路断路器动作。

注:击穿通常是由试样和电极周围的气体或液体媒质中的局部放电引起,并使得较小电极(或等径两电极)边缘的试样遭到破坏。

3.2

闪络 flashover

试样和电极周围的气体或液体媒质承受电应力作用时,其绝缘性能损失,由此引起的试验回路电流促使相应的回路断路器动作。

注:碳化通道的出现或穿透试样的击穿可用于区分试验是击穿还是闪络。

3.3

击穿电压　breakdown voltage

3.3.1　(在连续升压试验中)在规定的试验条件下,试样发生击穿时的电压。

3.3.2　(在逐级升压试验中)试样承受住的最高电压,即在该电压水平下,整个时间内试样不发生击穿。

3.4

电气强度　electric strength

在规定的试验条件下,击穿电压与施加电压的两电极之间距离的商。

注:除非另有规定,应按本部分5.4规定测定两试验电极之间的距离。

4　试验的意义

4.1　按本部分得到的电气强度试验结果,能用来检测由于工艺变更、老化条件或其他制造或环境情况而引起的性能相对于正常值的变化或偏离,而很少能用于直接确定在实际应用中的绝缘材料的性能状态。

4.2　材料的电气强度测试值可受如下多种因素的影响:

4.2.1　试样的状态

a)　试样的厚度和均匀性,是否存在机械应力;

b)　试样预处理,特别是干燥和浸渍过程;

c)　是否存在孔隙、水分或其他杂质。

4.2.2　试验条件

a)　施加电压的频率、波形和升压速度或加压时间;

b)　环境温度、气压和湿度;

c)　电极形状、电极尺寸及其导热系数;

d)　周围媒质的电、热特性。

4.3　在研究还没有实际经验的新材料时,应考虑到所有这些有影响的因素。本部分规定了一些特定的条件,以便迅速地判别材料,并可用以进行质量控制和类似的目的。

用不同方法得到的结果是不能直接相比的,但每一结果可提供关于材料电气强度的资料。应该指出的是,大多数材料的电气强度随着电极间试样厚度的增加而减小,也随电压施加时间的增加而减小。

4.4　由于击穿前的表面放电的强度和延续时间对大多数材料测得的电气强度有显著影响,为了设计直到试验电压无局部放电的电气设备,必须知道材料击穿前无放电的电气强度,但本部分的方法通常不适用于提供这方面的资料。

4.5　具有高电气强度的材料未必能耐长时期的劣化过程,例如热老化腐蚀或由于局部放电而引起化学腐蚀或潮湿条件下的电化学腐蚀,而这些过程都会导致在运行中于较低的电场强度下发生破坏。

5　电极和试样

金属电极应始终保持光滑、清洁和无缺陷。

注1:当对薄试样进行试验时,电极的维护格外重要。为了在击穿时尽量减小电极损伤,优先采用不锈钢电极。

接到电极上的导线既不应使得电极倾斜或其他移动或使得试样上压力变化,也不应使得试样周围的电场分布受到显著影响。

注2:试验非常薄的薄膜(例如:<5 μm厚)时,这些材料的产品标准应规定所用的电极、操作的具体程序和试样的制备方法。

5.1　垂直于非叠层材料表面和垂直于叠层材料层向的试验

5.1.1　板材和片状材料(包括纸板、纸、织物和薄膜)

5.1.1.1　不等直径电极

电极由两个金属圆柱体组成,其边缘倒圆成半径为(3.0±0.2) mm的圆弧。其中一个电极的直径为(25±1) mm,高约 25 mm,另一个电极直径为(75±1) mm,高约 15 mm。两个电极同轴放置,误差在 2 mm 内,如图 1a)所示。

单位为毫米

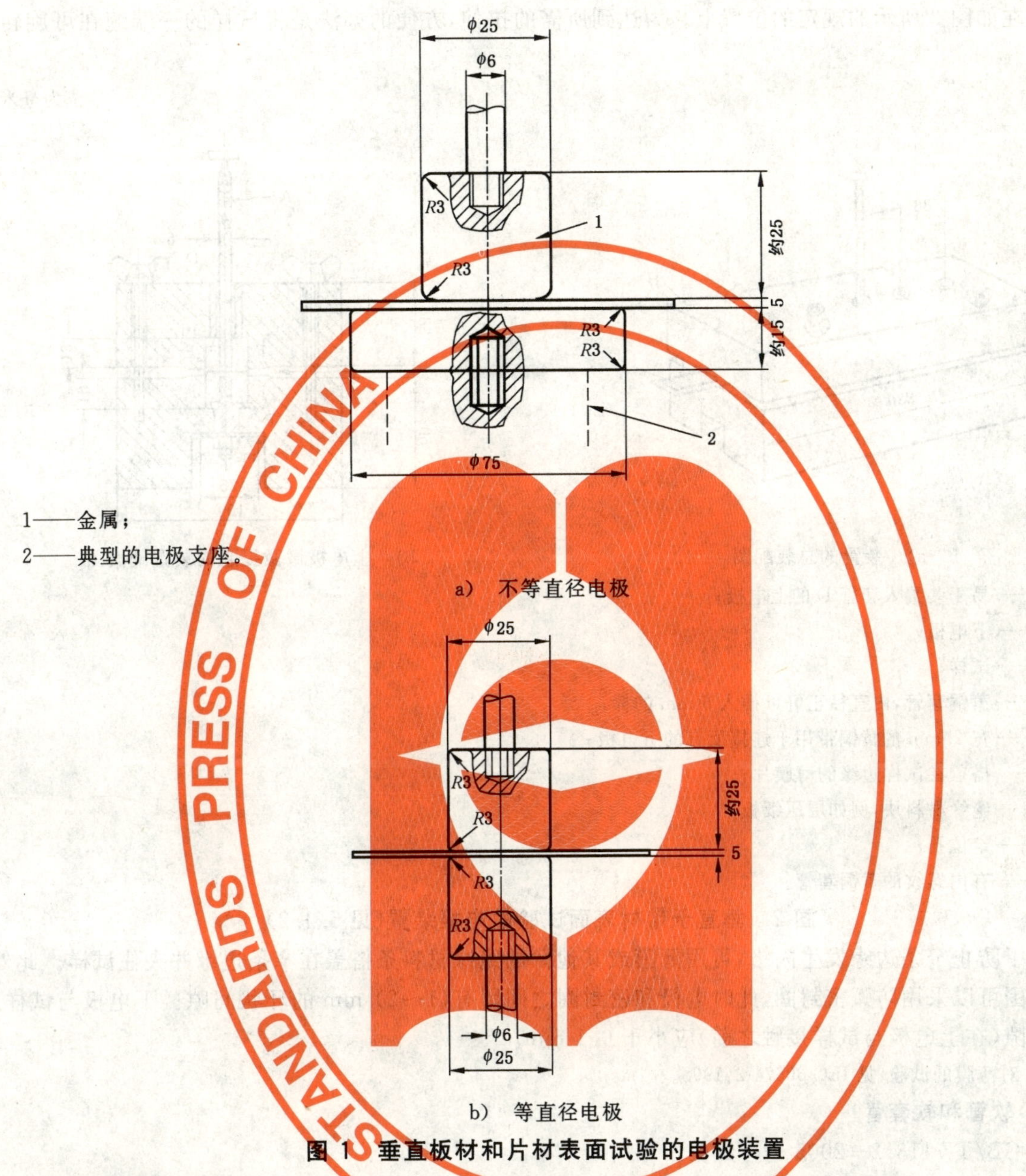

图 1 垂直板材和片材表面试验的电极装置

5.1.1.2 等直径电极

如果使用一电极架使上下电极准确对中放置,误差在 1.0 mm 内,则下电极直径可减小到(25±1) mm,两电极直径差不大于 0.2 mm。其所测结果与 5.1.1.1 不等直径电极测得的结果不一定相同。

5.1.1.3 厚样品的试验

当有规定时,厚度超过 3mm 的板材和片材应单面机加工至(3.0±0.2) mm。然后,试验时将高压电极置于未加工的面上。

注:为了避免闪络或因受现有设备限制,必要时可以根据需要,通过机加工把试样制备成更小的厚度。

5.1.2 带、薄膜和窄条

两个电极为两根金属棒,其直径为(6.0±0.1) mm。垂直安装在电极架内,使一个电极在另一个电极上面,试样夹在棒的两个端面之间。

上下电极要同心轴,误差在 0.1 mm 内。两电极端面应与其轴向相垂直,端面的边缘倒成半径为(1.0±0.2) mm 的圆弧。上电极压力为(50±2) g 且应能在电极架内的沿垂直方向自由移动。

图 2 示出了一种合适的装置。如果需要使试样在拉伸状态下进行试验,则应将试样夹在架子中,使试样放在如图 2 所示的规定的位置上。为达到所需的拉伸,方便的办法是将试样的一端缠在可旋转的圆棒上。

单位为毫米

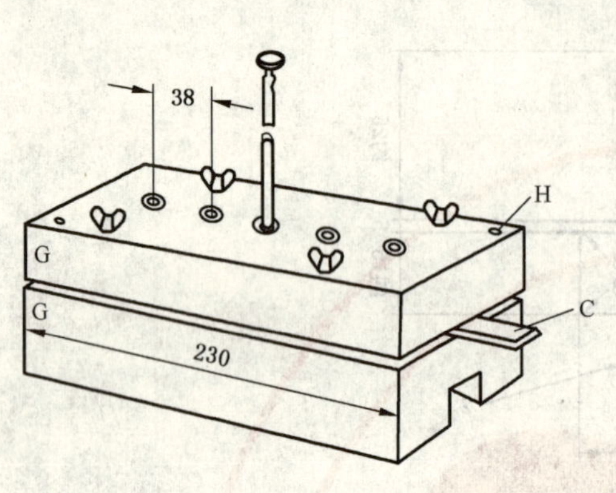

a) 装置的总装配图

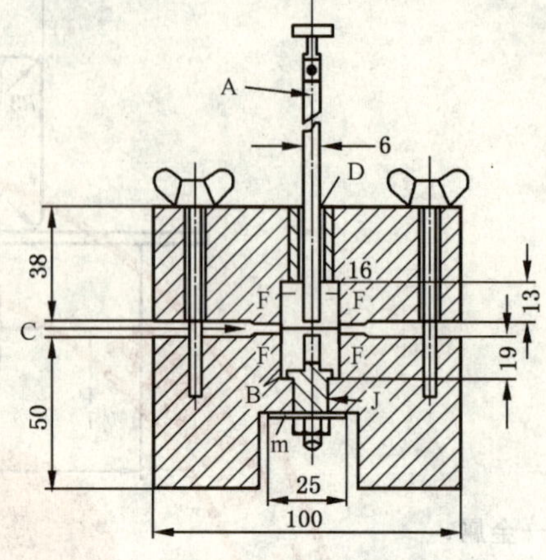

b) 上电极微微提起的装置剖面图

A——易于装置入套管 D 的上电极;

B——下电极;

C——试样;

D——黄铜套管,内直径正好可插入 6 mm 的棒;

E——宽 25mm 的黄铜带用于连接所有的下电极;

F——搭盖在试样边缘的薄膜片;

G——绝缘材料块,例如层压纸板;

H——定位孔;

J——有内螺纹的黄铜套管。

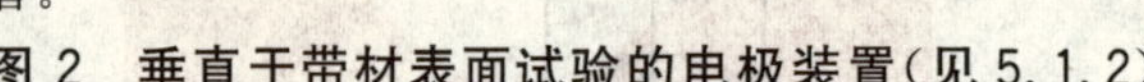

图 2 垂直于带材表面试验的电极装置(见 5.1.2)

为了防止窄条边缘发生闪络,可用薄膜或其他薄的绝缘材料条搭盖在窄条边缘并夹住试样。此外,电极周围可以采用防弧密封圈,此时电极和密封圈之间留有(1~2) mm 的环状间隙。下电极与试样之间的间隙(在上电极与试样接触之前)应小于 0.1 mm。

注:对薄膜的试验,见 IEC 60674-2:1998。

5.1.3 软管和软套管

按 GB/T 7113.2—2005 进行试验。

5.1.4 硬管(内径 100 mm 及以下的)

外电极是(25±1) mm 宽的金属箔带。内电极是与内壁紧配合的导体,例如圆棒、管、金属箔或充填直径(0.75~2.0) mm 的金属球,使与管材的内表面良好接触。不管怎样,内电极的每端应至少伸出外电极 25 mm。

注:当没有有害影响时,可用硅油、硅脂或凡士林将箔贴到试样的内外表面。

5.1.5 硬管(内径大于 100 mm)

外电极是(75±1) mm 宽的金属箔带,内电极是直径(25±1) mm 的圆形金属箔,金属箔应相当柔软以适应圆筒的曲率,该装置如图 3 所示。

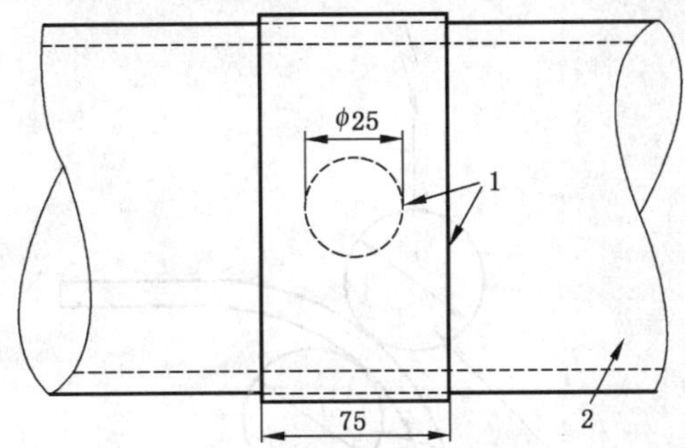

图 3　对内径大于 100 mm 的硬管作垂直于表面试验的电极装置

5.1.6　浇注及模塑材料

5.1.6.1　浇注材料

按 IEC 60455-2:1998 制样和试验。

5.1.6.2　模塑材料

应用一对球电极，每个球的直径为(20.0±0.1) mm，在排列电极时，使它们共有的轴线与试样平面垂直(见图 4)。

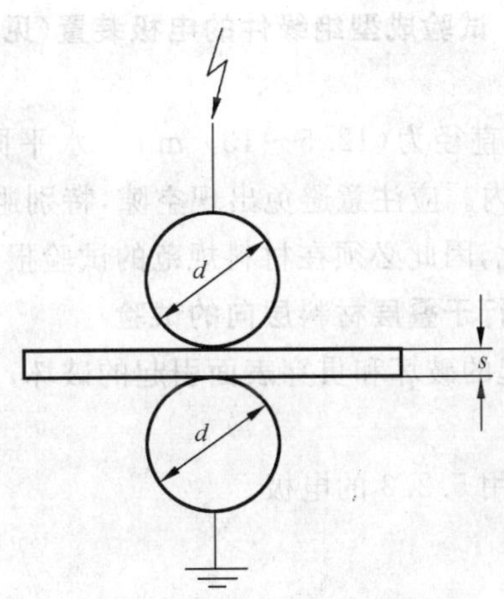

图 4　试验浇注及模塑材料的电极装置
(球电极直径 d=20 mm)

5.1.6.2.1　热固性材料

应用(1.0±0.1) mm 厚的试样，这些试样可以按 ISO 295:1991 压塑成型或按 ISO 10724:1994 注塑成型，其表面尺寸应足以防止闪络(见 5.3.2)。

注：如果不能应用(1.0±0.1) mm 厚的试样，则可用(2.0±0.2) mm 厚的试样。

5.1.6.2.2　热塑性材料

应用按 ISO 294-1:1996 和 ISO 294-3:1996 中 D_1 型注塑成型试样，尺寸为 60 mm×60 mm×1 mm 。如果该尺寸不足以防止闪络(见 5.3.2)或按相关材料标准规定要求用压塑成型试样，此时用按 ISO 293:1986压塑成型的平板试样，其直径至少为 100 mm，厚(1.0±0.1) mm。

注塑或压塑的条件见相关材料标准。如果没有可适用的材料标准，则这些条件必须经供需双方协商。

5.1.7　硬质成型件

对不能将其置于平面电极间的成型绝缘件，应采用对置的等直径球电极。通常用作这类试验的电极直径为 12.5 mm 或 20 mm(见图5)。

5.1.8　清漆

按 GB/T 1981.2—2003 进行试验。

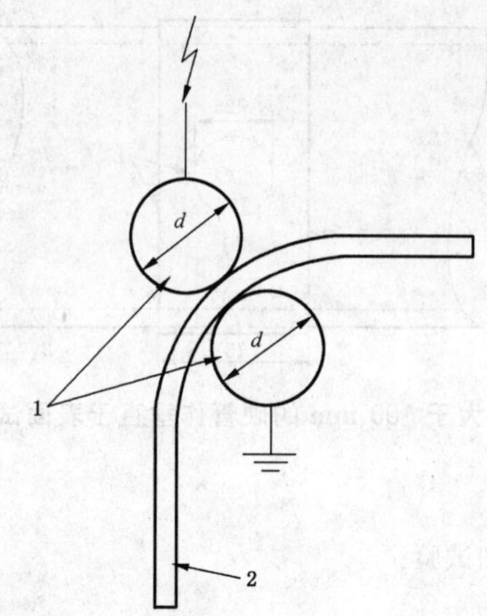

1——电极；

2——绝缘件。

图5　试验成型绝缘件的电极装置(见5.1.7)

5.1.9　充填胶

电极是两个金属球，每个球的直径为(12.5～13) mm。水平同轴放置，除另有规定外，彼此相隔(1.0±0.1) mm，并都嵌入充填胶内。应注意避免出现空隙，特别避免两电极间的空隙。由于用不同的电极距离得到的结果不能直接相比，因此必须在材料规范的试验报告中注明间隙距离。

5.2　平行于非叠层材料表面和平行于叠层材料层向的试验

如果不必区分由试样击穿引起的破坏和贯穿表面引起的破坏，则可使用5.2.1或5.2.2的电极，但5.2.1的电极应被优先采用。

当要求防止表面破坏时，应采用5.2.3的电极。

5.2.1　平行板电极

5.2.1.1　板材和片材

试验板材和片材时，试样厚度为被试材料厚度，试样表面为长方形，长(100±2) mm，宽(25.0±0.2) mm，试样两侧面应切成垂直于材料表面的两个平行平面。试样夹在金属平行板之间，两金属板相距25 mm，厚度不小于10 mm，电压施加在金属板上。对于薄材料可以用2个或3个试样恰当地放置(即：使它们的表面形成合适的角度)以支撑上电极。电极应有足够大的尺寸，以覆盖试样边缘至少超过试样各边15 mm，要注意保证试样上下两面的整个面积均与电极良好的接触。电极的边缘应适当倒圆(半径为(3～5) mm)，以避免电极的边与边之间的闪络(见图6)。

注：如果现有设备不能使试样击穿，则可以将试样宽度减少至(15.0±0.2) mm或(10.0±0.2) mm。试样宽度的这种减少，必须在报告中予以特别说明。

这种电极仅适用于厚度至少为1.5 mm的硬质材料的试验。

5.2.1.2　硬管

试验硬管时，试样是一个完整的环或圆弧长度为100 mm的一段环，其轴向长度为(25±0.2) mm。试样两端应加工成垂直于管轴向的两个平行的平面。将试样放在两平行板电极之间按5.2.1.1所述的板材和片材的试验方法进行试验，必要时可用(2～3)个试样来支撑上电极。电极应有足够大的尺寸以使电极覆盖试样并至少超过试样各边15 mm，要注意保证试样上下两面的整个面积均与电极良好接触。

单位为毫米

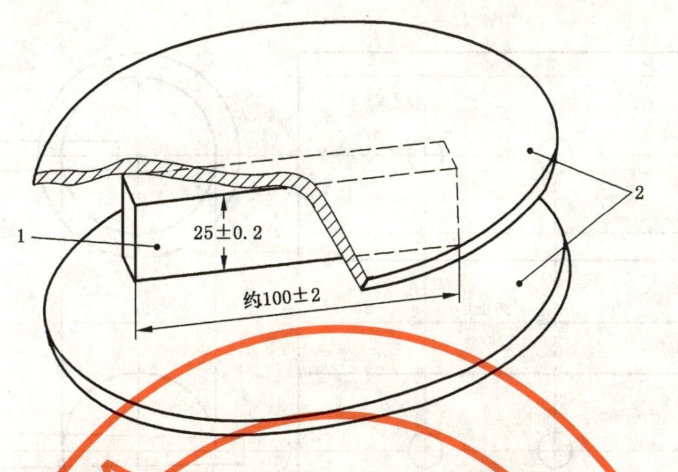

1——试样；

2——金属电极(直径见5.2.1)。

图6 平行表面试验用的电极装置(根据需要也可用于沿层试验)

5.2.2 锥销电极

在试样上垂直试样表面钻两个相互平行的孔，两孔中心距离为(25±1) mm。两孔的直径这样来确定：用锥度约2%的铰刀扩孔后每个孔的较大的一端的直径不小于4.5 mm且不大于5.5 mm。

钻好的两孔完全贯穿试样，但如果试样是大管子，则孔仅贯穿一个管壁，并在孔的整个长度上用铰刀扩孔。

在钻孔和扩孔时，孔周围的材料不应有任何形式的损坏，如劈裂、破碎或碳化。

用作电极的锥形销的锥度为(2.0±0.2)%，并将锥形销压入(但不要锤入)两孔，以使它们能与试样紧密配合，并突出试样每一面至少2 mm(见图7a)和7b))。

这类电极仅适用于试验厚度至少为1.5 mm的硬质材料。

单位为毫米

a) 带锥销电极的平板试样

图7 平行表面(和沿层)试验的电极装置

单位为毫米

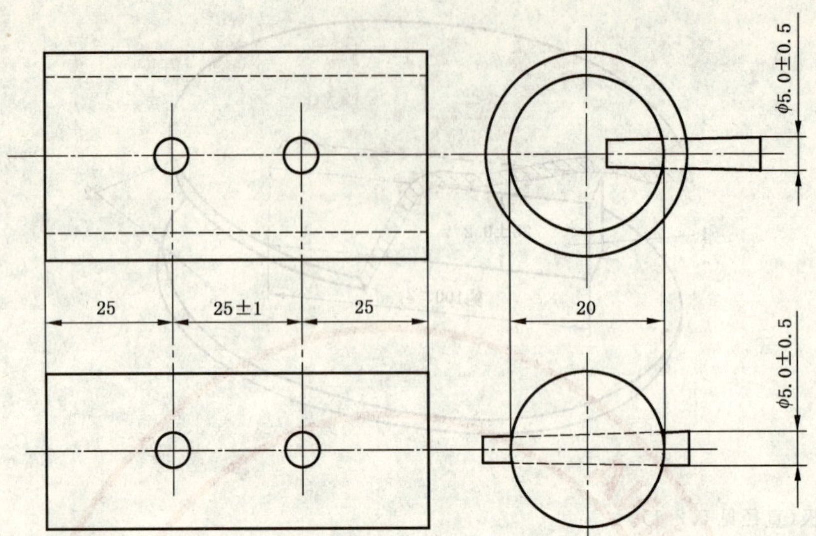

b) 带锥销电极的管子或圆棒试样

图 7 （续）

5.2.3 平行圆柱形电极

对厚度大于 15 mm 的具有高电气强度的试样进行试验时，将试样切成 100 mm×50 mm，并如图 8 所示钻两个孔，每个孔的直径比圆柱形电极的直径大，但差值不大于 0.1 mm。圆柱形电极直径为 (6.0±0.1) mm，并有半球形端部。每个孔的底部是半球形以便与电极端配合，使得电极端部和孔的底部之间间隙在任何点都不超过 0.05 mm。如果在材料规范中没有另外规定，则两孔沿其长度的侧面相距应是(10±1) mm，每孔应延伸到离相对的表面(2.25±0.25) mm 以内。两种任选形式的通风电极如图 8 所示。当使用带小槽的电极时，这些小槽位置应与电极间的间距正好相反。

单位为毫米

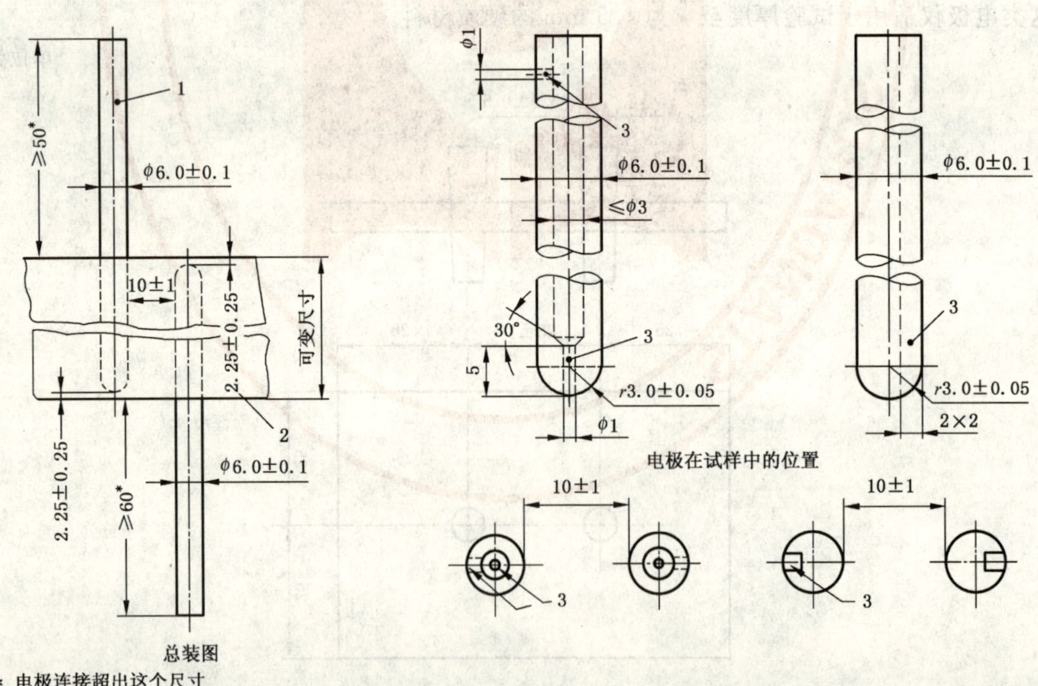

* 电极连接超出这个尺寸

1——电极；
2——层压板；
3——通风孔。

图 8 厚度大于 15 mm 的层压板作平行层向试验时的电极装置(平行圆柱电极)(见 5.2.3)

5.3 试样

除了上述各条中已叙述过的有关试样的情况外，通常还要注意下面几点。

5.3.1 制备固体材料试样时，应注意与电极接触的试样两表面要平行，而且应尽可能平整光滑。

5.3.2 对于垂直于材料表面的试验，要求试样有足够大的面积以防止试验过程中发生闪络。

5.3.3 对于垂直于材料表面的试验，不同厚度的试样其结果不能直接相比(见第4章)。

5.4 两电极间距离

用来计算电气强度的两电极间距离值应为下列之一(按被试材料的规定)。

a) 标称厚度或两电极间距离(除非另有规定，一般均采用此值)；

b) 对于平行于表面的试验，两电极间的距离；

c) 在每个试样上击穿点附近直接测得的厚度或两电极间的距离。

6 试验前的条件处理

绝缘材料的电气强度随温度和水份含量而变化。若被试材料已有规定，则应遵循此规定。否则，除非另有商定条件，试样应在温度为(23±2)℃，相对湿度为(50±5)%条件下处理不少于24 h。

7 周围媒质

材料应在为防止闪络而选取的周围媒质中试验。在大多数情况下，符合IEC 60296:2003的变压器油是最适用的媒质。对在矿物油中会引起膨胀的材料，此时其他的流体(例如硅油)，可能是更合适的。

对击穿电压值相对较低的试样，可在空气中试验，此时若要在高温下进行试验时，应注意即使在中等的试验电压下，在电极边缘的放电也会对测试值造成很大影响。

如果试图在另一种媒质中对某种材料的性能进行试验评定，则可以应用这种媒质。

所选取的媒质应对被试材料的危害影响是最小的。

周围媒质对试验结果可能有很大影响，特别是对易吸收的材料，如纸和纸板，因此必须在试样制备程序中确定全部的必要步骤(例如干燥和浸渍)，以及试验过程中周围媒质的状态。

必须有足够的时间让试样和电极达到所要求的温度，但有些材料会因长期处于高温而受到影响。

7.1 在高温空气中的试验

在高温空气中做试验，可在任何设计合理的烘箱中进行，烘箱要有足够大的体积来容纳试样和电极，使它们在试验时不发生闪络。烘箱应装有空气循环装置使试样周围的温度在规定温度的±2℃内且应大体上保持均匀，把温度计、热电偶或其他测量温度的装置尽可能放在实验点附近测量温度。

7.2 在液体中的试验

当试验要在绝缘液体中进行时，除非其他液体更合适外，一般应使用符合IEC 60296:2003的变压器油。必须保证液体有足够的电气强度以避免闪络。在具有比变压器油更高的的相对电容率的液体中试验的试样，会出现比在变压器油中试验时更高的电气强度。降低变压器油或其他液体电气强度的杂质，也可能会增加试样上测得的电气强度。

高温下的试验可以在烘箱内的盛液容器中进行(见7.1)，也可在绝缘油作为热传递介质的恒温控制的油浴中进行。在这种情况下，应采用合适的液体循环措施，以使试样周围的温度大致均匀，并保持在规定温度的±2℃内。

8 电气设备

8.1 电源

用一个可变低压正弦电源供给一个升压变压器来获得试验电压。变压器及其电源和它的调节装置应具有如下特性。

8.1.1 在回路中有试样的情况下，对等于和小于试样击穿电压的所有电压，试验电压的峰值与有效值

(r.m.s)之比为$\sqrt{2}$(1±5%)即(1.34～1.48)。

8.1.2 电源的容量应足够大,使之在发生击穿之前均能符合8.1.1要求。对于大多数材料,在使用推荐的电极的情况下,通常40 mA的输出电流容量已足够。对于大多数试验来说,电源容量范围为:对于10kV及以下的小电容试样的试验,其容量为0.5 kVA;对于试验电压为100 kV以下者则为5 kVA。

8.1.3 可变低压电源调节装置应能使试验电压平滑、均匀地变化,无过冲现象。当用一个自耦调压器按第10章施加电压时,所产生的递增的增量不应超过预期击穿电压的2%。

对短时试验或快速升压试验,最好使用马达驱动调节装置。

8.1.4 为了保护电源不致损坏,应装有一个装置使在试样击穿的几个周期内切断电源。这个装置可以由一个接在高压回路中的电流敏感元件组成。

8.1.5 为了限制在击穿时由电流或电压冲击引起电极的损伤,要求将一个具有合适值的电阻器与电极串联。电阻值的大小应取决于电极所允许的损伤程度。

注:应用阻值很高的电阻器可能会导致测得的击穿电压比应用阻值低的电阻器测得的击穿电压值高。

8.2 电压测量

8.2.1 按等效有效值记录电压值。较好的方法是用一块峰值电压表并将其读数除以$\sqrt{2}$。电压测量回路的总误差应不超过测得值的5%,该误差包括了由于电压表的响应时间所引起的误差。在所用的任何升压速率下,该响应时间引起的误差应不大于击穿电压的1%。

8.2.2 采用符合8.2.1要求的电压表来测量施加到电极上的电压。最好将它直接接到电极上,也可通过分压器或电压互感器接到电极上。如果使用升压变压器的测量线圈来测量电压,则施加到电极上的电压的指示正确度应不受升压变压器负载和串联电阻器的影响。

8.2.3 希望在击穿后能在电压表上保留最大试验电压的读数值,从而正确地读出并记录击穿电压,但指示器应对在击穿时发生的瞬变现象不敏感。

9 程序

9.1 试验应记录如下内容:

a) 被试样品;

b) 试样厚度的测量方法(若不是标称厚度);

c) 试验前的处理;

d) 试样数量(若不是5个,应注明);

e) 试验温度;

f) 周围媒质;

g) 使用的电极;

h) 升压方式;

i) 以电气强度或是击穿电压作为报告的结果。

9.2 将符合第5章的电极装到试样上,装电极时要防止损伤试样。使用符合第8章的电气设备,将电压施加到两电极之间,按10.1到10.5之一的方法升高电压,观察试样是击穿还是闪络(见第11章)。

10 升压方式

10.1 短时(快速)试验

10.1.1 将试验电压由零开始以均匀的速度升高直至击穿发生。

10.1.2 对被试材料选择升压速度时,应使大多数击穿发生在(10～20) s之间。对于击穿电压有显著差异的材料,也有可能在这个时间范围以外发生破坏。如果大多数击穿都发生在(10～20) s之间,则认为试验是成功的。

10.1.3 升压速度应从下述中选取:

100 V/s,200 V/s,500 V/s,1 000 V/s,2 000 V/s,5 000 V/s 等等。

注：对于大多数材料，通常使用 500 V/s 的升压速度，对模塑材料，推荐使用 2 000 V/s 升压速度，以便获得与 IEC 60296:2003 相适应的可比数据。

10.2 20 s 逐级升压试验

10.2.1 将 40%的预计短时击穿电压施加于试样上。假如不知道短时击穿电压预计值，则应按 10.1 的方法来得到。

10.2.2 假如试样耐受这个电压 20 s 还未击穿，则应按表 1 规定的增量逐级增加电压。每一次增加的电压应立即且连续施加 20 s 直至发生击穿。

表 1 电压值的增量(峰值/$\sqrt{2}$)　　单位为千伏

起始电压值 U	增　量
$U \leqslant 1.0$	起始电压的 10%
$1.0 < U \leqslant 2.0$	0.1
$200 < U \leqslant 5.0$	0.2
$5.0 < U \leqslant 10.0$	0.5
$10 < U \leqslant 20$	1.0
$20 < U \leqslant 50$	2.0
$50 < U \leqslant 100$	5.0
$100 < U \leqslant 200$	10.0
$U > 200$	20.0
注：当有规定时，可以使用更小的电压增量。在这种情况下，允许更高的起始电压，但击穿不应在小于 120 s 内发生。	

10.2.3 升压要尽可能地快并无任何瞬态过电压。级间升压所用的时间应包括在较高一级电压的20 s 期间内。

10.2.4 如果击穿发生在从起始试验算起少于 6 级的电压内，则用更低的起始电压再做 5 个试样的试验。

10.2.5 根据试样能耐受 20s 而不击穿的最高试验电压来确定电气强度。

10.3 慢速升压试验(120～240) s

从 40%的预计短时击穿电压开始匀速升压，使击穿发生在(120～240) s 之间。对于击穿电压有显著差异的材料来说，有些试样可能在此时间范围以外发生破坏。如果大多数击穿发生在(120～240) s 之间，则认为是满意的。选择升压速度时应从下列数据中开始选择：2 V/s,5 V/s,10 V/s,20 V/s,50 V/s,100 V/s,200 V/s,500 V/s,1 000 V/s,等等。

10.4 60 s 逐级升压试验

除非另有规定，应按 10.2 进行试验，但每一级中的耐压时间为 60 s。

10.5 极慢速升压试验(300～600) s

除非另有规定，应按 10.3 进行试验，但击穿应发生在(300～600) s 之间。从下列数据中选择升压速度：

1 V/s,2 V/s,5 V/s,10 V/s,20 V/s,50 V/s,100 V/s,200 V/s,等等。

注：在 10.3 中所述的(120～240) s 的慢速升压试验和在 10.5 中所述的(300～600) s 的极慢速升压试验所得结果与 20 s 逐级升压(10.2)或 60 s 逐级升压(10.4)所得结果大致相似。当使用现代自动设备时，前两者较逐级升压试验更为方便且采用这两种慢速升压试验也使自动设备的使用成为可能。

10.6 检查试验

当做检查或耐压试验时，要求施加一个预先确定的电压值。即将该电压尽可能快而准确地升到所要求的值,升压过程中不出现任何瞬态的过电压。然后将所要求的电压值维持到规定的时间。

11 击穿的判断

11.1 在电击穿的同时,回路中电流增加和试样两端电压下降。电流的增加可使断路器跳开或熔丝烧断。但是有时也可由于闪络、试样充电电流、漏电或局部放电电流、设备磁化电流或误动作而引起断路器跳开。因此,断路器应与试验设备及被试材料的特性相匹配,否则,断路器可能会在试样未击穿时动作或当试样击穿时断路器不动作,这样便不能正确地判断出是否击穿。即使在最好的条件下,也存在周围媒质先击穿的情况也会发生。因此,在试验过程中要注意观察和检测这些现象,若发现媒质击穿,应在报告中注明。

注:对漏电检测电路敏感性特别重要的那些材料,在这种材料的标准中也应作同样的说明。

11.2 在垂直于材料表面方向试验时通常容易判断,无论通道是否充有碳粒,当击穿发生后用肉眼容易看到真正击穿的通道。

11.3 当平行于材料表面方向试验时,要求判断是由试样破坏引起的击穿现象还是由闪络引起的失效(见5.2)。可以通过检查试样或使用再施加一次电压的办法来进行鉴别,再次施加的电压值应小于第一次施加的击穿电压值。试验证明,再次施加的电压值为第一次击穿电压值的50%比较合适,然后用与第一次试验相同的方法升压直到破坏。

12 试验次数

12.1 除非另有规定,通常应做5次试验,取试验结果的中值作为电气强度或击穿电压的值。如果任何一个试验结果偏离中值的15%以上,则另做5次试验。然后由10次试验的中值作为其电气强度或击穿电压的值。

12.2 当试验并非用于例行的质量控制时,必须做较多的试样,具体的数量与材料的分散性和所用的统计分析方法有关。

12.3 对并非用于例行的质量控制试验,参见附录A对决定需要试验次数和数据分析参考是有用的。

13 报告

除非另有规定,报告应包括如下内容:

a) 被试材料的全称,试样及其制备方法的说明;
b) 电气强度的中值(以kV/mm表示)或击穿电压的中值(以kV表示);
c) 每个试样的厚度(见5.4);
d) 试验时所用的周围媒质及其性能;
e) 电极系统;
f) 施加电压的方式及频率;
g) 电气强度的各个值(以kV/mm表示)或击穿电压的各个值(以kV表示);
h) 在空气中或在其他气体中试验时的温度、压力和湿度,若在液体中试验时周围媒质的温度;
i) 试验前条件处理;
j) 击穿类型和位置的说明。

如果只需要最简单的结果报告,则应该报告前6项内容及最低值和最高值。

附 录 A
（资料性附录）
试验数据的处理

第12章给出的常规试验程序，通常适用于数据分析和报告数据。然而，由于许多调查研究需要更多有关材料电应力特性的信息，因此，可能需要大量试样和对试验结果较复杂的评定。

按这样情况设计试验程序和分析试验结果数据的方法已出版，属于这些内容的文件有：

IEC 60727-1:1982　电气绝缘结构电老化的评定　第1部分：基于正态分布的一般考虑和评定程序

IEC 60727-2:1993　电气绝缘结构电老化的评定　第2部分：基于极值分布的评定程序

IEEE 930:1987(R1995)　电气绝缘电压老化数据的统计分析的IEEE导则(可从IEEE业务活动中心得到，地址为445 Hoe Lane，P. O. BOX 1331，Piscataway，NJ08855-1331，USA，或在美国以外的某些国家，从环球信息中心的当地办公室得到)。

特种技术出版物926，工程电介质，11B卷：固体绝缘材料电气性能：测量技术，第7章：评定电气绝缘结构的统计方法，ASTM，100，Barr Harbor，West Conshohocken，PA19428-2959 USA。

附　录　B
（资料性附录）
本部分章条编号与 IEC 60243-1:1998 章条编号对照

表 B.1　本部分章条编号与 IEC 60243-1:1998 章条编号对照

本部分章条编号	对应的国际标准章条编号
1	1.1
2	1.2
3	2
3.1～3.4	2.1～2.4
4	3
4.1～4.5	3.1～3.5
5	4
5.1～5.4	4.1～4.4
6	5
7	6
7.1～7.2	6.1～6.2
8	7
8.1～8.2	7.1～7.2
9	8
9.1～9.2	8.1～8.2
10	9
10.1～10.6	9.1～9.6
11	10
11.1～11.3	10.1～10.3
12	11
12.1～12.3	11.1～11.3
13	12

ICS 29.035.99
K 15

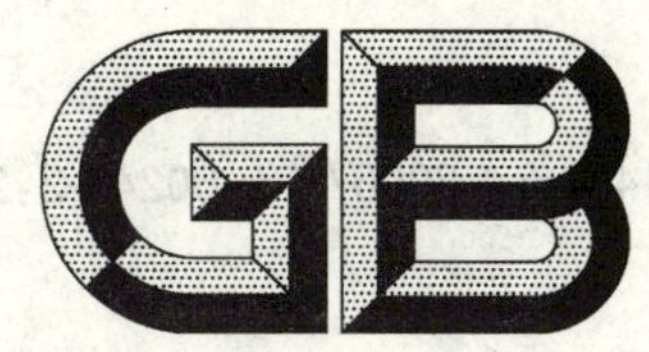

中华人民共和国国家标准

GB/T 1408.2—2006/IEC 60243-2:2001

绝缘材料电气强度试验方法 第2部分:对应用直流电压试验的附加要求

Electrical strength of insulating materials—Test methods—
Part 2:Additional requirements for tests using direct voltage

(IEC 60243-2:2001,IDT)

2006-11-09 发布　　2007-04-01 实施

中华人民共和国国家质量监督检验检疫总局
中国国家标准化管理委员会　发布

前 言

GB/T 1408《绝缘材料电气强度试验方法》目前包括3个部分：

——第1部分：工频下试验；

——第2部分：对应用直流电压试验的附加要求；

——第3部分：对脉冲试验的附加要求。

本部分为GB/T 1408的第2部分。

本部分等同采用IEC 60243-2:2001《绝缘材料电气强度试验方法　第2部分：对应用直流电压试验的附加要求》(英文版)。

在附录A中列出了本部分章条编号与IEC 60243-2:2001章条编号的对照一览表。

为便于使用，本部分做了下列编辑性修改：

a) 删除了国际标准的“前言”和“引言”；

b) 第1章中增加了“本部分适用于固体绝缘材料直流电气强度的试验”的文字叙述内容。

本部分的附录A为资料性附录。

本部分由中国电器工业协会提出。

本部分由全国绝缘材料标准化技术委员会(SAC/TC 51)归口。

本部分起草单位：桂林电器科学研究所。

本部分主要起草人：王先锋、杨志伟。

本部分为首次制定。

绝缘材料电气强度试验方法
第2部分:对应用直流电压试验的附加要求

1 范围

本部分对 GB/T 1408.1—2006 补充了在直流电压应力作用下测定固体绝缘材料电气强度的要求。

本部分适用于固体绝缘材料直流电气强度的试验。

2 规范性引用文件

下列文件中的条款通过 GB/T 1408 的本部分的引用而成为本部分的条款。凡是注日期的引用文件,其随后所有的修改单(不包括勘误的内容)或修订版均不适用于本部分,然而,鼓励根据本部分达成协议的各方研究是否可使用这些文件的最新版本。凡是不注日期的引用文件,其最新版本适用于本部分。

GB/T 1408.1—2006 绝缘材料电气强度试验方法 第1部分:工频下试验(IEC 60243-1:1998, IDT)

GB/T 1981.2—2003 电气绝缘用漆 第2部分:试验方法(IEC 60464-2:2001,IDT)

GB/T 10580—2003 固体绝缘材料在试验前和试验时采用的标准条件(IEC 60212:1971,IDT)

ISO 293:1986 塑料 热塑性材料压模塑试样

ISO 294-1:1996 塑料 热塑性材料试样的注模塑法 第1部分:一般原则、多用途模塑件及条形试样

ISO 294-3:1996 塑料 热塑性材料试样的注模塑法 第3部分:小板

ISO 295:1991 塑料 热固性材料压模塑试样

ISO 10724:1994 塑料 热固性模塑料 注塑成型多用途试样

IEC 60296:2003 变压器和开关用的未使用过的矿物绝缘油规范

IEC 60455-2:1998 电气绝缘用树脂基反应复合物 第2部分:试验方法

IEC 60674-2:1988 电气用塑料薄膜 第2部分:试验方法

3 定义

见 GB/T 1408.1—2006 的第3章。

4 试验的意义

当应用直流电压试验时,除 GB/T 1408.1—2006 第4章要求外,还应考虑以下各点。

4.1 对某一种非均质试样,在交流电压下是通过阻抗(主要是电容性的)决定在试样内的电压应力分布。随着直流电压的增加,电压分布可能仍然主要由电容性决定,但部分与升压速度有关。在施加恒定电压后,电阻性的电压分布呈现稳定状态。选择直流或者交流电压取决于拟采用的击穿试验的目的,在某种程度上还取决于材料被应用的场合。

4.2 在施加直流电压时,产生下列电流:电容电流、电吸收电流、泄漏电流以及在某种情况下局部放电电流。

此外,对含有不同层或不均匀的材料,在整个试样上的电压分布还受到因相反极性电荷而引起的界面极化影响。极性相反的电荷可积聚在界面的两边,并产生足够大的局部电场,从而引起试样局部放电

或击穿。

4.3 对大多数材料，直流击穿电压高于工频击穿电压的峰值；对许多材料，特别是那些不均质材料，直流击穿电压会比交流击穿电压高三倍或更多。

5 电极和试样

见 GB/T 1408.1—2006 第 5 章。

6 试验前的条件处理

见 GB/T 1408.1—2006 第 6 章。

7 周围媒质

见 GB/T 1408.1—2006 第 7 章。

8 电气设备

8.1 电源

应由具有下列参数和元件的电源提供施加于两电极的试验电压。

8.1.1 可选择正或负极性电压，其中一个电极应接地。

8.1.2 在试验电压值大于 50%击穿电压值的整个范围内，试验电压上的交变电压波纹应不超过试验电压的 2%。试验电压还应没有超过 1%施加电压的暂态或其他波动。

当试验电容量小的试样时，有必要附加一个合适电容器(例如，1 000 pF)与电极并联，以减少过早引发击穿的暂态影响。

8.1.3 控制电压装置应能平滑均匀地从零调节到最大试验电压，并具有所要求的升压速度。升压速度应能控制在规定速度的±20%以内。电压上升的每一个阶跃量应不超过预期击穿电压的 2%，优选能在某一选择速度下自动升压的控制装置。

8.1.4 应使用电流断路装置来切断直流电压源。

注：对许多材料，在去除直流试验电压后的相当长的时间内，在整个试样上可能继续存在着危险电压，切断接到直流电压源的工频电源未必会导致输出电压或电极处电压降低到零。由于这个原因，必须将两电极短路并接地，其时间等于最少两倍的总充电时间，以确保电荷消失。对某些大的试样，有必要保持短路状态 1 h 或更长。

8.1.5 最好应用限流电阻与试样串联，以防止试样发生击穿时对高压电源造成损坏并尽可能限制对试样上电极造成损坏。最大允许电流将取决于被试材料以及允许的对电极造成损坏的程度。

注：应用某一种很高值的电阻器可能导致击穿电压比应用低值电阻器的那些击穿电压高。

8.1.6 当进行的试验是以电流值或是以电流的增加值为击穿判断标准时，应具有测量通过试样的电流的装置。

8.2 电压测量

应在电极两端测量所施加的电压，并满足 GB/T 1408.1—2006 第 8 章的其他要求。

9 程序

见 GB/T 1408.1—2006 第 9 章。

10 升压方式

除非另有规定，应按 GB/T 1408.1—2006 的 10.1(短时试验)、10.3 或 10.5(慢速和很慢速升压)或 10.6(检查试验)施加电压。

11 击穿判断标准

GB/T 1408.1—2006 第 11 章适用于直流电压试验。可以通过电流突变或电流超过某一规定值来判断击穿。

12 试验次数

见 GB/T 1408.1—2006 第 12 章。

13 报告

13.1 除非另有规定，报告应包括以下内容：

a) 被试材料的完整鉴别；

b) 试验电压的极性；

c) 电气强度的中值(以 kV/mm 表示)或击穿电压的中值(以 kV 表示)；

d) 每一试样的厚度(见 GB/T 1408.1—2006 的 5.4)；

e) 试验过程的周围媒质及其性能；

f) 电极系统；

g) 施加电压的方式；

h) 电气强度的各个值(以 kV/mm 表示)或击穿电压的各个值(以 kV 表示)；

i) 在空气或其他气体中试验过程的温度、压力和湿度；或当周围媒质是液体时，该媒质的温度；

j) 试验前的条件处理；

k) 击穿类型和位置的说明。

13.2 当要求对结果作最简短说明时，报告应包括第 a)项至第 g)项，以及最低值和最高值。

附 录 A
（资料性附录）
本部分章条编号与 IEC 60243-2:2001 章条编号对照

表 A.1 给出了本部分章条编号与 IEC 60243-2:2001 章条编号对照一览表。

表 A.1 本部分章条编号与 IEC 60243-2:2001 章条编号对照

本部分章条编号	对应国际标准章条编号
1	1.1
2	1.2
3	2
4	3
4.1～4.3	3.1～3.3
5	4
6	5
7	6
8	7
8.1	7.1
8.1.1～8.1.6	7.1.1～7.1.6
8.2	7.2
9	8
10	9
11	10
12	11
13	12
13.1～13.2	12.1～12.2

ICS 29.035.99
K 15

中华人民共和国国家标准

GB/T 1409—2006
代替 GB/T 1409—1988

测量电气绝缘材料在工频、音频、高频（包括米波波长在内）下电容率和介质损耗因数的推荐方法

Recommended methods for the determination of the permittivity and dielectric dissipation fator of electrical insulating materials at power, audio and radio frequencies including meter wavelengths

(IEC 60250:1969, MOD)

2006-02-15 发布　　2006-06-01 实施

中华人民共和国国家质量监督检验检疫总局
中国国家标准化管理委员会　发布

前　言

本标准修改采用IEC 60250:1969《测量电气绝缘材料在工频、音频、高频(包括米波波长在内)下电容率和介质损耗因数的推荐方法》(英文版)。

本标准根据IEC 60250:1969重新起草。在附录B中列出了本标准章条编号与IEC 60250:1969章条编号的对照一览表。

考虑到我国国情,在采用IEC 60250:1969时,本标准做了一些修改。有关技术性差异已编入正文中并在它们所涉及的条款的页边空白处用垂直单线标识。

为便于使用,本标准做了下列编辑性修改:

a) 删除国际标准的目次和前言;

b) 用小数点'.'代替作为小数点的逗号','；

c) 引用的IEC 60247,由"Measurement of relative permittivity, dielectric dissipation factor and d. c. resistivity of insulating liquids"即"液体绝缘材料相对电容率、介质损耗因数和直流电阻率的测量"代替"Recommended Test cells for Measuring the Resistivity of Insulating Liquids and Methods of cleaning the cells"即"测量绝缘液体电阻率的试验池及清洗试验池的推荐方法";

d) 用"ε_r"代替"ε_r^*";

e) 增加了"术语";

f) 增加公式中符号说明;

g) 图按GB/T 1.1—2000标注。

本标准与GB/T 1409—1988的相比,主要变化如下:

1) 增加"规范性引用文件"(本标准第2章);

2) 增加"电介质用途"(本标准4.1);

3) 删去导电橡皮;

4) 增加"石墨"(本标准5.1.3);

5) 增加"液体绝缘材料"(本标准5.2)。

本标准代替GB/T 1409—1988《固体绝缘材料在工频、音频、高频(包括米波波长在内)下相对介电常数和介质损耗因数的试验方法》。

本标准的附录A、附录B为资料性附录。

本标准由中国电器工业协会提出。

本标准由全国绝缘材料标准化技术委员会归口。

本标准起草单位:桂林电器科学研究所。

本标准主要起草人:王先锋、谷晓丽。

本标准所代替标准的历次版本发布情况为:

——GB/T 1409—1978;

——GB/T 1409—1988。

测量电气绝缘材料在工频、音频、高频（包括米波波长在内）下电容率和介质损耗因数的推荐方法

1 范围

本标准规定了在15 Hz～300 MHz的频率范围内测量电容率、介质损耗因数的方法，并由此计算某些数值，如损耗指数。本标准中所叙述的某些方法，也能用于其他频率下测量。

本标准适用于测量液体、易熔材料以及固体材料。测试结果与某些物理条件有关，例如频率、温度、湿度，在特殊情况下也与电场强度有关。

有时在超过1 000 V的电压下试验，则会引起一些与电容率和介质损耗因数无关的效应，对此不予论述。

2 规范性引用文件

下列文件中的条款通过本标准的引用而成为本标准的条款。凡是注日期的引用文件，其随后所有的修改单（不包括勘误的内容）或修订版均不适用于本标准，然而，鼓励根据本标准达成协议的各方研究是否可使用这些文件的最新版本。凡是不注日期的引用文件，其最新版本适用于本标准。

IEC 60247:1978　液体绝缘材料相对电容率、介质损耗因数和直流电阻率的测量

3 术语和定义

下列术语和定义适用于本标准。

3.1

相对电容率　relative permittivity

ε_r

电容器的电极之间及电极周围的空间全部充以绝缘材料时，其电容 C_X 与同样电极构形的真空电容 C_0 之比：

$$\varepsilon_r = \frac{C_X}{C_0} \qquad (1)$$

式中：

ε_r——相对电容率；

C_X——充有绝缘材料时电容器的电极电容；

C_0——真空中电容器的电极电容。

在标准大气压下，不含二氧化碳的干燥空气的相对电容率 ε_r 等于1.000 53。因此，用这种电极构形在空气中的电容 C_a 来代替 C_0 测量相对电容率 ε_r 时，也有足够的精确度。

在一个测量系统中，绝缘材料的电容率是在该系统中绝缘材料的相对电容率 ε_r 与真空电气常数 ε_0 的乘积。

在SI制中，绝对电容率用法/米(F/m)表示。而且，在SI单位中，电气常数 ε_0 为：

$$\varepsilon_0 = 8.854 \times 10^{-12}\ \text{F/m} \approx \frac{1}{36\pi} \times 10^{-9}\ \text{F/m} \qquad (2)$$

在本标准中，用皮法和厘米来计算电容，真空电气常数为：

$$\varepsilon_0 = 0.088\ 54\ \text{pF/cm}$$

3.2

介质损耗角　dielectric loss angle

δ

由绝缘材料作为介质的电容器上所施加的电压与由此而产生的电流之间的相位差的余角。

3.3

介质损耗因数[1)]　dielectric dissipation factor

$\tan\delta$

损耗角 δ 的正切。

3.4

[介质]损耗指数　[dielectric] loss index

ε_r''

该材料的损耗因数 $\tan\delta$ 与相对电容率 ε_r 的乘积。

3.5

复相对电容率　complex relative permittivity

$\underline{\varepsilon_r}$

由相对电容率和损耗指数结合而得到的：

$$\underline{\varepsilon_r} = \varepsilon_r' - j\varepsilon_r'' \quad \cdots\cdots(3)$$

$$\varepsilon_r' = \varepsilon_r \quad \cdots\cdots(4)$$

$$\varepsilon_r'' = \varepsilon_r \tan\delta \quad \cdots\cdots(5)$$

$$\tan\delta = \frac{\varepsilon_r''}{\varepsilon_r'} \quad \cdots\cdots(6)$$

式中：

$\underline{\varepsilon_r}$——复相对电容率；

ε_r''——损耗指数；

ε_r'、ε_r——相对电容率；

$\tan\delta$——介质损耗因数。

注：有损耗的电容器在任何给定的频率下能用电容 C_S 和电阻 R_S 的串联电路表示，或用电容 C_P 和电阻 R_P（或电导 G_P）的并联电路表示。

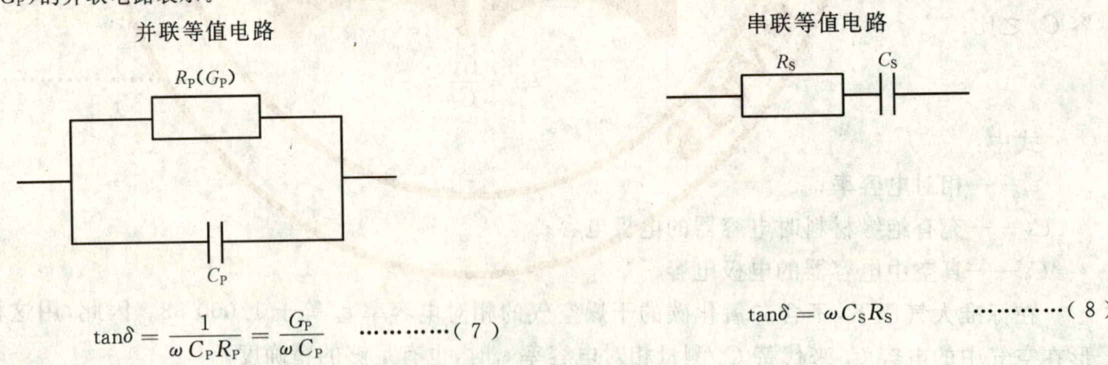

$$\tan\delta = \frac{1}{\omega C_P R_P} = \frac{G_P}{\omega C_P} \quad \cdots\cdots(7)$$

$$\tan\delta = \omega C_S R_S \quad \cdots\cdots(8)$$

式中：

C_S——串联电容；

R_S——串联电阻；

1）有些国家用“损耗角正切”来表示“介质损耗因数”，因为损耗的测量结果是用损耗角的正切来报告的。

C_P——并联电容；

R_P——并联电阻。

虽然以并联电路表示一个具有介质损耗的绝缘材料通常是合适的，但在单一频率下，有时也需要以电容 C_S 和电阻 R_S 的串联电路来表示。

串联元件与并联元件之间，成立下列关系：

$$C_P = \frac{C_S}{1+\tan^2\delta} \quad \cdots\cdots(9)$$

$$R_P = \frac{1+\tan^2\delta}{\tan^2\delta}R_S \quad \cdots\cdots(10)$$

$$\omega C_S R_S = \frac{1}{\omega C_P R_P} \quad \cdots\cdots(11)$$

式(9)、(10)、(11)中：C_S、R_S、C_P、R_P、$\tan\delta$ 同式(7)、(8)。

无论串联表示法还是并联表示法，其介质损耗因数 $\tan\delta$ 是相等的。

假如测量电路依据串联元件来产生结果，且 $\tan^2\delta$ 太大而在式(9)中不能被忽略，则在计算电容率前必须先计算并联电容。

本标准中的计算和测量是根据电流($\omega=2\pi f$)正弦波形作出的。

4 电气绝缘材料的性能和用途

4.1 电介质的用途

电介质一般被用在两个不同的方面：

用作电气回路元件的支撑，并且使元件对地绝缘及元件之间相互绝缘；

用作电容器介质。

4.2 影响介电性能的因素

下面分别讨论频率、温度、湿度和电气强度对介电性能的影响。

4.2.1 频率

因为只有少数材料如石英玻璃、聚苯乙烯或聚乙烯在很宽的频率范围内它们的 ε_r 和 $\tan\delta$ 几乎是恒定的，且被用作工程电介质材料，然而一般的电介质材料必须在所使用的频率下测量其介质损耗因数和电容率。

电容率和介质损耗因数的变化是由于介质极化和电导而产生，最重要的变化是极性分子引起的偶极子极化和材料的不均匀性导致的界面极化所引起的。

4.2.2 温度

损耗指数在一个频率下可以出现一个最大值，这个频率值与电介质材料的温度有关。介质损耗因数和电容率的温度系数可以是正的或负的，这取决于在测量温度下的介质损耗指数最大值位置。

4.2.3 湿度

极化的程度随水分的吸收量或电介质材料表面水膜的形成而增加，其结果使电容率、介质损耗因数和直流电导率增大。因此试验前和试验时对环境湿度进行控制是必不可少的。

注：湿度的显著影响常常发生在 1MHz 以下及微波频率范围内。

4.2.4 电场强度

存在界面极化时，自由离子的数目随电场强度增大而增加，其损耗指数最大值的大小和位置也随此而变。

在较高的频率下，只要电介质中不出现局部放电，电容率和介质损耗因数与电场强度无关。

5 试样和电极

5.1 固体绝缘材料

5.1.1 试样的几何形状

测定材料的电容率和介质损耗因数，最好采用板状试样，也可采用管状试样。

在测定电容率需要较高精度时，最大的误差来自试样尺寸的误差，尤其是试样厚度的误差，因此厚度应足够大，以满足测量所需要的精确度。厚度的选取决定于试样的制备方法和各点间厚度的变化。对1%的精确度来讲，1.5 mm的厚度就足够了，但是对于更高精确度，最好是采用较厚的试样，例如6 mm～12 mm。测量厚度必须使测量点有规则地分布在整个试样表面上，且厚度均匀度在±1%内。如果材料的密度是已知的，则可用称量法测定厚度。选取试样的面积时应能提供满足精度要求的试样电容。测量10 pF的电容时，使用有良好屏蔽保护的仪器。由于现有仪器的极限分辨能力约1 pF，因此试样应薄些，直径为10 cm或更大些。

需要测低损耗因数值时，很重要的一点是导线串联电阻引入的损耗要尽可能地小，即被测电容和该电阻的乘积要尽可能小。同样，被测电容对总电容的比值要尽可能地大。第一点表示导线电阻要尽可能低及试样电容要小。第二点表示接有试样桥臂的总电容要尽可能小，且试样电容要大。因此试样电容最好取值为20 pF，在测量回路中，与试样并联的电容不应大于约5 pF。

5.1.2 电极系统

5.1.2.1 加到试样上的电极

电极可选用5.1.3中任意一种。如果不用保护环，而且试样上下的两个电极难以对齐时，其中一个电极应比另一个电极大些。已经加有电极的试样应放置在两个金属电极之间，这两个金属电极要比试样上的电极稍小些。对于平板形和圆柱形这两种不同电极结构的电容计算公式以及边缘电容近似计算的经验公式由表1给出。

对于介质损耗因数的测量，这种类型的电极在高频下不能满足要求，除非试样的表面和金属板都非常平整。图1所示的电极系统也要求试样厚度均匀。

5.1.2.2 试样上不加电极

表面电导率很低的试样可以不加电极而将试样插入电极系统中测量，在这个电极系统中，试样的一侧或两侧有一个充满空气或液体的间隙。

平板电极或圆柱形电极结构的电容计算公式由表3给出。

下面两种型式的电极装置特别合适。

5.1.2.2.1 空气填充测微计电极

当试样插入和不插入时，电容都能调节到同一个值，不需进行测量系统的电气校正就能测定电容率。电极系统中可包括保护电极。

5.1.2.2.2 流体排出法

在电容率近似等于试样的电容率，而介质损耗因数可以忽略的一种液体内进行测量，这种测量与试样厚度测量的精度关系不大。当相继采用两种流体时，试样厚度和电极系统的尺寸可以从计算公式中消去。

试样为与试验池电极直径相同的圆片，或对测微计电极来说，试样可以比电极小到足以使边缘效应忽略不计。在测微计电极中，为了忽略边缘效应，试样直径约比测微计电极直径小两倍的试样厚度。

5.1.2.3 边缘效应

为了避免边缘效应引起电容率的测量误差，电极系统可加上保护电极。保护电极的宽度应至少为两倍的试样厚度，保护电极和主电极之间的间隙应比试样厚度小。假如不能用保护环，通常需对边缘电容进行修正，表1给出了近似计算公式。这些公式是经验公式，只适用于规定的几种特定的试样形状。

此外，在一个合适的频率和温度下，边缘电容可采用有保护环和无保护环的(比较)测量来获得，用所得到的边缘电容修正其他频率和温度下的电容也可满足精度要求。

5.1.3 构成电极的材料

5.1.3.1 金属箔电极

用极少量的硅脂或其他合适的低损耗粘合剂将金属箔贴在试样上。金属箔可以是纯锡或铅，也可以是这些金属的合金，其厚度最大为100 μm，也可使用厚度小于10 μm的铝箔。但是，铝箔在较高温度下易形成一层电绝缘的氧化膜，这层氧化膜会影响测量结果，此时可使用金箔。

5.1.3.2 **烧熔金属电极**

烧熔金属电极适用于玻璃、云母和陶瓷等材料，银是普遍使用的，但是在高温或高湿下，最好采用金。

5.1.3.3 **喷镀金属电极**

锌或铜电极可以喷镀在试样上，它们能直接在粗糙的表面上成膜。这种电极还能喷在布上，因为它们不穿透非常小的孔眼。

5.1.3.4 **阴极蒸发或高真空蒸发金属电极**

假如处理结果既不改变也不破坏绝缘材料的性能，而且材料承受高真空时也不过度逸出气体，则本方法是可以采用的。这一类电极的边缘应界限分明。

5.1.3.5 **汞电极和其他液体金属电极**

把试样夹在两块互相配合好的凹模之间，凹模中充有液体金属，该液体金属必须是纯净的。汞电极不能用于高温，即使在室温下用时，也应采取措施，这是因为它的蒸气是有毒的。

伍德合金和其他低熔点合金能代替汞。但是这些合金通常含有镉，镉象汞一样，也是毒性元素。这些合金只有在良好抽风的房间或在抽风柜中才能用于100℃以上，且操作人员应知道可能产生的健康危害。

5.1.3.6 **导电漆**

无论是气干或低温烘干的高电导率的银漆都可用作电极材料。因为此种电极是多孔的，可透过湿气，能使试样的条件处理在涂上电极后进行，对研究湿度的影响时特别有用。此种电极的缺点是试样涂上银漆后不能马上进行试验，通常要求 12 h 以上的气干或低温烘干时间，以便去除所有的微量溶剂，否则，溶剂可使电容率和介质损耗因数增加。同时应注意漆中的溶剂对试样应没有持久的影响。

要使用刷漆法做到边缘界限分明的电极较困难，但使用压板或压敏材料遮框喷漆可克服此局限。但在极高的频率下，因银漆电极的电导率会非常低，此时则不能使用。

5.1.3.7 **石墨**

一般不推荐使用石墨，但是有时候也可采用，特别是在较低的频率下。石墨的电阻会引起损耗的显著增大，若采用石墨悬浮液制成电极，则石墨还会穿透试样。

5.1.4 **电极的选择**

5.1.4.1 **板状试样**

考虑下面两点很重要：

a) 不加电极，测量时快而方便，并可避免由于试样和电极间的不良接触而引起的误差。

b) 若试样上是加电极的，由测量试样厚度 h 时的相对误差 $\Delta h/h$ 所引起的相对电容率的相对误差 $\Delta\varepsilon_r/\varepsilon_r$ 可由下式得到：

$$\frac{\Delta\varepsilon_r}{\varepsilon_r}=\frac{\Delta h}{h} \qquad \cdots\cdots(12)$$

式中：

$\Delta\varepsilon_r$——相对电容率的偏差；

ε_r——相对电容率；

h——试样厚度；

Δh——试样厚度的偏差。

若试样上加电极，且试样放在有固定距离 $S>h$ 的两个电极之间，这时

$$\frac{\Delta\varepsilon_r}{\varepsilon_r}=\left(1-\frac{\varepsilon_r}{\varepsilon_f}\right)\cdot\frac{\Delta h}{h} \qquad \cdots\cdots(13)$$

式中：

$\Delta\varepsilon_r$、ε_r、h、Δh 同式(12)。

ε_f——试样浸入所用流体的相对电容率，对于在空气中的测量则 ε_f 等于 1。

对于相对电容率为 10 以上的无孔材料，可采用沉积金属电极。对于这些材料，电极应覆盖在试样的整个表面上，并且不用保护电极。对于相对电容率在 3～10 之间的材料，能给出最高精度的电极是金属箔、汞或沉积金属，选择这些电极时要注意适合材料的性能。若厚度的测量能达到足够精度时，试样上不加电极的方法方便而更可取。假如有一种合适的流体，它的相对电容率已知或者能很准确地测出，则采用流体排出法是最好的。

5.1.4.2 **管状试样**

对管状试样而言，最合适的电极系统将取决于它的电容率、管壁厚度、直径和所要求的测量精度。一般情况下，电极系统应为一个内电极和一个稍为窄一些的外电极和外电极两端的保护电极组成，外电极和保护电极之间的间隙应比管壁厚度小。对小直径和中等直径的管状试样，外表面可加三条箔带或沉积金属带，中间一条用作为外电极(测量电极)，两端各有一条用作保护电极。内电极可用汞，沉积金属膜或配合较好的金属芯轴。

高电容率的管状试样，其内电极和外电极可以伸展到管状试样的全部长度上，可以不用保护电极。

大直径的管状或圆筒形试样，其电极系统可以是圆形或矩形的搭接，并且只对管的部分圆周进行试验。这种试样可按板状试样对待，金属箔、沉积金属膜或配合较好的金属芯轴内电极与金属箔或沉积金属膜的外电极和保护电极一起使用。如采用金属箔做内电极，为了保证电极和试样之间的良好接触，需在管内采用一个弹性的可膨胀的夹具。

对于非常准确的测量，在厚度的测量能达到足够的精度时，可采用试样上不加电极的系统。对于相对电容率 ε_r 不超过 10 的管状试样，最方便的电极是用金属箔、汞或沉积金属膜。相对电容率在 10 以上的管状试样，应采用沉积金属膜电极；瓷管上可采用烧熔金属电极。电极可像带材一样包覆在管状试样的全部圆周或部分圆周上。

5.2 **液体绝缘材料**

5.2.1 **试验池的设计**

对于低介质损耗因数的待测液体，电极系统最重要的特点是：容易清洗、再装配(必要时)和灌注液体时不移动电极的相对位置。此外还应注意：液体需要量少，电极材料不影响液体，液体也不影响电极材料，温度易于控制，端点和接线能适当地屏蔽；支撑电极的绝缘支架应不浸沉在液体中，还有，试验池不应含有太短的爬电距离和尖锐的边缘，否则能影响测量精度。

满足上述要求的试验池见图 2～图 4。电极是不锈钢的，用硼硅酸盐玻璃或石英玻璃作绝缘。图 2 和图 3 所示的试验池也可用作电阻率的测定，IEC 60247:1978 对此已详细叙述。

由于有些液体如氯化物，其介质损耗因数与电极材料有明显的关系，不锈钢电极不总是最合适的。有时，用铝和杜拉铝制成的电极能得到比较稳定的结果。

5.2.2 **试验池的准备**

应用一种或几种合适的溶剂来清洗试验池，或用不含有不稳定化合物的溶剂多次清洗。可以通过化学试验方法检查其纯度，或通过一个已知的低电容率和介质损耗因数的液体试样测量的结果来确定。当试验池试验几种类型的绝缘液体时，若单独使用溶剂不能去除污物，可用一种柔和的擦净剂和水来清洁试验池的表面。若使用一系列溶剂清洗时则最后要用最大沸点低于 100℃的分析级的石油醚来再次清洗，或者用任一种对一个已知低电容率和介质损耗因数的液体测量能给出正确值的溶剂来清洗，并且这种溶剂在化学性质上与被试液体应是相似的。推荐使用下述方法进行清洗。

试验池应全部拆开，彻底地清洗各部件，用溶剂回流的方法或放在未使用溶剂中搅动反复洗涤方法均可去除各部件上的溶剂并放在清洁的烘箱中，在 110℃左右的温度下烘干 30 min。

待试验池的各部件冷却到室温，再重新装配起来。池内应注入一些待试的液体，停几分钟后，倒出此液体再重新倒入待试液体，此时绝缘支架不应被液体弄湿。

在上述各步骤中，各部件可用干净的钩针或钳子巧妙地处理，以使试验池有效的内表面不与手接触。

注 1：在同种质量油的常规试验中，上面所说的清洗步骤可以代之为在每一次试验后用没有残留纸屑的干纸简单地擦擦试验池。

注 2：采用溶剂时，有些溶剂特别是苯、四氯化碳、甲苯、二甲苯是有毒的，所以要注意防火及毒性对人体的影响，此外，氯化物溶剂受光作用会分解。

5.2.3 试验池的校正

当需要高精度测定液体电介质的相对电容率时，应首先用一种已知相对电容率的校正液体（如苯）来测定“电极常数”。

“电极常数”C_c 的确定按式(14)：

$$C_c = \frac{C_n - C_0}{\varepsilon_n - 1} \quad \cdots\cdots(14)$$

式中：

C_c——电极常数；

C_0——空气中电极装置的电容；

C_n——充有校正液体时电极装置的电容；

ε_n——校正液体的相对电容率。

从 C_0 和 C_c 的差值可求得校正电容 C_g：

$$C_g = C_0 - C_c \quad \cdots\cdots(15)$$

并按照公式

$$\varepsilon_X = \frac{C_X - C_g}{C_c} \quad \cdots\cdots(16)$$

来计算液体未知相对电容率 ε_X。

式中：

C_g——校正电容；

C_0——空气中电极装置的电容；

C_c——电极常数；

C_X——电极装置充有被试液体时的电容；

ε_X——液体的相对电容率。

假如 C_0、C_n 和 C_X 值是在 ε_n 是已知的某一相同温度下测定的，则可求得最高精度的 ε_X 值。

采用上述方法测定液体电介质的相对电容率时，可保证其测得结果有足够的精度，因为它消除了由于寄生电容或电极间隙数值的不准确测量所引起的误差。

6 测量方法的选择

测量电容率和介质损耗因数的方法可分成两种：零点指示法和谐振法。

6.1 零点指示法适用于频率不超过 50 MHz 时的测量。测量电容率和介质损耗因数可用替代法；也就是在接入试样和不接试样两种状态下，调节回路的一个臂使电桥平衡。通常回路采用西林电桥、变压器电桥（也就是互感耦合比例臂电桥）和并联 T 型网络。变压器电桥的优点：采用保护电极不需任何外加附件或过多操作，就可采用保护电极；它没有其他网络的缺点。

6.2 谐振法适用于 10 kHz～几百 MHz 的频率范围内的测量。该方法为替代法测量，常用的是变电抗法。但该方法不适合采用保护电极。

注：典型的电桥和电路示例见附录。附录中所举的例子自然是不全面的，叙述电桥和测量方法报导见有关文献和该种仪器的原理说明书。

7 试验步骤

7.1 试样的制备

试样应从固体材料上截取，为了满足要求，应按相关的标准方法的要求来制备。

应精确地测量厚度，使偏差在±(0.2%±0.005 mm)以内，测量点应均匀地分布在试样表面。必要时，应测其有效面积。

7.2 条件处理

条件处理应按相关规范规定进行。

7.3 测量

电气测量按本标准或所使用的仪器(电桥)制造商推荐的标准及相应的方法进行。

在 1 MHz 或更高频率下，必须减小接线的电感对测量结果的影响。此时，可采用同轴接线系统(见图 1 所示)，当用变电抗法测量时，应提供一个固定微调电容器。

8 结果

8.1 相对电容率 ε_r

试样加有保护电极时其相对电容率 ε_r 可按公式(1)计算，没有保护电极时试样的被测电容 C'_X 包括了一个微小的边缘电容 C_e，其相对电容率为：

$$\varepsilon_r = \frac{C'_X - C_e}{C_0} \quad \cdots\cdots\cdots\cdots (17)$$

式中：

ε_r——相对电容率；

C'_X——没有保护电极时试样的电容；

C_e——边缘电容；

C_0——法向极间电容；

C_0 和 C_e 能从表 1 计算得来。

必要时应对试样的对地电容、开关触头之间的电容及等值串联和并联电容之间的差值进行校正。

测微计电极间或不接触电极间被测试样的相对电容率可按表 2、表 3 中相应的公式计算得来。

8.2 介质损耗因数 $\tan\delta$

介质损耗因数 $\tan\delta$ 按照所用的测量装置给定的公式，根据测出的数值来计算。

8.3 精度要求

在第 5 章和附录 A 中所规定的精度是：电容率精度为±1%，介质损耗因数的精度为±(5%±0.000 5)。这些精度至少取决于三个因素：即电容和介质损耗因数的实测精度；所用电极装置引起的这些量的校正精度；极间法向真空电容的计算精度(见表 1)。

在较低频率下，电容的测量精度能达±(0.1%±0.02 pF)，介质损耗因数的测量精度能达±(2%±0.000 05)。在较高频率下，其误差增大，电容的测量精度为±(0.5%±0.1 pF)，介质损耗因数的测量精度为±(2%±0.000 2)。

对于带有保护电极的试样，其测量精度只考虑极间法向真空电容时有计算误差。但由被保护电极和保护电极之间的间隙太宽而引起的误差通常大到百分之零点几，而校正只能计算到其本身值的百分之几。如果试样厚度的测量能精确到±0.005 mm，则对平均厚度为 1.6 mm 的试样，其厚度测量误差能达到百分之零点几。圆形试样的直径能测定到±0.1%的精度，但它是以平方的形式引入误差的，综合这些因素，极间法向真空电容的测量误差为±0.5%。

对表面加有电极的试样的电容，若采用测微计电极测量时，只要试样直径比测微计电极足够小，则只需要进行极间法向电容的修正。采用其他的一些方法来测量两电极试样时，边缘电容和对地电容的计算将带来一些误差，因为它们的误差都可达到试样电容的 2%～40%。根据目前有关这些电容资料，计算边缘电容的误差为 10%，计算对地电容的误差为 25%。因此带来总的误差是百分之几十到百分之几。当电极不接地时，对地电容误差可大大减小。

采用测微计电极时，数量级是 0.03 的介质损耗因数可测到真值的±0.000 3，数量级 0.000 2 的介质损耗因数可测到真值的±0.000 05。介质损耗因数的范围通常是0.000 1～0.1，但也可扩展到0.1以上。频率在10 MHz和20 MHz之间时，有可能检测出0.000 02的介质损耗因数。1～5的相对电容率可测到其真值的±2%，该精度不仅受到计算极间法向真空电容测量精度的限制，也受到测微计电极系统误差的限制。

9 试验报告

试验报告中应给出下列相关内容：

绝缘材料的型号名称及种类、供货形式、取样方法、试样的形状及尺寸和取样日期（并注明试样厚度和试样在与电极接触的表面进行处理的情况）；

试样条件处理的方法和处理时间；

电极装置类型，若有加在试样上的电极应注明其类型；

测量仪器；

试验时的温度和相对湿度以及试样的温度；

施加的电压；

施加的频率；

相对电容率 ε_r（平均值）；

介质损耗因数 $\tan\delta$（平均值）；

试验日期；

相对电容率和介质损耗因数值以及由它们计算得到的值如损耗指数和损耗角，必要时，应给出与温度和频率的关系。

表1 真空电容的计算和边缘校正

 (1)	极间法向电容 （单位：皮法和厘米） (2)	边缘电容的校正 （单位：皮法和厘米） (3)
1. 有保护环的圆盘状电极		
g　d_1　h 试样	$C_0=\varepsilon_0\cdot\frac{A}{h}=0.088\ 54\cdot\frac{A}{h}$ $A=\frac{\pi}{4}(d_1+g)^2$	$C_e=0$
2. 没有保护环的圆盘状电极		
a) 电极直径=试样直径 a　试样　h d_1	$C_0=\varepsilon_0\cdot\frac{\pi}{4}\cdot\frac{d_1^2}{h}=0.069\ 54\frac{d_1^2}{4}$	当 $a\ll h$ 时 $\frac{C_e}{P}=0.029-0.058\lg h$ $P=\pi d_1$
b) 上下电极相等，但比试样小 a　h 试样　d_1		$\frac{C_e}{P}=0.019\varepsilon_r-0.058\lg h+0.010$ $P=\pi d_1$ 其中：ε_1 是试样相对电容率的近似值，并且 $a\ll h$

表 1(续)

(1)	极间法向电容 (单位:皮法和厘米) (2)	边缘电容的校正 (单位:皮法和厘米) (3)
c) 上下电极不等 a d_1 h 试样	$C_0=\varepsilon_0\cdot\frac{\pi}{4}\cdot\frac{d_1^2}{h}=0.069\ 54\ \frac{d_1^2}{4}$	$\frac{C_e}{P}=0.041\varepsilon_r-0.077\lg h+0.045$ $P=\pi d_1$ 其中:ε_1 是试样相对电容率的近似值,并且 $a\ll h$
3. 有保护环的圆柱形电极		
试样 h d_2 d_1 l_1 g	$C_0=\varepsilon_0\frac{2\pi(L_1+g)}{\ln d_2/d_1}$ $=0.241\ 6\frac{L_1}{\lg d_2/d_1}$	$C_e=0$
4. 没有保护环的圆柱形电极		
试样 h d_2 d_1 l_1	$C_0=\varepsilon_0\frac{2\pi L_1}{\ln d_2/d_1}=0.241\ 6\frac{L_1}{\lg d_2/d_1}$	若 $\frac{h}{h+d_1}<\frac{1}{10}$ $\frac{C_e}{2P}=0.019\varepsilon_1-0.058\lg h+0.010$ $P=\pi(d_1+h)$ 其中:ε_1 是试样相对电容率的近似值

试样的相对电容率:$\varepsilon_r=\frac{C'_X-C_e}{C_0}$

其中:

C'_X——电极之间被测的电容;

ln——自然对数;

lg——常用对数。

表 2 试样电容的计算——接触式测微计电极

试样电容	注	符号定义
1. 并联一个标准电容器来替代试样电容		C_P——试样的并联电容 ΔC——取去试样后,为恢复平衡时的标准电容器的电容增量 C_r——在距离为 r 时,测微计电极的标定电容 C_s——取去试样后,恢复平衡,测微计电极间距为 s 时的标定电容 C_{or},C_{oh}——测微计电极之间试样所占据的,间距分别为 r 或 h 的空气电容。可用表 1 中的公式 1 来计算 r——试样与所加电极的厚度 h——试样厚度
$C_P=\Delta C+C_{or}$	试样直径至少比测微计电极的直径小 $2r$。在计算电容率时必须采用试样的真实厚度 h 和面积 A。	
2. 取去试样后减少测微计电极间的距离来替代试样电容		
$C_P=C_S-C_r+C_{or}$	试样直径至少比测微计电极的直径小 $2r$。在计算电容率时,必须采用试样的真实厚度 h 和面积 A。	
3. 并联一个标准电容器来替代试样电容 当试样与电极的直径同样大小时,仅存在一个微小的误差(因电极边缘电场畸变引起 0.2%~0.5%的误差),因而可以避免空气电容的两次计算。		
$C_P=\Delta C+C_{oh}$	试样直径等于测微计电极直径,施于试样上的电极的厚度为零。	相对电容率:$\varepsilon_r=\frac{C_p}{C_{oh}}$

表 3　电容率和介质损耗因数的计算——不接触电极

<table>
<tr><th>相对电容率
(1)</th><th>介质损耗因数
(2)</th><th>符号意义
(3)</th></tr>
<tr><td colspan="2">1. 测微计电极(在空气中)</td><td rowspan="12">ΔC——试样插入时电容的改变量(电容增加时为＋号)
C_1——装有试样时的电容
C_f——仅有流体时的电容，其值为 $\varepsilon_f \cdot C_0$
C_0——所考虑的区域上的真空电容，其值为 $\varepsilon_0 \cdot A/h_0$
A——试样一个面的面积，用厘米^2 表示(试验的面积大于等于电极面积时)
ε_f——在试验温度下的流体相对电容率(对空气而言 $\varepsilon_f=1.00$)
ε_0——电气常数用皮法/厘米表示
$\Delta\tan\delta$——试样插入时，损耗因数的增加量
$\tan\delta_c$——装有试样时的损耗因数
$\tan\delta_X$——试样的损耗因数的计算值
d_0——内电极的外直径
d_1——试样的内直径
d_2——试样的外直径
d_3——外电极的内直径
h_0——平行平板间距
h——试样的平均厚度
M——$h_0/h-1$
lg——常用对数
注：在二流体法的公式中，脚注 1 和 2 分别表示第一种和第二种流体。</td></tr>
<tr><td>$\varepsilon_r = \dfrac{1}{1-\dfrac{\Delta C}{C_1}\cdot\dfrac{h_0}{h}}$
若 h_0 调到一个新值 h_0'，而 $\Delta C=0$ 时
$\varepsilon_r = \dfrac{h}{h-(h_0-h_0')}$</td><td>$\tan\delta_X = \tan\delta_c + M\cdot\varepsilon_r\cdot\Delta\tan\delta$</td></tr>
<tr><td colspan="2">2. 平板电极——流体排出法</td></tr>
<tr><td>$\varepsilon_r = \dfrac{\varepsilon_f}{1+\tan^2\delta_X}\cdot\left\{\dfrac{(C_f+\Delta C)(1+\tan^2\delta_c)}{C_f+M[C_f-(C_f+\Delta C)(1+\tan^2\delta_c)]}\right\}$</td><td>$\tan\delta_X = \tan\delta_c + M\cdot\Delta\tan\delta\cdot\left\{\dfrac{(C_f+\Delta C)(1+\tan^2\delta_c)}{C_f+M[C_f-(C_f+\Delta C)(1+\tan^2\delta_c)]}\right\}$</td></tr>
<tr><td colspan="2">当试样的损耗因数小于 0.1 时，可以用下列公式：</td></tr>
<tr><td>$\varepsilon_r = \dfrac{\varepsilon_f}{1-\dfrac{\Delta C}{\varepsilon_f\cdot C_0+\Delta C}\cdot\dfrac{h_0}{h}}$</td><td>$\tan\delta_X = \tan\delta_c + M\dfrac{\varepsilon_r}{\varepsilon_f}\cdot\Delta\tan\delta$</td></tr>
<tr><td colspan="2">3. 圆柱形电极——流体排出法(用于 $\tan\delta_X$ 小于 0.1 时)</td></tr>
<tr><td>$\varepsilon_r = \dfrac{\varepsilon_f}{1-\dfrac{\Delta C}{C_1}\cdot\dfrac{\lg d_3/d_0}{\lg d_2/d_1}}$</td><td>$\tan\delta_X = \tan\delta_c + \Delta\tan\delta\dfrac{\varepsilon_r}{\varepsilon_f}\left[\dfrac{\lg d_3/d_0}{\lg d_2/d_1}-1\right]$</td></tr>
<tr><td colspan="2">4. 二流体法——平板电极(用于 $\tan\delta_X$ 小于 0.1 时)</td></tr>
<tr><td>$\varepsilon_r = \varepsilon_{f1} + \dfrac{\Delta C_1\cdot C_2(\varepsilon_{f2}-\varepsilon_{f1})}{\Delta C_1\cdot C_2-\Delta C_2\cdot C_1}$</td><td>$\tan\delta_X = \tan\delta_{c_1} + \dfrac{\varepsilon_r C_0 - C_1}{\Delta C_2}\cdot\Delta\tan\delta_2$</td></tr>
</table>

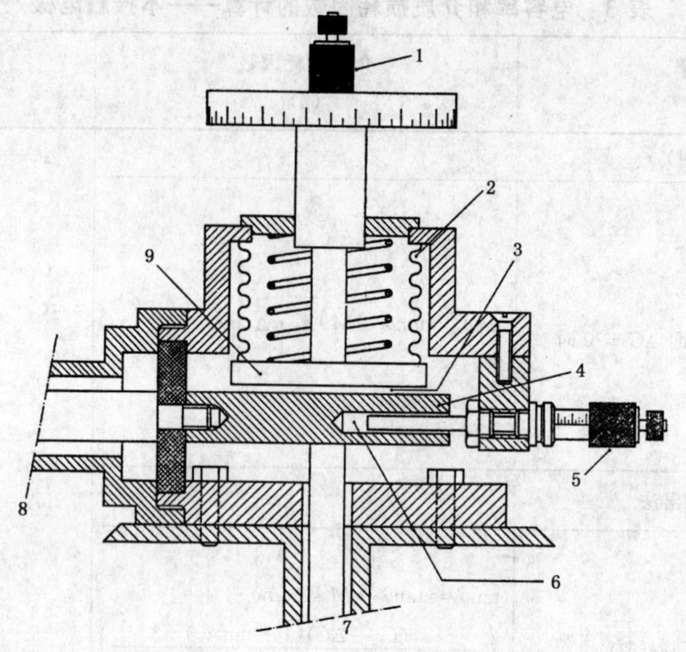

1——测微计头；
2——连接可调电极(B)的金属波纹管；
3——放试样的空间(试样电容器 M_1)；
4——固定电极(A)；
5——测微计头；
6——微调电容器 M_2；
7——接检测器；
8——接到电路上；
9——可调电极(B)。

图 1 用于固体介质测量的测微计——电容器装置

单位为毫米

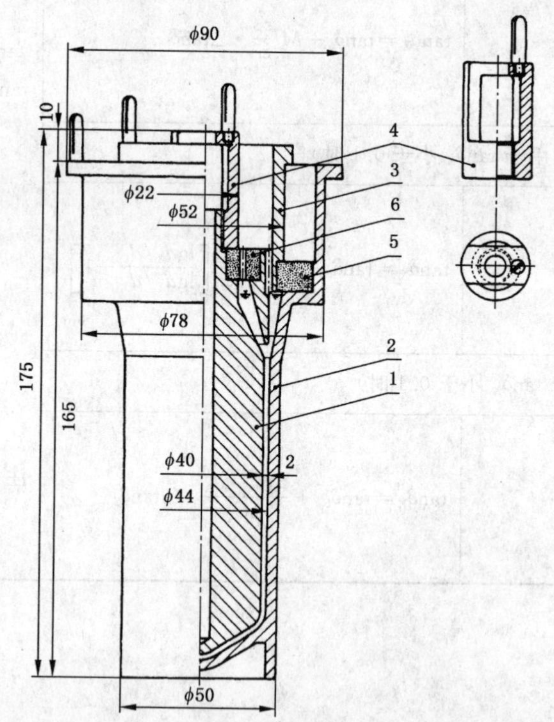

1——内电极；
2——外电极；
3——保护环；
4——把柄；
5——硼硅酸盐或石英垫圈；
6——硼硅酸盐或石英垫圈。

图 2 液体测量的三电极试验池示例

单位为毫米

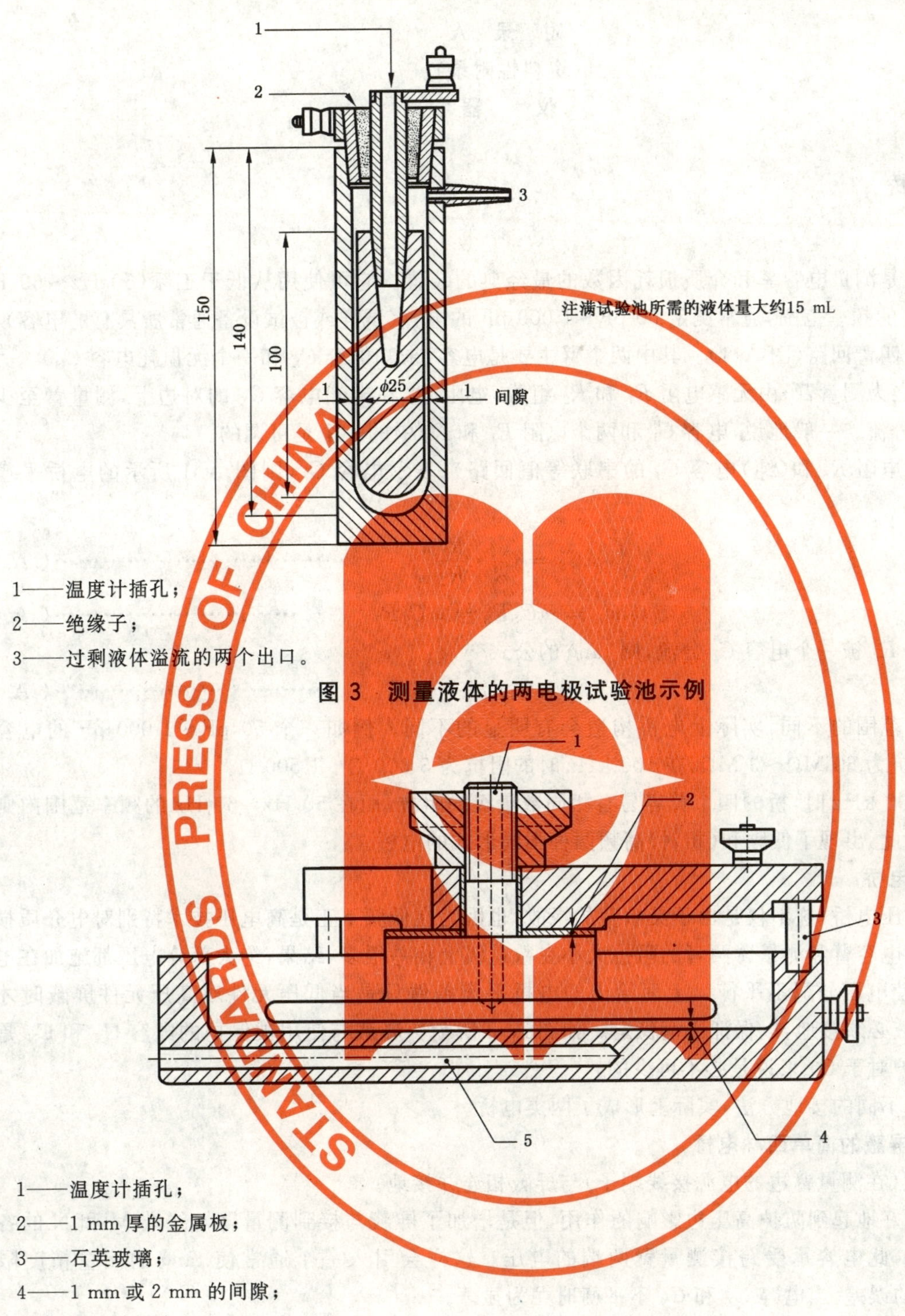

1——温度计插孔；
2——绝缘子；
3——过剩液体溢流的两个出口。

图 3　测量液体的两电极试验池示例

1——温度计插孔；
2——1 mm 厚的金属板；
3——石英玻璃；
4——1 mm 或 2 mm 的间隙；
5——温度计插孔。

图 4　液体测量的平板两电极试验池

附　录　A
（资料性附录）
仪　　器

A.1　西林电桥

A.1.1　概述

西林电桥是测量电容率和介质损耗因数的最经典的装置。它可使用从低于工频(50 Hz～60 Hz)直至100 kHz的频率范围,通常测定50 pF～1 000 pF的电容(试样或被试设备通常所具有的电容)。

这是一个四臂回路(图A.1)。其中两个臂主要是电容(未知电容 C_X 和一个无损耗电容 C_N)。另外两臂(通常称之为测量臂)由无感电阻 R_1 和 R_2 组成,电阻 R_1 在未知电容 C_X 的对边上,测量臂至少被一个电容 C_1 分流。一般地说,电容 C_1 和两个电阻 R_1 和 R_2 中的一个是可调的。

如果采用电阻 R_S 和(纯)电容 C_S 的串联等值回路来表示电容 C_X,则图A.1所示的电桥平衡时导出:

$$C_S = C_N \cdot \frac{R_1}{R_2} \qquad \cdots\cdots(A.1)$$

和

$$\tan\delta_X = \omega C_S R_S = \omega C_1 R_1 \qquad \cdots\cdots(A.2)$$

如果电阻 R_2 被一个电容 C_2 分流,则 $\tan\delta$ 的公式变为:

$$\tan\delta_X = \omega C_1 R_1 - \omega C_2 R_2 \qquad \cdots\cdots(A.3)$$

由于频率范围的不同,实际上电桥构造会有明显的不同。例如一个50 pF～1 000 pF的电容在50 Hz时的阻抗为60 MΩ～3 MΩ,在100 kHz时的阻抗为3 000 Ω～1 500 Ω。

频率为100 kHz时,桥的四个臂容易有相同数量级的阻抗,而在50 Hz～60 Hz的频率范围内则是不可能的。因此,出现了低频和(相对)高频两种不同形式的电桥。

A.1.2　低频电桥

一般为高压电桥,这不仅是由于灵敏度的缘故,也因为在低频下正是高电压技术特别对电介质损耗关注的问题。电容臂和测量臂两者的阻抗大小在数量级上相差很多,结果,绝大部分电压都施加在电容 C_X 和 C_N 上,使电压分配不平衡。上面给出的电桥平衡条件只是当低压元件对高压元件屏蔽时才成立。同时,屏蔽必须接地,以保证平衡稳定。如图A.2所示。屏蔽与使用被保护的电容 C_X 和 C_N 是一致的,这个保护对于 C_N 来说是必不可少的。

由于选择不同的接地方法,实际上形成了两类电桥。

A.1.2.1　带屏蔽的简单西林电桥

桥的B点(在测量臂边的电源接线端子)与屏蔽相连并接地。

屏蔽能很好地起到防护高压边影响的作用,但是增加了屏蔽与接到测量臂接线端M和N的各根导线之间电容,此电容承受跨接测量臂两端的电压。这样会引入一个通常使 $\tan\delta$ 的测量精度限于0.1%数量级的误差,当电容 C_X 和 C_N 不平衡时尤为显著。

A.1.2.2　带瓦格纳(Wagner)接地电路的西林电桥

图A.2示出了使电桥测量臂接线端与屏蔽电位相等的方法。这种方法是通过使用外接辅助桥臂 Z_A、Z_B(瓦格纳接地电路),并使这两个辅助桥臂的中间点P接到屏蔽并接地。调节辅助桥臂(实际为 Z_B)以使在 Z_A 和 Z_B 上的电压分别与电桥的电容臂和测量臂两端的电压相等。显然,这个解决方法包括两个桥即主桥AMNB和辅桥AMPB(或ANPB)同时平衡。通过检测器从一个桥转换到另一个桥逐次地逼近平衡而最终达到二者平衡。用这种方法精度可以提高一个数量级,这时,实际上该精度只决定于电桥元件的精密度。

必须指出，只有当电源的两端可以对地绝缘时才使用上述特殊的解决方法。如果不可能对地绝缘，则必须使用更复杂的装置(双屏蔽电桥)。

A.1.3 高频西林电桥

这种电桥通常在中等的电压下工作，是比较灵活方便的一种电桥；通常电容 C_N 是可变的(在高压电桥中电容 C_N 通常是固定的)，比较容易采用替代法。

由于不期望电容的影响随频率的增加而增加，因此仍可有效使用屏蔽和瓦格纳接地线路。

A.1.4 关于检测器的说明

当西林电桥的B点接地时，必须避免检测器的不对称输入(这在电子设备中是常有的)。

然而这样的检测器只要接地输入端总是连接于P点，就能与装有瓦格纳接地线路的电桥一起使用。

A.2 变压器电桥(电感比例臂电桥)

A.2.1 概述

这种电桥的原理比西林电桥简单。其结构原理见图 A.3。

当电桥平衡时，复电抗 Z_X 和 Z_M 之间的比值等于电压矢量 U_1 和 U_2 间的比值。如果电压矢量的比值是已知的，便可从已知的 Z_M 推导出 Z_X。在理想电桥中比例 U_1/U_2 是一个系数 K，这样 $Z_K=KZ_M$，实际上 Z_M 的幅角直接给出 δ_X。

变压器电桥比西林电桥有很大的优点，它允许将屏蔽和保护电极直接接地且不需要附加的辅助桥臂。

这种电桥可在从工频到数十 MHz 的频率范围内使用。比西林电桥使用的频率范围宽。由于频率范围的不同，桥的具体结构也不相同。

A.2.2 低频电桥

通常是一个高压电桥(更精密，电压 U_1 是高压，U_2 是中压)，这种电桥的技术与变压器的技术有关。

可采用两类电源：

1) 电源电压直接加到一个绕组上，另一个绕组则起变压器次级绕组的作用。

2) 将电源加到初级绕组上(见图 A.3)，而电桥的两个绕组是由两个分开的次级线路组成或是由一个带有中间抽头能使获得电压 U_1 和 U_2 的次级绕组组成。

与所有的测量变压器一样，电桥存在误差(矢量比 U_1/U_2 与其理论值之间的差)。这种误差随负载而变化。尤其是 U_1 和 U_2 之间的相位差，它会直接影响 $\tan\delta$ 的测量值。

因此，必须对电桥进行校正，这可以用一个无损耗电容 C_N(与在西林电桥中使用的相似)代替 Z_X 进行。如果 C_N 与 C_X 的值相同，这实际上是替代法，测试前应校正。但由于 C_N 很少是可调的，因此负载的变化对 C_X 不再有效。电桥在恒定负载下工作是可能的，如图 A.4 所示：当测量 C_N 时，用一个转换开关把 C_X 接地，反之亦然。这时对于高压绕组来说两个负载的总和是恒定的。(严格地说，低压边也应该用一个相似的装置，但由于连在低压边的负载很小，尽管采用这样处理很容易，但意义小。)

另外，若用并联在电压 U_1 上的一个纯电容 C_N 校正时，承受电压 U_2 的测量阻抗 Z_M 组成如下：

1) 如果 U_2 和 U_1 是同相的(理想情况)，则用一个纯电容 C_M 组成。

2) 如果 U_2 超前 U_1，则用一个电容 C_M 和一个电阻 R_M 组成。

3) 如果 U_2 滞后于 U_1，则电阻 R_M 应变成负的。这就是说，为了重新建立平衡必须在 U_1 一边并入一个电阻形成电流分量。其实并不存在适用于高压的可调高电阻，因此通常阻性电流分量是用一个辅助绕组来获得的，这个辅助绕组提供一个与 U_1 同相的低电压 U_3(图 A.5)。

注：不可在 C_N 上串接一个电阻。因为如果将电阻接在电容器后面会破坏 C_N 测量极和保护极间的等电位；如果将电阻接到 C_N 前面的高压导线上，则电阻(内)电流也将包括保护电路的电流，这就可能无法校正。

这些论述同样适用于上述第二种情况的电阻 R_M。但在低压边容易将三个电阻 R_1、R_2 和 R' 以星形联接来得到一个与电容并联的可调高值电阻。如图 A.5 下面的虚线所示。这时有：

$$R_M = R_1 + R_2 + \frac{R_1 R_2}{R'} \quad \cdots\cdots\cdots\cdots (A.4)$$

但是，可调测量电容 C_M 必须是纯电容性的或已知其损耗低（在西林电桥中的测量电容 C_1 不需满足这些苛刻要求）。

A.2.3 高频电桥

上面的一些叙述也同样适用于高频电桥。但由于它不再是一个高压电桥，因此承受电压 U_1 的臂能容易地引入可调元件；替代法在此适用。

还应指出，带有分开的初级绕组的电桥允许电源和检测器互换位置。其平衡与在次级绕组中对应的安匝数的补偿相符。

A.2.4 关于检测器的说明

由于测量臂的一端接地的，因此不必要使用对称输入的检测器。

A.3 并联 T 型网络

在并联 T 型网络桥路中，从振荡器经过两个 T 形网络流向检测器的两股电流在检测器输入处是大小相等而方向相反的。在这个电路中，振荡器和检测器都能有一端接地；且在有些可能电路中试样和用于平衡的每一个可变元件也有一端接地。

图 A.6 出示了只使用电阻和电容的最简单的并联 T 型网络。测量电介质材料最常用的电路的原理如图 A.7 所示。这种电路的平衡条件如下（在开路的 X、X 端子之间）。

$$\frac{1}{C_A} + \frac{1}{C_N} + \frac{1}{C_B} = \frac{1}{\omega^2 C_A C_N L} \quad \cdots\cdots\cdots\cdots (A.5)$$

$$R_T\left(1 + \frac{C_H}{C_B}\right) = \frac{1}{\omega^2 C_A C_N R_F} \quad \cdots\cdots\cdots\cdots (A.6)$$

实际上是将一个可变电容器接到 X、X 端，且其电容 C_V 和它的电导改变了 L 和 R_F 的表观值，使电路达到平衡；然后再将试样接到 X、X 端，通过调节电容 C_V 和 C_H 恢复电桥平衡。

此时：

1） 试样电容等于 C_V 的减少量 ΔC_V；

2） 试样的电导 G：

$$G = \frac{\omega^2 C_A C_N R_T}{C_B} \cdot \Delta C_H \quad \cdots\cdots\cdots\cdots (A.7)$$

3） 试样的损耗因数 $\tan\delta$：

$$\tan\delta = \frac{\omega\, C_A \cdot C_N \cdot R_T}{C_B} \cdot \frac{\Delta C_H}{\Delta C_V} \quad \cdots\cdots\cdots\cdots (A.8)$$

式中：

ΔC_H——C_H 的增量。

在 50 kHz 到 50 MHz 的频率范围内能方便地设计这种网络，这种网络也容易有效地屏蔽。但其缺点是平衡随频率的变化太灵敏，以致于电源频率的谐波很不平衡。为了能拓宽频率范围，必须改变或换接电桥元件，在较高频率下接线和开关阻抗（若使用开关时）会引入很大的误差。

A.4 谐振法（Q 表法）

谐振法或 Q 表法是在 10 kHz 到 260 MHz 的频率范围内使用。它的原理是基于在一个谐振电路中感应一个已知的弱小电压时，测量在该电路出现的电压。图 A.8 表示这种电路的常用形式，在线路中通过一个共用电阻 R 将谐振电路耦合到振荡器上，也可用其他的耦合方法。

操作程序是在规定的频率下将输入电压或电流调节到一个已知值，然后调节谐振电路达到最大谐振，观察此时的电压 U_0。然后将试样接到相应的接线端上，再调节可变电容器使电路重新谐振，观察新的电压 U_1 的值。

在接入试样并重新调节线路时，只要 $R_L G \ll 1$（见图 A.8）其总电容几乎保持不变。试样电容近似于 ΔC，即是可变电容器电容的变化量。

试样的损耗因数近似为：

$$\tan\delta \approx \frac{C_t}{\Delta C}\left(\frac{1}{Q_1}-\frac{1}{Q_0}\right) \qquad \text{(A.9)}$$

式中：

C_t——电路中的总电容，包括电压表以及电感线圈本身的电容；

Q_1、Q_0——分别为有无试样联接时的 Q 值。

测量误差主要来自两台指示器的标定刻度以及在连线中尤其是在可变电容器和试样的连线中所引入的阻抗。对于高的损耗因数值，$R_L G \ll 1$ 的条件可能不成立，此时上面引出的近似公式不成立。

A.5 变电纳法（变电抗法）

图 1 所示的测微计电极系统是哈特逊（Hartshorn）改进的，被用于消除在高频下因接线和测量电容器的串联电感和串联电阻对测量值产生的误差。在这样的系统中，是由于在测微电极中使用了一个与试样连接的同轴回路，不管试样在不在电路中，电路中的电感和电阻总是相对地保持恒定。夹在两电极之间的试样，其尺寸与电极尺寸相同或小于电极尺寸。除非试样表面和电极表面磨得很平整，否则在试样放到电极系统里之前，必须在试样上贴一片金属箔或类似的电极材料。在试样抽出后，调节测微计电极，使电极系统得到同样的电容。

按电容变化仔细校正测微计电极系统后，使用时则不需要校正边缘电容、对地电容和接线电容。其缺点是电容校正没有常规的可变多层平板电容器那么精密且同样不能直接读数。

在低于 1MHz 的频率下，可忽略接线的串联电感和电阻的影响，测微计电极的电容校正可用与测微计电极系统并联的一个标准电容器的电容来校正。

在接和未接试样时电容的变化量是通过这个电容器来测得。

在测微计电极中，次要的误差来源于电容校正时所包含的电极的边缘电容，此边缘电容是由于插入一个与电极直径相同的试样而稍微有所变化。实际上只要试样直径比电极直径小 2 倍试样厚度，就可消除这种误差。

首先将试样放在测微计电极间并调节测量电路参数。然后取出试样，调节测微计电极间距或重新调节标准电容器来使电路的总电容回到初始值。

按表 2 计算试样电容 C_P。

损耗因数为：

$$\tan\delta_1 = \frac{(\Delta C_1 - \Delta C_0)}{2C_P} \qquad \text{(A.10)}$$

式中：

ΔC_1——接入试样后，在谐振的两侧当检测器输入电压等于谐振电压的 $\sqrt{2}/2$ 时可变电容器 M_2（图 1）的两个电容读数之差。

ΔC_0——在除去试样后与上述相同情况下的两电容读数差。

值得注意的是在整个试验过程中试验频率应保持不变。

注：贴在试样上的电极的电阻在高频下会变得相当大，如果试样不平整或厚度不均匀，将会引起试样损耗因数的明显增加。这种变得明显起来的频率效应，取决于试样表面的平整度，该频率也可低到 10 MHz，因此，必须在 10 MHz及更高的频率下，且没有贴电极的试样上做电容的损耗因数的附加测量。假设 C_W 和 $\tan\delta_W$ 为不贴电极的试样的电容和损耗因数，则计算公式为：

$$\tan\delta = \frac{C_P}{C_W}\tan\delta_W \quad \cdots\cdots(A.11)$$

式中：

C_W——带电极的试样电容。

A.6 屏蔽

在一个线路两点之间的接地屏蔽，可消除这两点之间的所有的电容，而被这两个点的对地电容所代替。因此，导线屏蔽和元件屏蔽可任意运用在那些各点对地的电容并不重要的线路中；变压器电桥和带有瓦格纳接地装置的西林电桥都是这种类型的电路。

从另一方面来说，在采用替代法电桥里，在不管有没有试样均保持不变的线路部分是不需要屏蔽的。

实际上，在电路中将试样、检测器和振荡器的连线屏蔽起来。并尽可能将仪器封装在金属屏蔽里，可以防止观察者的身体（可能不是地电位或不固定）与电路元件之间的电容变化。

对于 100 kHz 数量级或更高的频率，连线应可能短而粗，以减小自感和互感；通常在这样的频率下即使一个很短的导线其阻抗也是相当大的，因此若有几根导线需要连接在一起，则这些导线应尽可能的连接于一点。

如果使用一个开关将试样从电路上脱开，开关在打开时它的两个触点之间的电容必须不引入测量误差。在三电极测量系统中，要做到这点，可以在两个触点间接入一个接地屏蔽，或是用两个开关串联，当这两个开关打开时，将它们之间的连线接地，或将不接地且处于断开状态的电极接地。

A.7 电桥的振荡器和检测器

A.7.1 交流电压源

满足总谐波分量小于 1% 的电压和电流的任一电压源。

A.7.2 检测器

下列各类检测器均可使用，并可以带一个放大器以增加灵敏度：

1） 电话（如需要可带变频器）；

2） 电子电压表或波分析器；

3） 阴极射线示波器；

4） “电眼”调节指示器；

5） 振动检流计（仅用于低频）。

在电桥和检测器中间需加一个变压器，用它来匹配阻抗或者因为电桥的一输出端需接地。

谐波可能会掩盖或改变平衡点，调节放大器或引入一个低通滤波器可防止该现象。对测量频率的二次谐波有 40 dB 的分辨率是合适的。

A.8 频率范围

方　法	频率的推荐范围	试样形式	注
1. 西林电桥	0.10 MHz 及以下	板或管	
2. 变压器电桥	15 Hz～50 MHz		
3. 并联 T 型网络	50 kHz～30 MHz		
4. 谐振法	10 kHz～260 MHz		
5. 变电纳法	10 kHz～100 MHz		

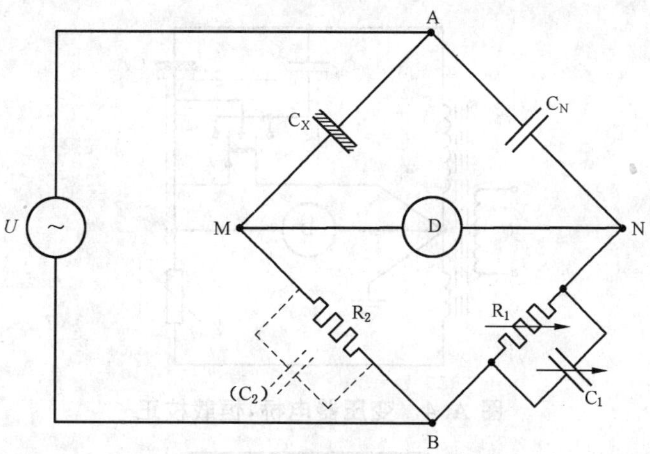

图 A.1 西林电桥电路图

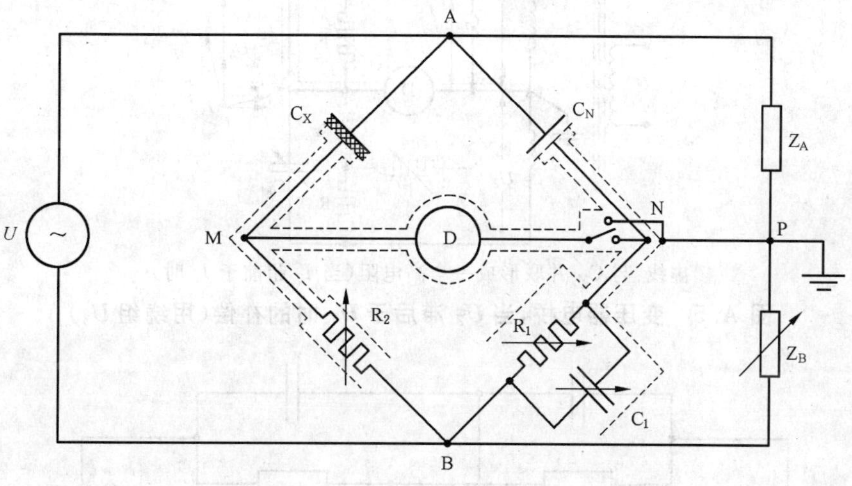

图 A.2 具有瓦格纳(Wagner)接地电路的西林电桥

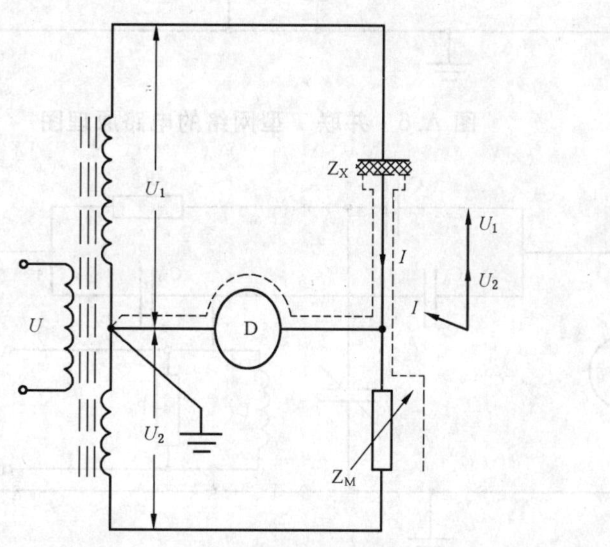

图 A.3 变压器电桥电路图

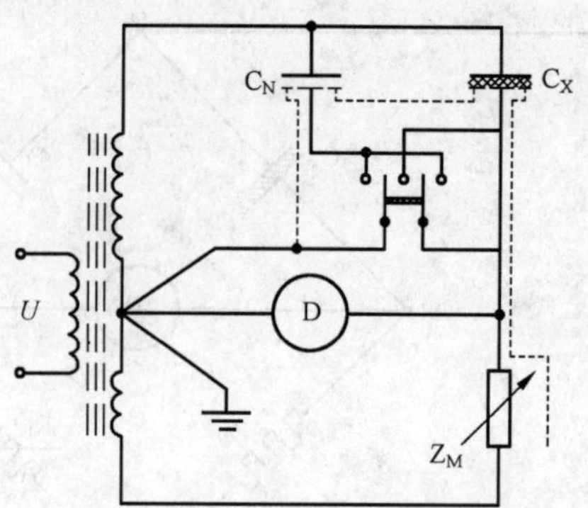

图 A.4 变压器电桥，恒载校正

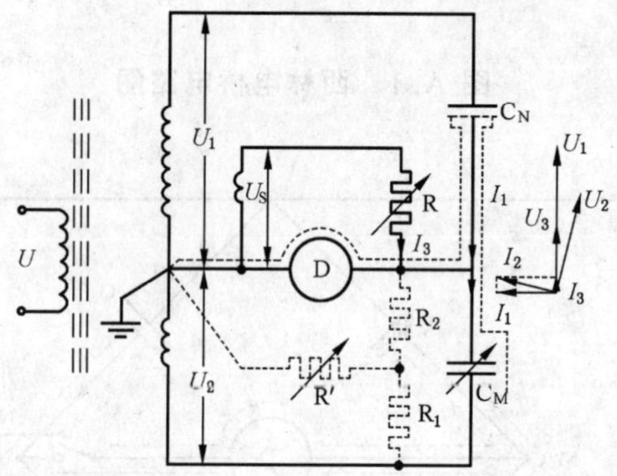

虚线：与 C_M 并联形成一个高电阻(当 I_2 超前于 I_1 时)

图 A.5 变压器电桥，当 U_2 滞后于 U_1 时的补偿(用绕组 U_3)

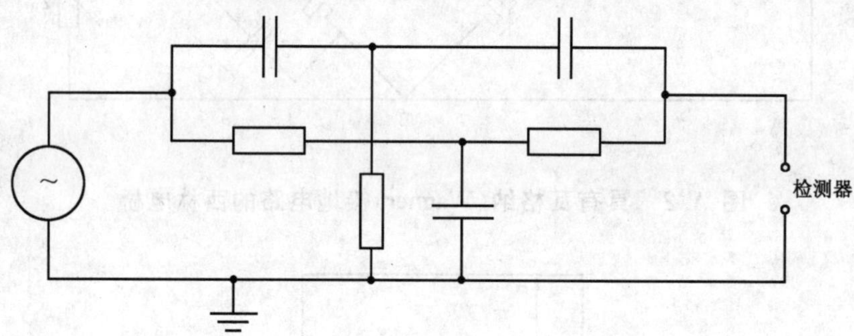

图 A.6 并联 T 型网络的电路原理图

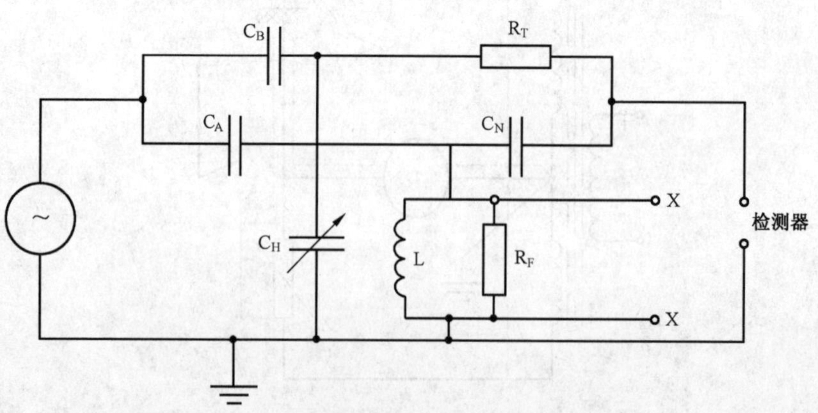

图 A.7 并联 T 型网络的实际线路图

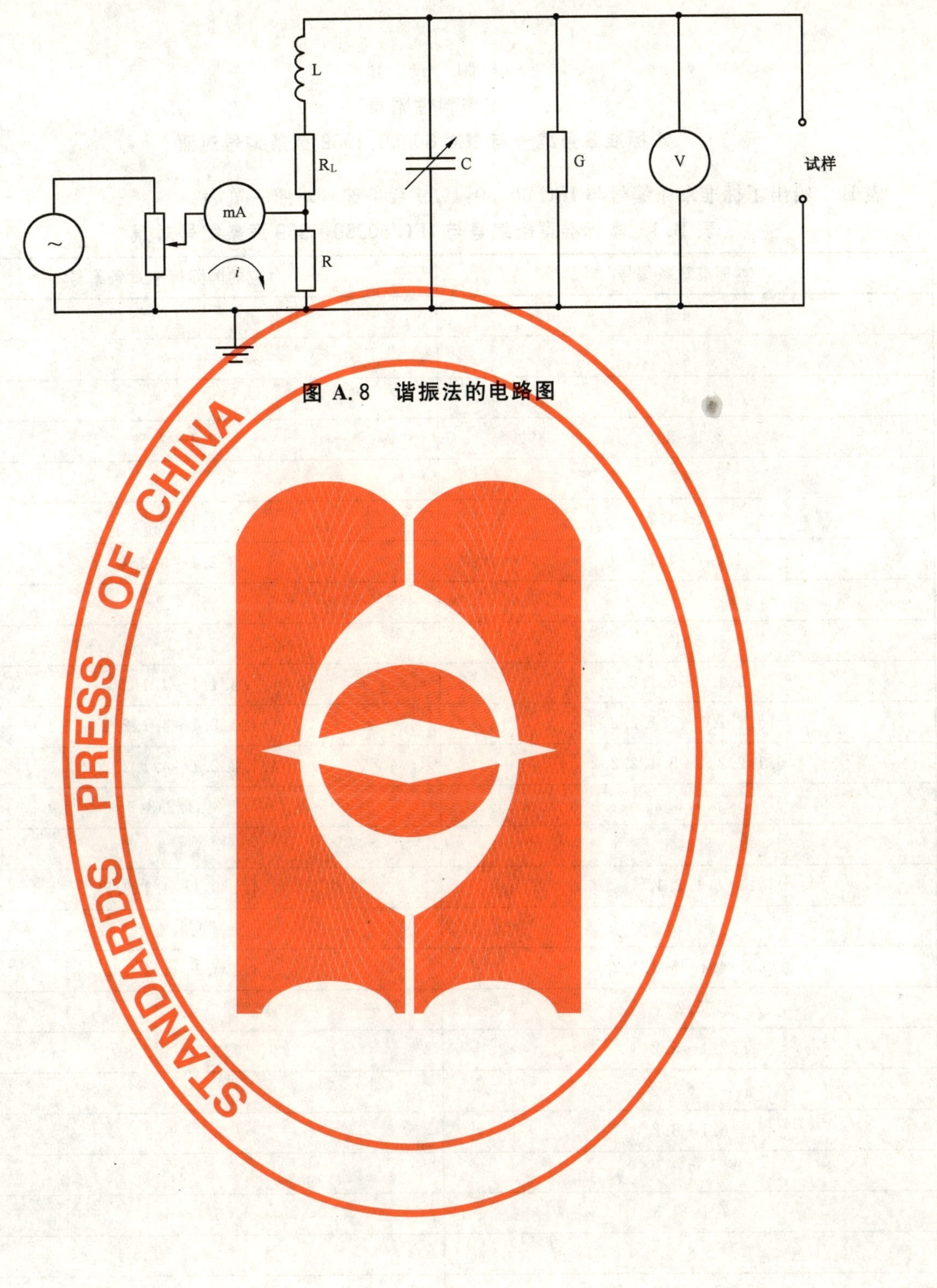

图 A.8 谐振法的电路图

附 录 B
（资料性附录）
本标准章条编号与 IEC 60250：1969 章条编号对照

表 B.1 给出了标准章条编号与 IEC 60250：1969 章条编号对照一览表。

表 B.1 本标准章条编号与 IEC 60250：1969 章条编号对照

本标准章条编号	对应的国际标准章条编号
1	1
2	—
3	2
3.1～3.5	2.1～2.5
4	3
4.1～4.2	3.1～3.2
4.2.1～4.2.4	3.2.1～3.2.4
5	4
5.1	4.1
5.1.1～5.1.2	4.1.1～4.1.2
5.1.2.1～5.1.2.2	4.1.2.1～4.1.2.2
5.1.2.2.1～5.1.2.2.2	4.1.2.2.1～4.1.2.2.2
5.1.2.3	4.1.2.3
5.1.3	4.1.3
5.1.3.1	4.1.3.1～4.1.3.7
5.1.4	4.1.4
5.1.4.1～5.1.4.2	4.1.4.1～4.1.4.2
5.2	4.2
5.2.1～5.2.3	4.2.1～4.2.3
6	5
6.1～6.2	5.1～5.2
7	6
7.1～7.3	6.1～6.3
8	7
8.1～8.3	7.1～7.3
9	8

ICS 29.035.99
K 15

中华人民共和国国家标准

GB/T 1410—2006/IEC 60093:1980
代替 GB/T 1410—1989

固体绝缘材料体积电阻率和表面电阻率试验方法

Methods of test for volume resistivity and surface resistivity of solid electrical insulating materials

(IEC 60093:1980,IDT)

2006-02-15 发布　　2006-06-01 实施

中华人民共和国国家质量监督检验检疫总局
中国国家标准化管理委员会　发布

前　言

本标准等同采用IEC 60093:1980《固体绝缘材料体积电阻率和表面电阻率试验方法》(英文版)。

为便于使用,本标准做了下列编辑性修改:

a) 删除国际标准的目次和前言;

b) 用小数点'.'代替作为小数点的逗号',';

c) 用"ρ_v"代替"ρ","ρ_s"代替"δ";

d) 图按GB/T 1.1—2000标注。

本标准与GB/T 1410—1989相比主要变化如下:

a) 增加了"规范性引用文件"一章(本标准的第2章);

b) 增加了试验电压范围(本标准的第5章);

c) 试验结果以"中值"代替"几何平均值"。

本标准代替GB/T 1410—1989《固体绝缘材料体积电阻率和表面电阻率试验方法》。

本标准的附录A、附录B、附录C均为资料性附录。

本标准由中国电器工业协会提出。

本标准由全国绝缘材料标准化技术委员会归口。

本标准起草单位:桂林电器科学研究所。

本标准主要起草人:王先锋、谷晓丽。

本标准所代替标准的历次版本发布情况为:

——GB/T 1410—1978;

——GB/T 1410—1989。

固体绝缘材料体积电阻率和表面电阻率试验方法

1 范围

本标准规定了固体绝缘材料体积电阻率和表面电阻率的试验方法。这些试验方法包括对固体绝缘材料体积电阻和表面电阻的测定程序及体积电阻率和表面电阻率的计算方法。

体积电阻和表面电阻的试验都受到下列因素影响：施加电压的大小和时间；电极的性质和尺寸；在试样处理和测试过程中周围大气条件和试样的温度、湿度。

2 规范性引用文件

下列文件中的条款通过本标准的引用而成为本标准的条款。凡是注日期的引用文件，其随后所有的修改单(不包括勘误的内容)或修订版均不适用于本标准，然而，鼓励根据本标准达成协议的各方研究是否可使用这些文件的最新版本。凡是不注日期的引用文件，其最新版本适用于本标准。

GB/T 10064—2006 测定固体绝缘材料绝缘电阻的试验方法(IEC 60167:1964,IDT)

GB/T 10580—2003 固体绝缘材料在试验前和试验时采用的标准条件(IEC 60212:1971,IDT)

IEC 60260:1968 非注入式恒定相对湿度的试验箱

3 定义

下列定义适用于本标准。

3.1

体积电阻 volume resistance

在试样两相对表面上放置的两电极间所加直流电压与流过这两个电极之间的稳态电流之商，不包括沿试样表面的电流，在两电极上可能形成的极化忽略不计。

注：除非另有规定，体积电阻是在电化一分钟后测定。

3.2

体积电阻率 volume resistivity

在绝缘材料里面的直流电场强度和稳态电流密度之商，即单位体积内的体积电阻。

注：体积电阻率的SI单位是Ω·m。实际上也使用Ω·cm这一单位。

3.3

表面电阻 surface resistance

在试样的其表面上的两电极间所加电压与在规定的电化时间里流过两电极间的电流之商，在两电极上可能形成的极化忽略不计。

注1：除非另有规定，表面电阻是在电化一分钟后测定。

注2：通常电流主要流过试样的一个表面层，但也包括流过试样体积内的成分。

3.4

表面电阻率 surface resistivity

在绝缘材料的表面层里的直流电场强度与线电流密度之商，即单位面积内的表面电阻。面积的大小是不重要的。

注：表面电阻率的SI单位是Ω。实际上有时也用“欧每平方单位”来表示。

3.5

电极　electrodes

电极是具有一定形状、尺寸和结构的与被测试样相接触的导体。

注：绝缘电阻是加在与试样相接触的两电极之间的直流电压与通过两电极的总电流之商。绝缘电阻取决于试样的表面电阻和体积电阻(见 GB/T 10064—2006)。

4　意义

4.1　通常，绝缘材料用于将电气系统的各部件相互绝缘和对地绝缘；固体绝缘材料还起机械支撑作用。对于这些用途，一般都希望材料具有尽可能高的绝缘电阻，有均匀一致的、得到认可的机械、化学和耐热性能。表面电阻随湿度变化很快，而体积电阻随温度变化却很慢，尽管其最终的变化也许较大。

4.2　体积电阻率能被用作选择特定用途绝缘材料的一个参数。电阻率随温度和湿度的变化而显著变化，因此在为一些运行条件而设计时必须对其了解。体积电阻率的测量常被用于检查绝缘材料生产是否始终如一，或检测能影响材料质量而又不能用其他方法检测到的导电杂质。

4.3　当一直流电压加在与试样相接触的两电极之间时，通过试样的电流会渐近地减小到一个稳定值。电流随时间的减小可能是由于电介质极化和可动离子位移到电极所致。对于体积电阻率小于 10^{10} Ω·m的材料，其稳定状态通常在一分钟内达到，因此，经过这个电化时间后测定电阻。对于体积电阻率较高的材料，电流减小的过程可能会持续到几分钟、几小时、几天甚至几星期。因此对于这样的材料，采用较长的电化时间，且如果合适，可用体积电阻率与时间的关系来描述材料的特性。

4.4　由于或多或少的体积电导总是要被包括到表面电导测试中去，因此不能精确而只能近似地测量表面电阻或表面电导。测得的值主要反映被测试样表面污染的特性。而且试样的电容率影响污染物质的沉积，它们的导电能力又受试样的表面特性所影响。因此，表面电阻率不是一个真正意义的材料特性，而是材料表面含有污染物质时与材料特性有关的一个参数。

某些材料如层压材料在表面层和内部可能有很不同的电阻率，因此测量清洁的表面的内在性能是有意义的。应完整地规定为获得一致的结果而进行清洁处理的程序，并要记录清洁过程中溶剂或其他因素对于表面特性可能产生的影响。

表面电阻，特别是当它较高时，常以不规则方式变化，且通常非常依赖于电化时间。因此，测量时通常规定一分钟的电化时间。

5　电源

要求有很稳定的直流电压源。这可用蓄电池或一个整流稳压的电源来提供。对电源的稳定度要求是由电压变化导致的电流变化与被测电流相比可忽略不计。

加到整个试样上的试验电压通常规定为 100 V、250 V、500 V、1 000 V、2 500 V、5 000 V、10 000 V 和 15 000 V。最常用的电压是 100 V、500 V 和 1 000 V。

在某些情况下，试样的电阻与施加电压的极性有关。

如果电阻是与极性有关的，则宜加以注明。取两次电阻值的几何平均值(对数算术平均值的反对数)作为结果。

由于试样电阻可能与电压有依存关系，因此应在报告中注明试验电压值。

6　测量方法和精确度

6.1　方法

测量高电阻常用的方法是直接法或比较法。

直接法是测量加在试样上的直流电压和流过它的电流(伏安法)而求得未知电阻。

比较法是确定电桥线路中试样未知电阻与电阻器已知电阻之间的比值，或是在固定电压下比较通过这两种电阻的电流。

附录A给出了描述这些原理的例子。

伏安法需要一适当精度的伏特表,但该方法的灵敏度和精确度主要取决于电流测量装置的性能,该装置可以是一个检流计或电子放大器或静电计。

电桥法只需要一灵敏的电流检测器作为零点指示器,测量精确度主要取决于已知的桥臂电阻器,这些桥臂电阻应在宽的电阻值范围内具有高的精密度和稳定性。

电流比较法的精确度取决于已知电阻器的精确度和电流测量装置,包括与它相连的测量电阻器的稳定度和线性度。只要电压是恒定的,电流的确切数值并不重要。

对于不大于 $10^{11}\ \Omega$ 的电阻,可以按照11.1用检流计采用伏特计一安培计法来测定其体积电阻率。对于较高的电阻,则推荐使用直流放大器或静电计。

在电桥法中,不可能直接测量短路试样中的电流(见11.1)。

利用电流测量装置的方法可以自动记录电流,以简化稳态测试过程(见11.1)。

现已有测量高电阻的一些专门的线路和仪器。只要它们有足够的精确度和稳定度,且在需要时能使试样完全短路并在电化前测量电流者,均可使用。

6.2 精确度

对于低于 $10^{10}\ \Omega$ 的电阻,测量装置测量未知电阻的总精确度应至少为±10%。而对于更高的电阻,总精确度应至少为±20%。详见附录A。

6.3 保护

组成测量线路的绝缘材料,最好应具有与被试材料差不多的性能。试样的测量误差可以由下列原因产生:

a) 外来寄生电压引起的杂散电流,通常不知道它的大小,并具有漂移的特点;

b) 具有未知而易变的电阻值的绝缘与试样电阻、标准电阻器或电流测量装置的不正常的分路。

使线路所有部分在使用状态下有尽可能高的绝缘电阻来近似地修正这些影响因素。这种做法可能导致测试设备很笨重,而又不足以测量高于几百兆欧的绝缘电阻。较为满意的修正方法是使用保护技术来实现。

保护就是在所有关键的绝缘部位插入保护导体,保护导体截住所有可能引起误差的杂散电流。这些保护导体联接在一起,组成保护系统并与测量端形成三端网络。当线路联接恰当时,所有外来寄生电压产生的杂散电流被保护系统分流到测量电路以外,任一测量端到保护系统的绝缘电阻与一电阻低得多的线路元件并联,试样电阻仅限于两测量端之间。采用这个技术可大大地减小误差概率。图1为使用保护电极测量体积电阻和表面电阻的基本线路。

图5和图7给出了电流测量法中保护系统的使用方法,图中指出保护系统接到电源和电流测量装置的连接点。图6表示惠斯登电桥法,其保护系统接到两个较低电阻值的桥臂的连接点上。在所有情况下,保护系统必须完善,包括对测试人员在测量时操作的任何控制仪器的保护。

在保护端和被保护端之间所存在的电解电动势、接触电动势或热电动势较小时,均能被补偿掉,使这样的电动势在测量中不会引入显著的误差。

在电流测量法中,由于电流测量装置与被保护端和保护系统之间的电阻并联可能产生误差,因此,这个电阻宜至少为电流测量装置电阻的10倍,最好为100倍。在有些电桥法中,保护端和测量端具有大致相同的电位,不过电桥中的一个标准电阻器与不保护端和保护系统之间的电阻是并联的。这个电阻应至少为标准电阻的10倍,最好为100倍。

为确保设备的操作令人满意,应先断开电源和试样的连线进行一次测量。此时,设备应在它的灵敏度许可范围内指示出无穷大的电阻。如果有一些已知电阻值的标准电阻,则可用来检查设备运行是否良好。

7 试样

7.1 体积电阻率

为测定体积电阻率,试样的形状不限,只要能允许使用第三电极来抵消表面效应引起的误差即可。对于表面泄漏可忽略不计的试样,测量体积电阻时可去掉保护,只要已证明去掉保护对结果的影响可忽略不计。

在被保护电极与保护电极之间的试样表面上的间隙要有均匀的宽度,并且在表面泄漏不致于引起测量误差的条件下间隙应尽可能的窄。1 mm 的间隙通常为切实可行的最小间隙。

图 2 及图 3 给出了三电极装置的例子。在测量体积电阻时,电极 1 是被保护电极,电极 2 为保护电极,电极 3 为不保护电极。被保护电极的直径 d_1(图 2)或长度 l_1(图 3)应至少为试样厚度 h 的 10 倍,通常至少为 25 mm。不保护电极的直径 d_4(或长度 l_4)和保护电极的外直径 d_3(或保护电极两外边缘之间的长度 l_3)应该等于保护电极的内径 d_2(或保护电极两内边缘之间的长度 l_2)加上至少 2 倍的试样厚度。

7.2 表面电阻率

为测定表面电阻率,试样的形状不限,只要允许使用第三电极来抵消体积效应引起的误差即可。推荐使用图 2 及图 3 所示的三电极装置。用电极 1 作为被保护电极,电极 3 作为保护电极,电极 2 作为不保护电极。可直接测量电极 1 和 2 之间表面间隙的电阻。这样测得的电阻包括了电极 1 和 2 之间的表面电阻和这两个电极间的体积电阻。然而,对于很宽范围的环境条件和材料性能,当电极尺寸合适时,体积电阻的影响可忽略不计。为此,对于图 2 和图 3 所示的装置,电极的间隙宽度 g 至少应为试样厚度的 2 倍,一般说来,1 mm 为切实可行的最小间隙。被保护电极尺寸 d_1(或长度 l_1)应至少为试样厚度 h 的 10 倍,通常至少为 25 mm。

也可以使用条形电极或具有合适尺寸的其他装置。

注:由于通过试样内层的电流的影响,表面电阻率的计算值与试样和电极的尺寸有很大的关系,因此,为了测定时可进行比较,推荐使用与图 2 所示的电极装置的尺寸相一致的试样,其中 $d_1 = 50$ mm, $d_2 = 60$ mm, $d_3 = 80$ mm。

8 电极材料

8.1 概述

绝缘材料用的电极材料应是一类容易加到试样上、能与试样表面紧密接触、且不致于因电极电阻或对试样的污染而引入很大误差的导电材料。在试验条件下,电极材料应能耐腐蚀。下面是可使用的一些典型的电极材料。电极应与给定形状和尺寸的合适的背衬电极一同使用。

简便的做法是用两种不同的电极材料或两种不同的使用方法来了解电极材料是否会引入很大误差。

8.2 导电银漆

某些高导电率的商品银漆,无论是气干的或低温烘干的,是足够疏松的、能透过湿气,因此可在加上电极后对试样进行条件处理。这种特点特别适合研究电阻——湿气效应以及电阻随温度的变化。然而,在导电漆被用作一种电极材料以前,应证实漆中的溶剂不影响试样的电性能。用精巧的毛刷可做到使保护电极的边缘相当光滑。但对于圆电极,可先用圆规画出电极的轮廓,然后用刷子来涂满内部的方法来获得精细的边缘。如电极漆是用喷枪喷上去的,则可采用固定模框。

8.3 喷镀金属

可使用能满意地粘合在试样上的喷镀金属。薄的喷镀电极的优点是一旦喷在试样上便可立即使用。这种电极或许是足够疏松的,可允许对试样进行条件处理,但这一特点应被证实。固定的模框可用来制取被保护电极与保护电极之间的间隙。

8.4 蒸发或阴极真空喷镀金属

当能证明材料不受离子轰击或真空处理的影响时，蒸发或阴极真空喷镀金属能在与8.3给出的相同条件下使用。

8.5 液体电极

使用液体电极往往能得到满意的结果。构成上电极的液体应被框住，例如用不锈钢环来框住，每个环的下边缘在不接触液体的一面被斜削成锐边。图4给出了使用液体电极的装置。不推荐长期使用或在高温下使用水银，因为它有毒。

8.6 胶体石墨

分散在水中或其他合适媒质中的胶体石墨可在与8.2给出的相同条件下使用。

8.7 导电橡皮

导电橡皮可用作电极材料。它的优点是能方便快捷地放上和移开。由于只是在测定时才将电极放到试样上，因此它不妨碍试样的条件处理。导电橡皮应足够柔软，以确保其在加上适当的压力例如2 kPa(0.2 N/cm²)时能与试样紧密接触。

8.8 金属箔

金属箔可粘贴在试样表面作为测量体积电阻用的电极，但它不适用于测量表面电阻。铅、锑铅合金、铝和锡箔都是被普遍使用的。通常用少量的凡士林、硅脂、硅油或其他合适的材料作为粘贴剂将它们粘贴到试样上去。含有下列组分的一种药用胶适合用作导电粘贴剂：

分子量为600的无水聚乙二醇	800份(质量)
水	200份(质量)
软肥皂(药用级)	1份(质量)
氯化钾	10份(质量)

要在一个平稳的压力下粘贴电极，使之足以消除一切皱折和将多余的粘合剂赶到箔的边缘，再用一块干净的薄纸擦去。用软物如手指按压能很好地做到这点。这个技巧仅适用于表面非常平滑的试样。通过精心操作，粘合剂薄层可减小到0.002 5 mm或更薄。

9 试样处置

电极之间或测量电极与大地之间的杂散电流对于测试仪器的读数没有明显的影响这一点很重要。测试时加电极到试样上和安放试样时均要极为小心，以免可能产生对测试结果有不良影响的杂散电流通道。

测量表面电阻时，不要清洗表面，除非另有协议或规定。除了同一材料的另一个试样的未被触模过的表面可触及被测试样外，表面被测部分不应被任何东西触及。

10 条件处理

试样的处理条件取决于被试材料，这些条件应在材料规范中规定。

推荐按GB/T 10580—2003进行条件处理，由各种盐溶液所产生的相对湿度在IEC 60260中给出。可以采用机械蒸发系统。

体积电阻率和表面电阻率都对温度变化特别敏感。这种变化是指数式的。因此必须在规定的条件下来测量试样的体积电阻和表面电阻。由于水分被吸收到电介质内是相对缓慢的过程，因此测定湿度对体积电阻率的影响需要延长处理期。吸收水分后通常会降低体积电阻。有些试样可能需要处理数月才能达到平衡。

11 试验程序

试样按本标准第7章、第8章、第9章、第10章进行准备。

测量试样及电极的尺寸、表面间隙的宽度 g(两电极之间距离),精确到±1%。然而,如有必要,对薄试样可在有关的规范中规定不同的精确度。

为测定体积电阻率,应按照有关的规范测量每个试样的平均厚度,其厚度测量点应均匀地分布在由被保护电极所覆盖的整个面积上。

注:对于薄试样无论如何在加上电极前测量厚度。

一般说来,应与条件处理时相同的湿度(浸在液体中的条件处理除外)和温度下测试电阻。但有时也可在停止条件处理后的规定时间内进行测量。

11.1 体积电阻

在测试以前应使试样具有电介质稳定状态。为此,通过测量装置将试样的测量电极 1 和 3 短路(图 1a)),逐步增加电流测量装置的灵敏度到符合要求,同时观察短路电流的变化,如此继续到短路电流达到相当恒定的值为止,此值应小于电化电流的稳定值,或者小于电化 100 min 的电流。由于短路电流有可能改变方向,因此即使电流为零,也要维持短路状态到需要的时间。当短路电流 I_0 变得基本恒定时(可能需要几小时),记下 I_0 的值和方向。

然后加上规定的直流电压并同时开始记时。除非另有规定,在如下每个电化时间作一次测量:1 min、2 min、5 min、10 min、50 min、100 min。如果两次连续测量得出同样的结果,则可以结束试验并用这个电流值来计算体积电阻。记录第一次观察到相同测量结果时的电化时间。如果在 100 min 内不能达到稳定状态,则记录体积电阻与电化时间的函数关系。

作为验收试验,按照有关规范的规定,使用一个固定的电化时间如 1 min 后的电流值来计算体积电阻率。

11.2 表面电阻

施加规定的直流电压,测定试样表面的两个测量电极(图 1b)中电极 1 和 2)间的电阻。应在 1 min 的电化时间后测量电阻,即使在此时间内电流还没有达到稳定的状态。

12 计算

12.1 体积电阻率

体积电阻率按下式计算:

$$\rho_v = R_X \frac{A}{h}$$

式中:

ρ_v——体积电阻率,单位为欧姆米(Ω·m)(或欧姆厘米(Ω·cm));

R_X——按 11.1 测得的体积电阻,单位为欧姆(Ω);

A——是被保护电极的有效面积,单位为平方米(m^2)(或平方厘米(cm^2));

h——试样的平均厚度,单位为米(m)(或厘米(cm))。

在附录中给出了某些特殊的电极装置的有效面积 A 的计算公式。

对于某些具有高电阻率的材料,电化以前的短路电流 I_0(见 11.1)与电化期间的稳定电流 I_s 相比不能忽略不计。在这种情况下按下式确定体积电阻:

$$R_X = \frac{U_X}{I_s \pm I_0}$$

式中:

R_X——体积电阻,单位为欧姆(Ω);

U_X——施加电压,单位为伏(V);

I_s——为电化期间的稳态电流,单位为安(A),或在电化期间如果电流是变化的,则为 1 min、10 min和 100 min时的值,单位为安(A);

I_0——电化前的短路电流,单位为安(A)。

当 I_0 与 I_s 方向相同时使用负号,反之使用正号。

12.2 表面电阻率

表面电阻率应按下式计算:

$$\rho_s = R_X \frac{P}{g}$$

式中:

ρ_s——表面电阻率,单位为欧姆(Ω);

R_X——按 11.2 规定而测得的表面电阻,单位为欧姆(Ω);

P——特定使用电极装置中被保护电极的有效周长,单位为米(m)(或厘米(cm));

g——两电极之间的距离,单位为米(m)(或厘米(cm))。

12.3 重现性

由于给定试样的电阻随试验条件而改变以及各个试样之间材料的不均匀性,故通常测量的不重现性不是接近于±10%,而常常有较大的分散性(在大致相同的条件下测得值的比值可能会是 10 比 1)。

为使在相似的试样上进行的测量具有可比性,必须在大致相等的电位梯度下进行测量。

13 报告

报告应至少包括下述情况:

a) 关于材料的说明和标志(名称、等级、颜色、制造商等);

b) 试样的形状和尺寸;

c) 电极和保护装置的形式、材料和尺寸;

d) 试样的处理(清洁、预干燥、处理时间、湿度和温度)等;

e) 试验条件(试样温度、相对湿度);

f) 测量方法;

g) 施加电压;

h) 体积电阻率(需要时);

注 1:当规定了一个固定的电化时间时,注明此时间,给出个别值,并报告中值作为体积电阻率。

注 2:当在不同的电化时间后测试时,应按如下要求报告:

当在相同的电化时间里试样达到一个稳定状态时,给出个别值,并报告中值作为体积电阻率。在这个电化时间里有某些试样不能达到稳定状态,则报告不能达到稳定状态的试样数,并分别地给出它们的结果。当测试结果取决于电化时间时,则报告它们之间的关系,例如:以图的形式或给出在电化 1 min、10 min 和 100 min 后的体积电阻率的中值。

i) 表面电阻率(需要时):

给出电化时间为 1 min 的个别值,并报告其中值作为表面电阻率。

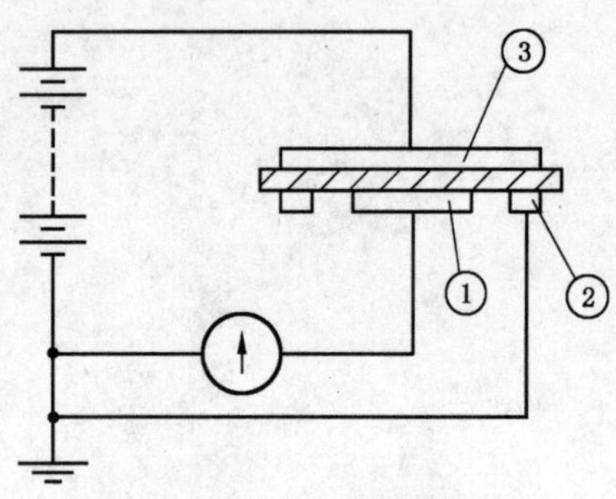

a) 测量体积电阻率线路

①——被保护电极；

②——保护电极；

③——不保护电极。

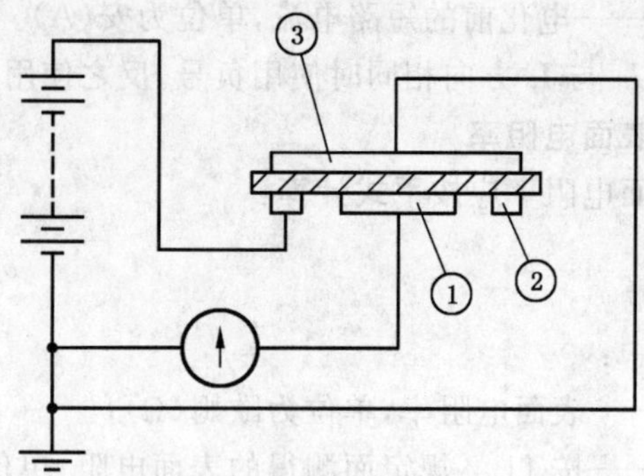

b) 测量表面电阻率线路

①——被保护电极；

②——不保护电极；

③——保护电极。

图 1 使用保护电极测量体积电阻率和表面电阻率的基本线路

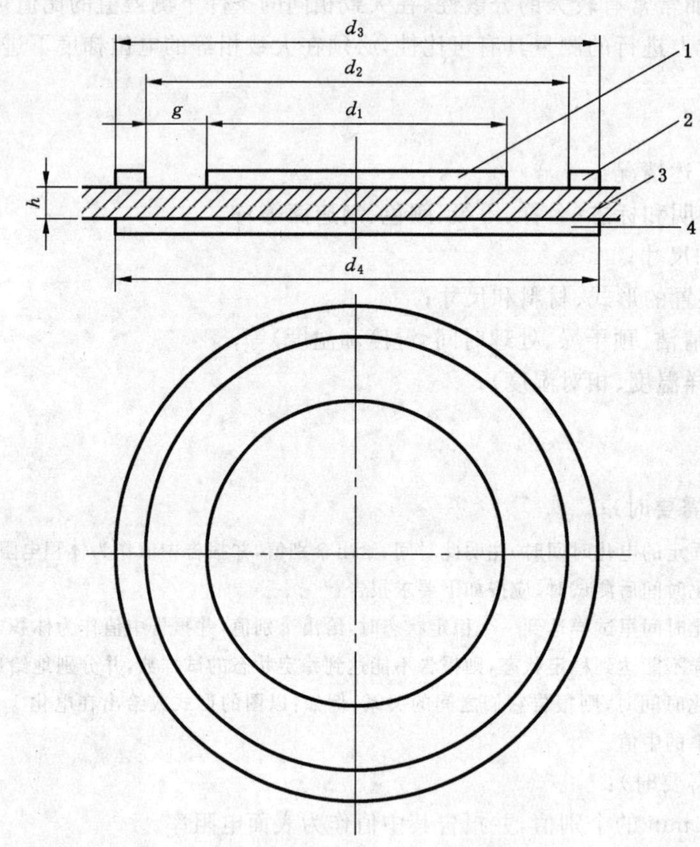

1——被保护电极；

2——保护电极；

3——试样；

4——不保护电极；

d_1——被保护电极直径；

d_2——保护电极内径；

d_3——保护电极外径；

d_4——不保护电极直径；

g——电极间隙；

h——试样厚度。

图 2 平板试样上的电极装置示例

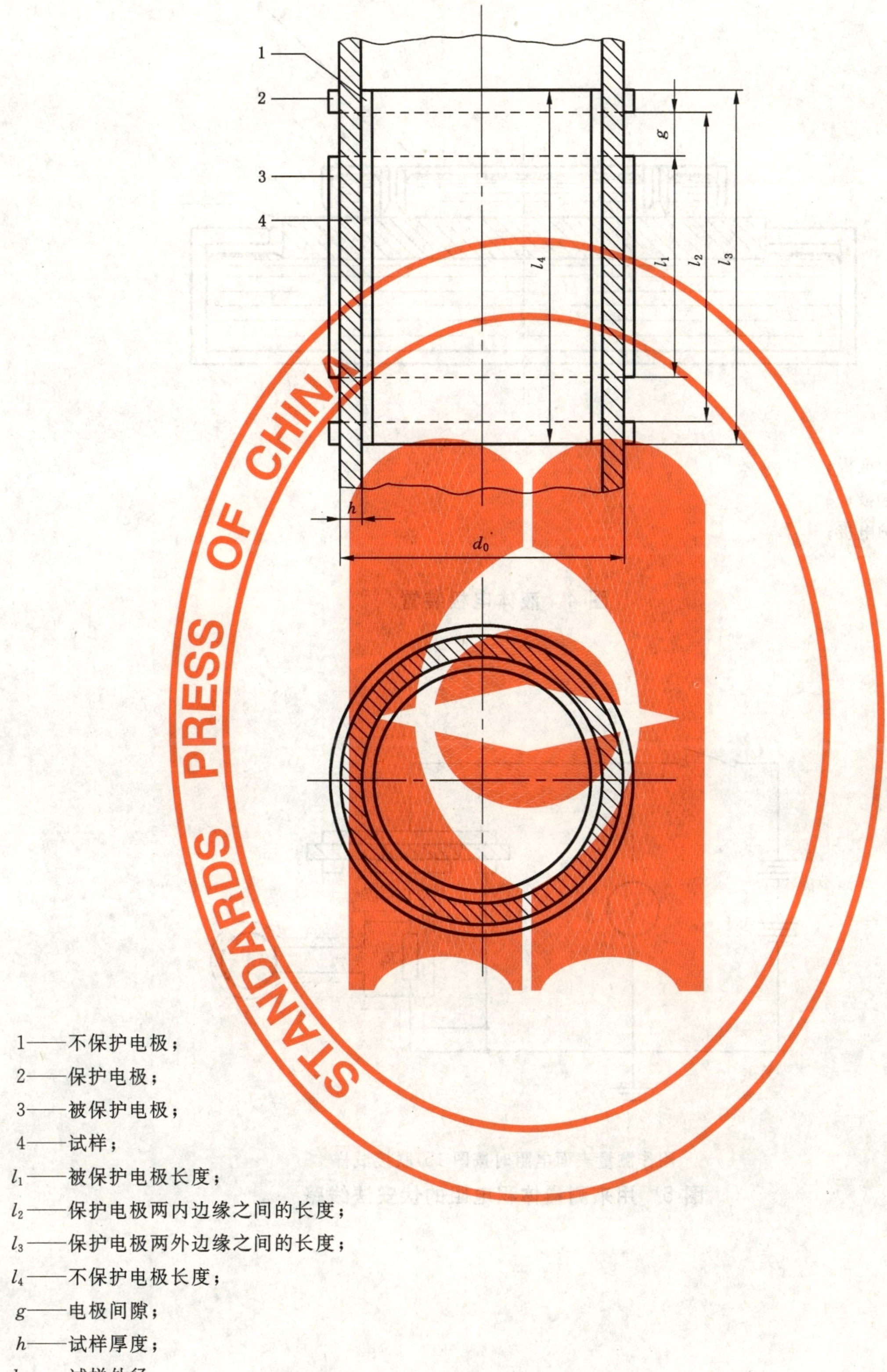

1——不保护电极；
2——保护电极；
3——被保护电极；
4——试样；
l_1——被保护电极长度；
l_2——保护电极两内边缘之间的长度；
l_3——保护电极两外边缘之间的长度；
l_4——不保护电极长度；
g——电极间隙；
h——试样厚度；
d_0——试样外径。

图 3　管状试样上的电极装置示例

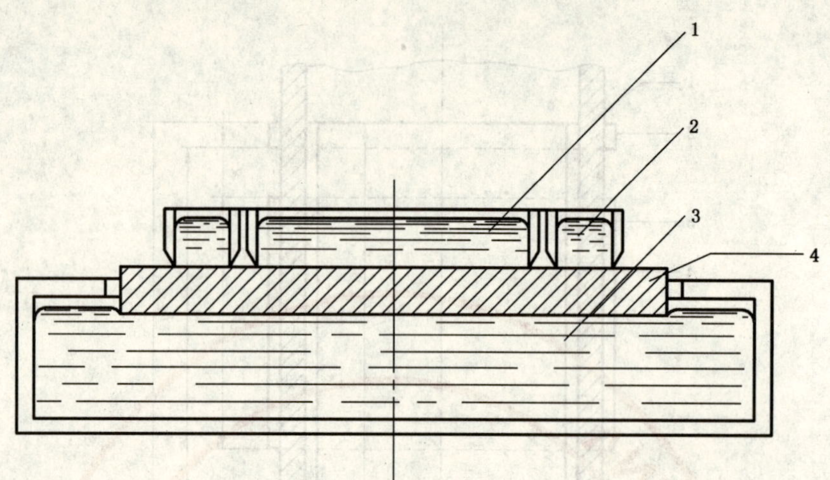

1——被保护电极；

2——保护电极；

3——不保护电极；

4——试样。

图 4 液体电极装置

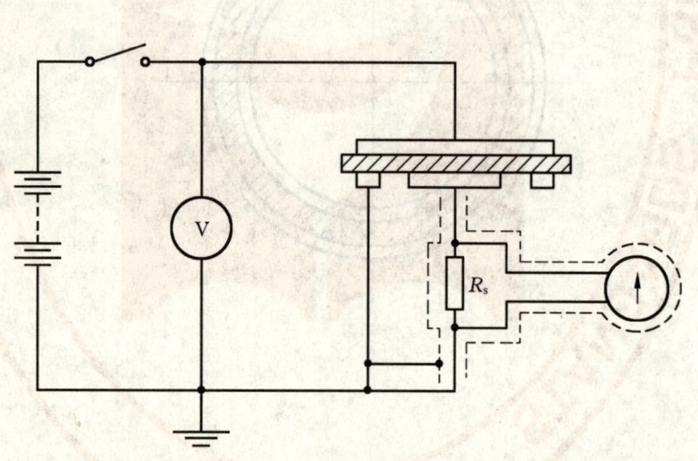

用作测量表面电阻时按图 1b)联接试样

图 5 用来测量体积电阻的伏安法线路

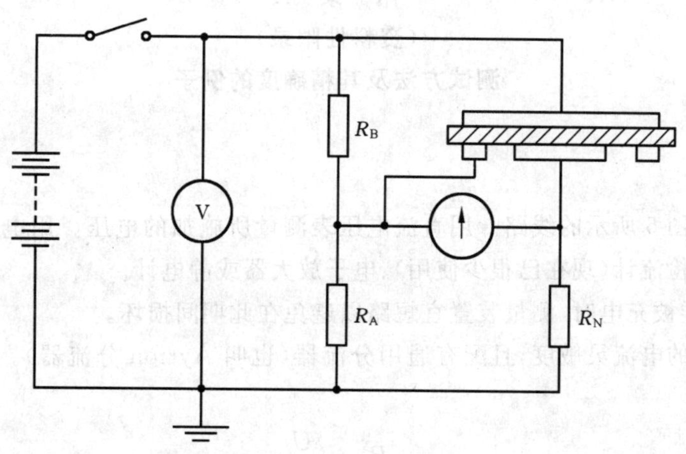

用作测量表面电阻时按图 1b)联接试样

图 6 用于测量体积电阻的惠斯登电桥法

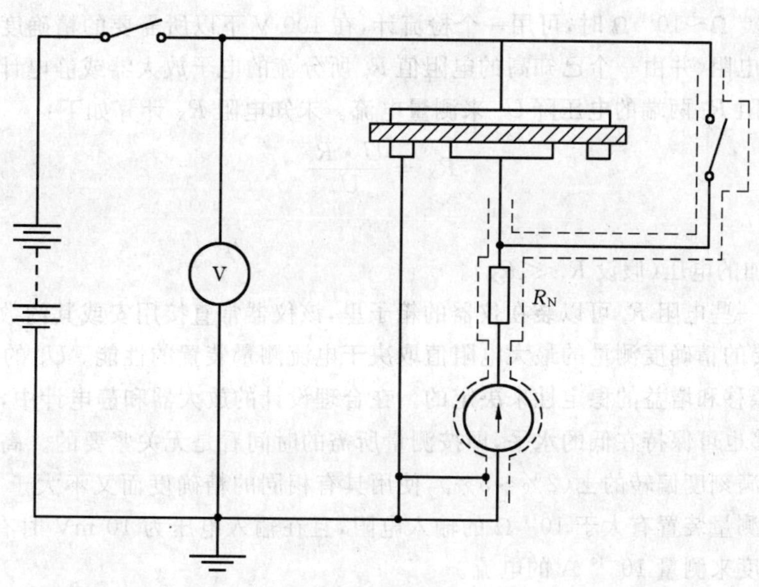

用作测量表面电阻时按图 1b)联接试样

图 7 用作测量体积电阻的检流计法

附 录 A
（资料性附录）
测试方法及其精确度的例子

A.1 伏安法

本直接法应用如图5所示的线路。用直流电压表测量所施加的电压。用电流测量装置测量电流，电流测量装置可以是检流计(现在已很少使用)、电子放大器或静电计。

一般说来，当试样被充电时，测量装置宜短路以避免在此期间损坏。

检流计宜具有高的电流灵敏度，且配有通用分流器(也叫 Ayrton 分流器)。未知电阻(以 Ω 表示)计算如下：

$$R_X = \frac{U}{k\alpha}$$

式中：

U——所施加的电压，单位为伏(V)；

k——检流计的灵敏度，以 A/刻度表示；

α——偏转，以刻度表示。

电阻不超过 10^{10} Ω～10^{11} Ω时，可用一个检流计，在100 V下以所需要的精确度进行测量。

具有高的输入电阻、并由一个已知高的电阻值 R_s 所分流的电子放大器或静电计可用来作为电流测量装置。借助于电阻 R_s 两端的电压降 U_s 来测量电流。未知电阻 R_X 计算如下：

$$R_X = \frac{U \cdot R_s}{U_s}$$

式中：

U——是所施加的电压(假设 $R_s \ll R_X$)。

具有不同值的一些电阻 R_s 可以装在仪器的箱子里，该仪器常直接用安或其约数来标刻度。

这里，能以需要的精确度测量的最大电阻值取决于电流测量装置的性能。U_s 的误差是由指示器误差、放大器的零点漂移和增益的稳定性来决定的。在合理设计的放大器和静电计中，增益的不稳定性是可忽略的，零点漂移也可保持在低的水平，即按测量所需的时间看是无关紧要的。高增益的电子电压表的指示误差一般为满刻度偏转的±(2%～5%)，使用具有相同的精确度而又不大于 10^{12} Ω的电阻器是可行的。如果电压测量装置有大于 10^{14} Ω的输入电阻，且在输入电压为10 mV时有满刻度偏转，则能以约±10%的精确度来测量 10^{-14} A的电流。

10^{16} Ω的电阻可用具有很高电阻的精密电阻器和电子放大电压表或静电计在100 V电压下以所要求的精确度来测量。

A.2 比较法

A.2.1 惠斯登电桥法

如图6所示，试样与惠斯登电桥的一个臂相连接。三个已知桥臂应具有尽可能高的电阻值，它们受到桥臂中电阻器的固定误差所限制。通常电阻 R_B 是以十进级变化的，电阻 R_A 用来作平衡微调，而 R_N 在测量过程中是固定不变的。检测器是一个直流放大器，它的输入电阻比电桥内任何一个桥臂的电阻值都高。未知电阻 R_X 计算如下：

$$R_X = \frac{R_N R_B}{R_A}$$

式中：

R_A、R_B 和 R_N 如图 6 所示。

当零指示器有足够的灵敏度时，计算出的电阻的最大百分误差是 R_A、R_B 和 R_N 的百分误差的总和。如果 R_A 和 R_B 为绕线电阻，且其值较低例如 1 MΩ，则它们的误差可忽略不计，测量很高的电阻时 R_N 可选为 10^9 Ω，R_N 的测量精确度为±2%。测定比值 R_B/R_A 的精确度取决于零指示器的灵敏度。如果未知电阻 $R_X \gg R_N$，则测定比值 $r=R_B/R_A$ 时的不精确性 Δr 由 $\Delta r/r=I_g \cdot R_X/U$ 来决定，式中 I_g 是零指示器的最小分辨电流，U 是施加到电桥的电压。例如，使用电子放大器，其输入电阻为 1 MΩ，满刻度偏转时的输入电压为 10^{-5} V，则最低的分辨电流约为 2×10^{-13} A，相当于满刻度偏转的 2%。当 I_g 为此值，$U=100$ V，$R=10^{13}$ Ω 时，可得到 $\Delta r/r=0.02$ 或 2%。

电阻值不大于 10^{13} Ω～10^{14} Ω 的电阻可用惠斯登电桥法在 100 V 下以所要求的精确度来测量。

A.2.2 电流表法

本方法采用图 7 所示的线路，其元件与 A.1 中所述的一样，再加上一个已知电阻值的电阻器 R_N 和用来短路未知电阻的开关。重要的是这个开关在打开时的电阻值要比未知电阻值 R_X 大得多，确保不影响后者的测量，很容易得到此条件的方法是用一根紫铜线将 R_X 短路，然后在测量 R_X 时将此紫铜线拿走。通常为了在试样被破坏时能限制电流以达到保护电流测量装置的目的，宁可将 R_N 一直留在线路里。

打开开关，按第 11 章的规定来测量通过 R_X 和 R_N 的电流，记录仪器的偏转 α_X 和分流比 F_X。将这个分流比调到尽可能接近最大的偏转刻度，然后短路 R_X，测量通过 R_N 的电流，记录仪器偏转 α_X 和分流比 F_N，从最低的灵敏度开始，再将分流比调到尽可能接近最大偏转刻度。在测试过程中只要施加电压 U 不变，则 R_X 可按下式计算：

$$R_X = R_N\left(\frac{\alpha_N F_N}{\alpha_X F_X} - 1\right)$$

如果 $\alpha_N F_N/\alpha_X F_X > 100$，则可使用近似公式：

$$R_X = R_N\frac{\alpha_N F_N}{\alpha_X F_X}$$

本方法可以按 A.1 中所述的直接法几乎相同的精确度来测定 R_X，但本方法的优点是电流测量装置本身可通过对 R_N 的测量来进行校核，若用具有 0.1%或更高精确度的绕线电阻器，则 R_N 的误差可忽略不计。因而测量通过 R_X 的电流可更为可靠。

附 录 B
（资料性附录）
A 和 P 的计算公式

对于大多数用途，计算被保护电极的有效面积 A 和有效周长 P，下列近似公式已足够精确。

B.1 有效面积 A

a） 圆电极(图 2)　　$A=\pi(d_1+g)^2/4$

b） 长方形电极　　$A=(a+g)(b+g)$

c） 正方形电极　　$A=(a+g)^2$

d） 管状电极(图 3)　　$A=\pi(d_0-h)(l_1+g)$

式中 d_0、d_1、g、h 和 l_1 为图 2、图 3 中所指的尺寸，当被保护电极为长方形或正方形时 a 和 b 分别为长度和宽度。尺寸均用米(或厘米)表示。

B.2 有效周长 P

a） 圆电极(图 2)　　$P=\pi(d_1+g)$

b） 长方形电极　　$P=2(a+b+2g)$

c） 正方形电极　　$P=4(a+g)$

d） 管状电极(图 3)　　$P=2\pi d_0$

式中符号的意义与 B.1 中的相同。

附　录　C
（资料性附录）
本标准章条编号与 IEC 60093:1980 章条编号对照

表 C.1 给出了本标准章条编号与 IEC 60093:1980 章条编号对照一览表。

表 C.1　本标准章条编号与 IEC 60093:1980 章条编号对照

本标准章条编号	对应的国际标准章条编号
1	1
2	—
3	2
3.1～3.5	2.1～2.5
4	3
4.1～4.4	3.1～3.4
5	4
6	5
6.1～6.3	5.1～5.3
7	6
7.1～7.2	6.1～6.2
8	7
8.1～8.8	7.1～7.8
9	8
10	9
11	10
11.1～11.2	10.1～10.2
12	11
12.1～12.3	11.1～11.3
13	12

ICS 73.060.20
D 32

中华人民共和国国家标准

GB/T 1507—2006
代替 GB/T 1507—1979

锰矿石 有效氧含量的测定 重铬酸钾滴定法

Manganese Ores—Determination of active oxygen content—Potassium dichromate titrimetric method

(ISO 312:1986,MOD)

2006-09-12 发布　　2007-02-01 实施

中华人民共和国国家质量监督检验检疫总局
中国国家标准化管理委员会　发布

前　言

本标准修改采用 ISO 312—1986《锰矿石——有效氧含量(以二氧化锰表示)的测定——滴定法》，本标准与 ISO 312:1986 比较，主要变化如下：

——本标准在 4.6 中规定保护气体可以使用二氧化碳/氮气/氩气，纯度均 99.5%，无氧化还原物质存在，而 ISO 312:1986 使用二氧化碳气体；

——本标准在 7.1 中规定按不同有效氧含量采用不同的试料量。而 ISO 312:1986 试料量为 0.25 g；

——本标准在 8 中规定有效氧含量的计算公式，采用标准溶液理论值计算。而 ISO 312:1986 先计算出滴定度，再用滴定度进行计算；

——本标准在 9 中规定了允许差，较 ISO 312:1986 规定的更加细化。

本标准代替 GB/T 1507—1979《锰矿石中有效氧含量的测定》。

本标准与 GB/T 1507—1979 比较，主要变化如下：

——本标准在 4.6 中，规定保护气可以使用二氧化碳/氮气/氩气，纯度均≥99.5%，无氧化还原物质存在，而原标准采用加入 0.5 g 碳酸氢钠与硫酸反应，生成二氧化碳气体作为保护气体；

——本标准在 7.1 中规定按不同有效氧含量采用不同的试料量，而原标准采用 0.200 0 g 试料量；

——本标准在 7.3.1 中规定采用静态低温加热方式促进试料的反应。而原标准采用常温振荡和振荡方式促进试料的反应；

——本标准在 8 中规定有效氧含量的计算公式，采用标准溶液理论值计算，而原标准先计算出滴定度，再用滴定度进行计算；

——本标准对允许差进行了修改。

本标准由中国钢铁工业协会提出。

本标准由冶金工业信息标准研究院归口。

本标准起草单位：吉林铁合金股份有限责任公司。

本标准主要起草人：杨帆、吴丽玉。

本标准所代替标准的历次版本发布情况为：GB/T 1507—1979。

锰矿石　有效氧含量的测定
重铬酸钾滴定法

警告：使用本标准的人员应有正规实验室工作的实践经验。本标准并未指出所有可能的安全问题。使用者有责任采取适当的安全和健康措施，并保证符合国家有关法规规定的条件。

1　范围

本标准规定了用重铬酸钾滴定法测定有效氧含量。

本标准适用于不含碳酸铁和硫化物锰矿石中有效氧含量的测定，测定范围（以 MnO_2 表示，质量分数）：1.00%～90.00%。

2　规范性引用文件

下列文件中的条款通过本标准的引用而成为本标准的条款。凡是注日期的引用文件，其随后所有的修改单（不包括勘误的内容）或修订版均不适用于本标准，然而，鼓励根据本标准达成协议的各方研究是否可使用这些文件的最新版本。凡是不注日期的引用文件，其最新版本适用于本标准。

GB/T 2011　散装锰矿石取样、制样方法（GB/T 2011—1987，neq ISO 3081:1983）

GB/T 14949.8　锰矿石化学分析方法　湿存水量的测定（GB/T 14949.8—1994，eqv ISO 310:1981）

3　原理

试料在硫-磷混酸介质中，用硫酸亚铁铵溶液还原二氧化锰至锰（Ⅱ），过量的硫酸亚铁铵以二苯胺磺酸钠为指示剂，用重铬酸钾标准溶液滴定。

4　试剂与材料

除非另有说明，在分析中仅使用确认为分析纯的试剂和蒸馏水或与其纯度相当的水。

4.1　磷酸，ρ=1.70 g/mL。

4.2　硫酸，1+7。

4.3　硫酸亚铁铵溶液，60 g/L。称取 60 g 硫酸亚铁铵 $[(NH_4)_2Fe(SO_4)_2 \cdot 6H_2O]$ 于少量硫酸（4.2）中，溶解后用硫酸（4.2）稀释至 1 000 mL，混匀。

4.4　重铬酸钾标准溶液，0.03 mol/L。称取 8.825 5 g 重铬酸钾基准物质（在 140℃～150℃ 干燥 2 h），置于 250 mL 烧杯中，溶解于 100 mL 水中，移至 1 000 mL 容量瓶中，用水稀释至刻度，混匀。

4.5　二苯胺磺酸钠溶液，0.8 g/L。称取 0.8 g 二苯胺磺酸钠用少量水溶解，用水稀释至 1 000 mL，混匀。

4.6　保护气体：二氧化碳/氮气/氩气，纯度均≥99.5%，且无氧化还原物质存在。

5　仪器

仪器装置图连接如图 1。

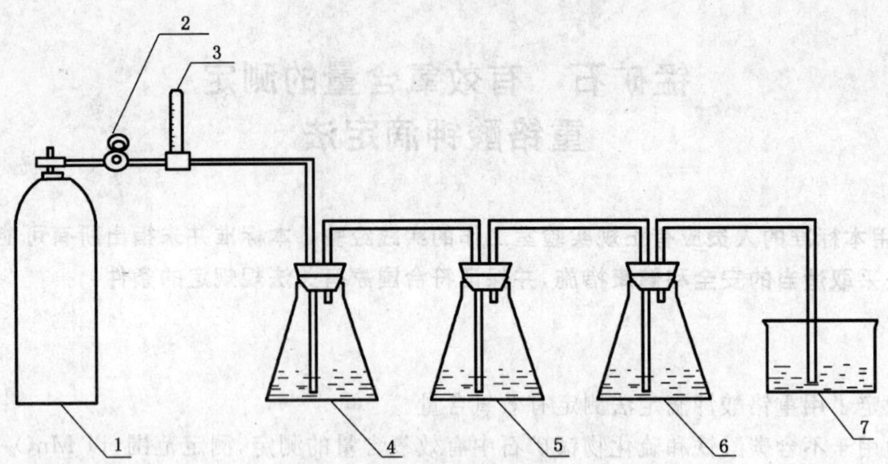

1——气瓶；
2——减压阀；
3——流量计；
4——50 g/L 硫酸铜溶液；
5——去离子水；
6——试液；
7——去离子水水槽。

图 1 仪器装置图

6 取制样

按照 GB/T 2011 的规定进行取制样。试样应通过 0.080 mm 筛孔。

7 分析步骤

7.1 试料量

按表 1 称取风干试料，精确至 0.000 1 g。

同时按 GB/T 14949.8 测定湿存水含量。

表 1

有效氧含量(质量分数)/%	试料量/g
1.00～30.00	0.40
>30.00～60.00	0.25
>60.00～90.00	0.15

7.2 空白试验

随同试料进行空白试验。

两个平行空白试验滴定所消耗的重铬酸钾标准溶液的体积之差不应超过 0.15 mL，取其平均值。

7.3 测定

7.3.1 按图连接好仪器，将试料(7.1)置于 250 mL 三角瓶中，加入 50.00 mL 硫酸亚铁铵溶液(4.3)，10.0 mL 磷酸(4.1)，立即用带玻璃导管的橡皮塞将三角瓶瓶口塞紧，向三角瓶中通入保护气(4.6)，维持保护气流量为 1.5 L/min～2.5 L/min，加热至微沸，并保持溶液微沸 30 min～40 min，取下，冷却至室温，关闭保护气。

7.3.2 向三角瓶中加入 2 mL 二苯胺磺酸钠溶液(4.5)，用水稀释至 150 mL 左右，立即用重铬酸钾标准溶液(4.4)滴定至稳定的蓝紫色为终点。

8 分析结果的计算

按式(1)计算试样中有效氧的含量(质量分数 w_{MnO_2}):

$$w_{MnO_2}(\%)=\frac{3\times C\times(V_0-V)\times 86.95}{m\times 1\,000}\times 100\times\frac{100}{100-A} \qquad \cdots\cdots(1)$$

式中:

C——重铬酸钾标准溶液(4.4)的浓度,单位为摩尔每升(mol/L);

V——试料分析消耗重铬酸钾标准溶液(4.4)的体积,单位为毫升(mL);

V_0——空白试验消耗重铬酸钾标准溶液(4.4)的体积,单位为毫升(mL);

86.95——二氧化锰的相对摩尔质量,单位为克每摩尔(g/moL);

m——试料量,单位为克(g);

A——试样中湿存水的质量分数。

9 允许差

实验室之间分析结果的差值应不大于表2所列允许差。

表2 允许差

%

有效氧含量(质量分数)	允许差
1.00~30.00	0.30
>30.00~60.00	0.40
>60.00~90.00	0.50

10 试验报告

试验报告应包括下列内容:

a) 鉴别试料、实验室和分析日期的资料;

b) 遵守本标准规定的程度;

c) 分析结果及其表示;

d) 测定中观察到的异常现象;

e) 对分析结果可能有影响而本标准未包括的操作或者任选的操作。